Reise um die Erde

durch

Nord-Asien und die beiden Oceane

in den Jahren 1828, 1829 und 1830

ausgeführt

von

Adolph Erman.

In einer historischen und einer physikalischen Abtheilung dargestellt und mit einem Atlas begleitet.

Berlin,

verlegt bei G. Reimer.

1848.

Reise um die Erde

durch

Nord-Asien und die beiden Oceane

in den Jahren 1828, 1829 und 1830

ausgeführt

von

Adolph Erman.

Erste Abtheilung:

Historischer Bericht.

Dritter Band.

Die Ochozker Küste, das Ochozker Meer und die Reisen auf Kamtschatka im Jahre 1829.

Berlin,

verlegt bei G. Reimer.

1848.

Vorwort.

Der Zusammenhang zwischen den einzelnen Wahrnehmungen auf Kamtschatka, welche ich in mehreren Abschnitten dieses Bandes darzustellen versucht habe, wird, zum Theil aufs wesentlichste, bedingt durch die gegenseitige Lage der Punkte an denen sie stattfanden. Sowohl meine eigenen Ortsbestimmungen im Innern dieser Halbinsel, als die der Capitaine Beechey und Lütke an deren Ostküste, hatten nun aber die älteren graphischen Darstellungen derselben aufs äusserste verändert und vervollständigt, und ich entschloss mich demnach schon vor mehreren Jahren zum Entwurfe und zur selbständigen Herausgabe einer physikalischen Karte von Kamtschatka, auf welcher unter anderm die Queerdurchmesser des Landes in der Zone von 56° bis 58° Breite auf weniger als die Hälfte ihrer vermeintlichen Gröfse zu reduziren, viele der wichtigsten Ortschaften hinzuzufügen, einige andere für Erdichtungen der früheren Kartenzeichner zu erklären und zum erstenmale eine erfahrungsmäfsige Darstellung eines kettenförmigen und dennoch vulkanischen Bergzuges zu versuchen waren, welcher den Längendurchmesser desselben einnimmt. In dem nachfolgenden Texte ist überall wo es nöthig schien auf diese Karte verwiesen, obgleich der Verleger meines Reiseberichtes deren Einverleibung in diesen Band nicht für rathsam gehalten, sondern der besondren Beziehung derselben durch die Reimersche Buchhandlung oder durch die Kartenhandlung von S. Schropp den Vorzug gelassen hat. — Es werden dagegen zugleich mit diesem Bande 11 Tafeln lithographischer Zeichnungen ausgegeben, von denen sich die eine auf einige Nord-Asiatische Kunstprodukte bezieht, die übrigen aber Fels- und Gebirgsparthien aus dem Lena-Thale, dem Aldanischen und Marekanischen Systeme, so wie aus der erloschenen und der aktiven Vulkanreihe auf Kamtschatka darstellen. Ich habe hier gegen meinen Freund Herrn F. H. v. Kittlitz eine angenehme Pflicht der Dankbarkeit zu erfüllen, indem ich den liebevollen Eifer und die gewissenhafteste Vorsicht erwähne, mit dem er theils den von mir und oft nur in gröfster Eile, mit unvollkommensten Hülfsmitteln skizzirten Umrissen, theils einigen von ihm selbst, ein Jahr zuvor, auf Kamtschatka entworfenen, die beabsichtigte Ausführung verliehen hat. Auch ist es nach so wünschenswerther Behandlung nur der Unvollkommenheit des vorhandenen Materiales, so wie auch einer der künstlerischen Mufse nicht ganz günstigen Gegenwart zuzuschreiben, wenn die nun vorliegenden Steinzeichnungen, neben dem geognostischen Charakter, nicht auch die ausserordentliche Schönheit vieler Kamtschatischen Landschaften veranschaulichen.

Es ist endlich diesem Bande auch das Verzeichniss einiger wesentlichen Druckfehler in demselben hinzugefügt, während für unbedeutendere die Nachsicht der etwanigen Leser meines Reiseberichtes erbeten wird.

Berlin, im Juni 1848. *A. Erman.*

Inhalt des dritten Bandes.

XV. Abschnitt.

Aufenthalt in Ochozk und Excursion zum Marekanischen Gebirge.

Das Akulkow'sche Haus in Ochozk, vor welchem ich nun meine Tungusischen Begleiter und die mit 90 Hunden bespannten Narten entliess, hatte ein weit Europäischeres Ansehen, als man im Innern von Sibirien zu finden gewohnt wird. Die Balkenwände waren mit Brettern bekleidet und geweifst, man hatte Glasscheiben in den Fenstern, und vor denselben, zu beiden Seiten der Hausthür, einen viereckigen Platz bis dicht an das Flussufer, mit einem zierlichen Pfahlgitter umgeben. Er war, so wie ähnliche in Deutschen Dörfern, zu einem Garten bestimmt, obgleich noch erst, um ihn tauglich zu machen, von weither einige weichere Erde auf den nackten Geröllboden gebracht werden sollte. Hier hatten Seeleute gebaut, und was als Verfeinerung der Sibirischen Sitte auffiel, war ihnen durch allmählige Tradition von Osten her über den Ocean zugekommen. Auch das Hausgeräth in den Zimmern die wir bezogen, mit der Aussicht auf den mächtigen Strom und auf das bewaldete Gebirge im Westen, schien dem an Tungusische Jurten Gewöhnten wie eine seltsame Erinnerung an die Heimath. Zum ersten Male war mir, als sei nun weit mehr als die Hälfte des Weges um die Erde zurückgelegt, und, wie gewöhnlich der erste Eindruck eines Ortes der entscheidende zu sein pflegt, so ist mir auch dieses täuschende Gefühl, während des ganzen Aufenthaltes in Ochozk unverändert geblieben*). Gleich anfangs gesellte sich dazu ein greller Abstand zwischen der vollendeten Unbefangenheit der Tungusen, und dem fanatischen Aberglauben der Ochozker an die Auserlesenheit ihres Volkes, und an die alleinige Wahrheit der ihm eigenen Religion. Dergleichen, für den Westen der Erde so auszeichnende, Ueberzeugungen, wurden vor fast 200 Jahren hierher verpflanzt, und während sie sich an ihrem Ursprungsorte ein wenig milderten, blieben sie in der Einsamkeit dieser entlegensten Colonieen ungeschwächt, und verleihen nun gerade diesen einen ultra-Europäischen Charakter. — Mein neuer Gastfreund, Herr Peter Akulkow, war ein bejahrter Mann von hagerem und riesigem Wuchse. Er hatte früher auf den Schiffen und in den Werkstätten des Ochozker Geschwaders gedient, dabei aber wie alle Sibirischen und Kamtschatischen Bürger, das schwer zu definirende Gewerbe des Promuisl getrieben (vergl. I. 1. S. 466. 522. u. a.). Jetzt lebte er nur für diesen und zählte zu den Reichsten des Ortes. Eine zurückhaltende Schüchternheit gegen die vornehmere Race der Russischen Ankömmlinge konnte er dennoch nicht überwinden. Ich habe ihn nach der ersten, und wie immer feierlichen, Begrüssung kaum wieder gesprochen. Es wäre aber auch kaum Zeit dazu geblieben, neben der redseligen Geselligkeit unserer Hausfrau. Nach „christlicher Sitte“ fragte diese zuerst nach meinem Taufnamen, sagte mir, dass sie Anna Iwánowna heisse und bat mich schon um das Zutrauen eines Sohnes, unter Versicherung ihrer mütterlichen Theilnahme, während sie uns beim Ausschneiden meines Gepäckes aus den Jakutischen Rindshäuten behülflich war. Sie mochte bei diesem Geschäft eine sehr verzeihliche Neugier über die räthselhaften Kasten meiner Mess-Instrumente empfinden, denn aus dem An-

*) In der That ist es doch von Ochozk bis zum Meridian von Berlin, gegen Osten fast zweimal so weit als gegen Westen.

blick derselben schloss sie sogleich, dass ich wohl zu der Art von Reisenden gehören möge, die man hier vor 40 Jahren, bei der Billingschen Expedition gesehen hatte. Dann fuhr sie fort, von den Vorzügen und Hülfsquellen der Ochozker Gegend, die sie für mich zu benutzen gedenke, und von den früheren und jetzigen Bewohnern der Stadt zu erzählen und mir bei Zeiten sehr kluge Verhaltungsregeln für den Umgang mit den Wichtigsten unter ihnen einzuschärfen. Anna Iwánowna trug im Hause, wie alle älteren Ochozkerinnen, eine Kukljanka, d. i. ein Kamtschatisches Rennthierkleid, welches den Ostjakischen Parken zwar ähnlich, aber noch zierlicher als diese, auf der äufseren Lederseite roth gefärbt, und mit einem über die Brust herabhängenden Latze aus schwarzen und weifsen Fellstreifen versehen ist. In solcher Tracht glaubte sie ihren ächt christlichen Ursprung selbst durch eine weifse Gesichtsfarbe und durch deutliche Spuren von Europäischer Schönheit nicht genügend bewiesen, denn sie erklärte ausdrücklich, wie ihnen die Kukljanka von dem hiesigen Klima nur allmälig aufgenöthigt worden sei, und versicherte mir, dass ich alle jüngeren Bewohnerinnen des Ortes und auch sie selbst bei passenden Gelegenheiten „in zitzenen Kleidern“ sehen würde.

Dergleichen und noch dazu alles Wesentliche der Petersburger Sitte zeigte mir dann auch sogleich ein Besuch bei dem Hafen-Capitain und Gouverneur von Ochozk, Herrn Alexander Stepánowitsch Walront. Er bewohnte eines der beiden zweistöckigen aber ebenfalls hölzernen Gebäude, welche die Stadt enthielt. Ich werde noch ferner die Freundlichkeit dieses würdigen Seemannes zu erwähnen haben, und die Bemühungen durch die seine Gemahlin (Jelisaweta Philátjewna) in den wenigen Jahren ihres hiesigen Aufenthaltes eine seltene Annäherung zwischen den alterthümlichen Bewohnern von Ochozk und denen von moderner Russischer Sitte bewirkt hatte. Bei den ersten Besuchen wurde nur die Fortsetzung meiner Reise besprochen. — Hier bei Ochozk war das Schneeschmelzen schon so weit vorgerückt, dass man die meisten Zughunde freigelassen hatte*). Ich durfte daher jetzt nicht mehr hoffen, auf einer Landreise längs der Küste, über Ijiginsk nach

*) In der nächsten Woche wurden auch die übrigen entlassen.

der Westküste von Kamtschatka, die nöthige Anzahl von bespannten Narten oder von Rennthieren zum Reiten und Tragen, bei den Wintersitzen der Lamuten oder See-Tungusen, und weiterhin bei denen der Korjaken zu finden. In sehr dringenden Fällen hat man wohl auch hier den Naturverhältnissen zu trotzen versucht, indem man noch auf dem letzten Schnee die nur für den Winter bestimmten Reisemittel in Bewegung setzte. Man findet aber dann fast alle Rennthiere in dem eigenthümlichen Zustande der Ermattung der zu ihrer Entlassung ins Gebirge auffordert*), und überall ist dann der Vorrath an getrockneten Fischen schon so erschöpft, dass man nur mühsam, und indem man es den Menschen entzieht, für eine kleine Zahl von Hunden das spärliche Futter auftreibt. Wer dergleichen gewagte Reise wohl gar mit einem starken Gepäcke unternimmt, hat es sich selbst beizumessen, wenn er unterweges von den sonst so gutartigen Eingebornen verlassen, und in der dann endlos scheinenden Oede dem Hungertode ausgesetzt wird**). Zu einer Landreise nach Kamtschatka blieb mir zwar noch eine zweite Möglichkeit, wenn ich in Ochozk die Jakuzker Pferde abwartete, welche die Sendungen für die Kaiserlichen Magazine und die Kaufmannsgüter für den hiesigen Jahrmarkt bringen. Diese sind dann käuflich und schon früher zu Waarentransporten nach Jÿginsk gebraucht worden. Herr Walront sagte aber richtig voraus, dafs wohl noch mehr als ein Monat bis zur Ankunft dieser ersehnten Karavanen vergehen würde, und richtete meine Hoffnung gleich anfangs auf eine der diesjährigen Schiffsverbindungen mit der Halbinsel. Von den drei Kaiserlichen Fahrzeugen welche in diesem Augenblick im Bereich des Ochozker Hafens, und zwar sämmtlich am Ufer des Kuchtui***) auf's Trockene gezogen lagen, war das Boot Denis (Dionysius) zum Abbrechen bestimmt, eine kleine Brigg, Jekatarina, wurde eben ausgebessert und eine grössere,

*) Vergl. oben I. 2. S. 403. u. f. Die Bremsenlarven, welche im Frühjahr schnell wachsen und die ich im Mai dem Auskommen nahe fand, schienen mir am meisten zu diesem krankhaften Zustande beizutragen.

**) Die dringende Lebensgefahr, in die Herr Dobell zwischen Iÿginsk und Ochozk bei einer solchen Gelegenheit gerieth, fand ich hier noch in frischem Andenken.

***) Dieser Name ist dreisilbig.

die Kamtschatka, war im Bau und der Vollendung nahe. Diese sollte ein ähnliches Fahrzeug ersetzen, welches im vorigen Jahre unter Cap. W. M. Sacharow an der Westküste von Kamtschatka bei der Mündung der Bolschaja rjeka gescheitert war*). Man beabsichtigte damals noch, die beiden letzteren im Laufe des Juli nach Petropaulshafen abzufertigen, und ich beschloss mit der Kamtschatka zu gehen, die ihre Reise zwar später antreten sollte, aber weit besser zu segeln versprach als Jekatarina**).

Für mich höchst günstige Umstände haben später an diesem anfänglichen Vornehmen manches geändert. Mein Aufenthalt in Ochozk währte aber dennoch 70 Tage (von Mai 19 bis Juli 28) und es fehlte mir somit nicht an Erfahrungen über eine Gegend, die durch ihre geologischen und atmosphärischen Verhältnisse, so wie durch ihre Pflanzen- und Thierwelt, den lehrreichsten Uebergang von dem Festlande zu der Kamtschatischen Halbinsel darbietet. Ich versuche hier zuerst diejenigen Eigenthümlichkeiten von Ochozk hervorzuheben, die sich aus wiederholten Wahrnehmungen während des dortigen Aufenthaltes, und durch deren Anschluss an früher Gesehenes ergaben. Was ich dann in chronologischer Ordnung von besonderen Erlebnissen zu erwähnen habe, dürfte dadurch an Anschaulichkeit gewinnen.

[Mai bis Juli.]

Die Grofsartigkeit des Gebirges über welches wir zur Ostgränze des Alten Continents gelangten, war, auffallender Weise, von früheren Reisenden nicht beachtet oder doch nicht gebührend erwähnt worden. Freilich hatte keiner von ihnen ein Mittel zum Höhenmessen gehabt, denn das einzige Barometer welches, vor dem

*) Zwei andere Schiffe der Ochozker Eskader, die Brigg Nikolai und das Boot Boris kehrten im Juli, die eine von Petropaulshafen, die andere von den nördlichen Küsten des Penʒinsker Meeres, wo sie überwintert hatten, zurück — und endlich sah ich im Oktober zu Petropaulshafen noch ein siebentes Ochozker Schiff, die Brigg Jelisaweta, die wahrscheinlich erst im August von ihrer vorjährigen Bestimmung auf die Rhede zurückkam.

**) Für unerheblich gilt dieser Umstand hier nicht, denn manche der Ochozker Schiffe brauchen noch jetzt 20 Tage zu dem Wege nach Petropaulshafen, der nur 200 bis 240 D. Meilen beträgt und daher von jedem guten Segler in 4 bis 5 Tagen zurückgelegt werden kann.

meinigen, nach Ochozk gelangte, ist nur wie eine andere Waare dahin geführt, unterweges aber nicht gebraucht worden. Sie hätten indess schon aus der Dauer ihres Ueberganges auf die Höhe des Hauptpasses schliessen können. So hatten wir von Jakuzk bis zur Meeresküste bei Ochozk 26 Tage auf einem Wege von nur 112 geogr. Meilen, und vom Aldan bis an die Ochota bei Arki, sogar 18 Tage auf nur 55 geogr. Meilen gebraucht! Innerhalb der zuletzt genannten Strecke waren wir aber im Durchschnitte täglich neun Stunden lang ununterbrochen geritten oder, mit Ausschluss der zwei Ruhetage in Garnastach, zusammen etwa 144 Stunden. Unsere Rennthiere hatten demnach in mittleren Fällen die Meile in 157 Minuten zurückgelegt, d. i. mit einer Langsamkeit, die nur allein durch die Gestalt des Terrains zwischen dem Aldan und der grossen Ochota zu erklären ist*). Fast genau in der Mitte zwischen der Aldanischen Fährstelle und Ochozk, liegt der Weg über den Kapitan-Berg 3800 Par. Fufs über dem Meere**), und der über 4000 Par. Fufs hohe Gipfel dieses Berges, giebt den höchsten Punkten des Ural nichts nach. Während aber die letzteren nur vereinzelt vorkommen, hat der Kamm des Aldanischen Systemes offenbar auf weite Strecken eine so bedeutende Höhe. So ist jener 3800 Fufs hohe Pafs, von den Tungusen ganz sicher nur als der niedrigste und bequemste der Gegend, zum Uebergang gewählt worden — auch liefs die Ansicht der umgebenden Berge hierüber kaum einigen Zweifel (I. 2 S. 378). Alle Gipfel, die mit dem Kapitan noch aus einerlei Felsmasse — der so merkwürdig krystallinischen Grauwacke — bestehen, sind zu parallelen Ketten vereinigt, von denen die weiter östlich gelegenen ganz ununterbrochen und mit fast ebenem Kamme erscheinen. Aber auch das kesselförmige Thal, in welches man gegen Süden hineinsieht, ist kein Pafs,

---

*) Die Schlittenrennthiere der Ostjaken legen die geogr. Meile in 53 Minuten zurück, d. i. dreimal so schnell als unsere Tungusischen.

**) Der Kapitanberg liegt bei etwa 137°,4 Ost von Paris und 60°,83 Breite und mithin nach meiner Bestimmung

für Aldanskji Perewos (133° 13′ 43″ O. v. P. 61° 53′ 22″ Br.)

und für Ochozk . . . . . . (140° 51′ 10″ O. v. P. 59° 21′ 29″ Br.)

in gerader Linie 33,9 Meilen von dem ersten und 34,0 Meilen von letzterem Punkte.

der einen niedrigeren Uebergang über die Hauptkette gewährte, sondern nur durch eine Krümmung und Theilung ihrer Gipfellinie entstanden. Man würde an jener Stelle die grösste Höhe etwas früher überschreiten, als am Kapitan, dann aber, nach dem Durchgang durch die mit Eis bedeckte Senkung, zum zweiten Male eine eben so grosse. — Das breite Längenthal der Allachjuna, welches die Kalkformation und einige kalkige Schiefer von der kiesligen Grauwacke trennt, und das ihm ähnliche, das von den östlichsten Abhängen geschichteter Felsen und von den westlichsten Porphyrketten noch schroffer begränzt wird, und in welchem zugleich die Wasserscheide zwischen dem Eismeere und dem grossen Ocean liegt, und dann endlich jene plutonischen Massen selbst, von denen die einzelnen Gipfel doch gegen 800 Fufs über die Thalsohlen hervorragen, sind Erscheinungen, die man nur in ausgedehnteren Bergsystemen findet. Noch grofsartiger erschien aber das Aldanische Gebirge, wenn man seine Breite mit der von bekannteren Europäischen Systemen verglich. Von Bjelskji Perewos bis jenseits Arki an der Ochota, d. h. auf einer Strecke von 52 geogr. Meilen, hatte ich jeden Punkt seines Querschnittes um mehr als 750 Par. Fufs über dem Meere gefunden, während dieselbe Minimumgränze für die Höhe, in dem Querschnitt der Alpen, nur zwischen Basel und dem Comer See, d. h. auf 25 Meilen, vorkömmt. Die Sage von sogenannten Tafelländern oder Plateaus, die namentlich in Asien so häufig sein sollten, mag meist durch unvollständige Schilderung von dergleichen breiten Gebirgsketten entstanden sein. Auch diese werden wohl bei genauerer Bekanntschaft ein eben so deutliches Streichen und eine so regelmässige Neigung ihrer Abhänge zeigen, wie das Aldanische Gebirge nach meinen Höhenmessungen und Ortsbestimmungen. Wenn man von der Gipfellinie beim Kapitanberge an zählt, so findet man den Flufslauf in demselben bei:

	Entfern. in Meilen. W.	Höhe über dem Meere. Par. F.	Entfern. in Meilen. O.	Höhe über dem Meere. Par. F.	
am Aldan	34,5	396	25,5	156	an der Ochota.
an der Bjelaja . . .	30,8	714	21,0	812	an derselben.
an derselben	28,8	924	15,5	1092	an derselben.
an der Antscha . .	12,8	2000	5,5	2328	an der Judoma.
an derselben	7,8	2244			
am See Tungor . .	4,5	2292			

woraus sowohl eine sehr regelmässige Neigung beider Abhänge, als auch eine etwas steilere für den östlichen als für den westlichen hervorgeht*). An beiden Abhängen wird aber die Oberfläche welche die aufeinanderfolgenden Flufsthäler verbindet, von den Wänden ihrer Thäler oder den einzelnen Gipfeln des Gebirges bedeutend überragt; so in der Kalkkette bei Garnastach um 1112 P. F. von dem Ulagtschan, und um eben so viel von den Sem Chrebti; in der Grauwackenkette um 1500 F. von den Kämmen bei Judomsk, und in der Porphyrkette, selbst da wo sie die Ochota durchschneidet, um 800 P. F. von vielen einzelnen Kegeln.

Eben so wie ich diese Bergmasse zwischen 60° und 61° Breite kennen gelernt hatte, so scheint sie sich aber auch noch 140 Meilen weiter gegen das Eismeer zu erstrecken, denn noch unter 70° Breite liegt zwischen der Jana und Indigirka ein hoher Landstrich, auf welchem Thonschiefer und Grauwacke anstehen. Herr Slobin sah diese, als er, bald nach unserem Zusammentreffen in Jakuzk (vergl. oben I. 2. S. 268), seine Reise bis nach Ustjansk und von dort ostwärts gegen die Indigirka fortsetzte. Ja etwa 30 Meilen nördlich von dem Ochozker Wege ist sogar die Breite des Aldanischen Systemes noch grösser, als wir sie gefunden haben. Dessen mittlere oder Grauwackenketten reichen dort westwärts bis an die Wasserscheide zwischen dem Aldan und den Quellflüssen der Jana, oder den sogenannten Werchojansker Bergen — am Endobur, der von diesen Bergen gegen Süden zum Aldan fliesst, ist bis zur Mitte des vorigen Jahrhunderts, eini-

*) Vergl. die Höhenbestimmungen II. 1. S. 386.

ger Bergbau auf Silber getrieben worden (in der Anduibalder Grube) — und dennoch bilden in dieser Breite die Omekonsker Berge (I. 2. S. 375), die, nach Sauer's und Sarytschew's Angaben, weit östlich von dem Meridiane von Arki (139°,9 O. v. Par.) liegen, den Hauptkamm des Gebirges.

Die NNO.liche Richtung welche der Aldanflufs, schon von 30 Meilen oberhalb der Fährstelle an der wir ihn überschritten, so wie auch von noch weiter südlich, die in ihn mündende untere Maja, beide zusammen also von 58° bis 62° Breite befolgen, läfst dann ferner sehr deutlich erkennen, dafs dasselbe Gebirge sich auch südlich von dem Ochozker Wege unter ganz ähnlichen Erscheinungen fortsetzt. Auch dort fliessen die Allachjuna und die Judoma in der letzten Hälfte, die Maja aber in der Mitte ihres Laufes, gerade so wie wir es von der Bjelaja zwischen den Sieben Rücken und Bjelskji Perewos gesehen haben: in Querthälern nämlich, welche die Kalkketten durchsetzen und deren Richtung eben deshalb kaum mehr als von WSW. bis WNW. variirt. Diese alle münden aber endlich in das sie senkrecht durchschneidende Längenthal der unteren Maja und des Aldan, welches längst des äufsersten Westrandes des Systemes den gröfsten Theil seiner Wasser der Lena zuführt*).

---

*) Der Hauptkamm oder die Axe des Aldangebirges ist gewifs sehr nahe identisch mit der Linie durch den Kapitanberg (60°, 83 Br. 137°, 4 O. v. Par.) und durch die in der Breite von Omekonsk gelegene Stelle der gröfsten Höhe (63°, 40 Br. 144°, 1 O. v. Par.). Ihre Richtung ist demnach am Kapitanberge selbst, nach N. 47°, 77 O. oder der gröfste Kreis, dessen Pol bei 21°,15 N. Br. und 2°,53 O. v. Par. liegt. — Die Verlängerung dieser Richtung gegen Süden, geht durch die Berge bei Peking (17 Meilen NW.lich von der Stadt), durchschneidet das NO.-Ende von Sumatra, und erreicht ihre südlichste Breite (68°,85) bei 3°,53 O. v. Par., wo sie, mit östl. Streichen, sehr nahe mit der Küste des Süd-Polarlandes zusammenfällt. Von dort nordwestwärts gewandt, durchschneidet sie die Ostküste von Süd-Amerika bei der Mündung des Colorado, geht genau durch Coquimbo an der Westküste und, immer nahe an den Anden, durch Panama und durch das NO.-Ende des Mexicanischen Meerbusen. Im Innern von Nord-Amerika fällt sie zwischen 40° und 55° Br. mit den Rocky mountains zusammen, indem sie namentlich den hohen Gipfeln derselben (Bighorn 41°,6 Browne-Berg 53°) sehr nahe liegt. Von Neu-Archangelsk auf Sitcha bleibt sie 80 Meilen landeinwärts, und tritt endlich durch Kotzebue-Sund wieder in Nord-Asien

Dieses östlichste der Asiatischen Bergsysteme hat nun dicht an der Ochota eine weit geringere Ausdehnung gegen das Meer als zu beiden Seiten dieses Flusses. Denn während wir schon bei Meta, noch sechs Meilen von der Küste, das letzte Anstehende fanden, ist rechts von unserem Wege der Urakfluss sogar bis zu seiner Mündung (4 Meilen WSW. von Ochozk) von Felsen umgeben, und in der Mitte seines kurzen Laufes von bewaldeten Bergen. Die Quelle dieses Flusses ist nur 9 Meilen vom grofsen Ocean entfernt, und nur ein schmaler aber schroffer Bergrücken (die Pferdeberge oder Konnija gorui) trennt sie von dem Gebirgssee dessen Wasser, durch ein Querthal, bei Judomskji Krest in die Judoma, und mit dieser zum Eismeere abfliefst. (I. 2. S. 391)*) So wie aber im Westen jene Felsen am Urak und gegen NW. der Porphyr von Meta, so bilden im Osten und noch in gröfserer Nähe die Marekanischen Felsen, einen steilen Rand um die niedrige und dürre Ebene von Ochozk (vergl. unten Juni 30). Offenbar war hier einst anstatt dieser, ein halbrunder Einrifs in die hohe Küste vom Meere gefüllt. Der Kuchtui und die Ochota, die sich, von NO und von NNW, mit reifsender Strömung in diese Bucht ergossen, haben darin von jeher, gerade so wie jetzt, ungeheure Mengen von runden und blank geschliffenen Porphyrtrümmern angespült. Die Fluthwellen und Brandungen warfen diese

---

ein, wo sie zuerst (68°, 85 Br. 183°,53 O. v. Par.) mit östlichem Streichen die Küste des Eismeers begleitet, alsdann aber endlich die Flüsse Omekon und Koluima an denjenigen Stellen durchschneidet, wo dieselben, nach der Karte von Admiral Wrangel, eine schroffe Ausbiegung nach NW., gerade wie Querthäler des Aldangebirges, besitzen. — Auch diese Resultate, namentlich aber die gegenseitige Lage des Aldangebirges und der Rocky mountains, sind mithin der Vermuthung nicht ungünstig, dafs von den Gebirgsketten der Erde je mehrere auf dem kürzesten Wege (d. h. als Theile von einerlei gröfstem Kreise) zusammenhangen.

*) Dort liegt also die Wasserscheide zwischen dem Eismeere und dem grossen Ocean diesem letzteren noch weit näher als in dem Längenthale zwischen Judomsk und Ketanda (I. 2. S. 393). Der Weg über die Konnija gorui wird im Sommer von allen Jakuzker Reisenden vorgezogen, und viele derselben gehen auch von dort noch in dem Urakthale stromabwärts bis zur Küste.

gegen die Küste zurück. Sie haben davon immer neue und neue Wälle an ihrem felsigen Rande abgesetzt, bis dafs endlich nur die Flufsbetten offen blieben, alles Uebrige aber bis in unergründete Tiefe mit Geröllen gefüllt, und aus denselben auch, zwischen den Marekanischen Felsen und denen vom Urak, ein geradliniger Strand gebildet wurde. Wohl mag auch hier eine noch fortdauernde Hebung der Küste bei diesem grofsartigen Zuwachs des Festlandes thätig gewesen sein, und die Gestalt der parallelen Dünenwälle, die sich in, vom Meere aus, etwas zunehmenden Höhen finden, ist kaum ohne eine solche Annahme zu erklären.

Jetzt münden die beiden Ströme ¾ Meilen von einander in das östliche und westliche Ende eines seichten und ringsum von Schichten jener Porphyrgerölle umgebenen Haffes, welches Ochozkji priliw, d. i. die Ochozker Fluthbucht, genannt wird: der Kuchtui ganz ungetheilt, die Ochota aber in vier Armen: dem Hauptflufs, der Kislaja oder sauren, der Bystraja oder reissenden und der Bulginka. — Bei hohem Wasser erstreckt sich dieses Haff etwa eine halbe Meile landeinwärts, und ist vom Meere getrennt durch eine niedrige Insel, die in der Richtung der Küste 4 Werst, in der darauf senkrechten aber, je nach dem um 10 Fufs wechselnden Wasserstande, nur von 200 bis 800 Schritt breit ist.

An der Ostseite dieses schmalen Landstückes fanden schon die ersten Russischen Ansiedler eine gegen 1500 Fufs breite Mündung, durch welche die damals vereinigten Wasser des Kuchtui und der Ochota abflossen. Sein West-Ende hing aber noch mit dem am rechten Ufer der Ochota gelegenen Lande (dem sogenannten Urakischen Strande, Urazkaja koschka) zusammen, bis dafs ein Durchbruch im Jahre 1810 die Landzunge oder Nährung in eine Insel verwandelte. Im Mai jenes Jahres verstopfte sich nämlich die damals einzige Mündung des Haffes, weil einmal auf beiden, durch den Gebirgsschnee geschwollenen, Strömen das Eistreiben gleichzeitig erfolgte. Der Untergang der Stadt stand bevor, und obgleich man aus der Hafenbatterie gegen den Eisdamm feuerte, der sich aus Schollen und Blöcken gethürmt hatte, so blieben doch solche Sprengungsversuche vergeblich, bis endlich das gestaute Wasser das West-Ende der Landzunge durchbrach. Seit dieser Zeit hat sich der Strom aus dem Haffe für immer gespalten und noch jetzt bestehen an beiden Seiten der neuen Insel, die östliche und die westliche Mündung, unter dem Namen der alten und neuen (staraja und nowaja Ustja). Man könnte sie auch die Kuchtui- und Ochota-Mündung nennen, indem die erstere der Richtung jenes Stromes, die andere der des stärksten westlichsten Armes der Ochota entspricht.

Für gröfsere Fahrzeuge hat jedoch nur die alte Mündung, welche das Bett des Kuchtui verlängert, eine eben ausreichende Tiefe.

Die Gebäude von Ochozk, welche von jeher, oder doch seit der officiellen Anlage des Hafens im Jahre 1731, auf jener schmalen Landzunge gelegen hatten, waren nun, fast wie ein Schiff im Meere, von den nöthigsten Lebensmitteln getrennt. Der völlig nackte Geröllboden ist dort bis dicht unter der Oberfläche mit salzigem Wasser durchzogen, und so mufste sogar das Trinkwasser aus einer Quelle am NW-Ufer des Haffes geholt werden. Fünf Jahre nach dem Durchbruch (im Jahre 1815) entschlofs man sich deshalb auch, im eigentlichsten Sinne des Wortes, zur Uebertragung der Stadt an ihre jetzige Stelle, d. h. an das linke Ufer des Kuchtui.

Jetzt sah man an diesem, wenn man von der Alten Mündung stromaufwärts ging, am weitesten gegen das Meer hinaus auf hohem Balkengerüste eine Batterie von vier Signalkanonen, und ihr zunächst die Magazine der Amerikanischen Handels-Compagnie, welche, mit dem Wohnhause für deren Beamten, einen grofsen viereckigen Hofraum umschliefsen. Ihre hellgelb getünchten Wände und die rothen Holzdächer waren eine besondere Zierde der Gegend. Eine neue Brigg der Compagnie lag daneben auf dem Werfte, und eine abgetakelte etwas höher auf dem Ufer. — Gegen tausend Schritt weiter aufwärts erreicht man Ochozkji Port, das sind die Werfte, die Vorrathshäuser und grossen Werkstätten zur Ausrüstung der Kaiserlichen Schiffe. Die drei oben genannten Fahrzeuge lagen in dieser Gegend des Ufers, und hinter denselben, der Küste näher, ein Wacht- und Signalthurm für die Lootsen. Dann folgt eine halbe Werst eines niedrigen und welligen Landes, mit Brücken über den Ausfluss der Laachen die es zur Fluthzeit durchziehen, und endlich, etwas höher auf trocknerem Boden, gegen 200 Häuser der eigentlichen Stadt.

Am weitesten westwärts und hart an einem jener brakischen Tümpel, bilden die Wohnung des Gouverneur, ein Krankenhaus, die Steuermannsschule und einige zu ihr gehörige Gebäude eine stattlichere Reihe. Eine Kirche, die denn auch hier noch, wie überall wo Russisch gesprochen wird, die Kopfform der Byzantinischen Thürme nachahmt, liegt am Ost-Ende der Stadt, in ihrer Mitte aber, als die zwei wichtigsten Institute: der Gostinji dwor oder Basar und das Proviantmagazin, so wie auch, näher am Flusse, ein leicht gezimmertes Haus mit gröfseren Glasscheiben, welches Klub genannt wird, weil es den Ballsaal der Ochozker enthält; am Grossen Ocean nördlich von Canton, war er der einzige seiner Art. Mit gefälliger Willkür sind dann zwischen diesen berühmteren Gebäuden die Blockhäuser vertheilt, in denen die alt-ansäfsigen Ochozker (die Staro*j*ilzi, wie man sie auch hier nennt), die Kosaken, die Matrosen und die Offiziere der Flotte, mit kaum verschiedenen Hülfsmitteln zur Bequemlichkeit wohnen. Die meisten dieser Häuser gränzen an sogenannte Ambari oder Vorrathsschuppen. Sie umgeben mit ihnen zusammen einen Hofraum, und in dessen Mitte die Pfahlreihen, an welche die Zughunde den Winter über angelegt werden, und die Gruben, die sie sich, ein jeder an der ihm angewiesenen Stelle, gewühlt haben. Auch erhebt sich neben den meisten Gehöften das hohe kegelförmige Gestell eines Balagan oder Zeltes, in welchem die alten Ochozker die Sommernächte zubringen oder die dann eintreffenden Fremden aufnehmen. Am weitesten ostwärts am Kuchtui, noch oberhalb des Akulkowschen Hauses, folgen in langer Reihe die aus Ständern und wagerechten Querstangen zusammengesetzten Gerüste zum Trocknen der Fische, welche hier weschelják (von weschatj, aufhängen) genannt werden.

Sehr auszeichnend ist für die Ochozker Gegend eine seltene Armuth an Gewächsen, denn obgleich ich bald nach meiner Ankunft einiges Lärchengehölz auf der Insel Bulgin (am Nordufer des Haffs zwischen der Bulginka und Buistraja oben S. 11) und später auch, nur $1\frac{1}{2}$ Meile von Ochozk, auf den Marekanischen Felsen einen üppigen Gebirgsflor kennen lernte, obgleich riesige Lärchenstämme vom Urak und vom oberen Laufe des Kuchtui die hiesigen Werfte mit Bauholz versorgen — so verlebt man doch in der näheren Umgebung der Stadt den ganzen Sommer, ohne irgend eine Pflanze zu sehen. Die angeschwemmten Rollsteine sind überall wo sie eben liegen, im Lauf der Jahrhunderte völlig blank und unverwittert geblieben. Sie bilden den Kieselstrand (die dréswjanaja Koschka) der Ochozker, der von ihnen, seiner absoluten Unfruchtbarkeit wegen, so oft erwähnt wird. Erst weiter abwärts vom Flusse, wohl eine Werst hinter dem Ostende der Stadt, liegen dieselben Gerölle in wellenförmigen Hügelzügen, die nur gegen 8 Fufs hoch, in ganz gleichen Intervallen auf einander folgen, und sich parallel mit der Küste gegen Osten erstrecken. Offenbar sind dies die uralten Dünen, die bei der allmäligen Ausfüllung der grofsen Felsenbucht entstehen mufsten; auch gehen sie ganz allmälig in die gleichartigen, aber näher am Meere gelegenen Wälle über, welche höhere Sturmfluthen noch jetzt überspülen. Nur in den Senkungen zwischen diesen Hügeln haben nun der Frost und die salzfreien Tagewasser, die sich in ihnen selbst im Sommer erhalten, aus dem kiesligen Gestein einige weichere Erde gebildet, und nur auf dieser haben sich die Samen erhalten, welche Ostwinde und Wasserspülungen von den nächsten Bergen antrieben. Hier wächst, zwischen den Dünen versteckt, ein Zirbelgesträuch (pinus Cembra), welches Kedrownik, d. i. das Cederngehölz, genannt wird. Es gilt für das nächste Grün, welches man, ohne eine Wasserfahrt über die Bucht, erreichen kann. Nur ganz vereinzelt habe ich einmal ausser diesem, am 15. Juli eine kräftige Staude von Pulmonaria maritima mit grofsen Blüthen zwischen den neuen Dünen und der Mündung des Kuchtui gefunden, so wie auch Potentilla anserina und Leontodon Taraxacum noch näher an der Stadt.

Das Frühjahr wirkt dennoch kaum irgend wo mehr als hier, verschönend und belebend, auf die bewaldeten Berge in der Ferne, auf eine reiche und ringsum mit gesteigerten Kräften erwachende Thierwelt, und vor allem auf die wieder freien und nun doppelt mächtigen Wasser. „Im Frühjahr, sagte man mir in Ochozk, mit einem Russischen Sprichwort, gehen selbst die Klötze zu einander"*).

*) Wörtlich: „fällt selbst ein Span auf den anderen." Wesnoju i schtschepka na schtschepku pádajet.

Es ist das Zusammensinken der Dinge gemeint, die beim Schneeschmelzen ihre Unterstützung verlieren, denn, als ob auch die Schwerkraft durch den Winter gehemmt wäre, so freut man sich an diesen Bewegungen und glaubt sie mit den Wundern erneuter Lebenskraft vergleichen zu dürfen*). — Die Gebirgswasser (werchowija wody, wie man sie hier nennt, I. 2. S. 49. II. 1. S. 450) waren in diesem Jahre bei Ochozk ungewöhnlich reichhaltig, und zweimal an jedem Tage sah man, nachdem sich das Bett des Kuchtui allmälig gefüllt hatte, grofse Eisblöcke und Schaumstreifen, anfangs sehr langsam und dann mit sichtbar wachsender Schnelligkeit, zum Meere treiben. Die jenseitige Ebene war dann weit überstaut, und nur ein schmaler Vorgrund schien vor den Bergen am Westhorizont ausgebreitet. Von diesen trugen einzelne Gipfel noch glänzenden Schnee, während auf den Abhängen nur weifse oder von der aufgehenden Sonne vergoldete Streifen zwischen den dunkelgrünen Zirbelgehölzen schimmerten. Immer schmaler wurde dann wieder das Wasser der Bucht, während die nordwärts gerichtete Strömung zunahm, bis dafs man, auf einzelnen Bänken und langen Inseln, und endlich überall auf dem flachen Boden des Kuchtui, die Gerölle trocken gelegt sah. Auch noch so nahe der Mündung wurde jetzt eine erstaunliche Menge todter Lachse zwischen den Eisblöcken getrieben. Sie strandeten auf den Kiesbänken, und machten die Stunde der Ebbe zu einem Fest für die Zughunde, d. i. für den zahlreichsten Theil der Ochozker Bevölkerung. Nur in einigen Häusern wurden die edleren hochbeinigen Hunde, die man von Kamtschatka gebracht hatte, den ganzen Sommer über mit getrockneten Lachsen gefüttert. Mehr als tausend andere von Tungusischer oder gemischter Race, für die jetzt schon die Periode der Freiheit und des Hungers begonnen hatte, suchten aber, so lange das Hochwasser dauerte, traurig und schleichend nach den ärmlichsten Auswurf aus den Häusern. Auch drängten sie sich schaarenweise und knurrend,

---

*) So waren auch in den letzten Lagern der verunglückten Russischen Expedition gegen Chiwa die vor Kälte sterbenden Soldaten nicht in dem für sie bestimmten Zelte zu erhalten. Sie krochen vor die Thür, um, wie sie sagten, „den Frühling zu betrachten" — starrten aber dabei nur auf Eiszapfen, von denen zum erstenmale einige Tropfen abschmolzen.

trotz ihrer unbedingten Scheu vor der menschlichen Stimme, um Jeden der seine Nothdurft verrichtete. Sie stürzen gegen einander, sobald er sich erhebt und verschlingen die Excremente mit gierigem Heifshunger. Von ansprechenderen Sitten und wie neu belebt erschienen sie aber an jedem Tage zweimal, sobald das Wasser zu fallen begann. Die Aufmerksamkeit ganzer Schaaren ist dann plötzlich auf einzelne Punkte im Strome gerichtet, an denen doch nur kaum erst der Rücken einer Kiesbank hindurch schimmert. Mit gespitzten Ohren und witternder Nase folgen sie der sinkenden Wasserlinie, und dringen endlich in hohen Sätzen auf die nächste Untiefe. Dort verzehren sie ein schon gestrandetes Mahl, und jagen dann wieder springend auf und ab an den Rändern der sichtlich wachsenden Insel, um treibende Fische und später im Sommer auch lebend schwimmende zu haschen. — Erst später als die Hunde und nach fast völligem Rücktritt des Wassers, versammeln sich in dem Flufsbett die Seeschwalben (sternae) und ein Heer von Möven, die ihre Jagd mit jenem gellenden Lachen begleiten, welchem ich kaum eine andere Thierstimme an ergreifendem Eindruck zu vergleichen wüfste. Immer von neuem erfreute ich mich, wenn ich vor der Thür meines Hauses Sternbeobachtungen gemacht hatte, an der Helligkeit der nordischen Mitternacht und an diesem gespenstischen Lachen, welches, zuerst aus weiter Ferne und dann immer gellender dicht neben uns, zugleich mit dem zunehmenden Rauschen des Wassers auf den Kiesbänken, das Herannahen der Ebbe verkündete. Grofse Schwärme von Seeschnepfen, Kampfhähnen, Säbelschnäblern und Enten, die am Meeresstrande auf ähnliche Weise beschäftigt sind, sah ich in der Folge bei den Mündungen und an den Wasserstreifen hinter den Dünen.

Das Gesetz der Erscheinungen von Ebbe und Fluth bei Ochozk habe ich aus Beobachtungen an einem Fufsstocke abgeleitet, den Herr Walront während meines dortigen Aufenthaltes vor den Hafengebäuden aufstellen liefs. Bei Neumond und Vollmond tritt das Hochwasser daselbst um:

$$10^{u}\ 35',24$$

nach dem Mittage ein, und bei günstigster Stellung der anziehenden Gestirne (wenn die Erdnähe des Mondes und eine der Syzygien mit der Nachtgleiche zusammenfallen) ist der Wasserspiegel bei der Fluth um 11,65 Engl. Fufs (10,93 Par. Fufs) höher als bei der Ebbe.

Ferner sind bei Ochozk, wie auch an den Europäischen Küsten, die Veränderungen der Wasserhöhe von halbtägiger Periode über die von doppelt so langer Periode bei weitem überwiegend, und eben deshalb zeigen auch hier die Zwischenzeiten zwischen zwei auf einander folgenden Ebben und Fluthen im Verlaufe der Jahreszeiten nur mäfsige Wechsel*). Schon an der nur um 20 Meilen südlicher, aber an der Ostküste des Ochozker Meeres, gelegenen Mündung des Tigilflusses auf Kamtschatka fand ich die entsprechenden Erscheinungen in jeder Beziehung verschieden (siehe unten August 12). Die Hafenzeit oder

*) Die von Juni 20 bis Juli 11 beobachteten Wasserhöhen und deren Vergleichung mit der Theorie finden sich in meiner Abhandlung: Ueber Ebbe und Fluth an den Ochozker und Kamtschatischen Küsten des grofsen Oceans in: Archiv für wissenschaftliche Kunde von Russland Bd. III. S. 634. Die in Englischen Fufsen ausgedrückte Höhe des Meeres über dem mittleren Niveau (H), beträgt namentlich nach meinen Beobachtungen bei Ochozk:

$$H = +0{,}081 \,.\, u - 0{,}511\, r \,.\, \cos(R - 158^{\circ}{,}81) + 1{,}291\, s \,.\, \cos(S - 317^{\circ}{,}63)$$

wenn für die Sonne und für den Mond die Quotienten aus der mittleren Entfernung durch die augenblickliche durch i und i′, die Declinationen durch δ und δ', die Rectascensionen durch α und α' bezeichnet und diese Gröfsen, wenn t den Stundenwinkel der Sonne in Graden beim Eintritte von H bedeutet, für die Zeit: $\left(\frac{t}{360} - 1{,}507\right)$ Tage genommen werden — und wenn man dann:

$$i^3(1 - 3\sin^2\delta) + 3\,i'^3(1 - 3\sin^2\delta') = u$$

$$i^3 \sin\delta \,.\, \cos\delta \,.\, \cos t + 3i'^3 \sin\delta' \,.\, \cos\delta' \,.\, \cos(t + \alpha - \alpha') = r \,.\, \cos R$$

$$i^3 \sin\delta \,.\, \cos\delta \,.\, \sin t + 3i'^3 \sin\delta' \,.\, \cos\delta' \,.\, \sin(t + \alpha - \alpha') = r \,.\, \sin R.$$

$$i^3 \cos^2\delta \,.\, \cos 2t + 3i'^3 \cos^2\delta' \,.\, \cos 2(t + \alpha - \alpha') = s \,.\, \cos S$$

$$i^3 \cos^2\delta \,.\, \sin 2t + 3i'^3 \cos^2\delta' \,.\, \sin 2(t + \alpha - \alpha') = s \,.\, \sin S.$$

setzt. — Aus Beobachtungen die, 91 Jahr vor den meinigen (1738 u. 1739), von dem Russischen Capitain Jelagin bei Ochozk angestellt worden sind, finde ich die dortige Hafenzeit für 1738 bis 1739: $11^{u}\ 7',0$, und dagegen aus meinen Beobachtungen für 1829: $10^{u}\ 35',24$. Es scheint hiernach als habe im Laufe des letzten Jahrhunderts einige Veränderung in der Fortpflanzung und gegenseitigen Verbindung der Fluthwellen stattgefunden, welche wohl mit den ungeheuren Anspülungen von Gebirgstrümmern und dem durch sie verursachten Durchbruch des Ochozker Haffes zusammenhangen könnten. Jedenfalls sollte dieses Resultat zur Fortsetzung der Fluthbeobachtungen an der Kuchtuimündung veranlassen.

die bei Vollmond stattfindende Verspätung der Fluth gegen die Culmination der anziehenden Gestirne, ist dort bei weitem kleiner und das Verhältnifs der 24stündigen zu den 12stündigen Höhenänderungen des Meeres mehr als 15 Mal gröfser als bei Ochozk. Auch ist das letztere Verhältnifs dort so beschaffen, dafs an mehreren Jahrestagen nur eine Fluth und eine Ebbe in 24 Stunden vorkommen. Bei diesen beträgt dann die Veränderung der Wasserhöhe etwa dreimal so viel als an der gegenüberliegenden Mündung des Kuchtui.

Die Rechenschaft über den Zusammenhang dieser Erscheinungen an verschiedenen Punkten der Erde wird bekanntlich dadurch verhindert, dafs wir an jedem derselben die Verbindung einer unendlichen Zahl von Bewegungen wahrnehmen, für deren jede doch ihre Ursache aufs schärfste bekannt ist. Es ist namentlich nur die unregelmäfsige Gestaltung der Becken, in denen die durch die Anziehungen der Gestirne eingeleiteten Wasser-Bewegungen erfolgen, welche in diesem Felde der Wissenschaft nie mehr zu leisten erlauben wird, als die genaueste Vorhersagung gewisser Grundzüge des Phänomenes: des Verhältnisses der Sonnenfluthen zu den Mondsfluthen und der Zusammensetzung der wirklichen Bewegungen aus zweien gröfseren von 24stündiger und 12stündiger, und aus einer kleineren von weit längerer, aber gleichfalls auf schärfste bekannter, Periode. Alle übrigen Einzelheiten ihres Verlaufes werden dagegen für jeden besonderen Ort nie anders als durch eine Reihe von Beobachtungen zu bestimmen sein.

Von ganz ähnlicher Art sind auch die Umstände, durch welche alle klimatischen oder atmosphärischen Erscheinungen ungleich verwickelter werden, als die ihnen gemeinsame Ursache: die Vertheilung der Sonnenstralen über die Erde! Was die Gestalt der Meeresbecken für die Erscheinungen der Ebbe und Fluth, das ist für alle meteorologischen Verhältnisse zunächst: die verschiedene Empfänglichkeit der einzelnen Landstriche für gleiche Mengen von Sonnenstralen. — Erst durch diese werden die Bewegungen der Atmosphäre eingeleitet, welche ausgleichend auf ihr Ursachliches zurückwirken. Dafs die mathematische Verfolgung dieses Herganges dereinst gelingen werde, ist nur deshalb noch nicht zu läugnen, weil man sie noch niemals versucht hat. Man begnügt sich unterdessen nachzuweisen, worin die klimatischen Erscheinungen auf der Erde abweichen von denjenigen, welche die Theorie für die Oberfläche eines durchaus ebenen, und überall aus einerlei festen Substanzen bestehenden Planeten vorhersagt — und von solchen Abweichungen sowohl, als auch von Andeutungen über ihre Entstehung brachten dann auch meine meteorologischen Beobachtungen in Ochozk einen reichlichen Vorrath.

Das Akulkowsche Haus liegt nach meinen Beobachtungen:

140° 51′ 10″ östl. v. Par. und bei 59° 21′ 29″ Br.*)

mithin von Petersburg, wo ich im vorigen Jahre dieselben Monate verlebt hatte, fast um ein Drittheil des Erdumfanges gegen Osten, aber nur um ¾ eines Grades, oder nahe an 9 Meilen, südlich. Ich hätte mithin in diesem Jahre höchst nahe dieselben Witterungserscheinungen wie im vorigen sehen sollen, wenn die Sonne wirklich je zweien Punkten gegen die sie an jedem Tage gleiche Stellungen einnimmt, auch ein gleiches Klima ertheilte. Im Gegensatz hiermit, und in Uebereinstimmung mit den zahlreichen Widerlegungen solcher Ansicht die sich während der früheren Reise durch Sibirien dargeboten hatten, fand ich zunächst die Temperatur einiger Quellen auf der Insel Bulgin: + 1°,8 R. d. i. um 2°,9 niedriger als die welche ich bei Petersburg, genau in derselben Jahreszeit, beobachtet hatte (I. 1. S. 119). — Wenn man nun den Unterschied zwischen der Quellentemperatur und der mittleren Temperatur der Luft oder des trockenen Bodens, auch hier zu 1°,5 annahm (d. h. eben so grofs, wie er sich in Petersburg findet), so folgte für Ochozk eine, späterhin auch anderweitig bestätigte, Mitteltemperatur von + 0°,3**).

---

*) Vergl. diesen Berichtes Abth. II. Bd. 1. S. 195 bis 208 und 341—344, nach welchen die Breite bis auf eine Unsicherheit von 1″,5 bestimmt ist.

**) Zur directen Bestimmung dieser Gröfse fehlte es bei Ochozk an Thermometerbeobachtungen im Winter. Diese wurden aber dann nahe vollständig ersetzt durch andere, die Capitain Sabjelow in Tigilsk, 3,8 Meilen landeinwärts von der Westküste Kamtschatkas, bei 57° 45′ 55″ Br. vom November 1829 bis Januar 1830, mit einem Thermometer welches ich ihm hinterlassen hatte, anstellte. Ich hatte zuvor die Quellentemperatur bei Tigilsk genau so wie bei Ochozk gefunden (vergl. unten August 17.) und eben deshalb werden wohl auch die Winter beider einander so nahe gelegenen Orte nicht wesentlich verschieden sein. Es fanden sich aber in Tigilsk die Monatstemperaturen in Réaum.-Graden für:

Obgleich aber hiernach die gesammte oder durchschnittliche Wärmemenge welche Orte an der Ostküste von Asien erhalten, noch beträchtlich kleiner ist, als für denselben Parallelkreis in Europa und zwar selbst in dessen östlicheren Theilen*), so ist sie doch schon wieder weit gröfser als im Innern des Continents, namentlich aber als unter dem Meridian von Jakuzk. In der That finden wir die Mitteltemperatur für Ochozk zunächst schon um 0°,6 gröfser als für Irkuzk (I. 2. S. 91), welches doch um 7°,9 südlicher liegt**); sodann aber folgt, aus den früher erwähnten Beobachtungen in Jakuzk (I. 2. S. 252), wenn man sie mit anderen in Ustjansk verbindet, für einen in der Breite von Ochozk aber bei 127°,5 O. v. Par, gelegenen Ort, eine mittlere Temperatur von — 4°,3, d. i. eine um fast 5° kleinere, als man sie hier an der

---

November	— 4°,79
December	— 8 ,52
Januar	— 10 ,20,

und diese geben, wenn man sie mit meinen hiernächst zu erwähnenden Beobachtungen der Sommertemperaturen in Ochozk verbindet, für die mittlere Temperatur des Jahres am letzteren Orte etwa + 0°,25.

*) Orte unter dem Petersburger Meridian stehen, ihrer Bodenwärme nach, ziemlich nahe in der Mitte zwischen den, einerseits unter dem Meridian von Paris und andererseits unter dem von Ochozk gelegenen Orten, denn sie sind um 2°,1 kälter als jene und um 2°,9 wärmer als die letzteren.

**) Die Höhe von Irkuzk über dem Meere, die nur 1164 Pr. F. beträgt (I. 2. S. 67. II. 1. S. 381), kann, in ihrem Einflufs auf die Temperatur eine um 7°,09 südlichere Lage um so weniger ausgleichen, als sie dem umgebenden Terrain bis auf bedeutende Entfernungen überall zukömmt. Bei 55° Breite entspricht nach meinen Untersuchungen, einer um 1° nördlicheren Lage

im Europäischen Russland (30° O. v. Paris) eine Temperaturabnahme von 0°,400,

auf dem Jakuzker Meridian (127°,49 O. v. Paris) eine Temperaturabnahme von 0°,733,

und hiernach auf dem Irkuzker Meridian (101°,99 O. v. Paris) eine Temperaturabnahme von etwa 0°,644.

Ein auf dem letzteren in der Breite von Ochozk und eben so hoch wie Irkuzk gelegener Ort, besitzt also eine Mitteltemperatur von: — 5°,6 und diese würde für einen daselbst aber im Meeresniveau gelegenen Punkt selbst dann nur zu — 4°,0 werden, d. h. um 4°,3 kleiner als an der Küste, wenn man die Temperaturabnahme nach der Höhe für ausgedehnte Ebenen eben so stark annehmen wollte, als man sie für isolirte Berggipfel gefunden hat.

Meeresküste beobachtet. Bei einer solchen Jahrestemperatur (— 4°,3) reichen die ewig gefrornen Schichten wohl noch 300 Fufs tief unter die Oberfläche*), während dergleichen bei Ochozk gar nicht mehr vorkommen. — Ferner ist der Unterschied der Mitteltemperatur zwischen jenem Ort auf dem Jakuzker Meridian und Ochozk, mehr als $1\frac{1}{2}$ so grofs als der entsprechende zwischen Ochozk und Petersburg, und doch beträgt die Entfernung der ersteren Orte nicht ganz $\frac{1}{7}$ von der der zwei anderen! So schnell und plötzlich steigt hier die Bodenwärme und die ihr gleiche durchschnittliche Wärme der Luft, während man sich dem Meere nähert. Ein durchaus günstiges Urtheil über die Erfolge einer solchen Er-

*) Nämlich 409 oder nur 245 Par. F. tief, je nachdem man daselbst die einer Temperaturzunahme von 1° R. entsprechende Zunahme der Tiefe etwa im Mittel aus allen bis jetzt darüber vorhandenen Beobachtungen zu 95 Par. F. annimmt, oder nur zu 57,01 Par. F., wie sie unter Jakuzk nach der Fortsetzung der Temperaturbeobachtungen in dem Schergin-schen Brunnen (I. 2. S. 250) sein würde, die ich in Berghaus Almanach für die Erdkunde 1839 S. 66 zusammengestellt habe. Es sind diese namentlich:

Tiefe in Pariser Fufsen.	Temperatur unter Irkuzk. Beobachtet		Berechnet
46,9	— 6°,0	von Erman	— 5°,58
72,2	— 5 ,5	von Schergin	— 5 ,14
111,7	— 4 ,0	ders.	— 4 ,44
203,6	— 2 ,2	ders.	— 2 ,83
286,2	— 1 ,5	ders.	— 1 ,38
358,4	— 0 ,5	ders.	— 0 ,12

Ich brauche wohl kaum erst darauf aufmerksam zu machen, dafs beide thermischen Verhältnisse, durch welche sich die Jakuzker Gegend und mit ihr ein grofser Theil von Ostsibirien auszeichnen, nämlich die ungewöhnlich starken Temperaturwechsel welche dem wechselnden Sonnenstande entsprechen, und die ungewöhnlich starke Zunahme der Bodentemperatur mit der Tiefe, sich jedenfalls durch einerlei Eigenthümlichkeit der dortigen Erd- oder Luft-schichten erklären lassen. — Ich meine z. B. durch eine geringere Wärmecapacität (geringere specif. Wärme) der ersteren. Vermöge dieser würden in ihnen bestimmte Temperaturwechsel durch das Hinzutreten oder durch den Verlust von kleineren Wärmemengen als in anderen Gegenden der Erde hervorgebracht werden. Eben so würden aber auch ein stärkeres Stralungsvermögen der Erdoberfläche um Jakuzk oder eine ungewöhnliche Begünstigung desselben durch atmosphärische Umstände, von beiden in Rede stehenden Erscheinungen Rechenschaft geben.

wärmung wäre indefs eben so irrig, und aus demselben Grunde, wie der abschreckende Begriff zu dem man wohl früher über jene Gegenden geneigt war, unter welchen der ewige Frost am tiefsten gegen das Innere der Erde hinabreicht. Ich habe schon oben erwähnt, wie auf den unerhört strengen Winter in Jakuzk, eine fast in gleichem Maafse auffallende Sommerwärme folgt, und namentlich eine gröfsere als man selbst im westlichen Europa bei gleicher Breite irgendwo findet. Eben diese kräftige Sonnenwirkung während der Vegetationsperiode, erklärt dort vollständig das Gedeihen der Lärchenwaldungen, des Getraides und vieler anderen Sommergewächse an der Oberfläche der ewig gefrornen Erdmassen, und eben diese fehlt nun wieder entschieden über dem weit wärmeren Boden von Ochozk. Freilich findet man für diesen, immer im Vergleich mit dem entsprechenden Orte unter dem Meridiane von Jakuzk, die Verminderung der Winterkälte weit gröfser, als den Verlust an Wärme im Sommer*), aber gerade diese ist ja in vielen der wichtigsten Beziehungen durch keinen Vorzug einer anderen Jahreszeit zu ersetzen.

Nach meinen Thermometerablesungen in Ochozk kann ich namentlich für Juni 1. und für Juli 20. die normalen Verhältnisse der dortigen Lufttemperatur mit nur geringer Unsicherheit folgendermafsen angeben:

		Lufttemperatur.		
	Tageslänge.	Im Mittel für den Tag.	Bei Sonnenaufgang.	Um 2 Uhr Nachm.
Ochozk Juni 1.	17u,72	6°,7	3°,0	9°,5
Ochozk Juli 20.	17u,30	10°,5	9°,5	11°,2

und in diesen eben zeigt sich einerseits eine ungewöhnlich schwache Wirkung der Sonne, von der anderen aber auch eine eben so seltene Kleinheit des Wärmeverlustes, den dort die Erdoberfläche durch die nächtliche Ausstralung erleidet. Man erkennt die erstere an dem niedrigen Maximum zu dem sich die Lufttemperatur bei

---

*) Es sind namentlich anzunehmen:

Die Temperatur im Mittel für	in Jakuzk	in Ochozk
December, Januar, Februar . . .	— 30°	— 9°
Juni, Juli, August	+ 14°	+ 9°

Mithin ist in Ochozk das Wintervierteljahr um 21° wärmer, und das Sommervierteljahr nur um 5° kühler als in Jakuzk.

Ochozk selbst am wärmsten Tage erhebt, und ein Zusammenwirken beider genannten Umstände, zu der Kleinheit des Unterschiedes der Extreme. Noch deutlicher treten aber diese Nachtheile und Vortheile des Ochozker Sommers durch folgende Vergleichung derselben Zahlen mit ihnen entsprechenden Beobachtungsresultaten für das östliche Europa, und für andere Gegenden Sibiriens hervor. Ich habe diese nach den Tageslängen (d. i. den in wahrer Zeit ausgedrückten Intervallen von Sonnenaufgang bis Sonnenuntergang) geordnet, weil sie an jedem einzelnen Tage nur allein von diesen abhangen würden, wenn die Ungleichheiten der Erdoberfläche ohne Einfluss auf die Wärmeverhältnisse wären:

	Für Juni 1.				Für Juli 20.			
		Lufttemperatur.				Lufttemperatur.		
	Tageslänge.	Im Mittel f. d. Tag.	Bei Sonnenaufg.	Um 2 Uhr Nachm.	Tageslänge.	Im Mittel f. d. Tag.	Bei Sonnenaufg.	Um 2 Uhr Nachm.
Irkuzk	16u,32	9°,4	1°,8	15°,4	15u,92	13°,7	5°,2	19°,5
Tobolsk	17u,42	8°,4	2°,2	11°,5	17u,02	11°,3	7°,1	15°,1
Ochozk	17u,72	6°,7	3°,0	9°,5	17u,30	10°,5	9°,5	11°,2
Petersburg	17u,92	11°,0	5°,4	14°,3	17u,50	14°,1	9°,9	16°,7
Jakuzk	18u,50	7°,2	0°,0	12°,3	18u,07	15°,9	8°,2	21°,3

Die Mittage der wärmsten Jahreszeit sind also an keinem Sibirischen Orte so kühl wie in Ochozk. Am meisten stehen sie aber gegen die, nahe tropische, Mittagshitze zurück die, zur selben Jahreszeit, in Jakuzk und auch in Irkuzk herrscht, d. i. gerade an den beiden Orten die auf dem kältesten Boden liegen. — Von der anderen Seite ist aber auch nirgends im Innern des Continents die Abkühlung der Luft nach Sonnenuntergang so geringe, und deshalb die Temperatur der Sommernächte so hoch, als bei Ochozk.

Man wird nicht zweifeln dafs die Nähe des Meeres am meisten zur Auszeichnung der Ochozker Sommertemperaturen vor den Mittel-Asiatischen beiträgt, wenn man jene ersteren noch mit einigen auf Kamtschatka und an der Westküste von Amerika vorkommenden vergleicht. Die folgenden Zahlen welche sich aus Beobachtungsjournalen die ich bei der Fortsetzung meiner Reise erhalten habe ergeben, zeigen in der That dafs Ochozk in den genannten thermischen Beziehungen mit Ross auf Californien, so wie auch mit Sitcha und Petropaulshafen, weit näher als mit irgend einem Punkte im Innern von Sibirien übereinstimmt.

	Für Juni 1.				Für Juli 20.			
	Tageslänge.	Lufttemperatur. Im Mittel f. d. Tag.	Lufttemperatur. Bei Sonnenaufg.	Lufttemperatur. Um 2 Uhr Nachm.	Tageslänge.	Lufttemperatur. Im Mittel f. d. Tag.	Lufttemperatur. Bei Sonnenaufg.	Lufttemperatur. Um 2 Uhr Nachm.
Ochozk	17u,72	6°,7	3°,0	9°,5	17u,30	10°,5	9°,5	11°,2
Neu-Archangelsk*)	17u,18	7°,3	5°,0	9°,8	16u,78	12°,1	8°,0	16°,7
Petropaulshafen**)	16u,32	4°,8	1°,0	7°,9	16u,02	10°,4	5°,7	14°,7
Ross***)	14u,50	10°,2	8°,7	13°,6	14u,34	11°,0	10°,0	14°,2

Die Nächte der wärmsten Jahreszeit sind hiernach an der Asiatischen Küste bei 59°,36 Breite fast genau so milde als an der Amerikanischen bei 38°,56 Breite, wo man Wein und Oliven gewinnt; demnächst nähern sich ihnen die Sommernächte auf Sitcha am meisten, während in Petropaulshafen der Verlust durch Wärmeausstralung beträchtlicher ist, wenn auch noch immer geringer als bei gleicher Dauer der Nacht auf dem Continent.

Bei Ochozk überzeugt man sich aber ferner dafs seine seltsamen Wärmeverhältnisse zunächst durch häufige Trübungen der Luft bedingt werden. — Freilich dürften dann diese sowohl ihre Veranlassung als auch eine directe Unterstützung ihres Einflusses auf die Lufttemperatur finden, in der geringeren Erwärmbarkeit der Meeresoberfläche, vermöge deren sie zu gleichen Temperaturwechseln nicht blofs mehr Sonnenstralen, sondern auch mehr aus ihnen entwickelte Wärme als der feste Erdboden bedarf. — Man hat jedoch nachweisbar den Einflufs dieses

*) Auf Sitcha 222° 14′ 20″ O. v. Par. 57° 2′ 44″ Br. (vergl. II. 1. S. 223 u. f.)

**) 156° 19′ 48″ O. v. Par. 53° 0′ 27″ Br. (a. a. O. S. 221 u. 341).

***) Auf Californien 233° 41′ O. v. Par. 38° 34′ Br.

letzteren Umstandes auf die Niederschläge und auf die Temperaturen, durchaus nicht in der Wechselwirkung der sich an der Küste berührenden Massen zu suchen, sondern nur in der Verbindung in die viel weiter abstehenden Theile des Oceans, vermöge der Bewegungen der Atmosphäre mit der hiesigen Gegend treten.

Nur während eines Viertel meines Aufenthalts an der Ochozker Küste war der Himmel heiter oder doch nur dünner bewölkt. In der übrigen Zeit lagen ganz undurchsichtige Wolken theils in einiger Höhe, theils und am oftesten als ein äufserst feiner und Tage lang anhaltender Regen auf dem Boden. Welch ein Unterschied zwischen diesem Anblick und dem ewig blauen Himmel Dauriens! (I. 2. S. 66, 101). Aber auch in anderen Gegenden Sibiriens und des östlichen Europas ist ein Niederschlag wie der Ochozker so selten, dafs die hiesigen Russen für ihn einen eigenen Namen erfunden haben. Sie unterscheiden Tjuman d. i. der gewöhnliche Winternebel und Bus oder den eigenthümlichen Ochozker, der in der warmen Jahreszeit vorkömmt und aus fühlbaren obgleich stets kleinen Tropfen besteht. Freilich ist dieser nichts weiter als ein Regen im Entstehen — aber eben deshalb kann man ihn mitten im Lande, während des Sommers, nur auf Bergspitzen kennen lernen, zu deren kalter Oberfläche die wärmere und dampfreichere Luft aus der Ebene aufsteigt. — Ein grofstropfiger Regen gehört dagegen auf den Bergen in der Mitte des Festlandes zu den Seltenheiten — und eben so nun auch hier in Ochozk, wo er nur im Juli einige Mal bei Nachte vorkam*).

Die Vergleichung der Wassertemperaturen mit den gleichzeitigen der Luft schien mir zunächst jedem Versuche zur Erklärung dieses Verhältnisses vorhergehen zu müssen. Ich fand am 31. Mai die Temperatur des Meeres an der Ochotamündung + 3°,6 und weiter vom Ufer, wo kein Fluss-Eis mehr trieb, + 4°,0, d. h. um 2°,5 kälter als die damalige Lufttemperatur. Am 20. und 21. Juni war das Wasser des Kuchtui bis auf + 8°,7 und das Meerwasser in der Mündung bis auf + 7°,0 erwärmt, mithin auch das letzte nur um 2°,2 kälter als die Luft über der Stadt.

---

*) Auch Ochozk ist, wie Ober-Engadin nach dem dort üblichen Sprichwort: terra fina se non fosse pruina.

Vermuthlich war etwas weiter in See dieser Unterschied noch kleiner, denn hier an der Küste wurde noch immer von der Wärme die das Wasser erhielt, ein beträchtlicher Theil zur Schmelzung des Treib-Eises verwandt. Bis in die erste Woche des Juni wurden davon grofse Blöcke aus dem Innern des Landes auf dem Kuchtui und auf der Ochota angetrieben, und diese hatten mit dem Meereise vereinigt, zu beiden Seiten der Mündungen längs der Küste, einen breiten Streifen schwimmender Schollen gebildet.

Es war nun doch sicher nicht wegen jenes geringen Unterschiedes zwischen der Wärme des Strandes und der der Luft die auf dem nächstgelegenen Meere ruhte — sondern wegen des, in gleichem Sinne aber ungleich stärker wirkenden, Ueberschusses der Temperatur die weiter landeinwärts stattfand, dafs bei Ochozk vom 19. Mai bis zum 28. Juli der sehr entschieden vorherrschende Wind von der Seeseite und zwar genau senkrecht auf die Küste wehte*). — Aus den Richtungen zwischen O. über N. bis NW. kam kein einziger Wind — also kein einziger mitten aus dem Lande. NW.winde gehörten schon zu den gröfsten Seltenheiten (unter 102

*) Namentlich, nach meinen 102maligen Aufzeichnungen der Windrichtung in der genannten Zeit: aus S. 12°,15 O. mit der Intensität 0,499 d. h. so dafs, nach Abgleichung aller einander entgegengesetzter Strömungen der Luft, die genannte noch halb so mächtig blieb als alle vorgekommenen. Diese Richtung (S. 12°,15 O.) geht nun aber von Ochozk verlängert zuerst 150 Meilen weit, wo sie der SO.spitze der Insel *Sachalin* sehr nahe tritt, und dann wieder etwa 60 Meilen weit, über ganz freies Meer. Sie durchschneidet darauf, zwischen Uturup und Kunaschir, die nicht über 5 Meilen breite Kette der Kurilischen Inseln und trifft weiter im Ocean nördlich von der Passatzone nirgends auf Land. Man kann sie wohl 1000 Meilen weit verlängern, ohne mehr als 5 Meilen festes Land zu berühren. Von einer Luftströmung die mit derselben Richtung nach Ochozk kömmt, hat man zwar die südlicheren Theile, wegen der Axendrehung der Erde, etwas weiter westlich zu suchen; doch könnte auch diese bei *Sachalin* nur einige Meilen weit über Land gegangen sein, und die Kette der Kurilen an einer etwas breiteren Stelle durchschnitten haben, ohne sonst irgendwo früher als bei Ochozk das Festland zu berühren. Ich mufs schon hier bemerken, dafs ich bei der Fortsetzung meiner Reise durch Hygrometerbeobachtungen gefunden habe, dafs auch mitten auf dem Grofsen Ocean in der Nordhalbkugel die S. und SO.winde stets die Feuchtigkeit der Luft vermehren, während W.winde dieselbe am meisten vermindern.

beobachteten kamen sie nur 3 Mal vor) und so blieben dann, als nicht mitten vom Meere, wenn auch immer noch längs der Küste, wehend, nur die W. und WSW.winde die zusammen nur $\frac{1}{10}$ von allen vorgekommenen ausmachten. Sie brachten ohne Ausnahme helleres Wetter, nicht ein einziges Mal Nebel oder gar Bus. Diesen habe ich vielmehr nur mit den vollständigen Seewinden aus S., SO. und O. eintreten gesehen*).

Hier hatten also auf das entschiedenste die einzelnen Richtungen des Windes auf die Heiterkeit oder Trübung der Luft genau den entgegengesetzten Einfluss wie überall in Europa (vergl. auch I. 2. S. 380). Auch die Bewohner von Ochozk sind hiervon so überzeugt dafs sie hellen Himmel oder Bus vorhersagen, je nachdem man das Geräusch der Brandung von dem Urakischen oder von dem Marekanischen Strande stärker hört, d. h. je nachdem sich die vom Meere anlaufenden Wellen mit Westwind gegen die vorspringenden Dünen an der Westseite der Ochozker Bucht brechen, oder mit Ostwind an den östlich von der Kuchtui-Mündung gelegenen**).

Eben so entschieden fand ich nun aber auch den barometrischen Charakter der Winde, d. i. den Einfluss den Luftströmungen von bestimmter Richtung auf den Druck der Atmosphäre ausüben, dem aus Europa bekannten entgegengesetzt.

SW- und W-winde erhöhten hier den Barometerstand, alle östlichen erniedrigten ihn, und zwar die rein östlichen am meisten: durchschnittlich um 1,93 Par. Linien***)!

---

*) Diesem Seewinde im Sommer, entspricht während des Winters ein eben so entschieden vorherrschender Landwind. Der Lieutenant Stogow der schon seit 10 Jahren in Ochozk wohnte, versicherte mich dafs etwa von Ende Septembers bis zur Mitte des Mai (neuen Styles) der herrschende Wind aus N. wehe, und dafs die Abweichungen von dieser mittleren Richtung niemals über W. nach der einen Seite, und kaum über O. nach der anderen hinausgehen. Nur etwa ein OSO.wind komme noch vor, aber dann immer als Sturm.

**) Der Ochozker Ausdruck: Urazkaja (oder Marekanskaja) koschka saschumit d. i. der Urazker (oder Marekaner) Strand wird laut bezieht sich auf diesen Umstand und wird um so öfter gehört als die westlichen Winde auch zum Auslaufen aus Ochozk weit günstiger sind als die im Sommer fast allein herrschenden SO.lichen.

***) Es waren namentlich im Mittel:

Sowohl diese Thatsache als auch die entgegengesetzt lautende für die Europäischen Küsten, widerspricht entschieden der Annahme dafs der Druck der Atmosphäre nur vermehrt werde durch Winde welche die Temperatur erniedrigen, und vermindert durch das Einströmen von wärmerer Luft. Denn in den Sommermonaten bringen ja die Ostwinde nach Ochozk und die Westwinde nach den Europäischen Küsten kühlere Seeluft, und doch erniedrigen beide den Barometerstand. Entsprechendes gilt natürlich für das gleichfalls im Sommer beobachtete Steigen des Barometers bei Landwinden. An den Orten von denen diese herwehen, sind zwar die mittleren Temperaturen geringer als an den Küsten, die Sommertage aber entschieden wärmer*). Eher konnte man noch

Aus	Bei Wind.	Barometerstand bei 0° Temp. des Quecksilbers.	Ueber dem mittleren.
17 Beobachtungen	SW.	333''',62	+ 2''',31
13 —	W.	333 ,74	+ 2 ,43
3 —	NW.	330 ,39	— 0 ,92
23 —	O.	329 ,38	— 1 ,93
21 —	SO.	330 ,10	— 1 ,21
25 —	S.	331 ,38	+ 0 ,07

Der niedrigste und der höchste Barometerstand die ich in Ochozk gesehen habe (mit Ausnahme des Standes bei dem Schneesturm am ersten Tage) waren:

324''',23 bei OSO.wind.
337''',36 bei WSW.wind.

Auch in Jakuzk fand ich schon den Einflufs der Richtung des Windes auf den Luftdruck eben so wie in Ochozk, indem von den dort beobachteten Barometerständen der niedrigste und höchste:

330,32 bei O.wind mit Schnee und
337,61 bei W.wind mit hellem Himmel

betrugen.

*) Auch in diesem Jahre war der letztere Umstand selbst ohne Thermometer fühlbar genug! Während wir in Ochozk, in den ersten Wochen des Juli, fast beständig in dichtem Nebel gewesen waren, bei dem selbst des Mittags das Thermometer kaum über 10 R. stieg, hatten die Reisenden die damals von Jakuzk eintrafen bei hellstem Himmel von drückender Hitze gelitten. Das Thal der Judoma (I. 2. S. 388) bildete die Gränze dieser Witterungsverhältnisse, und nur wenn sich einmal ein Westwind auf kurze Zeit bis nach Ochozk erstreckte, brachte er auch hierher trockenere Luft und alle von ihr abhängigen Erscheinun-

hier bei Ochozk die beiden einander entsprechenden Thatsachen als eine Wirkung des Wasserdampfes in der Atmosphäre betrachten, von dem bei Seewinden ein Theil über der Küste niedergeschlagen wird und daher auf das Barometer zu drücken aufhört, während die einströmende Landluft ihn wieder aufnimmt und somit an Spannkraft gewinnt. Die Erfahrungen über den Einfluss der Bewegung der Luft auf den Barometerstand in anderen Gegenden der Erde (und namentlich was ich davon in den Passatzonen gesehen habe) lehren indessen, dafs dergleichen Erklärungsversuche voreilig bleiben, bis dafs einst der Zusammenhang jener Bewegungen selbst, weit vollständiger bekannt sein wird.

Eine andere und noch unerwartetere Thatsache die aus meinen Barometerbeobachtungen in Ochozk hervorging, habe ich schon früher erwähnt (I. 2. S. 425; II. 1. S. 363 u. f.). Der Druck der Atmosphäre ist an dieser Küste auch im Mittel ungleich kleiner als an den Europäischen Küsten. Veranlafst durch diese Erfahrung gelang es mir bei der Fortsetzung meiner Reise viele ähnliche Unterschiede in dem mittleren Barometerstande auf dem offenen Meere nachzuweisen — und es ist eben durch diese anschaulich geworden, dafs der normale Zustand um welchen die Atmosphäre über jeden einzelnen Punkt der Erde im Laufe eines Jahres auf- und abwärts schwankt, nicht der des Gleichgewichts oder der Ruhe ist, sondern eine continuirliche und gesetzmäfsige Strömung. Unsere Kenntnifs dieser allgemeinen Bewegung der Atmosphäre und mithin auch ihres Einflusses auf alle meteorologische Erscheinungen, wird sich nun auch durch kein anderes Mittel so schnell vervollständigen lassen, als durch solche Verbindungen von Barometerbeobachtungen auf der See, wie ich als Resultat meines Aufenthalts auf dem Grofsen und auf dem Atlantischen Ocean bereits bekannt gemacht habe*).

---

gen. So wütheten jetzt von Jakuzk bis zum Ostabhange des Gebirges die Mückenschwärme, welche in den grasreichen Gegenden von Sibirien (so wie auch bei trockenem Wetter auf Kamtschatka) zu den wahrhaft bedenklichen Plagen gehören. Niemand wagte dort ohne Schleier zu reisen. In Ochozk wufsten wir bei Seewind und Nebel nichts von dergleichen, und doch brachte uns jeder Westwind mit hellem Himmel auch die Mücken als Erinnerung an seinen Weg über die Urakischen Berge.

*) Meteorologische Beobachtungen bei der Reise der Cor-

Gewitter sind bei Ochozk so selten wie es die vorherrschende Feuchtigkeit der unteren Luftschichten erwarten lässt. Ich hörte nur einmal Donner, am 18. Juni um 4 Uhr Morgens. An den drei nächst vorhergehenden Tagen hatten wir meist hellen Sonnenschein gehabt, zuerst bei westlichen Winden und dann bei ganz ruhiger Luft. Am 17ten stieg um Mittag die Lufttemperatur bis auf 11° — und so blieb es denn diesmal auch noch einige Stunden hell über Ochozk, als der SO.wind an demselben Tage um 5 Uhr Nachmittag wieder eintrat. Nur in der Ferne an den Bergen in N. und NW., ballten sich Haufenwolken, aus welchen vom Winde gejagte Regenstreifen ausgingen. Die Stadt selbst wurde erst 5 Stunden später wieder in nässenden Nebel gehüllt, welcher noch eben so anhielt als es, anfangs in der Ferne, und dann nahe bei uns mehrmals donnerte.

Am 5. Juli Morgens war die Luft, ebenfalls nach einem hellen Tage, nur in ungewöhnlicher Höhe, aber gleichförmig, getrübt. Um Mittag zogen Nebel mit Ostwind vom Meere heran, sammelten sich aber diesmal in rundlichen Massen und erhoben sich so weit über den Boden, dafs sich um 7 Uhr in ihnen, scheinbar convergirende, Lichtstreifen oder das bei uns sogenannte Wasserziehen der Sonne zeigte — um 11 Uhr aber eine hohe weissliche Cirrusschicht über wahren Haufenwolken. Dieses Aussehen des Himmels welches in anderen Gegenden dem Gewitter vorherzugehen pflegt, mir hier aber noch nie vorgekommen war, veranlasste mich zu einem Versuche über die Luftelektricität. Die Goldblätter eines Electrometers auf dessen Zuleitungsdraht ein brennendes Schwammstück gesteckt war, divergirten sogleich bis zum Maximum, zu welchem sie nach mehrmaligen Entladungen schnell wieder zurückkehrten, auch überzeugte ich mich dafs sich die Divergenz noch schneller wieder herstellte, wenn man das Instrument horizontal durch die Luft bewegte, am schnellsten aber und fast augenblicklich durch eine Bewegung von unten nach oben. Die Ladung des Electrometers

---

vette Krotkoi in: Archiv für wissenschaftl. Kunde von Russland Bd. III. S. 365; so wie auch: die Grösse des Luftdruckes über den Meeren in Annal. der Physik Bd. 98. S. 144; und Anzeige einer barometrischen Anomalie für Ost-Sibirien a. a. O. Bd. 93. S. 337.

wurde vermindert wenn man die Auffangspitze mit geriebenem Siegellack berührte; die Luft war also positiv-electrisch. Dennoch erfolgte diesmal weder Gewitter noch Regen und am folgenden Morgen war der Himmel nur dünn bewölkt. — Die sehr selten eintreffenden Bedingungen der hiesigen Gewitter scheinen demnach eine weit mehr als mittlere Wärme und Trockenheit der unteren Luftschichten. In diesen verdampfen dann die vom Meere andringenden Nebelmassen, um erst höher über dem Boden wieder plötzlich niedergeschlagen zu werden.

Von den Eintrittszeiten periodischer Erscheinungen der organischen Natur, deren Reihenfolge an jedem Orte der Erde auf eine noch zu erforschende Weise an meteorologische Umstände gebunden ist, kann ich für Ochozk nur den Ankunftstag der Hausschwalben mit Sicherheit angeben. Es ist der 2. Juni — und somit ein Tag an dem hier die mittlere Lufttemperatur + 6°,8 beträgt. — Die Uebereinstimmung dieser letzteren mit den Temperaturen welche dieselbe Erscheinung sowohl überall in Europa als auch an mehreren Punkten von Asien begleiten, ist durchaus nicht für zufällig zu halten, und man kann vielmehr annehmen dafs die Hausschwalben sich aus ihren Winterquartieren alljährlich auf solche Weise über die Erde verbreiten, dafs ihre Frontlinie mit der gleichzeitigen Tages-Isotherme von + 6°,9 äusserst nahe zusammenfällt*).

Für einige Vegetationsstadien der Umgegend von Ochozk habe ich dagegen nur an den wenigen Tagen an denen ich über die dürre Kiesebene hinaus kam, als Gränze derselben angemerkt, dafs am 21. Juni, Rubus arcticus schon blühte und die Lärche (P. larix) schon Blätter hatte. Am 30. Juni blühten die Birke (Bet. alba; Bet. nana war belaubt), Rhododendron maximum, Diapensia lapponica u. a.; die Eberesche (S. aucupa-

---

*) Vergl. I. 1. S. 12 und: über einige periodische Erscheinungen der organischen Natur in: Archiv für wissenschaftliche Kunde von Russland Bd. IV. S. 617. Es ist namentlich für die Ankunft der Hausschwalben:

ria) hatte entwickelte Blätter aber noch geschlossene Blüthen (vgl. unten Juni 30*).

* * *

Wie die meisten wichtigeren Punkte Sibiriens, so ist auch die Ochozker Gegend von selbstständigen Russischen Abentheurern weit früher aufgefunden und benutzt worden als von Abgesandten der Regierung. Schon 1639, 7 Jahre nach der Gründung von Jakuzk, kamen einige der unermüdlichen Tomsker Kosaken (I. 2. S. 23) durch das Lenathal und über das Aldanische Gebirge,

---

	Datum.	Mittlere Lufttemperatur.
bei Guriew a. Kasp. M.	gegen Ende März.	—
bei Paris	April 10.	+ 7°,42
bei Berlin	April 18.	+ 6 ,32
bei Gosport	April 20.	+ 7 ,80
bei Apenrade	April 23.	+ 6 ,31
bei Königsberg	April 30.	+ 6 ,64
bei Kopenhagen	Mai 5.	+ 7 ,21
in Daurien:	Mai 15.	
bei Irkuzk		+ 6 ,4
bei Nertschinsk		+ 7 ,1
bei Ochozk	Juni 2.	+ 6 ,75
bei Turuchansk	Juni 15.	—

Die Abweichungen dieser einzelnen Temperaturen von ihrem mittleren Werthe oder von 6°,9 sind in der That kaum gröfser als bei den meteorologischen Erscheinungen deren Abhängigkeit von der Wärme wir vollständig einsehen. — Es ist aber nur um so bemerkenswerther dafs die Schwalben im Herbste einer fast um 4° wärmeren Luft bedürfen, als diejenige welche ihnen im Frühjahr überall auf der Erde zusagt. Zu dem Datum ihres Abzuges, für welches man bei Paris sehr sicher den 1. October und bei Berlin etwa den 15. September annehmen kann, gehört nämlich am ersteren Orte eine Lufttemperatur von + 10°,9 und am letzteren von etwa + 9°,6. Indem wir also einerseits die Genauigkeit anerkennen, mit der ein bestimmter Organismus die Temperatur seiner Umgebungen empfindet und auswählt, müssen wir von der anderen zugeben dafs das Messungsmittel welches ihm dabei zusteht, sich auf eine uns durchaus nicht anschauliche Weise im Laufe der Jahreszeiten ändert.

*) Ueber die magnetischen Erscheinungen bei Ochozk vergl. diesen Berichtes Abth. II. Bd. 1. S. 195 u. f., Bd. 2. S. 186 u. f., S. 508 u. f., S. 543.

zu dem Stamme der Rennthier-Tungusen der sich Lamuti d. i. Küstenbewohner nannte, und zogen mit diesem von der Mündung des Ud bis zu der der Ochota*). Es ist sehr wahrscheinlich dafs der vortreffliche Lachsfang an dieser Mündung, die leichte und noch äusserst ergiebige Entenjagd auf dem Ochozker Haffe, vor allem aber die hier eingezogenen Nachrichten von dem Ueberfluss an Pelzthieren an den östlicheren und nördlicheren Küsten und auf Kamtschatka, schon damals zur Anlage einer Simowie oder Russischen Winterwohnung bei Ochozk veranlassten. Von dieser konnten aber dann sowohl fernere Wanderungen gegen Osten und Norden ausgehen, als auch die ersten Reisen auf eisfreien Meeren welche Jermaks Nachkommen unternahmen. An den Mündungen in das Eismeer hatten sie schon früher Boote gebaut, und mit diesen ihre Küstenfahrten weit östlich von der Koluima fortgesetzt. Auch gingen noch um 1650 die zwei Jakuzker Kosaken Deschnew und Motora, auf ihrer berühmten Reise zum Anaduirflusse in dem nordöstlichsten Distrikte von Kamtschatka, über Koluimsk und von dort aus ostwärts an der Küste des Eismeeres entlang. Der direktere Weg über Ochozk wurde aber doch spätestens schon 1685 von Jakuzk aus benutzt, und zwar zu Transporten von Waaren und Lebensmitteln, denn aus diesem Jahre stammt eine der Denksäulen welche die Führer solcher Karawanen in den Aldanischen Bergwäldern hinterlassen haben (I. 2. S. 318). Auch waren dann wohl diejenigen Russen schon von Ochozk aus auf dem Landwege in die Mitte des Kamtschatkathales gekommen, von denen Wladimir Atlassow, der vermeintliche Entdecker dieser Gegend, im Jahre 1697 mit Verwunderung Kunde erhielt. Sie hatten an der Mündung des Baches Nikul in die Kamtschatka feste Wohnungen gehabt, und bis zu Atlassow's Ankunft schon Zeit gefunden sich zu entzweien und aufzureiben. — Am deutlichsten scheinen mir aber endlich sehr thätige Vorübungen der Ansiedler bei Ochozk während der ersten Jahrzehnte nach ihrer Ankunft, durch die

*) Der Name der Ochota ist wahrscheinlich aus dem Tungusischen Worte Okat, welches einen Fluss oder ein Flussufer bedeutet, entstanden — und daher nur zufällig gleichlautend mit dem Russischen Worte ochota die Jagd.

Grofsartigkeit derjenigen Unternehmungen bewiesen, welche sie zu Anfang und um die Mitte des 18ten Jahrhunderts ausführten. Von diesen haben uns die ersten Abgesandten der Russischen Regierung zwar nur unvollständige aber nicht zu bezweifelnde Nachrichten aufbehalten. Zu seiner ersten Reise (im Jahre 1728) hatte Vitus Bering seine Fahrzeuge an der Mündung der Kamtschatka gebaut. Bei seiner Rückkehr nach Petersburg schilderte er aber die Unterstützung des Schiffbaues bei Ochozk als so wichtig, dafs schon im Frühjahr 1731 ein nach Sibirien verbannter ehemaliger Artillerie-Offizier Skornjakow Pisarew, zum Befehlshaber dieser Station ernannt wurde. Er sollte auf dortigen Werften auch Kaiserliche Fahrzeuge, zum Transport der Kamtschatischen Pelzwaaren, herstellen, und auf Getraidebau und andere Verpflegungsmittel des Hafenortes bedacht sein. — Berings zweite Expedition und der Aufenthalt seiner Schiffsgesellschaft in Ochozk, lehrten indessen dafs Pisarew diesem Auftrage durchaus nicht entsprochen hatte, worauf denn sogleich seine Bestallung in Petersburg kassirt, er selbst aber erst 1740, durch einen gleichfalls verbannten Offizier Namens Devier, entsetzt und abgelöst wurde. Auch fanden sich nun in der That alle dortigen Angelegenheiten der Regierung in gröfster Unordnung, und es waren namentlich die zum Schiffbau angewiesenen Gelder ohne sichtbare Wirkung verschwunden. — Nur um so erfolgreicher waren aber gerade damals Kaufleute von Jakuzk und Irkuzk an der Ochozker Küste mit Privatunternehmungen beschäftigt. Gewöhnlich liefsen mehrere von ihnen für gemeinschaftliche Kosten, auf dem Zimmerplatz am Urak (4 Meilen westlich von Ochozk) ein nothdürftig seefestes Fahrzeug bauen, und mietheten unter den hiesigen Russen sowohl den Führer (lozman oder kormschtschik) desselben, als auch die aus Jägern und anderen Abentheurern (promuischlenie) bestehende Mannschaft. Die Mehlvorräthe für die Expedition und andere Reisebedürfnisse wurden, gerade so wie jetzt, von Jakuzk aus auf Saumthieren über das Gebirge gebracht und man schied dann meist auf vier bis fünf Jahre von der Heimath. Die Ausrüstung einer solchen Expedition kostete 20000 bis 30000 Rubel.

Nach der Durchfahrt durch eine der Kurilischen Strafsen (gewöhnlich durch die sogenannte erste Strafse, perwoi proliw zwischen dem Vorgebirge Lopatka und der Insel Siumju oder Schoumschtschu) wurde zuerst längs der Ostküste von Kamtschatka mancherlei vortheilhafter Handel getrieben, und unter anderem gegen Rennthierkleider, die man aus dem Innern von Sibirien mitbrachte, sowohl Zobelfelle eingetauscht, als auch die weit kostbareren Pelze aus Seeotterfellen, deren sich die Bewohner jener Küste damals noch allgemein bedienten. An derselben Küste und auf der Beringsinsel, auf der sich solche Schiffsgesellschaften einige Monate lang niederliefsen, erlegten sie sodann mit geringer Mühe eine Menge von Seebären (koti, Phoca ursina), Seelöwen (Siwutschi, Ph. leonina) und Lachtáki (Ph. nautica). Die Felle der letzteren zerschnitt man zu Baidaren welche theils von den Jägern der Expedition zu eigenen Unternehmungen gebraucht, theils aber nach den östlicheren Inseln*) gebracht, und von deren Bewohnern sehr freigebig mit Seeotterfellen, so wie auch mit Enten- und Taucher-Eiern, die man in Wallfischfett aufbewahrt, bezahlt wurden. Im Jahre 1750 kam eines dieser Kaufmannsschiffe bis zu den östlichsten Fuchsinseln (193° O. v. Paris, 52° O. v. Ochozk); 1760 wurden von dem Ochozker Schiffer Adrian Tolstych fast alle Inseln der nach ihm benannten mittleren Gruppe untersucht, und auch schon 1761 die, als ein Stück des Amerikanischen Festlandes zu betrachtende, Insel Kadják (205° O. v. Par.) von einem ähnlichen Fahrzeuge erreicht, bei welchem mehrere Sibirische Rheder betheiligt waren. Auf derselben Insel landeten sodann und trieben den gewohnten Handel im Jahre 1776 ein Schiff der Cholodilower Kaufmannsgesellschaft, 1780 ein Schiff des Kaufmanns Panow, 1783 ein von dem Steuermann Saikow für mehrere Sibirische Händler geführtes Fahrzeug, und endlich in dem nächstfolgenden Jahre, 192 Russen auf drei von ihnen sogenannten Galioten, welche der in Irkuzk ansäfsige, zu Ruilsk im Gouvernement Kursk geborene, Kaufmann Schélechow für sich und für seine Handelsgenossen (die Gebrüder Michail Ser-

*) Das ist nach den zu der Aleutischen Kette gehörigen 5 Gruppen: der blijnie ostrowà (nahen I.), krysji o. (Ratten-I.), Adrianowskie o., tschetyre sopotschnuija o. (Vier-Kuppen-I.) und lisji o. (Fuchs-I.).

gejew- und Iwan Larionow-Golikowsyn) bei Ochozk gebaut und dann auch glücklich über den Ocean geführt hatte. Bekanntlich hat Schelechow selbst, in Folge dieser und seiner übrigen Fahrten, eine treue Beschreibung der Kurilenkette so wie den Bericht über seine Erlebnisse auf den Aleutischen Inseln und über die Reisen von zweien seiner Schiffe (unter den Steuerleuten Ismailow und Botschárow) längs der Amerikanischen Küste von 61° bei 58° Breite hinterlassen*). Man findet darin manchen Beweis von der, seltsam erworbenen, Kenntniss des Seewesens der der Verfasser sich selbst und seine Mannschaft anzuvertrauen nicht anstand. Sie war sogar gründlich genug um ihn, während seines Winteraufenthalts auf der Beringsinsel, zu einer Messung der Abweichung der Magnetnadel zu veranlassen, die doch bei gröfstem Mangel an Hülfsmitteln nur sehr mühsam zu erlangen war**).

In vielen anderen und wichtigen Beziehungen ist aber jene einfache Beschreibung des Sibirischen Schriftstellers sogar von unübertrefflichem Werthe. Zunächst weil nur er noch die Volksstämme auf der Vulkanischen Inselbrücke zwischen beiden Continenten unentstellt fand durch Berührung mit Europäern, und daher deren eigene Ueberzeugungen ungeschwächt, und ihre eigenthümlichen industriellen Leistungen in derjenigen Vollkommenheit, die

---

*) Unter dem Titel: Puteschestwie G. Schelechowa, s' 1783 po 1790 god . . . . . s' obstojatelnuim uwjedomleniem ob otkrytji nowo-obretennych im ostrowow Kuiktaka i Aphagnaka, do kotoruich ne dostigal i slawnui Aglinskji morechodez Kapitan Kuk . . . . St. Petersburg w' tipogr. gub. prawl. 1812 goda d. i. G. Schelechows Reise von 1783 bis 1790 . . . . . mit ausführlicher Nachricht über die von ihm geleistete Entdeckung der Inseln Kuiktak und Aphagnak, bis zu denen selbst der berühmte Englische Seefahrer Capitain Cook nicht vordrang... St. Petersburg 1812. 8vo.

**) Es heifst in dem genannten Russischen Buche S. 5: „Auf einer dazu construirten Linie" (Mittagslinie) „fanden wir die Abweichung der Nadel 1,25 Rhumb östlich". Obgleich Schelechow ohne Zweifel die Mittagslinie nur durch Schattenlängen bestimmt und den Winkel der Nadel mit derselben, an einem gewöhnlichen Schiffskompas abgelesen hat, ist doch die gefundene Declination:

14°,06 Ost für 55° Br. bei 163°,8 O. v. Par. im Jahre 1783,

nicht viel verschieden von dem was spätere und weit sicherere Beobachtungen erwarten lassen.

überall mit dem Verluste der Freiheit untergeht. Sodann aber auch weil er, wie alle Ochozker Seefahrer, nicht geneigt war die Insulaner nur als Cabinetsstücke für Europäische Neugierde anzustaunen, sondern vielmehr geübt mit ihnen wie mit achtbaren und nützlichen Männern, theils brüderlich, theils doch kaufmännisch, umzugehen. So wurden von Schelechow zuerst die Wissbegierde aller Insulaner des nördlichen Grofsen Oceans und die Schnelligkeit mit der sie das Russische erlernten bewundert und gerühmt — ja, mit einer bei frommen Russen nicht häufigen Unbefangenheit, vertheidigte er sie ausdrücklich gegen den albernen Vorwurf des Atheismus dessen übliche Verbreitung er voraussah. Sie hangen vielmehr, so bemerkt er, sehr eifrig an ihrem merkwürdigen Gottesdienste, und man braucht nur mit anderen Nord-Asiatischen Völkern umgegangen zu sein um dergleichen zu verstehen*). Noch weit sorgfältiger, wenn auch nichts weniger als uneigennützig, wurden sodann von ihm, die häuslichen Sitten und die Gewerbe der Aleuten beachtet, und im Vergleich mit denen der Ost-Sibirischen und Kamtschatischen Volksstämme geschildert.

Bald nach Schelechow's Rückkehr verbanden sich viele der Sibirischen Kaufleute die, sowohl für den Russischen Handel in Kjachta, als auch zur Beförderung nach Petersburg, ihr Pelzwerk über Ochozk von den Aleutischen Inseln bezogen, zu der geregelteren Aktiengesellschaft, welche sich seitdem unter dem Namen der Russisch-Amerikanischen Compagnie erhalten hat. Die Comtoire derselben die wir im Europäischen Russland und in Sibirien kennen gelernt haben (I. 1. S. 98. S. 440., I. 2. S. 266) und noch andere an den östlicheren Punkten des grofsartigen Handelsweges wurden nun gegründet — aber von Ochozk

*) Einzelne Stellen von Schelechow's erst in Petersburg redigirter Reisebeschreibung, sind dann freilich jenem unpartheiischen Ausspruch des übrigen Werkes geradezu zuwider, indem sie von allen Heiden insgesammt mit mitleidiger Geringschätzung sprechen. Offenbar aber nur weil der Verfasser damals schon Theil genommen hatte an einer Unterjochung jener Inseln zu commerziellen Zwecken, und weil bekanntlich eine solche überall in der Christenheit dadurch beschönigt wird, dafs man die gleichzeitig eröffnete Hoffnung auf die Taufe der Unterjochten als höchst erfreulich schildert.

nach den Inseln und von dort zurück liefs man noch viele Jahre hindurch die Waaren und Mannschaften durch gemiethete Schiffer, oft auf sehr abentheuerliche Weise, führen. So wurde mir noch jetzt ein einäugiger und halb gelähmter Mann zugleich als beliebtester Lootse für den Ochozker Hafen, und als zweiter oder nachträglicher Entdecker von Unalaschka vorgestellt. Dieser war nämlich einst im Spätherbst, mit einem Fahrzeug welches er nach den Aleutischen Inseln zu führen übernommen hatte, allmählig in Meeresstriche gerathen wo die Sonne doch auffallend hoch stand, und wo das Pech von den Schiffsplanken floss. Er selbst und die Seinigen trösteten sich über diese Ueberraschung mit der Gewöhnung an ähnliche, auch hatten sie noch Holz genug und eine Destillirblase am Bord um Trinkwasser zu bereiten. Als aber Windstille eintrat, trug man die Heiligenbilder auf's Verdeck und bat St. Nicolaus, den Patron der Kosaken und Seeleute, um eine günstige Wendung. Ein frischer Südwind galt für sein Werk, und als sie darauf unter vollen Segeln weit nordwärts gefahren waren, und eine Küste anliefen, wurde bei dem Kaschewar oder Breikocher der Expedition ein Fest-Essen für die Mannschaft bestellt „weil sie ein Land entdeckt habe!“ Erst am Strande in seinem Boote soll darauf der Anführer dieser seltsamen Expedition, und zwar wiederum mit Freuden, vernommen haben, dafs er sich auf Unalaschka bei rechtgläubigen Landsleuten befände.

Jetzt aber und etwa seit Anfang dieses Jahrhunderts, waren ausser solchen allzu kühnen Schiffern noch vier bis fünf Schiffslieutenants nebst eben so vielen Offizieren von dem Steuermanns-Corps der Kaiserlichen Marine, und gegen 200, zum Theil in Sibirien geworbene und erst auf den hiesigen Meeren gebildete, Matrosen in Ochozk stationirt. Von diesen wurden nun, nach richtigeren Vorschriften als früher, die Transportschiffe gebaut und geführt, welche die Verpflegung der Beamten auf Kamtschatka zu besorgen und die ärmlichen Einkünfte an Thierfellen zurückzubringen haben, auf die sich der unmittelbare Werth dieser Provinz für die Regierung beschränkte. Auch ist, bei diesem Eingreifen der Regierung in die hiesigen Angelegenheiten, der Handel nicht unberücksichtigt geblieben. Die Schiffe der Ochozker Abtheilung der Flotte, befördern bei jeder ihrer Reisen nicht unbeträchtliche Mengen, sowohl von Waaren die die auf der Halbinsel ansäfsigen Händler aus Europa beziehen, als auch von dem Pelzwerk welches sie dafür eintauschen und für ihre eigene Rechnung nach den westlicheren Märkten zurücksenden. Sodann aber hat man auch die Unternehmungen der Aleutischen oder Russisch-Amerikanischen Compagnie, nachdem ihr jede Einmischung in den Handel auf Kamtschatka ausdrücklich untersagt worden, durch dasselbe Mittel zu befördern gesucht wie die der Ostindischen in England. Es ist den Offizieren der Kaiserlichen Flotte freigestellt, die Leitung der nautischen Angelegenheiten dieser Gesellschaft ohne Austritt aus dem Staatsdienste zu übernehmen, und da die Amerikanische Compagnie in Friedenszeiten mit weit grofsartigeren Expeditionen beauftragt als die Regierung, so haben sich schon seit Anfang dieses Jahrhunderts viele der tüchtigsten Russischen Seeleute ihrem Dienste gewidmet. Nur bei den kleineren Fahrten zwischen den Inseln wurden die Schiffe derselben noch jetzt durch ungebildete Praktiker geführt — von Sitcha oder von Californien nach Ochozk oder nach Kamtschatka, aber immer durch wissenschaftliche Seeleute der Petersburger Schule.

Von den Bewohnern von Ochozk, deren Zahl sich während meiner Anwesenheit auf 800 bis 900 belief, gehörten dennoch kaum ein Zehntheil zu der Klasse der Beamten. Noch bei weitem wenigere aber, und unter ihnen nur zwei oder drei Frauen, waren durch Erinnerungen an Petersburg oder doch an das Europäische Russland verbunden. Die Offiziere der Flotte, ein Bergwerksbeamter welcher dem Salzwerke an dem Urakischen Strande (unten Mai 31.) vorstand, so wie einige Aerzte und die Aufseher der Magazine bildeten diesen bevorzugten Kreis. Der Verwalter der Amerikanischen Compagnie der (so wie sein Vorgänger auf Kadjak zu Schelechow's Zeiten und wie jetzt der bedeutendste Kaufmann in Jakuzk, I. 2. S. 266) zu einer Griechischen Familie gehörte — stand eher an der Spitze einer zweiten Europäischen Macht, während die selbstständigen Kaufleute, die übrigen Bürger und die Kosaken von Ochozk, ihre Alt-Russischen Sitten und die Ueberzeugungen ihres Ahnherrn Jermak in fast ursprünglicher Reinheit bewahrten. Die nicht seltenen Ehen der Hiesigen mit Aleutinnen oder mit Russinnen von Kamtschatka, welche alle mit den dortigen Eingeborenen verwandt sind, haben sie in jener alterthümlichen Einfachheit nur bestärkt*)

Zwischen diesen heterogenen Elementen der kleinen Bevölkerung herrschte übrigens eine seltsame und erfreuliche Innigkeit des Umganges. Zunächst weil hier, wie fast überall in Sibirien, die religiösen Gebräuche einen Vereinigungspunkt abgeben, an denen die Sibirischen Russen aus Ueberzeugung, die übrigen aus fast eben so bindender Gewohnheit hangen — sodann aber auch und vor allem, weil die Bewohner von Ochozk, fast eben so wie die Mitglieder einer Schiffsgesellschaft, sich einander begegnen in der Sorge für die ersten Bedürfnisse des Lebens. Völlig gleichgestellt in dieser Angelegenheit, sieht man sie bald sich wechselseitig unterstützen, bald mit einander wetteifern an kaufmännischen Listen, zu denen der Russische Charakter sie alle so gleichmässig und vorzugsweise eignet.

Viele Hülfsquellen deren sich andere Sibirische Hauptstädte erfreuen, fehlen in Ochozk durchaus. Hier weifs man nichts von den Hühnerarten, welche bei Tobolsk und bei Irkuzk so häufig sind, auch fehlt eine Nachbarschaft die jederzeit von dem Ueberfluss ihrer Heerden mittheilt, wie die Kirgisen und die Buraeten in Tobolsk und in Irkuzk und die Jakuten in allen Russischen Niederlassungen die in der Mitte ihrer Weideplätze liegen. Im Winter erhält man hier nur selten einiges Rennthierfleisch durch die Kosaken von Ijiginsk**) und durch die Tungusischen Nachbarn. Auf dem Haffe und auf den schmalen Binnenseen am westlichen Strande, gab es zwar jetzt eine Menge von Enten, man hält sie aber nur gleich nach ihrer Ankunft für geniefsbar, weil sie späterhin von den faulenden Fischen von denen sie sich nähren, einen ranzigen Geschmack annehmen***). Die herrlichen Lachse der

*) Die nach Ochozk Verbannten wohnen sämmtlich bei dem Salzwerk an dem westlichen Strande, oder werden doch nur einzeln und ausnahmsweise in der Stadt beschäftigt.

**) An der nördlichen Bucht des Ochozker Meeres bei 62°,3 Breite 14°,8 Ost von Ochozk.

***) Die hier sogenannten Turpane (Anas carbo) welche früher ihre Mauserzeit auf dem Ochozker Haffe abwarteten, und dann mit Booten gegen die Küste getrieben und beim Eintritt der Ebbe zu Tausen-

Ochota und des Kuchtui bleiben somit das einzige Nahrungsmittel welches die nächste Umgebung darbietet, und zugleich auch der Stolz der ächten Ochozker. Auch mir wurde gleich nach der Ankunft in dem Akulkowschen Hause, ein Gericht vorgesetzt, dessen Genufs eine unvergängliche Vorliebe für Ochozk erzeugen soll. Es sind gebratene Köpfe der sogenannten Kéta (Salmo lagocephalus, Pallas) und namentlich die Augen derselben, denen man hier die Wirkung des Lotos nach der Homerischen Sage zuschreibt. Auch diese hatte man aber jetzt nur gesalzen seit dem vorigen Sommer aufbewahrt. Erst in den letzten Tagen des Mai beginnt hier der Fischfang (unten Juni 1.) und er beschränkt sich selbst dann noch auf die einzige weniger geachtete Lachsart welche von oben zurückkehrt (die Malma; S. Callaris), während gröfsere und edlere Fische erst in den folgenden Monaten aus dem Meere stromaufwärts steigen. — Alles Uebrige was das Leben angenehm oder auch nur möglich macht, wird den Ochozkern von Jakuzk zugeführt, oder auch, wiewohl zu weit kleinerem Theile, aus Californien, aus Chili und von den Sandwichsinseln, durch eines der jährlich einlaufenden Schiffe der Amerikanischen Compagnie. Beide Verbindungen ereignen sich aber nur im Sommer, und so herrscht denn hier für alle Bedürfnisse nur einmal im Jahre eine kurze Fluth, die von fast neunmonatlicher Ebbe gefolgt wird. Ueber die Gröfse der Waarentransporte welche in jedem Sommer nach Ochozk kommen, habe ich zwar verschiedene, überall aber sehr bedeutende Angaben erhalten. — A. Bestujew (I. 2. S. 269) versicherte mir, dafs jährlich gegen 20000 Saumpferde von Jakuzk gegen Osten abgefertigt werden. Freilich bleibt dann nicht Alles in Ochozk, was man an Mehl, an Fleisch und an Getränken (Thee, Kornbranntwein, Rum und allen Arten

senden mit den Rudern geschlagen wurden — waren jetzt weit weniger häufig. Wahrscheinlich haben sie sich, wie auch viele von den anderen Entenarten, vor den Nachstellungen der Zughunde nach anderen Küstenstrichen gewöhnt. Ich habe ausserdem nur noch Anas Crecca (Russ. tschirok), A. Penelope (Russ. *S*wist d. i. Pfeifente), A. acuta (Russ. schilo-chwost d. i. Pfriemschwanz) und A. clypeata (Russ. Klachtun und auch Schirokonos d. i. Breitschnabel) an den Mündungen und auf den Küstenseen geschossen.

von Weinen) so wie auch von Kleidungsstoffen und anderen Europäischen Waaren nur auf diesem Wege erhält. Man bringt davon einen beträchtlichen Theil nach beiden Kamtschatischen Küsten und nach Sitcha. Einmal jährlich wird aber, ausser den Saumpferden und zugleich mit diesen, auch noch vieles Rindvieh von jenseits des Aldan und von den Jakutischen Niederlassungen an der Ochota, nach der hiesigen Küste getrieben.

Bei Aldanskji Perewos hörte ich dagegen nur von 10000 Stück Pferden und Ochsen die daselbst jährlich übersetzen, und man meinte sogar, dafs von diesen kaum mehr als die Hälfte nach Ochozk bestimmt seien, auch schätzte Capitain Walront, wohl übereinstimmender mit dieser Angabe als mit der ersteren, den Werth der über Jakuzk kommenden Waaren die hier in jedem Sommer abgesetzt werden, auf nur 400000 Rubel*).

Jedenfalls ist nun aber in Ochozk beim Herannahen der merkwürdigen Marktzeit, der Mangel aufs höchste gestiegen. In minder vorsichtigen Familien gelten dann Fleisch und gedörrtes Brod (Suchari I. 2. S. 301) als seltenste Leckerbissen, auch ist schon längst, selbst bei den verwöhntesten Trinkern, anstatt der Europäischen Weine und der Sibirischen naliwki (I. 2. S. 32. I. 1. S. 387) der Kornbranntwein, unter dem veredelnden Namen des Suworowschen Weines, beliebt geworden — und dennoch hatten die Jakuzker Händler in dem vorigen Jahre, mit seltsamstem Streben nach Vollständigkeit, kaum irgend einen Anspruch des Europäischen Luxus ganz unbefriedigt gelassen**). Den ersten Karawa-

*) Die ebenfalls in Ochozk gangbare Angabe dafs einer der Sibirischen Händler bei jeder seiner Reisen zu dem hiesigen Markte 40000 Rubel gewinnt, dürfte wohl etwas übertrieben sein — doch ist es wahr, dafs manche Irkuzker Kaufleute, welche ihre Waarensendungen gegen Westen bis nach Nijnei Nowgorod und gegen Osten bis nach Ochozk und nach Kamtschatka ausdehnen, ihr Kapital durchschnittlich fünfmal in zwei Jahren umsetzen. Sie verkaufen aber nur an wenigen Hauptpunkten dieses ungeheuren Weges, und es ist daher ein so vortheilhaftes Resultat nur durch die ungewöhnliche Schnelligkeit der Reisen zu erklären, auf denen bald diese Kaufleute selbst, bald ihre prikaschtschiki und obosnie oder Karawanenführer den gröfsten Theil ihres Lebens zubringen.

**) Die Mufse eines einsamen Lebens erzeugt aber oft sehr schwer zu befriedigende Wünsche! So wartete einer der alterthümlichen Bürger

nen geben daher viele Ochozker sehnsüchtigst entgegen, um das lange Entbehrte so früh als möglich zu geniefsen oder um wohl gar, in dem Nachtlager am Urak, schon vor Eröffnung des Marktes einige seltene Waaren zu erwerben. Nicht minder eifrig überbieten sich aber dann die Kaufleute in der Beschleunigung ihrer beschwerlichen Reisen, indem jeder von ihnen doch wenigstens der Ankunft des Amerikanischen Schiffes zuvorzukommen sucht, welches für einige der Betheiligten die Jakuzker Waaren ersetzen könnte*). — Um dieselbe Zeit und eben so plötzlich wächst aber auch die Bevölkerung von Ochozk und ihre Thätigkeit auf den Werften und in dem Hafen, indem dann die Transportschiffe der Flotte zurückkehren die im vorigen Sommer nach den Russischen Küstenorten auf Kamtschatka (nach Petropaulshafen, Tigilsk, Bolscherozk und bisweilen auch nach Nijnei Kamtschatka) ausliefen und deren Mannschaften meistens auf der Halbinsel überwintern. Auch werden, sogleich nach der Ankunft der

---

von Ochozk mit gröfster Ungeduld auf die diesjährigen Karawanen, weil sie ihm endlich eine Drehorgel, und mit dieser die Melodie eines gewissen Russischen Liedes bringen sollten, von dem ihm nur die ersten Worte und auch diese nur ihm unter allen Ochozkern erinnerlich waren. Den Jakuzker Kaufleuten hatte er daher nur angegeben, dafs er zu singen wünsche: rodimsja mui na swjet nagie, oblitui slesami d. h. wir treten nackt und in Thränen an das Licht der Welt — und wohl hatten ihm erst jene als Fortsetzung dieses seltsamen Textes folgende Worte, die er jetzt hinzuzufügen pflegte, empfohlen: a schto poslje sljedujet, to straschno skasati d. h. was aber dann noch erfolgt ist entsetzlich zu sagen.

*) Ich hatte schon früher die künstliche und sinnreiche Verpackung zu erwähnen, deren man sich bei den Saum-Transporten über das Aldanische Gebirge bedient. In dem Ochozker Magazine zeigte man mir noch die eigenthümlichen Schläuche (Sumui) in denen das Mehl von Jakuzk geführt wird, und die bei eben diesen Sendungen gebrauchten Flagi oder hölzernen Branntweingefäfse. Die ersteren sind niedrige Cylinder und bestehen aus Pferdeleder welches an der Aussenseite schneeweifs und pergamentähnlich geglättet ist, durch ein den Jakuten und Tungusen eigenthümliches Verfahren. Das Mehl wird darin durch eine Oeffnung in der gebogenen Fläche stark zusammengepresst, und dann auch diese durch ein aufgenähtes Stück Leder wasserdicht und kaum sichtbar geschlossen. Die Flagi sind äusserst feste und gleichfalls cylindrische Fässer von etwa 1 Fufs Höhe und 2,5 Fufs Durchmesser.

Sibirischen Karawanen, die neuen Expeditionen nach den genannten Häfen ausgerüstet und abgesendet.

Die Sonntage und viele andere kirchliche Feste wurden indessen schon jetzt, während der mageren Jahreszeit, von den Ochozkern durch mancherlei gemeinsame Lustbarkeiten gefeiert. Namentlich in den Wochen zwischen Ostern und Pfingsten, weil dann Christus, wie man hier annimmt, nicht blofs überhaupt auf der Erde umhergehe, sondern auch wohl ganz in der Nähe bis an die Küste des Grofsen Oceans. Eben deshalb wurde ich ernstlich gewarnt, in diesen Wochen nichts aus dem Fenster zu werfen, um ihn nicht damit zu treffen.

Am 21. Mai beging man das Fest des heiligen Nikolaus (Nikolaja ugodnika oder des Gottgefälligen) den, wie schon erwähnt, die Sibirischen Kosaken so wie auch andere Russische Reisende und Seefahrer stets für ihren besonderen Schutzheiligen gehalten haben. Die Geistlichen und die Kirchensänger welche die übliche Messe ausführten, trugen daher auch an diesem Tage ihre kostbarsten hellblauen Gewänder, und mit besonderer Genugthuung erzählten mir die alten Ochozker dafs ihnen allein die aus Petersburg verschriebenen Risui (l. 1. S. 170) der drei Popen, 7500 Rubel gekostet haben.

Noch anziehender war aber der Beschluss dieses Festes durch einen Ball in dem hölzernen Saale, den man nun mit Flaggen und mit farbigem Tuche sehr stattlich geziert hatte. Die Begleitung aller Tänze durch Gesänge des geistlichen Chores, und die Kleiderpracht der älteren Bürgerinnen waren nun bereits angenehme Erinnerungen an ähnliche Feste in Sibirien. Auch entfernten sich von gleichartigen Eindrücken aus noch früheren Jahren die Lebendigkeit einer Kreolin von Kadjak, und die seltene Schönheit einer jungen Russinn aus Jakuzk, nur etwa auf die anmuthigste Weise. Gelegentlich kamen freilich hierzu auch derbe Aeusserungen eines patriotischen Fanatismus, doch nur eben so schroff wie vor 1500 Jahren in den Provinzen des Ost-Römischen Reiches, aus denen sich derselbe in das Russische vererbt hat. So eröffnete mir ein junger Beamte von Sibirischem Schlage, im Geheimen aber mit grimmigem Eifer: ich würde die Freundschaft der Ochozker nicht mehr lange geniefsen, wenn sie gleich ihm, an gewissen Zeichen bemerkt hätten „dafs ich zu den Busurmanen gehöre, die an Jesus Christus nicht glauben"*).

Aehnliche gesellige Freuden und kirchliche Feiern wiederholten sich an allen Sonntagen welche ich in Ochozk verlebte, und noch ausserdem am 2ten, 6ten und 14ten und 15 Juni an denen man das Fest der Heiligen Konstantin und Helena, die Enthauptung Johannis, den Troizin den oder das Dreieinigkeitsfest, und die Ausgiefsung des Heiligen Geistes (swjatoi duch na apostoli) beging. Es ist eine Pflicht oder doch ein Gebrauch der griechischen Gläubigen bei dem Kirchgange am troizin den einen Blüthenstrauss zu tragen, und so waren denn auch hier über dem verrufenen Kieselstrande plötzlich Hunderte von Blumen oder grünenden Reisern verbreitet — man hatte sie aber alle in den Zimmern gezogen und in Erde die von jenseits des Flusses geholt wird. — Am folgenden Tage überraschten wir unsere Tänzerinnen, von denen die meisten wieder zierliche Rennthierpelze trugen, in dem Kedrownik und wurden zur Theilnahme an den seltsamen Darstellungen aufgefordert (den chorowodi, die den χωραγιαις der Griechen entsprechen I. 1. S. 447) die sich hier Jahrhunderte lang ganz unverändert erhalten haben. So wird durch eine derselben die Brautwahl eines Zaren vergegenwärtigt, der nach dem begleitenden Liede, noch in Nowgorod residirt — und eine andere (welche sie Koni oder die Pferde nennen) spielt auf einem Hirsefelde, obgleich es bei Ochozk niemals ein solches gegeben hat, auch schliefst

*) Zu der äusserst heilsamen Anlegung eines obras mit dem schönen Wahlspruch: da woskresnet bog u. s. w. (I. 1. S. 610) würde ich jedoch erst etwas später durch weit sanftere Ermahnungen meiner Wirthin veranlasst. „Wem noch die Mutter den Tisch deckt, der mag den Himmel vergessen, unter Fremden aber und so kurz vor der Einschiffung mufst Du dich fleifsig bekreuzigen: beim Aufstehen, nach dem Essen und in Gottes Kirche." Meine späteren Fortschritte in der Russischen Gesittung bemerkte sie dann aber mit eben so treuherzigen Ermunterungen, und versicherte namentlich dafs diese bereits auch von anderen Ochozker Frauen mit Freuden anerkannt seien. — Nur der Vorwurf dafs ich ihre gastfreie Sorgfalt nicht oft genug anspreche, wurde mir auch dann noch von Anna Iwanowna täglich wiederholt, und zwar mit den wahrhaft patriarchalischen Worten: „Wenn der Säugling nicht schreit, wird ihm die Brust nicht gereicht." (ni kritschit mladenez, matj grudi ni dajet.)

jeder Vers des begleitenden Liedes mit der berühmten Anrufung Did i Lado welche von *Slawischen* Alterthumsforschern, eben so kühn als entschieden, für die Namen zweier uralten Gottheiten erklärt worden ist*).

Ich darf endlich auch nicht unerwähnt lassen wie sich unter den Männern von Ochozk bei allen passenden Gelegenheiten zwei streng geschiedene Parteien zeigten. Die eine nannte man die Nüchternen oder die Mäfsigen (treswie), weil sie sich in der That aller geistigen Getränke eben so consequent enthielten, als die zahlreichere andere Partei, unter dem von ihr selbst gewählten Namen der pjánizui oder Trinker, ihnen freimüthig anhing. So halten es die letzteren für eine angenehme Pflicht sich, unter anderem auch, jährlich einmal, „zum Gedächtniss der Apostel" gründlich zu berauschen, und zwar an demjenigen Tage wo man dieselben „voll süfsen Weines" erklärt hat. Die Nüchternen fanden dagegen eine Entschädigung in der Gunst der Ochozker Frauen, die ihnen in der That um so ausschliefsender zu Theil wurde, als man den Anderen vorwarf, sich durchaus nicht darum zu bewerben. — Ich habe übrigens unter den Anhängern des einen und anderen dieser Bekenntnisse, zwischen denen es nun auch zu Bekehrungsversuchen und ernsterer Erbitterung gekommen war, etwa gleich viel lehrreichen und werthvollen Umgang gefunden.

Unsere Gänge ausserhalb der Stadt beschränkten sich während der ersten Wochen meines Aufenthalts (Mai 23. 26. 29.) auf den östlichen Strand, den man den Marekanischen oder die Marekanischen Dünen (Marekanskaja koschka) zu nennen pflegt. Wir fanden nur schwachen Wellenschlag weil die südöstlichen See-

---

*) Das Ganze bezieht sich übrigens auf einen seltsamen Vertheidigungskrieg der Männer eines Dorfes, welche die Hirse die sie gebaut haben, gegen ihre Frauen beschützen. Diese versuchen zuerst selbst die Saat zu zertreten, und gebrauchen dann zu demselben Zwecke die Pferdeheerde die sie aus ihrem Gehege auf das Feld treiben. Wie gewöhnlich werden aber diese Bemühungen sowohl mimisch dargestellt, als auch von den spielenden Chören in sehr kunstlosen Versen erwähnt wie z. B.:

a mui pro*s*u *s*ejali, *s*ejali
oi Did i Lado *s*ejali
a mui pro*s*u wuitaptim etc.
mui tak koni wuipustim etc.

winde und mit ihnen das wahre Sommerwetter erst anfingen. In den folgenden Wochen hörte man in der Stadt selbst, das Rauschen der Marekanischen Brandung nur äusserst selten unterbrochen durch das der westlicheren oder Urakischen. Von dem Meere sah man einen mit Eisblöcken bedeckten Streifen, und auch durch die Lücken desselben war der Nebel, schon weit innerhalb des Horizontes unseres niedrigen Standpunktes, von den grauen Wellen nicht mehr zu unterscheiden. Längs des Strandes sah man doch viel weiter hinaus, aber alle entfernteren Gegenstände schienen in heftig wallender Bewegung, so wie immer wenn das von ihnen kommende Licht nach einander durch Luft von verschiedener Temperatur hindurchgeht (I. 1. S. 19. 688. I. 2. S. 208. 217. II. 1. S. 402); offenbar geschah dies hier, weil nur der steinige Boden sich erwärmte während dicht daneben alle auf das Meer fallende Sonnenstralen zur Schmelzung der Eisblöcke verwendet wurden. — Auch von den Meereswellen wurden hier nur Trümmer von dichtem Feldspathporphyr (Euritporphyr mit Hornblendekrystallen) wie an der oberen Ochota angespült, die auf ihrem Wege von dem Innern des Landes nur noch blanker geschliffen worden, aber immer noch Wallnussgrofs geblieben sind. Das Geräusch der hiesigen Brandungen wird eben durch den Zusammenstofs dieser äusserst harten und klingenden Kiesel so auffallend verstärkt. Sie wurden während der Ebbe auf einem schwach geneigten Abhange auf- und abwärts bewegt, hinter welchem sich der aus eben solchen Geröllen bestehende Dünenwall weit steiler, bis zu der Höhe der gewöhnlichen Fluthen erhob. Ich habe schon oben erwähnt, wie östlich von der Stadt, da wo der Kuchtui weiter vom Meere absteht, vier solcher Wälle stufenartig hinter einander in einer Richtung liegen, die zwischen denen des Flussbettes und der Küste das Mittel hält. Nur der erste derselben wird noch jetzt von den stärksten Sturmfluthen überspült. Von dem Lootsenthurme an der Mündung des Kuchtui übersieht man am besten die Regelmäfsigkeit dieser Dünen, und wie das Zirbelgesträuch zwischen den inneren, gegen den Marekan zu, immer dichter und höher wird.

Von ausgeworfenen Meeresproducten waren an der Strandlinie ungeheure Blätter einer Fucus am auffallendsten. Sie sind von Fucus esculentus der hier Seekohl (morskaja kapusta) genannt wird. Bei nur 2 bis 4 Zoll Breite haben selbst die abgerissenen Stücke die man hier findet, oft mehr als 50 Fufs Länge. Die älteren und vertrockneten waren schneeweiss gebleicht und durchsichtig, viele andere aber bräunlich grün und noch saftig. Der Masse dieses riesigen Gewächses entspricht auch seine Rolle in dem Haushalte der Natur, denn die Heere von Wallrossen an der Ostküste von Kamtschatka und von Lachtaken (Phoca nautica) an derselben und im Ochozkischen Meere, leben fast ausschliefslich von Seekohl und ähnlichen Tangarten. — Die Blätter des ersteren werden auch von den hiesigen See-Tungusen und von anderen Bewohnern der nördlichen Küsten roh gegessen — jedoch nur in Zeiten des Mangels, während die Aleuten bis zu 50 *Sajen* (350 Engl. Fufs) lange Stücke von den Stengeln des Seekohls als Schwimmer für ihre Angeln gebrauchen. — Wir fanden ausserdem mehrere, nicht mehr als handbreite, Individuen einer sehr zierlichen Schwamm-Art (Achilleum, Goldf.) angeschwemmt, die sich von einem einzelnen Stamme ziemlich regelmäfsig pilzförmig ausbreitet. Die Kanäle derselben scheinen weniger netzartig verschlungen als bei dem Badeschwamm, und bilden vielmehr von der Oberfläche gegen den Stamm gewundene Röhren. In dem abgestorbenen und wahrscheinlich auch im lebenden Zustande, sind diese Polypenstämme gelblich-weiss. Man soll sie oft beträchtlich gröfser finden und hat auch versucht sie wie den Badeschwamm zum Aufsaugen zu gebrauchen. Sie werden aber wenn sie trocken liegen, hart und brüchig, und sollen dann zum Poliren von Metallen gut sein. — Ich habe keine Spur von Schnecken oder Muscheln weder an dem östlichen Strande noch auch an der Westseite des Ochozker Haffes bemerkt. Man darf hieraus wohl nicht mehr schliefsen, als dafs die hiesigen Meere an dieser Thierklasse arm sind; auf ein gänzliches Fehlen derselben aber um so weniger, als sich an dem Ochozker Strande auch keine Medusen zeigten, welche ich doch später, bei der Ueberfahrt von Ochozk nach Tigilsk und in der Awatscha Bucht auf Kamtschatka, so häufig und mannigfaltig gesehen habe*).

---

*) Die sehr zahlreichen Lothungen auf den Kursen von Ochozk nach Tigilsk und nach Ijiginsk haben nur an einer Stelle: Sand mit

Die Lachmöwen (Larus cachinnans Pall.) die sich während der Ebbe in ungeheurer Menge in dem Kuchtui einfinden, bevölkern dann auch den östlichen Strand*), zugleich mit grofsen Seeschwalben (Sterna longipennis Mus. Berol.**) und einem Heere von Bachstelzen, deren bekannte wellige Flugart durch den ihnen hier gegebenen Namen lodki d. i. Böte sehr treffend bezeichnet wird; auch erhielt ich von dieser Seite des Flusses, schon am 29. Mai, eine hier und auf Kamtschatka sogenannte Gagara d. i. den Cepphus septentrionalis Pall. (Eudytes septentrionalis auct.). Die Fufsstellung dieser Gattung erscheint der Griechischen Kirche so monstruos, dafs ich meiner frommen Wirthin angelegentlichst versichern mufste, ich wolle „den Vogel, dem die Beine aus dem Steisse wachsen" nicht zum Essen sondern zur Benutzung des Balges in ihrem Hause haben. Der starke Flaum der Gagara macht übrigens dafs sie nur durch eine Halswunde, und daher ziemlich schwer, zu erlegen ist (vergl. auch unten 1829. August 30.).

Zwischen den nackten Dünen in der Nähe der Stadt fanden wir Trümmer eines aus Baumstämmen gezimmerten, mannslangen

---

Muscheln nachgewiesen. Sie liegen in der Tausker Bucht (unten 1829 August 1. und 2.) in 140 Engl. Fufs Tiefe, 6°,9 Ost von Ochozk bei 59°,2 Breite und in der Mitte des, dort kaum vier geogr. Meilen breiten, Meeresarmes zwischen Korowji ostrow und der Küste im SW. Auch erfuhr Baron Kittlitz, nachdem ihm am Strande bei Petropaulshafen der Mangel an Muscheln eben so aufgefallen war wie mir an dem Ochozker Strande, dafs dort in einiger Tiefe ein Mytilus auf dem felsigen Meeresboden haftet. Die schneidenden Schalen desselben wurden von den Schwimmern gefürchtet, die nach einem über Bord gefallenen Gewehre tauchten.

*) An zwei angeschossenen Exemplaren die ich mehrere Tage lebend erhielt, war die Färbung der nach dem Tode veränderlichen Theile mit der von Pallas gegebenen Beschreibung, so weit diese reicht, übereinstimmend. Namentlich fand ich den Schnabel wachsgelb mit einer schwarzen Spitze (die P. nicht erwähnt) und einem dunkel-orangen Fleck zwischen dieser und der gelben Wurzel. Die Augenlieder orange, die Pupille schwarz, die Füfse graugelb und die Zehen schwarz. Es ist der Vogel den Herr Nordmann, nach den Exemplaren die ich dem Berliner Museum übergeben habe, als L. ridibundus Lin. bestimmt hat. Vergl. in diesem Berichte Naturhist. Atlas S. 18.

**) A. a. O. S. 17.

Kastens den mein Begleiter für eine Tungusische Grabstätte erklärte — auch schien in der That das Ganze, ehe es zerstört worden, den im Aldanischen Gebirge gesehenen, über dem Boden liegenden, Gräbern ganz ähnlich gewesen zu sein. Man soll in der Nähe von Ochozk nicht selten dergleichen Denkmale der ursprünglichen Bevölkerung finden, die sich jetzt zu anderen Flussmündungen gewandt hat.

Die westliche oder Urakische Küste sah ich von Mai 30. bis 31. bei einer Fahrt nach der Ochozker Saline (18 Werst westlich von der Stadt) zu welcher ich den Vorsteher derselben, Herrn J. J. Koslow, begleitete. Wir fuhren Nachmittags den Kuchtui abwärts, in einem der langen und rohen Fischerboote (lodki) bei deren Bau die Kosaken nur Tungusische Fahrzeuge, und nicht die Kielboote von den hiesigen Werften, nachahmen. Nahe unterhalb des Gebäudes der Amerikanischen Compagnie bogen wir westwärts in das Haff welches die Ochota mit dem Kuchtui verbindet. Auf der Insel zu unserer Linken die uns vom Meere trennte, sind von der ehemaligen Stadt nur noch Trümmer von einigen Jurten und zwei Baken als Signal für die einlaufenden Schiffe geblieben. Von dem West-Ende der Insel zog sich noch jetzt ein Schaumstreifen über den seichten Meeresarm bis zum rechten Ufer der Ochota, denn die Reste der durchbrochenen Küste liegen hier, während der Ebbe, nur wenige Fufs unter dem Wasser. In der Mitte der Mündung fand ich die Temperatur der Oberfläche $+ 3°,6$ *). Das Wasser ist hier schon sehr salzig; doch soll man in demselben einen Streifen süfsen Wassers finden, welches von der Buistraja oder schnellen d. i. von dem zweiten der drei Nebenärme der Ochota (oben S. 11.) herrührt. Wir schossen nahe an dem völlig dürren Ufer dem wir uns näherten ein Männchen und Weibchen der Pfeif-Ente (A. Penelope) die hier *Swis* von *swistatj*, pfeifen, oder auch weit unpassender *sjeraja utka* d. i. graue Ente genannt wird, und landeten dann an der rechten Seite der Mündung bei der Staraja Karaulka oder dem alten Wachthause. Es ist eine einzelne Jurte, bei welcher ein Boot gehalten wird, um den westlichen Strand mit der Stadt zu verbinden, wenn die Fluth und

*) Nach Réaum. Skale, wie alle Temperaturangaben in diesem Berichte.

der Wind es erlauben. Der jetzige Inhaber dieses Fährhauses war ein Buraet, der, wie alle Arbeiter der Saline, zu den Verbannten gehörte. — Bei unserer Ankunft war zugleich mit dem auslaufenden Fluthstrome auch der Ostwind stärker geworden, und da unter diesen Umständen die Fahrten längs der Küste für sehr gefährlich gelten, beschlossen wir zu Lande weiter zu gehen. Die Kosaken die uns von Ochozk gerudert hatten, wurden zuvor von Herrn K. mit Branntwein bewirthet, und es gesellte sich zu diesem Feste auch ein alter Tunguse, der sich bei dem Fährmann als Arbeiter verdungen hatte. Er war vor einem Jahre krank „aus dem Walde“ d. h. von dem Urak oder von der oberen Ochota, gekommen, um bei den Russen Hülfe zu suchen. Die Jakutische Sprache wurde auch hier von den Kosaken, dem Buraeten und dem Tungusen mit gleicher Leichtigkeit gebraucht. Sie ist, wie durch stillschweigende Uebereinkunft, von Irkuzk bis zum Grofsen Ocean, und vom Eismeere bis an die Chinesische Gränze, die Umgangssprache der Reisenden geworden, und eben deshalb nicht blofs den Sibirischen Kaufleuten und Kosaken geläufig (I. 2. S. 256), sondern auch vielen zur Zwangsarbeit verbannten Russen, die sich ihre Strafzeit durch oftmaliges Entfliehen verkürzen. Der Tunguse gerieth bald in eine begeisterte Stimmung und suchte darauf seinen Dank für die ihm gewordene Bewirthung durch den Tanz und die Gesänge auszudrücken, mit denen seine Landsleute in Judomsk mich empfangen hatten (I. 2. S. 389). Einer der Kosaken der mit den Tungusischen Sitten besonders vertraut schien, unterstützte ihn dabei aufs beste.

Wir gingen dann etwa eine Meile weit auf den Dünen am Strande, bis zu einer zweiten Jurte, welche nowaja Karaulka d. h. das neue Wachthaus genannt wird. Hier schlagen jetzt selbst die höchsten Sturmfluthen kaum über den ersten Geröllwall, und dennoch liegen lange seeartige Wasserstreifen zwischen diesen und einer landeinwärts folgenden Dünenreihe. Sie erstrecken sich, fast ohne Unterbrechung, von der Ochota bis zu der bewaldeten Mündung des Urak, und werden aus dem Innern des Landes durch Bäche gespeist, denen der Abfluss zum Meere jetzt gänzlich abgeschnitten ist. Auch diese Erscheinung deutet auf einen Zuwachs der Küste der wohl, wie ähnliche im Norden von Europa (I. 1. S. 47), mit einer Hebung derselben verbunden sein dürfte. Die Seen hinter den Dünen sind übrigens jetzt die beliebtesten Brütplätze der Enten und anderer Wasservögel, die bei der Ebbe ihre Nahrung am Strande suchen. — Bei dem neuen Wachthause hatte man die Zughunde noch nicht entlassen und man gab uns eine mit zwölfen bespannte Narte, um die letzten vier Werst bis zur Saline schneller zurückzulegen. Das Gespann und die Bauart des Schlittens waren eben so wie bei den Tungusen von Arki (I. 2. S. 415). Wir fanden aber nur an einigen Stellen des Nordabhanges der Dünen eine dünne und schmelzende Schneedecke, auf der wir kaum schneller fuhren als, an den übrigen, auf den glatten Rollsteinen des Strandes.

Die Ochozker Saline ist an der Küste gegen das Land der Japaner*) die vorletzte Russische Niederlassung, denn es folgt auf sie, vor Udskoi (55° Br. 7° W. v. Ochozk) nur noch eine von Tungusen und Kosaken gemeinsam bewohnte Ortschaft (Simowie I. 2. S. 410) bei welcher auch einiger Ackerbau getrieben wird, und deren Entfernung von Ochozk auf 100 Werst geschätzt wurde. Das Salzwerk liegt an einem der eben erwähnten Süsswasserseen (von 6 Werst Länge und gegen 200 Sajenen Breite) und bestand jetzt, zunächst an den Dünen, aus einem Vorrathshause und Fabrikgebäude von ziemlich ärmlichem Ansehen, denen sich, näher an dem Landsee, die Balkenjurten für die verbannten Arbeiter**) und für die Kosaken die sie beaufsichtigen anschlossen. Diese bleibende Bevölkerung belief sich auf 180 Menschen, doch hatten noch mehrere Tungusische Familien ihre Zelte dicht bei den Russischen Wohnungen aufgeschlagen. Sie ziehen im Frühjahr den Fischen bis an

---

*) So wird die zwischen den Mündungen des Amur und des Ud gelegene Küste von den Ochozkern genannt, obgleich bekanntlich dieser Landstrich von den Chinesen zu den ihnen halb unterworfenen Provinzen gezählt, und von dem Stamme der Anjos bewohnt wird. Freilich gehören dann zu diesem letzteren auch die eigentlichen Japaner (die Bewohner der Inseln Matmai und Sachalin) und die Bewohner der südlichen Kurilischen Inseln.

**) Von diesen erhielt ein Jeder jährlich 20 bis 25 Rubel.

die Flussmündungen entgegen, auch mögen wohl die Aermsten unter ihnen die Nähe der Russen suchen, um den Ueberfluss ihres Fanges vortheilhafter abzusetzen.

Die Gewinnung des Kochsalzes aus dem Meerwasser wurde hier nur in den Wintermonaten, vom December bis um die Mitte des April, betrieben. Zunächst weil nur in dieser Jahreszeit die Menge des Flusswassers so gering ist, dass sie den Salzgehalt an der Küste nicht merklich vermindert. Im Sommer ist er dagegen bei weitem geringer als im offenen Meere, weil sich dann ein Streifen süssen Wassers zu beiden Seiten der Flussmündungen ablagert. Sodann wird aber auch hier die vorläufige Concentrirung des Seewassers, dessen ursprünglichen Salzgehalt Herr Koslow wohl ziemlich richtig zu $\frac{3}{100}$ des Gewichtes angab, nur durch Gefrieren bewirkt, und man ersetzt durch starke Kälte, das was die mächtigeren Sonnenstralen in den ähnlichen Salzwerken der Französischen Küsten leisten. Das Gefrieren geschieht in hölzernen Kasten, zu denen man das Meerwasser vom Strande aus auf Hundeschlitten zufuhr, weil die Anlage von Pumpen, wegen des starken Betrages der Fluthen, unausführbar schien. Die Siedepfannen hielten gegen 600 Engl. Kubikfuss und waren von Eisenblech, jedoch nicht eben vortheilhaft angelegt, indem man zur Gewinnung von 3000 Pud eines ziemlich unreinen Kochsalzes, welche diese Saline jährlich liefert, 450 sogenannte Kubiksajenen Brennholz*) verbrauchte. Bei günstigster Verbrennung müsste diese Holzmenge zur Abdampfung von 255000 Par. Kubikfuss Seewasser genügen, in welchen hier, selbst ohne vorhergegangenes Ausfrieren, gegen 16000 Pud Kochsalz enthalten sind. — Die Bewohner von Ochozk, welche einige Fische einsalzen obgleich sie bei weitem die meisten nach Kamtschatischer und Tungusischer Sitte ohne Weiteres trocknen, kaufen ihren Bedarf in der hiesigen Saline. Das übrige Salz wurde, für die Russischen Bewohner der Halbinsel, nach den Kamtschatischen Küstenorten versandt. — Die Arbeiter der Salzwerke sind den Sommer über mit der sehr mühsamen Herbeischaffung des Brenn-

*) Eine sogenannte Kubiksajen enthält, nach den Versuchen der Russischen Forstbeamten, 250 Engl. Kubikf. d. h. nahe an 0,73 ihres Volumen, Holz.

holzes beschäftigt. Es wird in dem Waldlande welches wir bei Arki verliessen (I. 2. S. 408) gefällt und, in 3 bis 4 Fuss langen Stücken, auf einem dort entspringenden Bache (dem Jermolak) bis zu dessen Mündung abwärts geschwemmt — von dieser aber auf Narten längs des Strandes angefahren.

Am 31. Mai ging ich um 10u 30′ Vormittags, bei schwachem SO-winde, auf einer Lodka mit zwei Ruderern in See, um von der Saline nach Ochozk zurückzukehren. Die Fluth war schon vor etwa zwei Stunden eingetreten, und daher die nun gegen Osten ablaufende Strömung uns günstig. Unter solchen Umständen sind die Küstenfahrten selbst auf so gebrechlichen Kähnen gefahrlos. Sie werden oft des Nachts unternommen, um auf den schwimmenden Eisschollen Seehunde zu schiessen — doch sprach man auch von manchen Ochozkern die durch plötzliches Umsetzen des Windes mit ihren Lodken verschlagen wurden und umkamen. — Wir hielten uns 1 Werst weit von der Küste, und trafen daselbst vieles Treibholz. Es waren sehr lange und starke Stämme die ihre Rinde schon verloren hatten. Jetzt drehte sich ein jeder von ihnen äusserst schnell, und mit regelmässigstem Wechsel, bald nach rechts, bald nach links, in einer auf seine Länge senkrechten Richtung. Die Lage des Schwerpunkts solcher Stämme, über dem Schwerpunkt des von ihnen verdrängten Wassers, erklärt dieses Rollen vollständig, und zugleich auch das Wechseln seiner Richtung, je nachdem sich das Wasser unter ihnen zu einem nach rechts oder nach links geneigten Wellen-Abhang gestaltet. Die Abnutzung der Rinde des Treibholzes und die Glättung seiner Oberfläche ist aber dann eine anschauliche Folge dieser unablässigen Drehung, und der Stöfse welche das Wasser bei jedem Umsetzen derselben gegen alle noch hervorragenden Theile ausübt*).

---

*) Ich habe die hier erwähnten Stämme nicht näher untersucht, aber später in Ochozk viele dergleichen vom Kampherlorbeer gesehen, die auf dieselbe Weise (durch die vorherrschende Strömung längs der Küste des Continents) von den Japanischen oder von den südlichsten Kurilischen Inseln hierher angespült waren. Der sehr starke Geruch dieses letzteren Holzes war nun auch von den hiesigen Russen richtig erkannt und benutzt worden, denn sie nannten es jetzt kamforowoe derewo und

Bald darauf und noch eben so weit von der Küste sahen wir eine erstaunliche Menge von braunen, etwa Tauben-grossen, den Schnepfen oder Kampfhähnen ähnlichen Vögeln, reihenweise auf dem Wasser sitzen, in welches jedoch nur ein sehr kleiner Theil ihres Körpers tauchte. Sie hatten aber die Flügel in die Luft gehoben, und trugen sich offenbar durch unmerkliche Schläge mit diesen, während sie sich äusserst zierlich von den Wellen wiegen liessen und unablässig mit den Köpfen nickten: wohl sicher um Seegewürme zu haschen. Nach den Exemplaren dieser Vögel die ich an der Ochota-Mündung geschossen habe, gehören sie zu einer neuen Art der Gattung Totanus (Totanus guttifer, Nordmann*) die mit nur sehr unvollkommenen Schwimmhäuten versehen ist. Die Ochozker nennen sie daher mit Recht: morskie Kulikí d. h. See-Kulik, indem sie unter dem letzteren Namen (Kulik) alle Arten von Bruch-Schnepfen mit denjenigen Wadern zusammenfassen, die in ihrer vielgestaltigen Lebensart noch am meisten übereinstimmen, und welche auch die zoologischen Systeme bald vereinigen, bald wieder sondern, und in den schwankenden Gattungen Scolopax, Limosa, Totanus, Tringa und Phalaropus unterzubringen suchen. Es ist aber jedenfalls höchst überraschend, wenn man zum erstenmale diese Vögel, die wir im Innern des Landes als die ausgezeichnetsten Flieger und als schnelle Läufer kennen lernen,

---

machten daraus Kisten in denen sie die Zobelfelle und anderes kostbare Pelzwerk vor den Motten sicherten. Schon Schelechow erwähnte offenbar unter den Pflanzen der Kurilen-Inseln einen Lorbeer, und vielleicht eben den Laurus Camphora jedoch nur erst durch folgende Umschreibung: auf der Kurilischen Insel Ketoi (der 15ten wenn man von der Südspitze Kamtschatkas an zählt) wächst auch (zuerst) ein Baum von sehr festem Holze, welches dem Tannenholze ähnlich ist. Er hat rothe Beeren mit Steinen (kostotschkui) die den Wachholderbeeren ähneln und heisst auf Kurilisch: Raima. — Von der 18ten Kurilischen Insel (Urun), von der 19ten (Jatorpu) und von der 22sten (Matmai oder Atkis) berichtet er das Vorkommen desselben Baumes nur unter dem eben genannten Kurilischen Namen — Auch im Japanischen heifst (nach dem Chines.-Japan. Wörterbuche sio gen zi ko. Leyden 1835 pag. 95): Rauma ein Baum mit kleinen Steinfrüchten.

*) Vergl. in diesem Berichte: Naturhist. Atlas u. s. w. S. 17.

nun auch noch auf den Meereswellen ein ganz ungewöhnliches, und ihnen wohl ausschliesslich eigenes, Schwimmen ausüben sieht!

Hier war kein Eis mehr zu sehen, denn die mächtigen Schollen, welche noch immer aus dem Innern des Landes durch die Mündungen ankamen, wurden von dem Fluthstrom und von den Wellen, gegen den Strand gedrückt und zusammen gehäuft. An diesem konnte sich daher die Oberfläche des Meeres noch nicht über den Schmelzpunkt des Eises erwärmen, während ich hier deren Temperatur + 4°,0 fand d. h. noch um 0°,4 grösser als in der Mündung, jedoch um 2°,6 kleiner als die mittlere Lufttemperatur an demselben Tage.

Um 1u 40′ Nachmittags mithin nach etwa dreistündiger Fahrt, bei der aber nur schwach und mit oftmaligen Unterbrechungen gerudert wurde, landeten wir bei dem alten Wachthause (S. 50) am rechten Ufer der neuen Mündung. Es ging noch ferner zur Ebbe, obgleich schon ein breiter Streifen des Strandes trocken gelegt war*). — Ein Heer von Möven schritt eifrigst fischend längs der Strandlinie, während die schnellfüssige Seelerche (Charadrius hiaticula) und Kampfhähne (Tringa subarquata und T. alpina) mit äusserster Gelenkigkeit des Kopfes pickend auf- und abliefen, dann aber plötzlich in ihrem trippelnden Laufe anhielten und mit hoch aufgerichteten Köpfen pfiffen, als ob sie sich nach einander umsähen und sich riefen. Enten flogen nur bisweilen vereinzelt und scheu von jenseits der Dünen zu den Möven. — Aber mitten auf der Mündung sass auch hier ein Schwarm von Seeschnepfen (Totanus guttifer). Sie hielten sich reihenweis, queer über die schnellste Stelle des auslaufenden Stromes, dem sie, wieder mit aufgerichteten Flügeln, unter stetem Kopfnicken, entgegen ruderten. Hier sah ich deutlich dass nur ihre Schenkel ins Wasser tauchten. Der

---

*) Nach meinem oben angeführten Resultate über die Veränderungen der Wasserhöhe bei Ochozk (S. 17. Anmerk.) erfolgte an diesem Tage (Mai 31.) vor den Hafengebäuden die Ebbe um 2u 33′,21 und die nächste Fluth um 8u 38′,42 mittlere Zeit. — Um 1u 40′ war das Wasser noch um 0,21 Par. Fufs über seinem niedrigsten Stande an demselben Tage, und dieser letztere lag um 3,32 Par. Fufs unter dem mittleren Niveau.

**) Vergl. in diesem Bericht a. a. O. S. 17.

Widerstand den sie der Strömung entgegen zu setzen hatten, um sich so ruhig schwimmend zu erhalten, war daher in der That nur gering: aber eben deshalb konnte auch wieder der grösste Theil ihres Gewichtes nur durch äusserst schnelle und kurze Flügelschläge getragen werden.

Wir warteten hier auf den Eintritt der Ebbe, und liefen dann, nachdem wir wieder von der Ochota-Mündung zu der des Kuchtui gefahren waren, mit zurückkehrendem Wasser stromaufwärts. Um 3u 10′, als wir uns in dem Haffe zwischen beiden Mündungen befanden, bemerkten meine Ruderer dass es nun gerade zur Fluth zu gehen anfange. Das Steigen des Wassers hatte doch aber schon 37′ früher begonnen und betrug seit dem eigentlichen Eintritt der Ebbe etwa 1,7 Pariser Zoll. — Eine halbe Stunde später landeten wir im Kuchtui, vor dem Akulkowschen Hause.

Die Tungusen die wir am 30. und 31. Mai, an der neuen Mündung und in den Zelten bei der Salzsiederei, gesehen hatten, blieben die letzten, denen ich während meiner Reise begegnete. Nur die äusserste Noth veranlasst diesen fröhlichen und freiheitsliebenden Stamm zum Umgang mit ansässigen Menschen, und eben deshalb kommen nur Einzelne und Verarmte in die Nähe von Ochozk, während man doch an den gebirgigen Küsten, sowohl im Norden auf dem Wege nach Jʒiginsk, als auch südlich von Ochozk gegen die Mündung des Ud, überall Tungusische Rennthierbesitzer findet. Es scheint mir jedenfalls eine erwähnungswerthe Thatsache dass sich zwei von jeher benachbarte Nationen, wie die Tungusen und die Jakuten, in dieser Beziehung ganz entgegengesetzt verhalten. Die letzteren zeigen sich noch jetzt, so wie bei der Gründung von Jakuzk, dem Handelsverkehr mit den Russen, der Theilnahme an ihren Reisen und an den damit verknüpften Arbeiten, ja der Niederlassung in den Städten durchaus nicht abgeneigt (I. 2. S. 256). Sie sind sogar den Russischen Niederlassungen absichtlich gefolgt, wie die Jakutische Enclave beweist die man ganz in der Nähe der hiesigen Küste nicht ohne Verwunderung findet (I. 2. S. 421. 425 und unten Juni 17.), weil sie von der Hauptmasse ihres Stammes durch einen so breiten Streifen Tungusischer Bevölkerung getrennt ist — auch habe ich, in Folge des Eingreifens der Jakuten in die Russischen Angelegenheiten, nicht selten Verbannte von ihrem Stamme, sowohl als Ansiedler als auch unter den Zwangsarbeitern, gefunden, von einem verbannten Tungusen aber niemals gehört. Diese stehen noch über dem Russischen Gesetze, oder doch ausserhalb desselben, weil ihre Lebensart sie von allen Verhältnissen auf die es Anwendung findet entfernt hält. — Es ist einleuchtend und nicht zu bezweifeln dass die verschiedene Natur der Hausthiere dieser beiden Stämme, mit der eben so grofsen Verschiedenheit ihres Charakters aufs innigste zusammenhängt. Ob aber die Jakuten das finstere und verdrossene Wesen welches sich sogar in den Lauten ihrer Sprache ausprägt (I. 2. S. 296) und die Unerschöpflichkeit ihrer passiven Kraft, erst von ihren Rindsheerden angenommen haben, so wie auch die Aldanischen Tungusen ihre Freiheitsliebe, ihre fröhliche Beweglichkeit und die Eleganz ihres Wesens, erst von ihren Rennthieren, dürfte schwer zu entscheiden sein. An sich wäre es eben so möglich dafs ein verschiedenes Naturell beider Stämme schon in jener entferntesten Vorzeit vorhanden war, in der sie sich zur Zähmung verschiedener Thierarten entschlossen, und es scheint dann, in Bezug auf die Tungusen, auch geschichtlich bestätigt, dafs sie sich schon unter ganz anderen Verhältnissen vor den sie umgebenden Völkerschaften durch Frische und Regsamkeit auszeichneten. In der That war es, nach Chinesischen Nachrichten, ein Zweig ihres Stammes der, vor etwa 200 Jahren, vom Amur bis in den fernen Süden von Asien, alle ansässigen Bewohner an Unternehmungsgeist und an Tapferkeit übertraf, und der sich in Folge davon des Chinesischen Thrones bemächtigte, welchen seine Abkömmlinge, unter dem Namen der Mandʒu und nur durch Berührung mit den Unterjochten entartet, noch in diesem Augenblicke einnehmen (I. 2. S. 115).

Die Verwandtschaft der Aldanischen Rennthier-Nomaden mit den Mandʒus wird aber nun, selbst durch die spärlichen Sprachproben anschaulich, die ich bei den Tungusen in Garnastach (I. 2. S. 332) gesammelt habe. Ich lasse diese hier folgen, zugleich mit den vergleichbaren Mandʒuischen, Türkischen, Mongolischen oder Chinesischen Worten, deren Mittheilung ich wiederum Herrn Professor Schott verdanke.

Uebereinstimmungen mit dem Mandʒuischen fanden sich in folgenden Worten:

	Tungusisch.	Mandjuisch.
Meer	nam	namu
Stern	chosegat	usicha
Wolke	towotschin	tugi
Regen	agdan	aga
Donner	akdi	akdjan
Hagel	bot	bono
Schnee	jemanda	nimanggi
Feuer	toch	tua
Wasser	mu	muke
Jahr	angani	anja
ein Tag	uminungi	emu inenggi
Tag	—	inenggi
weifs	geltali	gilta, giltari*)
roth	chulanja	fulgian
Eisen	hul	sele
Mutter	unjö	enje
Kind	hutu	gute (als Mehrzahl für Töchter**)
Auge	esal	jasa
Hand	chnalo u. gnalo	gala
nahe	dalboka	dalba (zur Seite)
Frosch	ereki	erche
Ente	njeketjän	njeche
Schneehuhn (Tetrao lagopus)	hjalokü	fjelengù (ein Tetrao)
Hund	injön	indachûn
Hermelin	djeleki	djelken
Rennthier	oran	oron buchû
Hirsch	—	oron
Elen	toki	tocho

*) Diese heissen: glänzend und blendend.

**) Auch berichten die Chinesen dafs die Hiong-nu ihr Oberhaupt Tangri-kutu nannten, und dafs dies so viel als Himmelssohn bedeute.

	Tungusisch.	Mandjuisch.
Wasserstiefel von Pferdeleder	ſari	ſarin*)
Fett	imse	nimenggi
machen	ole	wejle**)
geben	pomuli	bume
schliefsen	katut	chadame***)
essen	debdako	—
das Essen zerschneiden	—	debkele
der Esskeller mit zerschnittenem Fisch †)	debdakar	—
rauchen	kooldak	—
der Rauch	—	choldon††)
eins	omun	emu
zwei	diur	djuo
drei	ellan	ilan
vier	digun	duin
fünf	tungan	sundja
sechs	niungan	ninggun
sieben	nadan	nadan
acht	tiupan	djakûn
neun	ujun	ujun
zehn	men	—

*) Das Fell an den Schenkeln der Pferde.

**) Mongolisch: ujle, Türkisch: ejle.

***) Dieses Mandjuische Wort heifst namentlich: zunähen und auch zunageln.

†) I. 2. S. 405.

††) Dieses Mandjuische Wort bedeutet namentlich den Rauch von Wolfsmist (?), von dem in China geglaubt wird, dafs er senkrechter aufsteige als anderer Rauch und welchen man daher als Signal gebrauchen soll. Das Tungusische kooldak wurde mir auf meine Frage nach dem Ausdruck für: Taback rauchen und zwar in der Zusammensetzung: tabaku kooldak geantwortet.

	Tungusisch.	Mandjuisch.
elf	omundjuluk	djuan emu
zwölf	diurddjuluk	—
dreizehn	ellemdjuluk	—
vierzehn	digundjuluk	—
fünfzehn	tungandjuluk	—
sechszehn	niungandjuluk	—
siebzehn	nadandjuluk	—
achtzehn	tiupandjuluk	—
neunzehn	ujudjuluk	—
zwanzig	djurmen	—
dreifsig	ellanmen	—
neunzig	ujurmen	—
hundert	nijame	—

In den Zahlen von elf bis neunzehn gehen bei den Tungusen die Benennungen der Einer voran, während sie bei den Mandjus nachfolgen. Auch ist der Mandjuische Ausdruck für zehn, nämlich djuan, bei den Tungusen durch das men ersetzt, welches dem Türkischen: won oder on (zehn) näher scheint. Ersteres (djuan) zeigt sich dagegen wieder in dem djuluk der aus Zehnern und Einern bestehenden Zahlen, und zwar scheint darin, wie Herr Professor Schott bemerkt, das hinzugefügte luk die auch in den Türkischen Sprachen zur Bildung der Abstracta dienende Endung zu sein, so dafs dann Djuluk etwa eine Zehnheit bedeutet.

Als einen sehr merkwürdigen und entscheidenden Beweis für die Verwandtschaft der Sibirischen Tungusen mit den Mandjus, habe ich endlich noch die mehr erwähnte Tungusische Phrase: Serkin okule (I. 2. S. 37. 337) anzuführen, von der ich mich gerade überzeugt habe, dafs sie für sämmtliche Tungusen, von den nördlichsten an der Mündung des Jenisei in das Eismeer, bis zu den, um 500 Meilen von jenen entfernt wohnenden, Aldanischen, das beste Erkennungszeichen abgiebt, indem sie von allen durchaus gleichlautend und bei einerlei sehr charakteristischen Gelegenheit, gebraucht wird. Auch auf Mandjuisch wird aber nun der Sinn des Tungusischen: serkin okule, durch die fast völlig übereinstimmenden Worte: *sargian kokoli* ausgedrückt![*])

Einige Tungusische Worte scheinen dagegen nicht mit Mandjuischen, sondern theils mit Türkischen oder Mongolischen verwandt, theils auch mit beiden letzteren zugleich. So heissen:

	Tungus.	Türkisch.	Mongol.
das Eis	bukuz	bukus	musun
der Fluss	okat	—	—
fliefsen	—	ak	—
Gott	hauki	—	—
Himmel	—	gök	—
Pferd	muran	—	—[**])
Stein	djöl	—	tschilohn
Kopf	del	—	tologai
gestern	tünu	tün	—
grofs	ugdja	jeke od. ike	—
gut	aija	ejü	—
der Tod	kukol	—	ükül
ich sehe	itli	—	—
blicken	—	—	nidüle
schlafen	uklöseli[***])	ujukla	—
zwanzig	djurmen	djigirmi od. djiirmi†)	—

In drei anderen Fällen erinnert das Tungusische nur an die ihm im Chinesischen entsprechenden Ausdrücke, so:

---

[*]) Nam quum Mandchuice vocabula: *Sargjan* interstitium inter lumbos, et *kokoli* obnuda sive exue, significent, exclamatio ista (*serkin okule*) qua Tungusi ad braccas exuendas se compellunt, apud Mandchuicos imperii Sinensis incolas per: sargian kokoli quam licet accuratissime redditur.

[**]) Bei den Buraeten: moren.

[***]) Ein anderes Mal wurde mir übrigens ganz abweichend hiervon, für: ich schlafe, oder ich lege mich schlafen, der Tungusische Ausdruck: hondran angegeben.

†) Im Jakutischen: sürmä und bei den Tschuwaschen: *sirim*, welche alle dem Tungusischen Ausdrucke näher scheinen als das Mandjuische: orin = zwanzig.

	Tungusisch.	Chinesisch.
Erde	tu	t'u (die Erde als Substanz)
Wind	hunga	fung oder hong
Fuchs	huletan	hu-li

und es bleiben dann endlich unter den 136 Tungusischen Worten welche ich aufgeschrieben habe, folgende 57 bis jetzt noch ohne Anklang in anderen Sprachen:

	Tungusisch.
Frau	arsi
Mädchen	chunat
Tochter	chunat
Bruder	nuwu
das Leben	muschkan
Seele	hiran
der Teufel (das Russische djawol)	harinko
König	tigemir
ein Tunguse	owún
eine Mütze	owon
Fufs	bodel
Finger	jureguni*)
Bart	gurgat
Haare	niorui
Zopf	nuri
Knochen	ikuri
Zahn	it
Haut oder Leder	nanda
Milch	okin
Horn	tangna
Geschlechtstheile:	
männliche	tschika
weibliche	bawy
Coitum exercere	jakotei
heirathen	atechunei gatni
Abend	hijatschin

*) Im Türkischen ist jüsük (für jürük) ein Fingerring.

	Tungusisch.
morgen	temena
Berg	roktschan
Ufer	okat
Sumpf	bula
Birke	kiwa
Holz	mo
Knüppel	ired
Wurzel	nordekas
Haus	dju
Thür	urkuti
Stiefel	unta*)
Kessel	jako
der Halskragen (von Pelz)	maiteka
Ohrringe	ojewan
Pelzrock	tuti
Schneebrille	zimut
Fisch	olda
trinken	oldako
Vogel	nekisa
Gans	órebas, auch arebatsch
Bär	raketa
Wolf	dolbasak
Eichhorn	ólcki
Katze	kurkuschen
gehen	hurli
tanzen	chódja
singen	almalji
brennen	nirgi
kochen	uloli
weit	hógora
grün	tulbana
schlecht	konjachi

*) Auch sari (vergl. oben) wenn sie von wasserdichtem Leder sind.

Am 1. Juni gingen wir gegen Abend zu den Fischplätzen am NO-Ende von Ochozk im Kuchtui. Die Gerüste an denen man den Sommer über die vorher ausgeweideten und in Hälften zerschnittenen Lachse (Jukola)*) und den Roogen (Porsa) aufhängt und trocknet, waren gänzlich geleert, auch sagten uns einige Frauen, denen jetzt das wichtigste Geschäft des Fanges und der Zubereitung ausschliefslich überlassen war, dafs die Seefische d. h. die stromaufwärts schwimmenden Lachs-Arten, noch nicht angekommen seien. Nur von der Malma (Salmo Callaris), welche auch ohne zu laichen in den Flüssen überwintert, kamen schon ausgewachsene Individuen aus der oberen Gegend des Kuchtui zurück, und wurden des Abends und des Nachts in Menge gefangen. — Die Fischenden standen auf dem niedrigen Ufer, neben dem einen Ende einer, gegen 15 Fufs langen, Stange, welche auf der Oberfläche des Wassers, senkrecht gegen die Strömung, in den Fluss hineinreicht. Mit dieser Stange ist ein längliches Wandnetz, von etwa 3 Fufs Breite und gegen 10 Fufs Länge, nach Art einer Fahne verbunden, jedoch so dafs nur die eine der vorderen Ecken desselben daran fest ist. Die an dieser Ecke anfangende längere Seite des Netzes ist mit Schwimmern und mit einer Leine besetzt, welche, durch eine an der Stange befestigte Oese, dem Fischenden zur Hand geht. Durch Nachlassen oder Anziehen derselben bestimmt man die Biegung des Netzes in der Richtung des Stromes, während es durch Gewichte an der anderen langen Seite in senkrechter Lage gehalten wird. — Man sieht an den Schwimmern wenn ein Fisch an das Netz schlägt, und zieht ihn wie mit einem Rechen auf das Trockene, indem man das Vorder-Ende der Stange, der Richtung seines Zuges entgegen, bis auf das Ufer bewegt. Zum Fange von aufsteigenden Fischen muss natürlich der obere Rand des Netzes straff angezogen sein, wodurch sein unterer Rand etwas stromabwärts d. h.

*) Jukola ist der von Kamtschatka auch hierher übertragene Name des Nahrungsmittels welches, in diesen Gegenden, mindestens eben so wichtig ist wie das Brod in Europa — das Wort Porsa dagegen Tungusischen Ursprungs. Im westlichen Sibirien, so wie auch am Kaspischen und Schwarzen Meere, führt ein dem Jukola ganz ähnliches Produkt, im Russischen Verkehre, den Namen balyk, welcher nichts anderes ist, als das Tatarische und Jakutische Wort für Fisch.

ihrem Zuge entgegen gebogen wird. Ein so einfaches Fangmittel dürfte wohl überhaupt nur in sehr fischreichen Wassern anwendbar sein. Hier bei Ochozk zeigte es sich nun aber noch immer so äusserst erfolgreich, dafs man schon dadurch von der Menge der Wanderfische und von der Macht des Instinctes dem sie gehorchen, eine Vorstellung erhält*). Während des Hauptzuges der Lachse, der mehr als drei Monate dauert, werden nämlich hier dergleichen Wandnetze von 10 zu 10 Schritten ausgelegt und doch in jedem derselben täglich gegen 200 Fische gefangen.

Die Fischerinnen trugen sämmtlich roth gefärbte Rennthierkleider von Kamtschatischem Schnitt (kukljanki) und rauchten Taback aus kleinen Jakutischen Pfeifen.

Die Insel Bulgin deren südlicher Rand zwischen zwei Armen der Ochota (der Buistraja und der Bulginka, vergl. S. 11) an das Ochozker Haff gränzt, bildet eine äusserste Fortsetzung des Waldlandes gegen die vegetationslose Ebene an den Flussmündungen. Die Petersburger Bewohner von Ochozk suchen auf dieser seltsamen Oase einige Erinnerungen an die Newa-Inseln (I. 1. S. 120), indem sie mehrmals in jedem Sommer nach dem Lusthause übersetzen, welches ein früherer Gouverneur in dem Bulginer Lärchengehölze erbaut hatte; auch wurde jetzt daselbst, für den Kaufmann Buschujew der sich auf Kamtschatka an fruchtbareren Boden gewöhnt hatte, auf Beeten einiges Gemüse gezogen und mehrere Kühe gehalten. — Am 6. Juni waren die Bäume und der Boden dieser Insel noch kahl, nur ein Bad an der Mündung der Bulginka schien mir schon eben so annehmlich als ich es gerade an demselben Jahrestage in der Newa gefunden hatte**). — Bei zwei späteren Fahrten, am 21. und 22. Juni, sahen wir dagegen die

*) Vergl. I. 1. S. 686. Im Allgemeinen ist übrigens die Netzfischerei weit eher im Stande die Züge der Lachse bleibend zu stören, als die Absperrung des Flusses mit Gehegen (vergl. unten 1829 Sept. 28) — auch mag gerade jene am meisten dazu beigetragen haben die Europäischen Flüsse der Wanderfische zu berauben, welche ihnen in einer früheren Periode ohne Zweifel eben so häufig zuströmten, wie noch jetzt allen Flussmündungen an unkultivirten Küsten der verschiedensten Klimate.

**) Die Lufttemperatur beträgt doch im Mittel für diesen Tag in Ochozk nur etwa 7°,2 und in Petersburg schon 11°,4.

Lärchen auf Bulgin, die alle ungleich dünner und niedriger sind als im Innern des Landes, mit jungem Laube, und den Boden zwischen ihnen mit den Blüthen von rubus arcticus sehr reichlich bedeckt. Wir gingen von dort, durch eine seichte Stelle der Bulginka und durch eine andere über die Kislaja oder den westlicheren Arm der Ochota, zu den Jakuten von Jelan (I. 2. S. 426). Diese hatten jetzt viel weiter vom Strande eine Sommerjurte in der Mitte eines Lärchengehölzes bezogen. Auch hielten sie nun ihr Vieh nicht mehr in ihrer Wohnung, sondern neben derselben in einem Sagon oder unbedeckten Gehege, sowie es auch ihre Landsleute in günstigeren Gegenden den Sommer über zu thun pflegen (I. 2. S. 305). Anstatt des zierlichen Birkenzeltes der westlicheren Jakuten hatten sie aber hier, auch für den Sommer, eine weit festere Wohnung, deren wallähnliche Wände, bei gänzlichem Mangel an Bedachung, sonderber auffielen. Sie bilden die flach geneigten Seitenflächen einer vierseitigen Pyramide mit abgeschnittener Spitze. — Gegen starken Regen ist man daher nur in den Winkeln dieser einfachsten Jurten vollständig geschützt, in denen man nur liegend Platz findet. Von der Mitte derselben werden dagegen nur Schnee und feiner Regen, eben so wie in den Zelten, durch den heissen Luftstrom abgehalten, der seinen Weg von der Feuerstelle durch das offene Dach nimmt.

Auf Bulgin und bei den Fahrten nach dieser Insel habe ich auch zuerst das sogenannte einlukige Lederboot oder die kleine Baidare (odnolútschnaja baidárka) kennen gelernt auf welcher die Aleuten so bewundernswürdige See-Jagden ausüben, dafs sie von den alten Russen „die Ritter oder die Kosaken des Meeres" (aleutskie najesdniki) genannt wurden.

Ich überzeugte mich durch wiederholte Versuche dafs das Besteigen dieser seltsamen Fahrzeuge mindestens eben so viel Geschicklichkeit erfordert, als das Gehen auf einem Seile*). Die einlukige Aleutische Baidare erhält nämlich ein stabi-

*) Diese Erfahrung und alles was sich auf die Ochozker Lederboote bezieht, gilt durchaus nur von der kleinen oder einlukigen Baidare, die man, wie schon gesagt, odnolutschnaja b. oder auch bloss deminutivisch: baidarka nennt, im Gegensatz zu baidara welches die gröfseren

les Gleichgewicht nur erst in dem Augenblicke wo der Ruderer sich, mit vorwärts gestreckten Schenkeln, auf den Boden derselben gesetzt, und dadurch den Schwerpunkt seines Körpers weit unter das Verdeck des Fahrzeugs gebracht hat. Unter dieses und in das Innere der Baidarka gelangt man aber bekanntlich nur durch die einzige kreisförmige und etwa $1\frac{1}{2}$ Fufs breite Oeffnung die mehr als 6 Fufs von ihrem Spiegel entfernt ist. Man mufs daher bis zu dieser auf dem First des dachförmigen Verdeckes entlang gehen, und sowohl bei dieser Operation als bei dem endlichen Niedersitzen in die Luke den Schwerpunkt des Körpers aufs schärfste in dem sogenannten Hauptschnitt des Bootes erhalten. Wie genau diese Bedingung zu erfüllen sei, erfuhr ich wiederholentlich, indem eine Baidarka die wir in der Bulginka gelandet hatten, jedesmal unter mir umschlug und sich dann durch die Luke mit Wasser füllte und versank, noch ehe ich ihre Mitte erreicht hatte*). In der sprungartigen Bewegung durch welche die geübten Baidarenfahrer diese Schwierigkeit überwinden, besteht aber auch fast das ganze Geheimniss ihrer Kunst**), denn sobald der Rudernde erst einmal zum Sitzen gekommen ist, wird die Stabilität oder Steifheit derselben Fahrzeuge so vollständig, dafs ich sie in Ochozk fortwährend von Leuten gebrauchen sah welche durchaus nicht schwimmen konnten. So auch namentlich zum Uebersetzen über das Haff nach

---

bezeichnet. Die zwei- und dreilukigen Baidaren sind ungleich stabiler (vergl. unten Sitcha und Californien). Sie sind aber auch, wiewohl ebenfalls von Aleutischer Construktion, nur erst seit der Ankunft der Russen, und daher zugleich mit einer merklichen Entartung des dortigen Seewesens üblich geworden. Auch gilt es bei den Aleuten noch jetzt für eine Schande dergleichen Fahrzeuge zur Jagd zu gebrauchen, wenn nicht entweder ein Russe oder ein Kranker und Gebrechlicher von ihrem eigenen Stamme, daran Theil nimmt.

*) Ich überzeugte mich, ebenfalls durch mehrmalige Versuche, dafs die Baidarke selbst dann noch bei der leisesten Seitenbewegung umschlägt, wenn man auf dem Boden derselben kniet, wobei sich doch der Schwerpunkt des Körpers nur etwa 18 Zoll über dem Kiele befindet.

**) Oder doch des gewöhnlicheren und nützlichsten Theiles derselben. Freilich hörte ich aber schon in Ochozk, von vielen Augenzeugen, mit gerechtester Bewunderung, erzählen, dafs die Aleuten es dahin bringen stehend in einer Baidarka auszulaufen oder durch die Brandung zu landen, wobei sie sich dann des Doppelruders als eines Balanciers bedienen.

Bulgin — und doch ist diese Fahrt selbst für Lodken und Seeboote nur bei Hochwasser gefahrlos. Nach der Fluth wird dagegen die auslaufende Strömung so stark, dafs die Boote, die gerade dann nur westlich von der Bulginka die nöthige Tiefe finden, sehr leicht durch die Mündung gespült werden, vor welcher die Wellen auf seichten Bänken aufs heftigste branden. Eben unter solchen Umständen bewähren sich aber die unschätzbaren Vorzüge, welche die Baidarken ihrem scharfen und ausserordentlich schmalen Bau und ihrem geringen Gewichte verdanken. Mit Hülfe des 7 bis 8 Fufs langen Doppelruders mit dem sie geführt werden, erhalten sie auf ruhigem Wasser einen so starken Gang, wie man gewiss auf keinem anderen Ruderfahrzeuge erlangen kann, und natürlich entspricht auch diesem, die Sicherheit mit der sie eine Strömung oder einen widrigen Seegang überwinden. Die gleitende Bewegung die sie, bei geringster Eintauchung ihres schlanken Rumpfes, annehmen, schien mir noch am meisten der Bewegung jener Seeschnepfen ähnlich, die sich aus Schwimmen und Fliegen so seltsam zusammensetzt (oben S. 56)*).

---

*) Einen ganz ähnlichen Eindruck machte der Anblick der Baidarenfahrten auch auf Herrn Wenjaminow, einen der gründlichsten Kenner der Aleutisehen Inseln und ihrer Bewohner. In seinen Bemerkungen über die Inseln des Unalaschkaer Bezirkes (sapiski ob ostrowach unalaschkinskago otdjela. St. Petersburg 1840. tsch. II. str. 220) sagt er: „Diejenigen schmalen und scharfen Baidarken die sich, ehe man sie besteigt, nicht einmal auf dem Wasser gerade halten und welche so leicht sind dafs sie ein siebenjähriger Knabe trägt, besitzen einen wahren Vogelflug. Dieses ist keine Uebertreibung. Wohl jedem der die hiesigen Meere befahren hat, mag es begegnet sein dafs ein Schneidentaucher (ara) oder ein ähnlicher Seevogel neben seinem Fahrzeuge auftauchte und dann, vor Schrecken oder weil er sich nicht schnell genug erheben konnte, mit noch eingetauchten Füfsen über dem Wasser flog. Von guten Baidarken werden nun aber dergleichen Vögel mit Leichtigkeit überholt.“ Ebendaselbst erwähnt Herr Wenjaminow noch folgende Beispiele von besonderen Leistungen der einlukigen Baidaren: „Während der Anwesenheit der Kapitaine Krenizyn und Lewaschew legte einer der besten Baidarkenführer, der eine wichtige Botschaft von Kapitanskji gawan nach der Issanagischen Strafse zu bringen übernommen hatte, die 200 Werst zwischen diesen beiden Punkten in 25 bis 30 Stunden zurück, starb aber auch gleich nach der Ankunft am Blutsturz. Die, gegen 120 Werst betragende, Entfernung von Ugamak bis Sannach ist dagegen sehr oft in 12 bis 18 Stunden zurückgelegt worden; auch überwinden

Die genannten Eigenschaften der Baidarken erklären sich nun vollständig durch ihre Dimensionen und ihre Zusammensetzung. Das Verdeck derselben ist 15 Engl. Fufs lang und die Breite ihres Raumes beträgt, etwas vor der Mitte wo sie am gröfsten ist, nur etwa 19 Engl. Zoll oder nicht ganz $\frac{1}{9}$ ihrer Länge. In der Mitte selbst wird sie vollständig von der kreisförmigen Luke eingenommen, die sich dem Leibe des Rudernden sehr nahe anschliefst. Ihr gröfster Längsschnitt hat etwa 16 Engl. Zoll Höhe und die äusseren Ränder des dachförmigen Verdeckes liegen noch um etwas niedriger. — Es folgt aber hieraus leicht dafs, bei einer Belastung die dem Gewichte von 4 Kubikfufs des umgebenden Wassers, oder etwa 270 Pfunden gleich kömmt, das Gleichgewicht nur dann erst stabil wird, wenn deren Schwerpunkt sich um weniger als 7 Engl. Zoll über dem Schwerpunkt des eingetauchten Theiles des Fahrzeuges befindet, oder (da der letztere jedenfalls nur wenige Zoll über dem Kiel liegt) um weniger als 1 Fufs über dem Kiel*). — Der Ballast

die Baidarken, in den Strafsen zwischen den Inseln, die heftigsten Strömungen z. B. in der Unalginsker eine Strömung von $6\frac{1}{2}$ Knoten." (6,5 Seemeilen in der Stunde.) Die zuerst angegebenen Geschwindigkeiten welche resp. auf 3,6 bis 4,6 und auf 4 bis 5,7 Seemeilen in der Stunde hinaus kommen, erscheinen freilich nur dann in ihrer vollen Bedeutung, wenn man die Dauer beachtet, während welcher sie, von nur einem Ruderer, gegeben wurden: denn dieser bewegte dabei, resp. 30 und 18 Stunden lang, sein eigenes Gewicht und noch den Ballast und das Gewicht des Bootes beträchtlich schneller als ein guter Fufsgänger nur das erstere etwa 10 Stunden lang zu bewegen vermag!

*) Wenn man nämlich die Wasserlinie an jedem Bord der Baidarke als aus zwei Parallelbogen bestehend betrachtet, deren gemeinsame Abscissenaxe um $\frac{1}{2}$ der Länge (l) des Wasserschnittes, von der Spitze absteht, und mit: 2b die gröfste Breite des letzteren bezeichnet, so folgt für das, in Beziehung auf seine Längenaxe genommene Trägheitsmoment (T) dieses Schnittes: $T = \frac{32}{105}\,l.\,b^3$.

Mithin für den gröfsten dieser Schnitte, der zu einer vollständigen Eintauchung des Fahrzeuges gehört, wenn man die Maafse in Engl. Fufsen ausdrückt: T = 2,27. — Zur Stabilität des Gleichgewichtes wird nun bekanntlich erfordert, wenn das Volumen des eingetauchten Theiles = V ist und dessen Schwerpunkt um a unter dem der gesammten Belastung liegt, dafs: Va kleiner sei als der zu dieser Eintauchung gehörige Werth von T. — Bei V = 4 oder einer Belastung die 4 Engl. Kubikfufs Wasser gleichkömmt, ist der Wasserschnitt jedenfalls noch beträchtden man in den Ochozker Baidarken gebrauchte, wog kaum 30 Pfund, auch ist das eigene Gewicht dieser Fahrzeuge so äufsert gering, dafs das letztere Resultat fast ohne Weiteres auf den Schwerpunkt des Rudernden übertragen werden kann. Es ist aber somit vollständig erklärt dafs die Baidarke unter ihrem Lenker umschlägt, oder doch von ihm nur noch auf Augenblicke, durch ein sehr künstliches Aequilibriren, aufrecht erhalten werden kann, sobald er sich nur um einige Zoll über seine sitzende Stellung erhebt. — Die Phokenfelle welche den beschriebenen Raum dieser Fahrzeuge umschliessen sind bekanntlich, durch ein äusserst leichtes, und in seinen Gliederungen biegsames, hölzernes Gerippe, von innen aus einander gehalten. Sie werden zuerst für sich zu einem vollständigen Ueberzuge des letzteren zusammengesetzt, und dann nur die eine, längs der Mitte des Verdeckes laufende, Nath auf dem Holze geschlossen. Von dem Gerippe wird aber zuerst der obere aus zwei gebogenen Längshölzern und einigen Queerstäben bestehende Ramen gearbeitet, auf den das Verdeck zu liegen kömmt. Erst wenn dieser ganz fertig ist verbindet man mit ihm einen, aus drei eben so dünnen Stücken bestehenden, Kiel, so wie auch mit diesem und und mit den Längshölzern des Ramen, die etwa 6 Zoll von einander stehenden Rippen, auf welche endlich noch, zur Verstärkung der Seiten, wie die Barkhölzer unserer Schiffe, einige ganz dünne Stangen mit Fischbeinfasern gebunden werden. Der Gebrauch der Baidarken ist aber noch ausserdem wohl von jeder sonst bekannten Schifffahrt dadurch unterschieden, dafs die Kleidung des Rudernden dabei eine wesentliche Rolle spielt, ja sogar, in den meisten Fällen, einen unerläfslichen Theil des Fahrzeuges ausmacht. Die Wellen von denen ihr Verdeck fast fortwährend überspült wird, würden eben so leicht in den Raum schlagen und sie versenken, wenn nicht der Rudernde den unteren Theil seines wasserdichten Rockes mit einem an der Luke befestigten Stücke von demselben Stoffe überzöge und zusammenbände — und dennoch sind

lich kleiner als zunächst am Verdeck, und daher auch der zu ihm gehörige Werth von $T < 2{,}27$, woraus dann a potiori:

$$a < 0{,}57 \text{ Engl. Fufs oder}$$

die noch zulässige Höhe des Schwerpunktes des Ganzen über dem Schwerpunkt des eingetauchten Theiles, kleiner als 7 Engl. Zolle, folgt.

diese Kleider sowohl, als auch ihr an der Luke befestigter Fortsatz, deren Undurchdringlichkeit die Aleuten ihr Leben anvertrauen, fast eben so dünn und noch durchsichtiger als die Hüllen unserer Luftbälle! Es sind die von den Russen sogenannten Kamleiki, welche, nach der ursprünglichen Landessitte, aus den Därmen der Siwutsche oder Seelöwen (Ph. leonina), aus den Därmen oder anderen Schleimhäuten der Wallfische, oder endlich auch aus Bären-Därmen genäht werden. Sie haben Zuschnitt und Form mit der Maljza und dem Parke der Ostjaken (I. 1. S. 616) und dadurch auch mit der Kleidung der meisten anderen Volksstämme in Nord-Asien gemein — doch sind sie kürzer als jene, und dann auch an dem Halskragen und am Ende der Aermel, mit eingenähten Schnüren versehen, mit denen man sie eng zusammenzieht, damit die spritzenden Brandungen auch von dort nicht eindringen können. Schon in Ochozk gilt die Kamleika als unerläfslich für jeden Seefahrer, auch fand ich sie oft bei Tage-langem Nebel oder Bus vollkommen undurchdringlich, und doch werden hierher meist nur die etwas unvollkommneren Nachahmungen dieser Aleutischen Trachten gebracht, welche die Amerikanische Compagnie aus den Schleimhäuten des Halses der Seelöwen, im Grofsen anfertigen läfst. Diese Häute wurden dagegen nach ächt-Aleutischer Sitte nur zu Stiefel-Schäften benutzt, gerade so wie die, eben so dünnen, Quappenhäute bei den Ostjaken am Obj (I. 1. S. 568 u. a.)

Ich habe schon erwähnt dafs die Fortsetzung meiner Reise von der Vollendung eines Ochozker Schiffes, der Brigg Kamtschatka, abhängig schien, welche nun ziemlich eifrig und dennoch sehr langsam betrieben wurde. Einige Nachrichten über den hiesigen Schiffbau erhielt ich bei öfteren Besuchen der Werfte, zu denen mich dieser Umstand veranlasste. Die Briggschiffe der Ochozker Eskader werden jetzt, mit den geringen Abänderungen welche ihre Gröfse bedingt, nach einerlei, schon vor längerer Zeit in Petersburg genehmigten, Plane gebaut. Sie bedürfen aber einer ganz besonderen Festigkeit, weil das Wasser aus dem Kuchtui während der Ebbe so vollständig abläuft, dafs sie auf der hiesigen Rhede zweimal an jedem Tage trocken gelegt werden. Bei stürmischem Wetter beginnt diese harte Prüfung, mit stofsweisem Aufsetzen des Kieles und der Seiten auf den steinigen Boden des Flusses, endet aber jedenfalls mit gänzlicher Umlegung des Schiffes auf eine seiner Seiten und mit einer daraus folgenden Zusammendrückung des Raumes, auf die man, unter günstigeren Verhältnissen, keine Rücksicht zu nehmen hat. Eben wegen dieses Umstandes wünschte man hier schon längst anstatt der Ochozker Rhede eine andere, weiter südwärts an der hiesigen Küste, zu finden und wartete begierig auf die Untersuchungen bei Udskoi und bei den Schantarischen Inseln, welche die Amerikanische Compagnie in den nächsten Jahren zu vollenden versprochen hatte. Unterdessen fand man aber noch immer in der Vortrefflichkeit des Bauholzes, welches die Lärchenwälder der Umgegend liefern, die einzige, und eine sehr wesentliche, Hülfe gegen jenen Uebelstand. Man rühmte namentlich die hier sogenannten Kakorui, das sind die Wurzel-Enden der Lärchen, als Bodenwrangen und Rippen von passender Biegung und von seltenster Stärke — auch haben sich hier die Russischen Schiffbauer so sehr von der Vortrefflichkeit dieses Materials überzeugt, dafs man jetzt für die Werfte bei Petropaulshafen, dergleichen Lärchenknie (listwenischnuija kakorui) über See, durch eigens dahin abgesandte Boote, von der Westküste der Halbinsel bei Bolscherezk zu holen pflegte. — In diesem Jahre wurden, am 17. Juni und an den folgenden Tagen, viele Flösse aus Lärchen-Masten und aus anderen Stücken dieses Holzes, von den Wäldern am oberen Kuchtui stromabwärts gebracht, und bei den Werften aufs Land gezogen. Diese Arbeit wurde von Jakuten besorgt, die sich durch ihre weit mehr als nöthige Zahl und durch einen seltenen Aufwand von Ermunterungen und anderem Geschrei von disziplinirteren Mannschaften unterschieden. — Es waren diese eine Art von Lehnsleuten des Tojones oder Häuptlings der bei Meta wohnte (I. 2. S. 421), und von den Russischen Hafenbehörden für dergleichen Lieferungen bezahlt wurde. Namentlich sind ihm aber alle Arbeiter welche er stellt, theils für empfangene Nahrungsmittel verpflichtet, theils hatten sie an ihn, wie man hier versicherte — gerade so wie die Deutschen zu Tacitus Zeiten — ihre Freiheit im Kartenspiel verloren! (I. 2. S. 336).

Für die Zimmer- und Schmiede-Arbeiten auf den Werften und in den gut ausgerüsteten Werkstätten der Admiralität fehlte es aber an dergleichen Hülfe. Sie blieben fast ausschliefslich den Matrosen überlassen, von denen jetzt noch mehr als die Hälfte, in ihren Winterquartieren auf Kamtschatka waren. Gerade hier konnte zwar die sogenannte Handwerks-Compagnie, die man, wie in allen Russischen Häfen, aus der seefahrenden Mannschaft bildete, durch die bei dem Salzwerke ansässigen Verbannten wesentlich ergänzt werden. Man durfte aber „die Ehre des Kaiserlichen Dienstes", durch Berührung mit Sträflingen nicht schwächen, und hatte daher nur in einzelnen allzu lockenden Fällen von solcher Unterstützung Gebrauch gemacht. So war jetzt der geschickteste Arbeiter in der sogenannten Compass-Werkstatt von Ochozk, ein verbannter Jude, der noch ausserdem, wegen seiner wahrhaft riesigen Gröfse und seiner merkwürdigen Reisen durch das südlichere Asien, eine Art von Berühmtheit erlangt hatte. Er war von Tobolsk aus, wohin er anfänglich verbannt worden, nur durch oftmaliges Flüchten allmälig bis an das Ende des Continentes gelangt. Bei der letzten dieser Unternehmungen drang er mit einigen anderen Russen bis tief in das Innere von China, und war nun, erst nach mehrjährigem Aufenthalt in dem himmlischen Reiche, angeblich nur deswegen nach Sibirien zurückgekehrt, weil ihm die ärmlichen Verhältnisse der Chinesischen Mongolen nicht zusagten. Es gelang mir fast nur durch die Geschicklichkeit dieses Mannes, aus der Ochozker Werkstatt den Apparat zu erhalten, den ich zur Aufstellung meines Inclinatoriums auf Schiffen, sowohl bei der Ueberfahrt nach Kamtschatka als auch auf dem Grossen und auf dem Atlantischen Ocean gebrauchte, und durch welchen allein eine gleichmäfsige Fortsetzung meiner magnetischen Beobachtungen während des ganzen Weges um die Erde möglich geworden ist.

An der Brigg Kamtschatka waren schon am 16. Juni nur noch drei Näthe zu dichten, und doch vergingen noch eben so viele Wochen, bis man sie vom Stapel liefs und die noch eben so langwierige Bemastung und das Abnehmen der Schlitten anfing. Zu meinem Glücke gelang dagegen die Ausbesserung der kleinen Brigg Jekatarina sogar schneller als gehofft worden. Sie wurde am 13. Juni, unter den üblichen Begrüfsungen des seefahrenden Publikums, in den Kuchtui gelassen, und zwar, wie es hier für die überwinternden Schiffe üblich ist, queer gegen den Kiel (Russisch: bokom) mit der Steuerbordseite nach vorn. Nach vier Tagen waren die alten Masten wieder aufgesetzt und man wartete nur noch auf die diesjährigen Nachrichten von Kamtschatka und auf die Proviant-Transporte aus dem Innern des Landes, um über die nächste Reise dieses Schiffes zu bestimmen.

Diese beiden Wendepunkte des Ochozker Lebens erfolgten in diesem Jahre fast in gleichem Augenblicke, denn am 23. Juni weckte man uns mit der Nachricht, dafs von dem Wachtthurme eine Brigg in Sicht und dafs am linken Ufer des Kuchtui die Pferde erschienen seien, welche die Jakuzker Post und einige vorausgeeilte Kaufleute brachten. — Mit günstigem Südwinde lief das angekündigte Schiff kurz vor der Mittagsfluth (die um 1u 34′ eintrat) unter vollen Segeln bis vor die Admiralitätsgebäude von Ochozk, und war unterdessen für die von Capitain-Lieutenant Phophanow geführte Ochozker Brigg Nikolai erkannt worden, die in Petropaulshafen überwintert hatte. Sie brachte den Kamtschatischen Jasak oder Felltribut, der das einzige Einkommen der Regierung von der Halbinsel ausmacht, einen Theil der weit bedeutenderen Menge von Pelzwaaren, welche für Privatleute ausgeführt werden*), und die, im letzten Jahre, aus Europa nach Petropaulshafen gebrachten, Materialien für den Ochozker Schiffbau. — Auch befanden sich am Bord derselben der Kaufmann

---

*) Es wurden während meines Aufenthalts in Ochozk, und daher überhaupt durch die Schifffahrt im Jahre 1829, von Kamtschatka gebracht: für Privatrechnung:

6852 Stück Zobel- und Fuchs-Felle,
200 Pud Wallross-Zähne und
9 Seeotterfelle (von Nijnei Kamtschatka.)

als Jasak aus dem Jahre 1828:

von Kamtschatka selbst:

576 Zobel- und 117 Fuchsfelle;

von den Kurilischen Inseln:

98 Felle von Zobeln und Füchsen.

Nach den Preisen in Ochozk rechnete man ein Zobel- oder Fuchsfell zu 10 Rubel, das Pud Wallrosszähne zu 50 und ein Seeotterfell zu 500 Rubel und mithin das jährliche Einkommen für die Kaufleute zu 83020 Rubel,
und für die Regierung zu 7910 Rubel.

Für Rechnung der Amerikanischen Compagnie kamen dagegen in diesem Jahre, nur allein von einigen neuen Niederlassungen auf den Kurilischen Inseln Urup und Semuschir, 800 Stück Seeotterfelle zum Werthe von 400000 Rubel nach Ochozk.

Woreschilow aus Tigilsk, der jetzt den Pelzhandel auf der Halbinsel am grofsartigsten betrieb, und der bisherige Gouverneur von Kamtschatka, Capitain F. E. Stanizki. Er war schon vor einem Jahre von seinem Posten abgelöst worden (durch Herrn A. W. Golenischtschew) und fand doch jetzt erst Gelegenheit zur Rückkehr nach Petersburg. — Erst durch ihn erhielten wir Nachrichten von den Russischen Corvetten Sinjawin und Moller (Capitain Lütke und Stanjukowitsch), die im vorigen Jahre, bei ihrer Reise um die Erde, zweimal in Petropaulshafen gelegen hatten (1828 im Juni und in demselben Jahre vom September bis Oktober), von einer neuen Thätigkeit des nordöstlich von Petropaulshafen gelegenen Awatscha-Vulkanes, die sich, in Petropaulshafen selbst, zuerst am 17. April durch einen, bei schwachem SW-winde eintretenden, Aschenregen*) und dann am 12. Juni durch „donnerartiges Getöse und einen unerträglichen Schwefelgeruch" ankündigte — und von anderen wichtigen Ereignissen des so seltsam getrennten Nachbarlandes.

Nur über meine dereinstige Rückkehr von Kamtschatka blieb ich so ungewiss als bisher, denn auch in Petropaulshafen hatte man, bis zur Abfahrt des Nikolai, von diesjährigem Eintreffen eines Europäischen Schiffes durchaus nichts gehört. Für nähere und daher wesentlichere Zwecke kam es dagegen sehr erwünscht,

*) In einem meteorologischen Tagebuche, welches Herr Stanizkji in Petropaulshafen geführt hatte und mir zur Abschrift mittheilte, heifst es von diesem Ereignifs: „1828 April 17. (n. St.) Um 8 Uhr Morgens bei schwachem SW-winde, bedeckte sich der Erdboden mit Rufs und Asche (Saja und pepel, das sind, wie ich mich später überzeugte, die feinste und die etwas gröbere Lavaspreu aus dem Gipfel), und um 10ᵘ 30′ Morgens war das ganze südwestliche Viertel des Horizonts verfinstert wie um Mitternacht, und die Luft war mit stark riechenden Schwefeldämpfen (schweflichter Säure) angefüllt, — und ferner: „Juni 12. (n. St.) um 7 Uhr Morgens hörte man donnerartiges Geräusch und bemerkte bald darauf einen unerträglichen Schwefelgeruch, woraus ich schlofs, dafs der Awatscha-Vulkan sich gespalten habe (lopnula)." — Auch hier, wie in vielen anderen Fällen, hatte sich also die Asche, mit einer in den höheren Luftschichten herrschenden Strömung, der unteren Windrichtung gerade entgegen bewegt, denn an den Ursprung derselben aus dem südlich vom Hafen gelegenen Wiljutschinsker Vulkan ist in der That nicht zu denken (vergl. unten 1829 September 29.).

dafs, nach den jetzigen Nachrichten, eine direkte und möglichst schleunige Sendung von Lebensmitteln nach Tigilsk für nöthig gehalten, und daher die Abfertigung der Jekatarina nach diesem nördlicheren Hafen beschlossen wurde. Nach meinen Erkundigungen in Ochozk, bei Herrn Woreschilow aus Tigilsk, bei Lieutenant Stogow, der das Innere von Kamtschatka mehrmals gesehen hatte, und vor allem bei der Frau des Kaufmann Buschujew, welche die Umgegend des Kliutschewsker Vulkans, in der sie geboren war, aufs Genauste kannte — gewann ich nun durch eine Ueberfahrt nach der Tigil-Mündung die glänzende Aussicht noch in diesem Sommer in 57° Br. queer durch Kamtschatka und über dessen mittleres Gebirge bis zu den höchsten und nördlichsten Kegeln der östlichen Vulkan-Reihen, sodann aber südwärts, längs dieser, zu den Quellen der Kamtschatka und bis Petropaulshafen zu reisen.

Zuvor blieb aber auch bei Ochozk eine geognostische Thatsache aufzuklären, die noch mit meinen Erfahrungen im Aldanischen Gebirge fast unvereinbar erschien. Die hier so oft erwähnten Namen des Marekanes und des Marekanischen Strandes erinnerten mich zuerst wieder an die seltsamen Kugeln eines röthlichen vulkanischen Glases, die in den Mineraliensammlungen Marekanite genannt werden — auch fand ich wirklich, nach vielen vergeblichen Fragen, bei einem Ochozker vier Exemplare dieses Minerals, und erfuhr von ihm, dafs sich dergleichen, als Gerölle, etwa 30 Werst von der Stadt, und jenseits des hier sogenannten Marekanberges, an dem östlichen Strande fänden. Es war aber nun nur etwa von jenem Fundorte aus, zu untersuchen, wie ein so offenbares Schmelzungsprodukt in die hiesige Gegend gekommen sei, in der ich bis jetzt doch nur steil aufgerichtete Grauwackeschichten, in der Mitte des Aldanischen Gebirges, und Porphyr aus dichtem Feldspath mit Hornblendekrystallen, an dessen Ostrande und an der Ochota anstehend kannte. — Ein Führer nach dem fraglichen Punkte war unter den Ochozker Kosaken bald gefunden, und am 30. Juni bestimmte ich auch einen Jakuten, der mit den Kaufmannskarawanen gekommen war, uns mit drei Pferden auf einige Tage zu begleiten. Hier gehörten in der That die Lebensmittel, die man mich mitzunehmen veranlafste, nicht zu dem über flüssigen Gepäck, denn wir fanden später auf dem ganzen Wege weder einen Menschen oder eine Menschenwohnung, noch auch irgend etwas Essbares, was ohne bedeutenden Zeitaufwand zu erlangen gewesen wäre.

[Juni 30.]

Wir ritten um 5 Uhr Nachmittags zuerst aufwärts an der Kirpitschnaja rjetschka oder dem Ziegelbache, welcher gleich oberhalb der Stadt, von Osten her, in den Kuchtui mündet — und dann, näher am Meere, durch die früher erwähnte Strandebene. Das Zirbelgesträuch in den kleinen Thälern zwischen den Dünen, wurde allmälig kräftiger und frischer, während wir uns den Bergen näherten, auch bestand nun der Rasen zwischen diesen Sträuchen unter anderem aus einer, jetzt blühenden, Andromeda, mit kleinen röthlich-weifsen Blumenkronen auf Zoll-langen Blüthenstielen*). — Zehn Werst von der Stadt traten wir aus einer der Schluchten zwischen den Dünen, an das rechte Ufer der kleinen Marekanka, eines etwa 20 Schritt breiten Baches, der zwischen herrlich bemoosten Steinen mit Rauschen zum Meere fliefst. Die niedrige Ebene von Ochozk schneidet hier gegen Felswände ab, die sich, am linken Ufer des genannten Baches, von NNO. nach SSW. bis zu seiner Mündung erstrecken. Sie bestehen aus einem feinkörnigen Granit: mit fleischrothem Feldspath, wenigerem Quarz und schwarzem Glimmer, zwischen welchem viele stark magnetische Parthieen von feinkörnigem Magneteisen und andere von Magnetkies, so wie auch sehr kleine, zimmetbraune Titanit- oder Sphen-Krystalle von stärkstem Glasglanze liegen**).

*) Es war Andromeda lycopodioides, mit der auch noch Diapensia lapponica, Azalea procumbens, Menziesia coerulea und Rhodiola rosea unter denselben Sträuchern standen. Vgl. Naturhist. Atlas S. 59. 60. 63, wo der zuletzt genannten Pflanze dieser Standort hinzuzufügen ist.

**) Ich hatte die letzteren anfangs für Zirkon gehalten. Bei näherer Untersuchung erkennt man aber an ihnen die Flächen der rhombischen Säule, auch hat Herr Prof. Rose deren Neigungswinkel gemessen und, wie erwartet, mit denen des Titanit übereinstimmend gefunden. — Es ist interessant dafs ganz ähnliche kleine, aber sehr glänzende Titanitkrystalle von brauner Farbe auch in dem Uralischen Granite bei Jekatarinburg vorkommen. Vergl. G. Rose, Reise nach dem Ural u. s. w. Th. 2. S. 443.

Dieses Gestein bildet, zunächst östlich von dem Abhange an dem wir uns befanden, eine zusammenhängende Masse mit ebener und horizontaler Oberfläche, die zu den Marekanischen Bergen gerechnet wird. Sie ist in nördlich streichende, senkrechte Tafeln getheilt, von welchen (vielleicht in Folge einer anderen, gegen jene rechwinkligen Spaltungsrichtung) auch noch mitten im Meere, jenseits des südlichen Abhanges der Bergmasse, eine sehr malerische Reihe hoher Felsensäulen stehen geblieben ist. — Etwa 90 Fufs über dem Strande fanden wir auf der, meist ebenen und feuchten, Oberfläche des Marekans, auf der wir nun weiter ritten, einen Reichthum an Vegetation, der aufs merkwürdigste gegen die Dürre der Ochozker Ebene abstach. So wie in sandigen Gegenden der Erde, so ist auch hier der erste Granitboden schon von ferne durch seinen Einfluss auf die Pflanzenwelt zu erkennen*). Die Zirbelfichten waren hier ungleich schlanker und höher als zwischen den Dünen, wenn auch alle, wie auf den Aldanischen Bergen, mit dem eigenthümlichen Ansehen des *Slanèz* (I. 2. S. 406). Ihre nicht über 2 bis 3 Zoll dicken und mehr als 10 Fufs langen Stämme hatten sich jetzt schon bedeutend über ihre kriechende winterliche Stellung erhoben, breiteten sich aber auch so noch überall stralenartig zu mehreren aus einerlei Wurzel. Sie trugen schon viele braunrothe, wiewohl noch unreife Zapfen. Dazwischen standen Lärchen, mit noch jungen und hellgrünen Nadeln, und völlig senkrechten, aber auch hier (wie auf Bulgin) nur ganz dünnen und niedrigen Stämmen; die Zwergbirke (Betula nana) mit ausgebildeten Blättern, die weisse Birke in Blüthen und die Eberesche (Pyr. sambucifolia) vollständig belaubt und mit noch geschlossenen Blüthentrauben**). — Rubus arcticus blühte ebenfalls und versprach

---

*) Eine auffallende Erinnerung an den Marekan fand ich daher mehrere Jahre später in den Umgebungen der oberen Spree an einem, 1 Meile nördlich von Bautzen gelegenen, Punkte der dortigen Granitgränze. Den Granit hinter den Häusern von Grünbusch vermuthet man schon von weitem (in dem angränzenden Sandlande bei Lomske) wegen der hohen Tannen (P. abies), die nur er trägt, in der Nähe aber noch entschiedener unter der ungewöhnlich dichten Blüthendecke, mit der Drosera anglica ihn überzieht.

**) Die Eberesche ist in demselben Zustande:

eine reiche Aerndte. Die gröfste Zierde des Bodens war aber ein prachtvolles straucbartiges Rhododendron, mit Zoll-langen, gelblich-weifsen und roth geaderten, Blüthen (Rhododendron chrysanthum, Pallas)*) — von üppigstem Wuchse. — Eine der Bedingungen unter denen unsere Europäische Alpenrose gedeiht, war auch für die weit schönere hiesige erfüllt, denn in kleinen Senkungen des Bodens fanden wir noch von dem Schnee der sich dort dicker gelagert hatte, und kleine Bäche eiskalten Wassers, welche die grünenden Sträucher bespülten. Ausserdem aber begünstigen offenbar auch Nebel wie die Ochozker, die den Gebirgsnebeln so ähnlich sind (oben S. 25), das Gedeihen dieser grofsen Azaleen, und eben deshalb haben sie sich nur hier bis zum Meeresniveau verbreitet, und bis zu Standorten deren mittlere Temperatur bei weitem höher ist als die der Berge auf welchen dieselben Pflanzen im Innern des Continents, so ausschliefslich vorkommen**). Andere Hauptbestandtheile der Marekanischen Flora, wie Pinus larix, Rubus arcticus und Betula alba, bedürfen dagegen so vorzugsweise trockener Sommer, dafs sie hierher an die neblichte Küste offenbar nur versprengt sind, wie gezwungene Auswanderer von einer dichten Bevölkerung des Innern. Auf diese und namentlich auf P. larix haben dann aber auch die ungünstigen Bedingungen ihrer hiesigen Standorte aufs entschiedenste verändernd gewirkt. Selbst nahe am Eismeere bei Obdorsk (I. 1. S. 691. 703.) und in 2400 bis 3800 Par. Fufs Höhe auf dem Aldanischen Gebirge, bei Boden-Temperaturen von — 6°,9 bis — 7°,7 (I. 2.

---

bei Berlin April 25,

dagegen aber in Dorpat später als Mai 15. (Mai 8. nur mit eben aufbrechenden Blattknospen)

und in Petersburg später als Mai 22. d. i. dem Tage des Ausschlagens.

*) Die Beschreibung und Zeichnung derselben in Gmelin's Flora Sibirica Tom. IV. pag. 121. No. 9. und Tab. LIV. fand ich nach Vergleichung mit den frischen Exemplaren die ich nach Ochozk zurückbrachte, sehr treu.

**) So in Daurien und auch, weil sie trockner als Ochozk ist, in der Westhälfte von Kamtschatka, wo die untere Verbreitungsgränze von Rhod. chrysanthum wieder bei weitem höher liegt als hier (vergl. 1829. August 26.).

S. 342. 378)*) fand ich die Lärchenstämme noch mehr als Fufs-dick, wenn auch weit niedriger, als höher aufwärts am Obj und am Baikal (I. 1. S. 566, I. 2. S. 96 u. a.). Hier war dagegen von den schlanken und völlig geraden Stämmen kein einziger mehr als zwei Zoll dick und alle so niedrig, dafs man sie für eine ganz andere Baumart als die Sibirische Lärche halten mochte, oder noch eher für ein Gehölz von lauter jungen Stämmen derselben**). Dennoch ist hier die Bodentemperatur um etwa 7°,5 gröfser als an der oberen Gränze der Lärchen im Innern des Landes! — — und wieder einmal zeigt sich daher aufs entschiedenste, wie die Vertheilung der Pflanzen auf der Erde bei weitem nicht allein von der Wärmevertheilung abhangt.

Landeinwärts zu unserer Linken erhoben sich nun mehrere einzelne Kuppen aus nackten Granitblöcken, über die Oberfläche der Bergmasse, auf der wir gegen Osten weiter ritten. Aber ihr südlicher Rand zog sich allmälig vom Meere zurück. Am Fufse desselben lag nun wieder ein Geröllstrand; die Felsensäulen wurden seltener und fehlten endlich gänzlich, als wir, 16 bis 18 Werst von der Stadt, einen ähnlichen, aber etwas sanfteren, Abhang wie an der kleinen Marekanka, hinabstiegen.

Das Ansehen der Küste war nun bleibend geändert, denn von hier an fanden wir theils, vom Strande aus, ganz langsam aufsteigende Ebenen, die, wie ehemalige Meeresbuchten, erst weiter landeinwärts mit einem Halbkreise steiler Felsen umgeben sind, theils niedrige Ausläufer dieses felsigen Randes hart am Meere, und dann durchsetzt von engen Schluchten, durch welche Gebirgsbäche austreten.

---

*) Es sind nämlich die Bodentemperaturen im Meeresniveau, für die beiden Orte wo ich die Höhe der Lärchengränze bestimmte, etwa:

bei Garnastach . . . — 3°,7
am Kapitanberg . . — 2°,7

und demnach die Bodentemperaturen an jener Gränze selbst, wenn man die Temperaturabnahme zu 1° für 750 Par. Fufs Höhe annimmt, so wie oben angegeben.

**) Es ist mir sogar wahrscheinlich dafs der letztere Anschein in der Wirklichkeit begründet ist, indem die Lärchen bei so feuchten und kühlen Sommern nicht blofs langsamer wachsen, sondern auch eine kürzere Lebensdauer haben, als in dem trockenen Sibirischen Klima.

Wir kamen zuerst über eine jener Ebenen, die mit einem seltsamen Gewirre von Granit-Trümmern und von den kleineren Geröllen überdeckt ist, welche ein, jetzt langsam und in mehreren Armen fliefsender, Bach nach dem ersten Schneeschmelzen anspült. Längs des einen dieser Wasser und in dem jetzigen Bette desselben ragten aber, mitten aus jenem Schutte, eine Reihe mächtiger Blöcke oder kleiner Kuppen eines ungeschichteten basaltischen Gesteines (No. 37.) welches offenbar an seinem jetzigen Fundort, oder doch ganz in der Nähe desselben ansteht. Es ist sehr hart und ziemlich schwer*) und aus seiner kohlschwarzen matten Hauptmasse haben sich glänzende, nicht über zwei Linien lange und sehr schmale, prismatische Krystalle so häufig ausgeschieden, dafs dieselbe bald porphyrartig, bald sogar ganz krystallinisch erscheint — auch fand ich darin einige eckige hellgraue Bruchstücke, von dem Gesteine welches die nächsten Felswände bildet**).

Diese erreichte ich zuerst etwas weiter ostwärts, wo der kreisförmige Rand der die genannte Ebene umgiebt, wieder dicht an das Meer tritt, und sodann auch an einer ähnlichen noch westlich von dem Basaltgesteine gelegenen Stelle desselben. An der ersteren tritt ein Bach zwischen Felswänden aus, die an der Mündung nur 30 bis 40 Fufs hoch sind, und von denen die an dem rechten Ufer gelegene noch durch eine ringsum vom Meere umspülte Klippe fortsetzt. Diese sowohl als die kleinen Thalwände selbst bestehen aus

---

*) Von 2,753 spez. Gewicht gegen Wasser bei Temperatur + 12°.

**) Herr Prof. G. Rose glaubte neuerdings die Krystalle in diesem Gesteine, trotz ihrer Schmalheit und ihrer undeutlichen Absonderung von der Hauptmasse, mit einiger Sicherheit für Staurolith erkannt zu haben — und wäre demnach geneigt, dasselbe für Reste eines, freilich aufs äufserste gefritteten oder metamorphischen Thonschiefer, zu halten. — Mit denjenigen Thonschiefern des Urals, welche einzelne grofse und deutliche Staurolithe und neben diesen auch kleine Granat-Krystalle enthalten, die in dem Marekanischen Gesteine spurlos fehlen (G. Rose Reise nach dem Ural u. s. w. Th. II. S. 548 und 485) kann man das letztere demnach nicht vergleichen — viel eher aber mit dem von Herrn Gumprecht, an der Gränze des Granits mit dem Uebergangsgebirge, in Böhmen beobachteten, dunkelschwarzen Gesteine mit basaltischer Grundmasse, in der sich hellere durchscheinende deutlich blättrige Punkte befinden (vergl. T. E. Gumprecht: Die Gränze des Granit- und Uebergangsgebirges zwischen Böhmisch Brod und Klattau. S. 5).

gegen Osten geneigten Schichten eines gelblich-grauen, körnigen Feldspaths, der am Stahle Funken giebt und unter dem Hammer stark klingt. Zwischen den nur gegen 3 Zoll dicken Bänken desselben liegen weit dünnere Zwischenlagen von schwarzer Kohle, die theils glänzende Spiegel bildet, theils noch, an ihrer fein gestreiften Oberfläche, eine organische Textur zeigt. Es scheinen Blattfragmente von Schilf- oder Tang-Arten. Trotz der geringen Höhe dieser Felswände war doch, in der oberen Hälfte derselben, das Gestein kiesliger und eine Queerspaltung zu parallelopipedischen Massen deutlicher als in der Kohle-führenden unteren*). Die letztere ist an der linken Thalwand schon in die Tiefe gesunken, wonach die Neigung der Schichten, von denen nur die Köpfe sichtbar waren, wohl kaum unter 10° betragen dürfte. — Die krystallinisch körnigen und doch so deutlich geschichteten Klingsteine aus der Mitte des Aldanischen Gebirges, die im Antscha-Thale schwarze Schiefer mit Pflanzenabdrücken zwischen sich haben (I. 2. S. 370. 366.) und beim Kapitanberge mit Schichten eines groben Conglomerates wechsellagern (I. 2. S. 379) gewährten nun einen Vergleichungspunkt für dieses seltsame Gestein; denn bei jenen wie bei diesem liefsen die eingeschlossenen Körper keinen Zweifel über ihre neptunische Entstehung, die doch andererseits von dem krystallinischen Gefüge derselben und von ihrer feldspathigen Masse so entschieden absticht.

Bald hinter diesen Felsen erreichten wir, gegen 9 Uhr Abends, von neuem eine breite, mit Moor bedeckte Strandebene, die nur landeinwärts von einem steilen und sehr regelmäfsig gebogenen Abhange begränzt ist. Uns gegenüber lagen, wie zwei schroffe Einschnitte in diesen Rand, die Mündungen zweier Thäler, von denen das östlichere die sogenannte grofse Marekanka enthält. Der Beschreibung nach war daher nun der Fundort der Marekanite (die Mündung der grofsen Marekanka) dicht vor uns, und doch hatte noch nichts, weder an den bisher untersuchten Gesteinen, noch

*) Ich werde diese Gesteine hiernächst mit No. 34 bis 36 bezeichnen, und eben so auch die später gefundenen Marekanischen Gesteine mit denselben Nummern, die ich ihnen in einer von Ochozk aus nach Berlin gesandten Sammlung beilegte.

auch, so weit sie sich in der Dämmerung zeigten, an den Formen der uns umgebenden Berge, auf die entschieden vulkanischen Ereignisse schliefsen lassen, mit denen ich die Bildung jener glasigen Fossilien in Verbindung zu finden erwartete. Ich erhielt vielmehr noch heute einen neuen Beweis von dem neptunischen Ursprung der nächstgelegenen Gebirgsmassen, durch ein Stück des Meeresbodens, welches, offenbar nur aus geringer Entfernung, an den Strand vor der Marekanka gelangte. Es war ein Bruchstück eines kiesligen und feinsplittrigen Kalkes*) (wie der von der Bjelaja bei Garnastach I. 2. S. 335), welches mit dem fest anhangenden Wurzel-Ende einer Seekohlstaude (Fucus esculentus) ausgespült wurde. — Nach jedem Sturm werden eine Menge dieser merkwürdigen Pflanzen zugleich mit dem Ballaste angeschwemmt, durch dessen Gröfse sie ihre Lebensdauer bestimmt haben; denn sie folgen den Wellen erst dann, wenn der Auftrieb ihrer Blätter dem Gewichte des Steines gleich wird, den sie mit ihren Wurzeln verstrickt haben. Recht zu diesem Zwecke sind, tief unter dem Theilungspunkte der Wurzel-Arme, die äussersten Fasern von je mehreren derselben noch einmal zu einer blattartigen Haut verwachsen, und diese ist es welche die Oberfläche des Steines ansaugt und durch eine mehr chemische als mechanische Anziehung mit ihr verwächst. Man findet nach gewaltsamer Trennung dieser blattartigen Wurzeln das Gestein unter denselben bis zu merklicher Tiefe zersetzt und mürbe geworden.

Wir hielten unser Nachtlager, bei sehr neblichter Luft, fast wie Schiffbrüchige dicht an der Küste, und nahe an dem westlichen Rande der genannten Niederung, welche von vielen Armen der zwei hier ausmündenden Bäche durchzogen ist. Einiges Zirbelholz, welches aus ziemlicher Entfernung von den nächsten Hügeln geholt wurde, gab nur ein spärliches Wachtfeuer, auch mufsten wir diesmal unseren Thee mit äufserst salzigem Wasser kochen, weil die Fluth alle Ausläufer der Marekanka gefüllt hatte. Aus den Satteln und Lederschläuchen wurden aber dann, üblicher Weise, auch auf dem Moore ganz brauchbare Schlafstellen eingerichtet.

---

*) Nummer 57. des erwähnten Verzeichnisses.

[Juli 1.]

Die Hügel die uns, fast im Halbkreise, von Westen über Norden bis Osten, umgaben, haben gegen das Meer zu, einen nur mässig welligen Kamm, der seine gröfste Höhe an der Marekanka erreicht. Ich fand dort den rechten Thalrand an der Mündung 158 Par. Fufs über dem Meere (vergl. II. 1. S. 389). Es zeigte sich nun, dafs der uns zugekehrte Abhang dieser Hügel, von dem Fufse bis über die Hälfte ihrer Höhe, aus angelagertem Schutte ihres eigenen Gesteines besteht, und dafs dieses selbst, nur oben einen senkrechten Rand um die weit sanftere Böschung des Schuttes bildet. Die bei unserem Nachtlager gezeichnete Ansicht der Bucht giebt hiervon eine ziemlich deutliche Anschauung. — Ich bestieg den Abhang zuerst noch etwas westlich von dem zu unserer Linken gelegenen (westlicheren) Thale und fand dort das Anstehende (No. 38.) dem zuletzt erwähnten Gesteine (No. 34 bis 36 S. 83) noch sehr ähnlich. An dem nahe östlich streichenden Abhange zeigten sich ein horizontales Klüftungssystem und noch zwei andere, die sich sowohl einander als auch jenes erstere nahe senkrecht durchschneiden. Ob eines davon und welches namentlich von einer ursprünglichen Schichtung herrührte, war nicht zu entscheiden, doch zeigte sich das Gestein nur auf den nördlich streichenden senkrechten Klüften noch so körnig wie an dem ersteren Fundorte, während es auf den zwei anderen homogen und durch die Derbheit und Glätte seines Gefüges wie gesintert erschien. Ausserdem sieht man überall auf dem hellgelben Grunde dieses Theiles der Felswand eine rauchgraue Färbung, in unregelmäfsig welligen Streifen vertheilt. Man würde diese, wenn blofs Bruchstücke des Gesteines vorlägen, wohl nur dem verschiedenen Oxydationsgrade eines ihr gleichmäfsig beigemengten, färbenden Oxydes (Eisenoxydul und Eisenoxyd) zuschreiben. Dennoch erschien aber diese geringfügige Veränderung nur wie das Vorspiel einer weit bedeutenderen Trennung der Bestandtheile des Gesteines, als ich, etwas weiter gegen Osten, an demselben Abhange zuerst die grauen Streifen der Felsmasse immer breiter, und dagegen die gelben Theile derselben häufig ausgekeilt oder inselartig von den grauen umgeben fand. Diese letzteren verlieren zugleich jede Spur von körnigem Gefüge und zeigen ganz allmählig, zuerst einen sehr glatten Bruch und darauf einen muschligen und glasglänzenden. Sie sind dann ein wahrer rauchgrauer Pechstein*), welcher längliche Parthieen einer zellig zerfressenen, gelblich-weissen Masse, und in dieser Ausscheidungen von weissem und von wachsgelbem Halbopal**) enthält. Mehrere dergleichen Wechsel und Rückfälle aus einer dieser Abänderungen des Gesteines in die andere sind fast regellos vertheilt, an dem Abhange, an dem auch die erwähnte horizontale Klüftung bald spurlos fehlt, bald wieder deutlicher wird — dann aber fand ich plötzlich, nachdem der rauchgraue Pechstein mit den zelligen weissen Zwischenlagern kaum 20 Schritt weit durch den angelagerten Schutt versteckt war, eine breite Stelle der senkrechten Wand aus schneeweissem porösem Trachyt bestehend***). Er enthält milchweisse Perlsteinkugeln und andere, die bis zu einem halben Zoll im Durchmesser haben, von durchsichtigem, glasglänzendem Marekanit — ausserdem aber fand ich darin nicht selten†) Parthieen von dem Pechstein (No. 42.) und von dem glattbrechenden derben Klingstein (No. 38.), die sich an ihren Kanten ganz allmählig in die poröse Hauptmasse verlieren.

Marekanite und Perlsteine lagen schon hier in bedeutender Menge zwischen dem Schutte, auf dem ich an der Felswand entlang ging. — Die ersteren wurden aber fast allein herrschend in demselben und gaben ihm einen schon aus der Ferne auffallenden röthlichen Glanz, als wir, etwas weiter östlich, den uns zugekehrten Durchschnitt der rechten Thalwand der grofsen Marekanka erreichten. Wir standen nun auf einem 100 Fufs hohen Walle aus lauter Glaskugeln, die bald faustgrofs und dann immer braunroth und undurchsichtig, bald, bei kleinerem Durchmesser, theils eben so gefärbt, theils auch rauchgrau und durchsichtig waren. Weit seltener und nestartig vertheilt liegen auch hier milchweisse Perlsteine zwischen dem Schutte††). — Man konnte es wohl

*) Diese Uebergänge zeigen sich an den Handstücken, die ich mit 39 bis 45 bezeichnete.

**) No. 46 und 47.

***) No. 48.

†) No. 49.

††) No. 52 und 52b.

ein seltsames Schicksal dieser Fossilien nennen, dafs sie schon vor langer Zeit nur in dieser Gestalt in Europäische Sammlungen gekommen waren*), während doch, bei der Auffindung derselben, ihre weit merkwürdigere ursprüngliche Beschaffenheit fast vor Augen lag. Auch an dieser Stelle der Bucht ist nämlich der senkrechte Abhang, aus welchem der Schutt durch Verwitterung entstanden ist, über dessen oberem Rande völlig entblöfst und zugänglich. Er besteht aus einem röthlichen Glase, dessen Beschaffenheit durch den Namen Marekanitfels sehr passend bezeichnet wird, indem er sich in der That nur durch seine ungeheure Ausdehnung und durch die Zerklüftung, die von einer solchen Gröfse der Masse unzertrennlich ist, von den losen Marekaniten unterscheidet**). Diese Gebirgsart ist nämlich offenbar schon bei ihrer Erhärtung von Spaltungsflächen durchsetzt, und dadurch in unzählige Systeme gekrümmter und einander umschliefsender Schalen zertheilt worden. Ein ungespaltener, theils faustgrofser, theils noch kleinerer, Kern, bildet die Mitte eines jeden dieser Systeme und nur dieser erhält sich kuglig und ganz unversehrt durch Verwitterung, während die ihnen völlig gleichartige und genau eben so glasartige Masse der dünneren Schalen in kleinere eckige und eben deshalb sich schneller zersetzende Bruchstücke zerfällt. In den höher gelegenen neueren Theilen des Schuttes findet man daher auch die Marekanitkugeln immer von eben so vielen eckigen Trümmern eines, ihnen völlig gleichen, röthlichen Glases umgeben, die erst am unteren Rande gegen die Strandebene, durch Zersetzung und Auswaschung, so vollständig verschwunden sind, dafs dort das Ganze nur aus den spaltenfreien Kugeln zu bestehen scheint. — Die kleineren Stellen der glasigen Felswand, in welchen bald die Kerne, bald auch die sie umgebenden Schalen aus milchweissem Perlsteine bestehen, sind wie wellige und verworrene Streifen vertheilt: genau so wie ich die gelbe und graue Färbung, weiter westwärts, an demselben Abhange gefunden hatte.

Es blieb mir schon an dieser Stelle kein Zweifel, dafs die ver-

---

*) Durch Pallas, an den sie von Ochozk nach Petersburg geschickt wurden.

**) No. 50 und 51.

schiedenen Gesteine, aus denen der Küstenabhang zwischen dem kohleführenden und deutlich geschichteten Feldstein (No. 34. S. 83), der nach früheren Erfahrungen zur Grauwackenformation gehört, und dem Marekanitfels, besteht, doch nur aus dem ersteren entstanden seien, durch eine und dieselbe modifizirende Ursache, welche in verschiedenem Grade oder unter verschiedenen Nebenumständen auf jedes von ihnen an seinem jetzigen Orte einwirkte. Dafs aber die Wärme dieses Umänderunde gewesen sei, wird eben so anschaulich, indem man, von Westen gegen Osten fortschreitend, das gesinterte Ansehen dieser Gesteine immer vollständiger findet, so dafs sie, durch ganz allmählige Uebergänge, zuerst zu Pechsteinen werden, welche nestartige Absonderungen von Halbopal enthalten; alsdann zu zelligem Trachyt, der zuerst nur Nesterweis in dem Pechsteine vorkommt und darauf einen ungeheuer breiten Streifen an der Felswand einnimmt — und endlich zu geschmolzenem, aber sehr schnell wieder erkaltetem, Glase. — An ein Hervorquellen des geschmolzenen Marekanitfelses aus dem Innern der Erde, oder gar an einen Vulkan, zu dem er wie ein Lavastrom gehört hätte, war also in keinem Falle zu denken. Durch eine fernere Untersuchung der Gegend hoffte ich aber vielleicht den Ausgangspunkt der Schmelzhitze noch näher nachzuweisen, welche einst das Gestein in verschiedenen Theilen des Küstenabhanges in so verschiedenem Grade umgewandelt hatte, oder doch die Gränzen des Bezirkes zu bestimmen, in welchem die Erdoberfläche das Maximum ihrer Einwirkung erfahren hat.

Die Oberfläche des Plateau, von welchem der Marekanitfels und die übrigen bisher erwähnten Gesteine den Südabhang bilden, fand ich mit Lege-Zirbeln (kedrowui slanez) so dicht überwachsen, dafs ich nur mit äusserster Mühe auf demselben, zuerst etwas landeinwärts und dann gegen Osten bis an die rechte Thalwand der grofsen Marekanka, fortschreiten konnte. Der Boden war nirgends zu sehen, auch betrat man statt seiner nur die biegsamen und noch stark gelagerten Stämme jener Baumart, von denen sich die zu benachbarten Wurzeln gehörigen zu einem grofsartigen Netzwerke verschränkt hatten. — An dem Abhange zur grofsen Marekanka belohnte sich aber diese mühsame Wanderung durch den ganz unerwarteten Anblick, den das Thal dieses Flusses darbot. Ich habe auch dieses durch eine Zeichnung einigermassen wiederzugeben versucht. Die Bergmasse, aus welcher das genannte Wasser zwischen 160 bis 200 Fufs hohen Abhängen von Norden gegen Süden in die Ebene austritt, ist nur von einem äusserst deutlichen Schichtungs- oder Kluft-systeme durchsetzt. Sie besteht bis zum Meeresniveau, d. h. ganz so weit als ihr Inneres blossgelegt ist, aus nahe senkrechten Felsentafeln, die gegen ONO. streichen. Sie liegen mithin rechtwinklig gegen die Gränze des Granites (S. 78) und eben so auch gegen die Axe des Aldanischen Gebirges — aber parallel mit der nächstgelegenen Küste des Ochozker Meeres. Von mehreren derselben ist das Ausgehende schon weit tiefer verwittert als von den angränzenden, und diese ragen daher nur um so schroffer, wie Rippen, aus beiden Abhängen gegen die Marekanka, deren Richtung sie fast senkrecht durchschneidet, hervor. Ganz nahe an seinem Austritt auf die Moorebene hat das Wasser durch drei jener Tafeln nur einen äusserst schmalen Durchgang gefunden, und etwas weiter oberhalb umspült es das, noch in ursprünglicher Höhe (gegen 180 Par. Fufs) erhaltene, Bruchstück einer vierten, von welchem auch noch die Fortsetzung aus jeder Thalwand in eben so unveränderter Lage herausragt. Ob es ein Wasserfall gewesen ist, welcher durch rückwärts fortschreitende Nagung dieses sprödeste Gestein so eng und senkrecht durchschnitten hat, ob eine andere von den uns kaum anschaulicheren Wirkungen, welche stetig strömende Wasser im Laufe der Jahrtausende ausüben, das dürfte wohl hier, wie in so vielen ähnlichen Fällen (I. 1. S. 371), nicht mehr zu entscheiden sein. Um so sicherer beweist aber die Struktur der hiesigen Felsen, dafs das Marekankathal durchaus nicht eine jener vorgebildeten Spalten sei, die man der Ausdehnung oder Auftreibung tiefer gelegener Gesteine zuschreibt, denn die Richtung solcher Spalten ist natürlich dem Streichen der Schichten, die an ihr abbrechen, parallel, nicht aber wie hier, fast senkrecht gegen die steil geneigten Felstafeln, die dennoch nicht zertrümmert, sondern, ohne jede Verschiebung, durchschnitten sind. — Eben so überraschend war es, dafs schon hier, in so geringer Entfernung (einige Tausend Schritte gegen NO.), von dem Marekanitfels, die Masse jener merkwürdigen Wände durchaus keine Spur von Schmelzung zeigte. Sie ist bald den grauen gesinterten Massen vom West-Ende der Bucht, bald dem an diese angränzenden Trachyte durchaus ähnlich.

Von der Moorebene an der Mündung, zu welcher ich wieder zurückkehrte, ritten wir queer über eine flache Stelle des linken Thalrandes der Marekanka, deren Bette wir zuerst etwas oberhalb der eben erwähnten Felsen wieder erreichten und darauf zehn Werst landeinwärts gegen Norden verfolgten. Es ist auch auf dieser Strecke noch mehrmals durch ganz ähnliche Felsmassen wie an der Mündung verengt, zwischen solchen Stellen aber, durch eine ebene Sohle, bis tief in jede der beiden Thalwände fortgesetzt. Vier Werst von der Mündung bestehen die noch immer queer von dem Flusse durchschnittenen Rippen, aus äusserst dünnen Tafeln (von 3 bis 4 Linien Dicke; No. 53.) des grau und gelb gebänderten Gesteines, welches ich am Morgen zuerst gefunden hatte (S. 85. No. 38.) und dennoch sieht man noch einmal, nur zwei Werst weiter oberhalb einen schneeweissen fein porösen Trachyt (No. 54.), der sich zu beiden Seiten einer breiten Wiesenebene in sehr grofsartigen Felsen erhebt. Die Struktur derselben war aber auch hier wieder genau so wie an der Mündung — und es zeigte sich demnach nun, auch parallel mit der Granitgränze und mit der Hauptaxe des Aldanischen Gebirges, der Marekanitfels eben so eng und so nestartig begränzt, die vorhergegangenen Veränderungen der Grauwackenschichten dagegen eben so launig vertheilt, wie wir es in der Richtung der Meeresküste gefunden hatten.

Zwischen den eben erwähnten Trachytfelsen fanden wir die Wiese und die Steinplatten an ihrem Rande, theils noch mit weichem Schnee bedeckt, theils bespült von dem abfliefsenden Wasser. Zugleich waren aber die schon längst hervorragenden Spitzen der Grashalme dicht überzogen mit einem äusserst feinen schneeweissen Pulver. Offenbar war dieses mit dem Schnee gemengt gewesen, denn man sah es noch weich und als einen gallertartigen Brei auf allen gröfseren Flächen, die er erst heute verlassen hatte. Die Aehnlichkeit dieser mineralischen Gallerte mit organischen Substanzen hat ihr bei den hiesigen Russen den Namen Erdsahne (semljanája smetána) verschafft, und sie den Tungusen schon längst als ein Nahrungsmittel oder doch zur Beschwichtigung des Hungers in Zeiten des Mangels empfohlen. Sie wird von ihnen in grofser Menge gesammelt und mit Rennthiermilch gekocht. Es blieb mir indessen durchaus kein Zweifel, dafs diese Substanz nichts anderes ist, als der feine Staub, den die Stürme in diesem Thale von den Trachytfelsen aufwirbeln, und der sich dann mit dem Schnee zugleich von der Luft wieder losreisst und, von ihm umgeben, auf dem Boden ablagert. Die durchaus gleichmäfsige und ausserordentliche Zartheit dieses Niederschlages erklärt sich dann genugsam durch die eigenthümliche Saigerung, die er in der Luft erlitten hat, indem in der That nur die allerfeinsten Theile der aufgewehten Steintrümmer lange genug suspendirt bleiben, um sich mit dem Schnee zu mengen und von ihm eingeschlossen zu werden*).

Etwa 10 Werst von der Mündung erreichten wir das Ende der Thalwände auf einer weiten Moorebene, auf welcher die Marekanka aus mehreren einzelnen Armen entspringt. Sie liegt nach

---

*) Das Bimsstein-artige Ansehen, welches die nur mikroskopisch erkennbaren Theile dieses Staubes genau eben so besitzen wie das durch Zerreibung erhaltene Pulver des Trachytes von den Felswänden, die die erwähnte Wiese umgeben, ist dieser einfachsten und natürlichsten Annahme durchaus günstig. Die Theilchen des Staubes und die des Gesteinpulvers sind theils zackig, theils scharfkantig wie Glassplitter. Herr Professor Ehrenberg, der auf meine Bitte eine fernere mikroskopische Prüfung derselben unternommen hat, fand ausserdem in dem essbaren Staube: auffallend durchsichtige Kieselschalen von dreien Arten von Infusorien; namentlich von:

Fragilaria amphicephala,
Gallionella distans,
Tabellaria vulgaris?

Die erste war bisher nur von Whitehawn in Connecticut bekannt, während die beiden anderen noch jetzt in sehr verschiedenen Gegenden und unter anderen auch bei Berlin lebend vorkommen. Obgleich nun diese organischen Ueberreste ihrem Volumen nach den Bimsstein ähnlichen Theilen des Staubes bei weitem nachstehen, so kann man doch kaum mit einiger Wahrscheinlichkeit annehmen, dafs sie diesen letzteren erst auf ihrem Wege durch die Luft begegnet sein sollten, oder auf den Steinen und Gräsern des Bodens, auf denen ich die Erdsahne sammelte. Ein Vorkommen mikroskopischer Thier-Reste in der, auch Kohle-führenden, Gebirgsart, von welcher der Pechstein, der Marekanit und der Trachyt des Marekanes nur als gesinterte oder umgeschmolzene Abänderungen erscheinen, ist sonach kaum zu leugnen, und wird zu einem neuen Beweise für den neptunischen Ursprung dieser merkwürdigen Gesteine.

meiner barometrischen Messung nur 331 Par. Fufs über dem Meere (II. 1. S. 389). — Den Rückweg zu der Granitgränze nahm ich von diesem Punkte gerade gegen Westen, so dafs wir bis zu dem Thale, dessen Mündung am vorigen Abend untersucht wurde (S. 82.), überall 10 Werst von der Küste entfernt blieben. Das Terrain blieb auch hier nahe eben, und ich fand nur einmal, etwa auf der Hälfte dieses Weges, anstehendes Gestein (No. 56.). Es ist eine ganz ungeschichtete Hauptmasse von dichtem Feldspath mit kleinen aber nahe bei einander liegenden Zusammenhäufungen grüner Hornblende, von dem Porphyr an der Ochota (I. 2. S. 389.) nur durch ihren splittrigen Bruch und das kaum krystallinische Gefüge ihrer Bestandtheile unterschieden. — In dem früher erwähnten Thale (S. 82.) zeigt sich dagegen das kohleführende, bald Feldstein-, bald nur Hornstein-artige Gestein auch hier weiter oben wieder deutlich geschichtet, mit steilem östlichen Fallen — und doch erreichten wir bald darauf und in weit geringerem Abstande als von der Mündung desselben Thales, die östlichsten Granitkuppen. An der ersten derselben (die wohl doppelt so hoch ist als die näher am Meere gelegene zusammenhängende Felsmasse und auf welcher die Ochozker einen Flaggstock gesetzt haben, um einlaufende Schiffe zu signalisiren) fand ich den Granit von dem an der kleinen Marekanka beträchtlich verschieden. Er ist grobkörniger als dieser, und enthält zwischen schneeweissem Feldspath, schwarzen Glimmer, sehr wenig Quarz und keine Spur von den besonderen Gemengtheilen (Sphen, Magneteisen und Magnetkies), welche näher am Meere in dem rothen Granite so häufig sind (S. 78.).

Erst auf der Hochebene welche aus diesem letzteren Gesteine besteht, ritten wir wieder bis an deren südlichen Rand, und hatten längs desselben, bei blauem Himmel und durchsichtiger Luft, eine eben so schöne als seltene Aussicht auf das Ochozker Meer. Zwei hohe senkrechte Wasserstralen, die sich plötzlich nicht fern von der Küste erhoben, fand ich mit den gewöhnlichen Zeichnungen von dem Sprützen der Wallfische gut übereinstimmend. Auch erkannten wir dann in zwei schwarzen Inseln am Ursprung der Stralen und hinter denselben, den Kopf und den Rücken des riesigen Seethieres. Dann verschwand Alles, zeigte sich aber bald darauf etwas weiter ostwärts wieder stehend und auf dieselbe Weise wie früher*).

An dem Westrande der südlichsten Granitmasse setzten wir wieder über die rauschende kleine Marekanka. Sehr dichtes und üppig grünendes Moos bedeckt die Felsblöcke in diesem Bache bis hart an das Meeresufer, offenbar begünstigt durch die niedrige Temperatur, welche dessen starkes Gefälle und reichhaltige Quellen aus dem Granite seinem Wasser selbst mitten im Sommer erhalten. Ich fand sie auch an der Mündung + 3°,8, während doch die mittlere Lufttemperatur und daher auch die des Wassers im Kuchtui jetzt bis auf + 10°,0 gestiegen war.

Reich beladen mit den Gesteinen des Marekanes und geschmückt mit blühenden Büschen des Rhododendron chrysanthum erreichten wir Ochozk um 10 Uhr Abends. Nur den ächten Sibiriern des Ortes waren die Blüthen der Marekanischen Alpenrose eine bekannte, wenn auch lang entbehrte, Erscheinung. Sie nannten sie hier wie auch in Daurien: pjánaja trawá, d. h. das berauschende Kraut, weil man die narkotischen Eigenschaften eines Aufgusses auf ihre Blätter bei anhaltender Arbeit sehr stärkend gefunden hat. In Herrn Walronts Hause wollte man mir aber nicht glauben, dafs so herrliche Gewächse in wenigen Stunden von Ochozk aus zu erreichen seien. Die mitgebrachten

---

*) Die wichtigen Zweifel, die Herr von Bär aus anatomischen Gründen gegen die flüssige Beschaffenheit aller derjenigen Stralen erhoben hat, welche die eigentlichen Wallfische oder irgend eine andere Cetaceen-Art auswerfen (Sur le prétendu passage de l'eau par les évents des Cétacés, im Bullet. de l'Académie des Sciences de St. Pétersbourg. 1836. 11. Mai) sind mir damals nicht eingekommen; und auch jetzt, in der Erinnerung an jenen Anblick, und an den von sprützenden Cachelots, den ich in der Folge sehr häufig und ganz in der Nähe unseres Schiffes gehabt habe, kann ich mich kaum überzeugen, dafs die von ihnen ausgehenden Springbrunnen nur feine Nebelbläschen enthalten sollen, und zwar nicht mehr davon als der Dunst aus den Nüstern eines schnaubenden Pferdes (a. a. O. S. 39). Zum Mindesten aber halte ich es für sehr begreiflich, dafs man jene Stralen bisher für Wasser angesehen habe, und glaube daher nicht, wie Herr von Bär, dafs alle davon gegebenen Beschreibungen und Zeichnuugen nur abergläubige und auf keiner Anschauung gestützte Wiederholungen einer falschen Angabe von Plinius seien.

Sträucher sollten nun auf Beete gepflanzt werden, und es ist somit möglich dafs die berüchtigte Kiesebene von Ochozk, in Folge unserer Reise, endlich einige Zierde erhalten hat.

Das unerwartete Resultat dieser Exkursion, dafs der Marekanitfels und die halbgeschmolzenen Gesteine die ihn begleiten, nur durch nachträglichen Einfluss plutonischer Massen, auf Schichten entstanden seien, die zur Grauwackenformation gehören, bestätigte sich nun auch durch das Verhalten der gesammelten Probestücke bei der Erwärmung und gegen andere Reagentien. — So sind von den Kohle führenden Schichten, die wir jenseits der Granitgränze fanden, die körnigen (No. 34 u. 36 S. 83.) vor dem Löthrohr ganz leicht zu einem, dem milchweissen Perlsteine ähnlichen, Glase schmelzbar. Sie unterscheiden sich dadurch sowohl von ganz unschmelzbarem quarzigem Sandsteine, von dem ein untergeordneter und dünner Besteg (No. 35.) an die Kohle gränzt, als auch von dem, weit schwerer und zu einem dunkelgrünen Glase schmelzenden Basaltgesteine (No. 37. S. 82.) — und bewähren dagegen ihre fast vollständige Identität mit dem dichten, adrig gestreiften Gesteine (No. 38 bis 45.) mit dem Pechsteine, aus dem sich Halbopal abgeschieden hat (No. 46 und 47.), so wie endlich auch mit den weissen Trachytmassen (No. 48. und 54.). In der That besteht die Einwirkung der Wärme auf alle zuletzt genannten Gesteine in einem, für alle nahe gleich schnell erfolgenden, Weissbrennen und in einer Schmelzung zu milchweissem Glase, welches einerseits dem von den kohleführenden Schichten erhaltenen bis zum Ununterscheidbaren gleich ist, von der anderen aber auch dem künstlichen Perlsteine, den man durch Glühung des Marekanites vor dem Löthrohr erhält*).

*) Die durchsichtigen Kerne des Marekanitfelses unterscheiden sich von den rothen undurchsichtigen Theilen dieser Gebirgsart dadurch, dafs das Weissbrennen oder die sogenannte Entglasung, durch gleich starke Erwärmung, bei den ersteren in dünneren Schichten als bei den anderen, von der Oberfläche gegen die Mitte des Stückes fortschreitet, während die Schmelzung bei beiden nur dann erst erfolgt, wenn das ganze, dem Feuer ausgesetzte Stück weiss und undurchsichtig geworden ist. Nach Klaproth's Analyse enthalten die durchsichtigen Marekanitstücke etwas mehr Kieselerde als die braunen Stellen der Felswand; jene ersten unterscheiden

Sowohl durch diese wesentliche Eigenschaft als auch durch gleichartiges Verhalten bei der Schmelzung mit Flüssen und durch seine beträchtliche Löslichkeit in Salzsäure, tritt aber dann das geschichtete kohleführende Gestein vom Marekan auch noch der Hauptmasse der Aldanischen Grauwacke nahe (I. 2. S. 371.) und es entsteht somit endlich die Ansicht, dafs die Transitionsschichten, von denen sich an beiden Seiten des Aldanischen Gebirges Reste erhalten haben, schon bei ihrer Entstehung aufs innigste durchdrungen wurden mit der feldspathigen Substanz des Euritporphyrs, der sie gehoben hat, und welcher recht eigentlich den krystallinischen Kern dieses Systemes bildet**). — Erst später aber, und wohl gleichzeitig mit den ersten vulkanischen Ereignissen auf Kamtschatka, sind diese, schon in Folge ihrer Entstehung schmelzbaren, Schichten, nur hier an der Küste durch das Hervorbrechen ganz anderer plutonischer Massen, theils

---

sich aber noch durch einen weit wichtigeren physikalischen Charakter, indem nur sie (offenbar durch Erstarrung in einem bereits begränzten Raume) einen gespannten Zustand angenommen haben, welcher dem des schnell gekühlten Glases (der Glastropfen und Bologneser Flaschen) kaum nachgiebt. Sie wirken alle demgemäfs auf polarisirtes Licht, und viele zerplatzen auch gewaltsam, wenn sie mit der Schleifscheibe geritzt werden. Vergl. hierüber und über die merkwürdige Eigenschaft der Marekanite, die Elektrizität zu leiten oder zu isoliren, je nachdem die Temperatur unter oder über einer etwa + 30° betragenden Gränze ist: P. Erman, Beiträge zur Monographie des Marekanits u. s. w. in Abhandl. der Berl. Akademie. 1830.

**) Den Porphyr von der Ochota (I. 2. S. 398. 400. 407.) finde ich zu 0,18 seines Gewichtes in erwärmter Salzsäure löslich und zwar so, dafs davon

0,15 Thonerde und Eisenoxyd,
0,03 Talkerde

sind. — Durch Aufschliefsung mit kohlensaurem Kali erhielt ich dagegen von der Gewichtseinheit der ganzen Masse desselben

0,50 Kieselerde,
0,40 Thonerde und Eisenoxyd,
0,06 Talkerde,

und diese Zusammensetzung entspricht, wie erwartet, einer aus dichtem Feldspath und einiger, meist stark zersetzten, Hornblende bestehenden Gebirgsart. Vergl. meine Abhandlung über die geognostischen Verhältnisse von Nord-Asien in: Archiv für wissenschaftl. Kunde von Russland. Bd. III. S. 174.

gesintert, theils in Trachyt umgewandelt, theils endlich auf nestartigen Räumen vollständig geschmolzen worden. Jene späteren auf den Küstenrand beschränkten Gesteinsausbrüche scheinen übrigens, so weit meine Erfahrungen reichen, durch Mannigfaltigkeit ihres oryktognostischen Charakters, vor denjenigen ausgezeichnet, welche wir unter entsprechenden Lagenverhältnissen in den Gebirgen des Kontinentes kennen.

Die zwei Varietäten des Marekanischen Granits, die fast derben dioritischen Massen zwischen den Marekankaquellen und der Granitgränze (No 56. S. 92.), die wie die Verlängerung der Basaltischen an der Küste (No. 37. S. 82.) erscheinen, und dann wieder die völlig krystallinische Gebirgsart aus glasigem Feldspath und Augit, die an dem östlichen Zufluss der oberen Ochota ansteht (I. 2. S. 417.), liegen einander so nahe, dafs man sogar die Schmelzungserscheinungen am Marekane mit etwa gleicher Wahrscheinlichkeit dem Auftreten der einen oder der anderen dieser Gesteine zuschreiben könnte*), jedenfalls aber sie nur für, gleichzeitige oder successive, Erfolge von einerlei Spaltung des ihnen nächstgelegenen Erdstückes zu halten hat. Auch von vorn herein würde man übrigens wohl erwartet haben, dafs sich die Reaction des Innern der Erde gegen ihre Oberfläche gerade da durch mannigfaltige Gesteinbildung ausgesprochen haben werde, wo die Begränzung des Kontinentes, in der Continuität der obersten Erdschicht eine so grofsartige Unterbrechung bewirkt hat.

---

*) Von einer durch Granit bewirkten Verwandlung der Transitionsschichten in ein Trachyt-ähnliches Gestein scheint, nach Herrn Gumprechts Beobachtungen, auch in Böhmen, ganz nahe an der oben erwähnten Stelle der dortigen Granitgränze, ein Beispiel vorzukommen (vergl. oben S. 82. Anm. und Gumprecht a. a. O. S. 6.). Noch näher vergleichbar mit den Marekanischen Erscheinungen dürften sich aber wohl die Pechsteine an der Triebscha unweit Meissen zeigen, denn drei am Marekane in Betracht kommende Faktoren: die Grauwackenschichten, der Granit und Feldspathporphyre finden sich auch bei diesen in wenigsten ähnlicher Lagenbeziehung. — Ich muss aber leider bekennen, dafs ich diese, mir seit mehreren Jahren doch nicht eben fern gelegene, Oertlichkeit noch immer nicht selbst gesehen habe.

* * *

Die seltsame Vortrefflichkeit des Russischen Postwesens hatte ich schon am 17. Juni benutzt, um die im Aldanischen Gebirge gesammelten Steine und einige Vogelbälge von Ochozk direkt nach Berlin zu befördern*). Für die nächste, am 17. Juli abgehende, Post wurden nun einige, später geschossene, Vögel und die Marekanischen Gesteine geordnet und verpackt; ausserdem hatte ich aber dieser Sendung auch mehrere, schon hier von Reisenden erhaltene, Gesteine von Kamtschatka hinzuzufügen, die ich weiter unten an ihrem Fundorte erwähnen werde, so wie auch Proben der sehr verschiedenartigen Kunstleistungen, zu denen sich die südlichen und die nördlichen Nachbarn der Ochozker Gegend erhoben haben.

Eine, hierbei abgebildete, kreisförmige Scheibe von 52 Par. Linien Durchmesser und 0,8 Par. Linien Dicke war von ihrem dermaligen Besitzer angeblich an der Stelle der früheren Stadt (S. 12. S. 50.) und mithin hart am Meere, in der Erde gefunden worden. Sie besteht aus einer röthlichen, ziemlich harten und sehr hell klingenden Bronce und ist auf einer Fläche polirt und ein wenig konvex, auf der anderen aber mit einem chagrin-artig gekörnten Grunde versehen. Auf derselben Seite befinden sich ausserdem drei über jenem Grunde gleichmäfsig vorspringende und an ihrer Oberfläche polirte Darstellungen, nämlich ein Ring oder Rand, der die Platte umgiebt; eine, als Sehne zu demselben gestellte, Inschrift in Chinesischen Charakteren und ein um den Mittelpunkt der Platte gelegener und die Hälfte derselben umfassender zweiter, gegen 3 Linien breiter, Ring, der vier durchbohrte Würfel oder quadratische Scheiben umgiebt. Diese letzteren bilden zusammen ein dem inneren Kreise des Ringes eingeschriebenes Quadrat. Schon abgese-

*) Es scheint immer erwähnungswerth dafs der, abwechselnd mit Hunden, mit Rennthieren und mit Pferden besorgte, Transport auf dem zu 1390 Meilen gerechneten Wege von Ochozk bis Petersburg mit 1 Rubel oder 9 Preuss. Silbergr. vom Pfunde bezahlt wurde, und mithin bei weitem geringer als derselbe auf dem ungleich leichteren und zehnmal kürzeren Wege von Petersburg bis Berlin. Ausserdem wurden auch in Ochozk Bescheinigungen über den Ersatz des Werthes der Sendungen ausgestellt, den die Regierung im Falle eines Verlustes derselben übernimmt.

hen von dem Vorhandensein einer Inschrift, liefs die sehr merkwürdige Schärfe und Sauberkeit des Gusses dieser Platte, welche einen eben so vollendet geschnittenen Stempel voraussetzt, keinen Zweifel über den Ursprung derselben in den, südlich von der hiesigen Küste gelegenen, Sitzen einer alten Asiatischen Cultur. Durch welche der mehrmaligen Verbindungen zwischen Ochozk und den Japanischen Provinzen dieses Kunstwerk hierher gekommen sei, konnte ich zwar nicht erfahren, es ist aber bis auf weiteres am wahrscheinlichsten, dafs es, eben so wie manche andere Japanische Geräthe die jetzt in Ochozk zerstreut waren, zu der Beute der Russischen Marine-Offiziere Chwostow und Dawuidow gehört habe*).

Die Erklärung der Chinesischen Schriftzeichen auf dieser

*) Bekanntlich hatten diese beiden Offiziere, auf Veranlassung von Herrn Resanow, mit zwei Schiffen der Amerikanischen Compagnie die Kränkungen zu rächen übernommen, welche derselbe in seiner Eigenschaft als Russischer Gesandter nach Japan von der dortigon Regierung erfahren zu haben glaubte. Es wurde ihnen leicht, die Japanischen Beamten oder Statthalter von den südlichsten Kurilischen Inseln, auf denen sie sich zur Einsammlung eines längst üblichen Tributs der dortigen Einwohner befanden, zu vertreiben und ihre Niederlassung zu plündern. Bei ihrer Zurückkunft nach Ochozk sahen sie sich aber, von dem damaligen Gouverneur, Capitain Bucharin nicht, so wie sie gehofft hatten, als willkommene Sieger begrüfst, sondern vielmehr gefangen gesetzt und ohne weitere Erklärung so ernstlich bewacht, dafs es ihnen nur nach vielfachen Anstrengungen gelang, verkleidet und zu Fufs durch einen grofsen Theil von Sibirien und endlich auch nach Petersburg zu entkommen, wo sie indessen bald darauf durch einen neuen unglücklichen Zufall beide zugleich in der Newa ertranken. Man wufste mir in Ochozk über diese tragische Begebenheit nicht mehr anzugeben, als was aus Langsdorff's Reise und aus dem in Chwostow's und Dawuidow's Namen herausgegebenen Berichte unter dem Titel: dwukratnoe puteschestwie morskich ofizerow Chw. i Daw. d. i. zweimalige Reise der See-Offiziere Chw. und Daw. bekannt ist. Den Capitain Bucharin habe ich dagegen, mehr als 20 Jahre nach jenem Ereignisse, in Tobolsk noch immer als Verbannten kennen gelernt (I. 1. S. 522.) und es scheint daher, dafs sein Verfahren auch offiziell für einen unmotivirten Gewaltstreich erklärt worden ist, obgleich in der That die auf Resanow's Anstiftung eröffnete Feindseligkeit sehr bald darauf den Ueberfall und die harte Gefangenschaft des Capitains Golownin und seiner Offiziere in Japan zur Folge gehabt hatte.

Scheibe verdanke ich den Herren Schott und Stanislas Julien, denen ich dieselbe mittheilte. Sie stellen nur Chinesische Worte dar, in denen Herr Stan. Julien folgenden Sinn zu erkennen glaubt:

Takung bringt seine Glückwünsche
dem Gouverneur von T'ien-ho-nei und
wünscht ihm Gesundheit.

Herr Prof. Schott bemerkt aber noch, dafs diese Begrüfsungsformel in einer von der gewöhnlichen sehr abweichenden Ausdrucksweise abgefafst ist — und dafs der Distriktname T'ien-ho-nei wörtlich das Innere des Himmels-Flusses und daher auch das von dem T'ien-ho oder Himmels-Flusse umflossene Land bedeute. Im Innern von China sei nun keine Oertlichkeit auf welche dieser Name passen würde, bekannt, wohl aber gäbe es in Japan (nach dem Thesaurus linguae Japonicae. Leyden 1835. S. 146.) eine Gegend, die auf Chinesisch T'ien-ho-juan (auf Japanisch Amano gawara) d. h. der Ursprung des T'ien-ho heisse. Man kann demnach bis auf weiteres sehr wohl die Existenz eines Japanischen Distriktes T'ien-ho-nei, oder einer Landschaft innerhalb des, anderweitig nachgewiesenen, Flusses T'ien-ho annehmen. Da aber ausserdem beim Schreiben in Japan die Chinesische Sprache, trotz ihrer beträchtlichen Verschiedenheit von der Japanischen Landessprache, sehr häufig angewendet wird, so ist es in der That so gut als erwiesen, dafs die vorliegende Platte nichts weiter ist, als ein Stück aus dem Briefwechsel zweier Japanischen Beamten, welches sich mit anderen erbeuteten Gegenständen nach Ochozk verirrt hatte. Es könnte sein, dafs man diesesmal der schriftlichen Begrüfsung eine besondere Feierlichkeit hatte geben wollen, denn an einem Theile des Randes der Denkmünze auf der sie eingegraben ist, befinden sich noch Reste einer Oese, mittelst welcher sie wohl einst von dem Empfänger um den Hals getragen wurde. Im Uebrigen bedarf aber die Anwendung metallener Scheiben als Schreibmaterial, in einem Theile von Asien der so reich an Kupfer und durch geschickte Bearbeitung desselben so ausgezeichnet ist, wie Japan, schon deswegen keiner besonderen Erklärung, weil dergleichen in dem benachbarten China bereits vor 600 Jahren den Reisenden als Postpässe (Podoroʒnui der Russen) mitgegeben wurden (I. 1. S. 622.).

Die nördlichen Nachbarn von Ochozk haben sich dagegen, obgleich sie Europäische Traditionen mit Tungusischen und Korjakischen verbinden, nur zu einem weit einfacheren Industriezweige erhoben als die Japaner. In Iʒiginsk — wo es schon lange zu Wechsel-Ehen zwischen Russen und Korjaken gekommen ist, weil alle Mitglieder der dortigen Kosakenfamilien näher verwandt geworden waren, als bis zum sogenannten vierten Grade, bei welchem die Griechische Kirche keine Heirathen mehr gestattet — wurden nämlich von den Frauen eine eigenthümliche Art von Leder- und Pelz-Arbeiten angefertigt und gelegentlich auch zum Verkauf nach Ochozk versendet. Es sind Stiefel aus äusserst dünnem und gut gegerbtem Rennthierleder, die auf dem Blatt und an den Schäften mit Chinesischer Seide gestickt, so wie auch mit farbigen Zeugen von Kjachta und mit Russischen Glasperlen besetzt werden, und Pelzhandschuhe aus Rennthierfellen, welche sie an der Aussenseite roth färben und mit denselben Hülfsmitteln sehr reich verzieren. Offenbar haben hierbei die Tungusischen Lederkleider (I. 2. S. 386. u. a.) und vielleicht auch die Pelzröcke der Korjaken als Muster gedient; sie sind aber übertroffen worden, weil man den Iʒiginskerinnen, wohl in Folge ihrer christlich-Russischen Abstammung, die Erfordernisse zu ihren Arbeiten weit freigebiger zuführte als den Urbewohnern.

Während des Jahrmarkts in dem Ochozker Basare begegneten sich nun diese Produkte des Korjakischen Luxus mit denen des Europäischen, die sich auch hierher meistens aus Pariser Gewölben verirrt hatten; denn zugleich mit dem getrockneten Brode, dem Salzfleisch und Jukola, mit denen ich mich und meinen Hund für die bevorstehende Seereise zu versorgen hatte, und mit Thee und baumwollenen Tüchern, die man auf Kamtschatka als Gastgeschenke gebraucht, wurden mir von einigen der Jakuzker Händler auch alle Arten von Riechwassern und Pomaden, einige Flaschen Champagner von Clicot, Tabac de la Ferme von Robillard und andere gleich unerwartete Französische Waaren angeboten, und zwar zu kaum höheren Preisen als die Moskauer Nachahmungen ähnlicher Gegenstände.

Auch diese werden, für Nord-Asien wie für alle anderen Bestimmungsorte, mit Französischen Aufschriften versehen, in welche sich aber einige Russische Buchstaben verrätherisch einzuschleichen pflegen.

XVI. Abschnitt.

Einschiffung im Kuchtui und Ueberfahrt nach Kamtschatka.

Die Brigg Kamtschatka wurde endlich am 7. Juli vom Stapel gelassen, nachdem noch von der gesammten Ochozker Geistlichkeit eine Messe auf ihr gehalten und durch Besprengung mit Weihwasser „die bösen Geister" nach einander aus allen einzelnen Theilen ihres Raumes vertrieben worden waren.

Die Bemannung und die Ladung der Jekatrina (S. 74.) ging nun schneller von Statten, bis dafs sie am 16. Juli dem sogenannten deputatskji smotr d. h. der letzten amtlichen Besichtigung unterworfen wurde, welche der Russische Flottedienst auf der Rhede vorschreibt. Der Hafen-Capitain fuhr in Begleitung des Schiffsarztes und aller eben anwesenden Offiziere der Eskader an Bord dieses Schiffes, auf welchem die Raen bemannt waren und wo sodann sowohl von der Tüchtigkeit der Matrosen als auch von den Vorräthen an Zwieback, Butter, Essig und Branntwein einige, fast nur symbolische, Proben abgelegt wurden. — Wir schieden an demselben Tage von unseren Ochozker Freunden, auch war ich schon am 17. Juli mit dem gröfsten Theile meiner Besitzthümer eingeschifft*) und zum Auslaufen bereit, nachdem einige vorläufige Versuche die Ausführbarkeit meiner magnetischen Beobachtungen auf dem Verdecke dieses Fahrzeuges erwiesen hatten. An der alten Mündung hatte man an diesem Tage den hier sogenannten Suib (d. i. ein vom nächstgelegenen Winde unabhängiges Rollen der Wellen) aus NW. kommen gesehen, und versicherte deshalb dafs nun, anstatt des herrschenden SO.-windes, der entgegengesetzte eintreten und uns am nächsten Morgen über die Bänke in See bringen würde. — Anstatt dessen sahen wir uns aber bald so vollständig in diesen Hoffnungen getäuscht, dafs vielmehr am 18. Juli der SO.-wind nur noch stärker wurde und dafs er darauf, mit geringen Wechseln, zehn Tage lang anhielt, meist mit nässendem Bus (S. 25.), nicht selten, wie am 25. und 26. Juli, als Sturm mit Regenschauern und immer mit heftigster Brandung in dem engen Fahrwasser zwischen den Bänken vor dem Kuchtui! Die Abfahrt wurde unter diesen Umständen für unmöglich erklärt und so geschah es denn, dafs bei weitem der beschwerlichste Theil meines diesmaligen Schiffslebens vor Anker auf der Rhede von Ochozk verging. — Von der Mannschaft der Jekatrina, die mit Einschluss eines Unteroffizier, so wie des Koches und Schiffsjungen, aus 16 oder 18 Mann bestand, wurden nun kaum noch Einzelne ans Ufer entlassen. Die Uebrigen safsen meist dicht gedrängt unter dem Vorderdeck der Brigg, wo es von dem beständigen Nebel immer nasser und dumpfiger wurde. Ein anderes zwischen der Gangspill und dem Hauptmast gelegenes Fünftheil des Raumes führte auch hier, nach dem Sprachgebrauch auf besseren Russischen Kriegsschiffen, den vornehmen Namen der Gesellschaftskajüte (Kajut kompanji) Sie war aber die einzige ihrer Art, und diente somit dem Commandeure der Jekatrina, Herrn Steuermann-Lieutenant Nosikow, Herrn Woreschilow, dem Sohne, aus Tigilsk, und mir, drei

*) Ich behielt von denselben für die Landreise durch Kamtschatka nur zwei Pferdeladungen und hinterliefs daher viele Papiere und andere mir sehr werthvolle Gegenstände an Lieutenant Stogow, der sie nach Petropaulshafen zu bringen versprach.

Wochen lang zu gemeinsamer Wohnung und Schlafstätte. In dieser hatten wir denn auch, so gut als es gehen wollte, den ebenfalls einzigen Tisch, der noch ausserdem als Schiffsaltar eine Pyramide von Heiligenbildern trug, für unsere verschiedenartigen Beschäftigungen einzurichten, und demnächst einige hohle Wandbänke zur Aufbewahrung und Sonderung unserer eben so mannigfaltigen Habseligkeiten. Mit erschreckender Pünktlichkeit wurde dann auch vor Anker ein jeder unserer Tage vom Mittag an in sechs vierstündige Wachen, und eine jede von diesen, nach Ablauf einer halbstündigen Sanduhr, in 8 Skljanki oder Gläser getheilt, und doch beliefen sich die wichtigsten Ereignisse dieser Tage auf den Bericht des wachthabenden Unteroffiziers, der immer von neuem um 11 Uhr meldete, dafs Alles auf der Brigg in glücklichen Umständen, kein Mann krank und 3½ Zoll Wasser im Raume seien, und auf das Signal der Bootspfeife, welches gleich darauf die gesammte Mannschaft zu einem kupfernen Branntweingefäfs um die Gangspille versammelte und die einzeln Aufgerufenen zu einmaligem Schöpfen aus demselben mit einer Scharka oder einem Achtelquartsmaafse berechtigte. Die Ochozker Matrosen zeigten sich übrigens bei diesen und bei ähnlichen Gelegenheiten keineswegs als leidenschaftliche Trinker, denn täglich fanden sich doppelt Berechtigte ein, weil Andere unter den Aufgerufenen ihnen ihren Antheil geschenkt zu haben bekannten. Mit der Prüfung des Mittagessens für die Mannschaft, und der Sorge dafs in der Gesellschaftskajüte der Gerstenbrei mit dem Salzfleisch auch wirklich im astronomischen Mittag erschienen, schloss dann die thatenreichere Hälfte des Tages — während wir in den Nachmittags- oder Abendstunden nur noch beim Eintritt der Ebbe eine sehr fühlbare, wenn auch nicht eben angenehme, Unterbrechung unseres einförmigen Lebens erfuhren. Die Brigg setzte dann auf, und legte sich so vollständig auf eine Seite, dafs Alles was lose war, mit Gepolter zusammenfiel und die Verdecke einige Stunden lang wie steile Leitern um 20° bis 30° geneigt blieben.

Wir pflegten in diesen Stunden nach Ochozk zu gehen, jedoch nur im Geheimen, um dem Spott über unsere schmälige Gefangenschaft zu entgehen; und so hörten wir auch in diesen Wochen nur noch etwa von den wichtigsten dortigen Ereignissen.

Dahin rechnete man vor Allem am 22. Juli, das Ablaufen einer kleinen Brigg, Axinia, von den Werften der Amerikanischen Compagnie (S. 12.), und am 25. Juli die Ankunft eines anderen, dieser Gesellschaft gehörigen Schiffes, der Corvette Tschitschagow, von Californien und von den Kurilischen Inseln. Die erstere hatte schon längst durch die Eleganz ihres Baues und durch die Kupferung, welche noch alle Compagnieschiffe vor denen der Ochozker Eskader voraus hatten, den Neid der Marine-Offiziere erregt, und es kam nun dazu noch, daſs sie vollkommen glücklich und doch nicht seitwärts, nach dem Ochozker Gebrauche, sondern über dem Kiel und auch auf nur einem sich im Wasser von selbst ablösenden Schlittenlaufe, vom Stapel gelassen wurde. Es hieſs, daſs Sitchaer Baumeister dergleichen vortheilhafte Methoden nur von ihren Nachbarn (!) in Boston*) gelernt haben könnten. Eben so musterhaft, und für uns noch weit beneidenswerther, erfolgte dann aber auch das Einlaufen der Corvette Tschitschagow, ohne Lootsen und bei heftigster Brandung. Doch kam ihr freilich der immer heftigere Ostwind, der uns vor Anker hielt, so bedeutend zu Gute, daſs sie unter vollen Segeln bis vor die Gebäude der Compagnie in den Kuchtui hinauf lief. Einer der Passagiere dieses Schiffes war von manchen Ochozkern eben so sehnlich erwartet worden, wie kurz zuvor in Californien und an manchen anderen Küsten des groſsen Oceans. Ich meine einen auf Sitcha ansässigen Uhrmacher, der die jährliche Rundreise der Compagnieschiffe schon lange benutzte, um abwechselnd in Asien und in Amerika seine, keinesweges zahlreiche, Kundschaft zu befriedigen.

Gerade in diesen Tagen wurde auch einmal die Aufmerksamkeit der Ochozker auf die Wälder des Inlandes gelenkt und an deren groſsartig weglose Ausdehnung erinnert. Drei Verbannte, die man ausnahmsweise in der Stadt, bei einer Ausbesserung der Kirche, beschäftigt hatte, waren nämlich am 16. Juli des Nachts über den Kuchtui entflohen und dann verschwunden, nachdem sie sich auf Bulgin, bei den Leuten des Kaufmann Buschujew,

*) Bostonzi oder die Bostoner ist übrigens, wie ich durch späteren Gebrauch bemerkte, bei den Russischen Seeleuten eine ganz gewöhnliche Bezeichnung für alle Bewohner der Vereinigten Staaten.

mit Schiefsgewehr und Pulver versorgt hatten. Auch diesmal dürfte wohl am Ende der oft gehörte Trost der Sibirischen Behörden in Anwendung gekommen sein, dafs dergleichen Flüchtlinge die von ihnen sogenannten „Lustreisen" (gulanija) nur den Sommer über fortsetzen, in der strengen Jahreszeit aber freiwillig „unter den Schutz der Gesetze" zurückkehren und dafs sie es mit diesen eben deshalb nicht allzusehr verderben. Zuvor wurden aber und gleich anfangs einige Kosaken abgesandt, um nördlich von der Stadt die Wälder an dem Jakuzker Wege zu durchsuchen, weil man glaubte, dafs es die Entflohenen auf eine Plünderung der noch erwarteten Waaren-Transporte abgesehen hatten. Sie zeigten sich aber anstatt dessen fünf Tage später zwar ebenfalls im Walde, aber im Westen von Ochozk, wo sie, wie man vermuthete, unter den übrigen Verbannten bei dem Salzwerke (S. 52.) Theilnehmer an ihren Wanderungen werben wollten; und eben so erfolglos blieb darauf auch ein förmlicher Feldzug von zehn Matrosen, die man, unter Anführung eines Steuermanns, vollständig bewaffnet und auf Jakutischen Pferden beritten gemacht hatte.

Man begegnete einander im Dickicht nach anhaltendem Regen, aber es fand sich, dafs die entschlosseneren Abentheurer ihr Zündpulver aufs beste verwahrt hatten, während sich die Gewehre der Kaiserlichen Mannschaft ganz durchnässt und diese daher für den ihnen gestatteten Rückzug sehr dankbar erwiesen. Wir verliefsen Ochozk ohne Nachricht über den Ausgang einer zweiten Expedition dieser Art, die am 25. Juli unternommen wurde; doch erzählte man beim Antritt derselben mit vieler Theilnahme von der Virtuosität für ähnliche Fluchten, welche sich, seit Jermaks Vorgange, unter den Sibirischen Verbannten vererbt hat. So sollten sie auch diesmal, nach dem Beispiel der wilden Rennthiere, Tage lang in Bächen gegangen sein, um ihre Spur zu unterbrechen.

[Juli 27.]

Den Sturm aus Osten, der am 25. und 26. Juli herrschte, mussten im Innern des Landes, weit reichhaltigere Regengüsse als hier an der Küste begleitet haben, denn schon am Abend des 26. Juli schwoll der Kuchtui zu ungewöhnlicher Höhe und wurde dunkelgelb von aufgewühltem Letten.

Am 27. Juli brachen sich auch endlich wieder einmal die Wolken, so dafs ich Nachmittags noch einmal den Stand meines Chronometers durch Sonnenhöhen bestimmen konnte. In den Abendstunden wurde es vollkommen windstill und bei ganz wolkenfreiem Himmel war die Luft ausserordentlich durchsichtig. Einige Schneeflecke hatten sich auch jetzt noch in geschützten Schluchten an den Abhängen der Urakischen und Marekanischen Berge gehalten! An das Unwetter der vorigen Tage erinnerte nur noch das Rauschen der trüben Strömung in der wir lagen, und die jetzt, wie nach dem Schneeschmelzen, viele entwurzelte Bäume und zwischen ihnen auch ein ganzes Floss an uns vorüber trieb, welches sie den Arbeitern in dem Walde am oberen Kuchtui entrissen hatte. Auf der Jekaterina wurden alle Segel getrocknet, und die Matrosen, denen es mit dem günstigen Wetter nun endlich Ernst schien, führten ihre wortreichen Gespräche und das Examen eines Neulings über die Namen der Takelage bis spät in die Nacht auf dem Verdeck.

[Juli 28.]

Um 4 Uhr Morgens kam der dienstthuende Lootse mit zwei 8rudrigen Booten, von denen das eine der Amerikanischen Compagnie gehörte, zu uns an Bord. Nach Hebung des Ankers wurden Werpanker von der Brigg aus zuerst gegen WSW, in der Richtung zu dem Urakischen Vorgebirge, ausgebracht. Wir zogen uns an diesen durch das Haff und wurden darauf, nachdem die beigesetzten Segel bei äusserst schwachem Winde fast wirkungslos blieben, von den Ruderbooten durch die Mündung bugsirt. Die auslaufende Strömung begegnete dort einem äufserst heftigen Suib oder Seegang aus SO., so dafs wir unsere Fahrt sehr unruhig und unter ziemlich kritischen Umständen begannen. Durch fleissiges Lothen fanden wir jedoch in dem engen Fahrwasser zwischen den Bänken überall bis zu 2½ *Sajen* (16,4 Par. F.) Tiefe. Auch wurden wir von der reissenden Strömung aufs schnellste durch dasselbe befördert und verloren einen unserer Werpanker, nur weil man nicht Zeit hatte ihn unter dem fortgerissenen Schiffe aufzuheben. Jenseits der Mündung salutirten wir den Hafen mit 6 Schüssen und der Lootse wurde gleich darauf mit einem schriftlichen Bericht über unsere ersten Erlebnisse entlassen. Wir hörten dann noch die Antwortschüsse der Ochozker Redoute, und begannen bei hellstem und äusserst angenehmem Wetter aber mit nur sehr schwachem NW.-winde unter Segel gegen SO. zu halten. Der Suib oder Seegang rollte auch hier unserer Fahrt sowohl als dem herrschenden Winde gerade entgegen.

Im Mittag fand ich unseren Ort nach Circummeridianhöhen der Sonne:

59° 14′ 41″ Breite
und 141° 7′ 43″ O. v. Par.

Wir waren mithin von dem Akulkowschen Hause am Kuchtui nur erst 10,9 Seemeilen*), von der alten Ochozker Mündung aber etwa 12,3 Seemeilen entfernt, so wie auch von der nördlich von uns sichtbaren Küste um 6 bis 8 Seemeilen. An dieser hatten wir nur eben erst die Mündung der kleinen Marekanka passirt (oben S. 78 und 93.), deren Nähe noch einige Stunden lang durch das Moos merklich blieb, welches zugleich mit vielem Seekohl neben uns trieb. Man versicherte mich, dafs jenes längs der hiesigen Küste nur allein an dem Marekane vorkomme und daher auch den Schiffern ein sicheres Zeichen für die Nähe dieses Berges abgebe. Heute war auch das gelbe Wasser des Kuchtui noch einige Stunden nach Mittag, und mithin bis auf etwa 15 Seemeilen von der Mündung, an der Oberfläche vorherrschend geblieben — denn etwas weiter ostwärts fanden wir um 5 Uhr Nachmittags und in den folgenden Stunden das Meer von ausgezeichnet schönem Blau, so wie auch das Wasser, welches ich zur Temperaturbestimmung an der Oberfläche schöpfte, äusserst klar. Nach früheren Lothungen, die auf einer mir von Herrn Nosikow mitgetheilten handschriftlichen Karte verzeichnet waren, betrug die Tiefe in der Nähe unseres heutigen Mittagsortes 34 Sajen (244 Par. F.) über Sandgrund und an den, etwas weiter ostwärts, im Süden der Granitgipfel des Marekanes gelegenen Punkten, die wir Nachmittags erreichten, 40 bis 50 Sajen (263 bis 318 Par. F.).

Die von Ochozk bekannten Möven und Seeschwalben, die zunächst an der Mündung in gröfster Menge neben uns schwammen und flogen, wurden allmälig seltener und verliefsen uns gegen Abend,

*) Von denen eine bekanntlich, einer Minute des Aequators oder 0,25 geogr. Meile gleich ist.

wo wir dagegen einen Albatros (Diomedea Albatrus) sahen, so wie auch, ebenfalls einzeln fliegend, mehrere Seepapageien (Russ. Toporok d. i. das Beil, Lunda arctica) und Taucher (Russ. Staritschok d. i. der Greis, Uria senicula). Zugleich trieben rings um uns viele glänzende Quallen, unter denen sich halbkugelförmige von etwa 2 Zoll im Durchmesser auszeichneten, auf deren zu oberst gelegenem Scheitel zwei Näthe oder mattere Streifen sich rechtwinklig kreuzten.

Auch nach Sonnenuntergang sahen wir noch die felsige Küste sehr scharf und von dem dunkelblauen Meere deutlich getrennt. Am weitesten, und noch 40 Seemeilen von uns, lagen im Osten drei nur eben erst hervortretende Bergspitzen, welche unter dem, wahrscheinlich nach einem Tungusischen Worte gebildeten Namen, Schilkan oder Schilkap, bei den hiesigen Schiffern bekannt sind — im Norden aber und nur 14 Seemeilen von uns, noch immer die östlicheren Granitgipfel des Marekanes. — Der Wind, der in den Nachmittagsstunden SW-lich wurde, blieb sehr schwach oder erschien doch so nach seiner Wirkung auf unsere Brigg, welche durchschnittlich, zwischen Mittag und 9 Uhr Abends, nicht ganz 2 Seemeilen in der Stunde zurücklegte!

[Juli 29.]

Wir hatten wieder den ganzen Tag über helles und warmes Wetter, während wir mit SW-wind, theils gegen OSO., theils gegen OzS. hielten. Die Brigg blieb aber bei einer Fahrt von nur 2 Seemeilen in der Stunde, obgleich ihre Segel durch Wasser gezogen wurden, um sie noch etwas dichter zu machen. Im Mittag fand ich unseren Ort durch Sonnenhöhen:

58° 58′ 53″ Breite
bei 142° 12′ 55″ O. v. Par.

mithin nur 37 Seemeilen von dem gestrigen Mittagsort und von den nächstgelegenen Küstenpunkten, in N. und NO., in demselben Abstande wie bei dem bisherigen Wege. So blieben denn auch diese noch immer so deutlich sichtbar, dafs sie, wenn wir dazu nicht ein besseres Mittel besessen hätten, zur Controle der sehr sorgfältig geführten Schiffsrechnung gedient haben würden. Die letztere war auf, viermal in jeder Wache und ausserdem noch bei jeder Coursänderung, wiederholtem Loggen begründet, und gab daher nun, durch Vergleichung mit den Mittagsorten die ich astronomisch bestimmte, die Aufschlüsse über die Strömungen des Ochozker Meeres, die ich weiter unten zusammen stellen werde. — Die drei steilen Gipfel des oben erwähnten Vorgebirges Schilkan (S. 109.) lagen gerade bei Sonnenuntergang, in 18 bis 20 Seemeilen Abstand, über Backbord rechtwinklig gegen unseren Cours oder in dem magnetischen Azimut NzO.

Am Morgen sahen wir rings um uns viele gegen 5 Fufs lange Phoken, denen wir uns oft bis auf eine Schiffslänge näherten. Ihr Fell war, so weit es sichtbar wurde, schneeweiss und namentlich auch am Kopfe, wo es von den grofsen schwarzen Augen auffallend abstach. Sie dürften demnach wohl zu der Species Phoca Ochotensis, Pallas, gehört haben. Die Matrosen nannten sie nerpui, das ist der in Sibirien für den gemeinen Seehund (Ph. vitulina) und für die ihm nächststehenden kleineren Phoca-Arten übliche Name. Ein Handharpun wurde vom Bogspriet aus mehrmals auf dieselben geworfen, leider aber ohne zu treffen.*)

[Juli 30.]

Ich überzeugte mich heute gleich nach Sonnenaufgang, (nach mittlerer Zeit um $3^u\ 52'$ Morgens), dafs in der That und so wie mir Herr Nosikow auf meine Frage schon früher versichert hatte, ein starker Thau auf dem Verdeck der Jekaterina gefallen war. Die Temperaturverhältnisse schienen hier diese Erscheinung, deren Vorkommen auf dem Meere bekanntlich vielfach bezweifelt wurde, genugsam zu erklären, denn ein Minimum-Thermometer, welches ich an dem rechten Bord zwei Fufs über dem Verdeck aufgehängt hatte, war in den zwei vorhergehenden Nächten auf $+ 6^\circ,6$ und

*) Er war erst am vorigen Tage, mit den geringen Werkzeugen die wir an Bord hatten, zu Stande gebracht worden und bestand auch hier ausser dem 5 Fufs langen Schafte und der daran befestigten Leine, aus einem konischen Lanzeneisen mit zwei seitlichen Einschnitten, in deren jedem eine, um einen Stift an ihrem Ende, drehbare Schneide, nach Art eines Einlegemessers passte und durch einen von vorn übergeschobenen Ring versenkt gehalten wurde. Zum Gelingen des Wurfes gehört demnach, dafs er kräftig genug sei, um den Harpun nicht blofs bis zu diesem Ringe eindringen zu machen, sondern auch dessen Reibung gegen das unter ihm liegende Eisen zu überwinden und ihn bis über die freien hinteren Enden der Schneiden zurück zu stofsen.

+ 7°,1 gesunken, während das Wasser an der Oberfläche des Meeres wohl kaum unter + 8°,0 erkaltete (vergl. unten die Zusammenstellung der Temperaturbeobachtungen).

Der Wind wehte auch heute theils aus SW., theils aus WSW., aber viel frischer als gestern, und er verstärkte sich noch um Mittag und in den folgenden Stunden. Der Grund dieser Zunahme lag wohl offenbar in einer südlich von uns erfolgten Abkühlung der Luft, welche auch von einer eben so plötzlichen Nebelbildung begleitet wurde. Wir hatten nämlich in den Morgenstunden ganz helles Wetter, bemerkten aber, während wir Circummeridianhöhen der Sonne mafsen, wie der südliche Horizont zuerst sich trübte und dann gänzlich verschwand — und wie sich dann von ihm aus ein dicker Nebel so schnell gegen uns ausbreitete, dafs er 5 Minuten später schon die Sonne versteckt und uns die Aussicht in die Ferne benommen hatte. — Ich bemerkte dafs das hiesige Meerwasser auch bei dieser schwachen Beleuchtung, die nun den Tag über unverändert blieb, ganz dunkelblau erscheint und dafs es daher diesen Anschein nicht blofs einer Spiegelung des blauen Himmels, sondern der ihm eigenen Einwirkung auf weisses Tageslicht verdankt.

Unser Mittagsort bei

58° 42′ 45″ Breite

143° 56′ 55″ O. v. Par.

lag wiederum nur 54,7 Seemeilen von dem gestrigen, auch brachten wir es, selbst mit dem frischen Winde in den Nachmittagsstunden, nur bis zu 4 Seemeilen Fahrt in der Stunde, nachdem zu den Leesegeln, die wir schon trugen, noch die Segel des Schiffsbootes (Kater der Russ. Marine) mit besonderen Stangen an beiden Borden ein wenig hinter dem Haupt-Mast aufgesetzt, und alles leichter abzunehmende Leinen wiederholentlich durch Wasser gezogen worden war. Dabei gingen wir mit Bakstagswind, oder nach einer nur 33°,75 von dem unter dem Winde gelegenen Punkte verschiedenen Richtung (nämlich nach OzS, bei Wind: WSW.) mithin unter Umständen, die für die allergünstigsten gelten. Die ausgezeichnete Langsamkeit unserer Fahrt und das heftige und unregelmäfsige Rollen des Schiffes, welches sie begleitete, konnte daher gewifs nicht dem Mangel an Triebkraft und auch nur zu kleinerem Theile dem Suib oder Seegange zugeschrieben werden, der uns noch immer entgegen lief; weit entschiedener dagegen den nichts weniger als nachahmungswerthen Dimensionen der Ochozker Briggs.

Auch während des hellen Wetters in den Vormittagsstunden sah ich mich heute vergeblich nach Seehunden um. Wir waren doch noch in derselben Entfernung von der Küste, in der sie sich gestern so häufig zeigten, und auch in gleich tiefem Meere (bei 60 bis 70 *Sajenen* nach den oben erwähnten Lothungen). Man sagte aber, dafs ihnen ein Wind wie der heutige zu stark sei, um sich so weit von der Küste zu entfernen.

[Juli 31.]

Herr Nosikow weckte mich gleich nach Mitternacht, um ein Gewitter zu sehen, welches hier zu den seltensten Erscheinungen gehört (S. 30.). Ein heftiger Regen hatte schon vor zwei Stunden (um 10 Uhr Abends) angefangen. Jetzt fiel er, wie man es auch auf dem Lande bei Gewittern so häufig beobachtet: mit stofsweisen Verstärkungen, die sich einige Sekunden nach jedem einzelnen Blitze einstellten. Die Entladungen folgten sich sehr häufig; es vergingen aber zwischen den einzelnen Blitzen und den zu ihnen gehörigen Donnern nie weniger als 20 Sekunden, und während der zweistündigen Dauer des Gewitters hatte auch der Regen bei uns einigemale gänzlich aufgehört, und die Blitze, die dann nur um so zahlreicher schienen, blieben ohne Donner. Während der ersten dieser Unterbrechungen kam das Luftelectrometer augenblicklich auf das Maximum der Divergenz, welche durch Annäherung von geriebenem Siegellack vermindert wurde, und mithin wieder eine positive Ladung der umgebenden Luftschicht andeutete (S. 30.).

Um 1 Uhr nach Mitternacht hatten wir eine Viertelstunde lang nur schwachen Regen und rings um uns völlig dunklen Himmel. Dann zeigte sich aber zuerst am Südpunkte des Horizonts ein matter weisser Schein, der sich allmählig bis zur Höhe von einigen Graden auf dem dunklen Himmel ausbreitete und dann wie hellweisse Wolken, von dem Horizonte getrennt, nach dessen Westpunkt hinzog. Aus denselben Wolken fuhren gleichzeitig sehr häufige und weit hellere Blitze. Von diesen war also hier das matte phosphorische Leuchten aufs bestimmteste verschieden. — Nicht minder deutlich zeigte sich während des Gewitters in der Wolkenregion ein ganz anderer Wind als an der Meeresoberfläche herrschend. Wir hatten nämlich, von 11 Uhr Abends bis 7 Uhr Morgens, WSW-wind, der gerade um 1 Uhr nach Mitternacht so ausserordentlich stark wehte, dafs wir einige Zeit lang die für unsere Brigg höchst seltene Fahrt von 6 Knoten oder 6 Seemeilen in der Stunde erhielten. Gleichzeitig trieben aber jene leuchtenden Wolken mit einer Luftströmung aus SO., welche daher den unteren Wind in einem stumpfen Winkel (von 112°,5) durchschnitt. — Gegen 7 Uhr Morgens erhielten wir einen noch immer sehr frischen Wind aus WNW. und darauf (von 9 Uhr bis 11 Uhr Morgens) nach einander schwächere aus NW. und N. Die untere Luftströmung war also durch diese Aenderung, der oberen während des Gewitters nur noch vollständiger entgegengesetzt geworden.

In dieser Nacht sah ich auch, zum ersten Male auf dem hiesigen Meere, ein prachtvolles Leuchten des Wassers. Es zeigte sich überall wo die Wellen brandeten, am stärksten aber zu beiden Seiten des Vorderbugs, längs der Seite der Brigg und in ihrem Kielwasser bis zum Horizont. Man bemerkte aufs deutlichste, dafs dieses Licht überall von vereinzelten Punkten ausging und dafs es in den gröfseren Entfernungen vom Auge nur deswegen continuirlich über die Wasseroberfläche verbreitet schien, weil dort die Winkelabstände der Wellenscheitel und die der stralenden Punkte in ihnen, bis zum Ununterscheidbaren klein wurden. An einem Bündel Leine, welches ich einige Zeit nah am Bord in dem brandenden Wasser schleppen liefs, fand ich viele leuchtende Punkte haftend und einer derselben, den ich davon trennte, schien im Finstern auf dem Nagel des Daumen von der Grösse einer Linse. Bei hinzugebrachtem Lampenlicht war er aber mit blofsem Auge nicht zu finden und er musste daher mit einer nur im Finstern sichtbaren Lichthülle umgeben sein, welche seine übrigen Dimensionen beträchtlich übertraf. Ich habe mich auch, an den folgenden Tagen, wiederholentlich überzeugt, dafs diese mikroskopischen Körper noch leuchten, nachdem sie viele Stunden lang im Trocknen gelegen haben, denn an einer Leine, die des Vormittags im Wasser gewesen war, erkannte ich sie noch am nächsten Abend und zwar namentlich, wenn die Stelle an der sie hafteten, mit dem Finger gerieben wurde.

Als ganz verschieden von diesem, so offenbar durch lebende Thiere bewirkten, Leuchten der See, wurde aber sowohl von meinen jetzigen Begleitern als auch früher in Ochozk ein anderes erwähnt, welches auf dem Ochozker Meere im Spätherbst vorkomme und unter dem Namen spólochi bekannt sei. Es sollen bei diesem, einzelne Flecke der Wasseroberfläche plötzlich hell werden und dann von denselben Lichtstreifen geradlinig, nach verschieden Richtungen ausfahren, die bald plötzlich abbrechen, bald sich von neuem verzweigen. Gerade diese flammende Bewegung wird auch durch den nur in Sibirien üblichen Namen spólochi bezeichnet, der ausserdem, am Eismeer bei Ustjansk, von den aufsteigenden Nordlichtsäulen gebraucht wird. Mir selbst ist indessen von dieser Erscheinung nichts zu Gesicht gekommen, und ich lasse dahin gestellt, ob man es hier vielleicht doch einmal mit einer jener rein elektrischen Ursachen zu thun habe, denen man in früheren Zeiten mit Unrecht jedes Leuchten der See zuschrieb, auf welche aber jetzt kaum noch einige einzelne Beobachtungen über dasselbe zu beziehen scheinen*).

Gegen 9 Uhr Morgens begegneten wir zum erstenmale einem grofsen Seelöwen (siwutsch der hiesigen Russen, Ph. leonina Pallas, Platyrhyncus leoninus Cuvier), der uns darauf ziemlich lange und recht wie absichtlich begleitete, ohne sich jedoch auf weniger als auf eine Schiffslänge unserem linken Borde zu nähern. Dabei wälzte er sich wiederholentlich, so dafs bald der Rücken, bald Theile seines Bauches über dem Wasser hervorragten. Bei dem regenartigen Nebel, der heute bis gegen 8 Uhr Abends anhielt, war die hellgelbe Färbung seines Felles nicht zu erkennen — doch unterschied ihn schon seine riesige Gröfse genugsam von den bisher gesehenen Phoken. Erst kurz vor Sonnenuntergang erhielten wir trockenes Wetter. Der Himmel entwölkte sich zuerst im Westen und dann auch, nachdem sich ein Regenbogen gezeigt hatte, voll-

*) So vielleicht Wafsström's Beschreibung des blassen und gleichförmig verbreiteten Lichts in den Schwedischen Scheeren (Annalen der Physik Bd. 2. S. 352.) — kaum aber die von Forster eben dahin gezogenen sehr häufigen Fälle, in denen das Leuchten auf das von den Schiffsseiten berührte Wasser beschränkt blieb (J. Forster, Bemerkungen u. s. w. S. 53 ff.)

ständig. Wir sahen nun auch wieder die Küste über Backbord und zwar fand ich das wahre Azimut des West-Endes der Tauskischen Bucht: N 40°,7 O.

Es ist diese ein gegen 50 Seemeilen breiter und 40 Seemeilen tiefer Einschnitt in die Küste, welche von Ochozk bis zu demselben, von ihrem mittleren Streichen nach O 4° S. nur bei weitem weniger abweicht. Diese Bucht war aber offenbar nach den bisherigen Karten beträchtlich zu weit westlich, d. i. zu nahe an Ochozk angegeben, denn ihnen zu Folge sollte jefzt schon fast die Mitte ihrer Einfahrt auf dem Perpendikel zu unserem Curse liegen, während sich in der Wirklichkeit selbst Duginui muis oder der westlichste Vorsprung der Bucht noch ostwärts von jener Richtung befand*). — Eine hohle See, die in den Nachmittagsstunden das Rollen und Stampfen unserer Brigg wieder aufs äusserste brachte, mochte aber dennoch mit Recht von Herrn Nosikow dem gewaltsamen Austritt des Flusswassers zugeschrieben werden, welches sich in grofser Menge in die Tausker Bucht ergiefst, denn dieser konnte in der That in der Verlängerung des West-Randes der Einfahrt, noch eher als vor deren Mitte, einen vom Winde unabhängigen Wellenschlag bewirken.

[August 1.]

Wir hatten den ganzen Tag über helles und bis zu 16°,6 warmes Wetter und hielten gegen O. mit schwachem Winde, der Vormittags aus NW. und Nachmittags aus SW. wehte. Unseren Mittagsort fand ich

in 58° 14′ 39″ Breite
und 148° 15′ 22″ O. v. Par.

Wir hatten demnach in den letzten 48 Stunden wiederum nur 137 Seemeilen zurückgelegt.

Die magnetischen Beobachtungen, die ich heute wiederholte, bestätigten, dafs ich auf dem Ochozker Meere, zum vierten Male während meiner bisherigen Reise, die Linie ohne Abweichung überschritten hatte. Wir fanden heute bereits schwache östliche Declinationen (des Vormittags 0° 26′ und bald nach Mittag 0° 45′ O)

*) Vergl. unten die Zusammenstellung der Ortsbestimmungen und der Schiffsrechnung.

anstatt der westlichen von 2° 19′ die für Ochozk aus allen meinen dortigen Bestimmungen folgte. Ein Punkt der fraglichen Linie lag somit in diesem Jahre gewifs sehr nahe an

146° 48′ O. v. Par.

bei 58° 26′ Br.

d. i. an einer Stelle des Meeres, auf der wir uns am vorigen Tage kurz vor Mittag befunden hatten*).

Gerade an diesem Tage überzeugte ich mich aber auch durch mehrmalige Versuche, dafs der in Ochozk angefertigte Aufstellungsapparat (oben S. 74. und II. 2. S. 28.) meine Messungen der Inclination und der magnetischen Intensität auf dem Schiffe, selbst bei sehr bewegter See, nahe eben so sicher machte, als auf dem Lande, und dafs mithin nun eine Fahrt durch den Grofsen und den Atlantischen Ocean für den Hauptzweck meiner Reise von äusserster Wichtigkeit geworden war.

Von der — zur Ostseite der Tausker Bucht gehörigen — Küste zeigte sich gegen Abend im Fernrohre am weitesten zu unserer Linken eine Insel, die an ihrem West-Ende flach ist und sich weiter ostwärts zu einem sehr hohen und felsigen Gipfel erhebt. Dann folgt gegen Osten ein breiter Meeresarm und jenseits desselben, auf zusammenhangendem Lande, eben so schroffe und hohe Berge mit glänzenden Schneeflecken an ihren Abhängen. Jene Insel wurde von den Matrosen die Olsker (Olskoi ostrow) genannt, war aber offenbar identisch mit der unter dem Namen Olchon auf den Russischen Karten verzeichneten. — Wir sahen in dieser Gegend wieder viele Seelöwen, die heute zu mehreren bei einander

*) Die früher von mir erreichten Punkte dieser Linie (die übrigens bekannter Maafsen vor anderen Abweichungslinien nichts wesentliches voraus hat und ihre Berühmtheit in physikalischen Lehrbüchern nur dem Umstande verdankt, dafs sie am leichtesten eine vorläufige Uebersicht der Declinationserscheinungen auf der Erde gewährt) lagen etwa:

1828.	Aug. 3.	bei 56° 0′ nördl. Br.	40° 32′	O. v. Par.
1829.	Feb. 19.	bei 50° 41′ .	104° 8′	.
1829.	März 29.	bei 59° 44′ .	112° 48′	.

Zum fünften Male durchschnitt ich später die Linie ohne Abweichung auf der See:

1830. Jan. 26. bei 23° 58′ südl. Br. 316° 43′ O. v. P.

Vergl. II. 2. S. 519 u. f.

schwammen, sich aber sehr vorsichtig bis auf mehr als Wurfweite von uns entfernt hielten.

[August 2.]

Bei durchaus wolkenlosem Himmel über dem Meere bemerkte ich heute kurz vor Mittag, über den Gipfeln welche nördlich von uns den Ostrand den Tausker Bucht bildeten, einzelne Cumuli oder Haufenwolken, deren Vertheilung es äusserst wahrscheinlich machte, dafs sie sich im Zenit jener Berge befanden, und durch ihren Einfluss auf die aus SO. langsam gegen sie anströmender Seeluft entstanden waren. Ich mafs für eine inselartig abgesonderte Stelle dieser Küste die noch immer für Olskoi ostrow erklärt wurde und von der wir uns eben, nach Herrn Nosikow's Peilungen, in einem Abstande von 32 Seemeilen befanden,

den Gipfel 0° 49′ 0″

und den über ihm liegenden Cumulus 1° 21′ 15″

über dem Meereshorizont, woraus in der genannten Voraussetzung:

3152 Par. F. für die Höhe des Berges*).

und 4883 für die Höhe der Wolke

folgen würde. Bei Ochozk und wohl auch in dieser Gegend der Küste kommt aber ein solcher Zustand der Bewölkung gewiss nur ausnahmsweise vor (S. 25 u. 30.), auch schien mir gerade dieser wieder mit der Erscheinung des Wasserziehens in Verbindung, die sich heute, sehr auffallender Weise, in der Abenddämmerung bis lange nach Sonnenuntergang, namentlich aber bis 9 Uhr M. Zt. oder bis zu einem Augenblicke zeigte, in welchem die Sonne schon um

---

*) Die Depression des Horizontes betrug für einen auf dem Verdecke der Jekaterina stehenden Beobachter 3′ 28″ und den Krümmungshalbmesser der von terrestrischen Objekten kommenden Lichtstralen habe ich, so wie er in mittleren Fällen zu sein pflegt, 5mal grösser als den Erdhalbmesser angenommen. Was das Resultat dieser Messungen betrifft, so darf ich zwar kein besonderes Gewicht darauf legen, weil ich den dazu gehörigen Abstand von der Küste nicht selbst bestimmte. Es ist jedoch offenbar der Wahrheit nahe genug, um die Existenz von merkwürdigen Bergen an den Rändern des Tausker Küsten-Einschnittes zu beweisen, welche, eben so wie die mit ihnen parallelen Ränder der weit ausgedehnteren Ijiginsker und Penjinsker Bucht und wie die zunächst südlich von Ochozk gelegene Küste, mit dem Aldanischen Streichen (oben S. 9.) nahe genug übereinstimmen.

5° 23′ unter dem Horizonte lag. Die über den Haufenwolken gelegene Cirrusschicht, in welcher das durch die Lücken der ersteren gedrungene, Sonnenlicht bis nahe an unser Zenit streifenartig sichtbar wurde, mufste schon nach dieser Wahrnehmung in ausserordentlicher Höhe liegen.

Die Lufttemperatur sank heute nach Sonnenuntergang sehr schnell, so dafs sie schon um 11 Uhr auf 7° gekommen war; auch bildete sich schon in diesen Stunden ein sehr reichlicher Thau auf dem Verdeck, und um 11 Uhr ein Nebel, der den Horizont ringsum verdeckte, und doch nur so dünn über der Meeresoberfläche lag, dafs alle höheren Sterne sichtbar blieben. Durch ihn stieg die Temperatur der uns umgebenden Luft sogleich wieder auf + 8°, und es wurde zugleich ausserordentlich finster, weil die Dämmerung am nördlichen Himmel nun nicht mehr wirkte. — Ein prachtvolles Leuchten des Meeres war die unmittelbare Folge dieser Finsterniss, und, zum Beweise dafs die Luftelektrizität während des neulichen Gewitters keinen wesentlichen Einfluss auf diese Erscheinung ausübte, zeigte es sich zuerst gerade wieder wie am 31. Juli (S. 113.): als unzählige Funken im Kielwasser und um den Vorderbug der Brigg, und dann auch beim Ausgiefsen und bei jeder Erschütterung des Seewassers, welches ich zur Temperaturbestimmung in einem Eimer schöpfte.

Am Morgen sahen wir noch einmal einen mächtigen Seelöwen unter sehr auffallenden Umständen. Er lag regungslos auf dem Rücken, während wir mit beträchtlichem Geräusch kaum eine Schiffslänge weit an ihm vorüber segelten — auch blieb er so lange ich ihn im Fernrohr noch erkennen konnte, genau auf derselben Stelle, hob jedoch nun bisweilen seinen Vorderleib träge und lässig, so dafs der Kopf und einigemale auch die vorderen Schwimmfüfse etwas höher über dem Wasser sichtbar wurden. Von unseren Matrosen hielten ihn die meisten für angeschossen, während andere meinten, dafs er nur schliefe und sich daher trotz seiner jetzigen Ruhe nicht ankommen lassen würde. Ein Versuch wurde leider wieder nicht gemacht, weil man ihn so spät bemerkt hatte, dafs er nur noch durch ein sehr steiles und mühsames Umlegen der Brigg zu erreichen war.

[August 3.]

Wir hielten den Tag über bis 5 Uhr Nachmittags nach magnet. O. und erreichten um Mittag

58° 21′ 52″ Br.
151° 4′ 41″ O. v. Par.

Wenige Meilen von dieser Stelle erhob sich, nachdem es in den Morgenstunden fast völlig windstill gewesen war, ein Sturm oder doch so heftiger Wind aus SW, dafs wir, zum erstenmale während unserer Fahrt, 9 Stunden lang zwischen 6 und 7 Knoten liefen. Diese merkwürdige Veränderung betraf uns, nach den Russischen Karten genau, in jedem Falle aber sehr nahe, in dem Augenblicke, wo sich NO-lich von uns der in die Ijiginsker und Penjinsker Bucht auslaufende Theil des Ochozkischen Meeres öffnete. Eine Luftströmung aus SW. konnte daher gerade jetzt und nur erst jetzt, 50 Meilen weit ungehindert über die glatte Meeresoberfläche fortsetzen. Der ursachliche Zusammenhang beider gleichzeitigen Umstände ist demnach äusserst wahrscheinlich! — Für den Augenblick waren uns aber die Folgen des Sturmes weit wichtiger als seine Entstehung.

Wir näherten uns der Kamtschatischen Küste mit ungewohnter Schnelligkeit*) und mussten sie bei östlichem Curse schon am nächsten Morgen erreichen.

---

*) Auch half dazu noch um etwas die Strömung nach O., welche die spätere Vergleichung der Schiffsrechnung mit meinen astronomischen Ortsbestimmungen, hier eben so nachwies, wie überall auf unserem Curse, mit alleiniger Ausnahme der vor der Tausker Bucht gelegenen Strecke desselben. Von dem (9′ südlich und 69′ westlich von der Tigilmündung gelegenen) Vorgebirge Omgon waren wir um 11ᵘ Abends, nach den Russischen Seekarten, nur noch 34 Seemeilen und von der SO-lich von Omgon gelegenen Fortsetzung der Küste, noch um 1 bis 2 Seemeilen weniger entfernt. Wir hätten demnach den SO-lichen Curs in der That kaum noch 3 bis 4 Stunden lang ohne entschiedene Gefahr behalten können. Meine späteren Beobachtungen zeigten indessen, dafs Kap Omgon

bei 57° 53′ Br.
154° 45′ O. v. Par.

zu setzen ist und dafs es somit nicht weniger als 66 Seemeilen von unserem damaligen Orte abstand! Herr Nosikow mochte wohl von dieser ausserordentlichen Unzuverlässigkeit der vorhandenen Karten dieser Küste überzeugt sein, da er während der folgenden neblichen Tage fast wie in einem ganz unbekannten Meere zu kreuzen anfing.

In den Nachmittagsstunden waren wir schon fortwährend von den dummen oder nordischen Sturmvögeln (Russisch: glupysch d. i. der Dummkopf; Procellaria glacialis Pallas (?)) umgeben, die auch hier, nach der Sitte die sie überall befolgen, von den Uferfelsen mit günstigem Segelwinde dem anlaufenden Schiffe entgegeneilten*) — auch hielten wir von 5 Uhr an noch einen halben Rhumb südlich vom magnet. O. (OzS½O), um auch der Breite der Tigilmündung näher zu kommen. Dennoch wurde aber vergeblich, sowohl bei heller Luft bis zum Sonnenuntergang, als auch nach demselben, wo uns wieder dichter Nebel jede Fernsicht benahm, nach dem erwarteten Lande ausgeschaut, dann aber endlich, wiewohl erst um 11 Uhr Abends, zu mehrerer Sicherheit von ihm gerade abwärts nach WNW. und hart an den Wind gehalten.

[August 4.]

Wir hielten auch noch von 1 Uhr bis $10^{u},5$ Morgens mit nun etwas schwächerem SW-winde und heftigstem Seegang nach WNW, mithin nur 6 Rhumb von dem Winde, oder so nahe als möglich an demselben. Die Brigg lag nun, eben so stark wie bei der Ebbe im Kuchtui (S. 104.), über Steuerbord geneigt, und rollte dabei stofsweise bei jedem Nachlassen des Windes. Ihre Fahrt betrug aber kaum 7 Seemeilen in diesen 9 Stunden und wurde daher reichlich ausgeglichen durch den Rückweg gegen OzS, den wir darauf von 11 Uhr Morgens bis 10 Uhr Abends mit 3,5 bis 2,5 Knoten verfolgten.

Ein dichter und nässender Nebel umgab uns fortwährend, und zugleich fand ich mit äusserster Verwunderung die Temperatur der Meeresoberfläche den ganzen Tag über zwischen $3^{\circ},3$ und $2^{\circ},5$. Freilich zeigte sich auch die Luft, selbst um Mittag, bis auf $+ 5^{\circ},6$ erkaltet. Diesmal hatte sie aber wohl eher ihre Wärme an zuströmendes Wasser abgegeben, als dafs sie sie anderweitig verloren und erst dann auch dem Meere die seinige entzogen hätte!

---

*) Sie schienen mir von der Gröfse der Sterna longipennis, mit weissem Bauche und braunem oder doch braun gestreiftem Rücken.

Das Loth, welches nun bis auf weiteres als untrüglichster Führer gebraucht wurde, fand:

um 9 Uhr Morgens mit 80 *Sajenen* (525 Par. Fuſs) noch keinen Grund; brachte aber dann

um 6 Uhr Abends aus 70 *Sajenen* (460 Par. Fuſs) Tiefe, gegen 1 Linie dicke, rothe Korallenstämme und Wurmröhren (Serpula);

um 8u 30′ Abends aus 58 *Sajenen* (371 Par. Fuſs) Tiefe einige bohnengroſse Stücke eines schwarzen Porphyrs, mit 2 Linien langen, glasglänzenden Augitkrystallen, von denen eines rund war wie ein von weit her angeschwemmtes Flussgerölle, ein anderes aber von allen Seiten scharfkantig wie ein Stück des Meeresbodens; und endlich

um 10 Uhr Abends, aus derselben Tiefe wie bei der vorigen Lothung, zwei sehr zierliche fünftheilige Seesterne mit gegen 3 Linien langen Stralen, und lebende Serpulen (spirorbis Daudin), die auf einem rothen Korallenzweige hafteten.

Die äussere cylindrische Wand ihres Gehäuses besteht aus concentrischen Lagen einer kalkigen Substanz, die an der Aussenseite netzartig gekörnt ist. Der Wurm liegt in zwei bis drei Spiren gekrümmt und besteht aus einem cylindrischen Schwanz oder Hinterleib und einem etwas längeren, abgeplatteten und frei beweglichen Vordertheil. Die Anheftungsstelle an das Gehäuse liegt an der Gränze beider Theile. Mit dem vorderen ist ein etwas breiterer trichterförmiger Mund durch einen dünnen Strang verbunden. Die Federbusch-ähnlichen Kiemen umgeben diesen Strang, und flossenähnliche Ansätze beide Seiten des Vorderleibes*). Auch hier ist also der Meeresboden so dicht bevölkert, daſs die kaum zollbreite Unterfläche des Lothes unter drei Malen zwei Male auf Thiere traf.

Um 11 Uhr Abends wurde die Brigg wieder umgelegt und hart an den Wind gebracht. Sie blieb aber auch diesmal, und nun zu unserem Glücke, bei einer Fahrt von nur 0,75 Knoten. — Das Meer leuchtete wieder ausserordentlich hell, und doch fand ich die Tem-

*) Diese Seesterne und Spirorben, die ich in Weingeist aufbewahrte, wurden später dem Königl. Museum in Berlin übergeben.

peratur des Wassers an der Oberfläche um 7 Uhr Abends nur + 4°,25. In der letztvergangenen Nacht, wo es vielleicht noch um ein weniges kälter gewesen war, sahen wir dagegen trotz vollständiger Finsterniss keine Spur von dem erwarteten Leuchten.

[August 5.]

Bei dichtem und nässendem Nebel mit SW-wind wurde der schwache westliche Curs sowohl in den Morgenstunden bis 1 Uhr Nachmittags, als auch von 7 Uhr Abends die Nacht über beibehalten. Nur von 1 Uhr bis 7 Uhr fuhren wir 7 Seemeilen weit gegen SOzS. — So fanden wir denn auch: die Wasser-Temperatur noch so wie am vorigen Tage, während sich die Luft selbst um Mittag nicht über + 5° erwärmte, und die Tiefen zwischen 50 und 60 *Sajenen*. Auch am Bord war alles ungeändert bis auf einiger Ermüdung unserer Mannschaft, die bei jedem Umlegen der Brigg vollständig beschäftigt wurde, und daher nur noch dem Namen nach in zwei Wachen getheilt blieb, und einer empfindlichen Nässe des Raumes, der wir durch Abbrennen von Schiefspulver in demselben zu begegnen suchten.

[August 6.]

Durch etwas lichteren Nebel fuhren wir heute, immer noch mit SW-wind, von 9 Uhr Morgens bis 10 Uhr Abends etwa 20 Seemeilen gegen SSO. In den Nachmittagsstunden zeigte sich der Horizont und die Sonne, so dafs es mir gelang unseren Mittagsort durch einige Höhen derselben zu:

58° 36′ 12″ Br.
154° 40′ 47″ O. v. Par.

zu bestimmen. Wir kamen darauf bis 10 Uhr Abends um 15′,2 südlich und 5′ östlich von diesem Punkt und waren nun unserer Karte zu Folge (wenn man unsere Länge von Ochozk an zählte) nur um 18 Seemeilen nördlich von der Tigilmündung und kaum halb so weit von den nächsten Küstenpunkten entfernt. So hielten wir es denn auch nicht für unmöglich dafs mehrmalige Schüsse aus unseren kleinen Caronaden, die wir doppelt geladen hatten, uns den Landbewohnern bemerklich machen und sie zur Anzündung eines Holzstofses auf einem Hügel an der Flussmündung auffordern würden. Das Fehlschlagen dieser Hoffnung erklärte sich aber später genugsam, indem sich jene Entfernungen in der That noch etwas mehr als doppelt so grofs fanden (wir waren noch 38 Seemeilen vom Tigil). Nach vergeblichem Warten auf irgend ein Zeichen des Landes, wurde abermals nach W. umgelegt und dann, gewohnter Weise, mit einem schwachen Curse in dieser Richtung bis zum Morgen fortgefahren. Die Nacht war sehr dunkel und das Meer leuchtete wieder aufs prachtvollste, obgleich seine Temperatur an der Oberfläche schon um 7^{u} 30′ Abends nur + 4°,17 gewesen war.

[August 7.]

Trotz ganz dichten Nebels wagten wir endlich an diesem Tage, von 7^{u} 30′ Morgens bis um 11 Uhr Abends, um 23′ gegen S. und etwa 2′ gegen O. vorzudringen und fanden dann auch, am Mittag und an dem zuletzt erreichten Punkte, die Tiefen bis auf 44 und 26 *Sajenen* (289 und 171 Par. Fufs) verringert. Vielleicht war auch ferner eine etwas höhere Temperatur der Meeresoberfläche (um 6 Uhr Abends + 6°,70) auf die Nähe des Landes zu deuten; ganz sicher aber die Seeschnepfen (kuliki S. 55. und 56.), die uns gegen Abend zugleich mit vielen Möven umschwärmten. Auch zeigten sich wieder Quallen wie in der Nähe der Ochozker Küste und zwischen ihnen auf dem Wasser viele, etwa Fufs breite, und oft mehrere Faden lange, Streifen einer gelblich-weissen, ölig-glänzenden Substanz, welche die Matrosen wohl mit Recht für Wallfisch-excremente ausgaben. Neben diesen Spuren von riesigen Bewohnern zeigten sich aber auch in diesem Meeresstrich die leuchtenden mikroskopischen, sobald es finster geworden, in ausserordentlicher Menge und Thätigkeit.

Ganz vergebens wurde dagegen bis Mitternacht nach dem erwarteten Feuer am Tigil ausgesehen, obgleich wir uns an unserem südlichsten Punkte*) noch nachdrücklicher als gestern mit Lärmschüssen ergötzt hatten.

[August 8.]

Erst um 11 Uhr Morgens, als wir von dem zuletzt genannten

*) Nach Schiffsrechnung 19′ südlich aber 14′ westlich von dem am vorigen Abend erreichten Punkte, und mithin nach unserer Karte 7 Seemeilen westlich, in der Wirklichkeit aber 42 Seemeilen westlich von der Flussmündung.

Punkte wiederum fast 10′ nördlich und 7′ westlich zurückgewichen waren, wurde es hell genug, um wieder landwärts zu halten. Der Wind war bis Mitternacht NO-lich geworden aber immer sehr schwach. Dann zeigte sich der südliche Horizont und die Sonne, durch welche ich unseren Mittagsort zu

58° 16′ 43″ Br.

155° 2′ 49″ O. v. Par.

bestimmte und eine Stunde später, als wir von diesem Punkte noch 1,5 Seemeilen gegen NNW. gehalten hatten, hinter uns über dem linken Bord einige Gipfel eines bergigen Ufers. Sie wurden für Kap Omgon erkannt, welches also bei einigen unserer früheren Stellungen in der That nur durch den Nebel versteckt blieb*). Die Brigg wurde nun nach OSO. und dann noch 6° weiter nach S. umgelegt, so dafs wir bis Mitternacht, bei regelmäfsig abnehmender Tiefe, bis zu einem Punkte fuhren, der nach Schiffsrechnung um 10′,5 südlich und 32′ östlich von unserem Mittagsorte liegen sollte, und an diesem bei 6 *Sajenen* (40,4 Par. Fufs) Tiefe über feinem Sandgrund vor Anker gingen. Wir sollten hier Zeichen vom Lande und ein Boot zum Bugsiren erhalten, und so antwortete denn auch diesmal auf unsere fünfmaligen Schüsse ein sehr deutlicher Wiederhall, der in 13 bis 15 Sekunden zu uns zurückkehrte, und es wurde, sobald der Anker gefallen, eine heftige Strömung von der Seite wo man die Flussmündung erwartete, fühlbar. Anstatt des Holzstofses, den man auf dem hohen Ufer anzünden sollte, zeigte sich aber nur ein schwacher und offenbar weit niedrigerer Lichtschein, der oft von den Wellen verdeckt wurde.

Wie Erinnerungen an die offene See sahen wir dagegen auch noch in dieser Nacht das Leuchten des Wassers in vollstem Glanze, und am nördlichen Himmel mehrere helle Blitze, von denen der Donner nicht hörbar wurde. Rings um uns war doch die Lufttemperatur an diesem Tage selbst um Mittag nicht über 6°,5 ge-

*) Wir waren jetzt von demselben 26,6 Seemeilen entfernt, während nach der Russischen Karte wenn man die Längen von Ochozk an zählte, sein Abstand 42,0 Seemeilen, und wenn man nur die darauf angegebenen Greenwicher Längen als richtig annahm, 39,0 Seemeilen betrug. Der Längenfehler der Karte blieb jetzt weniger fühlbar, weil wir dem Meridiane dieses Küstenpunktes näher waren als früher.

stiegen, und das Gewitter, welches man unter solchen Umständen auf dem Continente für unmöglich halten würde, entstand somit offenbar nur durch das Zuströmen von wärmerer Luft aus NO, auf die Penjinsker Bucht, aus der wir in den letzten Tagen so merkwürdig kaltes Wasser erhalten hatten.

[August 9.]

Nach echt Odysseïschen Irrfahrten war der Anblick des breiten Landstriches doppelt genussreich, der sich am Morgen bei höchst durchsichtiger Luft über dem spiegelglatten Meere, in überraschender Deutlichkeit darbot. — Und alles was wir eifrigst untersuchten, gehörte ja nun wirklich zu Kamtschatka!

Am weitesten westwärts lag Kap Omgon, der höchste Punkt des Profiles, und an seinem Abhange erkannte ich bereits im Fernrohre das steile und mehrmals wechselnde Fallen der Schichten eines weisslichen Gesteines. Ein niedrigerer, aber meistens senkrechter, Küstenrand, der mit einer Wand von Gesträuchen gekrönt und von einigen saftig grünen Wiesenthälern gefurcht ist, erstreckte sich von jenem äussersten Berge in flachem Bogen bis über die Hälfte des Horizonts. Seine regelmässige Krümmung ist nur einmal von der breiten Flussmündung unterbrochen, an deren linken und näher gelegenen Rande zwei Baken und neben ihnen, auf ebenem Strande und vor einer jener Wiesenschluchten, einige seltsame Menschenwohnungen sichtbar wurden. Von der rechten Seite der Tigilmündung sah man dagegen eine Sandbank ins Meer hervorragen.

Es war jetzt völlig windstill und dabei noch in den Morgenstunden die Strömung vom Lande her so heftig, dafs das erwartete Schleppschiff allerdings unentbehrlich schien, um die Mündung zu erreichen und in dieselbe einzulaufen. Das achtrudrige Lederboot das hier zu diesem Zwecke gehalten wird, und zu welchem man die Mannschaft von 30 Werst landeinwärts aus der Tigilsker Ortschaft zu holen pflegt, wollte sich indessen nicht zeigen und unsere abermaligen Lärmschüsse schienen endlich nur zwei Frauen wach gemacht zu haben, die bei den Hütten am Strande erkannt wurden.

Um Mittag, als sich die Strömung gelegt hatte, fand sich dennoch eine Auskunft, indem man die Brigg, die für ähnliche Fälle mit sechs viermännigen Rudern und mit den nöthigen Riemdollen an den Borden versehen war, in eine Galeere verwandelte. Der

Commandeur und die Passagiere legten mit Hand an das Werk, zu dem sich die Mannschaft mit mancherlei enthusiastischen Zurufen ermunterte. Auch deutete das über den Spiegel ausgeworfene Handloth sehr bald auf einen beträchtlichen Gang, der in den günstigsten Augenblicken mit Inbegriff der etwanigen Strömung auf zwei Knoten geschätzt wurde. Nur eine Viertelstunde über, half uns ein etwas frischerer Westwind; dann mussten die Segel wieder eingenommen und mit dem Rudern vier Stunden lang fortgefahren werden. Wir liefen endlich an den Wohnungen vorüber in das Innere der Mündung und dann in der Nähe des linken Flussufers bis zu 2,5 *Sajenen* Tiefe. Eine üppig bewachsene, kesselförmige Senkung in den Uferhügeln denen wir gegenüber lagen, nannte man Magaseinskji pad d. i. die Magazins-Schlucht, auch sollte sie, wie schon früher, als Speicher für die wichtigen Vorräthe gebraucht werden, welche die Jekaterina der Halbinsel zuführte*).

* * *

Eine Ansicht von den Strömungen in dem von uns befahrenen Theile des Ochozker Meeres ergab sich nun am deutlichsten aus folgender Zusammenstellung meiner astronomischen Ortsbestimmungen mit den Resultaten des Logbuches, welches ich zu diesem Zwecke vollständig durchrechnete:

---

*) Ueber die Ortsbestimmungen für diesen Punkt, die ich an den folgenden Tagen machte, vergl. II. 1. S. 288. 344. — Die eigentliche Mündung des Tigil liegt von Magaseinskji pad etwa 1,5 Seemeilen gegen NW. und somit nach meiner Bestimmung bei

58° 1',95 Br.
15° 3',15 O. v. Ochozk

während dieselbe auf der Ochozker Seekarte, die von Herrn Nosikow benutzt wurde, bei:

58° 3' Br.
13° 53' O. v. Ochozk

angegeben war.

Die Jekaterina befand sich

Zu wahrer Zeit am Schiffe.	In Breite nach		Länge Ost v. Paris nach	
	Beobachtung	Schiffsrechn.	Beobachtung	Schiffsrechn.
Juli 28. 0ᵘ	59° 14′ 41″	59° 14′ 41″	141° 7′ 43″	141° 7′ 43″
Juli 29. 0ᵘ	58 58 53	59 2 19	141 12 55	142 10 49
Juli 30. 0ᵘ	58 42 45	58 44 26	143 56 55	143 52 7
Aug. 1. 0ᵘ	58 14 39	58 24 0	148 15 22	147 49 16
Aug. 2. 0ᵘ	58 15 41	58 24 48	149 35 56	148 55 20
Aug. 3. 0ᵘ	58 21 52	58 30 48	151 4 41	150 40 12
Aug. 6. 0ᵘ	58 36 12	58 20 41	154 40 47	152 44 0
Aug. 8. 0ᵘ	58 16 43	57 55 4	155 2 49	152 27 55
Aug. 10.	58 1 25	57 42 26	155 54 19	153 4 45

Von dem vorletzten bis zu dem letzten Orte blieb das Schiff nur während 16 Stunden dem Einfluss der fraglichen Strömung ausgesetzt, denn während des übrigen Theiles der angegebenen Zwischenzeit lag es vor Anker. — In einer Zeit von 11⅔ Tagen waren wir demnach, durch die eigenen Bewegungen des Wassers auf dem wir uns befanden, im Ganzen um

18′ 59″ gegen Norden

und 2° 49′ 34″ gegen Osten

oder zusammen um 90,3 Seemeilen in der Richtung:

O 12°,12 N

fortgeführt worden und der durchschnittene Theil des Ochozker Meeres besafs im Mittel eine Strömung in der oben genannten Richtung von 7,74 Seemeilen im Tage.

Durch Vergleichung der Wege welche wir zwischen den einzelnen Ortsbestimmungen wirklich zurückgelegt hatten, mit denjenigen die die Schiffsrechnung für dieselben Zwischenzeiten als die ohne Einfluss der Strömung erfolgten andeutet, ergab sich aber noch ferner:

Länge O. v. Par. der Mitte des Bezirkes, in welchem die Strömung stattfand.	Breite	Weg der Strömung während 24 Stunden in Seem.	Richtung der Strömung.	Dauer der Beobachtungszeit in Tagen.
59° 7′	141° 45′	7,10	O 28°,93 S	1
58 51	143 5	2,24	O 51 ,62 N	1
58 29	146 6	13,52	O 34 ,55 S	1
58 15	148 56	7,72	O 1 ,74 N	1
58 19	150 20	8,47	W 1 ,23 N	1
58 29	152 53	18,03	O 26 ,87 N	3
58 26	154 52	10,44	O 17 ,08 N	2
58 9	155 29	12,28	O 19 ,03 S	$\frac{2}{3}$

Das Wasser des Ochozker Meeres bewegt sich hiernach von westlicheren Punkten gegen östlichere, mit einer Regelmäfsigkeit, von welcher wir nur eine Ausnahme gefunden haben, nämlich den nach Westen gerichteten Strom zwischen den Meridianen 149° 36′ und 151° 5′ O. v. P. Dieser schien höchstens auf einem Raume von 1° 29′ der Länge zu herrschen, während westlich von demselben auf 8° 28′ und östlich von ihm auf 4° 50′ der Länge überall eben so entschiedene, und meist auch eben so starke Bewegungen gegen Osten stattfanden (von $\frac{1}{3}$ bis zu $\frac{3}{4}$ Seemeilen in der Stunde) wie die stets gegen Westen gerichtete Strömung, welche ich später im offenen Ocean innerhalb der Passatzonen beobachtet habe. Man hat diese letztere theils dem ununterbrochenen Einflusse der Passatwinde, theils dem der Ebbe und Fluth zuzuschreiben und sie demnach als die normale und auf den allgemeinsten Gründen beruhende Bewegung der Meeresoberfläche zu betrachten, während die ihr entgegengesetzte Strömung in der Mitte des Ochozker Meeres sich sehr wohl als eine Folge jener normalen Bewegung durch die Gestalt seiner westlichen Küsten erklärt. An dieser müssen sich in der That die durch die Japanischen und südlicheren Kurilischen Strafsen eingetretenen Westströme, nach Osten hin umbiegen, um dann erst an der Kamtschatischen Küste entlang und vielleicht durch die nördlichsten Kurilischen Strafsen wieder auszufliefsen. In dem Lande welches diesem zurückgedrängten Strome zuerst seine Richtung mittheilt, bildet die Tausker Bucht (deren Mündung sich etwa zwischen 148°,4 und 150°,0 O. v. Par. bei 59°,0 und 58°,75 Breite befindet) die bedeutendste Einbiegung, und der Rückstrom nach Westen den wir SO-lich von dieser Gegend fanden, dürfte daher wohl mit einem Wirbel des Wassers in jenem tiefen Einschnitte zusammenhangen.

Eine andere sehr merkwürdige Eigenthümlichkeit des Ochozker Meeres ist ein Streifen von ausserordentlich kaltem Wasser, der seine Osthälfte einnimmt. Bei der Ueberfahrt von Ochozk zum Tigil erreichten wir ihn sehr nahe an dem Punkte an dem man in die Ijiginsker Bucht umbiegt, und wo mithin zuerst, ein gegen N. weithin offenes Meer an die Stelle des bis dahin befahrenen, durch den Parallelkreis von 59° fast genau begränzten, tritt. — Gegen Osten scheint dagegen jenes kalte Wasser bis ganz nahe an Kamtschatka zu reichen, und demnach mit der zweiten oder Penjinsker Bucht eben so wie mit der Ijiginsker zusammen zu hangen. Ich lasse hier, um dieses zu zeigen, von den Temperaturen der Luft und des Wassers die ich während unserer Ueberfahrt beobachtet habe, zunächst diejenigen folgen, die zwischen 5 und 8 Uhr Abends vorkamen und mithin so nahe zu einerlei Tagesstunden, dafs Verschiedenheiten in den Stellungen der Sonne auf sie ohne Einfluss waren. Die anomal scheinenden Wassertemperaturen sind mit einem bezeichnet.

	Temperaturen zwischen 5 und 8 Uhr Abends		Bei	
	der Luft.	d. Meeresobfl.	Breite	Länge O. v. P.
Juli 28.	12°,1	10°,10	59°,2	141°,4
Juli 29.	9 ,2	8 ,00	58 ,9	142 ,6
Juli 30.	9 ,3	8 ,43	58 ,7	144 ,5
Juli 31.	8 ,6	9 ,87	58 ,4	147 ,2
Aug. 2.	8 ,6	7 ,92	58 ,3	149 ,9
Aug. 4.	7 ,6	4 ,25*	58 ,4	153 ,7
Aug. 5.	4 ,6	2 ,48*	58 ,5	154 ,5
Aug. 6.	6 ,5	4 ,17*	58 ,4	154 ,8
Aug. 7.	8 ,6	6 ,70*	58 ,2	155 ,0

Die westliche Ausdehnung jenes auffallend kalten Wassers, in dem wir uns also mindestens von August 4. bis August 7. befanden, wird aber nun noch, in Ermangelung einer Beobachtung für

August 3. zwischen 5 Uhr und 8 Uhr, durch folgende andere näher bestimmt:

	Temperaturen der Luft.	Temperaturen d. Meeresobfl.	Bei Breite.	Bei Länge O. v. P.
Aug. 3. 21u 30′	5°,6	3°,20°	58° 26′	153° 4′
Aug. 4. 0u 0′	8 ,1	4 ,45°	58 27	153 9

Es erstreckt sich nach diesen noch etwas westwärts von dem Meridiane des Kap Pjagin d. i. der Landspitze welche die, östlich streichende, Marekanische und Tausker Küste von der, nach NO. gerichteten, Westküste des Ijiginsker Meerbusens trennt — auch bewies dann endlich der Nebel der jenes Wasser fortwährend bedeckte, dafs hier die aus SW. anströmende Luft einen grofsen Theil ihrer Wärme an eine schon zuvor erkaltete Meeresoberfläche absetzte, und dafs nicht etwa umgekehrt diese Luft es gewesen war, die das Wasser über welchem sie hinstrich, um fast 8° unter die mittlere Tagestemperatur abgekühlt hatte. Man wird vielmehr den Grund dieser niedrigen Wassertemperatur wohl am einfachsten in einem Verweilen oder einem Zusammentreffen der Winterwasser in jener Gegend des Ochozker Meeres finden, mit welchem wahrscheinlich auch ein Zurückbleiben von Eis in den beiden nördlichen Buchten desselben verbunden sein dürfte. — Freilich ist wohl die Vereinbarkeit von dergleichen Annahme mit dem anderweitig nachgewiesenen Oststrome noch nicht ohne weiteres anschaulich! Für die Realität dieses letzteren sprach indessen noch, selbst wenn man den Unterschied zwischen den direkten Ortsbestimmungen und der Schiffsrechnung der Jekaterina wenigstens theilweise einer unerhörten Fehlerhaftigkeit der auf diesem Schiffe gebrauchten Logleine zuschreiben wollte — die zu westliche Lage, welche alle Russischen Karten sowohl der Tigiler Küste von Kamtschatka, als auch, wie es scheint, der Mündung der Tausker Bucht und mit ihr allen übrigen Punkten der östlich von Ochozk gelegenen Westküste des Ochozker Meeres beilegten.

So lag namentlich die Tigilmündung, deren Länge sich nun durch sehr zuverlässige Zeitübertragung zu:

15° 1′,2 Ost von Ochozk

ergeben hat, nur: 13° 2′ Ost von Ochozk auf

Posnjakow's Karte vom Asiat. Russland (Petersburg 1825),

13° 19′ Ost von Ochozk auf

Hrn. Wischniewskji's Karte zu den Reisen der Russischen Akademiker (Petersburg 1818),

13° 57′ Ost von Ochozk auf

den jetzigen Segelkarten der Ochozker Admiralität,

und 14° 15′ Ost von Ochozk

nach Admiral Krusenstern's vortrefflichem Atlas der Südsee (Petersburg 1827), welche sämmtlich, als auf den einzigen bis dahin vorgekommenen Bestimmungen, nur auf Schiffsrechnungen die man von Ochozk aus geführt hatte, begründet waren, und somit, in Folge eines unbekannten Oststromes, in der That gerade so wie es sich nun findet, alle östlich von Ochozk gelegenen Orte zu weit westlich versetzen mussten.

Auch der Westrand der Tausker Bucht und die Insel Olchon, die wir respektive erst Juli 31. bei Sonnenuntergang nach N 40° O und August 2. um Mittag etwa nach N gesehen hatten, liegen hiernach:

7° 30′ Ost von Ochozk

und 8° 45′ Ost von Ochozk,

während sie Herrn Nosikow's Segelkarte beziehungsweise um

1° 23′

und um 1° 32′

westlicher annahm.

Kamtschatka.

XVII. Abschnitt.

Die Tigiler Küste und die Reise über das Mittelgebirge bis Jelowka.

Ein in Rennthierfelle gekleideter Greis war der Erste der uns auf der Halbinsel bewillkommnete. Anfangs nur durch Verneigungen als wir auf die Höhe der Erdhütten kamen, die er als Strandwächter bewohnte, und dann durch den Zuruf, dafs er nach Tigilsk gesandt habe, um uns Hülfe zu bringen. Auf dem Schiffe rief man dagegen schon aus der See, so weit die Stimme nur reichte: wie geht's mit dem Fischfang? (kak ruiba lowitsja) und wartete begierig auf das: slawa bogu! oder: Gott sei Dank, das als Antwort zurückkam.

Ein Schwarm von frei gelassenen Zughunden wurde gleichzeitig, durch die Witterung des Schiffes, nach der Küste gelockt und begleitete es dann, wie eine treibende Beute, in vollem Laufe längs des Strandes, bald mit freudigem Geheul, bald sehnsüchtig winselnd. Als aber der Anker gefallen war und die Matrosen, die schon früher hier überwintert hatten, einzelne von ihnen bei Namen riefen, drängten sich alle zu einem dichten Haufen hart an das Ufer, auch sprangen mehrere ins Wasser um zu dem Schiffe zu schwimmen, standen aber bald davon ab, wie von einem allzukühnen Unternehmen. — Sie waren alle kurz- und glatt-behaart mit gestutztem Schwanze, dem Deutschen Schäferhunde weit ähnlicher als dem flockhaarigen, länger- und knochiger-gebauten Barabinzischen, den ich mit mir führte (I. 2. S. 18.) — jedoch auch von jenem deutlich unterschieden durch jene seltsame Hochbeinigkeit oder Länge der Schenkel, die schon in Ochozk als vorzügliche Eigenschaft an den Zughunden geachtet wird. Bei dem freien Laufe, an den sie sich im Sommer gewöhnt haben, unterbrechen sie fortwährend ihre Schritte, auch auf ebenem und unbewachsenem Terrain, durch hohe und schnell auf einander folgende Sätze, die eine ungewöhnliche Schnellkraft ihrer Sprunggelenke beweisen. — Die Farben ihres Haares schienen hier nur zwischen fahlem Gelb und Pechschwarz zu variiren, und zwar ist, wenn diese beiden Farben, oder zwei Uebergänge zwischen ihnen, zugleich an demselben Individuum vorkommen, die Vertheilung derselben den bei unseren Pinschern bekannten am nächsten. So ist eine rothbraune Färbung der Augenbrauen bei schwarzen Hunden sehr gewöhnlich, welche dann Dwuchglaska d. i. Doppelauge gerufen werden. Ueberhaupt werden bei den Kamtschatischen Russen die Namen der Hunde, so wie Tschernuschka (Schwarzer), *S*jeroglaska (Falb-Auge), *S*jerka (Falber) u. s. w. nur von dem Aeussern derselben entnommen.

Das Schiffsboot war endlich ausgesetzt worden und landete die Mannschaft, welche an der Magazinschlucht Pfähle einschlagen und die Brigg mit Versicherungstauen noch ferner befestigen sollte. So gelangte ich denn auch noch an diesem Abend mit meinem Tigiler Reisegefährten auf das linke Flussufer, an den Fufs der Hügel, von denen uns ein lange entbehrter Blüthenduft entgegen wehte. Sie bilden den Abhang einer gegen 50 Fufs über dem Wasser gelegenen Tundra oder Moorebene, die sich, wie Herr Woreschilow versicherte, schräg gegen den Tigil, weit landeinwärts erstreckt, auch ist das weiche Erdreich aus dem sie bestehen, von vielen Quellen und Wasseradern durchzogen, während wir an dem Strande auf trockenen Platten eines festen Gesteines stromabwärts gingen. An der rechten Seite des Tigil liegt dagegen, nach dem Meere zu, niedrigeres Land, denn über die Gesträuche welche auch diese Seite bedecken, ragt unmittelbar ein etwa 4,2 Meilen NO-wärts an der Mündung der Omanina d. i. des nächsten gröfseren Flusses, gelegenes Vorgebirge*). Etwa zwei Werst unterhalb unseres Ankerplatzes fanden wir auch am linken Ufer den erwähnten Landrücken verflacht und statt seiner eine breite dunkelgrüne Wiese, die erst nahe am Meere endet und schräg gegen den Fluss und gegen die Küste ins Innere des Landes hineinreicht. Der alte Strandwächter, der uns auf diesem Gange begleitete, nachdem er Herrn W. gleich beim Landen in wohlgesetzter Russischer Rede über die Rückkehr zu den Seinigen beglückwünscht hatte, führte uns hier durch fast mannshohe Gräser in die vom Meere aus sichtbare Niederlassung. Es sind zwei in Erdpyramiden vergrabene Hütten aus Treibholz (sogenannte Semljanki d. i. Erdhütten), mit plattem und offenem Dache, und mehrere Gerüste zum Trocknen der Fische, die, wie die Ochozker, aus vier Ständern und horizontalen Queerstangen gebaut, aber hier Balagani d. i. Lauben genannt werden. Diese waren jetzt mit diesjährigen Fischen schon zur Hälfte behängt, auch zeigte uns der Alte das Fell eines schönen Lachtak (Phoca nautica, Pallas), den er vor Kurzem erlegt hatte.

Wir krochen dann mit ihm durch die nur halb mannshohe Thür der ersten Hütte, deren Inneres aber geräumig genug und mit einem kubischen Feuerheerde so wie auch mit seitlichen Erdwällen versehen ist, die man mit Brettern und Rennthierfellen zu Sitzplätzen und Schlafstellen bekleidet. So wie in diesen häuslichen Einrichtungen, so zeigte sich auch in allem was wir von der Lebensweise der hiesigen Strandbewohner erfuhren, die Kamtschatische Sitte über einigen Russischen Traditionen weit überwiegend. Unser Wirth, der sich Anisimow nannte, hatte früher das Ochozker Meer auf Kaiserlichen Schiffen befahren, er gedachte aber jetzt dieser vornehmeren Beschäftigung und seiner Russischen Abstam-

*) Man nennt es Omaninskji muis d. i. das Omaniner Vorgebirge, und ich fand sein wahres Azimut von dem Strande bei Magaseinskji pad: N 39°,90 O.

mung durchaus nicht mit dem Stolze, mit dem sich die Starojilzi in Sibirien bei ähnlichen Gelegenheiten über die Urvölker erheben. Auch sprach er Kamtschadalisch mit seinen zwei Töchtern, die nun aus der anderen Hütte gerufen wurden, um die Gäste zu bewillkommnen. Diese Mädchen waren durch eine blühende Gesichtsfarbe, so wie durch äusserst lebhafte schwarze Augen vor den bleichen Sibirischen Russinnen aufs merkwürdigste und vortheilhafteste ausgezeichnet, und einige Hervorragung der Backenknochen liefs keinen Zweifel dafs diese Veredlung der, bis hierher so durchaus unveränderlichen, Nationalphysiognomie, durch Wechsel-Ehen mit den Eingebornen, und somit durch Kreuzung der Kaukasischen Race mit der Mongolischen, entstanden war.

Auch diese Frauen trugen roth gefärbte Kukljanken aus Rennthierfellen und dazu nur noch, nach alt Russischer Sitte, die Kopftücher, zu denen ihnen theils blaues Chinesisches Baumwollenzeug (Kitaika oder dabu I. 1. S. 479.), theils eben so werthlose Europäische Stoffe zugeführt werden. Man vergafs übrigens bald diese männlichen Trachten, über einer anmuthigen Schüchternheit und der fast weichlichen Sanftmuth ihres Benehmens, die sie wiederum vor den Russischen Sibirierinnen aufs merkwürdigste auszeichnen. Sie scheinen dann aber auch freilich zu männlichen Verrichtungen bei weitem nicht so entschlossen und so gewandt als diese. So hatten sie das Leuchtfeuer am gestrigen Abend, als sie allein in den Hütten geblieben waren, anstatt auf den Hügeln, nur ganz unten am Strande angelegt und es so spärlich unterhalten, dafs wir es kaum über den Wellen bemerkten.

Wir wurden nun von ihnen zuerst mit den saftreichen Früchten von Rubus chamaemorus (den Multebeeren der Norweger) bewirthet, die man auch hier, wie in Russland, moroschki nannte. Sie hatten davon auf dem nächsten Moore bereits den grössten Theil ihres Wintervorrathes, theils in Sibirischen flagi S. 43.), theils in hohen cylindrischen Gefäfsen aus Birkenrinde gesammelt. Man pflückt hier diese Beeren vor der völligen Reife, welche sie, zugleich mit einer gleichmäfsig dunkelgelben Färbung, durch die ersten Nachtfröste erlangen, während sie jetzt zwar schon ausgewachsen, und namentlich etwa viermal so grofs als unsere Himbeeren, aber noch hälftenweise hellgelb und morgenroth gefärbt waren. Die gestrige Leese war, wie uns Anisimow erzählte, durch einen Bären unterbrochen worden, der mit den Frauen in diesem Geschäfte zu wetteifern pflegt. Er verfährt aber dabei gegen Wehrlose so grofsmüthig, dafs der Alte seine Töchter noch heute verlachte, weil sie „vor Mischka geflohen seien.“ Man bezeichnete hier den Bären sowohl durch dieses schmeichelnde Deminutivum, als auch durch die noch seltsamer klingenden Namen Michaila oder Michail'Andréjitsch, aus denen es entstanden ist, vermied aber sorgfältig die unumwundene Benennung des klugen und mächtigen Nachbarn.

Unsere Wirthe gaben uns sodann noch gewifs den stärksten Beweis von Gastfreiheit, indem sie ihren kleinen Vorrath von Thee und gelbem Chinesischen Zucker (ledinèz I. 1. S. 470.) fast gänzlich für uns erschöpften, wobei denn ihre eigene Vorliebe für dieses Labsal vielfach erwähnt wurde.

Wir schieden erst spät am Abend von diesen liebenswürdigen Troglodyten und nahmen unseren Rückweg wieder über die Wiesen-Ebene und dann längs des Strandes. Als wir diesen erreichten, bewaffneten wir uns, auf Herrn Woreschilow's Rath, mit zwei mannslangen Stecken von Treibholz, weil man hier sehr häufig auf den Fischfang ausgehenden Bären begegnet. Diese sollen dann nicht immer durch die üblichen Anrufungen verscheucht werden, wohl aber durch kaltblütigen Angriff mit einem tüchtigen Stocke. Man ist übrigens hier in dem Gebrauche dieser einfachsten Waffe noch besonders geübt, indem mit ihr die ergötzliche und einträgliche Robbenjagd an der Tigilmündung fast ausschliefslich betrieben wird. Die Lachtáke und die kleineren Robben, die hier in dunklen Nächten oft ziemlich hoch auf dem Lande liegen, werden bei Ebbezeit mit Zughunden, von denen die meisten ohne jede Erziehung vortrefflich spüren, gesucht — und nachdem man sie hart am Strande umgangen hat, geweckt und höher aufwärts getrieben, bis dafs sie ermüden oder umkehren und durch einen Schlag auf die Nase leicht zu erlegen sind. Die Witterung eines Bären bezeichnen jene Hunde durch Stehen und Haarsträuben so sicher, dafs man in ihrer Begleitung selbst bei Gängen durch mannshohe Gräser ohne Besorgnifs ist.

Wir fanden unsere Brigg ungleich weiter vom Ufer, als wir

sie verlassen hatten, doch war die Strömung jetzt (kurz vor dem Hochwasser) so gering, dafs wir uns an dem Versicherungstaue ganz leicht und ohne Ruder mit dem Boote an Bord zogen. Nur der lockere Abhang der Tundra gegen den Strand ist hier fast senkrecht, der felsige Theil des Flussbettes aber so schwach geneigt, dafs sich die Strandlinie durch die Höhenänderung, die jetzt von der Ebbe bis zur Fluth etwa 20 Fufs betrug, um das fünffache dieser Entfernung verrückte. — Der Zutritt des Meerwassers gab sich aber jetzt auch eben so deutlich durch seinen Einfluss auf die Temperatur an der Oberfläche des Flusses zu erkennen, die um die Ebbezeit 13° betrug und noch vor dem völligen Eintritt des Hochwassers nur 9°,4. Die Lufttemperatur sank doch selbst in der kältesten Nachtstunde nicht unter 10°,6.

[August 10 bis 15.]

Die Westseite der Halbinsel ist 30 Werst weit bis nach Tigilsk (und auch noch weiter stromaufwärts vergl. unten Aug. 22.) theils mit fast unwegsamen Tundren, theils mit so undurchdringlichem Gehölze bedeckt, dafs im Sommer nur die Flüsse als Landstrafsen gelten. Wir mussten daher hier an der Küste zuerst auf die Ankunft von Fahrzeugen aus dem Innern warten, und dann auch bis die Ladung der Jekaterina ausgeschifft und geborgen war, denn während dieses wichtigen Geschäftes kam zuerst der Gouverneur von Tigilsk, der Capitain-Lieutenant Sabjelow, zu uns an Bord und dann auch nach einander fast alle arbeitsfähigen Männer der kleinen Niederlassung. So sahen wir denn auch schon am 10ten gegen Mittag zwei der seltsamen hölzernen Kähne, die hier Bátti genannt werden, aus den Gesträuchen hervortreten, welche den Tigil gleich oberhalb unseres Ankerplatzes verbergen, und dann wahrhaft pfeilschnell längs des linken Ufers stromabwärts fliegen. Sie sind länger als die Baidarken und nur um weniges breiter, auch liegt der Reisende platt auf dem Boden derselben, während zwei an deren Enden aufrecht stehende Männer sie mit langen und dünnen Stangen über entgegengesetzte Borde taktmäfsig von dem Grunde abstofsen. — Erst am folgenden Tage erschien auch die grofse Baidare mit den Tigiler Kosaken, die wir auf der Rhede so vergeblich erwartet hatten, und zwar in so leckem Zustande, dafs ihr Ausbleiben genugsam erklärt und erst jetzt mit einigen Jakutischen Rindshäuten, die wir zufällig an Bord hatten, zu ihrer Ausbesserung geschritten wurde.

Die magnetischen Messungen die ich bei der Magazinsschlucht ausführte, die Beachtung der Meeresbewegungen, der geognostischen Beschaffenheit der Tigilufer, so wie die Pflanzen und die Vögel auf der Tundra und den Wiesen in ihrer nächsten Umgebung, gewährten auch hier so reichliche Beschäftigung, dafs ich während der sechs Tage die ich noch an der Küste verlebte, kaum auf die Fortsetzung der Reise bedacht wurde.

Zur Bestimmung des Gesetzes der Ebbe und Fluth habe ich, in Ermangelung eines Pegel oder Fufsstockes, der sich nicht ohne Schwierigkeit in dem felsigen Grunde der Bucht auf der wir uns befanden, hätte befestigen lassen, nur die folgenden Momente des höchsten und niedrigsten Wasserstandes in derselben beobachtet. Sie ergaben sich mit Hülfe einer in der Mitte jener Bucht vor Anker gelegten Boie, die dann aufhörte landwärts oder seewärts getrieben zu werden.

	Wahre Zeit (nach dem Mittag).	
Aug. 10.	0^u 15′	Ebbe
Aug. 11.	10^u 0′	Fluth
Aug. 12.	2^u 5′	Ebbe
Aug. 12.	10^u 15′	Fluth
Aug. 14.	12^u 5′	Fluth

Auch wurde noch bemerkt, dafs zwischen dem zweiten und dem dritten dieser Zeitpunkte, und namentlich um etwa 16^u (4 Uhr Morgens), ein Stillstand in dem Fallen des Wassers, wo nicht gar eine sehr kleine Zunahme seiner Höhe eintrat. — Es folgt nun aber durch Verbindung jener Zahlwerthe mit dem was die Theorie über die allgemeine Form der Gesetze dieser Erscheinung lehrt:

1) dafs die Hafenzeit*) in dieser Gegend der Westküste von Kamtschatka 6^u 10′,1 beträgt und

*) Ich verstehe unter Hafenzeit die bei den Syzygien stattfindenden, und einander gleichen, Verspätungen eines Wendepunktes jeder einzelnen der zwei periodischen Bewegungen, gegen den Mittag. — Wenn aber die örtlichen Coeffizienten dieser zwei Bewegungen verschiedene Zei-

2) dafs daselbst die Veränderungen der Wasserhöhe von nahe eintägiger Periode, über die von halb so langer bei weitem überwiegen.

Das Vorkommen der bedeutendsten Ungleichheiten in den Zeitintervallen zwischen je zwei auf einander folgenden Wendepunkten der Wasserhöhe, und in dem Betrage zweier zu einerlei Tage gehörigen Ebben oder Fluthen, so wie auch das gänzliche Fortfallen zweier derselben (d. h. einer Ebbe und einer Fluth, welches sich gerade am 11. August ereignete) sind zusammen nur ein anderer Ausdruck dieses zweiten Umstandes. Bekanntlich würde aber dieser nirgends eintreten, wenn das Meer in jedem Augenblicke diejenige Gestalt annähme, welche die anziehenden Gestirne für eben diesen Augenblick verlangen. Er ist daher eine Folge von der stärksten gegenseitigen Einwirkung, welche Bewegungen auf einander ausüben können, die eben jene Gestirne in ganz verschiedenen Gegenden des Oceans einleiteten — und eben deshalb gehört er zu den seltensten Anomalieen der Fluthen — auch habe ich schon oben erwähnt (S. 17.), wie man anstatt desselben schon an der Westküste des Ochozker Meeres, in Uebereinstimmung mit den Erfahrungen an den Europäischen Küsten, das entschiedenste Vorherrschen der halbtägigen Fluthbewegungen findet*).

---

chen haben, so kann sehr wohl der um die Hafenzeit verspätete Wendepunkt der zusammengesetzten oder sichtbaren Bewegung, eine Ebbe werden, anstatt, wie an den meisten Orten, eine Fluth. Hier am Tigil findet dieses anomale Verhältnifs sogar in den meisten Fällen statt, wie der analytische Ausdruck für die Wasserhöhe, in der folgenden Note, beweist. Auch geben die nach demselben berechneten Zeiten der Ebben und Fluthen bei den Syzygien einer Nachtgleiche und einer Sonnenwende (S. 145. ff.) zwei Beispiele von demselben.

*) Unter Beibehaltung der (S. 17. Anmerk.) gebrauchten Bezeichnung, folgt aus obigen Zeiten der Ebbe und Fluth, für die Höhe (H) des Wassers in der Tigilmündung über seinem mittleren Niveau, der allgemeine Ausdruck:

$$H = Au + B\,[\,r.\cos(R - 92^\circ{,}54) - 0{,}1668.\,s.\cos(S - 185^\circ{,}08)]$$

oder wenn man den Coeffizienten B nach der mir gemachten Angabe bestimmt, dafs die dortigen Aenderungen der Wasserhöhe in mittleren Fällen 24 Engl. Fufs betragen, in eben diesem Maafse etwa:

$$H = Au + 12{,}6.\,r.\cos(R - 92^\circ{,}54) - 2{,}1.\,s.\cos(S - 185^\circ{,}08)$$

Der Aufschluss der aus den obigen Beobachtungen über die Fluthbewegungen in der Tigilbucht hervorgeht, erstreckt sich nun natürlich auch auf die täglichen Aenderungen der Höhe des Wassers. Er ergab dieselben zunächst in einem willkürlichen Maafse, sodann aber auch in einem bekannten, wenn man ihn mit Herrn Nosikow's Angabe verband, dafs diese Aenderungen in mittleren Fällen 24 Engl. Fufs betragen. Hiernach war dann z. B.:

1829.	Wahre Zeit.	Höhe des Wassers über dem mittleren täglichen Niveau.	Veränderung der Wasserhöhe in der vorigen Stunde.
Aug. 11.	7u	+ 5,6 E. F.	
	8	+ 8,5 -	+ 2,9 E. F.
	9	+ 9,9 -	+ 1,4 -
	10	+ 10,3 -	+ 0,4 -
	11	+ 9,5 -	— 0,8 -
	12	+ 7,9 -	— 1,6 -
	13	+ 6,1 -	— 1,8 -
	14	+ 4,4 -	— 1,7 -
	15	+ 3,3 -	— 1,1 -
	16	+ 2,7 -	— 0,6 -
	17	+ 2,6 -	— 0,1 -
	18	+ 2,6 -	0,0 -
	19	+ 2,2 -	— 0,4 -
	20	+ 1,2 -	— 1,0 -
	21	— 0,9 -	— 2,1 -
	22	— 3,4 -	— 2,5 -
	23	— 6,7 -	— 3,3 -
Aug. 12.	0	— 9,9 -	— 3,2 -
	1	— 12,4 -	— 2,5 -
	2	— 13,6 -	— 1,2 -
	3	— 13,2 -	+ 0,4 -
	4	— 11,0 -	+ 2,2 -
	5	— 8,5 -	+ 2,5 -
	6	— 2,7 -	+ 5,8 -
	7	+ 2,1 -	+ 4,8 -
	8	+ 6,4 -	+ 4,3 -

---

wo die von dem ersten und noch unbekannten Gliede herrührenden Veränderungen nur nach Intervallen von mehreren Tagen merklich werden und ausserdem sehr klein gegen die übrigen zu sein pflegen. Die örtlichen Coeffizienten der eintägigen und der halbtägigen Fluthen verhalten sich also am Tigil wie 6 : 1, und bei Ochozk wie 0,40 : 1.

Das Stagniren der Wasserhöhe, welches wir gegen 4 Uhr Morgens wahrzunehmen glaubten, hat also an diesem Tage in der That in den Stunden von 4^u bis 6^u stattgefunden und zwar nahe um die Mitte dieser Zeit so vollständig, dass die Wasserhöhen nach genauerer Rechnung betrugen um:

17^u	5',0	2,625	Engl. F.
17^u	7',5	2,623	-
17^u	10',0	2,623	-
17^u	12',5	2,623	-
17^u	15',0	2,622	-

Dieser seltsame Stillstand ereignete sich dadurch, dafs von den Wendepunkten der Wasserhöhe, die durch das Hinzutreten der halbtägigen Bewegungen zu den eintägigen entstehen, zwei auf einander folgende, d. h. eine Ebbe mit einer Fluth, genau zusammenfielen. Es kommt diese Erscheinung hier — bald bei einer Wasserhöhe, die gröfser als die mittlere ist, bald bei einer kleineren — sehr häufig vor, auch sind die sekundären Wendepunkte durch deren Coincidenz sie entsteht, an den Tagen welche zunächst an den durch ein Stagniren ausgezeichneten liegen, einander ihrem Eintritte nach schon ungleich näher gerückt und in ihrem Betrage weit kleiner als die, zu demselben Tage gehörigen, Hauptebbe und Hauptfluth. — Da aber ferner die eintägigen Bewegungen überall auf der Erde durch grössere Declinationen des Mondes und der Sonne verstärkt werden und dagegen gänzlich verschwinden, wenn beide anziehenden Gestirne im Aequator stehen (wie bei Mond- oder Sonnenfinsternissen, die um die Aequinoctien fallen) — so ist es auch das Zunehmen jener Declinationen bis zu einem bestimmten Grade, welches das Zusammenfallen der sekundären Ebbe mit der sekundären Fluth und ihr beiderseitiges Verschwinden bewirkt. Bei gleichzeitigem Durchgange des Mondes und der Sonne durch den Aequator, werden dagegen die resultirenden oder zur Erscheinung kommenden Bewegungen möglichst einfach, indem dann zwei einander gleiche Ebben, der Zeit nach, genau in den Mitten zwischen zwei eben solchen Fluthen erfolgen. Hier am Tigil ist diese seltenere und einfachste Art der Bewegung weit kleiner als diejenige, welche beim Eintritt von nur einer Ebbe und einer Fluth im Laufe des Tages vorkommen, jedoch ist sie nicht so völlig unmerklich wie es bei Batscha in Tunkin der Fall sein soll. Das Verhältnifs des örtlichen Factor der halbtägigen Bewegungen zu dem der eintägigen, welches am Tigil höchst nahe an $\frac{1}{6}$ ist, mufs an der Küste jenes Meerbusens, nach der Beschreibung der dortigen Erscheinungen, ein völlig verschwindendes sein. Es ist dann eine andere einleuchtende Folge des ungewöhnlichen Verhältnisses jener beiden Factoren am Tigil, dafs daselbst die gesammte Wasserbewegung beim Neumond und Vollmond der Aequinoctien, wo sie an den meisten Orten der Erde am stärksten zu sein pflegt, fast am schwächsten ist, und namentlich kaum halb so grofs, als bei den Syzygien der Sonnenwenden. So ergeben z. B. die obigen Beobachtungen, dafs 1829 bei den den Nachtgleichen und den Sonnenwenden zunächst gelegenen Mondswechseln (namentlich 1,5 Tage nach jedem derselben) etwa folgende in Engl. Fufsen ausgedrückte Wasserhöhen an der Tigilmündung vorkamen:

I. Bei Neumond und Vollmond:

1) der Nachtgleiche.

um 0^u	10′	W.Zt.	+ 8,39	Fluth
6	22	-	— 8,39	Ebbe
12	35	-	+ 8,39	Fluth
18	47	-	— 8,39	Ebbe.

2) der Sonnenwende:

um 2^u	24′	W.Zt.	+ 11,64	Fluth
6	22	-	+ 8,48	Ebbe
10	21	-	+ 11,64	Fluth
18	47	-	— 22,92	Ebbe

II. Bei den Mondsvierteln:

1) der Nachtgleiche:

um 0^u	10′	W.Zt.	+ 7,51	Ebbe
2	13	-	+ 7,86	Fluth
12	25	-	— 14,72	Ebbe
22	56	-	+ 7,86	Fluth

2) der Sonnenwende:

um 6^u	10′	W.Zt.	+ 9,12	Fluth
14	0	-	— 4,78	Ebbe
18	34	-	— 0,05	Fluth
23	8	-	— 4,78	Ebbe.

Die gesammten Bewegungen folgten sich daher ihrer Gröſse nach geordnet:

bei den	Solst. Syzyg.	34,6	E. F.
-	Aequin. Quadr.	22,6	-
-	Aequin. Syzyg.	16,8	-
-	Solst. Quadr.	13,9	-

und es betrug dagegen die Aenderung der Wasserhöhe zwischen den beiden sekundären Wendepunkten:

bei den	Aequin. Syzyg.	16,8	E. F.
-	Solst. Quadr.	4,8	-
-	Solst. Syzyg.	3,2	-
-	Aequin. Quadr.	0,3	-

Auch bei diesen letzteren war also von der einen der zwei täglichen Schwankungen der Wasserhöhe, nur noch eine Spur vorhanden, welche nicht sehr aufmerksamen Beobachtungen leicht gänzlich entgehen konnte.

Man hat bekanntlich das Kleinerwerden oder gänzliche Verschwinden der halbtägigen Fluthwellen an gewissen Küsten, dadurch genügend erklärt, daſs jene Wellen dahin auf zwei verschiedenen Wegen gelangen, und zwar so, daſs der Unterschied dieser Wege die Interferenz von entgegengesetzten Fluth- oder Steigungs-zuständen bedingt. Die Gestalt des Ochozker Meeres ist nun in der That einer solchen Vorstellung nicht ungünstig, indem jede in dem offenen Oceane eingeleitete Bewegung sich, nach der Westküste von Kamtschatka, einerseits um die Südspitze dieser Halbinsel herum und dann geradezu nordwärts, und andererseits durch die südlicheren Kurilischen Straſsen und dann ostwärts in der Richtung und in der Verlängerung der Ochozker Küste, fortpflanzen kann. Es ist aber offenbar keine nothwendige Folge einer solchen Auslöschung oder Verminderung der halbtägigen Fluthwellen durch Interferenz, daſs die, alsdann freier hervortretende, eintägige eine absolute Vergröſserung erfahre. Die ungewöhnliche Stärke der gesammten (und also nach Schwächung der halbtägigen Fluthwellen noch zurückbleibenden) Aenderungen der Wasserhöhe am Tigil (24 E. F. oder 22,5 P. F. in mittleren Fällen) ist daher vielmehr als eine zweite Anomalie zu erwähnen, die, wenn auch von der ersteren nicht unabhängig, doch durch sie nicht unmittelbar bedingt ist. Sie scheint eine Folge der Hemmung welche alle Strömungen des Ochozker Meeres durch dessen Nordufer erfahren, und eben deshalb, längs der Westküste der Halbinsel, gegen Norden hin ausserordentlich zuzunehmen. So versicherte man mich in Tigilsk, dafs die gesammten Niveauänderungen bei Ijiginsk (62°,3 Br. 155°,7 O. v. P.) in mittleren Fällen sogar bis auf 40 E. F. steigen, und dagegen bei Bolscherezk nicht über 8 Fufs betragen. An dem letzteren Orte ist doch das Verhältnifs zwischen den örtlichen Coeffizienten der halbtägigen und eintägigen Bewegungen noch eben so ungewöhnlich, und daher an den meisten Tagen die Unterscheidung eines sekundären Steigens und Fallens des Wassers, von einem stärkeren oder Hauptphänomen derselben Art, eben so auffallend wie am Tigil. Das schwächere Wiederanwachsen ist dort, zum Unterschiede von der Hauptfluth (Russisch: pribuil), unter dem eigenthümlichen Namen Manícha bekannt, und dessen ursachliche Verwandschaft mit den Anomalieen der Fluthen am Tigil ist selbst aus folgender Andeutung von Krascheninikow zu erkennen: „Das Meerwasser, mit welchem sich bei Bolscherezk, während „der Fluthen, auch die Buchten an den Mündungen der Flüsse an„füllen, bleibt, je nach dem Mondsalter, bald auch bei der Ebbe theil„weise in ihnen zurück, bald fliefst es gänzlich ab. Nur in dem „eigentlichen Flussbette findet sich auch bei der Ebbe immer Was„ser. — Ein gänzliches Ablaufen des Meerwassers aus den Buchten „erfolgt nun namentlich bei Neumond und Vollmond, und von der „Ebbe bis zur Fluth steigt dann das Wasser bisweilen um 8 Fufs. „Das Steigen dauert gegen 8 Stunden, das darauf folgende Sinken „6 Stunden, und das Meerwasser fällt dabei um 3 Fufs. Dann folgt „ein neues Anwachsen während 3 Stunden, mit einer Stei„gung um weniger als 1 Fufs, und endlich ein 7stündiges Sin„ken bis zum niedrigsten Niveau, so dafs die Buchten ganz trocken „gelegt werden. Diese Art von Ebbe und Fluth beobachtet man „während etwa 3, zunächst an den Syzygien gelegenen, Tagen, dar„auf werden aber sowohl die Höhe der Hauptfluth als auch die „Zwischenzeit von der Hauptebbe bis zu derselben kleiner, die sekun„däre Fluth oder Manícha dagegen gröfser. Das Wasser aus den „Buchten läuft dann nicht mehr vollständig aus. Gegen die Mond„viertel zu, werden die Hauptfluth und die Manícha einander

„immer gleicher, bis dafs, bei den Quadraturen selbst, die erstere in „die letztere übergeht und umgekehrt.“ — Es bedarf übrigens kaum der Erwähnung dafs diese Beschreibung nur äusserst oberflächlich ist, und dafs dort wie überall die unendlich mannichfaltigen Wechsel der Wasserhöhen, überhaupt nicht durch Worte, sondern nur durch den analytischen Ausdruck der zwei periodischen Bewegungen, aus denen sie sich (ihrem gröfseren Theile nach) zusammensetzen, erschöpfend geschildert werden können.

So ist namentlich klar, dafs der Uebergang der Manicha in die Hauptfluth, d. h. das Auftreten zweier einander nahe genug gleichen Ebben und Fluthen, nicht allgemein bei den Mondsvierteln vorkommen könne, sondern vielmehr bei jedem Durchgange des Mondes durch den Aequator und mithin nur nach Zwischenzeiten die von einem halben Monat wenig verschieden sind.

Bei Magaseinskji pad oder 1,5 Seemeilen von der Mündung, ist die Tiefe des Tigilbettes doch noch etwas gröfser als die Veränderungen der Meereshöhe. Die Mitte desselben, in der wir lagen, wurde niemals ganz trocken gelegt, doch erhielt unsere Brigg bei der Ebbe, die am 10. August um Mittag von ziemlich starkem Wellenschlage begleitet war, sehr heftige Stöfse, durch die sich ihr Ruder in den Angeln hob und welche hier weit gefährlicher als im Kuchtui sein würden, wenn nicht die an der Strandlinie entblöfsten Felsentafeln in der Mitte des Bettes mit Triebsand bedeckt wären.

Von den Gesteinen die bei Magaseinskji pad und weiter abwärts bis zur Tigilmündung vorkommen, habe ich drei Formationen zu unterscheiden, nämlich 1) die in dem Flussbette entblöfsten festen Schichten, 2) die auf diesen letzteren landeinwärts aufgelagerten Massen, welche an dem Rande der Tundra senkrecht durchschnitten sind und einen 40 Fufs hohen Abhang bilden, und dann endlich 3) die mannichfachen Geschiebe und Gerölle, welche Strömungen während der jetzigen Gestaltung des Landes, theils aus seinem Innern, theils aus dem Meere, angespült haben.

Von dem linken Ufer des Tigil und seiner Mündung ist, wie schon erwähnt, derjenige Theil, den das Wasser an jedem Tage mit schnellster Bewegung verläfst und wieder überspült — überall mit unzähligen, gegen 2 Zoll dicken, Fliesen bedeckt, in denen man leicht das durch den Frost und die Wasserspülung zerbrochene Ausgehende von eben so dicken und sehr schwach gegen Osten geneigten Schichten erkennt. Diese sind äusserst fest, unter dem Hammer hell klingend und nur auf dem Queerbruche von röthlich-grauem mergelartigen Ansehen, auf den Ablösungsflächen aber, und auch noch einige Linien weit gegen das Innere, dunkelroth und glänzend. Sie bestehen aus sehr hartem kohlensaurem Eisen (Sphaerosiderit), dem nur gegen die Mitte der Schichten etwas mehr von einem thonigen Kalke beigemengt ist*). Erst an dem Fufse des senkrechten Küstenabhanges fand ich, unmittelbar über diesen Bänken, die Durchschnitte von anderen, die aus weissem Mergel von weit geringerer Festigkeit bestehen und nur noch an der Oberfläche einen ocherfarbigen Anflug zeigen. Es scheinen doch Theile derselben Formation, die, wegen geringerer Consistenz, aus dem Flussbette bereits gänzlich ausgewaschen sind, welche aber weiter gegen Südwest, am Meere zwischen der Tigilmündung und Kap Omgon, wo diese Schichten höher gehoben und stärker geneigt sind (S. 125.), dem Ganzen aus der Ferne ein weissliches Ansehen geben. — In den festen Eisenstein-Fliesen fand ich nun mit Freuden eine ausserordentliche Menge von Pflanzenresten. Am häufigsten sind darunter Baumblätter, die immer platt und so vorzugsweise auf den Ablösungsflächen liegen, dafs man sie auf dem Queerbruche kaum bemerken würde. Oft ist ihre Substanz in dem Gesteine noch völlig erhalten oder durch das glänzende Eisenerz so genau ersetzt, dafs auch über ihre Dicke an jedem einzelnen Punkte kein Zweifel bleibt, während an anderen Stellen nur ein bis ins Feinste gehender Abdruck der Nervur des Blattes geblieben ist. Die Erkennung derselben wird fast nur durch ihre erstaunliche Häufigkeit erschwert, indem sie meistens, als sie von dem Gesteine umschlossen wurden, zu mehreren so über einander geschoben waren, dafs nun auch die Ränder ihrer Abdrücke sich gegenseitig unterbrechen. Sicher ist jedoch dafs sie alle von dikotyledonischen Laubhölzern herrühren, deren nahe Verwandte

*) Es versteht sich dafs man dieses reiche Erz mit Vortheil verschmelzen könnte, wenn sich das Holz der Umgegend oder die nahe gelegenen Braunkohlen dazu ausreichend finden.

noch jetzt in den gemässigten Klimaten vorkommen. Herr Göppert hat unter den Exemplaren die ich davon mitgebracht habe, die Blätter einer Juglans- und einer Carpinus-Art erkannt. Die ersteren sind bis zu vier Zoll lang, bei 1,5 Zoll Br. — Ich fand ausserdem in diesen Schichten die Abdrücke der Schafte von Binsen-ähnlichen Pflanzen und eine vortrefflich erhaltene Süfswassermuschel. Es ist eine sehr breite und äusserst dünn-schalige Anodonta, welche ganz aufgeklappt, mit ihrem Rücken nach oben, in dem Gesteine liegt. Herr Girard glaubt darin eine noch unbeschriebene Art zu erkennen, die er A. tenuis genannt hat*).

Die Vorstellung dafs alle eben genannten Gegenstände einst am Boden eines Landsees, und wahrscheinlich ganz nahe am Ufer desselben, gelegen haben, und dafs daher auch das Gestein welches sie jetzt umschliefst, in einem solchen Wasserbecken entstanden ist, scheint mir schon wegen der Häufigkeit und der vollkommenen Erhaltung der Baumblätter kaum zurückzuweisen. In der That liegen diese gerade so bei einander, wie man sie noch jetzt im Herbste neben jedem bewaldeten Ufer eines Sees der gemässigten Zone schwimmen, und, dann nach einiger Verrodung, auf dessen Boden versinken sieht. — Die äusserste Ruhe des Wassers aus welchem sich jene Eisenschichten niederschlugen, wird aber auch noch durch einen anderen Umstand erwiesen, der sich an dem Gesteinstück welches die Anodonta enthält, und auch an vielen mit Blattabdrücken versehenen zeigte. Man sieht nämlich den von einem solchen Gegenstande eingenommenen Theil der unteren Ablösungsfläche einer Schicht gegen die übrigen Theile dieser Fläche so gleichmäfsig zurückgetreten, dafs, ausser dem Abdrucke, auch noch ein cylindrischer Raum in dem Gesteine entstanden ist, dessen Seitenwand auf die Schichtung genau senkrecht liegt, indem sie den, gegen dieselbe meist etwas schräg stehenden, Abdruck als Basis hat. Namentlich sind unter Muscheln die Wände jenes leer gebliebenen Raumes eben so scharf abgeschnitten, als ob

*) „Sie scheint jedoch sehr nahe verwandt mit A. Besseri, Phil. aus dem Tigris bei Canton, besonders mit jungen Exemplaren derselben, so wie auch mit einer noch unbestimmten Anodonta von den Fidjee-Inseln.“ Girard.

man dieselben, in die noch weiche Masse des Gesteines, genau senkrecht auf dessen Ablösungen, aufwärts gedrückt hätte. — Was aber die Entstehung dieses Anscheines betrifft, so leidet es wohl keinen Zweifel, dafs die einzuschliefsenden Gegenstände nur mit einem Theile ihres Randes auf dem Boden des Sees lagen, und daher reines Wasser unter sich abschlossen, während der Niederschlag des werdenden Gesteines vollkommen senkrecht an jedem Punkte ihres Randes entlang ging; denn auf diese Weise mufsten in der That in den Schichten die leeren Räume entstehen, welche wir nun, mit dem Schatten der versteinerten Gegenstände in parallelem Lichte aufs schärfste übereinstimmend, finden.

Diese ausgezeichnete Formation besitzt längs der Westküste der Halbinsel eine bedeutende Ausdehnung, denn noch an der Mündung der Talowka — bei etwa 63° Breite, und nur 7 Meilen von dem Kultuk (I. 2. S. 89.) oder nördlichsten Zipfel der Penjinsker Bucht — „so wie auch an anderen Punkten derselben Küste werden Abdrücke von allerlei Baumblättern in thonigten und mergelartigen Schiefern gefunden"*). Nach diesem Zeugnisse ist die jetzige Westküste der Halbinsel einst das Ost-Ufer eines Süfswassersees gewesen, der, nach der anderen Seite, wohl bis an die Landspitze zwischen der Penjinsker und Ijiginsker Bucht (dem Taigo-Nos)**) und bis zu dessen jetzt vom Meere bedeckten Fortsetzung reichte. — Es wäre somit von äusserster Wichtigkeit das geologische Alter der in ihm entstandenen Eisen- und Mergel-Schichten schon an und für sich und ohne Berücksichtigung der Gesteine zu bestimmen, von denen sie weiter

*) Nachrichten — von Pallas — über Gegenstände, welche der um 1795 in Ijiginsk angestellte Schichtmeister Daniel Hause gesammelt und zum Theil nach Petersburg geschickt hatte. Neue Nordische Beiträge Bd. V. S. 273.

**) An der Westseite des Taigo nos gehen Gänge zu Tage, welche Kupferlasur und wahrscheinlich auch den, nahe dabei vorkommenden, Zinnober enthalten — während in der Mitte und in der Osthälfte dieser Landspitze die Braunkohlen und die verkieselten Hölzer vorkommen, welche auch am Tigil über den in Rede stehenden Süfswasserschichten liegen; a. a. O. S. 271 u. f. S. 311.

ostwärts gegen das Innere von Kamtschatka bedeckt werden. Die mineralogische Beschaffenheit jener Schichten und die ausserordentliche Festigkeit von vielen derselben erinnern kaum an eine Bildung der Tertiär-Zeit. — Sie könnten vielmehr veranlassen, dieselbe gewissen eisenreichen Sandsteinen und Sphaerosideriten der Juraperiode (z. B. dem unteren Oolith in den Weser-Gegenden in Deutschland) anzureihen, wenn nicht andererseits die organischen Reste in ihnen eine solche Annahme entschieden zurückwiesen. Alle Pflanzen die wir in wahren Juraschichten kennen, und sogar noch in den jüngsten von ihnen (auf Portland nahe an der Südküste von England), haben unter den jetzt lebenden nur in der tropischen oder subtropischen Zone Verwandte. — Dicotyledonische Bäume eines gemässigten Klimas, und namentlich Blätter derselben, kommen dagegen im Quadersandsteine in Deutschland und in entsprechenden Schichten der Englischen Kreide so häufig vor, dafs mir die Entstehung der in Rede stehenden Schichten an der Tigilmündung und an der Ostküste der Pen*j*insker Bucht in derselben geologischen Periode (der Kreideformation) am wahrscheinlichsten vorkömmt. Dieser Ansicht ist auch das Vorkommen vortrefflich erhaltener Exemplare der Modiola jugata nicht ungünstig, welche ich in einem sehr dichten rauchgrauen Kalkmergel, etwas weiter oberhalb am Tigil in derselben Höhe wie die Eisensteinschichten an der Mündung, gefunden habe — denn in der That kennen wir auch anderweitig mehrere Species dieses Geschlechtes von Seemuscheln in Schichten welche zur älteren Abtheilung der Kreidebildungen gehören, und deren organische Einschlüsse bereits auch in anderen Gegenden zur Annahme nahe auf einander folgender Wechsel von Süfswasser- und Meeres-bedeckungen in jener geologischen Periode geführt haben.

Die Massen von denen jene Eisensteinschichten längs des Flussufers und landeinwärts unter der Tundra, etwa 40 Fufs hoch, bedeckt sind, wurden offenbar in der Geschiebezeit (Diluvial-Epoche) abgelagert. Sie enthalten Mammuthsknochen, eben so wie viele ihnen ähnliche die man auf Kamtschatka, wie in anderen Theilen von Russland und von *S*ibirien, an den Flussufern entblöfst sieht. Ein 6 Pfund schwerer Zahn ist namentlich in dem Abhange an der Tigilmündung vorgekommen*). Ich fand diesen Abhang aus denselben äusserst mannigfachen und mehr oder weniger abgerundeten Trümmern von Gesteinen zusammengesetzt, welche noch jetzt, wiewohl 40 bis 50 Fufs tiefer, an dem Flusse aus dem Innern des Landes angespült werden. An ihren älteren und jetzt höheren Lagerstätten bilden dieselben völlig horizontale Bänke, in einem röthlichen und eisenschüssigen Thone, der stellenweise, und offenbar durch Einwirkung der Ocher-haltigen Wasser auf den Magnetsand der die Gerölle begleitet, zu einem festen Bindemittel geworden ist. Zwischen diesen Bänken liegen aber auch Nester oder breite Knollen eines äusserst feinen und schneeweissen kiesligen Thones, aus welchem die an dem Abhange ausfliessenden Quellen eine mineralische Gallerte ausspülen und an ihren Rinnsalen absetzen. Sie ist, wohl offenbar in Folge einer gleichen Entstehung aus fein zerriebenem Trachyt oder Bimsstein, der Marekanischen Erdsahne ganz ähnlich (S. 90.), und wird auch, eben so wie diese, hier aber unter dem Namen tekuschtschji il d. i. der fliessende Thon, als ein Nahrungsmittel gesammelt. Von den Tigilern wurde mir dieses Produkt ihrer Gegend mit ganz besonderem Interesse gezeigt**).

Eine nähere Untersuchung sowohl der Geschiebe in jenen Diluvialschichten, als auch und besonders der mit ihnen gleichartigen Gesteinstrümmer welche jetzt von dem Flusse und von den Meereswellen bewegt werden, bewies endlich dass zunächst landeinwärts eine von hohen Sandsteinen und Mergelschichten begleitete

---

*) Pallas in Nord. Beitr. V. S. 274.

**) Noch andere, auf dieselbe Weise verwendete und mit Wasser gelatinirende, Steinpulver hat schon Steller von Kamtschatka erwähnt, namentlich von dem Kurilischen See (zwischen 51°,8 und 52°,1 Br. bei 154°,5 bis 154°,9 O. v. Par.) und von Oliutora (etwa 60°,9 Br. bei 166°,0 O. v. Par.); auch findet und isst man, wie von Pallas berichtet wurde, eine grünliche Erdsahne in der unteren Gegend des Anadyrflusses. Ob, nach Steller's Angabe, diese mineralische Kost eine heilsame Diversion für die Ichthyophagen jener Gegenden ausmache, ist wohl noch zu untersuchen. Meine Begleiter rühmten von ihr nicht sowohl medizinische Kräfte als vielmehr einen annehmlichen Geschmack und die unschädliche Sättigung die sie bewirke.

Kohlenformation vorherrschen müsse, über welche erst weiterhin äusserst mannigfaltige vulkanische Produkte das Uebergewicht gewinnen. Ich fand am Tigil und am Strande viele noch ziemlich platt erhaltene Rollstücke von so schwarzer und dichter Kohle dass man sie, ohne anderweitige Begleitung, für ältere oder eigentliche Steinkohle halten müsste. Man sieht aber neben ihnen so entschiedene Braunkohlentrümmer, dafs die tertiäre Entstehung des Ganzen sogleich wahrscheinlicher wurde; auch steigerte sich diese zur Gewissheit durch sehr häufiges Vorkommen von Bernstein sowohl in kleinen Stücken in der schwarzen Kohle, als auch in thränförmigen, die ich bis zu zwei Zoll im Durchmesser gesehen habe und welche lose auf dem Tigil gegen die Mündung gespült werden. Ich habe jene verkohlten Hölzer und andere mehr oder weniger verkieselte, die man mit ihnen an dem hiesigen Strande findet, bald darauf an ihrer Lagerstätte in den Tigilufern bei *S*edanka (längs des Flusses etwa 11 Meilen von der Magazinsschlucht) weit genauer kennen gelernt (vergl. unten August 24.). An den übrigen Flussgeröllen, welche durch stärkere Abrundung einen entfernteren Ursprung verrathen, lernte man schon hier die überraschende Mannigfaltigkeit des Ansehens, durch welche sich die Verbindungen der drei vulkanischen Fossilien (der Feldspathe, der Hornblende und des Augites) auszeichnen. — Schwere rauchgraue Laven mit kleinen Augitkrystallen sind hier vorherrschend, aber die zu ihnen gehörigen schwarzen Schlacken und andere von hellstem Ziegelroth sind kaum häufiger als schneeweisse Bimssteine. In den diluvischen Anschwemmungen sieht man diese letzteren entschieden überwiegen, und sie dürften daher wohl — eben so wie die Trümmer von theils porphyrisch- theils granitisch-krystallisirten vulkanischen Gesteinen (Augitporphyren, Andesiten, Trachyten mit Hornblendekrystallen) — hier an der Westküste erst aus jenen Schichten einer früheren Periode unter die Flussgerölle gerathen sein.

Der Sand aus dem Innern des Landes zeigte sich, an allen Stellen des Flussufers an denen ihn die Wasserspülung von den gröberen Geröllen gesondert hatte, als Trümmer eines sehr merkwürdigen Gesteines. Er besteht zu etwa gleichen Theilen aus Titaneisen und einem Gemenge von mehreren harten und glänzenden Kieselfossilien*). Die Körner des schwarzen stark magnetischen Erzes sind theils von hellstem Metallglanz, mit deutlichen Flächen rhomboedrischer Krystalle, theils rundlich und matt. Unter den letzteren fand ich einige an den Kanten blutroth und durchscheinend, und andere sogar rundum mit einer eben so gefärbten Rinde überzogen, die offenbar aus Titanoxyd (Rutil) besteht. — Unter den Kieselfossilien scheinen Chrysolith, Augit und glasiger Feldspath zu überwiegen. Den ersteren sieht man theils noch in äusserst kleinen aber vollständig erhaltenen Säulen von gelblichem Grün und starkem Glanze, theils in etwas dunkelgrünern eckigen Bruchstücken (Olivin). Ich habe ihn mehrmals mit Titaneisenkörnern so verwachsen gefunden, dafs er mit diesen zum Magnete gezogen wurde. Von den Augiten, die doch die Gröfse der übrigen Sandkörner nicht übertreffen, finden sich ebenfalls noch Bruchstücke mit deutlichen Krystallflächen, während der Feldspath nur in unregelmässig eckigen Trümmern von derselben Kleinheit vorkömmt. Ausser diesen Fossilien liegen in dem Sande viele bräunlich-gelbe undurchsichtige und schwach glasglänzende Körner (vielleicht von braunem Granat?), so wie auch weit vereinzeltere und meist etwas gröfsere Bruchstücke von schwarzem Obsidian und von einer, ebenfalls schwarzen, basaltischen Masse. — Die vulkanische Entstehung des Gebirges von welchem in diesem Gemenge offenbar nur die härtesten Bestandtheile zurückgeblieben sind, ist nicht zu bezweifeln, sowohl wegen der Umgebungen unter denen ähnlicher Sand in anderen Gegenden der Erde vorkömmt**), als auch wegen gänzlichen Mangels an Quarz in dem hiesigen. Dieser charakteristische Bestandtheil eines jeden granitischen Detritus wird vielmehr nur von den Meereswellen an einzelnen Stellen der Tigiler Küste angeschwemmt, auch ist er schon auf dem Boden des Ochozker Meeres, wie die Lothungen in demselben beweisen, weit seltener als basaltische Gerölle, die sich bis weit vom Lande in beträchtlicher Gröfse erhalten haben.

---

*) Dafs ein durchaus ähnlicher Sand auch in den diluvischen Schichten des Küstenabhanges vorkömmt, habe ich bereits erwähnt.

**) So der Chrysolithsand auf Ile de Bourbon, bei Montpelliero am Aetna, auf Teneriffa u. a. O. Vergl. auch unten Otaeiti.

Der Anblick den uns die Kamtschatische Vegetation, zuerst auf der höheren Ebene über der Magazinsschlucht, darbot, ist von dem der Marekanischen bei Ochozk aufs äusserste verschieden. Hier war keine Spur mehr von den Sibirischen Nadelhölzern, die sich noch bis an die Westküste des Continentes erstreckt hatten (weder von den Lärchen noch auch von der wuchernden Zirbelfichte des Marekanischen Strandes) und Pflanzenformen die an der gegenüberstehenden Küste nur höchst untergeordnet vorkommen, waren hier überwiegend geworden. Auch manche ganz neue oder doch nur in Europa bekannte Gewächse scheinen wieder hinzugetreten, vor allem aber ist es der Charakter üppigen Wachsthums und eine ungewöhnliche Begünstigung der Pflanzen durch die Luft und die Erde, der die dicht gedrängte Bekleidung des hiesigen Bodens, sowohl in ihrer Gesammtheit als auch in jedem ihrer Theile, auszeichnet. Die grünende Decke schien so weit das Auge reicht, ununterbrochen und völlig eben; denn rundliche Senkungen in derselben, die mit Sumpf oder mit stehendem Wasser gefüllt sind, werden durch Gesträuche oder dicht gekreuzte Stauden-Gewächse auf die verrätherischste Weise versteckt — auch haben die moorigen und die weit trockneren Bezirke dieser Fläche, obgleich sie sich mannigfachst durchkreuzen, und sogar einander vollständig umschliefsen, dennoch ein jeder die ihm zukommenden Bewohner in Menge gefunden.

Kleine Gehölze der Zwergbirke (Betula nana) stehen nahe an diesen sumpfigen Stellen — sie trugen jetzt meist schon ausgebildete Samen, doch fand ich andere noch blühend — und hinter ihnen ein schlankeres und höheres Weidengesträuch (Salix myrtilloides Variet.)*) in höheren Wänden. — Nur Ledum palustre schien aus der Familie der Azaleen, anstatt des herrlichen Ochozker Rhododendron, geblieben**), dagegen war aber hier, wo sich Pflanzen mit saftreichen Beeren recht angelegentlich versammelt haben, Empetrum nigrum zu einem dichten Filze verwebt. Seine Früchte waren der Reife nahe, eben so wie die der vier Vaccinien welche auf dieser Tundra gesammelt werden und wie

*) Naturhist. Atlas S. 56.
**) Vergl. aber unten Aug. 27.

die, einer grofsen Stachelbeere gleichkommenden, giftigen Beeren eines Trillium (oder Paris)*), die hier woltschija oder auch woronuija jagodui d. i. Wolf- oder Krähenbeeren, genannt werden. Rubus arcticus stand noch in Blüthe, während die prachtvollen zinnoberfarbenen Früchte von Rubus Chamaemorus grofse Moorflecken der vor uns liegenden Ebene vollständig überdeckten. — Die Blüthen des Aconitum Camtschaticum, eine Lobelia sessiliflora**) und die fruchtreichen Stauden von Rumex hippolapathum Var.***) zierten andere Stellen der Tundra, während an ihrem Rande und in der Schlucht durch die wir zu ihr aufstiegen, drei Pflanzen vorherrschten, von denen ich schon früher die nächsten Verwandten ganz ähnliche Gruppen bilden gesehen hatte. Es ist ein hoch aufgeschossenes rothblühendes Epilobium — von dem Europäischen E. angustifolium nicht spezifisch verschieden — welches hier immer zu dicht verwebten Gebüschen mit einer Nessel verbunden ist, die der Urtica urens ganz ähnlich, aber dennoch ganz ohne die brennende oder vielmehr stechende Kraft ist, die dieser den Namen gegeben hat. Sodann aber steht nahe bei diesen beiden, theils an dem Rande ihrer undurchdringlichen Gebüsche, theils in ähnlichen selbstständigen Gruppen vor den Weidengehölzen, die der Russischen Spiraea ulmaria verwandte, ebenfalls krautartige aber ungleich höhere und üppigere, Sp. Camtschatica.

Auch hier haben sich also diese drei geselligen Pflanzen, gerade so wie an den feuchten Waldrändern welche die Landstrafse von Petersburg nach Moskau berührt (I. 1. S. 135, 145, 146.) und wie auf den Waldblöfsen am nördlichen Obi (I. 1. S. 546.) — wie mit einer seltsamen Vorliebe für einander — in einerlei Standorte getheilt. Eine jede von ihnen übertrifft aber ihre Europäischen Verwandte so entschieden, dafs die Blüthentriebe der Spiraea von

---

*) Der Habitus dieser Pflanze schien mir zwar von dem unserer Paris quadrifolia kaum verschieden. Ich bemerkte aber auf ihren Früchten sechs Näthe, die sie in eben so viele Fächer zu theilen schienen, und welche sie daher den Trilliumarten näher bringen dürften.

**) Naturhist. Atlas S. 58.

***) a. a. O. S. 57.

10 bis 15 Fuſs hoch und die der Nesseln nicht selten der Höhe des Bergabhanges an der Magazinsschlucht gleich sind und daſs man die Epilobienschäfte unter ihrem seltsamen Blüthenreichthum kaum erkannte. Sodann aber zeigte sich hier auch, meistens nahe bei denselben an allen trockenen oder steinigen Stellen der Tundra, ein zierlicher Strauch von dem in Europa wohl nahe Verwandte, jedoch überall nur in weit untergeordneterem Verhältnisse vorkommen. Es ist eine Lonicera (*Jimolost* der Kamtschatischen und der Europäischen Russen), die mit der auf den Alpen vorkommenden und in unseren Gärten vielfach gepflegten L. coerulea am nächsten übereinstimmt, von welcher ich aber schon hier die blauen, einer Olive an Gestalt und Gröſse gleichen, Früchte als äusserst schmackhaft und als eines der vortrefflichsten unter den vegetabilischen Nahrungsmitteln des keineswegs armen Landes kennen lernte*).

---

*) Diese Beeren hangen einzeln aus den, einander paarweise in einerlei Höhe gegenüber stehenden, Blattachseln, und sind eine jede mit zwei schmalen lanzettförmigen Kelchblättern versehen. Ich habe ihren Wohlschmack und ihre groſsartige Anwendung auf Kamtschatka, so wie auch das immer schlankere, kräftigere und sogar baumartigere Ansehen welches der Strauch der sie trägt, gegen die Mitte der Halbinsel annimmt, in dem Tagebuche meines dortigen Aufenthalts noch oft zu erwähnen. Eine Erfahrung welche diese Früchte später veranlassten, möge aber schon hier, als nicht unwichtiges Beispiel von dem Einflusse klimatischer Verhältnisse auf die Zusammensetzung der Pflanzensäfte, einen Platz finden. Nachdem die Zweige der Kamtschatischen *Jimolost* die ich nach Berlin brachte, von den Botanikern für identisch mit Lonicera coerulea, Cham. erklärt waren (vergl. Naturhist. Atlas S. 61.), bemühte ich mich lange Zeit vergebens um Früchte dieser Species, die in Deutschland gereift wären und welche, wie ich nun glauben musste, nicht bloſs einen mit Unrecht vernachlässigten Genuss, sondern auch einen beträchtlichen Nutzen verhieſsen. Viele Gärtner behaupteten, daſs dort dergleichen gar nicht vorkämen oder daſs sie sämmtlich verkümmerten, bis dass sich der Grund dieser seltsamen Sage durch die ausserordentliche Begierde erklärte, mit der die Vögel diesen Beeren nachstellen. Demnächst gelang es denn auch leicht, im Sommer 1841, durch Herrn Garten-Direktor Lenné's Theilnahme für jede pomologische Untersuchung, in der Landesbaumschule bei Potsdam einen groſsen Vorrath der fraglichen Früchte zu sammeln. Der hellblaue wachsartige Anflug der dieselben bedeckte und das dunkele Purpurroth ihres Saftes zeigten sich nun in der That, eben so wie ihre Gestalt und ihre durchschnittliche Gröſse, mit den entsprechenden Eigenschaften der gleichbenannten Kamtschatischen Beeren auf's

Aber auch von fast jedem anderen der hier genannten Gewächse und von noch mehreren die auf der Tigiler Tundra

---

vollkommenste übereinstimmend — und nur etwa an besonders begünstigten Standorten hatte ich auf Kamtschatka weit stärkere und bis zu 1,5 Zoll lange Jimolostbeeren gesehen. — Die behauptete Identität schien durch diesen Erfolg nur bestätigt und ich fand daher nun mit um so gröfserem Erstaunen: ein jedes der bei Potsdam gereiften Exemplare dieser Frucht mit einer so eigenthümlich widerwärtigen Bitterkeit begabt, dafs man kaum eines derselben ohne beträchtliche Selbstüberwindung verschlucken konnte — auch gelang es mir nicht, wie nun wohl vorauszusehen, durch Zusatz von Essig oder von Zucker diese zurückschreckende und gewifs auch schädliche Eigenschaft ihres Saftes im Geringsten zu mildern oder zu verstecken, während ich doch von den für identisch erklärten Früchten auf Kamtschatka sehr oft zwei bis drei Pfund an einem Tage mit äusserstem Wohlbehagen und ohne jede nachtheilige Folge gegessen hatte! — Der einzige wesentliche Unterschied der mir seit dieser seltsamen Wahrnehmung zwischen dem Entwickelungsgange des Deutschen und dem des entsprechenden Nord-Asiatischen Gewächses bekannt geworden ist, und der somit als Grund für die Verschiedenheit ihres Produktes anzuführen wäre, besteht nun aber darin, dafs die Früchte des ersteren ausserordentlich früh, und namentlich schon in den ersten Wochen des Juni, reifen, während man sich auf Kamtschatka erst in den letzten Wochen des August und in einzelnen Walddistrikten sogar noch im September mit der Jimolostleese beschäftigt. Und freilich ist es dann wohl nicht unmöglich, wenn auch noch nichts weniger als anschaulich, dafs es nur einer, durch geringere Temperatur und vielleicht auch durch Feuchtigkeit, gemilderten und entsprechend verlängerten Einwirkung der Atmosphäre und des Lichtes bedürfe, um einen bitteren und ekelerregenden Stoff vollständig aus dem Fruchtsafte zu eliminiren, indem anstatt seiner ein anderer, und wahrscheinlich der Zuckergehalt desselben, vermehrt wird. Offenbar liefse sich die Frage nach der Wirklichkeit dieser Voraussetzung durch einige etwas vollständigere Analysen der in Rede stehenden Früchte beantworten. Die nachfolgenden Untersuchungen des Saftes der Potsdamer Jimolostbeeren, welche Herr Heinrich Rose auf meine Bitte veranlafst hat, ist aber einstweilen, schon als die einzige ihrer Art, unter den vorläufigen Beiträgen zur Prüfung einer solchen Ansicht zu erwähnen. Auch scheint unterdessen jener Voraussetzung die, mir von Hrn. Staatsrath Fischer aus Petersburg gütigst mitgetheilte und wiederum höchst unerwartete, Notiz nicht ungünstig, dafs die in dem dortigen botanischen Garten gezogenen Beeren von L. coerulea sich zwar essen lassen, jedoch ganz fade schmecken. Von dem Geschmacke der Potsdamer Exemplare kann man nun wahrlich dieses Beiwort genau eben so wenig gebrauchen, wie, aus gerade entgegengesetztem Grunde, von dem der Kamtschatischen, und der fade Saft der Petersburger Beeren könnte demnach wohl einen Uebergang darstellen zwischen dem widerlich bitteren ihrer

vorkommen, erzählte man uns schon hier mancherlei Anwendung in dem Kamtschatischen Haushalt, dem überall die liebevollste Prüfung jedes zugänglichen Naturproduktes zu Grunde liegt. Ausser den herrlichen Beeren der Rubusarten und der Vaccinien, werden auch die von Empetrum nigrum (Schikscha der Russen) gesammelt und am liebsten in Robbenfett eingemacht; die Schelamainuie putschki, das sind die mehr als mannslangen Blüthentriebe der erwähnten Spiraea, werden im Juli überall in grofsen Massen geärndtet und theils mit den Wurzeln des auch auf der hiesigen Tundra häufigen Polygonum bistorta zerstampft und den Fischspeisen zugemengt, theils frisch als Salat mit getrocknetem Roogen gegessen. Was man mir hier von dem eben so aus-

---

Norddeutschen und dem weinig-süfsen ihrer Nordasiatischen Verwandten. Die schnelle Fructification ist aber freilich auch noch im Europäischen Russland eine auszeichnende Eigenschaft des in Rede stehenden Gewächses, indem dort, wie Herr Fischer bemerkt hat, seine Beeren früher als die irgend eines anderen Strauches reifen und namentlich „schon dann wenn die Früchte von L. tatarica noch ganz klein und grün sind."

„Die (bei Potsdam gereiften) Beeren von L. coerulea ertheilten zerquetscht, dem zu ihrer vollständigen Ausziehung gebrauchten Alcohol von 0,835 spez. Gew. eine blutrothe Farbe. Der durch Abdampfung bei 30° bis 40° R. aus dieser Flüssigkeit erhaltene Rückstand gab wiederum (mit Hinterlassung von nur sehr wenigem unlöslichen Chlorophyll) eine blutrothe Auflösung, von welcher eingetauchtes Papier eine der von Lakmus herrührenden ganz ähnliche, jedoch durch Säure nicht zu röthende, Färbung annahm."

„Reine Blutkohle entfärbte jene rothe Auflösung gänzlich und entzog ihr zugleich eben so vollständig den widerlich bitteren Geschmack, der den zu untersuchenden Früchten eigen ist. Nach Abdampfung bei 30° bis 40° R. hinterliefs die nun farblose Flüssigkeit ein gelbliches Extrakt von durchaus süfsem Geschmack (ob dieses Rohr- oder Trauben-Zucker war, wurde nicht untersucht)."

„Die von der Blutkohle aufgenommenen Substanzen gaben wiederholentlich durch dieselbe geleitetem Wasser durchaus keine Färbung. Das durch Weingeist aus jener Kohle extrahirte blieb dagegen nach der Abdampfung als eine hellbraune Masse zurück, die sich fast gänzlich in Wasser löste, sauer reagirte, Bleizucker und Bleiessig fällte und denselben unangenehmen Geschmack besafs, der die unzersetzten Früchte charakterisirt."

„Die in Wasser unlöslichen Theile der zuletzt genannten Masse waren in Alkohol löslich, sind aber wegen ihrer geringen Menge nicht näher untersucht worden."

gedehnten aber weit künstlicheren Zubereitung des Kiprei (E. angustifolium)*) und von den vortrefflichen Speisen, aus verschiedenen Lilienknollen (*Sarana*) sagte, habe ich in den folgenden Wochen vielfach erlebt, und eben so auch den Gebrauch der riesigen Nesseln, die man im Winter schneidet und zubereitet. Ihr Bast wird noch jetzt überall zu Fischnetzen und zum Nähen gebraucht, während der zartere und dem Leinen ähnlichere Bast der mit Kämmen aus der balótnaja trawà d. i. dem Sumpfgrase (einer Glumacea)**) gewonnen wird, viele Anwendungen weicher und aufsaugender Gewebe ersetzt. Aus diesem werden auch die Perrücken gemacht, mit denen sich altgläubige Kamtschadalen (genau so wie ich es bald darauf bei den Otaeitern gesehen habe) bei feierlichen Gelegenheiten versehen, und die sie erlegten Thieren, wie einen Ersatz für das ihnen abgenommene Fleisch, auf den Kopf setzen. Von medizinischen und giftigen Kräften der Pflanzen ist dann eben so kaum eine wichtigere diesen alles prüfenden Forschern entgangen. So wissen sie dafs die Wurzel des schönen Aconitum Camtschaticum einen narkotischen Stoff enthält***), welcher die Sammelmäuse veranlafst, einzelne derselben ihren unterirdischen Vorräthen von Lilienknollen und von Polygonumwurzeln hinzuzufügen. Diese Beimengungen gelten, nach dem kindlichen und wahrscheinlich richtigen Volksglauben, für ein Rauschmittel, an dem sich die vierfüfsigen Sammler von Zeit zu Zeit ergötzen — sie werden aber von den Kamtschadalen, welche in den Mäusebauen einen guten Theil ihrer Nahrung finden, sehr sorgfältig ausgelesen und verworfen.

Möven und Seeschwalben, welche mir von den bei Ochozk gesehenen nicht verschieden schienen, umschwärmten uns in den Morgenstunden bei abnehmendem Wasser. Auch setzte sich einmal auf die Bucht in der Nähe des Schiffes eine Gagara (Cepphus

*) Das an den Flüssen stehende E. latifolium (unten Aug. 17.) ist minder häufig.

**) Vielleicht das Eriophorum latifolium, Hoppe, (Naturhist. Atlas S. 58.) welches ich bei Tigilsk häufig fand.

***) Vielleicht einen anderen als unser sehr giftiges Aconitin, welches nur aus dem Kraut und aus dem Samen von A. Napellus gewonnen wird!

septemtrionalis Pall., oben S. 49.) welche sich durch ihren geradlinigen, dem der Enten ähnlichen, Flug und durch ihre seltsame Stimme auszeichnet, die an Katzengeschrei erinnert. Auf einem langsam fliefsenden Bache, der die niedrigsten Stellen der Wiesenebene hinter den Strandhütten einnimmt, fanden wir Enten von diesjähriger Brut. Sie schienen diesen Aufenthalt den gröfseren Flüssen vorzuziehen, welche in dieser Jahreszeit von den Alten gesucht werden. Die geschossenen Individuen gehörten sämmtlich zu Anas Crecca, die hier wie in Ochozk unter dem Namen tschirok als die wohlschmeckendste Entenart bekannt ist. Auch an Schnepfen schienen passende Stellen dieser Ebene nicht arm — deren Rasen in der Nähe des Baches mit Sanguisorba tenuifolia*), Erigeron acre, Parnassia palustris u. a. geziert ist. In dem Wasser fand ich den Ranunculus sceleratus**) sehr häufig. Auch diese Pflanze, die jetzt hier unter dem Russischen Namen ljutik (von ljutui grimmig) bekannter ist als unter dem Kamtschadalischen: sgata, war früher überall auf der Halbinsel, und ist noch jetzt bei den Aleuten, von wichtigster Anwendung. Die Pfeilspitzen die man mit einem Brei aus der zerstofsenen Wurzel derselben einreibt, werden davon so giftig, dafs sie stark anschwellende und sich bläuende Wunden verursachen, von denen namentlich auch die Siwutschi (Seelöwen) und Wallfische weit sicherer und weit schneller als von anderen Wunden verenden sollen.

Sowohl bei unseren Gängen auf der Tundra als auch besonders in den Abendstunden und in den Nächten auf dem Schiffe lernten wir auch schon eine Beschwerde kennen, deren höchste Grade für Kamtschatka charakteristisch sind. Ich meine die wüthenden Angriffe welche sehr kleine Stechfliegen (Russisch: moschki Simulium, Auct.)***) und weit grössere, summende Mücken (Russ.: komari) gegen alles Lebende ausüben. Die dichten Schwärme dieser zwei, etwa gleich sehr quälenden, Insektenarten, die auch über dem Wasser und in dem Raum unseres Schiffes sogleich ihre

---

*) Naturhist. Atlas u. s. w. S. 64, 57.
**) a. a. O. S. 61.
***) Vergl. unten August 22. u. a.

neue Beute zu finden wufsten, haben sich hier ihre Herrschaft auf eine Weise getheilt, welche sie der Volkswitz durch ein gesprächsweises Abkommen ausdrücken läfst. Der Komar sagt in demselben, dafs er in der Hitze nicht fliegen werde, weil er zu wohlbeleibt oder fett sei (potomu tschto *j*irèn), die Moschka hingegen, dafs sie den Nebel und Regen vermeide, um ihre sammtenen Kleider zu schonen (beregu swoi barchatnija platja) — Auch sieht man in der That an heissen und sonnenhellen Tagen die Mückenschwärme, die während der kühleren auch an der Küste herrschen, durch Moschki ersetzt. Ganz sicher ist es aber hier der abkühlende und trübende Ostwind, welcher die Mücken bringt, eben so wie der Westwind mit hellem Wetter nach Ochozk (oben S. 29.), weil jeder von beiden aus dem waldreicheren Inlande nach den betroffenen Orte kömmt. Die Angabe dafs diese unscheinbaren aber unzähligen Feinde bisweilen Hunde und Rennthiere tödten, die sich dann selbst im Wasser vergebens von ihnen zu befreien suchen, wurde uns übrigens schon in diesen Tagen ganz anschaulich. — Die Matrosen der Jekaterina schienen ebenfalls in einigen, durch diese Plage ausgezeichneten, Nächten auf den Schlaf verzichtet zu haben, und liefsen sich anstatt dessen in der rauchigen Schiffsküche von dem *S*kasotschnik d. i. dem Erzähler ihres Arteles (I. 1. S. 101.) ergötzen.

Ich fand nicht ohne Ueberraschung auch hier noch den Arabischen Ursprung dieser Alt-Russischen Sitte, durch mancherlei Wendungen der vorgetragenen Sagen (*s*kaski), aufs bestimmteste ausgedrückt. So wurde, genau so wie in den Maurischen Erzählungen die wir aus Spanien erhalten haben, das berühmte Aegyptische Herrscherthum (*s*lawnoe Egipetskoe go*s*udarstwo) als die Quelle aller Bildung erwähnt, indem man namentlich erzählte, wie „ein grofser, rechtgläubiger König und Herr„scher seinen Sohn durch dreimal neun Länder bis in jenes dreis„sigste (tscheres tridewjat semel w'tridzatoe *s*l. Eg. g.) „gesandt habe, um daselbst, von den Lehrern und weisen Männern, „unterwiesen zu werden in den gelehrten Wissenschaften „und in den philosophischen Listen (w'utschennich nau„kach i w'filosofitscheskich chitrostjach) und wie darauf „dieser Sohn sechs Jahre lang nichts gelernt, sondern sich gegrämt

„(ne utschilsja a krutschilsja), im siebenten aber so reissende „Fortschritte gemacht habe, dafs sein Geist nicht nach Tagen son- „dern nach Stunden gewachsen sei (um jemu ros, ne po dnjam a „po tschasam); denn so haben die Herren Minister (gospoda „ministri) dem König geschrieben.“ Es ist dies wahrlich eine Reihe von Vorstellungen, die sämmtlich einem Ochozker Matrosen und einem Tigiler Kosaken gleich fern zu liegen schienen. So wie sich aber diese fremdartigen Begriffe hier schon Jahrhunderte lang erhalten haben, — in Folge der buchstäblichen Wiederholung ihres Ausdruckes, welche in den Skaski durch Reime und Assonanzen noch befördert wird, — so werden sie nun wohl auch fernerhin die weit wichtigeren Traditionen verdrängen, die man bei den Asiatischen Russen, über die kühnen Entdeckungsreisen ihrer Vorfahren, über deren Begegnungen mit den Urvölkern, von denen sie überall wie Heroen und übermenschliche Wesen (bogatuiri i witjasi) angestaunt wurden, so wie auch über ihre eigenen Erlebnisse erwarten sollte. Jene Sage von dem gelehrten Königssohne und die, wie überall in Russland, mit ihr wetteifernden von Elias dem Muromer (Ilia Muromez), von der fabelhaften männlichen Sirene oder dem Räuber Nachtigall (Solowei rasboinik) u. a. wurden denn auch hier theils mit allerlei pleonastischen Wendungen durchwirkt, welche dem Skásotschnik die wesentlichste Tugend eines ununterbrochenen Redeflusses sichern, theils auch mit absichtlich sinnlosen, die der Lachlust der Zuhörer genügen. So beginnen sie alle mit den geheiligten Worten: w'njekotorom zarstwje, w'njekotorom gosudarstwje jil, buil oder: in einem gewissen Reiche in einem gewissen Herrscherthume lebte und war —; es wiederholt sich oft und an beliebigen Stellen die Wendung: a eto wso jeschtsche ni skaska, a priskaska, a skaska jeschtsche wsja w'peredje d. h. aber dies alles ist noch nicht die Sage, sondern das Vorwort zur Sage und die Sage selbst haben wir noch gänzlich vor uns, oder die gleichbedeutende elegantere: a eto wso tolko zwjetiki, a jagodki jeschtsche wsje w'peredje d. h. doch dies alles sind nur die Blüthen, die Beeren aber (oder Früchte) haben wir noch alle vor uns, auch ist es als sollen Verstöfse gegen die Einheit der Zeit entschuldigt werden, durch die oft wiederkehrende Erklärung: ibo skaska tak skoro skasiwaetsja, a ui tak skoro djelo dielalos d. h. nur in der Sage läfst es sich so schnell sagen, aber die That liefs sich so schnell nicht thun.

Am 15. August waren die Mehlschläuche (sumui) und die flachen cylindrischen Branntweinfässer (flagi), welche die Jekaterina gebracht hatte, zumeist am Boden der Magazinsschlucht abgelagert und für den Winter mit einem leichten Dache versehen worden. Nur einige davon hatte man weiter stromaufwärts in einem kleinen Vorrathshause untergebracht. Wir bereiteten uns nun zur Abreise nach Tigilsk; auch kamen Leute des Kaufmann Woreschilow von dort auf drei Batti's, um die über Ochozk bezogenen Waaren in Empfang zu nehmen. Sie brachten uns mancherlei Nahrungsmittel, die schon im Voraus die günstigsten Begriffe von der Fruchtbarkeit des Innern der Halbinsel erweckten. So wurden dort die Jimolostbeere (L. coerulea) und der Golubel (Vaccinium myrtillus) noch weit gröfser und süfser, die Maroschki (Früchte von Rub. Chamaemorus) aber eben so saftreich als hier, auch hatte man bei Tigilsk schon Ueberfluss an reifen Beeren von Rubus arcticus (knjajeniza oder Fürstenbeeren), der doch auf der hiesigen Tundra noch in Blüthe stand. Ausserdem aber erhielten wir verschiedenartig zubereitete Kuhmilch, von so ausgezeichneter Fettheit und solchem Wohlschmack wie sie nur die reichsten Weiden ertheilen. Die Gefässe in denen man uns diese Geschenke zuführte, waren äusserst zierlich, obgleich sämmtlich aus Pflanzenstoffen gearbeitet. Theils Säcke oder biegsame Körbe aus Stengeln von Gräsern (der balotnaja trawa und einem an den Küsten wachsenden mannshohen Triticum. Gmel. Flor. Sibir. Tom. I. pag 119. und Tab. XXV.), theils ebenfalls geflochtene, aber mit übergreifenden Deckeln versehene, Behälter aus Birkenrinde, die zu diesem Ende in schmale und dünne Streifen zerschnitten wird. Die Blaueisenerde und ziegelfarbene gebrannte Thone, welche in der Westhälfte der Halbinsel vorkommen, werden von den Kamtschadalen eifrig gesucht, um diese Schachteln von aussen sehr geschmackvoll zu färben. Auch die festeren und zugleich völlig wasserdichten cylindrischen Gefäfse, die ausser den eingeklemmten Boden und Deckel aus nur einem Stücke festerer

Birkenrinde bestehen, sind hier wieder, wie im Europäischen Russland, im stärksten Gebrauch, und zwar unter dem auch dort üblichen Namen tujas oder tujasok. Man sieht sie bis zu zwei Fufs Höhe, bei mehr als ein Fufs Breite des, meist etwas elliptischen, Bodens. Das Material zu diesen findet sich jedoch nur um die Mitte der Halbinsel (in dem Thale der Kamtschatka), weil nur dort die geradstämmige weisse Birke (Bet. alba) gedeiht, während in den übrigen Waldungen eine durch grauere Rinde und durch gewundene und rissige Stämme von sehr festem Holze ausgezeichnete Art dieser Baumgattung (Bet. Ermani, Cham)*) herrscht.

Ich sah an diesem Tage auch zwei Korjaken, von der Abtheilung dieses Stammes welche von den Russen sedjaschtschie K. d. i. die ansässigen genannt werden. Alle nördlich vom Tigil gelegenen Ortschaften an der Westküste, so wie auch die nördlich von 58° Breite in der Mitte des Landes und an der Ostküste gelegenen, waren schon bei der Ankunft der Russen von dergleichen Leuten bewohnt, welche sich durch ihre Sprache mit den nomadisirenden Korjaken identisch zeigten, sich aber, nach dem Verlust ihrer Heerden, meistens in den Kriegen gegen die Tschuchtschen, zu festen Wohnplätzen entschlossen hatten. Sie lebten dort vorzüglich von der Jagd der wilden Rennthiere, und scheinen auch frühzeitig als Vermittler bei dem Tauschhandel zwischen ihren reicheren umherziehenden Landsleuten und den Kamtschadalen gedient zu haben, indem sie selbst sich nur ungern zum Fischfang entschlossen. Die Männer welche uns heute besuchten, waren von den Ihrigen abgesandt, um wegen des Einkaufs von Russischem Mehl zu unterhandeln, welches man ihnen im Winter gegen Rennthierfleisch und Rennthierfelle reichlich abläfst. Sie waren von mittlerer Gröfse aber sehr schlank und gewandt, mit schwarzem, schlichten und ziemlich langem Haar und von dunkelbrauner fast der der Buraeten ähnlichen Hautfarbe. Ihre Gesichter schienen mir aber weit länglicher als bei diesen, mit weniger hervorragenden Backenknochen und eher denen der Bergtungusen ähnlich. In ihrem Wesen hatten sie etwas trotziges und kriegerisches, auch erzählte man mir bei dieser Gelegenheit von ihrer ausserordentlichen Geschicklichkeit

*) Naturhist. Atlas u. s. w. S. 56 und Taf. XVII. Fig. 2.

in dem Gebrauche der Wurfschlinge (arkan der Russen) und von ihrer Vorliebe für Ringkämpfe. Zu diesen fordern sie auch die Russen heraus, welche bei ihnen Rennthiere einkaufen, und versprechen dann demjenigen der nach einander alle Männer einer Jurte besiege, eine freie Auswahl aus der gesammten Heerde. Die Bedingung dafs man die verabfolgten Rennthiere sogleich schlachte, wird aber stets hinzugefügt und wohl offenbar aus alt herkömmlicher Eifersucht gegen die Entstehung neuer Heerden. In dem Gebrauche des Arkan sollen sich auch schon die Knaben der Korjaken an Hunden üben, indem sie sich in Reihen aufstellen und dieselben fangen, während man sie an ihnen vorbei jagt.

Die von Tigilsk gekommenen Männer übernachteten am Strande in einem Zelte, welches man hier im Sommer zum Schutz gegen den Regen für wichtig hält, im Winter aber gegen den Schnee, der die Schlafenden nur noch wärmer zudeckt, eben so wenig als in Sibirien anwendet. Sie hatten auf der Sandbank am rechten Ufer der Mündung einen kleinen Seehund erlegt, der jetzt aufgebrochen wurde, und von welchem sie, ausser dem Felle, eine dicke Fettlage die den ganzen Körper umgab und die Därme aufhoben, welche sehr feste Riemen abgeben.

Die Batti oder Kamtschatischen Fahrzeuge, auf denen heute der gröfste Theil meines Gepäckes nach Tigilsk geschickt wurde, und die zwei welche wir zu unserer eigenen Fahrt zurückbehielten, bestanden sämmtlich aus Pappelholz, und ich habe alle Flufsschiffe die mir später auf der Halbinsel vorgekommen sind, mit ihnen in Material und Bauart übereinstimmend gefunden. Ein jedes derselben wird aus nur einem Stamm jener Baumart angefertigt, die nur in den oberen Hälften der Flussthäler, in diesen aber auch von ausserordentlicher Schönheit, vorkömmt (unten Aug. 23.). Ein 4 bis 5 *Saĵen* langes Stück von einem solchen Stamme wird zuerst an den Enden spindelförmig behauen und der Länge nach ausgehöhlt, und es werden dann die, in ihren oberen Hälften stark convergirenden, Wände desselben dadurch aufgeweicht, dafs man die Höhlung mit Wasser füllt und dasselbe durch glühend hineingeworfene Steine im Kochen erhält. Nach dieser Vorbereitung läfst sich die Breite des Raumes bedeutend vergröfsern, indem man Queerstreben hineintreibt, von denen einige, an den Enden des Batt, für immer darin verbleiben. Hier bestanden diese Streben, welche durch eingeschnittene Löcher und entsprechende Keile sehr geschickt mit den Wänden des Fahrzeuges verbunden werden, aus Wallfischknochen, offenbar weil diese sowohl hart und unbiegsam als auch einer Veränderung durch die Feuchtigkeit am wenigsten ausgesetzt sind. Die Anfeuchtung der Seitenwände wird übrigens nicht immer gleich weit getrieben, denn man findet nicht selten Fahrzeuge dieser Art, welche etwas über der Hälfte ihrer Höhe am breitesten sind, weiter nach oben aber wieder beträchtlich kleinere Horizontalschnitte haben. Ein Batt trägt 30 bis 40 Pud (1200 Pr. Pfd.), und es wird die hierzu erforderliche Gröfse seines Raumes, da dessen Breite und Tiefe kaum 2 Fufs betragen, nur durch eine gegen 10 bis 15 Mal gröfsere Länge desselben erhalten. Auch diese Kähne sind daher zum Umschlagen sehr geneigt, wenn auch, wegen der beträchtlichen Dicke ihres Holzes, weit weniger als die Baidarken (oben S. 70.).

[August 16.]

Ich fuhr an diesem Tage von 9 Uhr Morgens bis gegen 8 Uhr Abends mit Herrn Woreschilow und Sabjelow stromaufwärts nach Tigilsk, wohin uns auch noch der Commandeur der Jekaterina begleitete.

Etwa 4 Werst oberhalb der Magazinsschlucht sahen wir wieder zu unserer Rechten eine niedrige und von einem Bache durchschnittene Ebene, an welcher der steile Abhang der oben erwähnten Tundra eben so wie bei den Erdhütten an der Tigilmündung abschneidet. Wir landeten daselbst bei einer Jurte, die mit den zu ihr gehörigen Trockengerüsten unter dem Namen Kulki bekannt ist. Sie wird im Sommer von Tigilsk aus, wegen des ergiebigen Fischfanges in dieser Gegend des Thales, bezogen, auch versahen uns ihre Bewohner freigebigst mit diesjährigem Jukola und mit Maroschki. Die umgebende Ebene war landeinwärts theils mit üppigem Graswuchs, theils mit Empetrum nigrum und Rub. Chamaemorus dicht überdeckt. Nur ihr Rand gegen den Tigil, der von den Fluthwellen täglich überspült wird, ist nackt und sumpfig — schien aber den Strandläufern die ihn belebten, eine reiche Beute zu liefern. Wir schossen einige derselben, welche zu der auch in Deutschland häufigen Species Tringa Temminkii gehörten*).

Nahe oberhalb dieser Gegend beginnen Laubgehölze auch an dem linken Ufer des Tigil, und weiter stromaufwärts gewinnen nun diese zu beiden Seiten fast zusehends an Ueppigkeit und kräftigem Wuchse. Elsen (Alnus viridis, Dec.), Weiden und Ebereschen (Pyrus sambucifolia, Cham.) bilden am Wasser eine undurchdringliche Hecke, und landeinwärts das schattigste Dickicht, auch stehen zwischen ihnen sehr starke und eben so reich belaubte Stämme der knorrigen Birke. Die Elsen und die Ebereschen bleiben dagegen weit schwächer im Holze und zeigen, hier in der unteren Hälfte des Flussthales, an ansteigenden Stellen der Ufer die seltsame Ausbreitung und Lagerung ihrer Stämme, die an ein vom Winde oder vom Hagel gebeugtes Kornfeld erinnert, und welche ich in Sibirien nur an Pinus Cembra bemerkt hatte. Es ist immer der Schneedruck der diesen seltsamen Wuchs veranlafst, und zwar hier auch bei Baumarten die im Winter ihr Laub verlieren und welche ihm daher in weit geringerem Grade ausgesetzt sind als die Zirbelfichte; auch spricht man hier von olchowoi slanez und rjabinoi slanez, um den gelagerten Elsen und Ebereschen denselben Ursprung anzuweisen wie dem Kedrowui slanez d. h. den gelagerten Zirbeln am Ostabhange des Aldanischen Gebirges und an der Ochozker Küste.

Eine Fortsetzung der im Flussniveau gelegenen festeren Schichten (oben S. 149.) hatte ich noch unterhalb Kulki an einigen Stellen bemerkt, bald darauf konnte man aber aus der Fruchtbarkeit des Bodens nur etwa noch auf eine gänzliche Zersetzung ihrer Oberfläche, oder auf eine Bedeckung derselben durch losere Anschwemmungen schliefsen. Nur den früher erwähnten magnetischen Sand (S. 155) fand ich sehr rein und in Menge abgelagert, an einer abgeholzten Stelle des rechten Ufers, an der wir, etwa auf der Hälfte des Weges nach Tigilsk, noch einmal landeten. Wir besuchten hier das berühmte Vorrathshaus, in welchem ein Theil von dem eingeführten Mehle und Branntwein verwahrt wird. Es ist aus

---

*) Ihre Rückenflecke waren gelblich-roth, wie es auf dem Sommerkleide dieser Species zu sein pflegt.

vor Alter schon geschwärzten Balken, ziemlich sorgfältig gezimmert und sogar mit Glimmerscheiben versehen — sodann aber wie die Magazinsschlucht mit einem Nesselgebüsche von seltenster Höhe vollständig überwachsen.

Die Ufergehölze wurden darauf so hoch und schattig, dafs man, zwischen je zwei Wendungen des vielfach gekrümmten Flusses, auf einem von Waldung rings umschlossenen See zu sein glaubte, dessen schwarzer klarer Spiegel kaum von einzelnen Sonnenstralen erreicht wird. Nur an den Ufern ist eine beträchtliche Strömung nicht selten zu erkennen, wenn das Wasser durch entwurzelte Stämme schäumend gebrochen wird. Zahlreiche Entenschwärme hatten jetzt diese versteckten und völlig lautlosen Sitzplätze gewählt, auf denen wohl kaum ein Hund oder ein anderer Verfolger sie ungehört beschleichen konnte. Sie erhoben sich auch mit rauschendem Flügelschlage und zogen stromaufwärts, so oft wir um eine Ufercecke bogen, um erst in dem nächsten jener schattigen Becken wieder einzufallen — und doch entsteht an dem Vorderbug des Battes nur ein gleichförmiges und sehr leises Geplätscher, selbst wenn es gegen die Strömung gestofsen wird. Nur vereinzelt und nachdem sie mehrmals aufgescheucht und wieder eingefallen waren, flogen uns dann diese lichtscheuen Vögel wieder entgegen, hielten sich aber von dem Ufer an dem wir entlang fuhren, sehr sorgsam entfernt. — Auf einer der Sandbänke, die man hier vor dem Waldrande angeschwemmt findet, und gerade an denjenigen Stellen des Thales, in denen das entgegengesetzte Ufer am stärksten von der Strömung benagt ist, — sahen wir auch zuerst von anderen Bewohnern dieser schönen Wildniss die frischesten Spuren. Ein alter und ein ganz junger Bär hatten hier so eben gefischt, wie der Verlauf ihrer Fährten bewies, die von dem trockenen Strande ziemlich weit in das Flussbett hineinreichten.

Gegen 6 Uhr Abends (etwa 1 Meile oberhalb Tigilsk) erreichten wir eine engere Strecke des Thales, und gleich darauf eine Felsenschwelle die beide Ufer verbindet, und über welche sich der Tigil mit heftigem Gebrause ergiefst. Sie ragt an einigen Punkten bis über das Wasser, wurde aber nahe am linken Ufer mit den Batts überfahren, indem man die Stofsstangen mit möglichstem Eifer gebrauchte. Dergleichen Wasserfälle und Stromschnellen werden hier buitschki (Sing. buitschok) d. h. Stiere genannt, weil sie sich in der That jedem Angriff der Rudernden mit zornig klingendem Gebrüll und sich stets erneuernden Stöfsen widersetzen. — Gleich oberhalb dieser Stelle untersuchte ich am linken Ufer das Gestein, welches etwa eine Werst weit, aber immer nur um einige Fufs über dem Flussspiegel, sichtbar bleibt und auch noch einige Male dergleichen Stromschnellen, die aber schwächer sind als die unterste, veranlasst. Es sind schwach gegen O. geneigte Schichten eines grünlichen Mergelschiefers von weissem Strich, der sehr feine und zum Theil krystallinische Trümmer von Kieselgesteinen und schmale Schnüre von weissem Kalkspath enthält. Ihrer Lage nach hätte man sie wohl noch mit den an der Mündung gesehenen festeren Schiefern von nahe gleichzeitiger Entstehung zu halten, und dennoch scheinen in ihnen nur Reste von Meeresbewohnern vorzukommen. Eine ausgezeichnete Versteinerung fand ich daselbst, in einem eiförmig abgerundeten Stücke eines etwas dichteren grauen Kalkes: es war eine Modiola jugata (von 31 Par. Linien Länge bei 16 Par. Linien gröfste Breite), deren Schale in allen ihren Theilen durchaus frisch und vollständig erhalten ist*). Die Stücke die ich an dem linken (zu unserer Rechten gelegenen) Rande des Wasserfalles von der Felswand abschlug, enthielten dagegen viele nur mikroskopisch erkennbare organische Ueberreste (von 0,01 bis 0,014 Par. Linie im gröfsten Durchmesser). Sie sind verkieselt und meistens durchscheinend, auch scheinen zwei der am häufigsten unter ihnen vorkommenden Formen, mit den Infusoriengattungen Pyxidicula, Ehr. und Peridinium übereinstimmend, von denen bekanntlich die letztere noch jetzt in den Nord-Europäischen Meeren am meisten zum Leuchten des Wassers beiträgt.

*) Unter allen Versteinerungen welche Murchison und Verneuil aus dem Europäischen Russland und dem Ural zu beschreiben hatten (in Russia and the Ural mountains und Géologie de la Russie d'Europe. London und Paris 1845. 4to.) kömmt keine aus dem Genus Modiola vor. In Wolhynien hat Herr Dubois, ausser einem Abdruck im quaternären Kalke von der noch lebenden und in allen Meeren verbreiteten Mod. lithophaga, nur zwei äusserst kleine (2 und 3 Lin. Länge) Modiolen in tertiärem Sande gefunden (Conchiliologie fossile etc. du plateau Wolhyno-Podolien. Berlin 1831. 4. pag. 68.)

Nahe oberhalb dieser Stelle öffnete sich zu unserer Linken die Aussicht auf eine, theils felsige, theils bewaldete Hügelkette, an welcher die hier nur mit lichtem Gesträuche bestandene Ebene am rechten Flussufer abschneidet. Diese ist die Ebene von Tigilsk und der Theil jener Hügel der sich, um etwa 4 Werst stromaufwärts, zunächst über jener Ortschaft erhebt, wird die Rothe Kuppe (Krasnaja Sopka) genannt, obgleich weder ihre Gestalt noch ihre Farbe einer solchen Benennung zu entsprechen schienen. Wir landeten hier an dem rechten Ufer, und legten den übrigen Theil unseres Weges auf einem äusserst schmalen, aber tief ausgetretenen, Fufssteig zurück. Er windet sich wohl noch 2 Werst weit in der Nähe des Wassers, durch ein dichtes und anmuthiges Gehölz von strauchartigen Spiraeen (Spiraea betulaefolia und Sp. salicifolia)*). Sie waren jetzt mit rosenrothen Blüthentrauben bedeckt, deren herrlicher Mandelduft zuerst seltsam unterbrochen und dann völlig verdrängt wurde, von einem anderen, durch den sich jede gesegnete Ortschaft auf Kamtschatka schon weit hinaus ankündigt. Ich meine den Geruch des reinsten Schwefelwasserstoffs, welches die Fische an den Trockengerüsten oder Balaganen in erstaunlicher Menge entwickeln.

Die Tigiler Niederlassung in deren Mitte wir uns bald darauf befanden, führt zwar, wie die vier anderen Russischen Wohnplätze auf Kamtschatka**) den Namen einer Festung (Tigilskji ostrog oder auch sogar Tigilskaja krjepost). Man sah aber keine Spur mehr von den Palissaden (ostrog I. 1. S. 220.

---

und zwei durch Graf Keyserling beschriebene Modiolen vom Westabhange des Ural (M. Pallasii und M. simpla) finden sich in den, zwischen der Kohle und dem Jura gelegenen, permischen Schichten, mit denen die offenbar ungleich jüngeren Kamtschatischen in keinem Falle zu vergleichen sind. Herrn Girard's Beschreibung und eine Abbildung der in Rede stehenden Modiola jugata finden sich in: Archiv für wissenschaftl. Kunde von Russland Bd. III. pag. 539.

*) Auch Spiraea digitata, Sp. Aruncus und Sp. Camtschatica stehen bei Tigilsk, dessen Flora durch den Reichthum an Arten dieser schönen Pflanzengattung mit den Nord-Amerikanischen übereinstimmt und sich von den Europäischen unterscheidet.

**) Nijnei Kamtschatsk, Werchnei Kamtschatsk, Bolscherezk und Petropawlowsk — Tigilsk ist später als diese vier und namentlich erst um das Jahr 1744 gegründet worden.

I. 2. S. 248.), mit denen gewöhnlich in solchen Ortschaften die Kirche, die Wohnung der Amanati oder der Geifseln welche die Urbewohner stellten, und einige Vorrathshäuser umgeben wurden. An dem Ufer des Flusses liegen, zwischen den niedrigen Balkenjurten der Kosaken und einigen umzäunten Gehöften, welche höhere und zierlichere Holzhäuser umgeben, die Balagane, an denen jetzt die durchschnittenen Hälften von silberglänzenden und röthlich durchscheinenden Lachsen, und unzählige Roogensäcke, wie lange Trauben aus hellglänzendem Bernstein, hingen. Ein Heer von Schwalben flog zwitschernd und mit gewohnter Aemsigkeit über dem Wasser und über diesen Häusern*), von denen schmale Steige nach mancherlei Richtungen zu den höher gelegenen Wohnungen führten und zu der Kirche und dem hölzernen Glockenthurm neben derselben, um welche die übrigen Gebäude mit gefälliger Willkür vertheilt sind. Das Ganze gleicht einem Garten, denn über dem grünen Rasen den nur jene Steige unterbrechen, erheben sich viele Jimoloststräuche mit ihren dunkelblauen Früchten, und näher am Flusse hohe Staudengewächse mit vielfarbigen Blüthen. Erst am Berge sieht man weidende Kühe zwischen den Zirbelgebüschen, welche sich auf dem steinigen Boden wieder einfinden.

Zu diesem behaglichen Aeusseren des Ortes kamen in dem Gouverneurshause, in welchem ich die nächsten Tage verlebte, manche Erinnerungen an Deutschen Geschmack, die selbst im Europäischen Russland nicht zu den gewöhnlichen gehören. So besafs Capitain Sabjelow einige wissenschaftliche Bücher und chemische Apparate welche ihm die Mitglieder der Lütkeschen Expedition bei ihrem Aufenthalt in Petropaulshafen (oben S. 76.) überlassen hatten, auch war er — wohl in Folge seiner Kleinrussischen Abkunft — unter den Beamten die ich in Sibirien kennen lernte, der erste eifrige Jäger und der einzige der einen Hühnerhund hielt und

*) Ich überzeugte mich durch eine derselben, welche ich schoss und abbalgte, dafs sie zu der Varietät der Hausschwalbe gehört, die Pallas für Ost-Sibirien charakteristisch erklärt (Fauna Rossica Tom. I. pag. 531.) und welche sich von der Europäischen durch den Mangel des weissen Brustfleckes auszeichnet. Sie ist vielmehr an der Unterseite ihres Leibes von vorn bis hinten ziegelroth gefärbt.

Schrotflinten (anstatt der Wintowki I. 1. S. 329), um Flugwild zu schiefsen*).

Ich habe übrigens von diesem genussreichen Tage auch noch ein betrübendes Ereigniss zu erwähnen, denn ich verlor an demselben den Hund den ich liebgewonnen hatte, weil nur er mir, bei stetem Wechsel meiner übrigen Begleiter, 7 Monate lang und mehr als 800 Meilen weit gefolgt war. Herr Sabjelow verweigerte ihm bei der Abfahrt von der Tigilmündung einen Platz in dem Batt welches wir zusammen bestiegen, und schilderte mir fälschlicher Weise das Land an dem linken Ufer, auf dem er uns folgen sollte, weit wegsamer als ich es bald darauf kennen lernte. Auch wartete ich vier Tage lang vergeblich auf den Verirrten. Die ungewöhnliche Kraft und Gewandtheit dieses Hundes war übrigens, durch seine müfsige Lebensart während der letzten Monate, einer eben so ausserordentlichen Trägheit gewichen**), und er wird daher wohl in dem Dickicht am Tigil oder auf der Tundra verhungert sein, noch ehe er die Sitten der freigelassenen Kamtschatischen Hunde erlernte.

[August 17.]

Neben den Ortsbestimmungen und magnetischen Beobachtungen, die ich an diesem Tage auf einem freien Platze zwischen Herrn Sabjelow's Hause und der nahe gelegenen Kirche anfing***), schien mir eine etwas längere Reihe von Barometerablesungen in Tigilsk vor allem erwünscht. Nicht allein als Hülfsmittel zu den Höhenmessungen die ich im Innern der Halbinsel beabsichtigte, sondern noch entschiedener wegen meiner früher erwähnten Erfahrung über die anomale Kleinheit des Luftdruckes an der Westseite des Ochozker Meeres, die sich nun auch schon für Petropaulshafen durch das mir mitgetheilte Beobachtungs-Journal von Herrn Stanizkji (oben S. 76.) bestätigt hatte†).

---

*) Dieser beste Theil der jetzigen Jägerei gilt noch überall in Nord-Asien, so wie vor 100 Jahren in Deutschland, für einen leichtsinnigen und Pulver-verschwendenden Missbrauch.

**) I. 2. S. 18. 20. 100. 365. 410. 428.

***) Vergl. II. 1. S. 210. 289

†) Damals freilich nur wenn man das von diesem Beobachter gebrauchte Instrument so nahe richtig voraussetzte, wie es sich bei der

Herr Sabjelow fand sich zu einem so verdienstlichen Werke so bereit, wie es seine mehr als hinlängliche Mufse erwarten liefs. Es blieb uns aber zuvor die schwierige Aufgabe: in Tigilsk ein Heberbarometer anzufertigen, zu dem wir keine anderen Vorarbeiten besafsen als einiges Quecksilber, welches ich in Irkuzk, und zwei von den Glasröhren, die ich in der Telmaer Fabrik erhalten hatte (I. 2. S. 59.). Ein durchbohrtes stählernes Knie zur Verbindung der beiden Schenkel wurde indessen bald, mit Hülfe eines der hiesigen Kosaken hergestellt, der sich schon bisher durch Ausbesserung der Gewehrschlösser weithin verdient gemacht hatte — auch gelang es uns endlich, wiewohl mit weit gröfserer Mühe, eine schlecht zugeschmelzte Glasröhre von neuem auszuziehen und zu schliefsen. Wir verrichteten diese entscheidende Arbeit in der Schmiede, die ein schon vor längerer Zeit nach Kamtschatka verbannter Zigeuner eingerichtet hatte und unterhielt, und welche, wie die Essen der Bucharen, der Schmiede-Tataren und anderer Nord-Asiaten (I, 1. S. 502) aus einem mit Steinen ausgesetzten Loche im Erdboden bestand, in dem man das Kohlenfeuer mit einem Handbalge unterhielt. Dennoch stand diese Anstalt in bedeutendem und wohlverdientem Ansehen, und wurde von dem Besitzer hinter einem Bretterzaune sorgfältig verschlossen gehalten. Ich habe das Barometer, welches wir nach diesen Vorarbeiten mit stark erwärmtem Quecksilber füllten, und auf einem passenden Brette mit einer Theilung versahen, sehr sorgfältig mit meinem eigenen verglichen und den zwischen den Angaben beider, stattfindenden Unterschied von nur 0,4 Par. Linien so constant gefunden, dafs Herrn Sabjelow's spätere Beobachtungen mit demselben für eben so zuverlässig gelten dürfen*), wie die Temperatur-Bestimmungen, zu denen

———

päteren Vergleichung mit dem meinigen wirklich gefunden hat. Vergl. iber die Resultate der Barometerbeobachtungen in Petropaulshafen I. 1. S. 395. und Annalen der Physik B. 98.

*) Sie finden sich bei meinen Höhenmessungen II. 1. S. 391. wurden ber leider weit früher unterbrochenen als die ebenfalls seit meiner Anvesenheit begonnenen Temperaturbeobachtungen in Tigilsk, weil das so ıühsam errungene Barometer — wie mir Herr Sabjelow mit der nächten Hundepost (1830 Januar 9. n. St.) schrieb „beim Waschen der Dieen in seiner Wohnung" ein schnelles Ende fand.

nen ich ihm eines von meinen Berliner Thermometern hinterliefs.

Wir gingen darauf zu einer wasserreichen Quelle am Westabhange der Krasnaja Sopka und verfolgten dieselbe aufwärts, zuerst wiederum durch ein dichtes Gebüsch von blühenden Spiraeen und dann über die offene Ebene bis zu ihrem Ursprung in einem Becken des felsigen Bodens. Ihre Temperatur fand ich jetzt: + 2°,20, während die der Luft im Durchschnitt für die verschiedenen Tagesstunden etwa + 10°,9 betrug. Im Laufe des Winters hat aber die erstere noch um 0°,51 abgenommen*), wonach denn die mittlere Quellentemperatur bei Tigilsk offenbar höchst nahe mit der in Ochozk beobachteten d. h. mit + 1°,8 übereinstimmt.

Was aber sodann die übrigen Wärmeverhältnisse für Tigilsk betrifft, so sind zunächst die oben erwähnten Lufttemperaturen für die Mitten der Monate November, December und Januar (oben S. 20.) aus folgenden direkteren Beobachtungsresultaten hervorgegangen:

Lufttemperatur in Tigilsk.

	20u	2u	10u	Tagesmittel.
1829. November 5.	— 4°,10	+ 0°,62	— 3°,25	— 2°,54
— November 15.	— 9 ,07	— 2 ,97	— 6 ,97	— 6 ,73
— November 25.	— 8 ,89	— 5 ,89	— 8 ,20	— 7 ,90
— December 5.	— 4 ,29	— 2 ,73	— 4 ,16	— 3 ,94
— December 15.	— 6 ,88	— 5 ,88	— 7 ,01	— 6 ,71
— December 25.	— 8 ,13	— 7 ,17	— 8 ,29	— 7 ,98
1830. Januar 5.	— 14 ,16	— 12 ,17	— 13 ,52	— 13 ,49

Der Tigil gefror am 12. November.

Man würde diesen allein hinlänglich durch die Annahme

*) Herr Sabjelow fand namentlich mit dem oben erwähnten Thermometer:

	Temperatur der Quelle an der Krasnaja Sopka.	Lufttemperatur.
1829. August 21.	+ 1°,80 (?)	+ 6°,0
— Octob. 12.	+ 1 ,80	+ 4 ,0
— Octob. 28.	+ 1 ,80	+ 1 ,6
— Decbr. 12.	+ 1 ,80	— 6 ,6
1830. Januar 11.	+ 1 ,69	— 10 ,0

entsprechen, dafs die mittlere Lufttemperatur an dem genannten Orte — 0°,2, und ebendaselbst die Veränderung der Lufttemperatur von dem kältesten bis zu dem wärmsten Tage 20°,0 betrage — denn wenn auch die Temperatur des kältesten Tages nach dieser Annahme in mittleren Fällen nicht geringer als — 10°,2 sein sollte, während im Jahre 1829 beobachtet wurde:

	20u	2u	10u
Januar 7.	— 26°,2	— 24°,3	— 26°,2

so war doch diese anomale Erkältung aufs entschiedenste nur eine schnell vorübergehende Folge des NO-windes, mit welchem sie eintrat, und eben deshalb hatte dann auch die Luft schon nach zwei Tagen, mit wieder eingetretenem SO-winde, folgende Temperaturen:

	20u	2u	10u
Januar 9.	+ 0°,9	+ 2°,0	— 0°,6

Einige fernere Wahrnehmungen nöthigen jedoch von der anderen Seite, die eben genannte Annahme so zu modifiziren, dafs sie den Frühjahrs- und Sommermonaten eine merklich höhere Temperatur ertheile, und zwar namentlich:

das Aufthauen des Tigil, welches, 1828 und 1829, schon am 27. April erfolgte — denn dieses veranlasst, nach anderweitigen Erfahrungen, dem eben genannten Tage eine mittlere Lufttemperatur von etwa + 5° beizulegen;

sodann meine eigenen Beobachtungen, nach denen die mittlere Lufttemperatur für August 20.: + 10°,9 beträgt, so wie endlich einige isolirte Beobachtungen von Herrn Sabjelow, welche dieselbe

für September 26: + 3°,7 ergeben.

Ich habe versucht auch diesen Resultaten, zugleich mit den zuvor angeführten, unter Annahme derjenigen allgemeinen Form für den jährlichen Gang der Lufttemperatur möglichst nahe zu entsprechen, welche sich an den verschiedensten Punkten der Erde als naturgemäfs bewährt hat*), und halte demnächst folgende Angaben für Tigilsk für die wahrscheinlichsten:

---

*) Ich meine durch eine zweitheilige periodische Function, von wel-

Mittlere jährliche Lufttemperatur: + 1°,53.

Wärmste Tag: Juli 13 . . . . mit + 14°,01 m. L.t.

Kälteste Tag: Januar 25 . . . . . . mit — 10°,70 m. L.t.*)

Auch diese ergeben übrigens als normale Lufttemperatur für April 27. nur + 3°,45 d. h. eine merklich kleinere als man gewöhnlich zum Aufthauen der Flüsse für erforderlich hält, und doch haben sie das Jahresmittel der Luftwärme und mit ihm die für die Sommermonate anzunehmende, bereits so weit hinauf gebracht, als es nur immer mit der anderweitig bekannten mittleren Quellentemperatur verträglich ist.

Die Wechselwirkung in welcher die Atmosphäre über Tigilsk mit den kälteren und wärmeren Gegenden in seiner Umgebung tritt, oder mit anderen Worten die vorherrschenden Richtungen des Windes, sind, gewifs auch für diesen Ort, theils bedingt durch sein thermisches Klima, theils von modifizirendem Einfluss auf dasselbe. Freilich lässt seine Lage im Innern einer Halbinsel von vorn herein diesen Einfluss weniger entschieden erwarten als für Ochozk (oben S. 25 bis 29.), doch ist ja im Westen von Tigilsk das Ochozker Meer ihm ungleich näher und die Luft über demselben mit ihm in ungehinderterer Verbindung als der, durch breite Gebirge von Tigilsk getrennte, Ocean im Osten. — Nur

---

cher der eine Theil nur ein Minimum, am 18. Januar, der zweite aber deren zwei, an willkürlichen Jahrestagen, erreiche.

*) Sie entsprechen dem Ausdruck:

$$v = + 1°,53 + 12°,27 \sin (\mu + 237°,0) + 0°,77 \sin (2 \mu + 134°,6)$$

wenn man mit v die normale oder mittlere Temperatur der Luft für einen um: 1,0146 μ Tage auf December 15,5 folgenden Zeitpunkt bezeichnet, den Bogen μ in Graden ausdrückt und als darzustellend folgende Werthe zu Grunde legt:

	v	Gewicht von v.
April 27.	+ 5°,00	1
August 20.	+ 10 ,90	1
September 26.	+ 3 ,70	0,2
November 15.	— 4 ,79	1
December 15,5.	— 8 ,52	1
Januar 15,5.	— 10 ,20	1

durch Beobachtungen liefs sich daher entscheiden, ob auch hier nur die Beziehung der Gesammtmassen des Continentes und des Meeres den Charakter der Winde bedinge (und zwar dann, wie bei Ochozk, einen dem der Europäischen Winde gerade entgegengesetzten Charakter; oben S. 27.), oder ob andererseits Kamtschatka, in seinem Einfluss auf die Strömungen der Luft und in den Rückwirkungen die es von ihnen erfährt, sich als ein selbstständiges Ganze bewähre.

In den vier Monaten von September 1. bis Januar 1. haben nun 366, zu dreien an jedem Tage angestellte, Beobachtungen in Tigilsk zunächst ergeben, dafs die windstillen Zeiten sich zu denen in welchen die Luft in Strömung war, wie 143 : 223 verhielten, oder mit anderen Worten dafs die Luft während 0,39 der gesammten Periode dem Beobachter ganz ohne Bewegung schien. Von allen in dieser Zeit wahrgenommenen Winden kamen aber aus

N.	NO.	O.	SO.	S.	SW.	W.	NW.
0,01	0,15	0,18	0,29	0,02	0,15	0,11	0,09

und von dieser Vertheilung der einzelnen Richtungen haben sich auch die in jedem einzelnen der vier Monate vorgekommenen nur unerheblich entfernt. Die mittlere Windrichtung ist hiernach für Tigilsk in der genannten Jahreszeit, aus S 54°,4 O, mit einer Intensität von 0,26 oder so dafs dieselbe, nach Abgleichung aller einander entgegengesetzten Strömungen, noch etwas über $\frac{1}{4}$ der gesammten Bewegungen ausmacht.

Ihrem Namen nach durchaus verschieden von dem Winde welcher während der Wintermonate bei Ochozk herrscht (Nordwind oben S. 27.), so wie auch von dem fast rein Nördlichen den Beobachtungen während derselben Jahreszeit als den überwiegenden für Petropaulshafen nachweisen, hat dennoch diese mittlere Luftströmung für Tigilsk mit den beiden eben genannten das gemein, dafs sie alle meerwärts und genau senkrecht auf die dem betreffenden Orte zunächst gelegene Küste gerichtet sind. Nach dieser Erfahrung ist durchaus nicht zu bezweifeln, dafs im Sommer auch nach Tigilsk ein nahe eben so entschiedener Küstenwind (Wind von der Seeseite) d. h. für diesen Ort ein NW-licher wehe, als ihn meine Beobachtungen für Ochozk (wo er aus S 12° O kömmt; oben S. 26.) und die von Herrn Stanizkji für Petropaulshafen nachgewiesen haben*). Die fragliche Selbstständigkeit von Kamtschatka bei der Erregung von halbjährig wechselnden Winden ist also nun als ein Ergebnifs der Beobachtungen zu betrachten, indem von jedem Theile der Küsten dieser Halbinsel im Winter die schwerere Landluft seewärts strömt, im Sommer aber die dann kältere Seeluft auf dieselbe Weise aspirirt wird, wie von der Gesammtmasse des Continents. Offenbar ist aber die Gleichartigkeit der Ursache, welche die Luftströmungen in beiden verglichenen Fällen einleitet, keinesweges hinreichend, um in beiden auch die Einzelheiten der Erfolge zu identifiziren. Die Gestalt und die Grösse der betreffenden Ländermassen können vielmehr diese Erfolge so wesentlich verschieden machen, wie es in der That der in Tigilsk stattfindende Zusammenhang zwischen dem Luftdruck und zwischen der Windrichtung, so weit ich denselben aus Herrn Sabjelow's Beobachtungen kenne, andeutet.

Trotz ihrer Herkunft von der näheren der beiden Küsten vermehren in Tigilsk, während der Wintermonate, die Winde aus der westlichen Hälfte des Horizonts den Luftdruck, während ihn die aus der östlichen Hälfte desselben vermindern, und man hat diesen Umstand und die ihm entsprechenden Einwirkungen jener zwei Luftströmungen auf die Temperatur und auf die Feuchtigkeit**) wohl offenbar dadurch zu erklären, dafs der Weg der ersteren über das Ochozker Meer, und der anderen über den schmaleren Durchmesser von Kamtschatka in den meisten Fällen zu klein ist, um den Einfluss ihrer früheren Herkunft — für

*) Nach Petropaulshafen weht der überwiegende Wind während der vier mehrgenannten Monate aus N 5° O mit Intensität 0,21, und dagegen z. B. im Juli aus S 17° W mit Intensität 0,24.

**) „In der Nacht von 1829 Januar 13. sah man von Tigilsk aus an der Ostseite des Himmels Blitze, von denen auch der Donner noch hörbar war." (Aus einigen Russisch geschriebenen Bemerkungen über die Witterung in Tigilsk während der Jahre 1828 und 1829, die mir der Arzt des dortigen Krankenhauses mittheilte.) Auch dieses Gewitter, übrigens das einzige welches man daselbst während zwei Jahren bemerkte, war eine Folge des im Winter vorherrschenden SO-windes und bewies offenbar dessen dampfreiche und verhältnifsmäfsig warme Beschaffenheit bei der Ankunft auf dem Gebirge, über welches er nach Tigilsk gelangt.

die eine aus der Mitte des Continents, und für die andere aus dem weit hin offenen Ocean — zu neutralisiren. Die Rückwirkung des vorherrschenden Windes auf die Wärmeverhältnisse, und somit auch die Abweichung der wirklichen Temperaturerscheinungen von den direkt durch die Sonne bedingten, mufs aber durch diesen Umstand für Ochozk von der einen Seite und von der anderen für Tigilsk höchst verschieden ausfallen.

Für diesen letzteren Ort kann in der That der im Winter überwiegende Landwind (der SO-liche), wegen seiner früheren Herkunft vom Ocean, die Feuchtigkeit der Luft vermehren, und ihre Kälte mässigen — namentlich wenn er stark oder anhaltend weht*); und eben so kann auch in Tigilsk während des Sommers ein anhaltender Wind von der Westküste der Halbinsel, wegen der Luft vom gegenüber liegenden Continente die er nach sich zieht, von heiterem Wetter begleitet sein, nicht aber so unausbleiblich von Nebel und Bus (S. 27.) wie der südliche Seewind bei Ochozk und wie auch diejenigen Winde vom offenen Ocean, welche, nach Krascheninikow und Andren, den Orten an der Südspitze von Kamtschatka (bei Bolscherezk und um die Lopatka) ein dem Ochozker ähnliches Sommerwetter ertheilen**). — —

Von den Pflanzen mit denen jetzt der Boden zwischen den Häusern von Tigilsk geziert war, habe ich die folgenden eingelegt, welche selbst einem flüchtigen Blicke nicht entgingen***).

---

*) In demselben Sinne spricht auch höchst merkwürdig das oben erwähnte Vorherrschen der Mücken mit kühlem Wetter (S. 163.). Es beweist, dafs der Landwind im Sommer die Temperatur erniedrigt, denn nur dieser bringt Mücken nach der Küste.

**) Orte an der Ostküste von Skandinavien scheinen in der oben betrachteten Beziehung mit Tigilsk und mit anderen an der NW-seite von Kamtschatka gelegenen unter ähnlichen Bedingungen, und zwar so dafs sich jene Ost-Skandinavischen Orte zu den ihnen in gleicher Breite gegenüber liegenden Russischen und Finnischen, etwa so wie die West-Kamtschatischen zu Ochozk verhalten. Dafs aber der klimatische Unterschied zwischen Tigilsk und Ochozk, wiewohl in demselben Sinne gelegen, wie der zwischen Stockholm und Petersburg, doch beträchtlicher sein könne als dieser, liegt ebenfalls in der Gestalt der Küsten; denn diese macht den Ochozker Seewind zu einen völlig reinen und ununterbrochenen (oben S. 26.), während der für Petersburg nur auf einer weit kleineren Strecke über freies Meer geht.

***) Vergl. über die Autoritäten für deren Namen: Naturhistor. Atlas u. s. w.

Lycopodium alpinum, Eriophorum latifolium, Alnus viridis, Salix glauca, Polygonum alpinum, Senecio cannabifolius, Cacalia hastata, Anthemis ptarmicaefolia, Achillaea grandiflora, Gentiana auriculata, Thalictrum majus, Clematis (Atragena) alpina, Sedum telephium, Epilobium latifolium, Geranium sylvaticum, Rosa camtschatica, Potentilla comarum, Geum canadense, Rubus arcticus, Pyrus (Sorbus) sambucifolia, die Vaccinien und die oben (S. 172.) genannten fünf Spiraeen. Auf fruchtbare Sommer deutet hier schon der herrliche Wuchs, durch den sich sowohl die Arten als die Individuen aus der Familie der Compositae auszeichnen. Die gelbblühende Achillaea, welche die Tigilsker, unter dem Russischen Namen dewjetilnik, zur Verbesserung des Branntweins gebrauchen, ist hier gegen vier Fufs hoch, wird aber nicht selten überragt von dem Senecio cannabifolius (Jacobaea cannabifolia, Stell.), und besonders von der Cacalia, deren Blätter sich schirmähnlich zu einer ausserordentlichen Grösse ausbreiten.

In den Gärten welche Herr Sabjelow und einige andere Tigilsker bei ihren Häusern angelegt hatten, waren Rüben, Kohl, Radieser und Salat (Lactuca sativa) vortrefflich gediehen, die Gurken dagegen sehr klein geblieben. — Kartoffeln standen noch in Blüthe und werden daher wohl, wegen bald darauf eingetretenen Nachtfrostes*), in diesem Jahre nur wenig gelohnt haben; doch hatte man die Saatknollen schon von einer vorjährigen hiesigen Aerndte entnommen. — Der Kornbau ist bei Tigilsk noch nicht versucht worden, obgleich er gerade hier fast eben so gut gelingen würde wie überall im Kamtschatka-Thale (September 10., September 21.) — wo man die dazu nöthigen Kräfte erübrigt hat. Dasselbe gilt mit Bestimmtheit von der Cultur des Hanfes, denn ein kleines Feldstück, auf welchem Herr S. diese für die Kamtschatische Oekonomie so wichtige Pflanze (unten Sept. 4. u. a.) gesäet hatte, war jetzt mit mannshohen Stauden von üppigstem Wuchse bedeckt.

---

*) Herr S. schrieb mir später, dafs in diesem Jahre der erste Reif in der Nacht vom 27. zum 28. August das Kartoffelkraut geschwärzt habe.

[August 18—21.]

Die aus etwa 100 Menschen bestehende Bevölkerung der kleinen Ortschaft sah ich zumeist bei der Messe versammelt, durch welche der Feiertag der Transfiguration (preobrajenie gospodne) am Morgen des 18ten begangen wurde.

Die Tigilsker Männer sind fast ohne Ausnahme Abkömmlinge der von Jakuzk aus eingewanderten Kosaken, die sich auf der Halbinsel überhaupt seit etwa 1700, und bei Tigilsk seit 1744 ansiedelten, um den Jasak oder Felltribut zu sammeln, zu dem sich nach und nach fast alle Eingeborenen verstanden. Dieselbe Bestimmung hat Tigilsk auch noch jetzt in den Augen der Regierung. Seine Bewohner haben aber durch frühzeitige und noch immer wiederholte Ehen mit Kamtschadalinnen, von den Sitten ihres Mutterlandes noch mehr als die Amerikanischen Kreolen abgelegt, und es erscheint demnach hier die altherkömmliche Versorgung dieser Familien mit dem sogenannten Pajok (I. 1. S. 327. 555.) d. i. mit Mehl, Salz, Branntwein und einigen Kleidungsstoffen, bei weitem nicht wichtig genug, um die Existenz der zahlreichen Beamten in Sibirien und des in Ochozk stationirten Theiles der Russischen Flotte zu erklären, die doch fast ausschliefslich mit jener Zufuhr beschäftigt sind (I. 2. S. 84. 267. oben S. 38.). Man sieht nur höchst selten einen der Tigilsker Kosaken in einem tuchenen Rocke, oder deren Frauen in Russischen Kleidern aus Chinesischem Stoffe — auch halten sie von ausländischen Erzeugnissen, an Nahrungsmitteln nur Thee und etwa noch Branntwein*) und an anderweitigen Waaren einiges Baumwollenzeug zu Hemden und Kopftüchern für die Frauen, so wie Schiefsgewehr und Munition für wahre Bedürfnisse. — Im Uebrigen sind aber hier als Bekleidung die Kukljanken, die Pelzhosen und die zierlich ausgenähten Stiefel aus Rennthierfellen eben so vorherrschend, wie unter den Nahrungsmitteln der Jukola, der bald hart und roh anstatt des Brodes, bald aufgeweicht und gekocht als Fleischspeise gebraucht

*) Dessen Bereitung übrigens auch in Bolscherezk und Nijne Kamtschatka aus Kamtschatischen Pflanzenstoffen (besonders aus Heracleum dulce, aber auch aus verschiedenen Beerenfrüchten) früher stark betrieben, und erst wegen der Regelmässigkeit der jetzigen Zufuhren wieder aufgegeben worden ist.

wird. Der Fang der Lachse, aus denen sie ihn bereiten, an einem oberhalb der Ortschaft gelegenen Flechtzaun (Sapor; unten August 29.), das Trocknen derselben an den Balaganen und das Einsammeln der Beerenfrüchte und Lilienknollen sind demnach auch den Sommer über ihre wichtigsten Geschäfte. Im Winter aber der Einkauf von Fellen, Kleidungsstücken und Fleisch bei den Korjaken, von denen sich dann Viele mit Rennthierheerden von mehr als tausend Stück der Russischen Niederlassung nähern, und der Handel mit den Kamtschadalen, bei denen sie werthvolles Pelzwerk eintauschen. Sie betreiben diesen Handel theils für die auf Kamtschatka ansäſsigen Kaufleute, theils auch für ihre eigene Rechnung, mit eben jenen ausländischen Waaren, die sie als Besoldung erhalten. — Auch hier hat übrigens die Verschwägerung mit den Kamtschadalen, sowohl auf das Aeussere der Russischen Bewohner als auch, und in noch höherem Grade, auf ihre Gemüthsart und ihre Sitten, den heilsamsten Einfluss geübt. Die blühende Gesichtsfarbe und die schönen Züge welche die Strandbewohnerinnen an der Tigilmündung auszeichneten (S. 138.), fand ich bei den Tigilsker Kosaken und namentlich bei deren Frauen durchaus vorherrschend. Diese besitzen dann auch einmal jene schwarzen Augenbrauen, die in der Russischen Volkspoesie zum Ideal der weiblichen Schönheit gehören (tschernobrowaja I. 1. S. 306.) und welche dennoch in den Europäischen Provinzen kaum anders als in Klein-Russland vorkommen. Offenbar weil auch dort frühzeitige Kreuzungen mit braunen und schwarzhaarigen Türkischen Stämmen, auf die blonde Russische Race eben so günstig gewirkt haben, wie hier deren Kreuzung mit den Kamtschadalen. — Eben so auffallend ist demnächst, wohl für einen Jeden der von Sibirien hierher kömmt, der Charakter von Sanftmuth und von fast schüchterner Bescheidenheit, den die Sprache der Tigilsker Kosaken, sowohl durch ihren Ton als durch viele nur hier übliche Redensarten, erhält. Auch diese Eigenthümlichkeit ist aber, wie man mir versicherte und wie ich bald darauf täglich bemerkte, durchaus nur von den Kamtschadalen angenommen*).

---

*) Und zwar doch nur so theilweis und unvollkommen, daſs man den Umgang mit den Kamtschatischen Kosaken entweder angenehm oder

Eine zweite Klasse der auf Kamtschatka ansäfsigen Russen, die der Kaufleute nämlich, hat gleichfalls in den meisten Beziehun-

---

drückend findet, je nachdem man zuvor nur mit Sibirischen Russen oder mit reinen Kamtschadalen gelebt hat (Sept. 24.). — Ich habe erst später mit Verwunderung aus Krascheninikow's Schilderungen gesehen, dafs die Kamtschatischen Kosaken, bei ihrer Ankunft auf der Halbinsel, äusserst übermüthig gegen die Urbewohner verfuhren und dafs sie Europäische Sitten besafsen, von denen ich jetzt bei ihnen keine Spur mehr bemerkt habe. Vergl. Opisanie semli Kamtschatki w' St. Petersburgje 1755 goda 4to. Tom. IV. pag. 245. „Das Kamtschatische Leben gefiel den Kosaken vortrefflich, und zwar um so mehr, als sie sich wie Edelleute unter Leibeigenen einrichteten. Sie wussten sich Zobelfelle und anderes Pelzwerk in Menge zu verschaffen, und hatten daran einen Einsatz zum Kartenspiel, dem sie Jahr aus Jahr ein oblagen. Nur den Branntwein vermifsten sie anfangs, bis dafs dessen eifrigste Liebhaber sich auch diesen zu bereiten lernten. Die Kartenspieler kamen in dem Jasakhause zusammen, wohl versehen mit Zobel- und Fuchsfellen und wenn diese nicht mehr ausreichten, mit ihren sogenannten Leibeigenen" (d. h. meist Frauen und Kinder der Kamtschadalen, die sie als Geisseln genommen hatten). „Sie spielten dann auf dem Hangeboden über dem Ofen (na palatach) um alles, was sie an sich hatten, bis dafs beide Theile (?) nackt waren. Das Pelzwerk war unterdessen schon für Branntwein und als Karten- und Lichtgeld ausgegeben, so dafs der Gewinner sich mit einer Schuldverschreibung begnügen mufste, die sie kabala nannten" (so wie noch jetzt die Zuschreibung eines Knechtes in Russland genannt wird). „Auch wurden dann die sogenannten Leibeigenen dermassen verspielt, dafs Einzelne derselben in einem Tage zwanzig verschiedenen Herren zufielen." — Während meines Aufenthaltes auf Kamtschatka habe ich dagegen Spielkarten nur allein in dem Gouverneurshause von Petropaulshafen gesehen, und hätte es auch, nach dem jetzigen Ansehen der Kamtschadalischen sowohl als der Russischen Sitten, nicht für möglich gehalten, dafs sich daselbst die Civilisation schon jemals bis zu den geschilderten Aeusserungen erhoben habe. Man ersieht übrigens aus folgenden anderweitigen Angaben von Krascheninikow drei Umstände, welche das Verhältniss der Kamtschadalen zu den Russen allmälig verbessert haben. Zunächst und vor allem die schnell eingetretene Verwandtschaft der rohen Sieger mit den sanftmüthigen und vielfach begabten Besiegten A. a. O. Tom. IV. pag. 244: „Da die Jasaksammler" (die von Jakuzk kamen) „wegen der Beschwerlichkeit ihrer Reise keine Weiber mitbringen konnten, so nahmen sie Frauen und Mädchen aus allen Kamtschatischen Ortschaften, die sich nicht gutwillig zur Tribut-Bezahlung verstanden. Sie liefsen diese für sich arbeiten und behandelten sie durchweg als Leibeigene, gaben jedoch einer derselben, die sie zur Beischläferin erkoren, die Aufsicht über die übrigen. Eine solche Bevorzugte pflegten sie dann aber auch zu heirathen, sobald sie Kinder von ihr ergen die ursprüngliche Landessitte angenommen, oder doch zu derselben nur einige Vervollkommnung hinzugefügt, deren allgemeinere Verbreitung eben so leicht als wünschenswerth wäre. In Tigilsk und dessen weitester Umgebung wurde jetzt der gesammte Handel von der Familie Woreschilow betrieben (S. 103.), in deren Hause wir an diesem Tage die gastfreiste Aufnahme fanden. Der Wohl-

---

hielten. Andre Kosaken zogen es vor, sich sogleich mit freien Kamtschadalen zu verschwägern" (d. h. mit solchen die man schonen musste, weil sie sich tributpflichtig erklärten) „und sie gaben dergleichen Männern stets die Verschreibung, dafs die einstweilen schon vollzogenen Ehen mit ihren Töchtern, bei der nächsten Ankunft des Popen, der von Nijnei Kamtschatsk aus nur alle Jahr oder alle zwei Jahre eine Rundreise machte, eingesegnet werden solle. So kam es denn nun sehr häufig vor, dafs während des öffentlichen Gebetes (molitwa) auch noch für einen Kosaken die Taufe seiner Braut, die Ehe mit derselben und die Taufe ihrer Kinder zugleich vollzogen wurden." Sodann 2) einige Fürsorge der Regierung für die werthvollste Hälfte ihrer hiesigen Unterthanen (a. a. O. Tom. III. pag. 235): „Durch einen Ukas der Kaiserin Jelisaweta Petrowna wurde den Kosaken bei den allerhärtesten Strafen verboten, gegen die Kamtschadalen irgend welche Bedrückung auszuüben, unter dem Vorwande, dafs dieselben mit dem Jasak im Rückstande seien. — Dieser wurde nun für jeden Mann auf die Lieferung eines Felles herabgesetzt und ausserdem noch den sich zum Christenthum Bekehrenden auf 10 Jahre gänzlich erlassen — auch übertrug man zugleich die Schlichtung von Streitsachen (mit Ausnahme der Kriminalfälle) den Kamtschatischen Tojonen, indem man sie der bis dahin eingesetzten Russischen Gerichts-Commission entzog" — und endlich wirkte wohl eben dahin 3) der Mangel an Europäischer Unterstützung, welcher die Kosaken zähmte und sie die Vortheile der ursprünglichsten Landessitte immer deutlicher erkennen liefs. Dies beweisen folgende aus den Jahren 1740—45 herstammende Angaben (a. a. O. Tom. II. pag. 286): „Die Kosaken auf Kamtschatka erhalten, so wie es überhaupt für unberittene Kosaken festgesetzt ist, 5 Rubel (jährlichen) Sold und ausserdem den Werth des ihnen zustehenden Mehles nach dem Jakuzker Preise" (die Natural-Lieferungen waren also damals noch nicht im Gange). „Nun gebraucht aber ein Jeder von ihnen jährlich 40 Rubel, selbst wenn er sich seine Nahrungsmittel eigenhändig und kostenfrei verschafft — denn ein Paar Kukljanken kosten 6 bis 8 R., ein Paar Pelzhosen 2 bis 3 R., die Winter- und die Sommerstiefel, die Pelzmütze und die Handschuh mindestens 4 R., ein Paar wollene Strümpfe 1 R, zwei Hemden 4 R., ein Paar Sommerhosen aus gegerbtem Rennthierfell (rowdug) 2 R., ein ganz schlechtes Hundegespann mit Geschirr mindestens 10 R., und zu diesem allen hat man dann noch die bedeutende einmalige Ausgabe für eine Büchse zu rechnen und die wiederkehrende für Pulver und Blei."

stand ihrer Wirthschaft äusserte sich vor allem in der Schönheit der Zughunde. Von den vier erwachsenen Söhnen des Hausherrn behielt Jeder sein Lieblingsgespann auch den Sommer über auf dem Hofe. Diese Hunde waren zu zehnen an zeltähnlichen Stangen-Gerüsten gebunden, und wurden aus hölzernen Trögen mit einem warmen Aufguss auf gefaulte Fische (opana) und mit Gräten und anderen Abgängen von dem Jukola gefüttert. Sie empfingen ihre Herren mit freudigem Geheul und führten auch jetzt sehr pünktlich die Wendungen aus, zu denen wir sie, wie im Winter vor den Schlitten, durch Hogge (rechts) und jach, jach (links) aufforderten. Demnächst besafs aber Hr. W. auch vortreffliches Rindvieh, welches hier, wie überall auf Kamtschatka, von dem Jakutischen abstammt, in Folge der üppigsten Weiden aber nicht bloss seine Stammältern, sondern auch die meisten Europäischen Rindviehracen an Gröfse und an Milchreichthum weit übertrifft. Der letztere soll hier selbst im Winter kaum abnehmen, doch werden auch die Tigilsker Kühe etwas sorgfältiger gehalten wie bei den Sibirischen Nomaden (I. 1. S. 426. I. 2. S. 103. 159.)*) und wie an vielen Orten im Europäischen Russland, denn obgleich auch in dieser Gegend die jungen Zweige der Weiden und Elsen und die gefrorenen Krautstengel, welche hoch über dem Schnee hervorragen, dem Rindvieh und den Pferden eine ausreichende Nahrung liefern, so ist doch die Heubereitung für den Winter im allgemeinen Gebrauch. Freilich können aber auch hier die Gräser und andere Krautgewächse meist dreimal in einem Sommer gemäht werden, und in Folge des hohen Wuchses liefern schon ungewöhnlich kleine Waldblössen oder andere Grasflecke den Wintervorrath für das Vieh einer Ortschaft.

Unter den Milchspeisen die man uns, nach der gewöhnlichen Nord-Asiatischen Bewirthung mit Thee und mit allerlei Früchten, zum Theil in silbernen Gefässen vorsetzte, welche von der alterthümlichen Einfachheit des übrigen Hausgeräthes seltsam abstachen, waren auch die sogenannten Pjenki. Man versteht darunter die fetten und etwas gebräunten Häute (das coagulirte Caseïn) in welche man die Milch durch anhaltendes Kochen und Abschöpfen verwan-

*) Mit Ausnahme der Lenaer Buraeten I. 2 .S. 203—205.

delt. Sie werden frisch genossen, und in diesem Zustande lange erhalten, indem man die ganz damit angefüllten Gefässe in den Eiskellern aufbewahrt, welche man sich zum Besten der hiesigen Wirthschaften noch etwas leichter verschafft, als auf den Dörfern bei Petersburg in einem um 2° wärmeren Boden (I. 1. S. 135.). Man zeigte uns sodann das Waarenlager, aus welchem unsere Wirthe den Tauschhandel mit den Kamtschadalen bei ihren Winterreisen durch die Halbinsel bestreiten. Es erinnerte im Ganzen an diejenigen, welche ich in Obdorsk für den Samojedischen Handel gesehen habe (I. 1. S. 651.), unterschied sich jedoch von diesen durch eine beträchtliche Menge von Büchsen (Wintowki) von denen meist die Schlösser und Läufe ohne Schäftung verkauft werden, durch einen grofsen Vorrath von den eisernen Klappern (krepuschki), mit denen auch die Kamtschadalen den Lenkstab oder oschtol für ihre Hundefahrten versehen, und die man hier wohl zu noch entsetzlicheren Preisen absetzen mag als bei den Tungusen (I. 2. S. 420.); sodann durch einige Baumwollenstoffe zu Hemden und Kopftüchern für die Frauen, vor allem aber durch den Thee, welcher den Kamtschadalen eben so unentbehrlich geworden ist wie das Brod den Samojedischen Anwohnern des Eismeers (I. 1. S. 603. 651.). Sie bezahlen ihn freigebigst mit Zobel- und Fuchsfellen, sind aber auch gegen die Güte desselben keinesweges gleichgültig und verschmähen namentlich den Ziegelthee (I. 1. S. 480. 2. S. 133.), den sich doch fast alle Sibirische Urvölker als Surrogat für den ächten gefallen lassen.

Die Tigilsker scheinen, in Folge ihrer Verwandtschaft mit den Urbewohnern des Landes, auch deren Belustigungen anstatt der Russischen angenommen zu haben, denn wir wurden heute noch bei Herrn W. durch einige Kamtschadalische Tänze oder vielmehr theatralische Darstellungen höchst angenehm überrascht, welche zwei Kosaken ausführten, während die Umstehenden mit grossem Eifer dazu sangen. Die erste dieser Pantomimen war die sogenannte Báchia, von der man mir schon in Ochozk als von dem beliebtesten Spiele der Kamtschadalen erzählt hatte. Der, vielleicht nur im Russischen übliche, Name kommt von dem Texte des begleitenden Gesanges, der, wenigstens hier, in unablässiger Wiederholung folgender Strophe bestand:

Băchĭă dă băchĭă dă băchĭă dă hŏg hŏg hŏg.

Diese wird aber nach einer sehr sanften und keinesweges ungefälligen Melodie mit verschiedenem Affecte gesungen, während die beiden Tänzer die brünstigen Bewerbungen eines Bären um eine Bärin aufführen. Die allmälig erwachende und dann immer leidenschaftlichere Zärtlichkeit des Männchen, der die Bärin zuerst gleichgültig und dann mit scheinbarem Eifer ausweicht, und die sie zuletzt durch derbe Schläge mit den vorderen Tatzen nur noch zu erhöhen scheint, werden mit gröfster Treue nachgeahmt. Die Umstehenden richteten unterdessen den Ausdruck ihres Gesanges und die Zukkungen des Oberleibes, mit denen sie ihn begleiteten, nach dem jedesmaligen Erfolg dieser Bestrebungen, und auch die Darstellenden erhoben einige Male das bekannte schwermüthige Grunzen der Bären.

Eine zweite Aufführung zeigte einen einzelnen Jäger, der sich im Walde zum Nachtlager einrichtet, und dabei einen dicht neben ihm ruhenden Bären erst spät gewahr wird. Er sucht darauf seinen friedfertigen Nachbar durch Anrufen und durch allerlei verhöhnende Geberden zu reizen — versetzt ihn aber erst durch Kolbenstöfse in den Affect, der es werth macht ihn zu erlegen. Zuletzt wird dann von dem Jäger ein Siegestanz um den Gefallenen ausgeführt, in welchem dieser wiederum abwechselnd verspottet und sehr ernstlich beklagt oder um Verzeihung gebeten wird.

Hierauf erschien noch einer der Tänzer in einer Art von Verkleidung, indem er sich das Gesicht mit Kohle geschwärzt und über die ausgespreizten Arme Tücher gehängt hatte, so dafs sie einigermafsen wie Flügel aussahen. Er zeigte die hier sogenannte: wórónuschka (von worona die Krähe) d. i. eine meisterhafte Darstellung des Benehmens einer Krähe, die ein zufällig gefundenes Stück Frafs umhüpft und es von oben herab zuerst mit scheuem und dann mit begehrlichem und listigem Blicke anschielt.

Ich zweifle nicht dafs ursprünglich auch diesen Aufführungen dieselbe Idee zum Grunde gelegen habe, wie den später zu erwähnenden Verkleidungen der Schamanen bei den Kaljuschen (1829. November 12.), den Thiertänzen bei den Ostjaken (I. 1. S. 673.) und dem Auftreten in allerlei Thiergestalten, welches im Griechischen Alterthum von dem wahrsagenden Proteus gerühmt wird*). Ich meine die tiefe Bewunderung, welche der Instinct der Thiere jedem Menschen abdringt, der noch nicht durch verwickelte gesellige Verhältnisse zerstreut wird. Von den Kamtschadalen werde ich noch manche andere Beweise der Verehrung zu erwähnen haben, welche sie den Handlungen der Bären und auch dem Benehmen anderer Thiere offenbar deswegen erweisen, weil diese aus weit einfacheren und daher reineren Motiven als die menschlichen Handlungen hervorgehen. Sie werden unmittelbar durch die Gottheit voranlasst**), etwa so wie die Aeusserungen derjenigen Blödsinnigen, die das Russische Volk unter dem Namen bla*j*ennie oder Gesegnete verehrt (I. 1. S. 402.) und welche auch bei der Türkischen Bevölkerung von Taschkent eines gleichen Ansehens geniefsen (I. 1. S. 516.).

Von den Tigilsker Russen war dennoch, begreiflicher Weise, kein erwähnungswerther Aufschluss über die Bedeutung der Tänze die sie so vortrefflich ausführten, zu erhalten. Sie beantworteten vielmehr jede darauf gerichtete Frage mit der beliebten Redensart: „eto tak oni djelajut“ d. h. die Kamtschadalen machen das nun eben so und nicht anders!

Etwa eben so betrachteten sie aber auch eine andere psychologische Erscheinung, die mir hier in Tigilsk zuerst vorkam, obgleich sie in der Gegend von Jakuzk noch häufiger ist. Ich meine einen eigenthümlichen krankhaften Zustand, den man ursprünglich nur bei den Jakuten gefunden hat und der erst später, offenbar durch Verschwägerungen und durch Vererbung, auch in Russische Familien übergegangen ist. Er wird im *S*ibirischen Russisch durch das Wort mirjatschit bezeichnet, welches wohl etwa (so wie das alt *S*lawische mertwjet) so viel als vor Schrecken sinnlos oder ohnmächtig werden bedeutet. Die fragliche Krankheit ist aber in der That eine abnorme Schreckhaftigkeit, indem die damit behafteten Personen durch jede unerwartete Begegnung und durch ähnliche geringfügige Vorfälle in eine rasende Wuth versetzt werden, in der sie ihre Umgebungen und namentlich den

*) Odyssee IV. 455.

**) Eine Ansicht, die auch dem bekannten Ausspruche: deum esse animam brutorum zu Grunde liegt.

vermeinten Urheber des Schreckens anfallen. Ich sah in dem Woreschilowschen Hause eine ältliche Frau, die aus Sibirien stammte, und welche diese Eigenschaften in hohem Maſse besaſs. In meiner Gegenwart wurde ihr indessen nur mit Erschreckung gedroht, und sie verfiel dadurch in solche Angst und Aufregung, daſs allerdings von dem Ausbruch des Paroxysmus sehr nachdrückliche Folgen zu erwarten waren. Ausserdem war mir an ihr nur eine ungewöhnliche Lebhaftigkeit der Stimme und der Geberden, und eine Scheu vor dem Umgange mit Fremden aufgefallen. Herr Sabjelow erzählte mir gelegentlich, wie ein jetzt in Ochozk ansässiger Seemann, von dessen bedeutender Körperkraft ich mich überzeugt hatte, bei seiner Durchreise durch Jakuzk von einer solchen Mänade besiegt und übel zugerichtet worden sei, nachdem man ihn veranlasst hatte sie zu erschrecken. Man hat, so viel ich weiſs, schon früher bemerkt daſs dergleichen seltsame Krankheiten, zu denen unter anderen auch der berüchtigte Scanto oder Spavento der Sicilischen Hirten gehört, und auf welche wohl auch die Erzählungen von den panischen Schrecken bei den Arkadischen Hirten zu deuten sind*), durch den Umgang mit dem Rindvieh besonders begünstigt werden. Das Vorkommen derselben bei den Jakuten liefert hierzu eine neue Bestätigung, obgleich es die Thatsache noch eben so unerklärt läſst als bisher.

Die Steilheit des NW-abhanges der Hügelkette, welche die Tigilsker Ebene begränzt (S. 172.), lieſs ungeschichtete, krystallinische Gesteine in derselben erwarten; und so fand ich es dann auch, bei mehrmaligem Besteigen der Krasnaja Sopka. Diese ist, wie schon erwähnt, nur der Durchschnitt jenes NOlich streichenden Höhenzuges durch das Tigilthal, von dessen rechtem Ufer sie jedoch, selbst an der engsten Stelle, gegen 500 Schritt absteht. Die höchsten Punkte derselben fand ich, durch Barometermessung, 324 Par. Fuſs über dem Tigil und 474 Par. Fuſs über dem Meere. Ihr südlicher Abhang, zu dem man durch das erwähnte Spiraeengebüsch und dann zwischen vereinzelten Lonicerensträuchen gelangt, ist mit einem lichteren Gehölze, aus Zirbelfichten und Ebereschen,

*) Vgl. Swinburne's Reisen durch beide Sicilien, übers. v. R. Forster Bd. II. S. 458. Pausanias VIII. 37. p. 677. Stat. Theb. III. 480.

so gleichmäfsig bestanden, dafs sich etwas gröfsere Flächen von entblöfstem Gestein nur auf dem Gipfel und an mehreren Punkten des SW-abhanges zeigen. — Ich fand an diesen nahe bei einander und doch ohne nachweisbare Uebergänge:

1) eine harte rauchgraue Grundmasse, mit einzelnen sehr kleinen und starkglänzenden Feldspathkrystallen und vielen kleinen, dicht neben einander liegenden Höhlungen von unregelmäfsiger Form, die zum Theil mit Braunspath, zum Theil mit blauem Chalcedon gefüllt sind. In den ersteren ist oft der Braunspath, wahrscheinlich in Folge einer späteren Zerlegung, zur Hälfte durch Eisenocher ersetzt.

2) eine hellgraue harte Hauptmasse, mit einzelnen kleinen, starkglänzenden Feldspathkrystallen und mit regelmäfsig mandelförmigen Hölungen, die theils kleiner und leer, theils mit weissem Chalcedon gefüllt sind. Die Chalcedon-Mandeln haben 4 bis 6 Linien Durchmesser, und sind oft, von ihrer Zuschärfung aus, mit einem feinen Gange von krystallinischem Quarz durchsetzt. Die Ausscheidung der nadelförmigen Feldspathkrystalle in der Grundmasse schien mir häufiger an den Gränzen dieses blasigen Gesteines mit einer dichteren Abänderung desselben, welches, anstatt der kleinen Chalcedonmandeln

3) von Fufs breiten und an ihren Rändern zersplitterten Chalcedonplatten gangartig durchsetzt ist.

4) am SW-abhange in der Nähe der oben erwähnten Quelle eine weisse erdige und wie zersetzte Grundmasse, in der doch noch glänzende Feldspathkrystalle zu erkennen sind, und welche kleine Flecke von braunem Eisenocher und, ebenfalls kleine, an den Kanten abgerundete Hexagondodekaëder von Quarz enthält.

Die Gleichartigkeit der Grundmasse aller dieser Gesteine, aus welcher sich an geeigneten Stellen überall einerlei glänzende Feldspathkrystalle ausgeschieden haben, und die an allen Punkten ähnliche Theilung derselben durch Kluftflächen, die sie theils nach der Richtung des Hügelzuges theils wie unregelmässigere Schwindungsspalten durchsetzen, lassen wohl über die gleichzeitige Entstehung derselben keinen Zweifel. Auch sind ganz sicher die Quarzkrystalle in der porphyrartigen Abänderung und der Chalcedon, der weiter gegen die Mitte des Berges gangartige Platten gebildet, und die meisten der mandelförmigen Blasenräume gefüllt hat, aus einerlei Quelle entsprungen, eben so wie andererseits der völlig erhaltene Braunspath mit dem rothbraunen kalkhaltigen Ocher. — Das hiesige Vorkommen dieser Fossilien erschien mir aber äusserst wichtig, zunächst weil es sich in der Verlängerung desselben Hügelzuges (N32°O von Tigilsk) an einem von der Krasnaja Sopka etwa 24 Meilen entfernten Punkte auf grofsartigere aber doch offenbar identische Weise wiederholt, und sodann weil es, an jener anderen Stelle noch unleugbarer, als die Folge von Dämpfen oder Gasen erscheint, welche, durch eine mit der Küste von Kamtschatka parallele Spalte, auf Feldspathgesteine gewirkt und in ihnen Blasenräume und mancherlei Fossilien gebildet haben.

Bei der Korjakischen Ortschaft Pallan, 24 Meilen N32°O von Tigilsk, finden sich nämlich Drusen von Chalcedon, Kalkspath und einigen anderen Fossilien, die an Gröfse und an prächtigen Formen den gleichartigen auf den Faröer Inseln nichts nachgeben, und welche dann auch sogar die reisenden Kosaken und Kaufleute veranlasst haben sie zu brechen, und als eine Merkwürdigkeit ihres Landes auszuführen. Die Stücke von Pallaner Drusen welche ich in Ochozk (oben S. 97.) und in Tigilsk, theils kopfgrofs theils weit kleiner und sehr verschiedenartig erhielt, zeigen zuerst Reste des harten, erdigen Muttergesteines, von dunkelgrauer Farbe und weissem Strich, welche zusammen zu einer gewölbten Oberfläche gehört haben. Sodann liegen in denselben, gegen die concave Seite dieser Umhüllungsfläche, nach einander: Schwefelkies, milchweisser Chalcedon, Kalkspath und oft auch noch krystallinischer Quarz. — Der Chalcedon hat diejenige nierige oder traubige und bisweilen auch stalaktitische Form, die man durch die Benennung getropfter Chalcedon zu bezeichnen pflegt. Es zeigt sich aber gerade an den Pallaner Drusen auf das bestimmteste, dafs man diesen mineralogischen Sprachgebrauch durchaus nicht für eine Erklärung der Erscheinung zu nehmen hat. Ich meine dafs man in keinem Falle an eine Absetzung der nierförmigen oder traubigen Kieselmasse aus einer herabtropfenden, und durch Verdampfung zähe werdenden, Flüssigkeit denken darf. Der Schwefelkies, der zunächst eine continuirliche Lage über der concaven Oberfläche des Muttergesteines ausmacht, hat nämlich auch noch von dieser aus, mit merkwürdiger Constanz, einen Ausläufer in das Innere jeder einzelnen (unvollkommen tropfenförmigen) Niere der gesammten Druse gebildet, und man sieht nun, wenn man den zugerundeten Kopf einer solchen Niere abschlägt, je nach ihrer Dicke, den cylindrischen Erzkern der ihre Axe einnimmt, bald von mehreren Linien im Durchmesser, bald wie einen äusserst feinen Faden, den nur sein Glanz und seine dunkle Färbung auf dem milchweissen Grunde (dem Durchschnitte des Chalcedon) noch so deutlich erkennen lässt. Offenbar wäre es nun schon an und für sich höchst unwahrscheinlich dafs durch Abtropfung, so feine cylindrische Erzfäden zuerst entstehen, und dann sich mit weit dickeren nierförmigen Kieselschichten überkleiden sollten. Diese Annahme wird aber sodann auch noch völlig unhaltbar, weil man an einerlei Druse die cylindrischen Schwefelkiesstiele, und mithin auch die mit ihnen zusammen fallenden Axen der einzelnen Nieren, durchaus nicht einander parallel findet, sondern vielmehr wie, sehr stark und ziemlich regellos, convergirende Stacheln, die nur etwa auf die gewölbte und dabei rauhe Oberfläche des Muttergesteines nahe senkrecht gewesen sein dürften. Jene Axen haben daher niemals auch nur im Entferntesten mit der Richtung der Schwere zusammenfallen können, von der sich doch die Axe eines Tropfens ganz im Gegentheil kaum jemals merklich entfernt. — Viele einzelne Ecken der nierigen oder traubigen Innseite des Chalcedon sind sodann mit weissem Kalkspath so vollständig gefüllt, dafs dieser an seiner dem Muttergesteine zugewendeten Seite die Eindrücke der Nieren enthält und nur mit seiner anderen Fläche in rhomboedrischen Scheiteln*) hervorragt. Auch diese letzteren sind dann noch endlich nicht selten mit einer Lage von krystallinischem Quarze bedeckt, der, wiederum durch dichtes Anschliefsen an den Kalk, auf seiner äusseren Gränzfläche über-

*) Sie gehören zu dem sogenannten: Ersten spitzeren Rhomboeder.

all rhomboedrische Eindrücke angenommen hat, während er gegen das Innere des Drusenraumes in die Zuspitzungen der sechsseitigen Säule des Bergkrystalls ausläuft. — Unter der grossen Zahl von Pallaner Drusen welche ich untersuchte, zeigte doch keine einzige eine Umkehrung in der Ordnung dieser Fossilien, doch kommen örtliche Unterdrückungen von einzelnen derselben vor. So fehlt bisweilen der Chalcedon, indem der Kalk unmittelbar auf dem Schwefelkiese aufliegt. Dieser Kalk hat dann, zunächst an dem Erze, ein völlig dichtes erdiges Ansehen, bildet aber, schon wenige Linien weiter nach innen, halb durchsichtige rhomboedrische Scheitel. — In einigen anderen Drusen fehlt dagegen die Schwefelkieslage. Der Chalcedon, der in ihnen unmittelbar auf das Muttergestein folgt, hat dann, sehr merkwürdiger Weise, durchaus keine nierförmige (tropfige) Oberfläche, sondern vielmehr rhomboedrische Eindrücke von der Kalkmasse, welche doch, in diesen wie in allen übrigen Drusen, das Innere oder Hangende des Chalcedon ausmacht. Das Festwerden der beiden letzteren Substanzen muss daher so nahe gleichzeitig erfolgt sein, dass sich bald und in der Mehrheit der Fälle der Kalkspath auf dem Chalcedon abformen konnte, bald aber auch, bei gleicher gegenseitiger Lage beider Fossilien, die Kieselmasse auf den Krystallen des Kalkes. Eine carneolartige Färbung des Chalcedon habe ich in einigen Drusen, aber nur zunächst am Schwefelkies, gesehen; doch findet man an den Mündungen des Pallanflusses und der ihm benachbarten, auch ausgezeichnetere Carneole und rothblaue Bergkrystalle (Amethyst), die offenbar in denselben Drusenräumen entstanden sind.

Die merkwürdigen und überall auf der Erde wiederkehrenden Gesetze der Gang- und Mandelbildung zeigen sich also an beiden Punkten der in Rede stehenden Hügelkette mit solcher Evidenz, dafs dadurch sowohl eine Ausfüllung ihrer Hölungen durch den Zutritt von Gasen erwiesen wird, die auf einander und auf das Muttergestein gewirkt haben, als auch die Gleichzeitigkeit und Identität der Formation von Pallan mit dem porphyrartigen Mandelstein der Krasnaja Sopka. Der Schwefelkies, den man etwa an dem letzteren Fundorte vermissen könnte, um ihn dem ersteren noch vollständiger gleich zu achten, würde sich sicher an geeigneten Punkten in dem Tigilsker Porphyr oder Mandelsteine noch nachweisen lassen, denn die Niederschlagsschichten, welche unmittelbar auf diesen krystallinischen Massen liegen und durch sie gehoben sind (unten August 22.) enthalten auffallend viel Eisenvitriol und Alaun. — Auch scheint das Dimensionsverhältnifs zwischen den riesigen Pallaner Drusen und den weit kleineren Braunspath- und Chalcedonmandeln die ich bei Tigilsk gefunden habe, in hinlänglich erklärendem Zusammenhange mit einem gleichen Verhältniss zwischen den Höhen der Berge in denen sie vorkommen; denn in der That zeigt das Terrain bei Pallan, so wie ich es auf meiner Karte von Kamtschatka*) nach Krascheninikow's Schilderungen dargestellt habe, ungleich schroffere und grofsartigere Formen als bei Tigilsk**).

Unentschiedener bleibt dagegen die Frage, ob auch die Grundmasse des Tigilsker und Pallaner Gesteines eine eigentlich plutonische d. h. ob sie selbst in geschmolzenem Zustande an die Oberfläche gequollen sei, oder ob man sie dennoch für ein

---

*) Vergl. Karte von Kamtschatka nach eigenen Ortsbestimmungen u. s. w. von A. Erman. Berlin 1838.

**) Unter anderem nach: Krascheninikow Opisanie semli Kamtschatki. W'Peterburgie 1755. 4to. Vol. I. pag. 78. „33 Werst vom Kaktan entspringt der bedeutende Flufs Katscheit-wajem aus einem auf dem Hauptgebirge befindlichen See, der von S gegen N, 24 Werst und in der darauf senkrechten Richtung 17 Werst misst. 5 Werst unterhalb dieses Sees hat derselbe Fluss einen grofsen Wasserfall, welchen die Korjaken Piljalan nennen. Aus diesem Worte haben die Kosaken den Namen Palan gebildet, der jetzt für den ganzen Fluss in Gebrauch ist. Es giebt an diesem drei Korjakische Wohnplätze nämlich, 1) etwas oberhalb des Wasserfalles den Anaker Ostroſok, den die Kosaken den oberen Pallaner nennen; 2) Angawit oder den mittleren (dieser ist der Fundort der Chalcedon-Drusen) und 3) Onotoineran oder den unteren Ostroſok. — Von der Mündung des Pallan- (oder Katscheit wajem) Flusses liegt die untere Ortschaft 5 Werst, und von dieser die mittlere 15 Werst entfernt. Der mittlere Ostroſok (Angawit) liegt an einer von der Natur aufs beste befestigten Stelle, nämlich auf einem sehr hohen und steilen Berge, zu welchen nur von einer Seite ein Aufgang führt, auf dem jedoch nicht mehr als drei Menschen bei einander gehen können." — Wahrscheinlich ist auch jener Weg, wie die Kämme an den Andesitbergen im Innern der Halbinsel, der schmale Durchschnitt einer senkrecht stehenden Felsentafel.

Niederschlagsgestein zu halten und daher auch ihr massiges und ungeschichtetes Ansehen, nur dem Einflusse desselben unter ihr liegenden und nicht bis an die Oberfläche gelangten Schmelzungsproductes zuzuschreiben habe, von welchem jedenfalls ihre krystallinischen Beimengungen herrühren? Die Erfahrungen über die Entstehung des Marekanischen Trachyts und Marekanitfelsens (S. 94.), die man nach ihrem mineralogischen Charakter noch weit entschiedener als die hiesigen Gesteine für ächt plutonisch erklären würde, und welche dennoch, nach genauerer Untersuchung, nur zu den metamorphischen Massen zu rechnen sind, machen mich der letzteren Ansicht viel geneigter, und ich halte es sogar für sehr wahrscheinlich, dafs beide Ereignisse: die Entstehung der trachytischen und verglasten Felsen an der Marekanka und die jetzige Gestaltung des Tigilsker und Pallauer Gebirgszuges gleichzeitig gewesen seien, sowohl unter sich als auch mit der noch jetzt bestehenden Begränzung der Halbinsel und des gegenüber liegenden Continents.

Am 21. August sah ich noch in Tigilsk zwei vornehme Korjaken: die Häuptlinge oder von den Russen sogenannten Tojone (I. 2. S. 246.) der Ortschaften Pallan (24 Meilen von Tigilsk) und Kinkil (30 Meilen von Tigilsk). Der jüngere von beiden, der Tojon von Kinkil, war zwar hier unter dem christlichen Namen: Makarewitsch bekannt. Er sprach aber nur ein eben so gebrochenes Russisch wie sein Begleiter, dessen Jugend offenbar noch vollständiger von Cultivirungsversuchen verschont blieb. Der Tojon von Pallan hatte nämlich schon sein achtzigstes Jahr erreicht. Nach seiner Haltung und seinem Gange schien er aber nur eben erst im besten Mannesalter zu stehen. Beide waren von schönem und ausgezeichnet grofsem Wuchse, gerade so wie mehrere der Samojeden, die ich am Eismeer bei Obdorsk getroffen habe (I. 1. S. 696.)*), auch zeigten sie überall gegen die Russen ein

*) Eben so fand auch Admiral Lütke die Rennthierbesitzer unter den Tschuktschen an der Behringsstrafse und am Anaduir, welche „mit den Korjaken in Sprache und Sitte vollständig übereinstimmen", oft „von wahrhaft riesigem Wuchse." Voyage autour du monde etc. sur la corvette le Séniavine dans les années 1826 á 1829 par F. Lutke etc. Paris 1835. 8vo. Tom. II. pag. 262. 263. Ich darf auch

freies und sehr zuversichtliches Benehmen. So sagten sie Herrn Sabjelow gleich beim Eintritt: „heute sollst Du uns einmal Deine Gastfreiheit zeigen, nachdem Du die unsrige so oft genossen hast" — und dennoch benahmen sie sich auch hier als die Reicheren und Freigebigeren, indem sie uns mit einem eigenthümlichen Produkte ihrer Gegend eine vortreffliche Mahlzeit bereiteten. Sie brachten nämlich zum Geschenke einige Säcke voll sogenannter Kemtschiga, das sind essbare Knollen einer Pflanze, die, wie ich leider zu spät erfuhr, nur am Westufer der Halbinsel und namentlich erst nördlich von Tigilsk in beträchtlicher Menge gefunden wird und welche ich auch in der That, während der übrigen Reise durch Kamtschatka, nie wieder in Anwendung gesehen habe. Nach dem Kochen bemerkte ich an diesen mehligen und gelblichen Knollen nur, dafs sie nahe kugelförmig, fast die Grösse eines Taubeneies erreichen und daher die Lilienknollen, welche ich später kennen lernte, bedeutend übertreffen und dafs sie sich auch sowohl von diesen als von kleinen Kartoffeln, mit denen man sie sonst etwa vergleichen könnte, durch eine concentrisch schaalige Textur unterscheiden.

Sie schmecken sehr angenehm süfslich, und sind eben dadurch — so wie auch die Lilienknollen — den ächten Castanien äusserst ähnlich, auch erfuhr ich hier noch, dafs sie, ebenfalls wie jene ersteren, von den Korjaken in den Bauen der Sammelmäuse gefunden werden und dafs an jeder Staude des Gewächses zu welchem sie gehören, nur ein solcher Knollen vorkomme. Die von Krascheninikow wiederholte Stellersche Angabe, dafs die Kemtschiga, die von einem ihm unbekannten Gewächse herstamme, nach dem Kochen, einer grossen Zuckererbse (!) an Gestalt und

---

hier nicht unerwähnt lassen, dafs mir in Tigilsk sowohl als in Ochozk von allen Reisenden welche auf dem Winterwege längs der Küste des Ochozker Meeres gefahren waren (S. 4.) — die liebevolle Aufnahme ausdrücklich gerühmt wurde, die sie bei Tschuktschen und Korjaken gefunden hatten, ganz übereinstimmend mit Adm. Lütke's Erfahrungen am Anaduir und mit seiner Bemerkung, dafs auch diese heidnischen Stämme nur deswegen in den Ruf der Grausamkeit kamen, weil die Russen, welche sie angegriffen hatten, sie noch obenein verläumdet.

an Geschmack sehr ähnlich sei*) — hat viele Kenner der Nord-Asiatischen Flora veranlafst, das fragliche Korjakische Nahrungsmittel für die befruchteten Zwiebeln zu halten, welche Polygonum viviparum über der Erde ansetzt. Die auffallenden schaaligen Ablösungen die ich an der Kemtschiga bemerkte, wären dieser Ansicht allerdings nicht ungünstig. Dieselbe scheint mir aber andererseits vollständig widerlegt, durch die Gröfse der zu vergleichenden Produkte, denn während man die Zwiebeln von P. viviparum in der That kaum irgendwo mehr als erbsengrofs findet, ist die alte Angabe über die Gröfse der Kemtschiga so ausserordentlich falsch, dafs sie mir fast nur durch den Schreibfehler von Zucker-Erbsen anstatt Zucker-Kartoffeln zu erklären scheint! — Mit diesen letzteren könnte man die Korjakischen Knollen nach dem Kochen allerdings sehr leicht verwechseln. Ob aber etwa eine noch unbekannte Polygonum-Art oder eine andere der lebendig gebährenden Pflanzen, befruchtete Zwiebeln von der wahren Gröfse und dem, bei Zwiebeln wohl kaum erhörten, Stärkegehalte der Kemtschiga ansetzt, bleibt durch eine glücklichere Untersuchung dieser letzteren zu entscheiden, und man sollte eine solche in der That nicht für schwierig halten, da die fraglichen Knollen von Petersburger Botanikern alljährlich in beliebiger Menge und wahrscheinlich noch fortpflanzungsfähig aus Tigilsk verschrieben werden können.

[August 22.]

Als eine wohlthätige Folge der Russischen Bemühungen um die Halbinsel wurde mir zuletzt von Herrn Sabjelow auch das in Tigilsk bestehende Krankenhaus gezeigt, und eine Schule erwähnt, welche er demnächst daselbst einzurichten hoffte. Das schon bestehende Institut schien allerdings, von einem dabei angestellten Arzte und von dessen chirurgischen Gehülfen, sorgfältig verwaltet, auch waren die drei oder vier Kranken, welche ich darin antraf, von Kamtschatischer Abkunft und weit aus dem Innern des Landes hierher gekommen. Sie werden indessen zu einer so traurigen Auswanderung nur durch syphilitische Leiden veranlafst,

*) Opisanie semli Kamtschatki. W'Peterburgje 1755. 4to. Tom. II. pag. 195.

und somit nur durch diejenigen die bis zur Ankunft der Russen durchaus unerhört waren, und welche die Kamtschadalen wohl eben deshalb fast allein für bedenklich halten. Die wenigen Krankheiten die auf der Halbinsel einheimisch gewesen zu sein scheinen, behandeln sie dagegen, auch jetzt noch, mit einigen beliebten vegetabilischen Mitteln, wahrscheinlich eben so erfolgreich wie Europäische Aerzte. Man versicherte mich aber hier, dafs auch jene Pest, welche die Russen gebracht und dann durch ihre Lazarethe wieder zu bekämpfen gesucht haben, in den letzten Jahren viel seltener und gelinder aufgetreten sei und dafs daher die meisten Kamtschadalen auch jetzt wieder das hohe und ungeschwächte Alter erreichen, welches von jeher die Bewunderung ihrer Nachbarn erregt hat.

Um 4 Uhr Nachmittags begann ich meine Reise ins Innere mit einer stromaufwärts gerichteten Fahrt auf dem Tigil. Meine Begleitung bestand aus vier Kosaken, die zu je zweien in dem Batte, welches ich bestieg, und in einem anderen, auf dem sich mein Gepäck befand, die sogenannten Schesti oder Stofsstangen führten (S. 140. 167.). Diese vortreffliche und höchst wirksame Art des Ruderns erfordert einige Uebung, indem das Fahrzeug nur dadurch so gradlinig fortschreitet, dafs jedesmal der Stofs über dem linken Bord genau gleichzeitig mit dem über dem rechten erfolgt. Diese beiden Arten der Arbeit müssen aber jedem Ruderer gleich geläufig sein, damit, üblicher Weise, bald der vordere bald der hintere eine Zeit lang seine Stofsstange rechts wenden, und durch solchen Wechsel der Bewegung seine Kräfte weit länger erhalten könne.

Wir fuhren zuerst zwischen steilen Uferabhängen, von denen der zu unserer Linken gelegene sich an die Krasnaja Sopka anschliefst und etwa die halbe Höhe derselben besitzt. Er besteht aus Schichten eines grauen, zerreiblichen und stark vitriolhaltigen Thones*), welche sehr regelmässig unter einem Winkel von 50° bis 60° gegen SO fallen. Sie schneiden aber ab, an vielen weissen

*) Ich hatte schon von Herrn Sabjelow einige Stücke dieses Thones erhalten, und mit Wasser ausgelaugt, in welchem dann mit salzsaurem Baryt ein reichlicher Niederschlag erfolgte.

Kalkknollen, deren Durchschnitte in demselben Abhange sichtbar sind und welche, theils von 6 Fufs im Durchmesser, theils etwas kleiner, aus nahe kugelförmigen und concentrischen Schalen bestehen. Ich fand nur in diesen kalkigen Theilen des Gesteines, von denen schon in Tigilsk am Flussufer viele Bruchstücke vorkommen, einige unvollständige Abdrücke einer kleinen zweischaligen Muschel (Pectunculus). — Dieses höhere Land neben dem Flusse ist an seinem Rande mit Bruchpflanzen bedeckt, auch fliefsen aus demselben über den Abhang viele reichhaltige und überall mit rothem Eisenocher gefärbte Quellen.

Dieselbe Beschaffenheit der Thalwände und eine Höhe derselben von 100 bis 150 Fufs, fanden wir noch mehrere Male längs des Weges von etwa 20 Werst, den wir heute zurücklegten, doch wurden sie auf beträchtlichen Strecken durch den Einschnitt des Tigil in Niederungen unterbrochen, welche meist nur mannshoch über dem Wasser hervorragen. Unter diesen besteht der Uferabhang aus denselben horizontalen Schichten eines lockeren Conglomerates von mannigfachen vulkanischen Trümmern, mit Nestern von schwarzem, magnetischem Sande, die wir unterhalb Tigilsk bis zur Mündung für diluvisch erkannt hatten (S. 152.). Die feineren Theile dieser Geröllschicht werden auch jetzt noch von dem stark strömenden Flusse in Menge bewegt, und sind, überall wo Treibholz oder andere zufällige Widerstände dazu veranlassten, an dem Ufer als flache Sandbänke oder in der Mitte des Wassers als längliche Inseln von verschiedenster Ausdehnung und von sichtbar verschiedenem Alter abgesetzt worden. Sie sind, je nach der Zeit ihrer Entstehung, theils noch ganz nackt, theils mit dichter Pflanzendecke versehen, von der sich die einzelnen Glieder in bestimmtester Reihenfolge einfinden. — Entenschwärme safsen hier auf den sonnigen Stellen des Flusses, während wir in zweien Becken, welche üppiges Gesträuch an den Uferabhängen beschattete, zuerst einen Flug brauner Gänse (Russ. Gumeniki, A. grandis. Pall.) aufscheuchten und dann zwei weisse Schwäne fanden. Einer meiner Begleiter versuchte diese vom Ufer aus anzuschleichen, fehlte sie aber aus der Wintowka, worauf sie denn weit hin landeinwärts flogen. — Auf den Sandbänken am Ufer sahen wir überall frische Fährten von Bären. Sie haschen an diesen Stellen und auch auf den Geröllinseln die todten Lachse, welche jetzt rings um uns schwammen und, durch Fäulnifs geschwollen, meist hoch über dem Wasser hervorragten. Die Kosaken wählten deshalb auch zu unserem Nachtlager eine der jüngeren Inseln, die nur erst mit lichtem Weidengesträuche und niedrigen Gräsern bedeckt war, und auf der, nach gehöriger Anrufung beim Landen, keine unangenehme Begegnung bevorstand. Dicht unterhalb der Stelle an der wir unterweges anlegten, war aber in der That ein grofser Bär ganz ungestört in dem Ufergehölze geblieben, denn die Ruderer auf dem zweiten Batt, die in einiger Entfernung folgten, hatten ihn erst nach unserem Schusse mit lächerlichem Ungeschick bergaufwärts fliehen gesehen. Wir hatten indessen auf unserem Lagerplatze in der Mitte des Flusses einen anderen sehr empfindlichen Angriff zu bestehen, indem unsere Hände und Gesichter nach wenigen Augenblicken von den früher erwähnten kleinen Stechfliegen (Russ. Moschki S. 162.) so dicht besetzt wurden, dafs sie aus einiger Entfernung schwarz schienen. Ich bemerkte hier dafs diese Insekten, auf jedem ihrer weisslichen Flügel vier etwa gleich breite schwarze Streifen haben, welche gegen den Längenrand der Flügel nahe senkrecht stehen, und dafs sie, bis wir ihnen eine bessere Beute darboten, auf den Weidenblättern und den Grashalmen gesessen und dieselben eben so dicht als nun unsere Haut überzogen hatten. — Der Rauch eines Wacht- und Kochfeuers, welches wir aus altem Treibholze anlegten, befreite uns indessen bald und vollständig von diesen quälenden Gästen, und wir hielten darauf eine vortreffliche Mahlzeit mit Thee und diesjährigem Jukola. Ich will hier ein für allemal bemerken, dafs die sogenannten Plastinki des Kamtschatischen Jukola (das sind die plattgedrückten getrockneten Hälften der Lachse, die zuvor nur geköpft und sorgfältig ausgeweidet worden sind) mit Ausnahme der Haut aus einer durchweg gleichartigen braunrothen und gleichsam gar gewordenen Masse bestehen. Sie ist fasrig, aber dabei so hart und zusammenhangend, dafs man sie in dicken und langen Streifen von der Haut ablöst, wenn man die ganze Scheibe (plastinka) hin- und herbiegt oder sie auf ihren Seitenrändern zwischen Steinen klopft. Nur dicht an der Rückenflosse der edelsten Lachsart (Tschewitscha der Kamtschadalen, unten Aug. 24.) liegen unter der Haut einige fettige (?) Theile, welche sich beim Trocknen zu zersetzen scheinen, denn sie verbreiten einen bitteren und widerlichen Geschmack über das ihnen zunächst gelegene Fleisch. Man wird aber auch von den Kennern sogleich unterrichtet, bei dem Jukola des Tschewitscha diese einzige ungeniefsbare Stelle sorgfältig zu meiden.

Aus Besorgnifs vor einem nächtlichen Besuche der Bären wurden sodann, ehe wir uns niederlegten, die Gewehre wieder geladen und die Wintowki auf ihren Gabeln dicht neben die Schlafstellen gestellt; auch schliefen zwei Kosaken mit ihren Beilen in der Hand, und von meinen vier Begleitern behauptete ein Jeder, als ich sie deshalb befragte, dafs er schon früher, bei einer ähnlichen Gelegenheit, mit einem Bären handgemein gewesen sei.

Die Temperatur des Tigil fand ich heute an seiner Oberfläche um 6^{u} 24′ Nachmittags + 10°,7, während die Lufttemperatur zu derselben Zeit nur + 9°,3 betrug.

[August 23.]

Wir fuhren am Morgen weiter stromaufwärts, und zwar zunächst oberhalb der Insel auf der wir übernachtet hatten, etwa eine halbe Meile weit, zwischen Hügeln von der Höhe der Krasnaja Sopka. Gegen den Fluss ist ihr Abhang mit Ebereschen, Zirbeln und Birken bestanden, zwischen denen aber nahe am Ufer nackte Felsmassen hervorragen. Die Flötzschichten sind hier noch einmal durch ein plutonisches Gestein unterbrochen, welches, wie das der Tigilsker und Pallaner Hügelkette mit der Küste parallel streicht. Durch eine schwarze basaltähnliche Färbung und durch auffallenden Hornblendegeruch schien es sich von jenem einigermafsen zu unterscheiden. Doch fand ich auch in dieser schwarzen Wacke glänzende Feldspathkrystalle und vielen Kalkspath, theils fein vertheilt theils in schmalen Gängen, welche wohl auch für diesen Gebirgstheil*) auf einen gleichartigen und gleichzeitigen Ursprung deuten wie für jene erste Kette, deren feldspathige Hauptmasse sich gerade durch ihre Braunspathmandeln und ihre Kalkspathdrusen so merkwürdig auszeichnet.

Unmittelbar oberhalb dieser Stelle folgt aber wieder am rechten

---

*) Den man, im Gegensatz zu dem Tigilsker, den zweiten Porphyrzug nennen könnte.

Ufer des Flusses, ein nur gegen 40 Fufs hoher Abhang aus einem Niederschlagsgesteine, dessen dünne Bänke völlig horizontal liegen. Dieses ist also erst nach der Entstehung jener plutonischen Berge gebildet, während doch die vitriolischen Thonschichten zunächst bei Tigilsk, durch das Aufsteigen gleichartiger Berge bereits stark gehoben worden und daher jedenfalls vor ihnen erhärtet sind. Die söhligen Schichten dieser wichtigen Gegend des Tigilthales bestehen nun aus einer grünlichgrauen kalkigen Masse, die aber mit äusserst feinen Splittern vulkanischer Silicate so dicht erfüllt ist, dafs sie nur schwach mit Säuren braust. Sie enthält ausserdem glasigen Feldspath, Olivin und Augit und eine ausserordentliche Menge von ein- und zweischaligen Muscheln. Von den Exemplaren derselben, welche ich sammelte und mitnahm, sind eine grofse und neue Art der Gattung Tellina und eine neue Natica bereits abgebildet und von Herrn Girard als Tellina dilatata und Natica aspera beschrieben worden*). Mit ihnen zusammen sieht man aber in denselben Schichten noch Abdrücke und Steinkerne von einigen anderen Arten von Tellina so wie von Crassatella, Venus, Nucula, Buccinum u. a. — auch hat endlich die mikroskopische Untersuchung dieses Gesteines in ihm eine sehr dünne und längliche Navicula und Fragmente von einigen den Bacillarien ähnlichen Formen nachgewiesen, welche jedoch seltener darin vorkommen als in dem ähnlichen Kalkgesteine von dem Wasserfall unterhalb Tigilsk (S. 171.). — Ich glaube wohl dafs man, auch nach diesen Erfahrungen, die Entstehung dieser Formation entweder in die Epoche der jüngeren Kreide- oder der älteren Tertiärbildungen versetzen wird, mithin in eine spätere als den Niederschlag des Sphärosiderites an der Westküste der Halbinsel (S. 152.) und in eine frühere als die Bildung der Braunkohle, die weiter landeinwärts auftritt. Die grofsartigen Spalten auf denen augitische und trachytische Porphyre parallel mit der jetzigen Küste hervortraten und Mandelsteine gebildet wurden, wären dann erst nach der Süfswasserbedeckung aufgebrochen, die sich auch noch

*) Vergl. auch: Archiv für wissenschaftl. Kunde von Russland Bd. III. S. 544.

westwärts von der jetzigen Halbinsel erstreckte (S. 151.), jedoch vor der Bedeckung des östlich von ihnen gelegenen Landes, mit dem Meerwasser, aus dem sich die kalkigen Schichten (mit Tellina, Nucula, Natica u. a.) niederschlugen. Der Sand von vulkanischen Gesteinen der in diesen letzteren Schichten und in allen jüngeren auf Kamtschatka vorherrscht, fehlt spurlos in der älteren Süfswasserformation der Westküste und wird somit zu einem neuen Beweise für die eben genannte Ansicht.

Auch in diesem Theile des Thales fand ich übrigens die mit Eisenocher lose verbundenen diluvischen Gerölle und die Zwischenlagen von magnetischem Sande genau so wie in den bisher gesehenen, sowohl als eine dünnere Decke über den Versteinerungführenden Schichten, als auch, weiter stromaufwärts, als einzige sichtbare Unterlage der Niederungen, welche der Tigil dort durchschneidet. Zwischen unzähligen Bruchstücken einer schweren grauen Lava mit ziemlich grofsen Blasenräumen (wie die Mühlsteine von Mendig am Laachersee) liegen oft schwarze und ganz dichte Massen, die man für Kieselschiefer halten könnte, wenn sie nicht einzelne grofse Krystalle von glasigem Feldspath enthielten.

Die Vegetation ist hier oben am Flusse durch eine stärkere Holzbildung von der bisher gesehenen merklich unterschieden, denn aus dem undurchdringlichen Elsengesträuch, welches auch hier weite Strecken des Flussspiegels beschattet, erheben sich nun viele hochstämmige Pappeln und auch Birken von kräftigstem Wuchse. Die Gräser und krautartigen Gewächse, welche die Niederungen einnehmen, sind noch immer mannshoch, und unbewachsene Stellen sieht man nur an senkrechten Abhängen und auf Geröllinseln von diesjähriger Bildung. Auf den nächst älteren hatte sich zuerst ein Anflug von strauchartigen Weiden gebildet, und es folgen dann auf diesen eine kleine Achillaea (millefolium ?) und die prachtvolle A. speciosa Willd., welche ihren wolligen Samen zu solcher Ausbreitung eignen — bis dafs sich später auch Sedum Rhodiola Dec., ein Astragalus, und einige andere Bewohner eines steinigen Bodens, einfinden, den sie zu der endlichen Bedeckung mit üppigen Gräsern vorbereiten.

Die Strömung wurde nun immer heftiger, auch war heute der Widerstand den sie den Ruderern darbot, noch durch stromabwärts wehenden SO.wind verstärkt. Wir hielten daher gegen Mittag eine Ruhestunde am linken Ufer, wo auch wieder ein Feuer angelegt und zwei Krickenten (Russ.: Tschirki), die ich am Morgen geschossen hatte, gebraten und verzehrt wurden.

Nachdem wir von diesem Lagerplatz noch einige Stunden stromaufwärts gefahren und, nach Aussage meiner Begleiter, noch 15 Werst, in der That aber wohl kaum halb so weit, von *Sedanka* entfernt waren, befanden wir uns an der Vereinigung zweier Flussärme und lenkten in den zu unserer Rechten gelegenen gegen SO. ein. Dieser wird als der obere Tigil betrachtet, während man den anderen, der fast aus Osten herkömmt, in früheren Zeiten Eschklin jetzt aber die *Sedanka* nannte. Von dem Landrücken welcher diese Wasser trennt, war nun, zu unserer Linken, ein steiler, gegen 80 Fufs hoher, Abhang sichtbar. Er besteht aus fufsdicken Bänken eines Conglomerates, in welchem die runden Gerölle kaum mehr als 6 Linien im Durchmesser haben, und zum Theil noch weit kleiner sind. In den unteren Theilen der Wand liegen hier, zwischen blasigen Trachyten und Feldspathporphyren, auch viele Trümmer eines weissen, ziemlich harten, aber ganz sicher nicht gebrannten Thones, während die oberen so vorzugsweise Gerölle von schneeweissem Bimssteine enthalten, dafs sie dem Trasssandsteine von Andernach am Rheine ganz ähnlich sind. Das Bindemittel dieses Conglomerates ist aber auch an dieser Stelle ein wahres Eisenerz (Brauneisenstein), welche sich auf schmalen gangähnlichen Klüften sogar rein und bisweilen krystallinisch ausgeschieden hat. Der Magnetsand, welcher die Trümmer begleitet, scheint am meisten zu dessen Bildung beigetragen zu haben, denn in den unteren Schichten, in denen sich dieser Sand auch noch kenntlich findet, ist das Bindemittel äusserst hart, während es in den Bimsstein-haltigen oberen, in einen zerreiblichen Eisenocher übergeht. — Am Fufse dieses Abhanges, dessen Schichten wohl eine äusserst schwache Neigung gegen NW. besitzen mögen, zeigen sich darauf einige hellgraue Thonschichten und zwischen diesen schwarze Kohlenflötze. Es sind dieselben welche, nach einer neuen Unterbrechung der Uferhügel, die ganze Thalwand einnehmen, oder doch nur mit untergeordneten Thonschichten wechsellagern.

Wir kamen gegen 8 Uhr Abends an einen Buitschok oder eine

Stromschnelle, die noch heftiger ist als die Tigilsker (S. 170.), welche aber dennoch, nach einiger Anstrengung der Ruderer auf dem schwereren Batte, ohne Unfall überfahren wurde — und sahen bald darauf den malerischen Jurtenhaufen von Sedanka auf den Hügeln am rechten Tigilufer, an deren Fufse wir hielten. Die zehn Winterwohnungen welche er enthält, waren jetzt auch hier, nach Sibirischer Sitte, über rechteckigem Grundriss aus rund gelassenen Balken gezimmert, und nur unten mit Erde umworfen. Sie unterscheiden sich von den meisten Russischen Häusern in Sibirien nur durch länglichere Form, durch geringere Höhe und einen niedrigeren, aus nur einer Stufe bestehenden, Auftritt vor der Thüre. Zwischen ihnen liegen aber, wie spitze Thürme mit durchscheinendem Grundbau, die seltsamen Balagane. Ihre untere Hälfte ist von derselben Form wie die Pfahlgerüste die wir, an der Tigilmündung (S. 137.) und in Tigilsk, unter diesem Namen gesehen hatten und auch wie sie zum Trocknen der Lachse bestimmt. Sie tragen aber ausserdem auf ihren, 15 bis 20 Fufs hohen, Ständern, ein plattes Dach und über diesem ein mit Riemen an den Ständern befestigtes pyramidales Zelt, welches aus dünnen Stäben und Ruthen sehr sorgfältig geflochten, mit Gräsern gedichtet und mit einer viereckigen Thüre in einer seiner geneigten Wände versehen ist. Mit dem Anfang des Sommers wird von jeder Kamtschatischen Familie eine dieser luftigen Schlafstellen bezogen, zu welcher man, mittelst eines steil angelehnten Balkens mit eingehauenen Stufen gelangt. Diese Treppen oder Leitern dürfen nicht bequemer gemacht werden, damit sie den Hunden unzugänglich bleiben, vor deren Angriffen man den Jukola in den Balaganen zu schützen hat (unten Aug. 29.).

Wir wurden an dem Landungsplatze von vielen Bewohnern dieser Ortschaft bewillkommnet, unter denen sich mir einer der jüngeren als der jetzige Häuptling oder Tojon von Sedanka vorstellte, und uns in seine Jurte nöthigte. Eine Russin aus Tigilsk, die er vor Kurzem geheirathet hatte, fanden wir im Innern dieses Hauses mit einigen anderen Frauen auf dem Fufsboden sitzend. Sie nähten an einem Kleide aus neuen Rennthierfellen, gingen aber nun alle vor die Thüre, um für die Bewirthung ihrer unerwarteten Gäste zu sorgen, während die Männer von allen Seiten zum Gespräche herbeikamen. Ein Greis, der unter ihnen das Wort führte, war der Bruder des jetzigen Tojon und doch mindestens 50 Jahr älter als dieser. Er hatte die Häuptlingswürde, die hier an eine bestimmte Familie gebunden zu sein scheint, erst im letzten Jahre niedergelegt. — Man erkundigte sich nun nach dem Zweck meiner Reise, und als ich ihnen sagte, dafs ich nur gekommen sei um ihr Land zu sehen und zu beschreiben, sprachen sie mit Freuden von den (rohen) Zeichnungen ihrer Wohnungen in Krascheninikow's Buch, die sie einst in Tigilsk gesehen hatten, und schienen nun bedacht sich an Ergänzungen ihrer Geschichte zu erinnern. Die Russen haben sich gewundert, so sagte der Alte, dafs man hier ehemals die Erdhütten (Semljanki) so unbequem, in dichten Gehölzen oder hinter steilen Wällen, anlegte. Das geschah aber, weil unsere Väter kriegerisch waren und einander oft überfielen*). So singe man bei ihnen noch jetzt ein Lied über einen Raubzug, den die Einwohner von Jelowka nach dem Westufer der Halbinsel ausführten, um die schönen Weiber der dortigen Kamtschadalen zu entführen. Ihre Boote scheiterten aber auf den Wasserfällen (na buitschkach) des Flusses, den sie abwärts fuhren. — Von Begebenheiten die auf die Russische Besitznahme folgten, schien der Durchmarsch einer militairischen Besatzung („des Bataillones") nach Nijne Kamtschatka die früheste zu sein, deren sie sich erinnerten. Dann nannte der Alte die Namen der Gouverneure die er gesehen habe, und als ich ihn nach dem beliebtesten unter diesen fragte, erwiederte er mit einem aus Sanftmuth und feiner Ironie höchst eigenthümlich gemischten Ausdrucke: „Sie waren alle gut, und wie sollten sie auch nicht, denn sie waren ja Gouverneure!" Nur von der Durchreise eines Russischen Beamten (P. F. Kusmischtschew), der im letzten Winter von Petropaulshafen gekommen sei, konnten selbst sie, in jener versöhnlichen Weise, einen üblen Erfolg nicht verhehlen, denn er hatte ihnen mit seinen Zwiebacksschläuchen die Tarakane (blatta orientalis I. 1. S. 53. 225.) gebracht, die man bis dahin in Sedanka

*) Der Name ostrojki (S. 172.), den die Russen noch jetzt allen Kamtschatischen Wohnplätzen geben, bezieht sich in der That auf die befestigte Lage welche sie ehemals auszeichnete.

niemals gesehen hatte, von denen es aber jetzt in der Jurte des Tojon fast wie in einem Russischen Hause wimmelte.

Bei dicht bewölktem Himmel sah ich am Abend vor der Thüre unserer Wohnung die ganze Ortschaft glänzend beleuchtet, denn am Fufse eines jeden Balaganes brannte nun ein Feuer, über welchem die Frauen das Abendessen kochten. — Im Sommer verfahren sie dabei auch in den Ortschaften eben so wie auf der Reise, indem sie den Kessel im Freien, an einem schräg in den Boden gepflanzten Pfahle, aufhängen, denn das Grasdach der oberen Zelte ist ohne Rauchöffnung und erlaubt daher keine Heizung. Für uns hatte die Tojonin ein Gericht bereitet, welches sie mit Recht als sehr wohlschmeckend rühmte und mir mit einnehmender Freundlichkeit empfahl. Es waren frische Fische, die man gekocht und dann von den Gräten befreit und in einem Mörser mit Heidelbeeren (Vaccinium Myrtillus) zu einem dünnen und röthlichen Brei zerrieben hatte

Ich bemerkte schon heute an dem Kamtschadalen-Stamm, zu welchem die Bewohner von Sedanka gehören, und besonders an den Frauen desselben, eine eben so ausgezeichnete als constante Gesichtsbildung. Sie haben äusserst kleine und wohlgeformte Nasen, welche einerseits durch die breiten und auch nach vorn hervorragenden Backenknochen noch auffallender erscheinen, und andererseits auch durch ungewöhnlich weit vorspringende Kiefern und sehr starke Lippen. Der Unterkiefer liegt namentlich so, dafs es oft scheint als müssen, wie bei mehreren der hiesigen Lachse, seine Zähne über die oberen vorgreifen. Es entsteht dadurch dieselbe Form des Kopfes, die man an den Frauen der Fisch-Tungusen bei Judomsk bemerkt (I. 2. S. 388.), welche von der Gesichtsbildung der übrigen Sibirischen Stämme so auffallend absticht. Auch der Ausdruck derselben ist ganz verschieden, je nachdem man eben mehr auf die anmuthige Form der Nase und auf die lebhaften Augen achtet, oder auf die Stärke der Kiefern die man auf Gefräfsigkeit deuten könnte. Ich halte es für wahrscheinlich, dafs auch eine sehr hohe und dünne Stimme, welche die hiesigen Frauen auszeichnet, mit der Kleinheit ihrer Nasen zusammenhängt. Was aber die Entstehung dieser letzteren betrifft, so möchte man fast glauben, dafs hier auch einmal bei einem

Menschenstamme, wie es so oft bei den Hausthieren geschieht, ein Organ nur deswegen in seiner Ausbildung allmälig gehemmt wurde, weil es seinen Inhabern nur noch widerwärtige Eindrücke bereitete. Gewiss ist wenigstens dafs eine verringerte Empfänglichkeit für Geruchseindrücke eine Wohlthat wäre für die ichthyophagischen Stämme welche sich von Jukola nähren, und vor Allem für ihre Weiber, die sich fortwährend mit der Zubereitung von diesem und mehreren anderen übelriechenden Nahrungsmitteln beschäftigen. Die Verkümmerung der Nase bei den Fisch-Tungusen und bei den Sedankaern wäre dann, eben so wie die Taubheit der Aethiopischen Katadupi nach den Erzählungen der Alten, aus Ueberreizung entsprungen.

[August 24.]

Die Kosaken die mich begleitet hatten, machten sich schon früh am Morgen mit ihren Kähnen auf die Rückreise nach Tigilsk, nachdem sie den Sedankaern noch gesagt hatten, dafs mich Herr Sabjelow durch sie der Gastfreiheit der Kamtschadalen empfehlen lasse. Ich blieb von nun an ganz allein und namentlich ohne Russische Begleitung. Nur etwa jene mündliche Bestellung könnte daher zu der liebevollen und selbstverleugnenden Aufnahme beigetragen haben, die mir überall auf der Halbinsel erwiesen wurde. Man wird sich indessen durch das Folgende genugsam überzeugen, dafs es zu dieser durchaus keiner Empfehlung bedurft hat, und dafs ich vielmehr eine Freundlichkeit, deren Erinnerung zu den angenehmsten meines Lebens gehört, nur allein der ursprünglichen Landessitte verdankte. In Sedanka (und auch in den folgenden Ortschaften) verstanden zwar fast alle älteren Personen Russisch — unter sich bedienten sie sich aber ausschliefslich des Kamtschadalischen, und so geschah es denn von nun an eben nur durch die ihnen eigene Gefälligkeit, dafs sie mir den Inhalt ihrer Gespräche mittheilten, so oft ich darnach fragte.

Der Himmel war auch heute so dicht bewölkt, dafs ich die Hoffnung auf eine astronomische Ortsbestimmung in Sedanka aufgab, und sogleich weiterzureisen beschlofs. Der Tojon versicherte mich, auf meine Erkundigung nach thätigen Vulkanen (gorelija sopki d. h. brennende Kuppen), dafs der Schiwelutsch von hier aus der nächste sei, den sie für einen solchen halten. Die

Besteigung desselben, die ich ihm nun als eine meiner Aufgaben nannte, hielt er für unmöglich, rieth mir aber wegen weiterer Erkundigungen nach Jelowka zu gehen, denn von dieser Ortschaft reise man bisweilen bis an den Fufs des Schiwelutsch, nach gewissen Seen die nie zufrieren, und auf denen man daher auch im Winter Schwäne antreffe. Ich befolgte natürlich diesen Rath, untersuchte aber zuvor die Thalwände des Tigil und sah noch Einiges von den ökonomischen Einrichtungen der Sedankaer, während die Zurüstungen zur Abreise getroffen wurden.

Die bis zu 100 Fufs hohen und steil gegen den Fluss fallenden Hügel zu beiden Seiten von Sedanka, bestehen fast gänzlich aus den Kohlen, die von dort in so bedeutender Menge gegen die Flussmündung geschwemmt werden. Die schwarze Steinkohlen-artige aber Bernstein-haltige Abänderung derselben (oben S. 154.) bildet vom Fluss bis zur Mitte des Abhanges eine continuirliche Masse, und über dieser folgen, durch dünne Lettenschichten getrennt, mehrere Lagen einer holzähnlichen, braunen und dünnschiefrigen Kohle, von welcher sich auch noch, in dem sandigen Thone der das Ganze bedeckt, viele Trümmer finden, zusammen mit losem Bernstein und mit vielen mehr oder weniger verkieselten Stammstücken. Unter diesen fand ich einige, die zur Hälfte aus noch biegsamen braunem Holze und im Uebrigen aus völlig verkieseltem bestehen. Es sind (nach Herrn R. Göppert's vorläufiger Untersuchung der Fossilien die ich von Sedanka mitgenommen habe) Reste von Coniferen — während andere vollständig versteinte Zweig- und Stamm-Stücke einer Laubholzart angehören. Dieselbe Verschiedenheit des Ursprungs zeigt sich auch an den Kohlen, denn die, der Masse nach überwiegenden, schwarzen und glänzenden sind aus Nadelhölzern entstanden, so wie es schon der zu ihnen gehörige Bernstein erwarten liefs — und dennoch scheinen sich die Kohlen aus den braunen Lagern durch ihre Structur von den Coniferen zu unterscheiden. Die ersteren müssen übrigens bei ihrer Ablagerung in einem seltsam aufgeweichten Zustande gewesen sein, indem sie in ziemlich regelmäfsige, aber nicht über Zoll-dicke, Schichten getheilt und auch senkrecht auf diesen von sehr glatten Kluftflächen durchschnitten sind; auch fand ich auf einigen jener ersteren Trennungsflächen, die Abdrücke von Gräsern oder ihnen ähnlichen dünnen Halmen monokotyledonischer Gewächse. Das Ausgehende einiger Schichten an dem Uferabhange, war ziemlich stark mit Eisenvitriol bedeckt, doch schien mir die Hauptmasse der Kohle nur wenig Schwefelkies zu enthalten, und namentlich nicht so viel, als eine Angabe von Krascheninikow erwarten liefs, nach welcher die Sedankaer Hügel im Sommer einen sichtbaren Dunst und einen weithin fühlbaren beschwerlichen Geruch (tjeʃolui sapach) verbreiten. Im Winter (d. h. in derjenigen Jahreszeit, in welcher Krascheninikow selbst in dieser Gegend gewesen ist) sei jedoch nichts davon zu bemerken*). Mir ist auch im August, nach anhaltend trockenem und warmen Wetter, von dieser Eigenthümlichkeit durchaus nichts aufgefallen, und ich glaube daher dafs sich die Sage davon auf einen einmaligen Brand eines einzelnen Flötzes beziehen mag.

Dieser Punkt, der von den Kamtschadalen oder von den Korjaken den Namen Keitl erhalten hat, ist bis jetzt der einzige auf Kamtschatka selbst, an dem man die Braunkohle deutlich zu Tage ausgehend gesehen hat. Dafs sie sich aber von ihm aus parallel mit der geologischen Axe der Halbinsel (d. h. etwa nach N32°O) nach beiden Seiten hin fortsetzt, beweist, ausser dem Vorkommen einiger (angeschwemmten) kiesigen Kohlen an der Mündung der Pustája rjeká in die Penʃinsker Bucht (bei etwa 61°,2 Br.)**) das Vorkommen von ausgewaschenem Bernstein an der Westküste. So wird er namentlich nördlich von der Tigilmündung, durch die Flüsse Omanina und Wutschkog an jene Küste gespült, welche bei 58°,18 und 58°,48 Br. münden, und das Streichen der Sedankaer Hügel bei 58°,1 und 58°,3 Br. durchschneiden, und südlich von der Tigilmündung durch die Flüsse Okolowajem, Kowran und Bjelogolowaja rjeka, deren Mündungen und Durchschnitte mit dem Sedankaer Streichen respective bei

57°,4 Br. und 57,0
57°,0 Br. und 56,8
56°,6 Br. und 56,3

liegen. — Südlich von 56° bis 55° Breite, wo sich die Westküste

*) Opisanie semli Kamtschatki. W'Peterburgje 1755. 4to. Tom. I. pag. 24.

**) Pallas Nord. Beitr. IV, 273.

jenem Streichen nähert, dürfte jedoch die in Rede stehende Formation kaum irgendwo auf Kamtschatka zu Tage gehen. Auch ist der zu ihr gehörige Bernstein an der Südspitze der Halbinsel so selten, dafs die Bewohner der Kurilischen Inseln, bei ihrem alten Handelsverkehr mit diesem Theile des Landes, ein einzelnes Stück desselben mit einem Menschen bezahlt haben sollen*). Ganz im Norden von Kamtschatka scheinen dagegen diese Braunkohlen, und zwar immer nur an der Westseite des Mittelgebirges (August 25. u. f.) weit ausgedehnter, indem sie auf der Halbinsel Taigonos (61° bis 62° Br.; 156° O. v. Par. oder 0°,6 W. von Sedanka) durchaus mit demselben Ansehen wie hier bei Sedanka vorkommen**).

Auf der ebenen Oberfläche dieser Hügel, zwischen den Jurten und dem Abhange zum Flusse, war jetzt ein kleines Feld mit Russischen Culturpflanzen bestellt. Die Rüben (rjepa***) vergl. I. 1.

*) So erzählte man mir in Ochozk.

**) Es findet sich dort eine schwarze Schieferkohle, deren kaum liniendicke Lagen sich leicht von einander absondern und grofsentheils aus plattgedrückten Holzspänen und Pflanzenfasern zu bestehen scheinen. Auch sind in ihnen viele Bernsteintropfen von verschiedener Gröfse eingesprengt. Pallas Nord. Beitr. IV. 272. — Die den Sedankaern äusserst ähnliche und meistens auch Bernstein-führenden schwarzen Braunkohlen, welche sich einerseits in der Nähe des Eismeers und namentlich an der Mündung des Jenisei (73° Br. 80° O. v. Par. oder 77° W. von Sedanka) und andererseits an den Abhängen der Aleutischen Vulkankette nahe bei deren Anschluss an den Amerikanischen Continent (auf Aljaska und auf der Insel Unga bei 56° und 55°,3 Br. und bei 200° O. v. Par. oder 43° O. von Sedanka), so wie auch auf Sitcha (1829 Nov. 10. u. f.) finden, beweisen zunächst nur, dafs einst an sehr verschiedenen Punkten der nördlichen Zone sowohl eine gleiche Vegetation als auch ein gleicher Untergang derselben vorkam. Ein Zusammenhang zwischen den Becken, in denen so weit von einander entfernte Massen abgelagert wurden, ist aber weder ohne Weiteres anzunehmen, noch auch von vorn herein für wahrscheinlich zu halten. — Jedenfalls aber sind die Hölzer in den Diluvialmassen in der Nähe der Lena unterhalb Jakuzk, und die Holzberge auf Neu-Sibirien, auf Kotelnoi ostrow und anderen Inseln des Eismeers, welche zugleich mit den Ueberbleibseln von Pachydermen abgelagert wurden, durch eine weit spätere Fluth verbreitet worden als die tertiären Kamtschatischen und Aleutischen Kohlen (vergl. I. 2. S. 260. u. f.).

***) Eine den Kohlrüben nahe stehende dunkelgelbe und fast kugelrunde Art, die im Europäischen Russland und auch in Sibirien am meisten beliebt ist. Auch giebt sie in der That, in heisser Asche gebraten, (petschónnaja rjepa) eine eben so angenehme als leicht zu bereitende Nahrung.

S. 636.) waren aufs beste gediehen, auch erzählte mir der Tojon, dafs man hier ehemals (während jener schon erwähnten „Zeit des Batailloncs") einiges Brodkorn gebaut habe. Die Kamtschadalen haben aber diese mühsamen Versuche niemals nachgeahmt, weil sie die Beeren und Wurzeln des Waldes weit leichter erhalten — so wie auch die Hauptmasse ihrer Nahrung durch den Fischfang. Der Tigil ist dicht oberhalb der Wohnungen mit einem sehr sorgfältig gearbeiteten Lachsfange d. i. mit einem Flechtwerke abgesperrt, welches auch hier von den Russen Sapor d. h. ein Riegel oder Abschlufs genannt wird (vergl. über den Gebrauch und die Anordnung desselben, Aug. 20. u. a.), und einen zweiten besitzen sie ausserdem in der nahe gelegenen Sedanka. Sie bekannten dankbar dafs sie in diesen unversieglichen Hülfsquellen, für sich selbst und für ihr Zugvieh, eine reichliche Nahrung finden, doch werden die Hunde auch hier während des Sommers so durchgängig auf ihre eigenen Kräfte angewiesen, dafs ich kaum einen in der Nähe der Wohnungen gesehen habe. — Die gefangenen Lachse werden theils frisch mit Kräutern und Beeren gekocht, theils nach der Güte gesondert zu Jukola für Menschen und für Hunde getrocknet. Ich sah aber hier ausserdem zum erstenmale eine auf Kamtschatka sehr beliebte Anwendung der Fische. Man gebraucht dazu eine geräumige und etwa 2 Fufs tiefe Grube, die (wie die Fisch-Keller oder debdakàr der Tungusen I. 2. S. 405.) dicht vor der Winterjurte angelegt und von oben mit Balken bedeckt wird. In diese wirft man das zermalmte und von den grösseren Gräten getrennte Fleisch der rohen Lachse, und überläfst es einer Gährung, durch die es allmälig in den weissen, fauligt riechenden und ziemlich dünnflüssigen Brei übergeht, welcher auf Russisch kwáschenaja rúiba d. h. gegorener oder gesäuerter Fisch genannt wird. Ich fand einige solcher Gruben schon bis zum Rande mit dieser schleimigen Flüssigkeit gefüllt und sah wie sie daraus, in eigens vorgerichteten Holzgefäfsen die mit einem langen Stiele versehen sind, geschöpft und dann, etwa wie Mehlbrei in Europa — theils mit Heidelbeeren oder anderen Pflanzensäften gekocht, theils zu dem heissen Wasser gegossen wurde, in welchem man getrocknete Fische aufweichte.

Die Schiffbarkeit des Tigil und seines Zuflusses reicht nicht weit aufwärts von *Sedanka*, und da man oberhalb dieses Ortes gegen das Gebirge keine Wohnung antrifft, so mufs man sich schon hier zur Landreise ausrüsten. Im Winter wird diese auf Hundeschlitten (Narten) ausgeführt. Zu ihren Jagdunternehmungen und anderweitigen Sommerreisen besitzen aber jetzt die hiesigen Kamtschadalen einige Pferde, deren Stammältern sie von Jakuzk aus, theils von der Russischen Regierung erhalten, theils später angekauft haben. Sie werden auf der nächstgelegenen Grasflur freigelassen und wie ein wahres Gemeingut abwechselnd von den einzelnen Bewohnern der Ortschaft eingefangen und gebraucht. Ich fand vier von diesen Pferden bereits aufgezäumt in dem dichten Elsen- und Ebereschen-Gehölz am rechten Ufer der *Sedanka*, wohin ich mit meinem Gepäck und mit mehreren der hiesigen Männer auf einigen Batten übersetzte. Zwei Werst weit bis zu dem linken Ufer dieses Zuflusses, zu welchem das Terrain vor den Jurten am Tigil allmälig abfällt, waren wir von Jung und Alt begleitet worden, auch dankten sie mir beim Abschiede von allen Seiten und auf wahrhaft beschämende Weise für einigen Thee, den ich der Familie des Tojon gegeben hatte. Sie betrachteten diesen so wenig als Bezahlung für die beschwerlichen Dienste die sie mir nun leisten wollten, dafs ich vielmehr ein schönes Bärenfell, welches mir als Geschenk gebracht wurde, nicht ausschlagen konnte ohne die freundlichen Geber zu beleidigen. Der Tojon versicherte mich bei dieser Gelegenheit, es sei bei ihnen eine uralte Sitte, dafs die Ansäfsigen jeden Reisenden beschenken der bei ihnen einkehrt, und dafs nur die ungünstige Jahreszeit sie verhindere, mir ein Zobelfell anstatt eines Bären zu geben.

Das Gepäck suchte man nun wieder, nach Jakutischer Weise auf zwei mit Packsatteln versehene Pferde zu vertheilen, die aber nachher auch noch, ein jedes von einem Manne, bestiegen wurden. Ein drittes sollte von dem ältesten und erfahrensten meiner vier neuen Begleiter geritten werden, während sie auf dem vierten, welches für mich bestimmt war, den Sattelbock sehr bequem und zierlich mit dem erwähnten Bärenfelle bedeckten. Man konnte hier den Ursprung und das Alter der Kamtschadalischen Pferdezucht sogar noch an der Beschaffenheit des Reitzeuges erkennen, denn die Sättel hatten, wie bei den Jakuten und Mongolen (I. 2. S. 158.

238. 324.) sehr starke und tief eingesenkte Polster so wie auch an der hohen hinteren Lehne einen eisernen Haken, an welchen leichteres Gepäck gehängt wird und einige gravirte Stahlplatten als Verzierung. Es waren daher offenbar noch dieselben, welche mit den ersten Pferden aus *Sibirien* gebracht wurden, während man das Zaumzeug und die Steigriemen schon durch behaarte Streifen von *Siwutsch-* oder Seelöwenfell ersetzt hatte, und anstatt der Bügel ziemlich breite aber viel zu leichte Fischbeinplatten gebrauchte, die zu einem Dreieck eingebogen waren. Sodann bekundeten aber die hiesigen Pferde ihre *Ost-Sibirische* Abkunft auch noch durch ihre Haarfarbe, indem sowohl alle älteren die ich gesehen habe, als auch ein Fohlen, welches einer zu unserem Zuge gehörigen Stute noch folgte, schneeweiss und ohne Abzeichen waren (I. 1. S. 404., 2. S. 238. 323.).

Wir kamen heute mit dem Beladen der Packpferde nur sehr langsam zu Stande, weil sich sowohl meine künftigen Begleiter als auch meist alle übrigen Männer die mit uns übersetzten, sogleich in dem Walde verstreut hatten. Sie mufsten zuletzt von weither gerufen werden und waren nun sämmtlich um den Mund, auf den Backen und oft bis an die Augen *dunkelblau gefärbt* — denn sie hatten sich mit äusserstem Heisshunger auf die Beeren der *Lonicerensträuche* geworfen, die in dem Gehölz am Flusse weit häufiger sind als in der Nähe der Wohnungen, und von denen sie nun kaum leichter zu trennen waren wie unsere *Tungusischen* Rennthiere von einem guten Moosfelde. Dieser Eifer mit dem die *Kamtschadalen* jede Gelegenheit zu vegetabilischer Nahrung ergreifen, entspringt offenbar aus einem sehr heilsamen Instinkte, indem sie dadurch vor den skorbutischen Leiden, die man einer ausschliefslichen Fischkost zuschreibt, geschützt bleiben.

Die Büchsen welche drei von meinen Begleitern führten, wurden nun geladen und wir begannen dann gegen Mittag unsere Reise in einem guten Schritte, obgleich einer der *Sedankaer* zu Fufs ging und das vordere Packferd am Zügel führte. In der Nähe des Flusses waren die Elsen und Ebereschen so dicht verwachsen, dafs der erste Reiter oft absteigen und mit dem Beile einen Durchgang durch die Zweige bahnen mufste. Etwas weiter von der *Sedanka* kamen wir darauf zuerst über eine weithin sichtbare Ebene mit moorigem Boden und dann abwechselnd durch schöne Waldungen, und über Blöfsen, die nur mit einem gegen 10 Fufs hohen dünnen Weidengesträuche (Salix pentandra L.) bestanden sind.

In den Wäldern waren sehr starke und hochstämmige Birken vorherrschend und zwischen ihnen Jimoloststräucher, Gräser und Krautgewächse, die bis zu dem Rücken der Pferde reichten. Ausser dem Epilobium und der grofsen Achillaea (A. nobilis) sah ich hier auch zuerst die mächtigen Dolden des Heracleum (H. dulce; sladkaja trawa d. h. süfses Kraut), welches von den Kamtschadalen als Heilmittel und als Nahrungsstoff gesammelt wird, obgleich sein Saft so scharf ist, dafs er bei unvorsichtigem Kauen der Stengel, Geschwüre auf den Lippen und auf der übrigen Gesichtshaut hervorbringt. — An anderen Waldstellen war der Boden mit Vaccinien bedeckt — dagegen erschien aber auf den, zum Theil sehr ausgedehnten, Blöfsen, die Gegend auffallend öde und arm; auch mochte wohl das Ansehen der Weiden auf denselben in diesem Jahre gelitten haben, durch die Verheerungen eines kleinen schwarzen Käfers, von dem man eine unzählige Menge auf ihren Blättern antraf.

Wir begegneten mitten im Walde einem Hunde, der für einen der freigelassenen von Sedanka erkannt, aber dennoch vergeblich angerufen wurde. Er floh vielmehr bei unserem Anblick sehr schnell und geflissentlich in das Dickicht, auch sagten mir meine Begleiter, dafs sich jetzt dieser und alle übrigen Hunde, die bei dem ersten Schneefall zu ihren Herren zurückkehren, wie wahre Raubthiere, von Enten und anderen Vögeln nähren, die sie während des Mauserns zu haschen wissen.

Unser Nachtlager wählten wir gegen 7 Uhr Abends nach etwa 40 Werst Ritt von Sedanka, auf einer waldleeren Stelle, welche nach meinen Barometermessungen (zu denen ich correspondirende von Tigilsk und von Petropaulshafen erhalten habe; vergl. II. 1. S. 389. 395.),

690 Par. F. über dem Meere
546 „ „ über Tigilsk

und nur

216 „ „ über Sedanka

liegt. — Auch war in der That auf dem heutigen Wege durchaus keine Steigung zu bemerken gewesen, und ich hatte mich vergebens nach Felsmassen oder auch nur losen Steinen in der Nähe, und nach den Bergen am östlichen Horizonte umgesehen, die doch schon bei Tigilsk von der Krasnaja Sopka sichtbar sind.

Man sieht hieraus, wie die westliche Hälfte der Halbinsel aus einigen stufenartigen Absätzen besteht, von denen der erste, auf welchem wir uns jetzt noch befanden, sehr regelmäfsig und schwach — um etwa 55,8 Par. Fufs auf die geogr. Meile oder um 1 auf 409 gegen NW. geneigt ist.

Der älteste unserer Karawane erzählte mir heute beim Abladen der Pferde, wie furchtbar ihnen die ersten dieser jetzt so beliebten Gehülfen erschienen seien. Man habe sie wie ungeheure Hunde betrachtet und daher nicht gewagt, sie am Zügel zu führen oder gar zu besteigen*). Sie hätten deshalb auch das Gepäck welches jener berühmten Garnison nach Nijnei Kamtschatka nachgesendet worden (S. 208.) lieber auf ihren eigenen Rücken über das Gebirge getragen, als sich an die Pferde zu wagen, die man ihnen von Tigilsk aus angeboten hatte. Diese Beförderung bedeutender Lasten auf den Schultern der Kamtschadalen, sei übrigens damals ganz üblich gewesen und man solle sich daher, wie er zu gröfster Freude der übrigen Sedankaer hinzufügte, doch nicht eben wundern, dafs die Männer ihres Stammes von solcher Beschäftigung allmälig kleiner geworden seien als die Russen.

Wir lagen die Nacht über sehr bequem unter zwei sogenannten Pologi oder mannslangen, etwa drei Fufs hohen, und sehr dicht schliefsenden Zelten aus Segeltuch**), welche den Sedankaern gehörten. Die Kamtschadalen haben jetzt diese — auch in den Süd-Russischen Steppen unter demselben Namen üblichen — Schutzmittel gegen die Insecten, zu den übrigen hinzugefügt, die sie von jeher bei ihren Sommerreisen in diejenigen grasreichen Gegenden gebrauchten, welche, mit einem hier entstandenen Russischen Worte,

---

*) Vergl. über den ähnlichen Eindruck, welchen die ersten Pferde auf die Ostjaken gemacht haben. I. 1. S. 622.

**) Sie haben die Gestalt eines dreiseitigen und bisweilen auch eines vierseitigen Prisma, welches mit einer seiner Seitenflächen auf dem Boden ruht.

die „sehr mückigen“ (schipko komarnije) genannt werden. So trug auch heute der Fufsgänger in unserem Zuge neben seiner Büchse einen grofsen Schwanenflügel, und wehrte sich eifrigst durch beständiges Fächeln mit demselben gegen die Mückenschwärme, die wir aus dem mannshohen Kraute aufstörten. Auch sind die hiesigen Männer den Insektenstichen noch besonders ausgesetzt, weil sie im Sommer ganz ohne Kopfbedeckung gehen. Sie lassen ihr pechschwarzes Haar frei wachsen, so dafs es den Jüngeren theils über den Hinterkopf, theils in zwei Strähnen über den Schläfen glatt hinabhängt. — Die älteren vereinigen dagegen alle ihre, wohl mehr als 2 Fufs langen, Haare zu einen einzigen ungeflochtenen Zopf*), von dem sie dann das untere Ende nach der linken Seite aufwärts schlagen und mittels eines Riemen dicht am Nacken auf das breitere Bündel der Haarwurzeln binden.

[August 25.]

Ich fand um 7 Uhr Morgens, bei blauem Himmel, an dem nur einzelne Schichtenwolken standen, die Luft ziemlich trocken**), auch hatte sich der Ostwind gelegt, der an den vorhergehenden Tagen von trübem Wetter begleitet war.

Wir verliefsen unseren Lagerplatz um 8 Uhr und sahen plötzlich, nach einstündigem Ritte, als wir wieder auf eine nur mit lichtem Weidengesträuche bestandene Ebene hinaustraten, jenseits derselben ein schroffes, felsiges und noch beträchtlich entferntes Gebirge vor uns.

Es bedeckte etwa ein Viertel des Horizontes und hatte nahe an seiner Mitte (in ONO.) den höchsten und durch steilste Umrisse ausgezeichneten Gipfel. Die Kamtschadalen sagten mir, dafs dieser bei ihnen unter dem Namen Sissel bekannt sei, welcher so viel als das Russische igolka d. h. eine Nähnadel bedeute. Auch zeigte er sich von hier äusserst spitz, indem sein nördlicher, oder, für uns links gelegener Abhang weit steiler als der andere und

*) Nicht zu einem zweisträhnigen und frei herabhängenden wie die Ostjaken. I. 1. S. 566. 576.

**) Sie enthielt bei + 9° Temperatur, nur 0,765 von dem zur Sättigung nöthigen Wasserdampf; auch hatte der Barometerstand seit 8 Uhr Abends um 1''',07 abgenommen; vergl. II. 1. S. 391.

dessen obere Hälfte theils senkrecht theils sogar überhangend erschien. Glänzender Schnee lag auf der uns zugekehrten Seite dieses Berges, jedoch nur in vier unzusammenhangenden Flecken, und eben so auch auf einigen breiteren und niedrigeren Gipfeln in OSO. Die helle Färbung der übrigen Abhänge rührte offenbar von nackten oder doch nur an wenigen Stellen bewachsenem Gesteine. Wir verfolgten unseren Weg gegen einen rechts von dem Sissel gelegenen Punkt des Horizontes, an welchem die entfernte Bergkette flacher und von der merklich ansteigenden Ebene auf der wir uns befanden, verdeckt war, und kamen dann wieder, ohne Aussicht in die Ferne, durch schöne und üppige Laubwaldung mit einzelnen Tundren oder bruchigen Blöfsen.

Erst gegen 7 Uhr Abends bemerkte ich auf einer der letzteren einige lose Steine, und gleich darauf sahen wir nahe vor uns einen Berg, dessen felsiger Scheitel höchst auffallend und malerisch aus dem dichten Gehölze hervorragte, welches seine übrigen Abhänge einnimmt. Ich kann die Form dieser hellgrauen und aus der Ferne sehr glatt scheinenden Steinmasse nicht treffender bezeichnen als durch den Namen den ihr die Kamtschadalen gegeben haben, und unter welchem sie als Wegweiser bei ihren Gebirgsreisen berühmt ist. Sie nennen dieselbe die Baidare, weil sie aussieht wie ein riesiges Fahrzeug dieser Art, welches man — wie es nach der Landung geschehen mufs — mit dem Kiele nach oben gekehrt hätte, und zwar so dafs sein höherer und steil abfallender Hinterstewen nach NO., der niedrigere und durch die Waldgränze spitz abgeschnittene Schnabel aber auf dem SW.-abhange des Berges läge. An diesem stiegen wir nun zuerst etwa bis zur Hälfte seiner Höhe, und blieben in derselben nach einander an dem südlichen und dem südöstlichen Abhange, bis dafs wir den oberen Rand einer, gegen 100 Fufs hohen, steilen und steinigen Wand erreichten, und unter uns, am Fufse derselben, eine, von einem Bergwalle umschlossene, horizontale Ebene mit einem kleinen See in ihrer Mitte sahen. Sie ist nur zu geringerem Theile von so nackten Steinwänden begränzt, wie die auf deren Gipfel wir uns befanden. An ihrem nördlichen Rande sieht man dagegen den von unten auf bewaldeten Abhang eines Bergrücken und als dessen Kamm wiederum einen Felsen, der der ersten Baidare täuschend ähnlich, jedoch fast entgegengesetzt orientirt ist. Dieser neue und der nun in unserem Rücken gelegene Felsgipfel haben nämlich ihre steilen Abhänge gegen die Mitte der unter uns liegenden Ebene und somit auch gegen einander gekehrt, während ihre längeren und flacheren Oberflächen (die Kiele der Baidaren) von einem über jener Mitte gelegenen Punkte abwärts fallen, wie Bruchstücke einer Brücke oder eines Gewölbes über die (gegen 900 Fufs unter ihnen liegende) Ebene.

Wir mufsten absitzen und die Pferde am Zügel führen, während wir in spitzen Wendungen an der steinigen Wand hinabstiegen. Alle vorragenden Blöcke, die ich auf diesem Wege anschlug und untersuchte, waren von einem blasigen vulkanischen Gesteine, theils von grau-rother, theils von ziegelrother Farbe. Die letzteren sind auffallend leicht, mit leeren, und von sehr dünnen, einfarbigen und ganz homogenen Wänden umschlossenen Hölungen. In den schwereren, dunkleren ist dagegen nur das Innere der Blasenräume, die alle nach einerlei Richtung in die Länge gezogen sind, mit Rotheisenstein überzogen, und ausserdem theils mit dichtem Zeolith, theils mit äusserst fein krystallinischem Analcim gefüllt. Auch enthalten die dicken Wandungen der Blasenräume dieses Gesteines noch kleine, stark glänzende Krystalle von glasigem Feldspath, einzelne Körner von grünem Augit und kleine, wenig veränderte Bruchstücke einer schwarzen basaltischen Masse.

Dann gingen wir queer über die Ebene, die nur an einzelnen Stellen spärlich berast, im Uebrigen aber mit losen vulkanischen Trümmern bedeckt ist. Dieselben, meist schlackenartigen Trümmer zeigten sich auch an den steilen Wänden vieler rundlichen Einsenkungen von geringer Tiefe, welche die Einförmigkeit dieses merkwürdigen Bodens unterbrechen. Sie wiederholten im Kleinen das Bild, welches die gesammte Ebene mit den sie umgebenden Abhängen darstellt — denn immer deutlicher erschien nun auch diese wie der Boden eines uralten Kraters von etwa vier Werst im Durchmesser, der durch seine eigenen Produkte allmälig gefüllt wurde. Wir sahen jetzt den Bergwall um denselben an der Südseite unterbrochen, auch soll sich, wie meine Führer versicherten, an dieser Seite ein kleiner Zufluss zur *Sedanka* finden, der wahrscheinlich aus dem See in der Mitte der Baidaren-Ebene entspringt. — Erst ganz nahe an den Bergen welche die NO-seite dieser Ebene umgeben, fanden wir wieder einzelne hohe Birken, wie Ausläufer der dichten Waldung welche deren Abhang bedeckt, und zwischen grofsen Felsblöcken einen üppigen Graswuchs.

Eine so freundliche und einladende Gegend blieb denn auch nicht unbenutzt, sondern wurde zum Nachtlager eingerichtet, nachdem wir die Pferde entladen, und mit den langen Riemen, die zur Befestigung des Gepäckes dienten, zum Grasen an die Birkenstämme gebunden hatten. Der ältere Führer ging dann nach Wasser gegen die Mitte der Ebene, während ich den übrigen nach dem Bergwalde folgte, aus dem Brennholz geholt werden sollte. Ich hoffte auch, auf diesem Wege, den felsigen Gipfel der zweiten Baidare zu erreichen, musste aber bald davon abstehen, weil die aus Birken, Elsen und Ebereschen gemischte Bewaldung dieser Abhänge so ausserordentlich dicht, so seltsam verschlungen und durch viele abgestorbene Stämme, auf welcher der Nachwuchs wurzelt, so unwegsam geworden ist, dafs man buchstäblich jeden Schritt durch dieselbe mit dem Beile erringen musste. Die östlich von uns gelegenen Berge, die wir am nächsten Morgen ersteigen sollten, versprachen übrigens einen Ersatz für dieses fehlgeschlagene Unternehmen, auch fand ich schon hier viele grofse und scharfkantige Felsblöcke, die offenbar von dem oberen Rande des Kraters und nicht, wie die losen Schlacken-ähnlichen Laven, aus dessen Innern stammten. Es war eine dunkel rauchgraue, schwere aber immer noch blasige Masse (Trachyt) mit einzelnen Augitkörnern und vielen kleinen Krystallen von glasigem Feldspath.

Die Höhe unseres Lagerplatzes, an dem ich die beiliegende Ansicht der umgebenden Berge zeichnete — fand sich nun durch Barometerablesungen*) zu 990 Par. Fufs über dem Meere. Sie wird (wie ich mich am nächsten Tage überzeugte) von den Gipfeln der Baidarenberge um 900 Par. Fufs übertroffen, wonach denn diese letzteren um 1200 Fufs höher liegen als unser voriges Nachtlager, und (wegen der geringen Steigung, die sich während der

*) Die wie die folgenden mit gleichzeitigen in Tigilsk und in Petropaulshafen verglichen wurden. Vergl. II. 1. S. 395.

heutigen Reise zeigte) um nahe an 1000 Fufs über der Ebene, aus der sie sich so plötzlich und unerwartet erheben, und welche, unter den Wäldern die sie bedecken, doch wohl kein anderes Gestein als die Tertiärschichten von *S*edanka enthalten kann.

Meine Begleiter hatten sowohl in den Wäldern, durch die wir am Morgen ritten, als auch jetzt an dem Fufse des nördlichen Baidarenberges mit gröfstem Eifer Fliegenschwämme (Amanita muscaria Esenb.; Russ.: muchamòr d. i. die Fliegen-Pest) gesammelt. Jeder einzelne war ihnen durch seine hochrothe Farbe schon aus der Ferne aufgefallen, und hatte dann immer zu einem mir anfangs sehr auffallenden Stillstand unserer Karawane veranlafst. Sie bestätigten nun was man mir schon in Tigilsk von den berauschenden Eigenschaften dieses Pilzes gesagt hatte, behaupteten aber, dafs man ihn in *S*edanka nicht äfse*), sondern nur für die Korjaken sammele, die oft im Winter ein einzelnes getrocknetes Stück mit einem Rennthier bezahlten. Der Muchamòr sei im Norden von Kamtschatka viel seltener, auch hätten die Korjaken dessen Eigenschaften nur dadurch kennen gelernt, dafs das Fleisch von Rennthieren welche dergleichen gefressen haben, eben so berauschend wirke, wie die Pilze selbst. Eben durch diese Erfahrung seien sie denn auch zur sparsamsten und vortheilhaftesten Benutzung dieses kostbaren Gewächses veranlafst worden, indem sie den Urin von Personen denen ein Muchamòr zu Theil geworden ist, sammeln, und ihn, als ein noch sehr wirksames Rauschmittel, ihrem Getränke beimischen.

[August 26.]

Der Abhang an dem wir des Morgens von unserem Lagerplatz in dem Baidaren-Krater gegen O. aufwärts ritten, ist mit einer lichteren Waldung als die früher erwähnten bedeckt. Man sieht an ihm weit weniger Birken; dagegen sind die Zirbelfichten wieder häufiger und die Ebereschen überwiegend geworden: beide mit gelagerten Stämmen (als *s*lanèz) und die letzteren mit schon gerötheten Früchten. Dicht neben uns lag Schnee in rundlichen und beschatteten Senkungen, und doch war der Boden bis an die

*) Vergl. aber unten Aug. 29. u. a.

Ränder derselben mit eben so üppigem Krautwuchs geziert wie in den gestern gesehenen Wäldern.

Nach ziemlich steiler und gleichmäfsiger Steigung bis zu 600 Fufs über der Ebene die wir verlassen hatten, führte uns dieser Weg doch nicht, wie ich erwartete, an einen Abhang nach der entgegengesetzten Seite. Wir hatten vielmehr nun eine weit ausgedehnte und langsam ansteigende Ebene vor uns, und mitten auf dieser einen mächtigen Lavastrom, auf dessen unteres Ende wir zugingen. Er liegt wie die Schüttung einer gigantischen Kunststrafse vollkommen nackt mit steilen und glatten Seitenwänden auf dem grünen Rasen der umgebenden Ebene, welche aber noch, zu beiden Seiten dieses Felsenstreifens und an dessen unterstem Queerschnitt, zu einem an ihn angränzenden Wall oder Hügel saum aufgeschwollen ist. Man sieht diese kaum 10 Fufs hohe Anschwellung von rundlichem Profile, so weit das Auge reicht, mit ununterbrochenster Regelmäfsigkeit jeden Längenrand der Lavamasse begleiten, offenbar weil einst das losere Erdreich von dem schweren Strome aufgerissen und dann von ihm, wie von dem Streichbrett eines Pfluges, zur Seite geworfen wurde. — Das Ansehen des Ganzen erinnerte mich sogleich an die sogenannten Moraenen der Glätscher, deren Entstehung man auch eben deshalb auf ähnliche Weise erklärt hat*). Hier bedarf es übrigens der Ueberlegung, dafs ja diese seitlichen vulkanischen Moränen schon wieder mit Rasen bedeckt sind, und dafs auch auf ihnen nicht selten sehr alte Zirbelbüsche wachsen — sonst würde man aus dem frischen Ansehen der völlig vegetationslosen Lavamasse und aus den so unverkennbaren Wirkungen ihrer Bewegung, auf eine ganz neue Entstehung derselben schliefsen!

---

*) Die Ansicht von der Aufpflügung der vorderen Moränen durch den Druck des Eises ist zwar längst der Erklärung derselben durch das Ablagern von Erde und Steinblöcken gewichen, welche mit dem Glätscher von oben herab kommen, und an seinem schmelzenden Rande ihre Unterstützung verlieren. Es ist aber klar, dafs eine dieser letzteren entsprechende Erklärung auf die gleichen Wälle neben einem Lavastrome durchaus keine Anwendung findet, und dafs diese in der That kaum anders als auf die oben genannte Weise zu deuten sind, deren man sich beim ersten Anblicke nicht erwehren kann.

Ich liefs nun meine Führer mit den Pferden auf der grasreichen Ebene, und bestieg die Oberfläche des Stromes, welche ich dann aufwärts verfolgte, zunächst in der Hoffnung, die Quelle desselben an einer kenntlichen Ausbruchsöffnung zu erreichen. Grofse Tafeln von schwarzem blasigen Gesteine die, wie nur wenig getrennte Stücke eines flachen Gewölbes, neben einander liegen, bilden auf beträchtliche Strecken ein ziemlich glattes Dach über die ungeheure Felsmasse. Sie gleichen bis ins Einzelne den Schlacken, die sich von einem fliefsenden Metalle tafelförmig ablösen und einander, mit glänzenden und beim Erstarren abgerundeten Vorderrändern, überdecken. — Dann fand ich aber wieder sehr oft jene regelmässige Oberfläche unterbrochen von klaffenden Spalten, die tief in das Innere des Gesteines einschneiden. Die stromaufwärts gelegene Wand derselben ist meist völlig glatt und senkrecht abgeschnitten. Sie durchsetzt die ganze Breite des Stromes, in einem Bogen der dem Aufsteigenden seine concave Seite zukehrt, so dafs man an ihr die dünnere Schichtung der oberen schlackigen und grofsblasigen Masse und die weit mächtigeren, prismatisch gespaltenen Lager des unteren dichteren Gesteines, zuerst deutlich übersehen und dann auch in gröfster Nähe untersuchen konnte. — An der anderen stromaufwärts gekehrten Seite solcher Spalten, an der ich mehrmals in ihr Inneres hinabstieg, sind dagegen die einzelnen Laventafeln aufs Seltsamste zerrissen, und ihre Bruchstücke so durch einander geworfen, dafs sie wie zertrümmerte Säulenschäfte senkrecht aus der Tiefe hervorragen*). Die untere Lava ist rauchgrau und enthält einzelne lauchgrüne Augitkrystalle und weit kleinere von glasigem Feldspath. Die dunklere obere ist dagegen im Bruche

*) Vergl. die Detailansicht dieses Stromes auf der hierher gehörigen Tafel. Diese Spalten können gewifs nicht durch ein solches Abreifsen des Stromes während des Fliefsens entstanden sein, wie ich an der Lava des Kliutschewsker Vulkanes beobachtet habe (unten Sept. 10.) Vielleicht eher durch ein Hinderniss auf dem Boden, welches zu fest um als Moräne zur Seite zu weichen, theils von der davor plötzlich erstarrenden Lava rundlich umflossen, theils überspült wurde, mit einer Decke von einzelnen Schichten. Erst später, vielleicht nach Jahrhunderten, wären dann diese, durch Verwitterung und Auswaschung ihres Kernes, zusammengebrochen.

ganz homogen und zeigt nur auf den schwarzen Wandungen ihrer leeren und grofsen Blasenräume äusserst ebene und spiegelnde Flächen, die ein krystallinisches Gefüge der umgebenden Masse andeuten.

Auch das specifische Gewicht dieser Lava, welches ich selbst an Stücken die wohl im Innern noch Blasenräume enthielten, bei einer Temperatur von + 12° zu 2,865 gegen Wasser gefunden habe, zeigt von beträchtlichem Augitgehalt derselben.

Weiter aufwärts hat das noch gröfsere Moment oder die freiere Beweglichkeit der fliefsenden Masse, ihren obersten Schichten ein äusserst wildes Ansehen gegeben. Die an den Kanten meist glänzend verglasten Schlacken erheben sich dort wie die Wellen eines Wasserfalles, oder wie die Spitzen eines spaltenreichen Glätschers, über dem mittleren Niveau der Felsenmasse, welche nun mit 30 F. hohen Abhängen gegen die Seitendämme auf der grünen Ebene abfällt. Ich verfolgte diese zackige Oberfläche des Stromes etwa eine halbe Meile weit aufwärts, und sah ihn auf diesem Wege immer breiter werden, bis dafs man zuletzt von der Mitte aus, seine Ränder nicht mehr erkennen und daher auch über die Richtung zu seinem Ursprunge nicht mehr entscheiden konnte. Am Horizonte sah man in der Verlängerung der Lava (gegen NO.) einige Gipfel*), von denen ein näher gelegener doch nur eine etwas stärkere Anschwellung dieses Gesteines zu sein schien, die sich aber über dessen übrige Oberfläche bei weitem nicht genug erhebt, um als Eruptionskegel für eine so bedeutende Masse zu gelten. Zwei andere viel entferntere und rechts von diesem gelegene Gipfel, sind dagegen von dem Passe, auf dem wir uns befanden durch eine Senkung des Terrains getrennt, und können daher den gesuchten Ursprung eben so wenig enthalten. — Ich überzeugte mich nun, dafs die hiesige Lava durchaus nicht an dem Abhange eines beträchtlich über sie hervorragenden Berges ausgebrochen ist. Sie hat vielmehr die rundlich gewölbte Oberfläche eines Passes, der sich gegen Westen an die Baidarenberge anschliefst, sogleich in beträchtlicher Ausdehnung überdeckt, und sich dann erst bei ihrer Senkung gegen SW. zu einem regelmäfsigen Strome gestaltet. Der tiefer

*) Vergl. die in dieser Gegend des Stromes gezeichnete Ansicht.

gelegene Krater, den wir am vorigen Tage gesehen hatten, dürfte sich aber wohl erst zu weit späteren Ausbrüchen geöffnet haben.

Der höchste Punkt den ich auf der Oberfläche des Stromes erreichte, liegt 1782 Par. Fufs über dem Meere*), wonach denn die Höhe des breiten Gipfels, oder Lavensees, etwa 1900 Fufs über dem Meere und kaum mehr als 900 Fufs über dem jetzigen Boden jenes Kraters am Fufse der Baidarenberge, beträgt.

Wir ritten dann von der Stelle wo ich unsere Pferde verlassen hatte, noch einmal neben derselben Lavamasse aufwärts, und ich sah auf diesem Wege, wie sich dieselbe von dem breiten Gipfel, den sie bedeckt, auch nach der anderen Seite (gegen NO.) stromförmig gesenkt hat. Zwei etwa 50 Fufs hohe vollkommen kegelförmige Kuppen stehen eben daselbst hart am Rande der Lava. Ihre Abhänge und offenbar auch ihr Inneres enthalten nur lose über einander gehäufte rundliche Schlackenblöcke, die sich durch ihre ziegelrothe Farbe schon aus der Ferne von der dunkelgrauen Lava auffallend unterscheiden. Es sind die einzelnen losgerissenen Stücke der Lavenspreu, welche noch jetzt nicht blofs aus dem Krater jedes activen Kegelberges, sondern auch (wie ich bald darauf gesehen habe, unten Sept. 10.) an den oberen Rändern der fliefsenden Steinmassen hervorbrechen.

Ein Weg von etwa vier Meilen gegen Osten führte uns darauf über einen breiten und nur allmälig ansteigenden Pass, der von vielen Schluchten gefurcht ist. Die uns zunächst umgebenden Berggipfel ragen kaum um mehr als 800 Fufs über diese Fläche. Sie sind bald vollkommen kegelförmig und zeigen an ihren, dann immer völlig kahlen, Abhängen das auffallende Roth der losen Auswürflinge, welche auch durch die Frühjahrs-Wasser in grofser Menge bis auf unseren Weg geschwemmt waren — bald bestehen sie wieder aus einem grauen massigen Gesteine, welches ich sowohl an grofsen Geschieben als auch an den felsigen Wänden der Furchen des Passes, für denselben hellgrauen, nur wenig porösen Trachyt erkannte, der von den Wänden des Baidaren-Kraters in dessen Inneres gelangt ist (S. 222.). Er enthält viele schmale und kaum über 2 Linien lange Krystalle von glasigem Feldspath

*) Vergl. II. 1. S. 391. 396.

und etwa eben so grofse von schwarzem Augit; auch erkennt man oft auf den Bruchflächen seiner Grundmasse, die bei weitem kleineren Körner derselben Fossilien, von denen das rauhe Gefüge dieses Gesteines und seine eben so constante rauchgraue Färbung herrühren. — So nahe verwandt nun dieser Trachyt mit der Lava erschien, die wir so eben verlassen hatten, und so entschieden auch hier die ungeheuren Kegel von losen Auswürflingen neben demselben, auf Eruptionen von der Art der jetzt vorkommenden schliefsen liefsen, so habe ich ihn doch auf dem heutigen Wege sehr häufig in Felsen gesehen, die weder eine stromähnliche Form noch auch andere Kennzeichen des Fliefsens an sich trugen. Man sah vielmehr hier, fast auf jedem der Berge welche er bildet, einen auffallend schroffen Kamm in der Gestalt der umgekehrten Baidare, während nahe eben so steil begränzte Felsstreifen aus den Abhängen hervorragen, und dann, nach unten divergirend, sich als Wände der Schluchten zeigen, die wir so so oft zu überschreiten hatten.

So wurde es denn nach und nach immer deutlicher, dafs nicht blofs lokale Auflagerungen, sondern das ganze Gebirge, auf dem wir uns befanden, aus eben jener grauen trachytischen Masse besteht. Sie scheint sich bald in glockenförmigen Kuppen, bald in Rippen, die von ihrem Vereinigungspunkte abfallen und divergiren, an unzähligen Stellen der Zone erhoben zu haben, welche jetzt das Kamtschatische Mittelgebirge einnimmt, darauf aber — in Zeiten die von der ihres Erscheinens kaum deutlich zu trennen sein dürften — von Lava und losen Schlacken durchbrochen worden zu sein, die sich von ihr doch nicht mehr unterscheiden, wie Umschmelzungen eines Gesteines von demselben in seinem ursprünglichen Zustande.

Zwischen 1900 und 2000 Par. Fufs Höhe über dem Meere ist hier keine Weissbirke mehr zu finden. An den nächsten Abhängen sah man gelagerte Zirbeln, und zwischen den Felsblöcken an unserem Wege eine am Boden kriechende, nie über 1 Fufs hohe Weidenart (Salix arctica, Pall.)*). Die feuchteren Stellen der Ebene waren mit dem Kraut einer schmalblättrigen Iris (wahrscheinlich Iris Sibirica, L.; Gmelin Fl. Sib. I. No. 27.) bedeckt,

*) Naturhist. Atlas S. 56.

und an den Wasserläufen die jetzt fast versiegt, im Frühjahr aber sehr mächtig sein sollen, fand ich auch noch, wie schon im Tigilthale, Geranium sylvaticum L. und die Rhodiola rosea, L.*). In den tieferen felsigen Schluchten hatten sich dagegen grofse Schneemassen gehalten.

Gegen Sonnenuntergang lagerten sich Wolken an den umgebenden Bergspitzen, und bald darauf erreichte auch uns ein nässender Nebel und dann heftiger Regen, der aber, je nachdem wir uns eben auf steinigerem oder feuchteren Boden befanden, sehr merkwürdig unterbrochen wurde. Wir hielten dann, noch ehe wir unseren Lagerplatz erreichten, am Fufse eines der erwähnten Abhänge und benutzten einiges Zirbelgebüsch an demselben, um ein Kochfeuer anzulegen, an welchem ich die *Sedanka*er üblicher Weise mit meinem Thee bewirthete. Auch wurden hier schon die zur Aufstellung des Zeltes nöthigen Pflöcke gehauen und zum Nachtlager mitgenommen. Zwischen den Steinblöcken auf denen wir safsen, hörte man von allen Seiten eine pfeifende Thierstimme, die ich schon an ähnlichen Stellen des heutigen Weges bemerkt hatte. Sie kam von den jewraschki oder kleineren Kamtschatischen Murmelthieren (Arctomys citillus, Pall.), welche der Regen in ihre flachen Baue verscheucht hatte — auch kam eines dieser schlanken und wieselähnlichen Thiere dicht neben unserem Feuer zum Vorschein, schlüpfte aber sehr geschickt in eine andere, ziemlich weit abstehende Spalte, obgleich es meine Begleiter auf's eifrigste mit Steinwürfen verfolgten.

An der Entstehung der Felsspalten, in denen sie nisten, sind die Jewraschki freilich sehr unschuldig. Nach der Kamtschatischen Sage verhält es sich aber anders, denn das Bohren von ganzen Heerden dieser Thiere in den Abhängen des Schiwelutsch soll einst denselben so gequält haben, dafs er von seiner ursprünglichen Stelle (im Kronozker See) dahin wo wir ihn nun bald sehen sollten, auswanderte. Eine entschiedene Vorliebe der Jewraschki für die schuttreichen und zerklüfteten Abhänge der Vulkane ist übrigens nicht zu läugnen, denn sie haben sich (auf eine ziemlich räthselhafte Weise, vergl. unten Sept. 24.) sowohl über die

*) Naturhist. Atlas S. 63.

Kurilische Kette, als auch über die der Aleutischen Inselberge bis nach der Amerikanischen Küste verbreitet. Die leichten und doch sehr wärmenden Pelze aus dem Rückenfelle derselben, welches auf dunkelbraunem Grunde sehr zierlich weiss gefleckt ist, habe ich auch jetzt noch bei den Sitchaer Russen beliebt gefunden, während auf Kamtschatka, wo sie früher stark in Gebrauch waren, die Rennthierfelle nach und nach fast jeden anderen Kleidungsstoff verdrängt haben.

Wir ritten von diesem Platze noch eine Stunde lang auf steinigem und ganz kahlem Boden, und kamen dann an ein schnellströmendes Wasser, welches meine Begleiter für die obere Sedanka erklärten. Sie fliefst hier in einem Felsenthal mit völlig senkrechten, etwa 80 Fufs hohen, Wänden, und am jenseitigen Ufer derselben sahen wir wieder eine jener merkwürdig horizontalen Ebenen im Halbkreise von Bergen umgeben. Erst als wir das rechte Ufer dieses Wassers noch einige Zeit stromaufwärts verfolgt hatten, fand sich eine Stelle an der man die Pferde über Felsblöcken zu ihm hinabführen und tränken konnte. An dieser lagen wir die Nacht durch, ohne Feuer und bei heftigstem Regen, so dafs die Zelte, die uns der Tojon geliehen hatte, diesmal eine wesentliche Hülfe gewährten. Meine Begleiter erzählten aber bei dieser Gelegenheit von den ernstlicheren Beschwerden, die bei Winterreisen auf dem heute zurückgelegten Wege vorkämen, denn wenn sich eine sogenannte purga d. i. ein Schneesturm erhebe, könne man oft viele Tage lang nicht von der Stelle. Von den Berggipfeln und anderen Merkzeichen, die sie als Wegweiser gebrauchen, ist dann nichts mehr zu sehen, auch werde oft die ganze Narte d. i. der Hundeschlitten mit seinem Gespann umgeweht und an steilen Abhängen in die Tiefe geworfen. Sie legen sich daher bei bevorstehender Purga in passenden Schlupfwinkeln zwischen ihren Hunden auf den Boden und lassen sich einschneien, worauf denn nur noch der Hunger zu fürchten sei. Dieser aber veranlasse oft nicht blofs die Hunde, das Riemzeug, mit dem man sie anspannt, zu zernagen und zu verschlingen, sondern zwinge auch die Kamtschadalen, sich auf ähnliche Weise mit Stücken ihrer Kukljanken zu nähren, oder gar einen Theil ihres Gespannes zu schlachten. In Erinnerung an solche Gefahren wurden denn auch bei diesem und schon bei den vorigen Nachtlagern die von unserer Mahlzeit übrig bleibenden Lachshäute, ja sogar einige ganze Jukolascheiben unter einen Steinhaufen gelegt, unter dem sie die *Sedankaer* im Nothfall bei ihrem Rückwege wieder finden wollten*). Sie schützen ihre Vorräthe auf diese Weise gegen ihre eigene Esslust, welche keine genau berechnende Verwaltung derselben zuläfst.

[August 27.]

Aus dem Barometerstande den ich des Morgens bei dunkelblauem Himmel, an dem nur noch einzelne hohe Wolken geblieben waren, beobachtete, ergab sich die Höhe der *Sedanka* bei unserem Nachtlager zu 2244 Par. Fufs über dem Meere. Dieser Theil des Gebirges liegt daher 1254 Par. Fufs über dem Boden des Baidaren-Kraters. Von der Lava auf der Umgebung dieses Kraters waren wir aber während unseres gestrigen Weges nur um 462 Par. Fufs gestiegen.

Die Ebene am gegenüber liegenden linken Ufer des Flusses war jetzt bei sehr durchsichtiger Luft von der aufgehenden Sonne aufs hellste beleuchtet. Sie endet etwa zwei Meilen nördlich von hier am Fufse des *Sissel* (oben S. 219.), der ihr seinen felsigen Südabhang zukehrt und von dieser Seite wie ein abgestumpfter Kegel mit äusserst steilen Wänden erscheint. Eine niedrigere aber ähnlich gestaltete Bergmasse gränzt weiter östlich an diese, so dafs zwischen beiden die felsige Einfassung der Ebene nur durch einen schmalen Einschnitt unterbrochen scheint. Ein See am Fufse dieses Berges ist ringsum nur von nackten Steinblöcken umgeben, während Zirbelgebüsche die Ostseite der Ebene und die niedrigeren Theile ihres Walles bedecken**).

Das uns gegenüber liegende linke Ufer der *Sedanka* besteht hier aus einer völlig senkrechten Felswand, welche 80 bis 100 Fufs tief in den Boden dieser Ebene einschneidet, und somit das

---

*) Diese Vorsicht dürfte wohl auch diesmal nicht unnütz gewesen sein, denn meine Begleiter haben in der That bei ihrer Rückkehr (wahrscheinlich am 2. Sept.) in derselben Gegend des Gebirges mit einer heftigen Purga zu kämpfen gehabt (vergl. unten Sept. 5.).

**) Vergl. die Ansicht dieser Gegend und auf meiner Karte von Kamtschatka u. s. w., Berlin 1838. die Umgebung des *Sissel* bei 57°,4 Br. 157°,8 O. v. Par.

Gestein unter derselben auf's unzweifelhafteste zeigt. Es ist dieses, besonders in seinen oberen Theilen, durch horizontale Klüfte sehr regelmäfsig in etwa fufsdicke Bänke getheilt, welche aber auch noch durch senkrechte Ebenen in einzelne Quadern gespalten sind. Sein Ansehen und seine Beschaffenheit fand ich sodann auch hier wieder genau so wie in den Bergen auf dem gestrigen Wege. Es ist eine hellgraue, vollkommen dichte, auf dem Bruche etwas rauhe Masse, in welcher viele sehr schmale Krystalle von glasigem Feldspath und einzelne theils hellgrüne, theils bräunliche Augitkörner liegen. Ihr specifisches Gewicht ist bei 12° Temp. 2,699 gegen Wasser, und sie enthält in den unteren Theilen der Felswand nur ganz vereinzelt, einige auffallend plattgedrückte und kaum blasenförmige Hölungen (von 6 bis 8 Linien Breite bei kaum 1 Linie Höhe). In den oberen Bänken findet man weit kleinere Blasenräume etwas häufiger, jedoch immer nur an einzelnen Stellen, die durch ganz homogene Stücke von bedeutender Gröfse getrennt sind. — Die Spalte in welcher die *Sedanka* fliefst, ist in diesen Felsen offenbar nachdem sie längst schon erhärtet waren, durch eines jener unterirdischen Ereignisse geöffnet worden, von welchem jetzt die gewöhnlicheren Erdbeben in dem Mittelgebirge der Halbinsel, nur noch wie schwache Reste erscheinen*).

Wir setzten östlich von unserem Lagerplatze etwa um 7 Uhr Morgens an einer weit breiteren und zwischen sanfteren Abhängen gelegenen Stelle des Thales über die *Sedanka* und kamen nach einstündigem Ritt über einen bewaldeten Bergrücken wieder auf eine jener seltsam horizontalen Hochebenen, die überall reich be-

*) Auf dem in 53°,1 Breite zwischen den Flüssen Oglukomina und Kuirganik gelegenen Passe über das Mittelgebirge (vergl. Karte von Kamtschatka u. s. w. und unten Sept. 21.) hörten Reisende (gegen Ende Dec. 1738 n. St.) um die Mittagszeit einen fürchterlichen Lärn, den sie anfangs für das Rauschen eines beginnenden Sturmes in dem nahe gelegenen Walde hielten. Darauf flogen aber ihre Kessel von den Stöcken, an denen sie über dem Feuer hingen, und sie fühlten, wie unter den niedrigen Schlitten, auf die sie sich gesetzt hatten, der Boden schwankte. Dergleichen Zitterungen wiederholten sich dreimal nach Zwischenräumen von etwa einer Minute. — Krascheninikow Opisanie semli Kamtschatki. W'Peterburgie 1755. T. II. pag. 174.

wachsen und theils in der Nähe begränzt ist von gigantischen Kegeln, welche sich über die felsigen Kämme der grauen Trachytberge erheben, theils über eben diesen Bergen zum erstenmale eine Aussicht auf einen der höchsten Punkte der Osthälfte von Kamtschatka darbot*). Die Höhe dieser Ebene fand ich zu 2328 Par. Fufs über dem Meere oder nur 84 Par. Fufs über unserem Nachtlager, und daher genau übereinstimmend mit dem Niveau des seeartigen Plateau am Fufse der Sissel, welches von ihr nur durch die östliche Hälfte seines Walles getrennt scheint. Von den röthlichen Abhängen der Kegelberge hatten hier kleine Bäche theils eben so ziegelrothe theils schwärzlichere Schlacken angespült, während jedes gröfsere und stets tafelförmige Geschiebe zwischen dem Rasen, das graue Trachytgestein zeigte, welches man bei jedem Fortschritt auf diesem Gebirge seine Alleinherrschaft immer deutlicher bewähren sieht.

Am südlichsten Rande des umgebenden Bergwalles liegt ein nackter Gipfel mit schroffen felsigen Abhängen und plattem Scheitel, der unter dem Namen der Powarotnaja Sopka oder der Wendungs-Kuppe berühmt ist, weil der Weg nach Jelowka an ihr ganz plötzlich eine südliche Richtung annimmt. — Zu den unvergesslichen würde aber die Aussicht von diesem Punkte auch ohne jene wichtige Kuppe gehören, denn hart neben derselben, an ihrem linken Rande, sieht man hier zum erstenmale mit überraschender Deutlichkeit den majestätischen Gipfel des Schiwelutsch. Wir waren von ihm noch mehrere Tagereisen entfernt**), und doch überragte nicht blofs sein Scheitel, sondern auch ein beträchtlicher Theil seiner Abhänge, die Berge die wir in den nächsten Stunden erreichen sollten. Auch war er der erste auf Kamtschatka, den ich mit eisartig glänzendem Schnee bedeckt sah. Ueber uns war der Himmel völlig rein und eben so auch der Gipfel des Schiwelutsch, während eine Schicht von Haufenwolken nur die Mitte

---

*) Vergl. die beiliegende Ansicht der Umgebungen dieser Hochebene.

**) Unser Standpunkt lag in 57°,37 Breite 157°,88 O. v. Par., wonach der höchste Punkt des Schiwelutsch um 13,3 Meilen gegen S50°4 O. von uns abstand. Vergl. die beiliegende Ansicht von diesem Punkte und meine Karte von Kamtschatka u. s. w., Berlin 1838.

seiner Abhänge durchschnitt. Erst später wurde von dieser Schicht, weil sie näher zu uns heran zog, auch noch die übrige Bergmasse verhüllt.

Hier war wieder die kriechende Weide (Salix arctica, Pall.) sehr häufig. Sie erhebt sich kaum einen halben Fufs hoch über dem Boden, so dafs, jetzt abgeblühte, Büsche von Rhododendron Chrysanthum bedeutend über sie hervorragten. In der Westhälfte von Kamtschatka scheint dieses schöne Gewächs, welches an der gegenüber liegenden Küste des Continents bis zum Meeresniveau hinabsteigt (S. 80.), nicht unter 2300 Par. Fufs über dem Meere vorzukommen, denn ich hatte es auf dem bisherigen Wege durch die Halbinsel nirgends gesehen. An anderen Stellen dieses Passes zeigte sich wieder die Zwergbirke (Bet. nana) und unter ihr noch ein schöner Rasen von Vaccinium Myrtillus und Empetrum nigrum. Auch Elsensträuche (Alnus incana W. vergl. Sept. 1. 10.) stehen bis zu dieser Höhe und noch über derselben an der unteren Hälfte der umgebenden Berge.

Die Poworotnaja Sopka, die wir nach einer Stunde erreichten, ist ein nackter und nur wenig gespaltener Felsgipfel, welcher mit steilstem Abhange wohl 400 Fufs über die Ebene hervorsteht, und an ihrer Südseite noch um 600 Fufs gegen ein Thal abfällt, welches das erste zur Ostküste von Kamtschatka fliefsende Wasser (einen Arm der Jelowka) enthält. Sie besteht aus einem hellgrauen etwas porösen Gesteine mit inliegenden Krystallen von glasigem Feldspath, die meist nur sehr klein, zuweilen aber einige Linien grofs sind*). Wir erreichten die Sohle des eben genannten Thales auf einem steilen und berasten Abhang, an dessen Fufse ich darauf in 1716 Par. Fufs über dem Meere**) die Temperatur einer

---

*) Die mitgebrachten Handstücke dieses Gesteines sind, so wie die übrigen aus dem Kamtschatischen Mittelgebirge, von Hrn. G. Rose mit den hier gebrauchten Worten beschrieben worden.

**) Das Barometer stand daselbst bei 0° Temp. des Quecksilbers auf 311''',38 bei Lufttemp. + 10° und gleichzeitig:

in Tigilsk 332''',37,

in Petropaulshafen 334''',26 Lufttemp. + 12°,

wonach für die Höhe jener Thalsohle respective 1700 und 1732 Par. Fufs folgt (vergl. II. 1. S. 395.).

wasserreichen Quelle zu 0°,75 beobachtete. In der Höhe von Tigilsk (150 P. F.) würde man demnach hier eine Quellenwärme von 2°,83 gefunden haben, welche die an der Krasnaja Sopka beobachtete um 0°,6 bis 1°,0 übertrifft (je nachdem man sie mit derjenigen welche dort in gleichem Monat oder im Mittel des Jahres vorkommt, vergleicht). Nur ein Theil dieses Unterschiedes, und namentlich 0°,3 kann der geringeren Breite dieses Punktes zugeschrieben werden, denn er liegt nur um 0°,53 südlich von Tigilsk. — Die übrige Temperaturzunahme von 0°,7 scheint dagegen von der um 1°,7 östlicheren Lage dieser Quelle herzurühren. — Ein kleines weissblühendes Epilobium (E. palustre) stand häufig an dem Wasserrande in diesem Thale, und etwas weiter abwärts an demselben einige Kamtschatische Weissbirken (Bet. Ermani, Cham.), unter denen wir heute die üblichen Ruhestunden zubrachten.

An der rechten Seite des Baches zeigten hier wieder einige niedrige Felswände die Structur des mehrerwähnten grauen Gesteines, der an der oberen Sedanka (S. 232.) sehr ähnlich, indem dieselben von horizontalen Klüften in etwa 2 Fuſs dicke Bänke getheilt war und von noch stärker hervortretenden senkrechten Klüften durchsetzt, welche äusserst selten und nur etwa durch zufällige Coincidenz von einer dieser Bänke in die nächst folgende fortsetzen. Wie die Frostspalten in dem Eise des Baikal, so ist vielmehr eine jede von ihnen auf eine nur eben erst erstarrte Gesteins-Schicht beschränkt geblieben (I. 2. S. 176.). Wir verfolgten dieses Thal nur noch einige Werst weit abwärts, und stiegen alsdann von der rechten Seite des Baches über groſse Schuttblöcke in einem Wasserwege so steil, daſs wir absitzen und die Reitpferde am Zügel führen mussten.

Er endet wieder auf einer Ebene, die nur langsam gegen Osten ansteigt und nach allen Seiten noch weit ausgedehnter schien als die Plateaus, die wir nun schon so oft in diesem Gebirge getroffen hatten. Die Kamtschadalen nannten sie die stolbowaja tundra d. i. das Säulenmoor. An ihren Rändern fanden wir dichtes Elsengebüsch. Bei weiterem Fortschritt sah man aber davon nur einzelne Horste, zwischen denen der feuchte Boden mit dem Kraute der Bruchhimbeere (Rubus Chamaemorus; moroschka) oder vielmehr mit einem unglaublichen Reichthum von gereiften Früchten derselben bedeckt war. Wir hatten weder diese noch auch andere Bruchpflanzen auf den ähnlichen Ebenen der Westhälfte des Mittelgebirges gefunden. Sie erscheinen aber hier wieder in üppigster Fülle, weil die Meeresluft ihre Dämpfe und Wolken sogleich auf diesen hohen und ungeschützten Stufen des Ostabhanges absetzt. — Den Horizont bildeten nun theils felsige Gipfel der breiten Kette, auf der wir uns befanden, theils, zwischen Süden und Osten, der Schiwelutsch und — zum erstenmale — der Kliutschewsker Vulkan mit rauchendem Gipfel. Die gigantischen Massen dieser zwei Berge der Osthälfte erscheinen hier einander nahe und dennoch eine jede selbstständig, und von der anderen bis zum Fufse getrennt.

Wir lagerten uns an einem See, der in der Mitte dieses Moores zwischen felsigen Ufern ein klares Wasser enthält; doch zerstreute sich die ganze Gesellschaft, sobald die Pferde getränkt waren, und wieder schien nun ein Jeder, wohl zwei Stunden lang, nichts anderes zu sehen, als die dunkelgelben saftreichen Moroschki, an denen er sich labte und sättigte. So wurde denn unser Wachtfeuer heut erst bei völliger Dunkelheit angelegt, alsdann aber viel Thee bereitet und nebst einer entsprechenden Menge von Jukola mit gewohntem Eifer genossen. Auch trockneten wir an diesem Feuer unsere Fellkleider und manche Stücke unseres Gepäckes, an denen man den gestrigen Regen noch fühlte. Meine Begleiter schienen unter so behaglichen Umständen noch gesprächiger und mittheilender als gewöhnlich. Sie erzählten, dafs die Jelowkaer Kamtschadalen (und die an der Kamtschatka), die an der Ostseite des Mittelgebirges wohnen, zu einem anderen Stamme als die Sedankaer gehören, und dafs sich auch die Sprachen beider Stämme beträchtlich unterschieden. Von der ihrigen sagten sie mir eine Reihe von Worten, die ich aufschrieb und welche ich, weiter unten, mit den an der Kamtschatka gesammelten Ausdrücken zusammenstellen werde.

[August 28.]

Die Höhe des Sees neben unserem Nachtlager fand ich zu 1860 Par. Fufs über dem Meere (II. 1. S. 395.) und mithin 468 Par. Fufs unter den Hochebenen über die wir am vorigen Tage gekommen waren (am Fufse der Poworotnaja Sopka, und am Fufse des Sissel) und 144 Par. Fufs über dem ersten Thale dessen Wasser in das Ostmeer gelangt. Es ist offenbar wie hier dergleichen hochgelegene Becken zwischen felsigen Bergwällen, etwa wie die Glätscher in den Alpen, zu einer regelmäfsigen Vertheilung der Tagewasser beitragen, die ohnedem von den nächsten Gipfeln zu ungehindert abfliefsen, und in dem ebenen Lande bald Anschwellungen, bald Austrocknungen der Flüsse und Störungen der Fischzüge veranlassen würden, welche die Halbinsel bewohnbar machen. Eben so entschieden wie ihr Einflufs auf den jetzigen Zustand des Landes, ist aber auch der Zusammenhang dieser Seen mit der eigenthümlichen Entstehung des Kamtschatischen Mittelgebirges. Es sind die Lücken oder Einstürzungen, die an dem Fufse hervorgequollener Berggipfel in deren eigenen Masse zurückblieben*) — auch fand ich hier wieder an den niedrigen Rändern des Sees auf der Stolbowaja Tundra nichts als grofse Blöcke eines Gesteines, welches mit dem bisher gesehenen aufs nächste verwandt, wenn auch etwas basaltähnlicher oder augitischer schien als die meisten von ihnen. Es ist eine schwarzgraue, etwas poröse Masse mit inliegenden kleinen weissen Krystallen (Labrador?) und einigen Körnern von grünem Augit**).

Die Pflanzen auf der Moorebene die uns umgab, hatten sich während der Nacht bei ganz wolkenfreiem Himmel mit dickem Reife überzogen. Auch fand ich bald nach Sonnenaufgang die Lufttemperatur, selbst 5 Fufs über dem Boden, nur + 0°,7, und mithin 9° unter derjenigen, die dort am vorigen Tage fast bis zum Sonnenuntergang dauerte und die auch am nächsten Vormittage schnell wieder eintrat. Ich habe später***) erfahren, dafs diese un-

*) Ganz ähnliche kesselförmige Einstürzungen sind auf den platten Gipfeln der Kurilischen Inseln schon von Schelechow bemerkt und erwähnt worden. So namentlich auf jeder der sechs nördlichsten unter diesen Inseln, wo sie bis zu zwei Meilen im Durchmesser haben und mit Wasser gefüllt aber stets durchaus ohne Fische sind. Vergl. auch über den Ring von Seen um den Schiwelutsch, unten Aug. 30. u. f.

**) Nach der Bestimmung von Herrn G. Rose.

***) Durch den oben erwähnten Brief von Capitain Sabjelow (oben S. 175.).

gewöhnlich starke Ausstralung der Wärme durchaus nicht durch die Höhe unseres Nachtlagers bedingt wurde, sondern dafs sie, merkwürdiger Weise, in derselben Nacht auch in Tigilsk vorkam. Auch dort zeigte sich am Morgen des 28. August der erste Reif, durch den das Kartoffelkraut in Herrn Sabjelow's Garten, geschwärzt wurde, bei völlig heiterem Himmel und stiller Luft. Am vorigen Tage wehte daselbst NW-wind und am folgenden Tage SW-wind mit Regen*).

Von der Mitte der Stolbowaja Tundra ritten wir darauf etwa 6 Werst weit bis zu ihrem südöstlichen Abhang, und sahen auf diesem Wege noch einen zweiten kleineren See auf derselben. Er liegt etwa 150 Fufs höher als der andere, denn zwischen ihm und dem nahe gelegenen Rande der Ebene fand ich die Höhe unseres Standpunktes 2022 Par. Fufs über dem Meere. Ich bestimmte an diesem Punkte**) die Richtungen zu den ausgezeichnetsten unter den umgebenden Berggipfeln und versuchte dann auch das prachtvolle Panorama welches sie bilden, durch einige Umrisse darzustellen (vergl. die beiliegende Ansicht). Noch nirgends hatten sich auf unserem bisherigen Wege durch Kamtschatka so viele und so weit von einander entfernte Gebirgstheile gleichzeitig und in so verständlichem Zusammenhange gezeigt.

Der Theil des Horizontes an welchem sich ein continuirliches System von Bergmassen beträchtlich über das Niveau unseres Standpunktes erhob, erstreckt sich von

---

*) Dergleichen Folgen eines ungewöhnlich durchsichtigen oder richtiger ausserordentlich diathermanen Zustandes der oberen Luftschichten kommen übrigens auch in den fruchtbarsten Gegenden von Deutschland in derselben Jahreszeit vor, und zwar ohne Nachtheil für die Mehrheit der Culturpflanzen. So habe ich am 9. Sept. (1823) bei Lasphe und Biedenkopf, 7° südlich von Tigilsk die grasreichen Niederungen bereift und das Kartoffelkrant schwarz und erfroren gesehen, und doch folgte darauf ebendaselbst eine Reihe von sehr warmen Tagen; auch war (in demselben Jahre) schon in der Nacht vom 21. zum 22. August der Thauniederschlag auf den Wiesenebenen zwischen Fulda und Frankfurt, 7°,5 südlich von Tigilsk, von einer dem Frostpunkte äusserst nahen und höchst empfindlichen Kälte begleitet.

**) In 57° 4′ 36″ Breite 157° 55′ 36″ O. v. Par. vergl. II. 1 S. 404.

S 35°,97 W.
über W.
bis N 26,47 O.

Er zeigte sich also merklich kleiner als ein Halbkreis (um 9°,5) und wir waren demnach aus den höheren Ketten dieses Systemes schon herausgetreten auf dessen niedrigere östliche Stufen. Die östlichste jener höheren Ketten endet steil und plötzlich an den beiden genannten Punkten: an dem ersteren (S 35°,97 W) mit einem 25° breiten, äusserst entfernten Zuge von felsigen und in ihrer oberen Hälfte durchweg mit glänzendem Schnee bedeckten Gipfeln, an dem anderen (N 26°,47 O) mit ähnlichen aber vereinzelteren, welche jetzt eben auf dem fast ganz blauen Himmel in eine Schicht von Haufenwolken reichten. — Die Verbindungslinie dieser beiden Theile d. i. die Richtung nach N 31°,2 O muss demnach mit dem Streichen des Kamtschatischen Mittelgebirges sehr nahe übereinkommen, und dieses fand sich nun so gut als identisch mit der Richtung des niedrigeren Porphyrzuges an der Westküste der Halbinsel zwischen Tigilsk und Pallan (N 32° O; S. 193.).

Rechts von jenem südlichsten und schneereichsten Gebirgstheil (der über einen weit niedrigeren hervorragte, welcher nach beiden Seiten fortsetzt, bis oben mit Zirbeln bewachsen ist und uns nur in seiner unteren Hälfte einige Felswände zukehrte) — zeigte sich zuerst und gleichfalls in weiter Ferne ein nacktfelsiger Zug mit plattem Scheitel, und nach beiden Seiten wie eine ungeheure continuirliche Steinkuppe von steilen Abhängen begränzt. Dann folgt (gegen S 75° W) ein weit geöffneter Durchschnitt in das Innere des Systems, von welchem sich dort hinter einander vier felsige Wälle zeigen.

Weiter rechts war der vorderste dieser Wälle oder Bergzüge durch Elsengebüsche auf dem Plateau auf dem wir standen, verdeckt, und zugleich sah man, fast bis zum Ende dieses schönen Profiles, den zweiten Zug alle übrigen überragen. Er enthält gerade

*) Vergl. II. 1. S. 403, wo der mit i bezeichnete Punkt zu dieser Bergmasse gehört. Es ist namentlich eine rundliche Senkung in dem Scheitel des hintersten dieser Wälle, auf dem sich das Azimut 255°,47 oder 875°,47 W. begiebt.

im Westen, eine sanft gerundete Felsmasse mit einigen schroffen Gipfeln. Auf ihren, durch die Ferne bläulichen Abhängen lag Schnee in einzelnen Flecken. Dann folgte, mit eben dieser breiten Kuppe, und durch sie mit dem zweiten Zuge, continuirlich über einem Viertel des Horizontes zusammenhangend, eine Reihe von Berggruppen, die theils flache Scheitel und fast senkrechte Seiten-Abhänge zeigen, theils mit spitzen Gipfeln oder mit baidarenförmigen Felsen über ihre breitere und sanftere Hauptmasse hervorragen. In N 13,03 W enthält noch eben diese Reihe die steile Kuppe des *S*issel oder Nadelberges; sie endet aber bald darauf, oder wird doch von hohem Vorgrunde verdeckt, an den, gerade im Norden gelegenen, flacheren Theilen des *S*issel, welche die Hochebene an der oberen *S*edanka (S. 232.) von der anderen scheidet, die wir an demselben Tage erreichten (S. 233.). Auf den freien und deutlich felsigen Abhängen dieser Berge zeigten sich Schneeflecke noch an zwei anderen Punkten: auf einer zweigipfligen kuppenförmigen Masse (in N 20°,5 W)*) und auf der uns rechts gelegenen flacheren Hälfte des *S*issel. — Es lagen jetzt vor eben dieser Reihe und gerade unter dem spitzen Kegel des *S*issel, ein Theil von der felsigen Wand jenes Thales, aus dem wir auf die Stolbowaja Tundra gestiegen waren**), so wie auch weiter westwärts ein mit kenntlichen Zirbeln bedeckter Abhang, aber auch von hinter derselben ragten noch an einer Stelle (N 68°,53 W)***) einige sehr weit entfernte Gipfel hervor. Es waren die Baidarenberge oder doch ein ihnen ganz nahe gelegener Theil der westlichsten Kette des Systemes. In weitester Ferne folgten endlich noch rechts von der flacheren Hälfte des *S*issel, nach jener Unterbrechung durch den höheren Vorgrund, die zwei letzten Gipfel des Ganzen: ein spitzer Pik (in N 12°,31 O) und zwei etwas flacher gerundete (N 26,47 O), von denen meine Beglei-

---

*) Vergl. II. 1. S. 403, wo die Senkung zwischen den Gipfeln dieser Kuppenförmigen Masse mit l bezeichnet ist.

**) Der Gipfel der Poworotnaja Sopka, dessen Westseite sich in dieser Thalwand verläuft, war wohl hinter dem näheren Elsengebüsche versteckt.

***) Vergl. II. 1. S. 403, wo die Mitte dieser Gipfel mit k bezeichnet ist.

ter den ersteren zu den Wajompolschen Bergen rechneten, während die anderen mit noch duftigeren Umrissen die Fortsetzung eben dieser Berge zu bilden schienen*).

Im auffallendsten Contraste mit dieser Hälfte der Rundansicht lagen nun nach allen anderen Richtungen (von N27°O über O bis S35°W) bis auf eine beträchtliche Entfernung (8 bis 12 Meilen) nur bewaldete Bergstufen vor uns, zwischen denen man an vielen Punkten bis zu dem Niveau der Flüsse hinabsieht**), und über welche sich dann nur um so majestätischer die Kuppen des Schiwelutsch und des Kliutschewsker Vulkanes, wie zwei eigene Gebirgssysteme erheben. Gegen diese erscheint dann freilich das alte Mittelbirge nur wie eine untergeordnete Leistung der vulkanischen Kräfte. — Es zeigt sich hier in den Formen dieser gigantischen Massen eine Art von Uebereinstimmung, indem eine jede von beiden eine rechts gelegene niedrigere und etwas flachere, und weiter links eine pikförmige höchste Kuppe trägt.

Eine Rauch-ähnliche Säule (die glühende Asche, unten Sept. 9. u. f.) über dem Kliutschewsker Gipfel, die ich gestern, als erste Bestätigung seiner Thätigkeit, mit Freuden gesehen hatte, schien jetzt von näherem Gewölke verdeckt.

---

*) Von unserem Standpunkte waren die Berge an der Quelle der Wajompolka (zu deren Festlegung ich auf meiner Karte von Kamtschatka sowohl Krascheninikow's Angaben über die Flussmündungen an beiden Küsten der Halbinsel, als auch Admiral Lütke's Aufnahme der Karaginsker Insel und einiger nahe gelegenen Punkte der Nordostküste benutzt habe) 22 Meilen, und die schneebedeckten südlichsten (deren Lagenbestimmung ich später noch durch Azimute im Kamtschatkathale ergänzte) 17 Meilen entfernt — so dafs wir im Ganzen eine 39 Meilen lange Strecke von dem vorderen oder Ostrande des Mittelgebirges sahen.

**) Die Form der Hochebene mit plattem Scheitel und senkrechten Abhängen, welche an die Schwäbischen Phonolith-Kegel von Hohentwiel und Mägdeberg erinnert, wiederholt sich auch noch an einigen dieser niedrigen Vorberge, unter anderen an dem nach NO sichtbaren, welchen meine Begleiter orlowoe gniesdo d. i. das Adlernest nannten. Es ist eine an der linken Thalwand der Jelowka gelegene felsige Bergmasse, die aber ihren Namen nicht, wie man glauben könnte, von ihrer kühnen Gestalt, sondern von dem Neste eines wirklichen Adlers erhalten hat, der zu Krascheninikow's Zeit an eben jener oft besuchten Stelle des Thales zu bauen pflegte.

Der Name der Stolbowaja Tundra d. i. des Säulenmoores rechtfertigt sich vollständig an ihrem Südrande, wenn man durch Wasserrisse und über Gerölle den gegen 600 Fufs hohen Abhang hinabsteigt. Denn das schwarzgraue Gestein, welches in senkrechten Wänden ansteht, ist dort in der That in höchst auffallende Säulen gespalten, als ob sich auch in der Textur ihrer einzelnen Felsen, die Form der gesammten Masse wiederholte, die wie ein ungeheures Prisma ringsum über Thalsohlen hervorragt. Wir kamen nun wieder in dieselbe Höhe, in der wir uns gestern am nördlichen Fufse der Tundra befanden. Die Vegetation war aber sogleich und blieb von nun an bis aufs äusserste geändert. In den Elsen- und Birkenwaldungen sahen wir hier wieder die lange vermissten Jimoloststräuche (Lonicera coerulea), und zwar sogleich von hohem und baumartig schlankem Wuchse, und reich beladen mit Zoll-langen Früchten. — Wir stiegen ab um nur einige zu essen, wurden aber bald durch ihre Reife und ausserordentlichen Wohlschmack zu langem Aufenthalt verleitet. In derselben Gegend bemerkte ich aber auch mit nicht geringem Erstaunen in der Laubwaldung einzelne Lärchen (Russ.: Listweniza, und Listwjak ein Gehölz in dem sie vorherrschen), die bisher auf der Halbinsel so spurlos gefehlt hatten. Wir sahen davon in den folgenden Stunden (in denen wir noch etwa 4 Meilen weit ohne Weg auf schnell absteigendem Terrain durch dichte Waldung zurücklegten) viele Stämme von äusserster Schönheit, die an die Lärchen der Baikalischen Küsten erinnerten (I. 2. S. 96.) oder doch, so wie sie, vortreffliches Mastholz liefern würden*). Zugleich haben sich aber auch wieder hohe und schlankere Weissbirken (Bet. alba?) ein-

*) Baron Kittlitz fand sich durch den Habitus der Lärchen an der oberen Kamtschatka an den Pinus Canadensis der Waldungen an der NW-küste von Amerika (Sitcha) erinnert, und zwar namentlich bei älteren Stämmen, während ihm die jüngeren unserer Europäischen Lärche ähnlicher schienen. Vergl. Vegetations-Ansichten von Küstenländern und Inseln des stillen Oceans u. s. w. von F. H. v. Kittlitz, Siegen und Wiesbaden 1844. pag. 59. Taf. XIIX. An dem Wuchse der Kamtschatischen und der Ost-Sibirischen Lärche ist mir kein Unterschied aufgefallen, doch habe ich die letzteren, die einige Monate lang meine einzige Umgebung ausmachten, freilich nur im Winter und daher ohne Belaubung gesehen.

gefunden, und an Elsen und Ebereschen sieht man nun von der Form des *Slanèz* (I. 2. S. 406.) keine Spur mehr, bis dafs sich endlich, näher an dem Thale der Jelowka, auch die Tannen (Russ.: Jèl; Pin. abies) zeigen, die, eben als eine schon ganz unerwartete Erscheinung, diesem Flusse und der Ortschaft an demselben ihre Namen gegeben haben. Sie sind niedriger als die Lärchen und werden auch als Bauholz von den Kamtschadalen verschmäht*). Die Verbreitung der Nadelhölzer und namentlich die der Lärchen auf Kamtschatka ist ohne Zweifel eine der merkwürdigsten Thatsachen der Pflanzengeographie. Wie das Vorkommen von Pinus cembra zwischen den Alpen und dem Ural (I. 1. S. 332.) so ist hier auch das der Lärche durch einen rund um abschliefsenden aber weit kleineren Bezirk unterbrochen. Die innere Gränze desselben liegt überall den Quellen der Zuflüsse zum Kamtschatkathale höchst nahe. Der inselartige Bezirk, welchen diese Linie umschliefst, ist in der Mitte ganz niedrig und eben, so wie auch überall mit steil fallenden Bergen eingefasst, welche allerdings die trockene Sommerwärme begünstigen dürften, deren die Lärche fast als einzige Lebensbedingung bedarf (I. 2. S. 375.) — Aber die erste Aussäung jenes Baumes an den Rändern einer solchen Insel bleibt nicht minder unerklärlich, da man jetzt beide Küstenstriche der Kamtschatka ihm völlig unzugänglich findet**).

Auch Gräser und andere Krautgewächse waren nun wieder so hoch und so dicht gedrängt, dafs ich zwei ausgewachsene Auerhähne (Russ.: Gluchoi tetior, Tetrao Urogallus Pall.) erst durch ihren rauschenden Flügelschlag gewahr wurde, als sie sich kaum zwei Schritt vor den Füfsen meines Pferdes vom Boden erhoben. Man fühlte sich ungewöhnlich angeregt und erfreut durch

*) Vergl. auch Kittlitz a. a. O. zu Taf. XIX.: „Das zweite Kamtschatische Nadelholz, eine ächte Tanne, pflegt nicht so hoch als die Lärche zu werden. Ihr dichtes Nadelwerk ist schwärzlich-grün; es zeichnet sich wie der ganze Baum durch sehr balsamischen Geruch aus. Die Früchte sind etwas kleiner aber denen von Pinus abies übrigens sehr ähnlich."

**) Vergl. über diese Erscheinung und über die eben so merkwürdige sporadische Verbreitung der Lärchen auf den Kurilischen Inseln Naturhist. Atlas u. s. w. pag. 53.

diese Begegnung, und ich wurde erst dadurch auf die Oede und Leblosigkeit des Gebirges aufmerksam, auf dem wir die letzten vier Tage zubrachten. Wir hatten dort nicht blos jeder Erinnerung an menschliche Wesen entbehrt, sondern auch von der Thierwelt durchaus nichts als das Pfeifen einiger Murmelthiere vernommen. Hier waren dagegen bald darauf die frischesten Bärenspuren rings um uns, als wir aus der Waldung auf eine ebene Thalsohle kamen, auf welcher wieder herrliche Kräuter bis an den Rücken der Pferde reichten. Man sah in diesem grünen Dickicht nach den verschiedensten Richtungen enge furchenartige Wege, auf denen die Gräser zertreten, und stärkere Stauden zur Seite gebogen waren, und dann, am Ende solcher Wege, weit gröfsere rundliche Flecken, auf welchen der Bär sich gewälzt, und auf dem Boden viele ausgerissene Schäfte von Allium ursinum und von den riesigen Dolden des Heracleum (Heracleum dulce) hinterlassen hatte. Der älteste unserer Führer ritt nun voran und rief unablässig und mit gröfstem Eifer Hottu! und Atua! d. i. Freund, um wie er sagte die Bären, die hier weder sehen noch gesehen werden, zum Ausweichen zu bewegen. — In der That mochten aber jetzt manche dieser vielbesprochenen Gefährten sehr nahe bei uns geblieben sein, denn unsere Pferde prallten oft entsetzt und so ohne sichtbaren Grund, wie ich von ihnen an keiner anderenStelle gesehen hatte. Dann hörten wir Hundegebell und nahes Gewieher und sahen auf einem Anger, unter Birken und hohen Pappeln auf die wir zu ritten, vier weidende Schimmel. Sie kamen uns im Galopp entgegen, unter Anführung eines Hengstes, gegen welchen sich der Vorderste in unserem Zuge mit einem mächtigen Baumstamm bewaffnete. Diese Vorsicht zeigte sich keinesweges überflüssig, denn gleich darauf stand jener eifersüchtige Besitzer dieses schönen Platzes hochgebäumt neben uns, indem er nun sehr zornig wieherte, und mit den Vorderhufen so ernstlich um sich hieb, dafs wir ihn durch viele Stöfse und Steinwürfe nur zum Stehen aber nicht zum Zurückweichen brachten.

Gleich darauf waren wir schon mitten unter den Wohnungen von Jelowka. Es sind wieder viele luftige Balagane, zwischen auffallend niedrigen und länglich-vierseitigen Winterjurten aus Lärchenstämmen. Sie liegen am rechten Ufer eines kleinen Flusses, dessen Bette zu beiden Seiten durch breite Geröllbänke fortgesetzt, und mit Laubgehölzen eingefafst ist, welche diesen lieblichen Wohnplatz fast nach allen Richtungen verbergen. In Westen und Nord-Westen sieht man über den Uferbüschen die höher gelegene Nadelwaldung und die Felsen des Adlernestes (Orlowoe gniesdo) die auch von hier so schroff und so regelmäfsig wie ein künstliches Gemäuer hervorragen, und dann in SO., mitten über dem Flusse, den Schiwélutsch, ganz frei, von den Thalrändern an bis zu seinen eisigen Gipfeln*).

Wir wurden nun auch hier mit herzlichster Freude bewillkommnet, und besondere Achtung vor einem Europäischen oder Russischen Ansehen unseres Zuges hatte daran gewifs keinen Antheil. Die Ostjakischen Rennthierkleider, die ich auf Kamtschatka immer getragen habe, sind vielmehr von den hiesigen nur so wenig unterschieden, dafs man mich überall fragte, aus welcher Gegend der Halbinsel sie eigentlich herstammten. Der Tojon von Jelowka der jetzt mit seiner zahlreichen Familie in mehreren Balaganen wohnte, übergab uns seine Winterhütte, in der sich wieder eine Menge von Nachbarn um unseren Theekessel versammelte, bis dafs bald darauf die Bewirthung mit einer überraschenden Mannigfaltigkeit von Kamtschatischen Gerichten begann.

Sie brachten uns zuerst wieder die weinigen *J*imolostbeeren, mit Milch und mit Sahne übergossen, und, als Vorspiel zu den Speisen an denen vor der Thüre noch eifrigst gearbeitet wurde, einigen Jukola von dem Tschewitsche d. i. von der gröfsten und geachtetsten Lachsart (Salmo orientalis Pall.). Dann folgten aber nach einander und bis spät am Abend Chaikos oder jetzt ziehende Lachse, frisch gekocht und mit Fruchtsäften zubereitet, in Milch gesottener Jukola und anderer gebraten, so wie, als Krone des Mahles, vortreffliche Lilienknollen (*S*aranà) theils gekocht und mit einem Teige aus Fischmehl (getrockneten und zerriebenen Roogen oder Por*s*a) umgeben, theils in Fischfett gebraten. Die hier gesehene Art dieser Knollen, welche kruglaja oder auch bjelaja *S*arana d. h. runde oder weisse *S*arana genannt

*) Er erscheint hier, wie der Montblanc bei Martigni, unter einem Höhenwinkel von 5° 7′.

wird, ist von der Gröfse einer starken Kirsche, und besteht aus einem sphäroidischen Hauptstock, von welchem weit kleinere eiförmige Nebenknollen mit abwärts gerichteten Spitzen, ausgehen. Sie sind in Ringen um den Hauptstock gestellt, so dafs die ganzen Knollen den Erdbeeren ziemlich ähnlich sehen. Alle Theile derselben sind gleich essbar und von gleich angenehmem Geschmack. Doch enthalten sie im rohen Zustande auch noch einen widerlichen Stoff, der von dem Wasser in welchem man sie ein erstes Mal abkocht, aufgenommen und mit demselben abgegossen wird*). Man sagte mir hier, dafs sie von einer schwärzlich blühenden und sehr häufigen Lilienart (der jetzt sogenannten Fritillaria *Sarana*)**) herstammen und dafs man sie theils in den Mäusebauen finde, theils auch durch Ausgrabung des noch lebenden Gewächses. Man müsse jedoch diese letztere Art des Einsammelns noch während der Blüthe der Lilien vollziehen, weil ihre Wurzel sehr bald darauf faule.

Durch mehrstündiges Essen gewannen wir endlich die Zufriedenheit unserer Wirthe, welche während dessen die besonderen Vorzüge der einzelnen Gerichte sorgfältigst erklärten und dann auch geradezu aussprachen, dafs ein Gast sie beleidige wenn er aufhöre zu essen, ehe er aufs vollständigste gesättigt sei. Erst nachher kam es zu anderen Gesprächen, in denen sich wieder die ironischen Gaben der Kamtschadalen (S. 208. 218.) recht auffallend äusserten. So sagte der Tojon, dafs zwar die Russen den Namen ihres Wohnortes von den Tannen (jeli) herleiteten, die ihn umgeben, dafs sie ihn aber anstatt jelowkji ostro*j*ok, lieber nelowkji d. h. den unbequemen***) hätten nennen sollen, denn an Beschwerden fehle es nie mehr seit ihrer Ankunft. Auch freute er sich als ich nach einem anderen Wortspiele fragte, welches jetzt in Tigilsk als Beispiel des Kamtschadalischen Witzes bekannt war. Er gab zu dafs seine Landsleute unter ein-

*) Ich bemerkte bei der folgenden Reise, dafs meine Begleiter stets diese Vorsicht gebrauchten, wenn sie an den Wachtfeuern die getrockneten Lilienknollen, die wir mitgenommen hatten, kochten.

**) Vergl. F. H. v. Kittlitz Vegetations-Ansichten u. s. w. S. 16. Taf. II.

***) Von dem ebenfalls Russischen Worte lowkji bequem und der Negation ne.

ander den jetzigen Gouverneur von Petropaulshafen*) nicht Arkadji nennen, wie es die Russen ja wohl thäten, sondern Arkani d. h. eine Wurfschlinge — „denn in ihrer Einfalt („kak ljudi glupie“) haben sie geglaubt, er führe diesen letzteren Namen, weil er im Winter zu seinen Reisen durch die Halbinsel so viele Männer und Hunde gebrauche und dieselben, gleichsam wie eine Wurfschlinge, einfange.

[August 29.]

Die magnetischen Beobachtungen und die Ortsbestimmung, welche ich heute zwischen den Balaganen und dem Flusse ausführte**) wurden durch das Wetter begünstigt, denn mit schwachem Westwinde hielt sich die Luft sehr trocken und warm***). Auch schienen Wolken welche um Mittag die Sonne bedeckten, sich nur an dem Schiwelutsch zu bilden, indem sie zuerst mit seinen Abhängen, in der Hälfte seiner Höhe, in wirklicher Berührung, darauf aber als sie sich bis weit näher an Jelowka ausbreiteten, in scheinbarer mit dem Gipfel dieser riesigen Bergmasse waren. Man sagte mir hier wie in Tigilsk (S. 180.), dafs bei Westwind auf trockene Luft zu rechnen sei und dafs dagegen der „Wind von der Kamtschatka“ (Kamtschatskji wjetr) wegen seiner regnerischen Eigenschaften: gnilaja pogoda d. h. das faulige Wetter genannt werde — und so schien denn auch der Vertrag zwischen Mücken und Gnitzen (Simulium, Russ.: Moschki; S. 163.) in Jelowka noch derselbe wie an der Westküste. Der heutige Tag gehörte den Moschki, deren Verfolgungen mir in der That ziemlich empfindlich wurden, während ich einige Stunden fast unbeweglich in der Nähe des grasreichen Bodens verweilte. Dann brachten aber unsere besorglichen Gastfreunde unaufgefordert ein sehr wirksames Schutzmittel gegen diese Plage, indem sie an der Windseite meines Standpunktes, und einige Schritte von demselben, glimmende Birkenrinde in einem Feuerbecken aufstellten. Solche tragbare Rauchquellen („duimniki“ von duim der Rauch)

*) Herrn Arkadji Wasilewitsch Golenischtschew.

**) Vergl. II. 1. S. 211. u. f. 289. u. f. 346. II. 2. S. 195.

***) Die Lufttemperatur betrug um 9u 30′ Morgens + 12°,2
und um 11u 0′ — + 14°,1.

standen heute noch an vielen anderen Punkten der Ortschaft, wo eben im Freien gearbeitet wurde.

Gegen Abend gingen wir nach den Lachsfängen, und ich wurde theils dort, theils schon früher beim Besuche der einzelnen Wohnungen, und bei den Gastmählern, zu denen sich die Nachbarn einfanden, fast mit jedem Mitgliede dieser kleinen Gemeinde bekannt. Die Jelowkaer sind, eben so wie die Sedankaer, die sie zu einem von dem ihrigen verschiedenen Stamme rechnen, und wie die Korjaken, von mittlerer Gröfse und keineswegs unter dem Mafse welches in Europa als Norm gilt, dabei aber von schönem und sehr gelenkigem Wuchse.

Den schnellen und leichten Gang durch den sie sich auszeichnen, sieht man auch bei denjenigen Männern noch unverändert, welche sich für die ältesten ausgeben, obgleich hier weder weisse Haare noch auch andere äussere Zeichen für das Greisenalter bürgen. Weit auffallender unterscheiden sich die noch im Wachsthum begriffenen Knaben und Mädchen von den übrigen, durch Vollblütigkeit, eine weissere und blühendere Gesichtsfarbe und eine gröfsere Beleibtheit. Sie werden erst schlank und mager, und vertauschen die Röthe ihrer Wangen gegen eine dunklere und einförmig gebräunte Hautfarbe, in dem Alter welches für die Männer die Theilnahme an den winterlichen Jagdreisen herbeiführt, und für die Frauen die anstrengenderen Arbeiten bei der Zubereitung der Fische und beim Einsammeln der pflanzlichen Nahrungsmittel. Die Ehen werden sowohl hier als auch bei den Stammverwandten der Jelowkaer (im Kamtschatkathale) sehr frühzeitig geschlossen, und zwar der Regel nach zwischen ganz jungen Knaben und weit älteren, vollig mannbaren Mädchen. So wurde der kaum vierzehnjährige und noch bei weitem nicht ausgewachsene Sohn des Tojon als verheirathet betrachtet, mit einem Mädchen die weit gröfser und um viele Jahre älter war als er. Er lebte noch frei von aller Arbeit in dem älterlichen Hause, in welchem seine Frau sehr thätig für den gemeinsamen Unterhalt sorgen half. Sie schien dann aber auch ihren Schwiegerältern weit ergebener und gehorsamer als ihrem unmündigen Manne.

Ich habe übrigens später auch Ehen zwischen Knaben und Mädchen kennen gelernt, welche beiderseits noch unerwachsen waren*), und auf diese mochte sich vorzugsweise die Angabe der Aeltern beziehen, dafs man die jungen Leute so früh zusammen-

*) Gerade in diesen ehelichen Verhältnissen scheint sich aber die Landessitte auf Kamtschatka, während des letzten Jahrhunderts, beträchtlich geändert zu haben, indem mir jetzt weder ein Beispiel von der gewöhnlicheren Form der Polygamie (der Vielweiberei) vorgekommen ist, noch auch von dem weit abnormeren Hange zu den sogenannten Kojektschutschi (den männlichen Beischläfern), welche sich ehedem viele Jurtenbesitzer neben ihren Ehefrauen und ohne jede Störung des Hausfriedens hielten. Man hat mir in Tigilsk von der ehemaligen Allgemeinheit dieser Sitte durchaus unumwunden, und wie von einer ausgemachten Sache erzählt, und ich muss hier diese Bestätigung derselben um so mehr erwähnen, da Krascheninikow in Beziehung auf dieses merkwürdige Verhältniss an einer Stelle seines Buches dasjenige wieder zurückweist, oder vielmehr ins unverständliche hineinzieht, was er selbst an vielen anderen Stellen klar ausgesprochen hat. So heisst es in der Opisanie Semli Kamtschatki u. s. w. Tsch. III. S. 125: „auch ihre (der Kamtschadalen) Weiber sind nicht eifersüchtig, wie man daraus ersieht, dafs nicht blos zwei oder drei Frauen ein und desselben Mannes gut mit einander leben, sondern dafs sie auch die Kojektschutschi ertragen, welche mehrere Männer sich anstatt Beischläferinnen (wmjesto nalo*j*niz) halten.“ A. a. O. III. 24: „Die Kamtschadalen haben eine, zwei oder auch drei Frauen (theils in ein und derselben Jurte, theils an verschiedenen Orten, um abwechselnd mit ihnen zu verkehren; ibid. 124.) und ausserdem unterhalten viele noch die in ihrer Sprache sogenannten Kojektschutschi, welche (im Russischen: kotoruie d. i. die männliche Form des Relativum) in Weiberkleidern umhergehen, lauter Weiberarbeiten verrichten und mit (anderen) Männern gar keinen Umgang pflegen, gleich als ob sie vor deren Beschäftigungen Ekel hätten, oder fürchteten, sich in Dinge die sich für sie nicht schicken, einzulassen.“ A. a. O. III. 27: „Die unbequeme Leiter, die über dem Feuerplatze hinweg und durch dessen Rauch aus der Dachöffnung der Erdjurte hinausführt, wird auch von den Frauen, und oft mit Kindern auf dem Rücken, furchtlos gebraucht — und dennoch haben sowohl sie (die Frauen), als auch die Kojektschutschi die Erlaubniss, aus- und einzugehen durch den sogenannten *j*upan d. h. durch das nahe über dem Boden in einer Seitenwand der Erdjurte befindliche zweite Zugloch für das Feuer. Geht aber ein Mann durch den *j*upan, so wird er unausbleiblich verlacht, und es scheint ihnen dieses so auffallend, dafs sie alle Kosaken — welche in der ersten Zeit jenen Weg wählten, weil sie noch nicht wagten, durch den Rauch zu gehen — für Kojektschutschi hielten.“ Auch heisst es endlich noch a. a. O. III. 40: „Die Kosaken, welche man die Nähnadel oder den Schusterpfriem führen gesehen hatte, wurden für Kojektschutschi gehalten, denn bei ihnen (den Kamtschadalen) werden Röcke und Fufsbekleidungen nur von den Frauen und von den Kojektschutschi genäht, welche auch in Frauenkleidern gehen und Frauen-

gebe, „damit sie sich bei Zeiten an einander gewöhnen und hernach um so freundschaftlicher leben.“ In mehreren älteren Familien sah ich aber hier in der That, dafs die Männer sich ihre Frauen auf sehr liebevolle Weise gleichstellten, ja sogar sich deren Rath, und deren Entscheidung geflissentlich unterordneten. Ein Jelowkaer dem ich dieses bemerkte, sagte mir lächelnd dafs es sich in der That so verhalte, und dafs sie deshalb auch in ihrer eigenen Sprache ihre Ehefrauen mit einem Namen belegten, welcher so viel als das, nur zwischen Männern übliche, Russische Wort to-

---

arbeiten verrichten, sich dagegen mit einer männlichen Arbeit niemals befassen.“

Die vorstehende wörtliche Uebersetzung von Krascheninikow's Aussagen schien mir nöthig, weil man darauf in dem Index desselben Buches Tom. III. pag. 306, eine ebenfalls wörtlich also lautende Stelle findet: „Kojektschutschi sind Frauen, welche keinen Umgang mit den Männern haben, vergl. III. 24. 40. 125“ d. h. die eben vorhergehenden Angaben!! Wenn aber die Kojektschutschi Frauen (!!!) waren, was lag dann so auffallendes darin, dafs sie Frauenkleider trugen und dafs sie nur Frauenarbeiten verrichteten? — und weshalb sagt man dann: die Männer halten Kojektschutschi anstatt (wmjesto) Beischläferinnen, und gebraucht fortwährend den Ausdruck die Weiber und die Kojektschutschi?? — Es ist vielmehr offenbar, dafs Krascheninikow oder sein Herausgeber, ganz zuletzt noch, sowohl von übertriebener Verschämtheit befallen wurden, als auch von der seltsamen Ueberzeugung, dafs nur das Register ihres Buches dereinst Leser finden würde! — Was aber die Sache betrifft, und den Vorwurf den man daraus gegen die Kamtschadalen entnehmen dürfte — trotz der anerkanntesten Zärtlichkeit die sie ihren Frauen und Kindern erweisen — so ist davon eben nichts abzulassen. Auch können sich die Bewohner dieses Theiles der Halbinsel leider nicht auf die ihnen unbekannten Vorgänge im klassischen Alterthume berufen, sondern nur auf ihre Korjakischen Nachbarn, welche von jeher, neben ihren eifersüchtigst geliebten Frauen, nicht blos Kojektschutschi unter dem Namen Keelgi hielten, sondern auch noch weit räthselhaftere steinerne und mit Fellen bekleidete Bettgenossen. Diese Liebesbezeugungen gegen unbelebte Wesen nähern sich aber dann wiederum denen der Ostjakinnen am Obi, welche bekleideten Holzklötzen drei Jahre lang die Stelle ihrer verstorbenen Ehemänner einräumen (vergl. I. 1. S. 670.) — denn in der That vermuthen auch die Korjaken von solch einem Steine zu dem sie sich hingezogen fühlen, dafs er ehemals beseelt gewesen sei. Sie bemerken sogar, wenn sie sich ihm nähern, einen eigenthümlichen Hauch, dem sie auch Heilkräfte zuschreiben, und welcher am Ende auch noch in Europa, von den Kennern des thierischen Magnetismus, für eine ganz glaubliche und beachtenswerthe Erscheinung erklärt werden dürfte!

wárischtsch d. h. so viel als unser Kamerad oder Gefährte bedeute (vergl. Sept. 20.).

Der Volksstamm zu dem sich die Jelowkaer, nach dem Zeugnisse des bei ihnen üblichen Dialektes, rechnen, ist weit ausgebreiteter als der *S*edankaer. Er reicht gegen Westen, in der Breite ihres Wohnortes, bis zu dem Mittelgebirge, gegen Süden bis Werchnei Kamtschatka, gegen Osten bis an das Meer, und NO-wärts bis zur Uka in 58° Br. An diesem Flusse und nördlich von demselben gebraucht man, wie man hier sagte, eine Sprache die sowohl von der *S*edankaer, als von der hiesigen abweicht. Die Leute die sich derselben bedienen, seien jetzt mit den Jelowkaern in so gutem Vernehmen, dafs diese alljährlich nach der Mündung der Uka auf die Robbenjagd reisen. Man schlägt dort vorzüglich, wie auch in dem Haff-artigen See an der Kamtschatkamündung*), die sogenannten nerpui; das sind kleinere Phoken-Arten (oben S. 110. und 167.), deren Fett mit Schikschabeeren (Empetrum nigrum) zerlassen, ein beliebtes Wintergericht abgiebt. — Für die Dauer einer so wichtigen Verbindung mit den nächsten Küstenbewohnern hatten die Jelowkaer jetzt auch durch Ehen gesorgt, denn sowohl die Frau als die Schwiegertochter des Tojon gehörten zu dem Ukaer Stamme. Auch wurde in seiner Familie, wie er mir ausdrücklich sagte, die Sprache dieses letzteren Stammes neben der Jelowkaer gebraucht. Ich habe dennoch nicht erfahren ob die Anwohner der Uka mit Recht (wie es bei Russischen Volkszählungen geschieht), zu den ansässigen Korjaken gerechnet werden. Doch ist dieses wohl wahrscheinlich, denn die Jelowkaer erinnerten sich dafs ihre Vorfahren mit jenem Stamme in dauernder Feindschaft gelebt hatten, und obgleich sie ihn jetzt, wenn sie Russich sprachen, als Kamtschadalen (Ukinskie Kamtschadali) bezeichneten, so ist doch bekanntlich dieser Ausdruck ihrer eigenen Sprache eben so fremd, wie der Name Korjake**).

---

*) Den nerpitschoe osero oder Seehundssee; vergl. meine Karte von Kamtschatka u. s. w. bei 56°,1 bis 56°,3 Br. 160°,3 bis 160°,7 O. v. Par.

**) Die Jelowkaer und die Anwohner der Kamtschatka sagten mir, dafs sie sich selbst Itěněmen nennen, während die Rennthier-

Sie sagten noch dafs ihr Bündniss mit den Ukaern erst begonnen habe, seitdem sich auch diese den Russen unterworfen (d. h. ihnen tributpflichtig erklärt) hätten, und dafs dagegen die frei gebliebenen Oljútorui d. h. die Korjaken und Tschuktschen an dem gleichnamigen Meerbusen*), noch jetzt alle Kamtschadalen die mit den Fremden umgehen, anfeindeten.

Einen wesentlichen Gewinn, der den Verlust der Freiheit begleitet hatte, fand man jedoch auch hier in der Einführung der Pferde und des Rindviehes. Beide sind durch die ausserordentlich üppigen Weiden die sie ganz in der Nähe der Wohnungen finden, weit schöner und kräftiger geworden als ihre Jakutischen Stammältern. Von diesen unterscheiden sich die hiesigen Rinder zunächst durch fast durchgängig weisse Haarfarbe, denn bei den Jakuten, wo doch die weissen Pferde so auffallend überwiegen, sieht man kaum andere als braunrothe Kühe. Sodann fand ich aber auch zwei Jelowkaer Stiere, von denen der eine bereits ausgewachsen und der andere noch im Wachsthum begriffen war, so kräftig und namentlich so lang gebaut, wie man es nur von denen der besten Europäischen Racen erwartet. Auch sie sind, nicht ohne Gefahr für die Menschen, eben so streitbar und kampflustig geworden wie die hiesigen Hengste, und schützen dadurch ihre kleine Heerde sowohl gegen die Bären, welche die besten Weideplätze mit ihnen theilen, als auch gegen die noch gefährlicheren Angriffe von grofsen Schaaren hungernder Hunde. Sehr auffallend war mir auch an dem hiesigen Rindvieh seine Begierde nach Fischen, die keinesweges durch den Mangel an anderer Nahrung entsteht**). Ich sah vielmehr gegen Abend, wie die Kühe das üppigste Gras in dem früher erwähnten Birken- und Pappel-walde

Korjaken und die doch nur durch ganz neue Ereignisse von diesen getrennten ansässigen Korjaken ihre eigenen Stämme respective durch die Worte Tumugutu und Tschautschu bezeichnen.

*) 61° bis 62° Breite und schon ausserhalb der Nordgränze des eigentlichen Kamtschatka.

**) Pallas scheint doch dieser Meinung gewesen zu sein, indem er in der Zoographia Rosso Asiatica Tom. 1. pag. 239. von den Kamtschatischen Kühen sagt: imo ut apud Islandos pisces etiam fameli-cae manducant.

plötzlich verschmähten und nach dem dürren Geröllufer liefen, an welchem eben einige Kähne mit frisch gefangenen Lachsen anlegten. Auch schnappte eine derselben mit Erfolg nach einem noch lebenden armlangen Tschewitsche, den sie dann schleunigst im Maule davontrug und zerkaute. Man betrachtete dieses hier wie ein alltägliches Ereigniss, stellte aber nun einen Wächter bei den Fischen, um sie gegen das übrige Rindvieh zu schützen.

Das Kochsalz, von dem jedes Fischfleisch eine beträchtliche Menge enthält, und welches den hiesigen Rindern kaum anderweitig zukömmt, dürfte etwa dieses seltsame Gelüste veranlassen*). Hier werden übrigens die Pferde und die Kühe auch den Winter über reichlich gefüttert, und mehrere Männer waren eben jetzt, auf einer unterhalb der Wohnungen gelegenen Wiese am rechten Flussufer, mit der Heumath beschäftigt, welche sie für die beschwerlichste ihrer Arbeiten erklärten. Bei so sorgfältiger Behandlung hätte sich der Kamtschatische Viehstand auch sicher schon bei weitem stärker vermehrt, wenn er nicht bisweilen, wie in den Sibirischen Steppen (I. 2. S. 16.), durch Seuchen litte. So hatte man vor vier oder fünf Jahren in Jelowka und in Sedanka die meisten Pferde an einer Krankheit verloren, welche die Hiesigen wahrscheinlich nach Russischen Autoritäten „einem süfsen klebrigen Thau" (dem Mehlthau oder den Blattläusen?) zuschrieben, der damals auf den Gräsern und an den Kräutern bemerkt wurde. — Bei einer Bevölkerung von etwa 60 Personen schien man daher auch in Jelowka noch nicht an Schlachtvieh zu denken, sondern begnügte sich von den 8 Kühen die man jetzt eben besafs, mit der Milch und der Butter, die in manchen Anwendungen, anfing mit dem Robbenfett zu wetteifern.

Bei weitem die wesentlichste Nahrung lieferten dagegen hier, wie überall auf der Halbinsel, die Zugfische (Lachsarten), die alljährlich in ungeheurer Zahl und mit bewunderswürdiger Regelmäfsigkeit aus dem Meere stromaufwärts steigen, und zwar schon hierher mehr als 30 Meilen weit von der Mündung der Kam-

*) Doch findet man dafür auch sonst noch einen Vergleichungspunkt an den Kamtschatischen Pferden, welche sich leicht daran gewöhnen sollen, rohes Bärenfleisch zu fressen (unten Sept. 23.).

tschatka, in welche sich die Jelowka ergiefst. Die Sapori oder der Sperrdamm, der hier dicht oberhalb der Wohnungen angelegt wird, ist eine senkrechte Wand, die queer über den Fluss und von dessen Boden bis zu zwei oder drei Fufs über dem jetzigen Wasserspiegel, reicht und aus einem durch Pfähle zusammengehaltenen mehrfachen Weidengeflechte besteht. An anderen Stellen bildet aber der obere Theil derselben eigenthümliche Ausbiegungen oder Fangräume, mit einem schmalen, stromabwärts gekehrten, Zugange, in denen die aufsteigenden Fische sich haufenweise sammeln und aus welchen sie dann endlich in die vorgelegten 10 Fufs langen Fischkörbe oder Reusen (mordui der Russen) einzutreten gezwungen sind. Der Grundriss von jedem dieser Räume besteht namentlich aus einem gleichseitigen Dreieck, welches gänzlich, und zwar mit seiner Spitze am weitesten, oberhalb oder stromaufwärts von der Hauptwand liegt — und in einem stromabwärts von derselben befindlichen Rechteck, vor dessen unterste und offene kleine Seite der Fischkorb gelegt wird, während die mit ihr parallele und ebenfalls offene Seite mit einem Theil von der Basis jenes Dreiecks zusammenfällt. Der übrige weit schmalere Theil der Basis des Dreieckes ist frei, und enthält somit den einzigen, nach innen trichterförmig verengerten, Zugang in den Fangraum. Ich muss noch bemerken, dafs auch alle die Wandungen deren Grundriss so eben beschrieben wurde, eben so hoch wie die Hauptwand über dem Flussspiegel hervorragen, und dafs sie auch noch, in der zunächst an den Fischkörben gelegenen rechteckigen Hälfte, mit einem Deckel von Flechtwerk versehen sind. Die Fische treten demnach, indem sie immer stromaufwärts streben, in die keilförmig zugeschärfte (dreieckige) Hälfte des Fangraumes, und entschliefsen sich, erst wenn sie an dessen Wänden vergebens durchzudringen und auch mit hohen Sprüngen über sie zu entkommen versucht haben, einmal mit dem Strome in die breitere rechteckige Unterhälfte dieses Raumes zu gehen. In dieser sieht man sie dann sich einander drängen und wieder gegen deren Deckel gewaltsam anspringen; bis dafs sie sich endlich in die Körbe spülen lassen, welche auf diese Weise und meist zweimal in einem Tage, mit lebender Beute vollgepfropft werden. — Auch hier sind übrigens diese Körbe selbst, ganz eben so beschaffen und gestaltet, wie die unter demselben Russischen Namen (mordui) sowohl bei den Ostjaken am Obi (I. 1. S. 576. 625. 641. u. a.) als auch bei Irkuzk in der Angara (I. 2. S. 96.) gebräuchlichen.

Von den verschiedenen Lachsarten welche auf diese Weise gefangen werden, vollzieht eine jede ihre Wanderung in bestimmtester Jahreszeit, und zwar so, dafs nur selten zwei von ihnen zugleich in beträchtlicher Menge schwimmen. Auch sind die zuletzt und vereinzelt ankommenden Individuen einer jeden Species auffallend abgemattet und dem Absterben nahe. Sie werden deshalb meistens für die Hunde getrocknet. — In Jelowka zählt man namentlich vier Arten, die in folgender Ordnung ziehen: zuerst die von den hiesigen Russen sogenannte Krasnaja ruiba d. i. der rothe Fisch oder der Ksiwuisch der Kamtschadalen, dann der Tschewitsche, der gröfste und geachteste von allen; hierauf der Chaiko und zuletzt, bis im spätesten Herbst und bis zum Abbruch der Saporen: der Kisutsch. Es sind die von Pallas unter den Namen Salmo Lycaodon, Salmo orientalis, Salmo lagocephalus und Salmo sanguinolentus beschriebenen Arten, von denen der erstere schon im Mai und Juni in die oberen Hälften der Flüsse aufsteigt. Während des Laichens krümmen sich seine Kinnladen so stark gegen einander, dafs er aufhören muss zu fressen und daher, wie fast alle aufsteigenden Lachse, im Flusswasser stirbt. Sowohl diesen als auch den Chaiko (Salmo lagocephalus) hatte ich schon bei den Tungusen unter den Namen Nerka und Keta getrocknet, und auf den Geröllufern der Ochota in ungeheuren Haufen verendet gesehen. — Jetzt bildete hier der Chaiko (S. lagocephalus) bei weitem die Hauptmasse der Ziehenden, doch wurden auch noch mehrere Tschewitschen (S. orientalis) gefangen, die man schon in den Fangräumen durch die Höhe und Gewaltsamkeit ihrer Sprünge erkannte. — Das fast räthselhafte Vorkommen einer immer gleichen Menge dieser Fische an allen Punkten eines Stromes, der bei jeder Kamtschatischen Ortschaft eben so dicht versperrt wird wie hier, wussten auch die Jelowkaer nicht näher zu erklären. Sie vermutheten nur, dafs wohl zwischen den Fallen oder Fangräumen eine gröfsere Zahl von Fischen entkommen möchten, indem sie die Wand überspringen oder wohl dennoch auch in dem Flechtwerke derselben kleinere Lücken fänden. An eine Verwechslung von Fischen die etwa in den Flüssen verblieben, mit stromaufwärts schwimmenden derselben Gattung, ist aber hier in keinem Falle zu denken, da die ganze Fangart nur eben auf jene aufsteigende Bewegung eingerichtet ist und nur durch diese gelingen kann. Auch erwiederten die Jelowkaer, als ich sie fragte ob man hier wohl auch im Winter Fische bemerke, dafs nur der Kisutsch (S. sanguinolentus) noch im November ziehe, wenn das Eis auf der Jelowka anfange zu stehen, und die Sapore schon abgebrochen seien. Er begebe sich dann in die Quellen und in die obersten eisfreien Zuflüsse, und sei in diesen selbst mitten im Winter zu finden. Von den übrigen Arten sind aber dann die ausgewachsenen Fische sämmtlich gestorben, und nur die junge Brut zieht unbemerkt zum Meere zurück. — Fast alle Frauen von Jelowka waren gegen Abend, als man die gefüllten Fischkörbe auf Batten ans Ufer brachte, mit der Zurichtung des eigentlichen Jukola, den sie sogleich in der unteren Hälfte der Balagane aufhingen, und mit der Aufbewahrung der Köpfe und anderer Abgänge in den Gährungsgruben (S. 214.) beschäftigt. Für die Winternahrung der Hunde wurde dabei reichlich gesorgt. Jetzt fütterte man aber keinen derselben, obgleich sie sich hier weit häufiger als die Sedankaer bei den Wohnungen sehen lassen, weil die Geröllbänke an beiden Ufern, selbst noch so spät im Sommer, mit unzähligen Resten von dem vorjährigen Fischsterben bedeckt sind. Auch sollen manche Hunde die fast senkrechten Leitern an den Balaganen dennoch benutzen, um fertigen Jukola zu stehlen. Diese werden aber sogleich als unheilbar betrachtet und nachsichtlos getödtet. Die Kragen und Besätze aus Hundsfell an vielen der hiesigen Kukljanken, beweisen dafs dergleichen Hinrichtungen häufig vorkommen.

Fast eben so wichtig wie die Fischzüge sind, für den Haushalt der Kamtschadalen, die Wanderungen der Sammelmäuse (muischi d. h. Mäuse der Kamtschatischen Russen; Tegultschitsch der Jelowkaer), welche an noch seltsamere Gesetze wie die der Lachse gebunden zu sein scheinen. Die Tojonin schenkte mir heute, für die bevorstehende Reise, einen grofsen Vorrath von Lilienknollen (von der Fritillaria sarana), die auf Fäden gezogen, und wie gewöhnlich in den Bauen jener hilfreichen

Thiere gesammelt waren, und man erzählte dabei mit Ehrfurcht und Bewunderung etwa Folgendes von deren Beschaffenheit und Sitten. Sie seien nur gegen 6 Zoll lang*) und bauen sich einen Wohnraum für den Winter, dessen obere Decke kaum einen Zoll dick stehen bleibt, nachdem sie ihn aufs sorgsamste mit Gräsern gefuttert haben. Rings um denselben finde man aber ausserdem 5 bis 6 Vorrathskammern, vollgepfropft mit den verschiedenen *Sa*rani und mit Polygonumwurzeln, zu denen nur am Pallauer Ufer noch die Kemtschiga (Zwiebeln von Polyg. viviparum? S. 198.) komme. Alle seien bewundernswürdig rein und trocken gehalten, nach ihren Arten gesondert und nur mit einigen giftigen und berauschenden Wurzeln (von Aconitum Camtschaticum) absichtlich gemengt. Zur Auffindung dieser Schätze, welche den Sommer über von ihren Besitzern durchaus unberührt bleiben, bedienen sich die Jelowkaer eines Stabes mit eiserner Spitze**), mit dem sie auf geeigneten Ebenen so lange in den Boden schlagen, bis sie ihn einmal mit aufgespiefsten Knollen hervorziehen. Diese mühsame Arbeit belohne sich aber genugsam, denn der Inhalt von drei solchen Bauen sei, wenn man ihn in einem Sacke auf den Schultern trage, eine vollständige Mannslast***).

Diese fleifsigen Thiere, die man mit Recht die Bauern der Kamtschatischen Grundbesitzer genannt hat†), zeigen sich

---

*) Nach der Gröfse eines platten und etwa 1½ Zoll breiten Steines, der einem solchen Tegultschitsch gleichen sollte.

**) Er ist, wie ich später gesehen habe, einfach gekrümmt, und durch eine Schnur, welche die beiden ungleichen Zweige desselben verbindet, in dieser Lage gehalten. Die längere Hälfte dieses Stabes wird in der Hand gehalten, während man die mit einer messerähnlichen Spitze versehene kürzere wie einen Haken gebraucht.

***) Jeder einzelne Bau muss demnach mindestens ⅗ Scheffel oder 1,1 Par. Kubikf. an Knollen enthalten.

†) Sie sind von Pallas, zusammen mit dem Norwegischen Lemming (Myodes Lemmus, Pall.) und mit mehreren anderen Arten, zu seiner Gattung Myodes gezählt, und Myod. oeconomus genannt worden — indem er als wesentlichen Charakter dieser Gattung nur anführte: dafs sie, noch mehr als die ihr verwandten Nager, von den verschiedensten Pflanzenstoffen lebe und, wegen vollkommenster Wehrlosigkeit, überall den kleinen Raubthieren eine reichliche Nahrung biete. Nur als eine solche, die zugleich in jedem Klima gedeihe, schiene das Genus Myodes von der Natur geschaffen (!) (Fauna Rosso-Asiatica I. S. 173.). Von

hier nur periodisch, und namentlich nach je zwei Jahren. So rechnete man im nächsten Spätherbste auf ihre Ankunft, weil das vorige Jahr und auch dieser Sommer ohne Mäuse gewesen sei. Es sei nicht ausgemacht von woher sie auf die Halbinsel kommen, aber gewiss, dafs sie dann von dem Meere gegen das Innere derselben ziehen, und zwar in Schaaren und eben so geradlinig und unaufhaltsam wie die Rennthiere (l. 2. S. 257.), indem sie wie diese über die Flüsse schwimmen, trotz der Lachse die ihnen eifrigst nachstellen und die auch viele von ihnen verschlingen. Der Tojon sagte mir namentlich dafs man in Jelowka auf die Ankunft der Mäuse rechnen dürfe, sobald es heisse dafs sie sich an der Küste, bei Nijne Kamtschatka oder bei Uka gezeigt haben. Es ist schwer zu entscheiden, ob man hiernach mit den Kamtschadalen anzunehmen habe, dafs jene merkwürdigen Thiere, eben so wie sie selbst, von Zeit zu Zeit weite Jagdreisen machen oder auf den promuisl ausziehen (l. 1. S. 466. 522.) und dafs sie zu diesem Ende in Muschelschalen (!) über das Weltmeer rudern. — Pallas scheint, wohl mit Recht, an eine so unerhörte Schifffahrt nicht geglaubt zu haben. Er sagt aber trotz dem, dafs die Tegultschitsch nicht blos über die Flüsse, sondern auch über das Meer ziehen. (Myodes oeconomus trans amnes et ipsum mare intrepide migratorius. Fauna Rosso Asiatiaca I. pag. 174.).

Ihr Uebersetzen über die Flüsse behaupten nun die Kamtschadalen allerdings gesehen zu haben. Doch zeigen sich diese keinesweges amphibischen Mäuse schon von dergleichen kürzerem Aufenthalt im Wasser so erschöpft, dafs sie alle nach demselben wie todt am Ufer liegen bleiben, bis sie sich erholt und ge-

---

Lacepede und Cuvier sind dagegen die Kamtschatischen Tegultschitsch oder Sammelmäuse zu ihrem Genus Arvicola gezählt und als Arvicola oeconomus, Desm. beschrieben worden — während sie den Lemming als eigene Gattung Hypudaeus bestehen lassen. Der Tegultschitsch (Myod. oeconomus, Pall.; Arvic. oeconom., Desm.) ist braun und auf dem Bauche weisslich behaart, hat sehr kurze unter dem weichen Pelze versteckte Ohren und einen ebenfalls braunen Schwanz, der 1½ Zoll oder ¼ der Leibeslänge misst. Seine Vorderfüfse sind vierzehig mit kurzen Nägeln, und seine Backzähne (die in beiden Kinnladen zu dreien auf jeder Seite stehen) haben eine ebene Krone mit eckigen Schmelzlagen.

trocknet haben. Es scheint mir eben deshalb so gut als unmöglich dafs irgend welche von ihnen, 40 bis 120 Meilen weit, über das Ochozker Meer oder wohl gar über den Grofsen Ocean nach den Aleutischen Inseln schwimmen, und dadurch das eben so periodische Vorkommen dieser Mäuseart auf Unalaschka und im nördlichen Sibirien, vom Ochozker Meer bis an den Obi, erklärlicher machen sollten! Bei ihren Verschwindungen und Wiederkehren bleibt vielmehr auch hier noch eben so viel Räthselhaftes wie bei denen der Lemminge in den Gebirgen und an den Küsten von Skandinavien*).

Ich versuchte auch an diesem Tage zum ersten Male ein pflanzliches Nahrungsmittel aller Kamtschadalen, an dem ich in den folgenden Tagen neben anderen Vorzügen noch die seltsame Leichtigkeit des Transportes und die Anwendbarkeit ohne jede Vorbereitung schätzen lernte. Ich meine ein Filz-ähnliches Gewebe aus den Stengeln des sogenannten Kiprei (Epilob. angustifolium). Diese werden zu mehreren über einander und in Lagen von 2 bis 3 Zoll Breite gequetscht und geschlagen, so dafs das süfse Mark welches sie enthalten, den grünen Bast und die Stücke ihrer holzigen Rinde durchdringt, und dann mit ihnen zusammen sehr feste dunkelgrüne und wohlschmeckende Rieme von der angegebenen Breite und von 4 bis 6 Fufs Länge bildet. Man isst diese roh, aber immer mit Butter oder mit Seehundsfett bestrichen, auch fand ich sie nun mit diesem Zusatz eben so annehmlich als leicht verdaulich und nahrhaft.

Durch das Beispiel der Russen (von der Südspitze von Kam-

*) Selbst nach der vortrefflichen Kritik aller früheren Beobachtungen über dieselben, und der Hinzufügung von neuen und eigenen durch die Herren Martins und Bravais. Vergl. Observations sur les migrations et les moeurs des Lemmings par Ch. Martins in der Revue zoologique par la Société Cuviérienne, Juillet 1840. — Die specifische Verschiedenheit der Lemmings und der Tegultschitsch geht namentlich auch aus dem Umstande hervor, dafs die ersteren durchaus keine Wintervorräthe sammeln. Sodann wird durch jene Arbeit die Annahme von Olaus Magnus, von Leemius und von O. Wormius, welche die Lemminge periodisch vom Himmel regnen liefs, zwar gründlich widerlegt, zugleich aber bestätigt, dafs oft Boote mitten im Meere von vielen Lemmingen erstiegen worden seien, ohne dafs man erführe, wie weit und wohin dieselben damals schwammen?

tschatka) waren die Jelowkaer in diesem Jahre zu einem landwirthschaftlichen Versuche veranlafst worden, denn sie hatten auf einem Beete zwischen den Wohnungen einige Kartoffeln gesetzt. Die Pflanzen schienen aber, wohl durch falsche Behandlung, sehr verkümmert und waren auch auf einem Theile des Beetes durch weit sorgfältiger kultivirte Fliegenschwämme ersetzt worden. Diese gehörten der Frau des Tojon, die sie im Frühjahr aus dem Walde jung verpflanzt hatte und mir nun, mit besonderer Genugthuung, die Gröfse ihres scharlachrothen Hutes und die zahlreichen weissen Flecke auf demselben zeigte, die als Zeichen einer kräftigen Wirkung desselben gelten. Sie sprach mit freimüthigstem Enthusiasmus von ihrer Liebe für dieses Rauschmittel, auch bemerkte ich an ihr ein gläsernes Ansehen der Augen und kupfrige Röthe der Backen, die von zu häufigem Gebrauche desselben herrühren dürften, obgleich ich sie bei vielen anderen Pilz-essern, die ich später gesehen habe, nicht bemerkte.

XVIII. Abschnitt.

Reise zu dem Vulkan Schiwélutsch und Besteigung desselben.

[August 30.]

Der prachtvolle Berg der ringsum über niedrige Ebenen hervorragt, und von hier (nur vier Meilen entfernt) so genau in der Verlängerung des nächsten Flussbettes liegt dafs man dieses wie eine bequeme Strafse bis zu seinem Fufse ausgedehnt glaubt*), hat auch die Aufmerksamkeit der Kamtschadalen in verdientem Maafse erregt. Seitdem er seine vermeintlichen Wanderungen durch die Halbinsel vollendet hat, zählen sie ihn einstimmig zu den Feuerbergen. Seine Thätigkeit soll er indessen nur bisweilen „durch Rauchen an gewissen Stellen seiner Kämme" geäussert haben. Sowohl der Tojon (der jetzt 57 Jahre alt war) erinnerte sich dergleichen Rauch aus dem Schiwélutsch gesehen zu haben, als auch ein bejahrter Mann Namens Petrówitsch,

*) Vergl. unten Sept. 5.

welcher sich endlich, und nach vielem Bedenken, entschlofs, mich mit noch einem jüngeren Jelowkaer bei der Untersuchung ihres eben so gefürchteten als bewunderten Berges zu führen und zu unterstützen. Er versicherte dafs er ihn zuletzt vor etwa 20 Jahren besucht habe, um wilde Schafe (dikie baráni; Ovis Argali I. 2. S. 300. u. f.) zu schiefsen. So bestätigte sich also die Angabe von Krascheninikow, der den Schiwelutsch nur aus der Ferne gesehen, aber ebenfalls das sogenannte Rauchen, welches sich nur periodisch wiederhole, für die einzige noch dauernde Aeusserung einer Glühhitze in seinem Innern erklärt hatte*)

Ich hatte nun die Höhe von Jelowka und mithin auch die der bewaldeten Ebene in O. und SO., über welche sich der Schiwélutsch mit so wunderbarer Steilheit erhebt, zu nur 462 Par. Fufs über dem Meere gefunden — und auch, durch die Messung von Azimuten und Zenitdistanzen, die Bestimmung der Lage und Höhe des Berges angefangen.

Er zeigt sich von hier, wie von der Stolbowaja Tundra (S. 241.), als eine zweigipflige Masse, von welcher die linke (nordöstliche) Spitze am höchsten (um 5° 7′ über dem Horizont) hervorragt, und nach links mit glattem und gleichmäfsig geneigtem Abhange äusserst schnell bis zur Ebene abfällt. Zur rechten derselben folgt aber eine sanfter gebogene Senkung — (bis zu etwa 4° 48′ über dem Horizont und von 1° 16′ Breite) — und dann der flachere südwestliche Gipfel (von 4° 58′ Höhenwinkel), von welchem sich die übrige Bergmasse zuerst kaum weniger steil als die linke Kuppe, darauf aber weit langsamer senkt. In die umgebende Ebene scheint sich die rechte Hälfte des Berges erst in viermal gröfserem Abstande als die linke zu verlaufen. Glänzender Schnee bedeckte nicht blos beide Kuppen und die Senkung zwischen ihnen, sondern schien auch fast ununterbrochen auf einem tief unter sie reichenden Gürtel des nach Jelowka gekehrten NW-abhanges.

*) Wahrscheinlich äussert sich einige Thätigkeit am Schiwelutsch nur während der Ruhe des benachbarten Kliutschewsker Vulkanes. So war der erstere unthätig, sowohl von 1735 bis 1740, während der Kliutschewsker Berg starke Gipfelauswürfe zeigte, als auch jetzt (1829) während eines der grofsartigsten Lavenausbrüche desselben Vulkanes. Bald nach der Mitte dieser Periode und namentlich zwischen 1790 und 1810 ist aber der Schiwelutsch jedenfalls thätig gewesen.

Wir hatten hier wieder in den Morgenstunden mit schwachem Westwinde sehr warme und trockene Luft*), und die Haufenwolken die anfangs vereinzelt und nur in der halben Höhe des Schiwelutsch, gegen ihn anzogen, erhoben sich gegen Mittag bis zu seinem äussersten Gipfel. Nur dieser war nun von ihnen eingehüllt und alle übrigen Abhänge wieder vollständig sichtbar. Dann schien es aber als verdichte sich diese Wolkenschicht von dem Schneefelde aus, auf dem sie nun ruhte, auch an der Windseite und bis Jelowka. Sie hatte sich über uns gänzlich geschlossen und drohete mit Regen, als wir um 3 Uhr Nachmittags nach dem ersehnten Gebirge von dem sie uns zukam auszogen.

Den drei Reitpferden die man für uns eingefangen hatte, folgten diesmal nur zwei noch saugende Hengste, die weder gezäumt noch zum Tragen benutzt wurden. Auch führte Jeder von uns nur leichtes Gepäck auf dem Sattel, da ich, ausser den nöthigsten Instrumenten**), meine sämmtlichen Besitzthümer in Jelowka zurückliefs***).

---

*) Sie enthielt:

um 11^u 0′ V.M. bei 14°,6 Temp. nur 0,7169

um 0^u 41′ N.M. bei 14°,8 Temp. nur 0,6962

von dem zur Sättigung nöthigen Wasserdampf.

**) Ich hatte namentlich zu den Ortsbestimmungen und Aufnahmen, die ich in der Nähe des Schiwelutsch auszuführen hoffte, nur einen kleinen (Katerschen) Theodoliten, das Chronometer, dessen Stand zuletzt in Jelowka bestimmt war, und ein Barometer mitgenommen — auch fand sich diese Ausrüstung an den folgenden Tagen sehr genügend und für ähnliche Fälle äusserst empfehlenswerth.

***) Es war darunter ein kleiner Kasten der alles baare Geld welches ich noch besafs, und somit auch, da ich keinerlei Art von Wechsel oder Anweisungen gefunden hatte (I. 1. S. 99.), das einzige Mittel enthielt um dereinst nach Europa zurückzukehren. — Der Tojon, der die Wichtigkeit dieses Besitzes nach einigen Erklärungen vollständig einsah, versicherte dennoch, dafs er den fraglichen Kasten und einen anderen mit Thee, der hier zu den werthvollsten Dingen gehört, auf dem Fufsboden in dem weit offen stehenden Hause welches wir bewohnt hatten, lassen werde. So fand sich auch beides und zwar ganz unberührt, als wir zurück kamen. Auch fragten mich die Jelowkaer erst dann, und in Folge meiner früheren Zweifel nicht ohne einiges Selbstgefühl, ob es bei ihnen nicht eben so gut sei als bei den christlicheren Russen, die in ähnlichen Fällen wohl Schlösser hierher gebracht hätten! „Von einem Diebe „unter den Kamtschadalen habe man aber niemals gehört, weil ein „solcher im ganzen Lande verachtet und von Allen verstofsen sein würde!“

Wir ritten nun durch den Fluss und verliefsen sogleich dessen linkes Ufer, um durch den Wald einem schmalen Pfade gegen Osten einige Werst weit zu folgen. Er führt an die Osernaja, die mit der Uka zusammen an der Ostküste mündet. — Dann wandten wir uns ohne bezeichneten Weg gegen den Schiwelutsch, und verliefsen diese Richtung nur um einige moorige Waldblöfsen zu umgehen. Die Tannen (Pinus abies), die man nicht über 5 Werst weit von dem Flussthale findet, sind hier stark im Stamme aber niedrig und, wie meine Begleiter versicherten, von so ästigem und schwer zu bearbeitenden Holze, wie es ein langsames Wachsthum mit sich bringt; und doch stehen neben ihnen Lärchen von seltener Höhe und Schönheit. Sie bilden um die Jelowka eine viel breitere Zone als die Tannen, und waren auch noch vorherrschend an dem Rande der Waldung gegen eine wassergleiche Wiesenebene, an dem wir uns um 7u 30′ zum Nachtlager niederliefsen. In der Mitte dieser grünen Fläche liegt ein länglicher See von etwa 4 Werst im gröfsten Durchmesser, auf dem wir viele weisse Schwäne fanden. Sie hielten sich aber weit über Schussweite von den Ufern, während viele Gagaren (Cepphus septemtrionalis, Pall.) mit ihrem seltsamen Katzengeschrei, hoch über uns und über den Wipfeln der Lärchen, bald zu jenem Wasser wechselten, bald von ihm nach anderen Seen auf der Ebene, welche den Schiwélutsch umgiebt. Der vor uns gelegene gehörte jedoch nicht zu den eisfreien, welche die Sedankaer erwähnten (S. 211.), und auf meine Frage nach den Wintersitzen der hiesigen Schwäne, sagten meine Begleiter dafs diese „in dem Quellwasser seien d. h. höher am Berge auf den Bächen (?), in welche viele Quellen münden“ *).

Der westliche Himmel war bei Sonnenuntergang klar und schön geröthet, während über uns bei warmer Luft (12° um 7u Abends) und näher am Gebirge, noch dichte Wolken und leichte Regenschauer zogen. Ich fand die Richtung zu dem östlichen Gipfel des Schiwelutsch von hier aus genau so wie von Jelowka (137°,7 rechts vom wahren Norden). Wir waren daher nun wieder auf die Linie von unserem Ausgangspunkte zu jenen Theil des Gebirges gekommen, und jetzt von dessen höchstem Punkte etwa 2,7 und von

*) W'rjetschkach gdje buiwaet kliutschewaja woda.

Jelowka 1,8 Meilen entfernt. Die Höhe des Sees bei unserem Lagerplatze fand ich dennoch nur 588 Par. Fufs über dem Meere*) oder 126 Par. Fufs über Jelowka. So unmerklich ist hier der Einfluss einer der grofsartigsten Bergmassen auf das umgebende Terrain, selbst in einem Abstande, der kaum mehr als das 6fache ihrer Höhe beträgt!

An dem Feuer das wir unter herrlichen Lärchenstämmen anlegten, wurde heute ein Theekessel von seltsamer Gröfse gebraucht den die Jelowkaer mit sich genommen, und als einen „wahrhaft geselligen" (nastojaschtscho-artelnji) dem meinigen vorgezogen hatten. — Auch wachten wir um diesen bis tief in die Nacht und sie sprachen von ihren Hoffnungen auf die Felsenschafe am Schiwelutsch, von den Gefahren der dortigen Jagd und von der Unmöglichkeit die Gipfel ihrer Berge zu erreichen.

[August 31.]

Nach Mitternacht waren die Sterne über uns sichtbar geworden und um 5^{u} 30′ Morgens schwebten einzelne Wolken so hoch wie der äusserste Gipfel des Schiwelutsch (9898 Par. Fufs über dem Meere)*).

Wir verliefsen unser Nachtlager gegen 9 Uhr Morgens und fanden jenseits der erwähnten Wiesenebene den Charakter der Waldung gänzlich geändert. Anstatt der Lärchen und der Zirbeln (Pin. cembra) die bisher zwischen dem Unterholze vorkamen, findet man nun wieder hohe Birken und anfangs auch einzelne Pappeln, und zwischen diesen stämmigeren Bäumen dichtes Buschwerk von Elsen und gelagerten Ebereschen (Pyr. sambucifolia, Cham.) Der Boden auf dem man nun merklich zu steigen anfängt, bildet breite und sanft gebogene Hügelreihen oder Wellen, die, als Theile eines Gewölbes, aus dessen Mitte sich der Schiwelutsch erhebt, meist senkrecht gegen unsern Weg d. i. gegen NO. gerichtet und durch ebene und äusserst fruchtbare Grasplätze getrennt sind. Nach einigem Steigen auf diesem Terrain sah man in den Waldstreifen wieder die Berg-Else (A. incana) vorherrschen — aber nirgends war weder in diesen noch auf den Blöfsen zwischen ihnen eine Spur von steinigem Boden. Wir erreichten nach drei-

*) Vergl. II. 1. S. 392 u. f.

stündigem Ritte, und dennoch weit früher als ich nach diesen Umgebungen erwartet hatte, die Höhe von 1800 Par. Fufs über dem Meere oder von 1212 Par. Fufs über dem See bei unserem Nachtlager. Aber auch in dieser standen noch, auf einer sonnigen und ringsum von Laubholz umgebenen Grasflur: Epilobium angustifolium, Carduus oleraceus, Oxyria reniformis, Artemisia vulgaris, Cacalia hastata, Polemonium coeruleum, Cornus suecica, Allium ursinum und Heracleum dulce.

Der leichte Tritt unserer Pferde und weit mehr noch die Ruhe welche auf dieser reizenden Flur schon seit Jahren geherrscht hatte, verhalfen uns hier zu einem Jagd-Erfolge, den man in Europa zu den unerhörten zählen würde. Wir sahen eine herrliche Rennthierkuh mit einem diesjährigen Kalbe 30 Schritt vor uns in dem hohen Kraute gelagert, und erlegten sie, nicht etwa durch einen Schuss vom Sattel, sondern erst nachdem die Jelowkaer dicht hinter mir von ihren Pferden gestiegen und, nur etwa von dem Grase gedeckt, bis auf 20 Schritt angeschlichen waren. Sie knieten dann beide neben einander, indem sie die 3 Fufs langen Stutzbüchsen (wintówki) wie gewöhnlich auf ihre Gabeln stützten und sehr lange im Anschlag behielten. Der eine der Schüsse versagte, und so entkam das Kalb dem er bestimmt war — während das ungewöhnlich starke Mutterthier von einem Rehposten fast regungslos, und einmal wirklich im Feuer, verendete*). — Der Rücken und die Seiten dieses Thieres waren jetzt sehr schön mit kurzem, dunkelbraunen und glänzenden Sommerhaare bedeckt, während sich an dem Bauche noch das, jetzt weiss gewordene, Winterhaar in längeren krausen Flocken leicht ausziehen liefs. Auf dem Gehörne stand der graue seidenglänzende Flaum jetzt nur noch kurz und in unterbrochenen Streifen (I. 2. S. 340.). Während der Zurichtung und Zerlegung des Fleisches, welches wir nun als willkommenste Hülfe für die nächsten Tage auf unsere Pferde vertheilten, bemerkte ich auf der inneren Seite des Felles eine ausserordentliche Menge

*) Das Elenn im westlichen Sibirien bleibt dagegen, wegen seines weit stärkeren Felles, meist erst vom fünften Schusse aus denselben schwachen Büchsen. Vergl. Malgin, über das Wild und die Jagd in den Nord-Uralischen Wäldern, in Archiv für wissenschaftl. Kunde von Russland Bd. V. S. 504.

von kleinen, blutrothen und kaum merklich vertieften Flecken. Es waren diese dennoch die einzigen Spuren der vorjährigen Bremsenlöcher (I. 2. S. 403. 405 u. a.), über denen sich 8 Linien breite Lücken im Leder, in 3 Monaten, vollständig geschlossen und auch ohne Unterbrechung oder Unterschied der Färbung behaart hatten. — Von diesjährigen Stichen des Oestrus war dagegen, wohl nur ihrer Kleinheit wegen, noch nichts zu sehen, denn kaum dürften die Rennthiere unter den üppigen Kräutern dieser Gegend bis in so später Jahreszeit davon verschont bleiben. — Eine erstaunliche Menge von kleinen Fliegen, von der Grösse und dem Ansehen der Stubenfliege, waren hier auf eine unerwartete Weise umgekommen. Sie lagen todt und krampfhaft gekrümmt, theils in den Kelchen und auf den Doldenhüllen des Heracleum dulce, theils zu Hunderten auf jedem der breiten Blätter dieses Gewächses, auf welches sie, durch seine Blüthen vergiftet, gefallen waren. Jetzt hatte diese Pflanze ihre Samen schon angesetzt und der zuckerhaltige Saft in ihren übrigen Theilen schien nun den Insekten weniger lokkend und zugänglich. Seine giftigen Eigenschaften dürfte er aber auch in diesem Zustande der Entwickelung nicht verlieren, denn er bleibt fortwährend so ätzend, dafs sich die Kamtschadalinnen durch Handschuhe gegen ihn schützen müssen wenn sie die Oberhaut von den Stengeln des Heracleum abziehen, auf denen darauf ein essbarer Zucker auswittert (vergl. S. 217.)*).

*) Von den Kamtschatischen Kosaken ist bekanntlich auch Weingeist aus diesem Safte gewonnen worden (oben S. 183.). Sie bereiteten zu diesem Ende zuerst eine Häfe, indem sie die geschälten Stengel des Heracleum dulce mit Jimolostbeeren (Lonicera coerulea) vermengten, und, mit warmem Wasser übergossen, zu heftiger Gasentwickelung brachten. Dieses Produkt wurde sodann als Gährungsmittel für andere, blos mit Wasser angefeuchtete, Portionen derselben Stengel gebraucht, welche endlich, indem man sie, auf die auch in Sibirien zur Gewinnung des Milchbranntweins übliche Weise (I. 2. S. 278.), aus Kesseln destillirte, die mit hölzernen Deckeln und Röhren versehen wurden, einen Branntwein lieferten, der wohl seine ungewöhnlich berauschenden Kräfte neben seinem Alkoholgehalte auch einem anderen narkotischen Bestandtheile verdankte. Er soll namentlich, wenn man die Stengel, aus denen er gewonnen war, nicht vollständig geschält hatte, ein heftiges Magendrücken verursacht haben, und dann dáweschnoe wino d. i. drückender Wein genannt worden sein. Vergl. Opisanie semli Kamtschatki Tsch. II. Str. 199.

Ueber den Gesträuchen in S. und SO. lag nun wieder der Schiwelutsch mit noch prächtigeren Formen vor uns als wir bisher irgendwo gesehen hatten: als eine einzige Felsmasse, die ein Viertel des Horizontes bedeckte, indem uns ihr längster Abhang entgegenstand. Diesen aber sah man schon von hier tief zerrissen oder vielmehr faltig gestaltet, durch einspringende Winkel, die offenbar bis nahe an eine senkrechte Ebene durch seine Gipfellinie fortsetzen. Nur das Barometer liefs an der bewaldeten Stufe auf der wir standen, schon einige Höhe erkennen. Man würde sie sonst für eine continuirliche Fortsetzung der Niederungen von Jelowka gehalten haben; so durchaus unterscheidet sie sich, durch die Schwäche ihres durchschnittlichen Abhanges und durch die sanften Biegungen ihrer Oberfläche, von der Steilheit des eigentlichen und noch gänzlich vor uns liegenden Berges. Von diesem zeigte sich auch hier das linke oder nordöstliche Ende als das höchste, und wir sahen es nun gegen Norden bis völlig zum Fufse mit gleichmäfsiger und unersteiglicher Steilheit abfallen. Dieses Ende des Berges ist bis zur Hälfte seiner Höhe mit glänzendem Schnee bedeckt, und es trägt, wie man schon in Jelowka bemerkt, die zwei Gipfel des Ganzen — getrennt durch eine Senkung des Kammes, deren tiefste Punkte jedoch noch weit über der Schneegränze liegen. Eine kleinere Kuppe, die in dieser Senkung von etwas jenseits der Gipfellinie hervorragte, hätte ich wohl kaum besonders beachtet — doch versicherte mich der ältere meiner Begleiter (den die Jelowkaer in Folge seiner Jagdreisen für einen „Snatók“ d. i. einen wahrhaften Kenner des Gebirges erklärten), dafs er stets über dieser „den Rauch“ gesehen habe, durch welchen sich der Schiwelutsch als ein Feuerberg bewähre.

An der Richtigkeit dieser Beobachtung ist natürlich nicht zu zweifeln, denn eine Täuschung durch Wolken oder andere ausserhalb des Berges wirkende Umstände konnte bei den Jelowkaern nicht vorkommen, weil sie ächten vulkanischen Rauch*) über dem Gipfel des Kliutschewsker Vulkanes genugsam kennen. Jetzt war aber jene Kuppe ohne jede Unterbrechung mit glänzendem

*) Wasserdämpfe, die sich niederschlagen, und feinste Lavenspreu.

Schnee bedeckt, dessen regelmäfsige und flachgewölbte Oberfläche sogar auf ungewöhnliche Mächtigkeit schliefsen liefs.

Wir ritten darauf etwas rechts von der bisherigen Richtung, die auf den unersteiglichen Nordabhang des Gebirges geführt hätte, und fanden zunächst die Waldung, die nun ausschliefslich aus Berg-Elsen besteht, auf kaum merklich aufsteigendem Boden, eben so dicht verschlungen wie an den Abhängen der Baidarenberge (S. 222.) Der Weg durch dieselbe mufste schrittweise mit dem Beile gebahnt werden — auch hatten wir wohl kaum mehr als eine halbe Meile zurückgelegt, als wir nach zweistündiger Arbeit ins Freie hinaustraten.

Da standen wir dann auch endlich an dem eigentlichen Fufse des Schiwelutsch, auf einem Boden aus welchem dessen felsige Masse mit nackten, steilen und fast ganz glatt scheinenden Abhängen bis zum Gipfel emporsteigt. — Die Vorberge die wir nun überschritten hatten, sind nur mit der lockeren Erde zu vergleichen, mit der oft die flachliegenden Theile der Wurzeln eines Baumes bedeckt sind, während die vor uns liegenden Felsen sehr auffallend dem Austritt dieser Wurzeln entsprachen; denn in der That sieht man sie nun eben so wie diese, in convergirenden Streifen gegen die mittlere Hauptmasse verlaufen. Man durfte sogar dieses Gleichnifs für ein sehr angemessenes und fast vollständig bezeichnendes halten, wenn man an die hoch über der Erde convergirenden Wurzeln vieler Pandanusarten und mehr noch an die wandartig ausgefüllten Wurzelkämme einer Balanopteris von den Karolinischen Inseln dachte*), denn so wie diese, so verlaufen auch die ersten Felsen des Schiwelutsch als Kämme mit steil ansteigender Oberfläche, die bis zu ihrem tiefsten Fufse durch Schluchten getrennt sind, und sich erst weit über der Schneegränze zu Gipfeln vereinen.

Ein nur 30 Fufs hoher Abhang führte uns von dem Rande der Elsenwaldung abwärts in die Ebene, aus der sich die ersten Felsen völlig vegetationslos erheben, und an das rechte Ufer eines Baches, der auf ihr, mit mässigem Gefälle, in äusserst steinigem Bette gegen W. fliefst. Man sieht ihn, weiter gegen das Innere des Gebirges,

*) Vergl. Kittlitz Vegetations-Ansichten von Küstenländern und Inseln des stillen Oceans Taf. IV. pag. 23.

von SO. aus einer jener tief einschneidenden Schluchten hervortreten; hier durchsetzt er aber die Vorberge die wir nun verliefsen, nicht tiefer wie der eben genannte Abhang, und es zeigte sich an diesen Durchschnitten nur vieler Schutt vom Schiwelutsch, in dem weissen feldspathigen Thone, der überall auf Kamtschatka mit Bimsteinstücken zusammen, die diluvischen Anschwemmungen ausmacht. Denselben Schutt d. h. Trümmer eines mir eben so neuen als unerwarteten Gesteines, fand ich gleich darauf ganz frei von weicheren Massen, in dem Bette des Baches, wo er auch bald durch immer gröfsere Blöcke in den vorragenden Felsboden übergeht.

Am linken Ufer dieses Wassers reicht dagegen der höhere Trümmerboden etwas weiter gegen den Berg, und bildet eine Ebene, deren Süd- und Südost-Seite von einer hervorragenden und steil ansteigenden Felsrippe begränzt ist. Die Mitte dieser Ebene, auf der wir gegen 4 Uhr Halt machten, wurde von meinen Begleitern als Zeltplatz gewählt, bei dem auch unsere Pferde während der folgenden Tage verbleiben und zu welchem jeder von uns am Abend, nach den Gängen die er beabsichtigte, zurückkehren sollte. Auch war dieser Platz in der That zu diesem allen aufs beste geeignet, als der letzte auf dem ein ebener Boden noch ausreichendes Pferdefutter liefert, und von welchem dennoch eine ganze Hälfte des Gebirges in überraschendster Nähe und Deutlichkeit sichtbar ist. Einzelne Büsche von Berg-Elsen (alnus incana) in der Nähe unseres Zeltes gaben uns reichliches Brennholz — auch standen andere noch über uns, nicht auf den Felsen, sondern zur Seite derselben, gegen die Thäler die sie trennen, und so dafs wir dann meistens eine nackte steinige Strafse zwischen den grüneren Flächen hindurch, gegen den Berggipfel führen sahen.

Ich habe für den Punkt, den unser Polog oder Mückenzelt, selbst aus den gröfsten Höhen die wir erreichten, und fast ringsum bis auf 1 Meile kenntlich machte, die Höhe über dem Meere durch dreitägige barometrische Vergleichungen mit Tigilsk und mit Petropaulshafen zu 2310 Par. Fufs über dem Meere gefunden, und darauf, als auch seine Breite und sein Längenunterschied mit Jelowka durch Messung von Sonnenhöhen und durch Zeitübertragung ermittelt waren, ihn als Ausgangspunkt für eine Dreiecksverbindung benutzt, aus der sich die Lage und die Höhe der Hauptgipfel des Schiwelutsch ergeben haben. Als Basis zu dieser kleinen Triangulation diente der mit dem Barometer gemessene Höhenunterschied von 2625 Par. Fufs zwischen eben diesem Ausgangspunkte und einem zweiten weit näher an den Gipfeln des Berges gelegenen, an welchem ebenfalls Azimute und Höhenwinkel dieser Gipfel gemessen wurden (vergl. II. 1. S. 397, wo unser Zeltplatz mit A und der zuletzt erwähnte Punkt mit B bezeichnet ist).

Die Gestalt und den Zusammenhang der einzelnen Theile des Schiwelutsch beurtheilte man aber schon aus der Ansicht von diesem letzten unserer heutigen Standpunkte, völlig eben so wie später bei der Besteigung desselben, und bei der ferneren Reise, bei der ich ihn nach Richtungen gesehen habe die gegen die jetzige zu seinen Gipfeln völlig senkrecht lagen. Auch ist selbst der Kamtschatische Sprachgebrauch, der sich nur auf dergleichen Ansichten dieses Gebirges gründet, über dessen höchst merkwürdige und eigenthümliche Gestaltung völlig entschieden, denn eben so wie alle spitzen oder glockenförmigen Bergmassen auf der Halbinsel nie anders als Sopki oder Kuppen, und eine jede deren Gipfellinie wagerecht und lang ist, ein Chrebèt d. h. ein Rückgrat genannt werden, so spricht man auch am Schiwelutsch nur allein von den Grébni d. h. den Kämmen die ihn ausmachen. Er ist ein System von tafelförmigen Felsen, deren Grundrisse gegen die NO-seite des Berges convergiren, und deren obere, schmalere Queerschnitte von derselben Gegend steil abwärts geneigt sind. Ihre Seitenwände fallen senkrecht, und sind theils ganz frei sichtbar, theils, an ihrem Fufse, nur durch später angelagerte Trümmer ihres eigenen Gesteines verdeckt. Die zwei Gipfel des Berges erscheinen nur wie Anschwellungen des einen dieser tafelförmigen Kämme, und zwar des längsten von ihnen, indem sie beide auf dessen oberem Queerschnitte ruhen. Der höchste von ihnen ganz nahe an seinem äussersten, am weitesten zu unserer Linken gelegenen, Ende, der andere mit weit breiterem Scheitel um etwa 0,4 Meile (9540 Par. Fufs) von jenem, nach einer um 251° rechts von Norden gelegenen Richtung. Nahe an dieser Richtung streicht aber sodann die längste Felsentafel oder der Hauptkamm des Gebirges, zuletzt mit langsam abnehmender Höhe, noch 2,5 Meilen weit bis an den Chartschinsker See (unten Sept. 7.). Der nächste Punkt des Hauptkammes lag von unserem Zeltplatz 14800 Par. Fufs nach 155° rechts von Norden und die beiden Gipfel des Schiwelutsch 22880 und 17250 Par. Fufs nach 101°,94 und 124°,25 rechts von Norden. Zwei andere Kämme oder Tafeln, die zunächst bei diesem Platze anfangen, sind gegen einen zwischen diesen beiden Gipfeln gelegenen Punkt nach etwa 105° rechts von Norden gerichtet, und weit kürzer und steiler als der Hauptkamm, denn ihr Anschluss an die höheren Punkte desselben liegt nur etwa 0,6 und 0,8 Meilen von ihrem Ursprunge in der Ebene. Convergirend mit diesen letzteren Kämmen, laufen sodann gegen den höchsten nordöstlichsten Gipfel des Schiwelutsch noch mehrere Felstafeln, deren obere Queerschnitte ausserordentlich steil und wohl völlig unersteiglich sein dürften — während zu unserer Rechten und südlich von unserem Standpunkte, viele andere Seitenrippen zu etwas flacheren Theilen des Hauptkammes führen.

Alle Felsblöcke und Trümmer die ich schon heute in dem Bette des nahe gelegenen Baches und an seinen Ufern anschlug und untersuchte, bestanden zu gröfserem Theile aus Krystallen von fast glasartig glänzendem Natron-Feldspath oder Albit*) und von dunkelschwarzer ebenfalls stark glänzender Hornblende. Man sieht diese Krystalle bald wie in Porphyren in einer grauen oder röthlichen Hauptmasse liegen, bald wieder von dieser ganz frei, ein granitisch körniges Gemenge ausmachen. Auch einzelne Augitkörner fand ich, zusammen mit der Hornblende, die doch weit

*) Herr G. Rose hat zuerst bemerkt dafs der glasglänzende Feldspath in dem Gesteine des Schiwelutsch (von dem ich viele Stücke nach Berlin gebracht habe) nicht Kalifeldspath sondern Natronfeldspath ist, indem sich in der That auf den vollkommeneren Spaltungsflächen der Zwillingskrystalle die er bildet, sehr deutliche einspringende Winkel zeigen. Auch der zuerst sogenannte Andesit d. i. das Gestein von Riobamba und das von vielen vulkanischen Gipfeln der Anden, von dem ich Handstücke mit denen vom Schiwelutsch vollkommen ähnlich gefunden habe, enthält Natronfeldspath jedoch eben so auch der Diorit der überall, von 55° bis 68° Breite, den gröfsten Theil der Ural-Kette ausmacht. Vgl. I. 1. S. 700, 360, 375 u. a. G. Rose Reise nach dem Ural u. s. w. Bd. 2. S. 561 u. f. Archiv für wissenschaftl. Kunde von Russland Bd. 2. S. 731, 770.

überwiegend geblieben war, in der grauen Hauptmasse, welche sich gerade in diesen Abänderungen des Gesteines etwas poröse, und in den übrigen nur etwa von rauhem Bruche aber dicht und ganz ohne Blasenräume zeigte. — Von Laven oder geflossenen Massen fand ich heute trotz eifrigsten Suchens keine Spur, weder in dieser ziemlich vollständigen Sammlung von Bruchstücken des Schiwelutsch, noch auch an der Gestalt von irgend einer der gröfseren Felsmassen, so weit sie sich von hier aus, zwar alle aus einiger Ferne, gerade deswegen aber um so übersichtlicher, zeigten. Eben so entschieden fehlte aber auch hier jede Art von vulkanischen Schlacken und Aschen d. i. von der Lavenspreu oder den losen Auswürflingen der Kratere und Spalten, die man, kaum einige Tagereisen von hier, auf dem Kamtschatischen Mittelgebirge, in so erstaunlicher Menge findet. Es ist sogar sehr charakteristisch für die Thalsohlen und für die Schutthaufen an den Kämmen des Schiwelutsch, dafs sie durchaus keine feinere, abgerundete, oder gar erdig zerfallene Bruchstücke enthalten, denn das Gestein spaltet sich, wohl in Folge des Gefüges der Krystalle die in seiner spröden und glasharten Hauptmasse überwiegen, nur in scharfkantige Trümmer, die selbst durch das Rollen in den Flufsbetten niemals geglättet werden, wie der Euritporphyr von Ochozk (I. 2. S. 389. und oben S. 147.) und wie andere ihm verwandte Gesteine.

Ich verfolgte die kaum merklich ansteigende Sohle dieses Thales noch weiter aufwärts, wo seine Schuttwände aus senkrecht herabgefallenen Trümmern bestehen, und somit schon heute über die höchsten Felsmassen des Schiwelutsch einen unverhofften Aufschlufs gewährten. — Der alte Jelowkaer, der mich anfangs begleitete, unternahm unterdessen, noch kurz vor Sonnenuntergang, eine Jagd, von der ich kaum einigen Erfolg erwartete. Wir hatten, wohl noch eine Viertelmeile weit vor uns, auf den schroffsten Klippen des Kammes zu unserer Rechten, einige bewegliche Punkte gesehen, die er gleich anfangs für einen starken Trupp wilder Schafe erkannte. Auch zeigte es sich so, als wir uns unten an dem Bache jener Stelle etwas näherten, denn sie rückten nun zuerst weiter aufwärts und dann mit hohen Sätzen zur Seite und in die folgende Schlucht, in der sie verschwanden. Der Jäger hielt es dennoch für rathsam, ihnen bis dahin über den Ursprung und über die Schuttwälle des südlicheren Kammes nachzugehen, und er liefs sich dann auch, bei dem Feuer welches wir an unserem Zeltplatze anlegten, noch spät am Abend erwarten.

Dann kam er endlich mit leeren Händen, aber völlig befriedigt, weil er in der Zwischenzeit zweimal zum Schuss gekommen war. Die angeschossenen Schafe waren zwar wie gewöhnlich weiter gelaufen, doch hoffte er ihnen bei Tage, bis in die Schlupfwinkel in denen sie zu verenden pflegen, zu folgen.

[September 1.]

Nach ganz heiterer Nacht waren wir doch bei Sonnenaufgang mitten in nässendem Nebel, der sich bald auch an den Kämmen des Schiwelutsch hinaufzog und uns dann sogar seine Gipfel und die glänzende Schneezone unter denselben, verhüllte. Wir hofften jedoch auf günstigeres Wetter, und ich machte mich daher um 8 Uhr Morgens mit dem jüngeren Kamtschadalen an die Besteigung des Gebirges, während unserer andere Reisegefährte seine Jagd in den südlicheren Schluchten wieder aufnehmen wollte.

Wir gingen an dem erwähnten Bache gegen 500 Schritt aufwärts und dann auf einen der Kämme, der sich dort an dessen rechtem Ufer erhebt und welchen ich bis zu seinem, jedenfalls hoch über der Schneegränze gelegenen, Anschluss an den mittleren Kamm zu verfolgen hoffte. Der Fufs dieses Kammes ist verbreitet durch angelagerten Schutt, auf dem wir wieder die Berg-Else in vereinzelten Gebüschen fanden und zwischen diesen einen fruchtreichen Rasen aus Empetrum nigrum und Vaccinien, der bald mit einer eben so dichten Decke aus der kriechenden Weide (Salix arctica) und aus weit höheren Büschen von Rhododendron Chrysanthum wechselte. Diese letzteren und die kriechende Weide standen auch noch weit höher über uns, auf den seitlichen Abhängen und sogar in den Felsspalten der Oberfläche des Kammes, als wir (um 10^{u} 12′ V.M.) die obere Gränze der Berg-Else (Alnus incana) in nur 342 Par. F. über unserem Zeltplatz oder in 2652 Par. F. über dem Meere erreichten. Nahe oberhalb dieser Stelle ragt die felsige Mitte des Kammes mit senkrechten Seitenwänden aus den angelagerten Trümmern ihrer eigenen Masse hervor. Sie bildet eine von 60 bis 100 Fufs breite Strafse, die wir dann freilich hier wo wir sie betraten, bei weitem nicht so eben fanden, als sie von unten und aus der Ferne geschienen hatte. Das glänzende krystallinische Gestein erhebt sich vielmehr über sein mittleres Niveau in vielen massigen Blöcken und Stufen, die an die schroffsten Theile eines Granitgebirges erinnern. — Wir stiegen dennoch zwei Stunden lang ohne ernstere Hindernisse auf dieser schmalen Tafel, indem wir zu unserer Rechten über den angelagerten Schutt auf die Thalsohle hinab sahen, die nun schon 2000 Fufs tief und fast senkrecht unter uns lag, und dann auf die Felsen des Kammes, der sich bis ganz nahe an unsern Zeltplatz erstreckt, hier aber kaum flacher ansteigt als der den wir betraten. Zur Linken lagen die Kämme des NO-abhanges, die sich auch von hier vollkommen unersteiglich zeigen, so wie auch in ihren obersten Theilen durch nicht ganz so tiefe Schluchten wie die übrigen, getrennt. Es sind dort nur noch tafelförmige Auswüchse aus dem Mantel eines äusserst spitzen Kegels, dessen Scheitel mit dem Gipfel des Gebirges (9898 Par. F. über dem Meere) zusammenfällt.

Wir hörten in diesen Stunden fast fortwährend ein donnerähnliches Gepolter aus verschiedenen Entfernungen zu beiden Seiten unseres Weges und sahen es, wenn es am lautesten war, von Steinlawinen begleitet, die an dem rechts gelegenen Kamme hinabstürzten. Meistens mochten die Argali oder wilden Schafe den ersten Fall der abgewitterten Trümmer veranlassen, denn sie zeigten sich oft truppweise und stets in wildesten Sätzen an der Gränze jenes Felsengrates zu unserer Rechten mit dem steil von ihm abfallenden Schutte. — Es war aber jedenfalls anschaulich, dafs sich so, im Laufe der Jahrhunderte, und nur durch die stille Einwirkung der Atmosphäre, von den seitlichen Kämmen des Schiwelutsch noch beträchtliche Strecken vollständig unter ihren eigenen Trümmern begraben mufsten*).

*) Die zu diesem Erfolge nöthige Dauer der Verwitterung oder die Tiefe ihres Fortschrittes, ist abhängig von den ursprünglichen Dimensionen der Felsentafel und von dem Böschungswinkel unter welchem ihre Schuttgehänge zur Ruhe kommen, und es ist namentlich, wenn man mit x die Tiefe bezeichnet, bis zu der die Verwitterung fortschreiten mufs damit eine Stelle des Kammes unter ihren Trümmern verschwindet, und mit H

Um 0^u 15′ N. M. erreichten wir eine Höhe von 4374 Par. F. über dem Meere*) und fanden daselbst die mittlere Oberfläche des Kammes durch viele hohe und unersteigliche Felssäulen unterbrochen. Noch liefsen sich wohl mehrere derselben hart an dem rechten Abhange umgehen, ich unterliefs aber diesen Versuch bis zu einem günstigeren Tage, weil, während wir hier verweilten, auch noch ein Schneegestöber mit ziemlich heftigem NW-winde eintrat. Der bleibende Schnee lag aber in dieser Höhe nur fleckweise in beschatteten Klüften, während sich über uns, auf demselben Kamme und auf den benachbarten, die untere Gränze seines continuirlichen Vorkommens aufs deutlichste abschnitt. Auch fand ich hier zwischen gespaltenen Steinblöcken noch Gestrüppe der arktischen Weide**), und an den Rändern der Schneeflecke Saxifraga Mer-

---

und B deren ursprüngliche Höhe und halbe Breite, so wie mit v den Böschungswinkel der Schuttgehänge:

$$x = H + B\,\text{tg.}\,v - \sqrt{2\,H\,B\,\text{tg.}\,v + B^2\,\text{tg.}^2\,v.}$$

Der Winkel v schien für die eckigen Trümmer des Schiwelutsch kaum kleiner als 60°, und dagegen B an den Seitenkämmen kaum irgendwo gröfser als 100 Fufs, wonach denn an den einzelnen Stellen einer solchen Felsentafel die zu einander gehörigen ursprünglichen Höhen (H), die zur Verschwindung erforderlichen Fortschritte der Verwitterung (x) so wie die Höhen des endlichen Schuttkammes (H — x) sich folgen dermafsen ergeben:

H.	x.	H — x.
100	19	81
500	222	278
1000	560	440
2000	1323	677
3000	2040	960

Ein steil ansteigender Felsenkamm mit ebener Oberfläche würde also endlich in einen weit flacher steigenden Schuttkamm mit convexer Oberfläche übergehen. Vollständige Bedeckungen der Felsentafel schienen aber doch jetzt schon an Stellen vorzukommen, an denen die Schuttgehänge 500 Fufs hoch waren und über welchen daher bereits eine mehr als eben so hohe Masse durch Verwitterung verschwunden war.

*) 2064 Par. F. über unserem Zeltplatz. Vergl. die Barometerablesungen an diesem letzteren Punkte und die auf dem Schiwelutsch, so wie die gleichzeitigen in Tigilsk und in Petropaulshafen (II. 1. S. 393.).

**) Sie scheinen einer Varietät von Salix arctica, Pall. anzugehören, die sich durch glatte Samenkapseln und durch einige andere Charaktere vor der an niedrigeren Standorten und namentlich auf dem Mittelgebirge (S. 228.) vorkommenden auszeichnet. Vergl. Naturhist. Atlas S. 57.

kii und S. nitida und eine der Parrya ähnliche neue Crucifere*) — deren reife Samenschoten jetzt eben in auffallend langen Büscheln über dem Rasen hervorragten, den ihre zierlichen und dicht gedrängten Wurzelblätter bildeten.

Die Masse des Schiwelutsch hatte sich auch auf diesem Wege als ein äusserst homogenes Ganze gezeigt, und doch lagen nun von den verschiedensten Punkten einer mehr als 6000 Fufs langen Felskette so viele Probestücke vor uns, als zwei Männer zu tragen vermochten. Ohne Ausnahme sieht man schneeweisse Zwillingskrystalle von Albit und schwarze Hornblend-Krystalle in einer Grundmasse, deren chemische Beschaffenheit kaum merkliche Unterschiede zeigen dürfte, und in welcher sie auch überall gegen einander ein nahe gleiches Verhältniss behaupten. Der Albit scheint seinem Gesammtumfange nach, ein wenig über die Hornblende zu überwiegen, obgleich seine Krystalle meist nur 1 Linie, die der Hornblende aber gewöhnlich doppelt so lang sind. Weit gröfsere und bis zu 9 Linien lange und 3 Linien breite Hornblendesäulen, fand ich nicht selten in einem der höchsten Felsen, doch fehlten dann auch zunächst an diesen gröfseren Ausscheidungen, die gewöhnlichen kleineren Krystalle dieses Fossiles zwischen dem Albite, dessen Gröfse auch dort unverändert geblieben war. — Die Grundmasse des Gesteines zeigt nun überall auf diesem Kamme oder doch mit nur einer Ausnahme, ein auf dem Bruche rauhes Gefüge, welches nur bisweilen von einzelnen kleinen und unregelmäfsig vertheilten Hölungen unterbrochen ist, und sodann an verschiedenen Stellen einen aufs bestimmteste beschränkten Unterschied in der Farbe. Sie ist entweder aschgrau oder lichte bräunlich roth, und zwar so dafs an den Felsen welche diese beiden Farben zeigen, beide ohne Uebergang an einander abschneiden. In den rothen und in den grauen Abänderungen der Grundmasse sind an solchen Stellen die Gröfse und das gegenseitige Verhältnifs der Krystalle durchaus dieselben, aber auf die Lage der eingeschlossenen Fossilien scheinen selbst dergleichen untergeordnete Unterbrechungen der Homogenität des Gesteines gewirkt zu haben. Die Axen der Krystalle liegen zu beiden Seiten von sol-

*) A. a. O. S. 63, S. 62. und Taf. XVII.

chen Farbengränzen sowohl unter sich als auch mit diesen Gränzen auffallend parallel, während sie sich an allen anderen Stellen nach den verschiedensten Richtungen und oft rechtwinklich kreuzen.

Die graue Grundmasse dieses Gesteines unterscheidet sich übrigens noch von der rothen durch weit häufigeres Vorkommen, und durch Hinneigung zu einem dichten oder vielmehr äusserst feinkörnigen Gefüge. Ich habe ganz rothe Felsen nur in den obersten Theilen des Kammes gefunden, und nur in diesen zeigten sich auch die Ausscheidungen von auffallend grofsen Hornblende-Krystallen und die gleichzeitig mit dieser entstandene stärkere Porosität des Gesteines. Die feinsten zackigen Theile der rothen Masse — die sich, einzeln gesehen, fast wie Marekanitfels glasartig und durchscheinend zeigen — scheinen dort um jeden gröfsern Krystall wie zurückgestofsen oder geschwunden, und eben dadurch sind zwischen ihnen die meisten der kleineren Hölungen mit rauhen Oberflächen geblieben. — In der unteren Hälfte des Kammes, welche ausschliefslich aus dem grauen Gesteine besteht, finden sich dagegen sehr häufig Parthieen, in denen die Grundmasse dem blofsen Auge vollkommen dicht erscheint und dann auch, stets nahe bei diesen, ein so entschiedenes Ueberwiegen der Krystalle über das umgebende Mittel, dafs das Ganze fast zu einem grobkörnigen Gemenge von Albit und Hornblende wird, in welchem doch wieder das gegenseitige Verhältnifs dieser Fossilien ungeändert bleibt. Ja man kann sich sogar bei diesen Felsen kaum der Ansicht erwehren, dafs der Andesit des Schiwelutsch überhaupt, nicht für einen Porphyr, sondern für ein durchweg körniges Gestein zu erklären sei. Die mikroskopische Ansicht zeigt nämlich oft, dafs auch das was man für eine dichte Grundmasse zwischen den Krystallen von normaler Gröfse gehalten hatte, doch nichts anderes ist als ein Gemenge aus ungleich feineren schwarzen und schneeweissen Körnern.

Eine weit auffallendere Veränderung in dem Ansehen der Grundmasse fand ich nur an einer, 4000 Fufs hoch gelegenen, Stelle, an der man ihrer Lage nach wohl an einen Uebergang des grauen Gesteines in das an den höheren Punkten vorherrschende röthere denken durfte. Man sieht dort eine vorragende Felsstufe, die wie das Ausgehende eines Nestes oder einer schmalen gangartigen Einschaltung erscheint, so dicht, so schwarz und von so auffallendem Glanze, dafs ich sie anfangs für eine unerwartet grofse Ausscheidung von Hornblende hielt. Auf dem frischen Bruche zeigten sich aber die kleinen Krystalle dieses Fossiles und eine grofse Menge schneeweisser Albitkrystalle deutlich abgesetzt von einer fettglänzenden schwarzen und vollkommen Pechsteinartigen Grundmasse. Es ist wahrer Pechsteinporphyr, der hier als durchaus lokale Modification des Andesites oder Natronhaltigen Trachytes auftritt, zugleich aber zwischen der grauen dichteren Hauptmasse dieses Gesteines und der rothen porösen, einen ähnlichen Uebergang zu bilden scheint, wie der Pechstein vom Marekane zwischen dem dichteren Feldspath und dem porösen Trachyte mit Marekanitfels von demselben Berge (S. 86 u. f.).

Dieser Vermuthung gemäfs, habe ich später auch die in ihrem Aeusseren so verschiedenen Grundmassen der Gesteine vom Schiwelutsch doch nach ihrem Verhalten vor dem Löthrohr höchst übereinstimmend gefunden, indem sich Splitter der grauen sowohl wie der rothen Abänderung, wenn man sie von den gröfseren Krystallen getrennt hat, gerade eben so wie der Pechstein von demselben Kamme des Berges, zuerst matt und weiss brennen, und dann gröfstentheils zu einem weissen durchscheinenden Glase fliefsen. Es bleiben aber immer in diesem Glase dunkelgrüne Stellen, die offenbar von äusserst fein vertheilter und in den ungeglühten Splittern nicht erkennbarer Hornblende herrühren. — Aus den specifischen Gewichten dieser Massen geht übrigens deutlich hervor, dafs sich die Feldspath- (Albit) Substanz ihrer unkrystallinischen (oder doch nur feinkörnigen) Theile, in demselben Zustande ungewöhnlicher Leichtigkeit befindet, wie im Pechstein und Obsidian. Am auffallendsten ist dieser Umstand für die rothen Abänderungen des Andesites, indem ich deren Dichtigkeiten gegen Wasser von + 12° Temperatur, gefunden habe für:

röthlichen Andesit vom Schiwelutsch, der ganz roth scheint, wenn er mit Wasser durchzogen ist 2,4344
rothen Andesit von demselben aus 4500 Par. F. Höhe 2,4900

Die Gröfse und die Menge der Albit- und Hornblende-Krystalle sind in beiden Abänderungen etwa die normalen*) — dennoch aber und trotz des spec. Gewichts des letzteren Fossiles, welches kaum kleiner als 2,9 sein kann, ist ihre mittlere Dichtigkeit bei weitem unter: 2,618, welche sowohl dem Albit wie dem Kalifeldspath im krystallinischen Zustande zukömmt.

Aber auch in der grauen und in der pechsteinartigen Abänderung des Gesteines, die sich durch ihr specif. Gewicht einander nähern und von dem rothen Andesite unterscheiden — zeigt sich der Hornblendegehalt von weit geringerem Einflufs, als er auf eine Grundmasse von der Dichtigkeit des krystallisirten Feldspathes ausüben müfste. Ich finde namentlich das spec. Gewicht gegen Wasser von + 12° für:

grauen Andesit vom Schiwelutsch mit dichter oder doch äusserst feinkörniger Grundmasse und mit Krystallen von normaler Gröfse und Dichtigkeit 2,6115
den Pechsteinporphyr von der oben erwähnten Stelle 2,6715

Der Schneefall, der uns zur Rückkehr antrieb, begleitete uns nun bis in die Ebene und dauerte dann auch bei dem Zeltplatze (2310 Par. F. über dem Meere) am Abend und während der folgenden Nacht. Unser Jäger den wir schon wieder bei dem Wachtfeuer fanden, empfing uns mit der Nachricht, dafs er eins von den Schafen, auf die er gestern geschossen, sehr leicht gefunden, es aber nicht ohne Hülfe bis hierher zu tragen vermocht habe. Es sollte nun erst am nächsten Morgen geholt werden. — Unterdessen wurden aber die heutigen Erfolge mit einem üppigen Mahle gefeiert, und die Kamtschadalen zeigten immer von neuem ihre unermüdliche Gastfreiheit, indem sie die besten Bissen für einen Fremden aussuchten, den sie schon ausserdem, ohne Anspruch oder Hoffnung auf irgend eine Erwiderung, mit ihren Pferden, mit ihrem Zelte und mit ihrer eigenen Arbeit unterstützten. So kochten sie für mich die Augen des Rennthiers, die auch hier besonders geachtet sind (vergl. I. 1. S. 353.) und Lilienknollen zu dem übri-

*) Auch bemerke ich, dafs die untersuchten Stücke vor den Wägungen unter Wasser stets so lange in demselben gelegen hatten, dafs sie vollständig davon durchzogen waren.

gen Fleische, — auch gaben sie mir stets von ihrer Butter zu dem Kiprei, den wir mit Jukola afsen.

Die Abendstunden, während deren wir zu dreien unter dem Polog oder der niedrigen Zeltdecke lagen, vergingen mir doch angenehm und rasch durch mancherlei Gespräche mit meinen redseligen Gefährten. Ich hatte sie über das Wort Kutcha befragt, welches Steller und Krascheninikow für den Namen derjenigen Hauptgottheit der Kamtschadalen ausgeben, die zugleich auch als der Stammvater ihres Volkes gegolten habe. Meine Sedankaer Begleiter hatten dagegen diesen Namen für gleichbedeutend mit dem Russischen skaska und daher auch mit den Deutschen Worten Sage oder Ueberlieferung erklärt — und eben so schienen es nun auch die Jelowkaer zu nehmen, indem sie mir als Kutcha mancherlei Erinnerungen an einen früheren vollkommeneren Zustand des Landes mittheilten. Die eine derselben wurde etwa folgendermafsen erzählt: „In früheren Zeiten hat sogar ein erblindeter Kamtschadale die glücklichste Jagd gemacht, und doch halfen ihm dabei nur seine Tochter und eine ganz alte Frau, mit denen er lebte. Diese glaubten schon verhungern zu müssen, weil sie nun ihren Ernährer für untauglich hielten. — Auch sahen sie nicht wie es besser werden sollte und spotteten unter sich über den Blinden, als er ihnen befahl, drei Narten fertig zu machen und mit ihm auszufahren und wilde Schafe zu jagen. Sie gehorchten ihm aber dennoch und er führte darauf durch sein Zurufen die drei Hundegespanne auf einem ungewöhnlichen Wege tief in das Gebirge, bis dafs endlich seine Tochter, die voranfuhr, und die er fortwährend befragte, viele Schafe in einer Richtung, die er ihr angab, gewahr wurde. Sie waren aber noch weit entfernt und die Frauen begriffen nicht wie man sie erlegen solle, denn der Blinde liefs nun die Hunde abspannen und lagerte sich ganz ruhig mit ihnen und mit seinen traurigen Gefährtinnen. Erst in finsterster Nacht rief er wieder zum Aufbruch, befahl einer jeden der Frauen, so wie er selbst that, einige Brände von dem Wachtfeuer auf die Schlitten zu nehmen, und fuhr dann mit diesen in einer breiten Reihe und in vollstem Laufe, noch etwas weiter nach der Seite an der das Wild am Abend gestanden hatte. Dann liefs er aber wieder umkehren und führte die Gesellschaft auf einem weiten Wege in die Ebene und bis an den Fuſs einer hohen Felsenwand, an welchem man endlich des Morgens mit Erstaunen einsah, was er gethan hatte. Eine ungeheure Heerde von Schafen, welche, aus Schreck vor den Feuern die auf sie einbrachen, im Finstern von jenem Abhang gesprungen waren, lagen dort todt und in so hohem Haufen, daſs das köstliche Fleischessen lange keine Ende nahm für die Frauen, die schon an den Hungertod dachten, und für viele andere Kamtschadalen, welche sie rufen muſsten, um ihre Beute zu tragen."

Wie zum Beweise der Verschlechterung ihres Landes seit jenen glücklichen Zeiten erzählten dann die Jelowkaer, daſs die Korjaken mit ihren Heerden in den letzten Jahren immer weiter gegen Süden gezogen seien und dadurch die wilden Rennthiere von den Plätzen verscheucht (oder eingefangen) haben, auf denen diese sonst von den Kamtschadalen gejagt wurden. So würde man denn endlich in Jelowka alle Kleider von den Heerdenbesitzern kaufen müssen. Der Russische Gouverneur habe ihnen zwar bei seiner Reise durch die Halbinsel gerathen, „anstatt auf die wilden Rennthiere, nunmehr auf die gezähmten der Korjaken zu schieſsen, wo sie diese auch träfen (!)"

Es schiene ihnen aber, daſs solche Jagden zu Feindschaften und mörderischen Bündnissen führen würden, die weit schlimmer seien als der Mangel an Rennthieren.

[September 2.]

Der neue Schnee hatte die Zugänge zu dem Hauptkamm des Schiwelutsch so gleichmäſsig bedeckt, daſs ich eine zweite Besteigung desselben aufschob, bis er geschmolzen sein würde. — Ich untersuchte aber an diesem Tage das untere Ende des Seitenkammes, der sich, südlich von unserem Lagerplatze, viel weiter als die übrigen durch die Ebene erstreckt. Der obere Durchschnitt der Felsentafel die ihn bildet, ist dort fast wagerecht, während er doch näher am Berge kaum weniger steil als der nächstgelegene Kamm den wir bestiegen hatten, und mithin unter einem Winkel von nahe an 20° abfällt. Seine senkrechte Seitenfläche, die ich am Nordabhange auf weiten Strecken entblöſst fand, zeigte aber auch in diesen flacheren und niedrigeren Theilen durchaus keines der Kennzeichen einer geflossenen Lava; weder die schaligen Absonderungen im Innern, noch die gerundeten Ränder der Tafeln oder die zackigen Formen einzelner Vorsprünge. Die ganze Masse ist vielmehr auch hier nur in Blöcke zerklüftet, die bisweilen säulenförmig hervorragen — und doch schien das Gestein dieses Kammes von den bisher gesehenen Theilen des Schiwelutsch in einer wesentlicheren Beziehung verschieden. Es ist ein Andesit in dessen aschgrauer Grundmasse kleine Poren eben so häufig sind wie in den rothen Abänderungen von dem früher erwähnten mittleren Kamme, und welcher zwischen einer grofsen Menge von kleinen Albitkrystallen sowohl die gewöhnlichen schwarzen Hornblendekrystalle als auch, und in gleicher Zahl, kleine Körner von schwärzlich-grünem Augit enthält.

Auf Kamtschatka liegen freilich die ausschliefslich Augithaltigen Gesteine und diejenigen, in welchen die Hornblende vorherrscht, sehr nahe bei einander (indem kaum 9 Meilen nordwestlich und 6 Meilen südwestlich von dem Hornblendegestein des Schiwelutsch, in dem Mittelgebirge und an dem Kliutschewsker Vulkane, nur Augithaltige Massen vorkommen), aber die einen und die anderen besitzen doch auch hier sehr deutliche Charaktere der verschiedenen Entstehung, welche man ihnen bisher, nach ähnlichen Erfahrungen in anderen Ländern, zuschrieb. Die Ausscheidung jener beiden für unverträglich geltenden Fossilien aus ein und derselben Grundmasse in völlig getrennten Krystallen*) war mir demnach gleich beim ersten Anblick dieses Gesteines höchst überraschend. Sie kann aber jetzt um so weniger bezweifelt wer-

*) Bekanntlich sind die zuerst von G. Rose aufs genaueste beschriebenen Vereinigungen von Augit und Hornblende in den Augitporphyren oder Dioriten vom Ural, von Tyrol, aus Skandinavien, von den West-Indischen Inseln, aus Quito u. a. O. doch stets dadurch ausgezeichnet, dafs man das letztere Fossil wie eine Decke um Reste von Krystallen des ersteren findet, und dafs man daher alle bis jetzt bekannt gewordenen Fälle dieser Art durch eine nachträgliche Umwandlung der Augitischen Textur in die Hornblendige erklären kann. Die chemische Identität oder der Isomerismus beider Fossilien, erlaubt sogar vorauszusetzen, dafs eine solche Umwandlung ohne jede Veränderung der Bestandtheile erfolgt sei; man darf sich aber nicht verhehlen, dafs wir gerade deshalb den zureichenden Grund zu derselben nur um so weniger einzusehen im Stande sind. Vergl. Reise nach dem Ural u. s. w. von A. v. Humboldt, G. Ehrenberg und G. Rose Bd. 2. S. 342. u. f.

den, da sie auch durch Herrn G. Rose's Untersuchung der Probestücke die ich vom Schiwélutsch mitnahm, bestätigt ist*). — Für bemerkenswerth halte ich es noch, dafs die jedenfalls nur lokale Augitbildung, neben der wesentlichen und an keinem Punkte dieses Gebirges unterbliebenen Ausscheidung von Hornblende gerade an dem flachen unteren Ende eines Kamme geschehen ist, welches von der Hauptmasse und von den Gipfeln des Schiwélutsch am weitesten absteht und sich demnach zu dem steilen Kegel den die inneren Kämme bilden, wie ein Ausläufer oder seitlichen Fortsatz von ungewöhnlicher Länge verhält.

Ich fand heute auch, auf dem Wege zu den erwähnten Felsen, grofse Strecken der Ebene mit Rhododendron Chrysanthum bedeckt. Die untere Verbreitungsgränze dieses Gewächses liegt also hier nicht höher wie unser Zeltplatz oder 2310 Par. F. über dem Meere. Auf dem sanfter ansteigenden Wege auf dem wir aus dem Gebirge genähert hatten (oben S. 265. 269.) habe ich es aber nirgends bemerkt und man kann daher die eben genannte Höhe mit beträchtlicher Sicherheit für eben jene Gränze annehmen. Auf dem Mittelgebirge hatte ich sie genau eben so (2300 Par. F. über dem Meere) gefunden und der merkwürdige Unterschied, welchen die hygrometrischen Verhältnisse in dem Vorkommen dieser Pflanze zu beiden Seiten des Ochozker Meeres bedingen (S. 80.), bestätigt sich also auch auf dem krystallinischen Felsboden des Schiwélutsch, der doch in seinem chemischen Einfluss auf die Vegetation dem Marekanischen ähnlich genug scheint.

---

*) Herr G. Rose bestimmte das in Rede stehende Gestein mit folgenden Worten: „No. 8. Trachyt mit aschgrauer Grundmasse, welche voll kleiner Poren ist, in welcher meistentheils sehr kleine, selten etwas gröfsere, schneeweisse Krystalle von Albit in grofser Menge eingewachsen sind. Ausserdem finden sich noch einzelne Krystalle von schwarzer Hornblende und Körner von schwärzlich grünem Augit. Das Gestein kommt also mit dem aschgrauen Theil von No. 6 (d. h. einem der Stücke von den höchsten Stellen des mittleren Kammes, an welchem die graue und die rothe Grundmasse des Andesites neben einander liegen) überein, und unterscheidet sich nur dadurch von ihm, dafs die Albitkrystalle kleiner und häufiger, die Hornblendekrystalle seltener sind und sich ausserdem noch einzelne Körner von Augit finden."

Die Berg-Else (chrebtowaja olcha der Kamtschaschen Russen) findet sich hier nur noch in einer Zone von 340 Fuſs Höhe (bis zu 2650 Par. F. über dem Meere; S. 274.) mit den Alpenrosen zusammen. Dann fehlen die ersteren entschieden, und man sieht das Rhododendron in dem noch übrigen nahe an 2300 Par. F. hohen Theile seines Verbreitungsbezirkes, nur noch von der kriechenden Weide (Salix arctica, Pall.) begleitet*). So bestimmt sich aber auch diese Beziehungen zweier charakteristischen Pflanzenzonen sowohl hier als an anderen Gebirgen auf Kamtschatka erkennen lassen, so sind sie doch von den ihnen entsprechenden in den Schweizer Alpen auffallend verschieden. Die dortige Berg-Else (die Drosel der Schweizer) steigt oft zusammen mit der Eberesche (Sorbus aucuparia) — zu noch mehr als 7000 Fuſs Höhe über dem Meere, so daſs sie unter der oberen Gränze der Alpenrose kaum merklich zurückbleibt**). — Wenn man etwa von dieser, nicht eben zu den selteneren gehörigen, Anomalie in der Pflanzenverbreitung eine Erklärung versuchen wollte, so hätte man sie jedenfalls mit einem anderen wohl eben so überraschenden Resultate sehr sorgfältiger botanischer Untersuchungen zu verbinden. Ich meine mit dem Umstande, daſs die zwei Arten der Elsengattung welche sowohl auf Kamtschatka als in vielen Gegenden von Europa vorkommen, sich dennoch in jedem dieser Erdtheile auf andere Weise in ihre Standorte getheilt haben. Die Kamtschatische Ufer-Else (beregowaja olcha, von bereg das Flussufer) welche niemals auf die Berge hinaufsteigt, ist nach Chamisso's Untersuchung der Exem-

*) Vergl. auch Sept. 10. über dieselben Verhältnisse am Kliutschewsker Vulkane.

**) Vergl. Kasthofer's Reisen in den Alpen: „Die Drosel (alnus viridis), die Bergrose (Rhododendron ferugineum) und der Gürmch (Sorbus aucuparia) sind das am höchsten gehende Laubholz.“ — „Der Gürmch kömmt oft am höchsten vor, die Bergrose gewöhnlich höher als die Drosel, die indessen gleich unter ihr von Kälte unbeschädigt anfängt, während jene bedeutend dadurch gelitten hat.“ — „Am Susten-Passe geht die Drosel bis zu 7180 Par. Fuſs Höhe und zwar gesund, die Bergrose erkrankt, nur noch um weniges höher“ — „auf der Walliser Seite des Furkapasses geht erstere bis dicht unterhalb der gröſsten Höhe dieses Passes oder 7493 Par. F.

plare, welche er selbst von den niedrigen Standorten bei Petropaulshafen und von der Chamisso-Insel, und ich von mehreren Punkten des Kamtschatkathales mitgebracht hatte: Alnus viridis Dec. d. h. eben die Drosel oder Berg-Else der Schweizer — während die Chrébtowaja olcha oder die Kamtschatische Gebirgs-Else, die ich auf dem Schiwélutsch und auf den höheren Punkten des Mittelgebirges gefunden habe, mit der Wildenowschen Species Alnus incana (Betula incana L.) übereinstimmt*), d. h. mit einer Art, die sich in Europa, wenn auch nördlicher und höher als Alnus glutinosa doch nirgends so hoch wie Alnus viridis verbreitet. Die beiden Kamtschatischen Species werden übrigens, auch von dem hiesigen Volke, aufs bestimmteste unterschieden, weil nur die zweite, die chrebtowaja olcha (Alnus incana Wild.) einem wichtigen ökonomischen Zwecke entspricht. Die schöne purpurrothe Farbe welche allen auf Kamtschatka gebräuchlichen Kukljanken oder Rennthierpelzen auf der Fleischseite gegeben wird, die man im Sommer nach aussen trägt, entsteht nämlich durch blofse Reibung mit der Rinde des genannten Baumes, auch werden Abkochungen dieser Rinde zur Färbung von enthaarten Seelöwenfellen und anderen consistenteren Leder-Arten gebraucht. Die weit leichter zugängliche Ufer-Else (A. viridis) soll dagegen, wie man mich überall versicherte, zu diesem Zwecke durchaus nicht taugen oder doch nirgends gebraucht werden.

Was die Eberesche betrifft, oder doch den mit derselben äusserst nahe verwandten Baum der ihre Gattung auf Kamtschatka darstellt (Pyrus sambucifolia, Cham., rjabina der Kamtschatischen Russen) so bleibt sie hier überall schon tief unter der Elsengränze zurück. Auf dem Wege zum Schiwélutsch fehlt sie entschieden zwischen der doch noch sehr üppigen Vegetation, die wir bei 1800 Par. Fufs über dem Meere fanden (S. 266.). Die 1500 Par. Fufs hohen Standorte, an denen ich in

*) Vergl. Naturhist. Atlas u. s. w. S. 56. — Chamisso in Linnaea Journal für die Botanik, Berlin 1836. Tom. VI. pag. 537. 538. — Kittlitz, Vegetationsansichten u. s. w. pag. 62. Taf. XX. pag. 63. Taf. XXI.

dem Mittelgebirge (an dem Abhange zu dem Baidaren-Krater; S. 223.) die letzten und in Schluchten vereinzelten Ebereschen-Gebüsche gesehen habe, dürften überhaupt zu den höchsten auf der Halbinsel gehören*), und doch liegen sie um 1150 Par. F. tiefer als die obere Gränze der Elsen. Auf den Alpen wird dagegen eben diese Gränze von den letzten Ebereschen (dem Gürmch der Schweizer) nicht blos vollständig erreicht, sondern auch, eben so wie von der Alpenrose, oft noch sehr merklich überschritten.

Bei unserem Zelte fand ich Nachmittags auch die Jelowkaer schon wieder zurückgekehrt und höchst erfreut über die mehrerwähnte Jagdbeute, die nun vor ihnen lag. Es war wieder, wie das Argali welches wir im Aldanischen Gebirge an der Bjelaja erlegten — ein älteres Mutterschaf. An seinen starken dreikantigen Hörnern die, um einen Kegel von nahe kreisförmiger Basis, nach hinten und nach aussen gekrümmt sind**), zeigten sich deutlich fünf durch tiefe Jahres-Ringe getrennte Zuwächse. Sein Haar schien jetzt wohl etwas kürzer als im Winter, immer aber von dem der Rennthiere ausserordentlich verschieden, sowohl durch eine meist graue und verwaschene Färbung, die nirgends in das entschiedene Braun des Rennthierpelzes übergeht, als auch besonders durch gröfsere Länge, durch dichtere Stellung und glanzloses Ansehen. Auch überzeugte ich mich wieder, wie schon an dem Sibirischen Argali, nicht ohne Verwunderung, dafs ihre Haare schlicht sind und keine Spur von jener Kräuselung zeigen, wegen der wir die gezähmten Abkömmlinge des Felsenschafes schätzen. Diese zeigt sich daher, eben so wie die vorherrschende Weisse des Fliefses, in vollstem Mafse nur als eine Folge der Unterwerfung dieser Thierart, die ja zugleich auch von einer fast beispiellosen Abnahme der Muskelkraft und Gelenkigkeit begleitet

*) Vergl. Naturhistorischer Atlas u. s. w. S. 64. und Kittlitz a. a. O. S. 62., wo ebenfalls die Höhe, in welcher dieses Laubholz aufhört selbstständige Dickichte zu bilden, bei weitem kleiner als die der oberen Elsengränze, zugleich aber etwas zu gering, auf nur 1000 Fufs, geschätzt wird.

**) Durchaus nicht wie die, auch ungleich schwächeren, Gemshörner um einen Kegel oder Cylinder mit elliptischer Basis.

wurden. Zu einer so durchgreifenden Umwandlung scheint wohl die gewaltsame Vereinigung in unnatürlich zahlreiche Heerden am meisten beigetragen zu haben*). — Es ist übrigens bemerkenswerth dafs man in den Gegenden wo das Zusammenleben der wilden und der gezähmten Rennthiere recht lebhaft an die Erfolge eines ähnlichen Versuches erinnert, doch noch niemals an die Zähmung der Argali gedacht hat. Die Höhe und die Einsamkeit ihrer Wohnplätze hat wohl am meisten davon abgeschreckt, so sehr auch die ausserordentliche Vorliebe der Kamtschadalen für das Schaffleisch (baranina) dazu aufzufordern schien. Sie erklären dieses Fleisch für die köstlichste unter allen Speisen, zum Theil wegen des Fettes mit dem es überall umgeben und durchsetzt ist, sodann aber auch, weil es in der That, und noch ausser dem Geschmacke unseres Hammelfleisches, einen ihm ganz eigenthümlichen gewürzigen Beischmack besitzt. Meine Begleiter erzählten mir, (so wie es durch Steller schon bekannt ist) dafs man eben diesen eigenthümlichen Duft auch in den Blättern des sogenannten Utschitschu finde, und dafs sie diese eben deshalb getrocknet und gepulvert mit ihren Fischbrühen mengen, welche dann aufs täuschendste an den Genuss der baranina erinnern. Steller's Beschreibung hatte über die botanischen Charaktere des Utschitschu noch einige Zweifel gelassen. Nach Herrn Lessing's Untersuchung der Exemplare dieser Pflanze die ich von Tigilsk aus mitgebracht habe, wird sie aber nun in der Familie der Compositae als Senecio cannabifolius aufgeführt**). Sie ist eine der häufigsten und auszeichnendsten Zierden der niedrigeren Grasfluren und Flussthäler auf Kamtschatka, gehört aber durchaus nicht zu der Nahrung der Argali, weil sie nirgends bis zu den hohen Felsenkämmen, welche diese so ausschliefslich bewohnen, hinaufsteigt. Die wahrgenommene Uebereinstimmung eines vegetabilischen mit einem animalischen Stoffe kann daher in diesem Falle nicht durch eine ohne Zersetzung erfolgende Aufnahme des ersteren in den thie-

*) So ist schon für die Ziegen die Entartung der gezähmten Individuen doch wohl nirgends so weit gediehen, wie für die ihnen am nächsten verwandte Species des Schafes.

**) Naturhist. Atlas S. 58.

in den thierischen Geweben erklärt werden*). — Die Nieren des wilden Schafes, die wir wie gewöhnlich auf Holzstäben an dem Wachtfeuer brieten, besitzen übrigens jenen eigenthümlichen Wohlschmack im höchsten Grade und werden eben deswegen von den Kennern am meisten gesucht.

[September 3.]

Die wieder schneefreien Kämme und die weissen Gipfel des Schiwélutsch erschienen am Morgen äusserst nahe und glänzend. Auch hatte sich an unserem Standpunkte der Dampfgehalt der Luft durch den letzten Schneefall fast auf ein Drittel seines früheren Werthes vermindert. So wurde denn um 8u 30′ eine zweite Besteigung des Berges auf dem früher erwähnten Wege (S. 274.) unter den günstigsten Umständen begonnen.

Der Schutt an dem Fufse der Felsrippe, den wir schnell wieder erreichten, ist, zwischen den letzten Elsengebüschen, und auch noch bis zu 300 Fufs über denselben, mit Empetrum nigrum, Vaccinium uliginosum und V. Myrtillus ziemlich dicht überwachsen. Wir fanden ihre Früchte von ungewöhnlicher Gröfse und deren Saft noch theilweis gefroren, obgleich die dünne Schneedecke sie schon gestern verlassen hatte. Die Trunkelbeeren (V. uliginosum, Russ. pjaniza) sind in diesem Zustande besonders wohlschmeckend, während die Tschiktscha oder Empetrumbeeren auch dann ganz fade und kaum säuerlich bleiben.

Auf den Rath meines Begleiters verweilten wir hier einige Zeit, um jedes dieser Stärkungsmittel gebührend zu benutzen, erreichten aber dennoch schon um 10u 30′ den Endpunkt unserer ersten Besteigung.

Ich fand an diesem die Temperatur der Luft um 6° niedriger als vor zwei Tagen (— 3°,28), ihren Dampfgehalt bedeutend vermindert, den Barometerstand aber von dem früher beobachteten kaum merklich verschieden**). Der Himmel war über uns völlig

*) Sie erinnert vielmehr an die chemisch nachgewiesene Verwandtschaft der Buttersäure mit der Valeriansäure und mit anderen vegetabilischen Fetten.

**) Vergl. II. 1. S. 393.

rein und dunkelblau, auch blieb er so während wir, in den nächsten zwei Stunden, auf einem weit beschwerlicheren Wege nur noch um 564 Par. Fufs höher hinaufstiegen. Das Gestein fand ich auch hier nur durch häufigeres Vorkommen der rothen Färbung seiner Grundmasse von der unteren Hälfte des Kammes unterschieden, mit der es doch in der Gröfse und Häufigkeit seiner Hornblend- und Albit-krystalle und in dem Mangel jeder anderweitigen Bestandtheile vollkommen übereinstimmt. Aber die Blöcke und Tafeln in denen es sich über eine mittlere und noch immer gleich steil geneigte Oberfläche erhebt, zeigen hier weit höhere und unersteigliche Abhänge, die wir nur an ihren äussersten Rändern oder in Klüften welche sie durchsetzen, umgehen konnten. In diesen lag nun immer häufiger zwischen der dünnen Schuttdecke ein harter und glatt überfrorner Schnee, und doch standen ganz hart an den Rändern derselben noch Gestrüppe von der kriechenden Weide, so wie auch (bis zu 4700 Par. Fufs über dem Meere) die früher erwähnte Crucifere und die Saxifraga Merkii.

Eine sehr auffallende purpurrothe Färbung des Schnees bemerkte ich so ausschliefslich an den Rasenflecken die aus diesen letzteren Gewächse bestanden, dafs sie nur von diesem herrühren konnten. Auch waren die Samenkapseln die dasselbe jetzt trug, von derselben Farbe und demnach die Beimengung des Schnees, die ich nicht näher untersuchte, wohl nichts anderes als Reste von der vorjährigen Fructification dieser Saxifragen.

Um 0u 50′ N.M. erreichten wir eine Stelle, die ich zugleich als die untere Gränze des bleibenden Schnees und als die obere der Besteigbarkeit des Schiwelutsch, auf dem Wege auf dem wir sie versuchten, betrachte. Die zunächst über uns gelegene Oberfläche des Kammes ist hier von senkrecht hervorragenden Tafeln queer durchsetzt, die auch bis hart an ihrem Rande so unverwittert geblieben sind, dafs eine Umgehung unmöglich schien — und in allen Klüften zwischen diesen Felsmassen liegt nun lockerer Schnee, welcher bald in selbständigen rundlichen Hügeln deren Höhe völlig erreicht, und dann auch viele der säulenförmigen Klippen zu überragen anfängt. — Ich blieb vier Stunden lang an dieser Stelle, deren Höhe sich, durch Verbindung der Barometerstände die an derselben, an unserem Zeltplatz, in Tigilsk und in Petropaulshafen beobachtet wurden, zu 4936 Par. F. über dem Meere ergab*), und mafs daselbst mit dem oben erwähnten Instrumente (S. 263.) welches auf dem Felsboden eine vortreffliche Aufstellung fand, sowohl einige Reihen von Sonnenhöhen, als auch die Azimute und die Zenitabstände der beiden Gipfel des Hauptkammes und unseres Zeltplatzes, aus denen ich die gegenseitige Lage und die Höhenunterschiede dieser Punkte abgeleitet habe**). Noch weit belohnender war aber, bei durchsichtigster Luft, die Ansicht der Bergmasse die uns nun rundum umgab, und vor uns immer noch fast ein Drittel des Himmels (bis zu 24° über dem Horizonte) bedeckte. Ich suchte durch die hierher gehörige Zeichnung diejenigen Theile derselben darzustellen, die etwa bis auf 80° zu beiden Seiten des rechten (SW-lichen) Gipfels, sowohl über als unter uns lagen, und hoffe dafs selbst diese unvollkommene Abbildung zu denjenigen Schlüssen von der Form des Schiwelutsch auf die Entstehung desselben führen wird, welche man für erwiesen hält so lange man sich auf ihm befindet und, mit immer wiederkehrender Ueberraschung, an jedem Felsen den gesetzmäfsigen Theil eines einfach gegliederten Ganzen erkennt.

An der über uns gelegenen Masse unterschied man auch jetzt noch, wie von den früher erwähnten Standpunkten, zwei breite Gipfel und einen schmaleren, der über eine Senkung zwischen diesen beiden hervorragte. Nur das Verhältniss ihrer scheinbaren Höhen war nun bedeutend verändert, denn der rechts gelegene erhob sich über unseren Horizont fast um $\frac{1}{4}$ mehr als der linke, welcher doch, aus gröfseren Entfernungen, von der Stolbowaja Tundra und von Jelowka, als der höchste, so wie auch von unserem Zeltplatze doch noch nahe unter demselben Höhenwinkel wie jener erschienen war***). Es liegt aber eben in der Deutlichkeit mit der sich ein gesetzmäfsiger Zusammenhang in allen einzelnen Theilen dieses grofsartigen Felsgebäudes ausspricht, dafs man auch hier über das Verhältnifs der wahren Höhe seiner Gipfel

*) Vergl. II. 1. S. 393 und 396.

**) A. a O. S. 292 u. f. 397 u. f.

***) Die scheinbaren Höhenwinkel dieser Gipfel sind namentlich:

durchaus nicht zweifelhaft bleibt, sondern wiederum, so wie bisher und so wie es die Messungen später bewiesen haben, die rechte oder SW-liche Kuppe für die niedrigere aber auch bei weitem näher gelegene hält*).

Beide Gipfel zeigen sich nämlich nun als zwei breite Stücke des Hauptkammes, denn ihre fast ebenen Oberflächen vereinigen sich, wenn man sie verlängert, zu einer nach SW. abwärts geneigten Ebene, und finden so aufs genaueste ihre Fortsetzung in der welligen Oberfläche jenes Kammes bis zu dem See, den wir am weitesten gegen SW. und an dem entferntesten Fufse des Schiwelutsch (nur etwa 4° unter unserem Horizonte) zum erstenmale erblickten. Noch in der Mitte dieses Sees der tiefer als Jelowka und mithin noch um weniger als 462 Par. F. über dem Meere liegt, liefsen zwei schroffe Klippen den Ursprung der Felskette erkennen, die von dort bis zu nahe an 10000 Par. F. Höhe höchst gleichmässig aufsteigt. Es ist nur eine steile Queerspalte durch diese Masse, welche den niedrigeren oder SW-lichen Gipfel (von 8249 Par. Fufs Höhe) als ein abgesondertes Stück derselben, und als ein Felsenprisma mit fast ebener Oberfläche erscheinen läfst. Eine blendend weisse Schneeschicht liegt auf dieser und man sieht die Tiefe derselben auch im Durchschnitt, denn der uns zugekehrte Abhang jenes Prisma ist, so wie der ihm entsprechende an der Fortsetzung des Kammes, völlig senkrecht. Er zeigt, selbst 3000 Fufs über der Schneegränze, das Gestein fast ohne jede Bedeckung. Es ist an

	Rechte oder SW-liche Kuppe.	Linke oder NO-liche Kuppe.
Von Jelowka 462 Par. F. üb. d. Meere.	4° 57',87	5° 7',00
Von unserem Zeltplatze 2310 Par. F. üb. d. M.	18° 54',37	18° 20',00
Von unserem Standpunkte an der Schneegränze, 4935 Par. F. üb. d. M.	23° 25',12	18° 48',62

*) Der SW-liche Gipfel liegt 8249 Par. F. üb. d. M., 3314 Par. F. üb. unserem Standpunkte.

der NO-liche dagegen 9898 Par. F. üb. d. M., 4963 Par. F. üb. unserem Standpunkte.

Wir waren aber jetzt von der Vertikale durch den ersteren nur 7648 P. F. entfernt und von der Vertikale durch den zweiten 14556 P. F.

diesem Abhange des Gipfels durch zwei, gegen SW. fallende und sanft gebogene, Klüfte in drei Lagen von grofsartigster Mächtigkeit getheilt — und als ob kein Zweifel bleiben sollte über die ursprüngliche Verbindung des Ganzen, so sieht man eben diese Klüfte und die ihnen entsprechende Theilung, nach mehrfacher Unterbrechung durch Queerschluchten, stets aufs regelmässigste wiederkehren, sowohl zur Rechten in der unteren Hälfte des Hauptkammes, als auch an dem NO-lichen oder höchsten Gipfel des Schiwelutsch. Sie zeigen sich an diesem als, nun fast horizontale, Stufen, die an dem Abhange den er uns darbot, die Einförmigkeit seiner Schneedecke unterbrechen und welche dann auch aus dem Queerschnitt der sein linkes oder NO-lichstes Ende begränzt, aufs deutlichste hervorragen. In dem Umriss dieses höchsten Theiles der ganzen Bergmasse sieht man daher, erst unter diesen Stufen, jedoch schon in nahe an 9000 F. Höhe über dem Meere, eine der früher erwähnten (S. 275.) Felstafeln mit senkrechten Seitenwänden und mit steil gegen NO. abfallender Oberfläche, aus seiner Masse auslaufen und so den Hauptkamm, ungleich steiler als nach der entgegengesetzten Seite, in die Ebene fortsetzen.

Die Senkung der Sattelfläche welche beide genannten Gipfel trennt, ist demnach an ihrem SW-lichen Ende von einem senkrechten Abhange des niedrigeren derselben, und an dem entgegengesetzten NO-lichen von einem weit sanfteren Abhange des NO-gipfel bebegränzt. Sie ist gegen 6000 Fufs breit*) und ihre tiefsten Stellen liegen an den Rändern; jedoch offenbar nicht unter 7500 Par. Fufs über dem Meere (d. h. 750 Fufs unter dem SW-lichen, aber 2400 Fufs unter dem höchsten Gipfel des Berges), auch ist ihre Mitte etwas aufwärts gewölbt. Die Oberfläche des Kammes auf dem wir standen, schien durch eine Kluft von dieser hohen Fläche getrennt, aber drei andere Seitenkämme des NW-abhanges verlaufen sich ganz allmälig in dieselbe, wie Stücke der Masse von der sie die obere Gränzfläche bildet, und welche endlich auch an ihrer SO-seite noch von einem dritten Gipfel überragt wird. Es ist dieser eine Kuppe

*) Ihr Durchmesser beträgt namentlich nahe an zwei Drittheil von dem Horizontal-Abstande der höchsten Punkte beider Gipfel, den ich zu 9540 Par. Fufs gefunden habe.

mit rundlichen Formen, in der ich von hier aus zugleich das Ende eines Seitenkammes von dem entgegengesetzten (SO-lichen) Abhang des Schiwelutsch, und die Stelle erkannte über der sich der vulkanische Rauch zum letztenmale gezeigt hatte. Der uns zugekehrte Durchschnitt jenes Kammes zeigte an ihm die Gestalt eines ziemlich sanft geneigten und stark abgestumpften dreiseitigen Prisma, an dessen rechts gelegenem oder SW-lichem Abhange ein anderer spitzerer und kegelförmiger Hügel mit etwas gebogener Axe hervorragt. Nur diesen konnte man etwa seiner Form nach und trotz des glänzenden Schnees, mit welchen jene mittlere Kuppe jetzt durchaus gleichmäfsig bedeckt war, für das Produkt einer dauernden vulkanischen Thätigkeit und für eine jener Anhäufungen von losen Auswürflingen halten, die man bei jedem jetzigen Lavenausbruche entstehen sieht und welche auch an den Seiten der geflossenen Gesteine des Kamtschatischen Mittelgebirges zu den gewöhnlichsten Erscheinungen gehören. Hier wäre aber das Hervorbrechen loser Blöcke jedenfalls ohne jeden Lavastrom erfolgt. Auch habe ich zwischen den unzähligen Felsmassen des NW-abhanges, die uns von allen Seiten umgaben, die charakteristische Form jener Schlackenkegel nur noch an einer Stelle, auf dem zweiten Kamme zu unserer Linken, gesehen, wo sich, ebenfalls hoch über der Schneegränze, dicht neben einander zwei regelmäfsig zugespitzte Hügel von den schroffen Formen der unterliegenden Felstafel seltsam unterscheiden. Der eine derselben hat, wie der an der mittleren Kuppe, eine etwas gebogene Axe, als ob die Stücke die ihn zusammensetzen, später zusammen gesunken wären und das über ihnen liegende nach sich gezogen hätten.

Dergleichen lose Schlacken die, nach den umgebenden Felsen zu urtheilen, kaum anders als weiss und bimssteinartig sein dürften, scheinen hier bisweilen wie die Wasserdämpfe und wohl zugleich mit diesen, nur aus einigen ganz nahe an den Gipfeln des Schiwelutsch ausgehenden Spalten ohne jede Lavenbildung, und in so geringer Menge, hervorgebrochen zu sein, dafs es mir nirgends gelungen ist, weder in den Schluchten noch auf der ganzen Länge des Kammes den wir bestiegen, auch nur ein einziges Stück von ihnen zu finden. — Die Ausstofsung derselben ist aber hier auch jedenfalls nur eine höchst untergeordnete Erscheinung gewesen und nur in entfernterem Zusammenhange mit den Kräften durch welche einst der ganze Berg entstanden ist, und deren Wirkungsart sich nun auch von diesem Standpunkte in der Form und in dem Zusammenhange seiner durchaus homogenen Theile aussprach.

Zwei Kämme oder tafelförmige Rippen welche noch ausser dem Hauptkamm, zu unserer Rechten lagen, und vier bis fünf andere zu unserer Linken zeigten sich eben so wie der mittlere auf dem wir standen, mit überraschendster Regelmässigkeit als Stralen eines Sternes, von denen nur einige aus den höheren Theilen des Hauptkammes auslaufen, alle übrigen aber sich in den Gipfeln des Berges oder in der kleinen Hochebene zwischen denselben vereinigen. Durchaus eben so gesetzmäfsig sieht man aber auch, wenn man sie von dem SW-Ende des Hauptkammes anzählt, die Steilheit dieser merkwürdigen Felstafeln wachsen und ihre Länge abnehmen, indem der Hauptkamm nur unter einem Winkel von 6°, der mittlere, an dem wir aufgestiegen waren, um 17° *), die letzten von dem NO-gipfel des Berges auslaufenden Rippen aber um 45° gegen die Horizontalebene geneigt sind. Nur diese letzteren steilsten Kämme sind bis zu 1900 Fufs über dem Meere von den weichen Massen bedeckt, über die wir zum Schiwelutsch gekommen waren (S. 269.) und deren nur um 2°,6 geneigte Oberfläche sich in ihrem Ansehen von dem entfernteren Lande kaum unterscheidet. Die übrigen Kämme verlaufen wie der Hauptkamm unbedeckt bis zu etwa 450 Par. F. über dem Meere, wo sie in der Ebene von Chartschinsk verschwinden. So ist also die Umhüllungsfläche dieses Berges höchst nahe die Spitze eines Kegels, dessen erzeugender Winkel fast 130° beträgt und der von einer um 109°,5 und 70°,5 gegen seine Axe geneigten Horizontalebene schief durchschnitten wird.

Der Raum zwischen der elliptischen Basis und dem Scheitel dieser Kegelspitze ist aber nur eine Gränze, die dem Anwachs des Schiwelutsch gesetzt schien. Er hat sie nur insoweit erreicht, als es durch Spalten geschehen konnte die sich, in der ehemaligen

*) Wir sahen unseren Zeltplatz um 15° unter dem Horizont und daher den um etwa 1200 Fufs näher und 40 F. tiefer gelegenen Ursprung des Kammes, auf dem wir standen, um 17°,2 unter demselben.

Erdoberfläche, sternförmig, theils nach fast allen Richtungen von einem Punkte des geringsten Widerstandes ausbreiteten, theils nur unter spitzen Winkeln von einer durch diesen Punkt gehenden Richtung gegen 251° rechts von Norden; und es ist hier durch den Augenschein klar, wie nur die Bergmasse selbst, durch ihr inwohnende Kräfte sich diese Wege geöffnet und wie sie dieselben, noch weich aber im Augenblick des Erstarrens, gefüllt hat. So wie sich Eisgänge beim Gefrieren der tieferen Schichten des Baikal durch die obere und früher erstarrte Decke hindurchpressen und sich dann von ihr durch stralige Zerklüftung bleibend unterscheiden (I. 2. S. 176.), und wie auf gefrornen Flüssen durch enger begränzte Oeffnungen oft steile und sehr ansehnliche Eiskegel über die Oberfläche emporquellen, so hat sich auch hier eine erstarrende Masse durch eine schon längst erhärtete gedrängt, ohne dafs es hierzu einer anderen Kraft bedurft hätte, als der molekularen Abstofsungen die das Krystallisiren begleiten, und in Folge deren so viele Substanzen im festen Zustande leichter und ausgedehnter sind als im flüssigen.

Die Richtung des Hauptkammes oder der grofsen Axe der elliptischen Basis des Schiwelutsch ist von der des Mittelgebirges (S. 239.) beträchtlich verschieden (sie liegt um 40° weiter rechts von Norden als die letztere) — aber in dem nächst gelegenen östlicheren Theile der Halbinsel scheint sie sich in einer noch grofsartigeren Bergmasse zu wiederholen, denn der höchste Kegel des Kliutschewsker Vulkanes, einige andere Kuppen dieses Systemes und der Gipfel der Tolbátschinskaja Sopka schienen von hier aus wie aufgesetzt auf die niedrigeren Theile jenes Kammes. Man konnte sie für eine Fortsetzung seiner Gipfel ansehen, wenn sich nicht die Schneegränze an ihnen unserem Horizonte weit näher als überall an dem Schiwelutsch gezeigt und dadurch an die weit gröfsere Entfernung jener riesigen Kuppen erinnert hätte. Ob etwa auch eine Uebereinstimmung zwischen den Gesteinen dieser beiden Systeme auf eine gleichzeitige oder doch gleichartige Entstehung derselben deutete, mufste die Fortsetzung der Reise entscheiden, doch blieb jedenfalls der Kliutschewsker Vulkan durch die grofsartige Fortdauer seiner Feuerwirkungen von dem Schiwelutsch aufs entschiedenste und wesentlichste zu trennen.

Der gänzliche Mangel an Lavenbildung an diesem Berge und die so offenbar momentane Entstehung aller seiner Theile durch ein einziges Ereigniss, ist vielmehr eine seiner merkwürdigsten Eigenthümlichkeiten und gerade dieser verdankt er die Erhaltung seiner ursprünglichsten Gestalt in einer Reinheit, die sich nur sehr selten auf der Erde zu wiederholen scheint. Die mit Strebepfeilern verglichenen Kämme auf denen sowohl A. v. Humboldt als auch Boussingault zu dem prismatischen Gipfel des Chimborazo aufstiegen*) und die Falten und Rippen, welche L. v. Buch**) und E. Beaumont aufs scharfsinnigste zwischen den losen Schlacken und den unzähligen Laven und Gangausbrüchen erkannt haben, durch welche der kegelförmige Mantel des Aetna jetzt fast völlig ergänzt ist, dürften wohl schwache Reste einer Gestaltung sein, welche auch diese Berge in ihrem ursprünglichen Zustande dem Schiwelutsch einigermafsen näherte. Die äusserst längliche Form des letzteren, und die dadurch bedingte Stärke des Unterschiedes in der Neigung seines SW-lichen und seines steilsten NO-lichen Endes, wären dann für ihn nur eine untergeordnetere Auszeichnung, wiewohl er eben dadurch fast wie eine Uebergangsform zwischen den gewöhnlicheren Kegelbergen und zwischen den Bergrücken oder Kettengebirgen auftritt.

Jene bedeutungsvolle Aehnlichkeit des Schiwelutsch mit dem Gipfel des Chimborazo und mit dem Aetna, macht es aber nur um so erwähnungswerther dafs sich sein Gestein von dem jener beiden Berge auf eine Weise unterscheidet, welche die neuesten Zusammenstellungen unserer Erfahrungen an den Vulkanen als sehr wesentlich darstellen. Anstatt des Andesites, welcher hier auf Kamtschatka in sternförmig zusammenhangenden Tafeln hervorquoll, und dann getrennt blieb durch niedrige Ebenen (von 5 Meilen und 7 Meilen Breite) von den augitischen Gesteinen in der östlicheren Reihe der riesigen aktiven Vulkane und in der breiteren westlichen der erloschenen Vulkane des Mittelgebirges, hat ein Augitporphyr oder Dolerit aus deutlichen Krystallen

*) Vergl. Besteigung des Chimborazo in Schumacher Astron. Jahrb. 1837. S. 202.

**) Annalen der Physik Bd. 113. S. 170 u. f.

von Labrador und Augit die vergleichbaren Kämme des Amerikanischen und Italischen Gipfels gebildet*). In Quito beginnt der Andesit erst auf dem hohen Thalboden bei Riobamba, zwischen der westlichen Andeskette, zu der der Iliniza und Chimborazo gehören, und zwischen der östlichen, welche die thätigen Gipfel des Cotopaxi und Tunguragua enthält. Er ist sowohl dort als auch in den säulig gespaltenen Gipfeln bei Popayan und in dem von A. v. Humboldt bestiegenen Vulkane von Toluca in Mexico, mit dem Andesit des Schiwelutsch fast ununterscheidbar verwandt — und dennoch schien es nun als zeige sich die Beziehung dieses Gesteines zu den aus Labrador und Augit bestehenden Massen hier auf Kamtschatka sehr verschieden, ja fast entgegengesetzt wie an der anderen Seite des grofsen Oceans. Während wir hier, an der Westseite des Oceans, das Albit- und Hornblende-haltige Gestein nur in einer Bergmasse kennen lernen, die schon durch die Form ihres Grundrisses und ihrer Durchschnitte jede Kraterbildung unmöglich macht**), die doleritischen Massen aus Augit und Labrador dagegen an Lavenvulkanen***) — so ist es doch in den Cordilleren gerade das erstere, welches die hohlen Gipfel sehr thätiger Feuerberge ausmacht, und die zuletzt genannten Gesteine erscheinen dort in derjenigen Reihe von Gipfeln die sich westlich von jenen aktiven Vulkanen erhoben und deren spätere und fortdauernde Thätigkeit nur vorbereitet hat.

In der zweiten Gegend der Erde in der man die Felsart des Schiwelutsch, bis jetzt nur allein noch ausser den Anden, ge-

---

*) Mithin ein Gestein, welches mit den Laven des Kliutschewsker Vulkanes in chemischer und mineralogischer Beziehung übereinstimmt. Vergl. unten September 10.

**) Die tieferen Horizontaldurchschnitte des hohlen Raumes oder Schlottes in einem aktiven Vulkane scheinen nämlich immer bei weitem breiter als die Gipfelöffnung oder Kratermündung derselben (vergl. über dieses Verhältnifs am Kliutschewsker Vulkane unten Sept. 9.). Eine so gestaltete Hölung unter dem Gipfel des Schiwelutsch wird aber durch die tief einschneidenden Schluchten zwischen den einzelnen Tafeln die ihn bilden, ungedenkbar.

***) In dem Mittelgebirge und wie die folgenden Erfahrungen zeigten, auch an dem grofsartigeren und fortwährend thätigen Kliutschewsker Systeme.

funden hat, nämlich in den eigentlich Kaukasischen Gipfeln des Elborus und des Kasbek, und den südlich von ihnen gelegenen transkaukasischen des Ararat, Domawent und Alaghes ist dagegen sein Verhalten gegen die doleritischen Massen übereinstimmender mit dem auf Kamtschatka beobachteten. Die Gesteine von den Gipfeln des Elborus und von dem Kasbek, die Herr Kupfer nach Petersburg gebracht hatte und welche ich daselbst sowohl mit den rein krystallinischen Abänderungen des Kamtschatischen Andesits von überraschender Aehnlichkeit fand, als auch mit denen, welche eine deutlicher abgesetzte erdige oder pechsteinartige Grundmasse enthalten — bilden Kegelberge, die zwar durch tafelförmige Absonderung und entsprechende Furchung des Mantels weit weniger ausgezeichnet scheinen als der Schiwelutsch, dagegen aber mit ihm übereinstimmen in dem wesentlichsten Charakter eines gänzlichen Mangels an Laven und geöffneten Krateren*) — und eben so ist dann auch der Andesit, der die Hauptmasse des Ararat ausmacht, ganz entschieden ohne durchsetzenden Schlott, mit dem (doleritischen) Chimborazo weit eher vergleichbar, als mit den (andesitischen) Kegeln des Tunguragua, Pichincha und Antisana, während alles was man bis jetzt in der Umgebung jener transkaukasischen Berge und an den Seiten des Kasbek für wahre Laven ausgegeben hat, sich den Augit- und Labrador-haltigen Massen weit näher anschliefst**). Dergleichen noch fortdauernde Aufquellungen von Gesteinen welche den Andesit durchsetzt haben, sind übrigens jedenfalls in jener Gegend bei weitem untergeordneter und von weit geringerer Mächtigkeit als auf Kamtschatka***).

---

*) Nach den Beschreibungen von Kupfer in Voyage dans les environs du mont Elbrous. Petersbourg 1830, und von Kolonati Besteigung des Kasbek in Arch. für wissenschaftl. Kunde von Russl. Bd. V. S. 248. Ueber das Gestein und die Formen des Domawent vergl. die Abhandlung von Woskoboinikow in Archiv für wissenschaftl. Kunde von Russl. Bd. V. S. 675. 684 u. a.

**) Vergl. Dubois de Montpereux in Bulletin de la Société géologique de France 1836, und Voyage autour du Caucase. Tom. II. et III.

***) Als eine nicht unwesentliche Eigenthümlichkeit aller Abänderungen des Gesteines vom Schiwelutsch will ich hier noch erwähnen, dafs

Auch die Seen die sich in der Rundansicht von dem höchsten Punkte den wir nun am Schiwelutsch erreicht hatten, an dem SW-Ende seines Hauptkammes und dicht vor einer kurzen Hügelkette (dem Chartschinsker Berge) zeigten, durch welche sie von dem Fufse des Kliutschewsker Vulkanes getrennt sind, und mehrere andere Seen, welche ihn — wie ein mit seiner Basis nahe paralleler und in 400—600 Par. Fufs über dem Meere gelegener Ring — umgeben*), sind mit der Entstehung dieses Berges in offenbarstem Zusammenhange. Sie scheinen die entferntesten Punkte zu bezeichnen, an denen einst seine hervorquellende Masse noch auf die Neigung der Erdoberfläche gewirkt und gehobene Stücke derselben durch Brüche, von anderen fast horizontal gebliebenen getrennt hat. Auch ist diese genetische Beziehung so auffallend, dafs die Kamtschadalen sie in den Sagen über die Schicksale ihres Landes erwähnen oder durch bildliche Wendungen nur unerheblich verstecken. Sie versichern zuerst dafs der Schiwelutsch einstmals 34 Meilen SSW-lich von hier gestanden habe, wo jetzt eine ihm gleiche Vertiefung nur mit dem Wasser des Kronozker Sees gefüllt ist**) Als er aber von unten her (durch bohrende

---

sie alle in einem gleichen und sehr geringen Grade magnetisch sind — und zwar weit mehr durch Vertheilung als durch eingesprengte polarische Theilchen. Man kann nämlich durch Stücke dieses Gesteines eine Magnetnadel nur dann bis auf beträchtliche Winkel von der erdmagnetischen Richtung ablenken wenn man dieselben an die Stelle legt, welche das eine Ende der Nadel später einnehmen soll und dann dieses mit ihnen in Berührung bringt. Aus merklicheren wiewohl noch sehr kleinen Entfernungen scheinen dagegen dieselben Stücke ganz ohne ablenkende Wirkung, auch kehrt eine auf die genannte Weise noch bei weitem nicht bis zum Maximum abgelenkte Nadel nicht von selbst zu dem ablenkenden Stücke zurück, wenn man sie nur eben erst von demselben getrennt hat und dann frei läfst. — Von den Gesteinen des Mittelgebirges sind nur einige Stellen des Lavastromes von den Baidarenbergen (S. 227.) und den schwarzen Felsen der Stolbowaja Tundra (S. 237.) auf dieselbe Weise wie die des Schiwelutsch in schwachem Grade magnetisch, die übrigen aber ganz unmagnetisch.

*) Vergl. oben S. 264. und auf meiner Karte von Kamtschatka den See aus dem die Osernaja austritt, und denjenigen aus welchem die Flüsse Altenkuig und Uka gegen O. und gegen NO. abfliefsen, bei 56°,9 Br. 159°,2 O. v. Par. und bei 56°,8 Br. 159°,3 O. v. Par.

**) Vergl. meine Karte von Kamtschatka 54°9, Br. 157°,8 O. v. P.

Murmelthiere!) beunruhigt worden, sei er ausgewandert und habe dabei von einem nahe gelegenen Berge den Gipfel abgebrochen, und mit den zwei Seen bei Chartschinsk (dem Keinatsch und Kulkalongin) die Stellen bezeichnet, an denen er auftrat, ehe er sich wieder an seinem jetzigen Orte bleibend niederliefs.

Der Kronozker See, der von steilsten und bis zu 10000 Fufs hohen Kegelbergen, von Felsprismen mit flachem Scheitel und von so steilen Abhängen gegen die östlich angränzende Ebene umgeben ist, dafs er sich nur durch einen Wasserfall, unter dem man trocken hindurchgeht, in den Krodakuig oder Lärchenflufs (Listwenischnaja rjeka) ergiefst*), scheint nun in der That auf so einleuchtende Weise ein Einsturz in ein gehobenes Erdstück und der Erfolg von einem mit der Hervorquellung des Schiwelutsch gleichartigen Ereignifs, dafs man nicht anstehen wird jene Sagen fast buchstäblich zu deuten. Es ist als ob die Tradition hier hinüber reiche in diejenige Vorzeit, in welcher der Andesit nach einander an verschiedenen Stellen von Kamtschatka, wirksam wurde und in der dann, als habe er die Halbinsel von Süden nach Norden durchwandert, die Spuren seines Weges sichtbar blieben theils in wieder eingestürzten theils in noch hervorragenden Füllungen der Spalten die er aufgerissen hatte!

Die merkwürdige Verminderung des Wasserdampfes in der Luft, die wir seit dem letzten Schneefall an unserem Zeltplatz bemerkten, bewährte sich nun auch durch die Ablesungen des Hygrometers, die ich während unseres Aufenthaltes in den höheren und

---

*) Die nördlich von dem Austritt des Krodakuig aus dem Kronozker See gelegene und vorzugsweise sogenannte Kronózkaja Sopka ist, nach den Höhenwinkeln derselben die Admiral Lütke von der See aus zuerst bei Schipunskoi Nos an einigen um nahe an 95 Seemeilen entfernten Punkten und später auch an anderen gemessen hat, die etwa 120 Seemeilen von deren Gipfen abstanden, 9955 Par. Fufs hoch, und über einer flacheren Basis regelmäfsig kegelförmig gestaltet. An der Südseite des Felsabhanges über dem sich der Krodakuig in einem hohen Bogen hinabstürzt, liegt dagegen eine jener prismatischen Felskuppen mit plattem Scheitel, welche ihren spitzen Gipfel bei dem Austritt des Schiwelutsch verloren haben soll. Vergl. Opisanie Semli Kamtschatki Tom. I. pag. 46. und F. Lütke Voyage autour du monde, Paris 1835. Tom. I. pag. 171.

und auffallend durchsichtigen Schichten erhielt. Der Niederschlag hatte sogar hier in der Nähe der Schneegränze stärker gewirkt als im Thale, und somit heute die von der Höhe abhängige Abnahme der Dampfelasticität zu einer weit schnelleren gemacht als sie bei freier Verbreitung dieses Bestandtheiles der Atmosphäre sein sollte: nicht blos wenn man dieselbe durch eine überall gleiche Temperatur möglichst begünstigt annahm, sondern auch mit Berücksichtigung der wirklich stattfindenden Differenz der Temperatur, die wir bei hinlänglich schnellem Aufsteigen und bei vierstündigem Verweilen an dem höchsten Punkte ziemlich sicher ermittelten*).

---

*) Ich fand namentlich:

Vor dem Schneefall:

Höhe üb. d. M. P. F.	Zeit.	Feuchtigkeit.	Temperatur.	Dampfelasticität.
Jelowka . . 462.	Aug. 29. 22u 14'	0,7264	+ 12°,14	4''',406
desgl. . . 462.	Aug. 29. 23 0'	0,7169	+ 14 ,60	4 ,946
desgl. . . 462.	Aug. 30. 0 41'	0,6962	+ 14 ,80	4 ,890
Zeltplatz . 2310.	Aug. 31. 18 15'	1,0000	+ 8 ,30	4 ,167
Elsengränz. 2652.	Aug. 31. 22 15'	0,9369	+ 8 ,77	4 ,066

und hiernach, wenn man mit e, t und e',t' respective die Dampfelasticität und die Temperatur an dem unteren und an dem um h Par. Fufs höher gelegenen Punkte bezeichnet und $h = C. \log. \frac{e}{e'} \left(1 + 0{,}00470 \frac{t + t'}{2}\right)$ setzt,

den sogenannten Modulus der Elasticitätsdecrescenz der Wasserdämpfe

$$C = 31204$$
$$C = 30992$$

je nachdem man die drei Jelowkaer Beobachtungen mit der vierten oder mit der fünften verbindet;

und dagegen nach dem Schneefall:

Höhe in Par. F.	Zeit.	Feuchtigkeit.	Temperatur.	Dampfelasticität.
Zeltplatz . . 2310	Sept. 1. 15u 30'	0,8813	— 0°,78	1''',671
desgl. . . 2310	Sept. 2. 20 0'	0,8813	+ 0 ,68	1 ,909
Auf d. mittl.				
Kamm . . . 4374	Sept. 2. 22 50'	0,8272	— 3 ,28	1 ,231
desgl. . . . 4938	Sept. 3. 1 5'	0,8000	— 0 ,28	1 ,588

und somit:

$$C = 12795$$

oder die Abnahme der Dampfelasticität unter den ersteren Umständen langsamer und unter den folgenden weit schneller als nach den correspondi-

So sahen wir denn auch noch in den Abendstunden als wir anfingen zu unserem Zeltplatz hinabzusteigen, das dunkele Grün der Elsen auf den Schuttabhängen der Kämme, das hellfarbige Gestein welches sie überragt und die blendend weissen Schneemassen in der oberen Hälfte des Berges überall scharf von einander getrennt, und der Himmel blieb dunkelblau und ganz unbewölkt, während der letzten Nacht die wir am Fufse des Schiwelutsch verlebten.

[September 4.]

Gegen 9 Uhr Morgens als unser Polog wieder abgebrochen und auf die Reitpferde vertheilt war, wurde auch noch die tief ausgebrannte Feuerstelle sehr sorgfältig mit feuchter Erde verscharrt. Aber viele Knochen von dem Argali und von dem Rennthiere liefs man hervorragen, als Andenken an das reiche Leben welches wir an diesem Platze geführt hatten.

Dann begannen wir unsere Rückkehr nach Jelowka und hielten uns dabei, von dem Punkte wo wir die Rennthiere trafen (S. 266.), zur Linken von der früher befolgten Richtung, und gegen das Flüsschen welches alles Wasser von der NW-hälfte des Schiwelutsch zur Jelowka führt. Wir erreichten dieses erst da wo sich der stärkere Arm, den wir früher gesehen hatten (S. 269.) auf einer Ebene, die von eckigen Trümmern der Seitenkämme ganz dicht bedeckt ist, mit spärlicheren Zuflüssen aus anderen Schluchten des Schiwelutsch vereinigt. Auf den flachen Inseln zwischen diesen Bächen bildet der Schutt einen sehr trockenen und der Sonne frei ausgesetzten Boden, auf welchem nur Jimoloststräuche (Lonicera coerulea) und hochstämmige Rosen (Rosa Camtscha-

---

renden Beobachtungen in Genf und auf dem St. Bernhard, nach denen C zwischen 25200 und 19300 variirt.

Bei der starken Veränderlichkeit welcher dieses wichtige atmosphärische Verhältniss unterliegt, fehlt es jedoch keinesweges an Erfahrungen, die sich den meinigen am Schiwelutsch anschliefsen. So folgte z. B. nach einander aus den Beobachtungen über die Dampfelasticität die Major Sabine bei drei nahe in einerlei Jahreszeiten ausgeführten Bergbesteigungen auf Madeira, auf Jamaika und auf der Insel Ascension anstellte:

$$C = 13000$$
$$C = 24000$$
$$C = 40000$$

tica, Vent.)*) wurzeln. Diese beiden Gewächse, die jetzt mit farbigen Früchten aufs herrlichste bedeckt waren, finden sich hier und auch an anderen trockenen Standorten auf Kamtschatka zu sehr malerischen Gruppen vereinigt, indem die einfachen Stämme der Rose zwischen den dichteren aber ebenfalls geradlinig aufspriefsenden Jimolostbüschen, zu schnellerem Wachsthum gezwungen werden, und sie dann mit einer schön gerundeten Krone überragen.

Man sieht rings um diese schönen Gesträuche, die hellgrauen Trümmer vom Schiwelutsch vollkommen nackt, und doch waren diese die letzten Steine die wir bis nach Jelowka auf dem jetzt gewählten Wege gefunden haben. Der Wasserlauf, den wir noch weiter abwärts verfolgten, zeigte sich gleich darauf als ein vielfach geschlängelter Wiesenbach, auf einer Ebene deren üppiges Grün nur durch die weissen Blüthen der Parnassia palustris unterbrochen wird. Er ist in diesem weicheren Boden etwas tiefer eingeschnitten aber so schmal dafs mein Pferd, in einem unbewachten Augenblicke, für gut fand eine uns entgegen tretende Krümmung desselben zu überspringen. Auch gelang ihm dieses Unternehmen ohne beträchtlichen Schaden, obgleich es im Sprunge einiges Gepäck in das Wasser abwarf und unter mir an dem anderen Ufer ziemlich tief mit den Hinterfüfsen einsank.

Wir wandten uns dann wieder in den Laubwald in der die Else vorherrscht (S. 265. 269.), welcher aber hier in der Nähe des Flusses noch häufiger von Grasfluren mit einzelnen hochstämmigen Bäumen und von Ebenen mit feuchterem Boden unterbrochen ist. Auf einer von jenen Waldblöfsen sammelten wir darauf zwanzig Fliegenschwämme, zur gröfsten Freude des älteren meiner Begleiter, der mir dabei wiederum als ein eifriger Anhänger dieses Rauschmittels, dessen Kräfte und Vorzüge anpriefs. Die entschiedensten Wirkungen dieses Pilzes auf grasfressende Thiere bestätigte er aus eigener Erfahrung, denn man finde oft wilde Renn-

---

*) Vergl. Naturhist. Atlas S. 63. so wie auch Kittlitz Vegetationsansichten u. s. w. Taf. XVII. Der schlanke und vereinfachte Wuchs scheint jedoch dieser Rosenart nur an besonders dazu auffordernden Standorten zuzukommen.

thiere die einige Fliegenschwämme gefressen haben, so betäubt, dafs man sie mit Stricken bände und dann lebend fortschaffen könne. Das Fleisch derselben berausche dann allerdings einen Jeden der davon esse, jedoch nur wenn man das Rennthier sehr bald nach der Einfangung schlachte. Die Mittheilbarkeit des narkotischen Stoffes auf diesem eigenthümlichen Wege scheint demnach nur etwa eben so lange wie deren Wirkung auf die eigenen Nerven des Thieres zu dauern. Er behauptete sodann dafs sich der Pilzrausch von der Wirkung des Branntweins gänzlich unterscheide, denn der erstere stimme die Kamtschadalen „durchaus friedlich und sanftmüthig" (skromno) und doch hätten sie gesehen dafs der Branntwein auf die Russen ganz entgegengesetzt wirke.

Man darf jedoch zur Würdigung dieser Angabe nicht vergessen, dafs sich die Sinnesart und das Benehmen der Kamtschadalen auch unter allen übrigen Umständen durch eben diese Mäfsigung und Sanftmuth aufs vortheilhafteste von der Russischen unterscheiden, und dafs ein Russischer Geistlicher der den gröfsten Theil seines Lebens in Kliutschi am Kamtschatkaflusse zugebracht hatte, mit anerkennender Bewunderung erzählte*): er habe niemals einen Kamtschadalen gegen einen anderen Scheltworte oder einen Fluch gebrauchen hören! Unzweifelhaft ist aber eine „wunderbare Erhöhung der Körperkraft" die auch der Jelowkaer wieder als eine Wirkung des Pilzrausches rühmte. „Bei der Heuerndte, sagte er, arbeite ich von Morgens bis Abends ohne Beschwerde und mit Dreien in die Wette, wenn ich einen Pilz gegessen habe." Von den verschiedenen Anwendungen des Mu-

*) An einen Bewohner von Ochozk, der mir zugleich mit dieser Aussage auch andere Beweise von der liebenswürdigen Gemüthlichkeit der Kamtschadalen mittheilte, welche ich jetzt aus eigener Erfahrung weit vollständiger kenne. — Was die Einwirkung des Muchamor auf die Russen betrifft, die aber immer unmäfsig davon afsen (und namentlich bis zu zehn Pilzen, während ich die Kamtschadalen nie mehr als zwei dergleichen gebrauchen sah) — so erzählt schon Krascheninikow einige Fälle, in denen die heftigste Aufregung, mit einer Wuth des Berauschten gegen sich selber geendet hat. So sollen nachdem sie viele Fliegenpilze gegessen hatten, ein junger Kosak von Bolscherezk nur mit Mühe abgehalten worden sein, sich den Bauch aufzuschlitzen und ein anderer sich wirklich, und zwar durch Castration, getödtet haben.

chamor erklärte er die einfachste für die beste, bei welcher man denselben getrocknet und roh verschlinge und dann kaltes Wasser nachtrinke (unten Sept. 5.). Die Russen von Kliutschewsk, welche wie er sagte ganze Pferdeladungen dieses kostbaren Gewächses sammeln, bereiten dagegen durch Abkochung derselben mit Wasser einen Extrakt, dem sie durch Vermischung mit verschiedenen Beerensäften seinen äusserst widerlichen Geschmack zu benehmen suchen.

Gegen Abend erreichten wir eine von der Waldung umgebene Tundra oder feuchte Ebene, die überall mit Heidelbeeren bedeckt war, und sahen an dem entfernteren Rande derselben einen Bären von seltener Gröfse. Wir ritten darauf vorsichtig zwischen den Bäumen bis an jene Seite der Ebene, und liefsen unsere Pferde hinter dichtem Weidengesträuch, in welchem wir, nachdem wir uns schussfertig gemacht hatten, dem grofsartigen Wilde bis auf zwanzig Schritt anschlichen. Ich sah nun wie er, mit der linken Seite gegen uns gewandt, und auf den Hinterfüfsen sitzend mit den vorderen Tatzen Heidelbeeren abstreifte und haufenweise zum Maule führte. Dann bewegte er sich läfsig nur einige Schritte und begann dasselbe Geschäft mit dem früheren Eifer. Er wurde darauf zu mehreren Malen angerufen, zeigte sich aber dabei so kaltblütig, dafs er unser plötzliches Lärmen anfangs gar nicht beachtete, und dann nachdem er den Kopf gegen uns gewandt und mit einigem Grunzen geantwortet hatte, wieder fortfuhr zu fressen. Man schliefst hier von dem Selbstvertrauen welches die Bären bei dieser üblichen Begrüfsung zeigen, auf ihre Kraft und Wildheit und meint namentlich dafs die schreckhaften, jüngeren, selbst wenn man sie anschiefst, entfliehen, während jeder kaltblütige Bär sich auch stark fühle und den Schützen jedesmal aufsuche, um sich nachdrücklich an ihm zu rächen, sobald er anders als tödtlich verwundet wird (vergl. unten Sept. 12. Sept. 25. u. a.). So hielten denn auch die Jelowkaer den jetzt vor uns stehenden, für einen der allergefährlichsten, und erklärten dafs wir mit nur zwei Wintowki durchaus nicht wagen dürften, auf ihn zu schiefsen. Wir trennten uns daher, nachdem wir einander noch einige Zeit lang friedlich angesehen hatten, und lagerten uns zur Nacht bei einem Feuer, welches wir nahe bei diesem Platze und an dem genannten Zuflusse der Jelowka anlegten.

Ich fand hier diesen Bach selbst in der Mitte nicht über 8 Zoll tief. Seine Wassermasse scheint somit, nachdem er schon längst Alles aufgenommen hat was ihm vom Schiwelutsch zukömmt, der Gröfse dieses Berges und dem Schneereichthum auf demselben durchaus nicht zu entsprechen. Sie ist vielmehr der Annahme günstig, dafs auch hier, wie in anderen durch mächtige vulkanische Durchbrüche ausgezeichneten Gegenden, viele unterirdische Abflüsse der Niederschläge stattfinden, und wohl namentlich bis zu den Seen welche den Schiwelutsch so regelmäfsig umgeben*).

Trotz der Kleinheit dieses Baches steigen aber, wie meine Begleiter versicherten, im Spätherbst und Winter ganze Schaaren von einer der gröfsten Lachsarten, dem Kisutsch oder Salmo Callaris (S. 255.), bis in die obersten und nie gefrierenden Theile desselben. Man beschrieb mir bei dieser Gelegenheit auch eine der Europäischen durchaus ähnliche Netzfischerei, welche die Jelowkaer im Herbste, nachdem sie die Sapori schon abgebrochen haben, und daher eben nur gegen den Kisutsch ausführen, der in den Flüssen überwintert, die Anwohner der Kamtschatka aber auch den ganzen Sommer über, gegen andere der aufsteigenden Fischarten. Sie wird mit dem Russischen Worte plawatj d. h. schiffen oder treiben bezeichnet, und besteht darin dafs man sich des Abends mit zwei Batti stromaufwärts stöfst und dann abwärts treiben läfst, nachdem man zwischen beiden Fahrzeugen ein Wandnetz queer über den Flufs gespannt hat, an welchem eine Seehundsblase als Schwimmer gebraucht wird. Man soll auf diese Weise die ganze Nacht über treiben, so dafs das Netz erst bei Tagesanbruch und daher nur einmal bei einem jeden solchen Unternehmen gehoben wird; auch versicherten sie ausdrücklich, dafs eine gewisse Dunkelheit zum Gelingen dieser Fangart nöthig sei, weil die Lachse sonst vor dem Netze ausweichen. Die Nachtstunden

*) Dieselbe Erscheinung findet sich namentlich am Chimborazo nach A. v. Humboldt in Schumacher Astron. Jahrb. für 1837. S. 184, in dem Kamtschatischen Mittelgebirge, auf welchem man viele der gröfseren Seen ohne sichtbare Verbindung mit den höheren Gipfeln findet und wohl auch an dem Fufse der Transkaukasischen Andesitgipfel, nach Abich's Schilderung in Archiv für wissenschaftliche Kunde von Russland Bd. VI. S. 142.

seien daher für dieselbe die günstigsten; bei trübem Wasser gelänge sie jedoch auch am Tage. Die Netze der Jelowkaer bestehen ausschliefslich aus Brennesselbast (Krapiwnuija sjéti) und sollen, bei dem seltenen Gebrauche, der von ihnen gemacht wird, meist 10 Jahre lang dienen, dennoch aber weit weniger dauerhaft sein als hanfene*). Um diese beneideten daher meine Begleiter die Russischen Bauern von Kliutschi und versicherten auch dafs sie sich gern mit dem Hanfbau beschäftigen würden, wenn sie nur, wie jene begünstigteren Nachbarn, mit Samen und einigen Ackergeräthen versorgt würden.

Die Birken die wir gegen das Ende unseres heutigen Weges fanden, hatten viele geröthete Blätter, die auch schon in ziemlicher Menge abficlen. Auf dem Hinwege zum Schiwelutsch sahen wir sie noch durchaus grün und man hatte daher für diese Gegend die Entlaubung der Birken etwa auf den 5. September zu setzen. Im vorigen Jahre erlebte ich dasselbe Vegetationsstadium in einer etwa 3° nördlicheren Gegend am Ural (bei Bogoslowsk vergl. l. l. S. 388.) erst am 16. Sept., und mithin an einem Tage dem dort eine beträchtlich niedrigere Lufttemperatur zukömmt, als dem 5. Sept. in der hiesigen Gegend. Es ist als ob die Birke in dem Theile der Erde der ihr ganz besonders zusagt (im östlichen Europa und in West-Sibirien), auch noch unter etwas ungünstigern Bedingungen zu leben fortfahre als an ihren übrigen Standorten**).

---

*) Krascheninikow versichert dafs man vergebens versucht habe, auf Kamtschatka die in Russland üblichen Sacknetze (néwodi) anstatt der sjéti oder einfachen Wandnetze anzuwenden „denn die ersteren seien von der ungeheuren Menge von Fischen, die darin eingehen, gerissen, so fest und stark man sie auch gestrickt habe“ (Opisanie semli Kamtschatki Tom. II. pag. 311.

**) Zu Sept. 5. gehört:

bei Tigilsk	57° 45′,9 Br.	+ 8°,4 Lufttemp. (ob. S. 178 Anm.)
bei Petropaulshafen	53° 0′,4 Br.	+ 9°,6 Lufttemp.
und mithin hier bei	56° 46′ Br. etwa	+ 8°,6 Lufttemp.

Bei Bogoslowsk ist dagegen die Lufttemperatur für Sept. 16. oder für die Entlaubung der Birken bis jetzt zu + 6° anzunehmen, nach Beobachtungen, welche für

Auch Gesträuche von Pinus cembra waren auf dem letzten Theile unseres Weges, der bis nahe an die Gränze der höheren Nadelwaldung (P. larix und P. abies oben S. 265.) reichte, wieder häufig geworden und mit ihm zugleich der nordische Nussheher (Corvus Caryocatactes) der hier Kedrowka d. h. der Zeder- oder Zirbelvogel genannt wird. Auch begegnet man ihm auf Kamtschatka überall in der Nähe der Zirbelgebüsche, wenn er scheu und vereinzelt aus einem Dickicht in ein anderes fliegt*).

[September 5.]

Gegen 7 Uhr Morgens als wir, nordwärts von unserem Nachtlager, an die erwähnte Tundra geritten waren, fanden wir auf derselben wieder einen Bären, der sich indefs weit scheuer als der gestern gesehene zeigte. Er schien uns schon aus bedeutender Entfernung bemerkt zu haben, und entfloh dann auch im Trabe, während wir uns ihm, eben so vorsichtig wie jenem anderen, bis auf Schufsweite anzuschleichen suchten. — Bald darauf bemerkte ich mit Erstaunen dafs wir in der dichten Lärchenwaldung, die uns nun wieder umgab, einem schmalen und geradlinigen Pfade folgten, auf welchem das Unterholz und die hohen Kräuter gerade so wie auf einem äusserst belebten Reit- oder Fufswege zerbrochen und ausgerottet waren. Auf meine Frage nach dem unerwarteten menschlichen Verkehr, auf den dieser Anschein zu

---

1841 Sept. 16. + 5°,2
1842 Sept. 16. + 4 ,7
1843 Sept. 16. + 8 ,3

ergeben, deren Mittel aber durch spätere Fortsetzung von dem Einflusse eines offenbar anomalen Jahres (1843) freier und dadurch noch kleiner werden dürfte. Auch bei Brüssel, wo dasselbe Vegetationsstadium erst auf Nov. 3. fällt, trifft es mit einer Lufttemperatur von + 6°,4 zusammen d. h. mit einer um mehr als 2° niedrigeren als auf Kamtschatka.

*) Ich habe diesen Heher später einmal (1844 im Frühjahr) auch in niedrigen Gegenden von Norddeutschland, wo er in gewöhnlichen Jahren spurlos fehlt, einige Wochen lang fast eben so häufig und dabei weit weniger scheu gefunden als auf Kamtschatka. Offenbar in Folge eines jener unregelmäfsigen Züge desselben, die auch Pallas erwähnt, und welche er einem Misswachs der Zapfen des Nadelholzes an seinen gewöhnlichen Wohnplätzen zuschreibt.

deuten schien, erwiederten aber die Jelowkaer, dafs hier Niemand von ihnen oder von ihren Nachbarn gehe oder reite, und dafs vielmehr der Weg auf dem wir uns nun befänden, „nur von den Bären angelegt und ausgetreten sei, die auf ihm seit Ewigkeit (wjetschno) und stets genau hinter einander hin und zurückzögen von der fruchtreichen Tundra, an das nächst gelegene Ufer der Jelowka". Ich wollte anfangs an diese Angabe nicht glauben, wurde aber aufs vollständigste von ihrer Richtigkeit überzeugt, während wir fast 3 Meilen weit, von 7 Uhr Morgens bis um Mittag, theils auf jener merkwürdigen Fährte theils im Angesicht derselben ritten. Dafs sie weder von Menschen noch von Pferden herrühre, bewiesen mir meine Begleiter, als wir mehrmals auf ihr an grofse runde Sümpfe geführt wurden, und an andere eben so gestaltete und nur mit Riedgräsern und andren Wasserpflanzen überwachsene Seen. Diese waren für uns aufs entschiedenste unwegsam, und dennoch sah man, während wir sie im Bogen umritten, die Strafse die wir verlassen hatten geradlinig fortgesetzt, durch den braunen und halbflüssigen Sumpf und durch die Pflanzenschäfte die gerade auf ihr so zerbrochen und zur Seite gebogen waren, dafs der Wasserspiegel glänzend hindurchschien. An dem anderen Ufer solcher Laachen fanden wir aber stets jene Strafse aufs regelmäfsigste verlängert und folgten ihr von neuem bis sie abermals in eine bodenlose Strecke einschnitt. Sodann veranlafsten mich aber auch meine Begleiter vom Pferde zu steigen, um die Entstehung des fraglichen Pfades bei näherer Ansicht weit bestimmter zu erkennen. Ich fand nun überall auf ihm: einen schwärzlich blauen mehr oder weniger erhärteten Brei, in dem man unzählige Samenkörner von Empetrum und von Vaccinien erkannte und welcher sich stets in einem schlangenförmig gewundenen Streifen ausgegossen zeigte. Ich würde darin, auch ohne die ausdrückliche Erklärung der Kamtschadalen, die Losung eines vom heftigsten Durchfall betroffenen Thieres erkannt haben das, wie die Hunde in ähnlichen Fällen, in Schlangenlinien fortgeschritten war während es sich ausleerte. Meine Begleiter fügten aber zu diesem unzweideutigen Documente noch hinzu, dafs sich ein jeder ihrer Bären während der Sommermonate im regelmäfsigsten und beneidenswerthesten Wechsel mit dem Sammeln und mit dem Fangen der Fische an der Jelowka und mit der Fruchtlese auf der Tundra beschäftige. „Auf dieser fresse er ohne Unterlafs Tschiktscha (Empetrum) und Heidelbeeren, bis der Durchfall den sie ihm bringen, am heftigsten werde. Dann sei aber auch schon die rjabina (die Frucht der Ebereschen) gereift, die er im Herbste zur Stärkung seines Darmes (tschob' ukrjepit brjuchu) eben so eifrig gebrauche.“

Das linke Ufer der Jelowka erreichten wir um Mittag noch unterhalb der Ortschaft und ritten zuletzt wieder in der Nähe derselben in einem herrlichen Gehölze aus Weiden und hochstämmigen Pappeln. Zu unserer Linken lag zwischen dieser Waldung und dem Flusse, ein Strand aus feinen Geröllen und auf diesem viele flache und abgeschlossene Tümpel, die seit dem Austritt der Frühjahrswasser gefüllt blieben. Auch diese waren, wie das Ufer der Jelowka, noch jetzt mit einer erstaunlichen Menge von abgestorbenen Fischen bedeckt und umgeben, und wir sahen um ihnen die Fährten vieler alten und jungen Bären, die hier erst in der letzten Nacht die erste Hälfte ihrer täglichen Mahlzeit gefunden hatten.

Die Wohnungen von Jelowka liegen auch nach dieser Seite zwischen üppigen Ufergehölzen so verborgen, dafs wir die thurmähnlichen Grasdächer der Balagane erst erblickten als wir ihnen gerade gegenüber waren, und dann sogleich zu den bewillkommnenden Freunden übersetzten.

Sie empfingen uns mit Glückwünschen über das Gelingen unseres Unternehmens, an dem sie gezweifelt hatten, weil unterdessen, und an denselben Tagen in denen wir den frühzeitigen Schneefall auf dem Schiwelutsch erlebten, ein weit gefährlicheres Unwetter auf dem Mittelgebirge geherrscht hatte. Einige Jelowkaer hatten, zugleich mit meinen früheren Begleitern die nach Sedanka zurückkehrten, eine Reise nach dieser Gegend unternommen. Sie waren aber unverrichteter Sache schon wieder hier eingetroffen, nachdem eine Purga oder ein winterlicher Schneesturm sie von einander getrennt und sogar über das Schicksal der Sedankaer im Ungewissen gelassen hatte. Nur die bedeutende Ausdehnung des dortigen Gebirgslandes und die Ansammlung der Tagewasser auf den hohen Ebenen und in den Seen desselben scheint auf ihm die Stürme und andere Unterbrechungen des atmosphärischen Gleichgewichtes so seltsam zu verstärken, denn der Pass nach Sedanka liegt doch kaum an einigen Punkten etwas höher als unser Zeltplatz am Schiwelutsch (vergl. oben S. 231. 238. 270.) und dabei kaum halb so hoch als der letzte Punkt den wir an dieser isolirten Gebirgsmasse bei eben jenem gefährlichen Wetter erreichten, und in weniger als ein Viertel von der Höhe ihrer uns nahe gelegenen Gipfel!

Obgleich wir uns aber durchaus keiner seltsamen Abenteuer sondern nur etwa einiger Anstrengungen zu rühmen hatten, so belohnte sich doch unser alter Jäger auch für diese mit den Genüssen eines Rausches. Er vertauschte sogleich nach unserer Ankunft einige von den Fliegenpilzen die wir gesammelt hatten, gegen getrocknete, von denen er sodann drei kleine Stücke (anderthalb Pilze) nicht ohne Mühe verschlang und mit Wasser hinunterspülte. In frischem Zustande ist der Muchamor so klebrig und von so lokkerem Gefüge, dafs man ihn kaum verschlucken kann ohne zu kauen. Der ekelhafte Geschmack desselben soll aber eben dadurch so störend werden, dafs man es für unmöglich hält, eine wirksame Menge desselben auf diese Weise zu bewältigen. — Die Selbstüberwindung mit der man hier eine angenehme Aufregung erkauft, erscheint aber noch auffallender, wenn man sieht wie sich diese erst lange nach dem Gebrauche des Rauschmittels und gewiss nicht ohne beschwerliche Uebergänge einstellt. So zeigte sich wohl eine Stunde nach dem er die Pilze gegessen hatte, durchaus kein Einfluss auf die Stimmung unseres Freundes, und dann sagte er mir dafs er sich ruhig niederlegen und bis zum anderen Morgen schlafen müsse, um theils schon im Traume, theils nach dem Erwachen am folgenden Tage, die angenehmsten Dinge zu sehen.

Ich erhielt endlich noch in den letzten Stunden meines Aufenthalts bei Jelowka einige längst gehoffte Aufschlüsse, über die Gesteine die einst von den vulkanischen Massen des Mittelgebirges und des Schiwelutsch gespalten und durchbohrt worden sind. Sie bilden auch jetzt noch überall in den Thalsohlen zwischen den Gipfeln jener hervorgequollenen Berge die festere Erdoberfläche, wiewohl sie aus einer uralten und üppigen Vegetationsdecke nur an wenigen Punkten hervorragen. — Man sieht diese Gesteine zuerst in unzähligen Geröllen, welche durch die Zuflüsse die von O. und

NO. in das linke Ufer der Jelowka münden in diesen Hauptfluss der Gegend gelangt sind, und die nun, einige Werst oberhalb des Ortes, einen breiten Strand um denselben bilden. Der Uikoal und ein anderes am südlichen Fufse des Adlernestes (S. 241.) entlang gehendes Wasser, die 4,2 Meilen nördlich und 8,6 Meilen NNO-lich von dem Hauptgipfel des Schiwelutsch entspringen, und die etwa 3 Meilen lange Strecke des Laufes der Jelowka, welche die Mündungen dieser beiden Zuflüsse trennt, begränzen daher den Raum von etwa 10 Quadratmeilen Oberfläche aus welchem diese wichtigen Dokumente herstammen*). Ich fand nun hier neben, schon seltneren und vereinzelter vorkommenden, Trümmern der rauchgrauen augithaltigen Laven und Felsmassen und der ziegelrothen Schlacken des Mittelgebirges, zum erstenmale auf Kamtschatka einen Granit**). Er ist von mittlerem Korn und besteht aus vorwaltendem weissen Feldspath, wenigem graulich weissen Quarz und schwarzem Glimmer. — In anderen Stücken geben ihm kleine Hornblendkrystalle ein Sienitisches Ansehen und scheinen auf Uebergänge zwischen diesem Granit und zwischen einem Diorit-porphyr zu deuten, welcher unter den Geröllen derselben Gegend des Jelowkathales bei weitem überwiegt.

Es liegen in diesem sehr gedrängt neben einander Krystalle von weissem, wenig durchscheinenden Albit und von schwarzer Hornblende. Die Albitkrystalle sind von ziemlich gleicher Gröfse, von 1 bis 2 Linien Länge, die Hornblendkrystalle dagegen von sehr verschiedener Gröfse: theils sehr dünn und kurz, theils einen halben Zoll lang und eben so breit. Die hellgraue Grundmasse ist in diesem Porphyr meist in so geringer Menge vorhanden, dafs man sie in einzelnen Stücken desselben leicht übersehen könnte. Doch findet sich auch hier eine Abänderung desselben, in welcher die gröfseren Krystalle viel weiter von einander liegen und in der man dann das umgebende graue Mittel, bei stärkerer Vergröfserung, für ein Gemenge aus äusserst feinen matten

*) Vergl. meine Karte von Kamtschatka u. s. w. Berlin 1838.

**) Die Fossilien in den hier zu erwähnenden Gesteinen werde ich wieder nach den Bestimmungen von Herrn G. Rose aufführen.

und röthlich schwarzen (Hornblende) Körnern mit weissen glasglänzenden erkennt. Uebereinstimmend mit diesem Ansehen zeigt das specif. Gewicht dieser Gesteine sehr deutlich, dafs ihre Grundmasse Quarzkörner oder doch freie Kieselerde enthält, indem dieselbe durch ihren Zutritt die Dichtigkeit des Gemenges aus Albit und Hornblende verringert. So fand ich namentlich:

die zweite der eben genannten Abänderungen: 2,5717 Mal

und dagegen die erste mit weniger Grundmasse: 2,6148 Mal

dichter als Wasser von + 12° Temperatur — auch erklärt sich durch eben diesen Umstand das noch gröfsere specif. Gewicht eines äusserst feinkörnigen Diorites und eines ganz dichten hellgrünen Aphanites, von denen man sowohl Bruchstücke in der Jelowka als auch schöne anstehende Wände zu beiden Seiten derselben, von nahe unterhalb der Ortschaft bis etwa 10 Werst weit in derselben Richtung längs dieses Flusses, findet (Sept. 6.). Der erstere ist ein krystallinisches Gemenge aus sehr kleinen Körnern von weissem Albit und grünlich schwarzer Hornblende, zwischen denen man auch noch einzelne Quarzkörner erkennt. Sein specif. Gewicht beträgt 2,6704 und übertrifft daher das der porphyrischen Abänderungen des Diorites, während es gegen das specif. Gewicht des grünen, äusserst spröden und feinsplittrigen Gesteines (Aphanit) mit dem man es nach seinem Vorkommen in an einander gränzenden Felsen von ganz gleichem Ansehen für identisch halten würde, noch bedeutend zurückbleibt. Ich fand dieses gegen die genannte Einheit: 2,8669 — woraus man offenbar auf ein starkes Ueberwiegen der Hornblende über den Albit in den derben und quarzfreien Theilen der Gebirgsart zu schliefsen hat*). Ich bemerke noch dafs von den eben erwähnten Gesteinen der Granit und die beiden Abänderungen des Dioritporphyres deutlich magnetisch, der feinkörnige Diorit und der Aphanit aber ganz unmagnetisch sind.

*) Sie scheint dem specifischen Gewichte nach von gleicher Zusammensetzung mit einem Gemenge aus 0,89 Hornblende mit 0,11 Albit. Einen etwas dunkelgrüneren und noch weit schwereren Aphanit (von 2,9956 gegen Wasser von + 12°) habe ich später unter ganz ähnlichen Lagerungsverhältnissen in der Südhälfte von Kamtschatka kennen gelernt. Vergl. unten September 26.

Auch hier ist also der Theil der Erdoberfläche durch welchen die vulkanischen Massen des Schiwelutsch und des Mittelgebirges hervorbrachen, schon in einer der ersten geologischen Perioden von plutonischen Gebirgsarten eingenommen worden, darauf aber von den Niederschlagsgesteinen, die sich in den späteren Perioden bildeten, fast überall unbedeckt geblieben; denn die Diorite der hiesigen Gegend zeigen sich in ihrer Zusammensetzung und in den Verschiedenheiten ihrer Textur und ihres Ansehens ganz übereinstimmend mit denjenigen, welche fast an jedem Nordasiatischen Gebirge (vom Ural bis zum Aldan und bis zur Ochota) die ältesten Transitionsschichten (die Silurische oder Grauwacke-Formation) theils unmittelbar nach deren Entstehung durchbrochen, theils auch, wie in den Aldanischen Bergen, sie schon während ihrer Bildung in seltsame krystallinische Gesteine verwandelt haben*). Der eigentliche Granit scheint dagegen hier wiederum wie am Ural und wie in den Gebirgen der Ostküste des Continents — unter diesen ältesten plutonischen Massen der Halbinsel von sehr untergeordneter Ausdehnung — und dennoch hatten diese hier, so wie der Granit in vielen anderen Gegenden der Erde, nicht eine Gebirgskette gebildet, sondern die breitere und nur wenig hervorragende Ebene, über die sich spätere Gesteinsausbrüche erhoben und welche noch jetzt durch mächtige Lavenströme die unter ihr fortwirkende Schmelzhitze zu erkennen giebt. So wie das Granitplateau im mittleren Frankreich durch die Trachyte des Montdor und Cantal, und der von dem Aegäischen Meere bedeckte Granit durch die vulkanischen Kuppen des Griechischen Archipel durchbrochen wurden, so hatten auch hier der Andesit des Schiwelutsch, und die augithaltigen Feldspathgesteine und Laven welche das Mittelgebirge bildeten, nur krystallinische Massen über sich**), die mit dem

*) Vergl. I. 1. S. 379. u. a. I. 2. S. 370. 379. u. f; oben S. 95. und über die geognostischen Verhältnisse von Nord-Asien, in Archiv für wissenschaftl. Kunde von Russland Bd. II. S. 741 u. f. Bd. III. S. 172 u. f. Ich will hier noch bemerken, dafs der Hornblende führende Euritporphyr von der Ochota den Kamtschatischen und Uralischen Dioriten auch noch durch sein specif. Gewicht von 2,6951 gegen Wasser von + 12° Temperatur sehr nahe tritt.

**) Für den Schiwelutsch ist dieser Umstand ohne weiteres klar,

ersteren (dem Andesite) in ihrer Zusammensetzung aufs merkwürdigste übereinstimmten. Es wird eben durch diesen Umstand äusserst wahrscheinlich, dafs sich von den vulkanischen Bergen auf Kamtschatka der Schiwelutsch und die ihm ähnlichen Andesitgipfel am frühesten erhoben haben, und zwar durch dieselbe Ausdehnung beim Erstarren, die in den ältesten Epochen der Erdbildung sehr breite (Granit- und Diorit-) Gebirge erzeugte, in den späteren aber nur hohe Kämme und Gipfel an den einzelnen Punkten unter denen sie eine concentrirtere Wirkung ausübte.

Die aus Labrador und Augit bestehenden Massen sind dagegen aus gröfserer Tiefe hervorgedrungen, und zwar zuerst in der westlich vom Schiwelutsch gelegenen Kette von vulkanischen Bergen (dem Mittelgebirge), in welcher neben Laven aus jenen Fossilien auch die krystallinischen Abänderungen derselben vorkommen, die sich durch ihre hellgraue Färbung und das Ueberwiegen ihres feldspathigen Bestandtheiles den Trachyten anschliefsen, und dann erst in den isolirten, ungleich höheren und noch thätigen Kuppen der Ostreihe der Halbinsel*).

Man hat es oft, und namentlich in den Trachytgebirgen der Auvergne und des Velay, als ein Zeichen der jüngeren Entstehung vulkanischer Kegel betrachtet, wenn sie unbedeckt und dadurch von so frischem Ansehen geblieben sind, dafs selbst noch die äusseren Formen ihren eigenthümlichen Ursprung verrathen, und in

---

indem die Thonschichten, die seinen Fufs an einigen Stellen umgeben (S. 270.) und welche jetzt auch Andesittrümmer enthalten, wohl erst gleichzeitig mit ihm jedenfalls aber nur durch sehr späte und lokale Anschwemmungen entstanden sind. Aber auch die Kreide- und Tertiärschichten der Westhälfte von Kamtschatka fehlen sowohl östlich von dem Mittelgebirge, als auch auf demselben so entschieden, dafs sie offenbar niemals bis auf das ältere krystallinische Plateau, welches die vulkanischen Massen dieser Gegend durchbrachen, sondern nur bis an den Westrand desselben gereicht haben.

*) Von den nahe verwandten Gesteinen des Mittelgebirges unterscheiden sich die der thätigen östlichen Vulkane zunächst durch eine stets blasige und daher wahrhaft lavische Textur, sodann aber auch durch den Umstand, dafs der Augit in dem amorphen Theil ihrer Masse überwiegt und der Labrador nur in eingeschlossenen Krystallen vorkömmt, während gerade das entgegengesetzte Verhalten in dem Mittelgebirge die hellere Färbung der trachytähnlichen Dolerite herbeiführt (oben S. 227. 232. und Sept. 10 u. f.)

der That scheint dieser Umstand zu dem Schlusse zu berechtigen, dafs dergleichen Berge selbst diejenigen grofsartigeren Zersetzungen und Meeresbedeckungen noch nicht erlebt haben, durch welche die jüngsten Tertiärschichten entstanden. Der Schiwelutsch besitzt nun aber in so hohem Mafse jenes unveränderte Ansehen, und seine Beziehungen zu der umgebenden Ebene sind so vollständig dieselben, welche im Augenblicke seines Hervorquellens stattfanden, dafs auch auf seine Entstehung keine einzige jener allgemeineren Umgestaltungen der Erdoberfläche gefolgt sein kann. — Von jenen drei Epochen der nachweisbaren vulkanischen Aktionen auf Kamtschatka: den Andesiteruptionen, der Thätigkeit des Mittelgebirges und der Entstehung der jetzt wirksamen Kegelberge der Ostreihe, wäre aber demnach keine einzige für älter als das Tertiärgebirge zu halten — und es lassen sich die Trümmer vulkanischer Fossilien welche in der Westhälfte der Halbinsel in dieser Gruppe der geschichteten Formationen, ja sogar in den jüngeren Kreideschichten vorkommen*), nur durch eine vierte und frühere Klasse von Eruptionen erklären, die wohl mit den Mandelbildungen der Westküste zusammenhing, von welcher aber viele andere und entschiedenere Schmelzungsprodukte jetzt längst unter dem Meere begraben sind.

*) Jedoch nicht in den älteren Kreideschichten (oben S. 154. 215.)

XIX. Abschnitt.

Schifffahrt bis zum Dorfe Kliutschi und Besteigung des Kliutschewsker Vulkanes.

[September 6.]

Bei hellem und mildem Wetter schiffte ich heute, von 10 Uhr Morgens bis Sonnenuntergang, mit drei Männern von Jelowka stromabwärts, durch eine äusserst stille und reizende Landschaft. Wir bestiegen eines der stattlicheren Fahrzeuge, die man hier bei Thalfahrten mit umfangreichen Ladungen gebraucht, so wie auch um vieles Hausgeräth und die Frauen und Kinder nach den Fischplätzen an den Mündungen oder von diesen zurück in die Winterwohnungen zu befördern. Es sind die von den Russen sogenannten parómi oder Prame, deren tragender Theil aus zwei Batti oder Kähnen aus Pappelstämmen besteht. Man bindet zuerst diese, parallel zu einander und in 8 bis 10 Fufs Abstand, an einige queer über ihre Borde gelegten Stangen und bedeckt dann den ganzen Raum zwischen den Kähnen und die Hölung derselben, wie mit einer Brücke, mit einem leichten aber überall gangbaren Geflechte aus grünenden Weidenzweigen. Nur die vier Spitzen der Batti ragen hinten und vorne unter diesem Verdecke hervor und sind für die Ruderer bestimmt, während die übrigen Reisenden auf erhöhten Sitzen zwischen dem Gepäck die Mitte des Fahrzeuges einnehmen. Die Lenker oder Ruderer auf diesen Schiffen die sich (wie auf den Batti und demnächst auch auf den Narten und bei den hiesigen Pferdekaravanen) mit einem Kamtschatischen Worte Kajuchtschiki nennen, gebrauchen auch bei der Thalfahrt sowohl die früher erwähnten Stofsstangen (S. 140. 200.) als auch, an tieferen Stellen des Flusses, sehr kurze Ruder, mit denen sie das Fahrzeug vor dem Anstofse an vorragende Steine und Baumstämme schützen.

Gleich unterhalb der Ortschaft und bis etwa 10 Werst von derselben lagen neben uns, bald nur am rechten bald auch am linken Ufer der Jelowka, senkrechte Felswände, die kaum 50 Fufs hoch sind, aber durch die scharfe Zerklüftung ihres ungeschichteten Gesteines an Granitmassen erinnern. Sie bestehen doch gänzlich aus dem spröden und schwer zersprengbaren Grünsteine (dem Aphanit und dem grünlichen feinkörnigen Diorit) die schon weiter oberhalb unter den Flussgeröllen vorkommen (S. 314.). Ein üppiger Baumwuchs ragt übrigens auch hier von der Landseite über diese Felsen, die wohl nur gegen das Thal so tief und deutlich durchschnitten sind. — Dann kamen wir zwischen noch höhere Wände von weissem sandigen Letten die, oft noch weit über ihrer Mitte, einzelne horizontale Lagen von groben runden Geröllen umschliefsen. Wie die Ausfüllung kleiner Mulden zwischen den Tertiärschichten am Tigil, und wie der 40 Fufs hohe Abhang an der Westküste der Halbinsel (S. 201. 205. 153.), so sind auch diese mächtigen Ablagerungen durch jüngste Wasserbedeckungen oder Fluthen entstanden. Auch zeigt sich hier dafs diese Schichten erst nach der jetzigen Gestaltung der Oberfläche festerer Gesteine abgelagert wurden, indem sie nur die breiten Schluchten derselben vollständig ausgefüllt und viele Felsrippen zwischen ihnen unbedeckt gelassen haben*).

---

*) Die in das Jelowkathal ausmündenden Sand- und Trümmerschichten hangen offenbar mit den weit dünneren aber gleichartigen Ab-

In einem senkrechten und mauerähnlichen Abhang eines solchen Sandhügels am linken Ufer sah ich hier viele Hunderte von den bekannten Bohrlöchern welche die Erdschwalben (Hir. riparia) bis zu ihren Nestern führen. Jetzt war aber kein einziger von diesen Vögeln zu sehen, auch wufsten meine Begleiter dafs sie alle schon fortgezogen und dafs auch die rothbauchigen Hausschwalben, die ich in der letzten Woche nirgends mehr bemerkt hatte, nun „schon von den meisten Orten ausgewandert seien“ *).

In der Waldung, die sich bald darauf an flachen Stellen der Ufer wieder bis hart an den Fluss erstreckte, habe ich hier zuerst auf der Halbinsel den Traubenkirschbaum (Prunus Padus) bemerkt. Die kleinen röthlich-schwarzen Früchte desselben (tscherjumchi der Russen) die in langen und dicht gedrängten Büscheln an den oberen Zweigen hängen, sind auch hier, wie bei den Basch-

lagerungen zusammen, die wir hinter ihnen am Fufse des Schiwelutsch kennen gelernt hatten (S. 270.). Auch ist an dem linken dem Schiwelutsch zunächst gelegenen und mit ihm zusammenhangenden Ufer der Jelowka der Durchschnitt dieser Schichten immer weit höher als am rechten.

*) Von dem Glauben an einen Winteraufenthalt der Schwalben unter dem Wasser, der bei den Russen in Ochozk eben so allgemein ist wie in Deutschland und für welchen mir auch dort ein Augenzeuge anführte, dafs er einmal boi dem ersten Fischfang im Frühjahr mit dem Netze einige Schwalben aus dem Wasser gezogen habe, die mit ihren Zehen seltsam verkettet waren und fest zusammenhingen, fand ich bei den Kamtschadalen keine Spur. Man spricht vielmehr hier aufs entschiedenste von den Zügen dieser Vögel. Dafs diese aber von einander nahe gelegenen Punkten einer Landschaft nicht ganz gleichzeitig ausgehen, sondern von Seen die mit Wiesen umgeben sind, oft um mehrere Tage später als aus den trockenen Ebenen, habe ich auch in Europa oft bemerkt. Man kann demnach auch: den Anfang des September mit gehöriger Sicherheit für die Zeit des Abzuges der Hausschwalben (und etwa die letzte Woche des August für den der Erdschwalbe) aus den meisten Gegenden dieser Zone von Kamtschatka annehmen. Dem ersteren entspricht aber hier nach den Tigilsker Beobachtungen, eine Tagestemperatur von 10°,0 (S. 178.), welche mit den in Europa bei dem Abzuge der Hausschwalbe beobachteten (10°,9 bei Paris, und etwa, wiewohl noch mit geringerer Sicherheit, 9°,6 bei Berlin) sehr nahe übereinstimmt und dabei wieder um mehr als 3° gröfser ist, als die überall bei der Ankunft derselben Vögel stattfindende Tagestemperatur von 6°,9. Vergl. oben S. 32.

kiren (l. 1. S. 307. 427.) ein gesuchter Leckerbissen*). Wir landeten mehrmals, um unser Fahrzeug mit solchen Zweigen zu bedecken, von denen dann aber während der ruhigen Fahrt alle Kirschen mit überraschender Schnelligkeit abgezehrt und durch neue zu ersetzen waren. Die Bären wetteifern auch in diesem Genusse mit dem Menschen, und man hat oft gesehen wie die alten an dergleichen biegsamen Bäumen kletterten, um durch ihr Gewicht deren Gipfel mit den Früchten zur Erde zu ziehen und ihren umstehenden Jungen zugänglich zu machen. Sie sollen auch mit den Ebereschen eben so verfahren.

Die Bären werden auf Kamtschatka niemals erwähnt, ohne dafs sogleich ein Jeder einige Züge zur Beleuchtung ihres Charakters oder zum Lobe ihrer Klugheit hinzuzufügen suchte. So wurde denn auch heute von einem derselben erzählt, der vor kurzem einigen Jelowkaer Mädchen auf der Tundra die Heidelbeeren, die sie hinter sich aufhäuften um sie beim Rückwege mitzunehmen, auffrafs. Sie warfen ohne viele Umstände nach ihm mit den Tujäs oder Gefäfsen aus Birkenrinde, in denen sie die Beeren sammeln. Damit erzürnten sie ihn aber diesmal ganz ungewöhnlich, denn er fing an sie zu verfolgen und so schnell, dafs eine von ihnen sich am besten zu retten glaubte, indem sie sich platt auf den Boden warf und Hände und Gesicht vollständig unter ihrem Pelzrock versteckte. Die anderen entkamen nun ohne weiteres, indem sich ihr Verfolger sogleich auf die Liegende warf, die auch noch den Athem anhielt und für todt zu gelten hoffte. Er zerrte darauf von allen Seiten mit den vorderen Tatzen an dem starken Felle ihrer Kukljanka, und da sie fortfuhr ihm das Gesicht und die Hände zu entziehen, so verliefs er sie nicht eher bis er die dünneren Lederhosen, die unter jenem Rock getragen werden, gerade so zerrissen hatte, wie es nach hiesiger Sitte von einem Manne geschehen musste, um ihr die Ehe zu versprechen. So wurde denn doch, wie meine Begleiter bemerkten, wenigstens eine von den Frauen die einen alten Bären verspottet hatten, durch ihn so be-

*) Wiewohl noch nicht von so ausgedehntem Gebrauche wie in Kamtschatkathale (unten Sept. 17. 18.).

schämt, dafs sie erst in der Nacht nach Jelowka zurückzukehren wagte.

Bei unserem Nachtlager, welches wir auf einer Sandbank am rechten Ufer des Flusses hielten die von dichtestem Laubwerk umgeben war, zeigten mir die Jelowkaer noch, als eine ihrer wichtigeren Fertigkeiten, die Art wie sie Pfeifenröhre ohne Hülfe eines Bohres herstellen. Sie gebrauchen dazu sehr gerade Triebe der Jimolost (Lonicera coerulea) und eines anderen Strauches von eben so hartem Holze, von dem ich nur einen abgeschälten und unkenntlichen Zweig gesehen habe, und spalten diese der Länge nach so sorgfältig, dafs die Hälften wieder luftdicht schliefsen, nachdem man in jeder derselben eine Hälfte des cylindrischen Kanales geschnitten hat. Sie werden dann mit dem gewöhnlichen zweisträhnigen Bindfaden aus gespaltenen Rennthiersehnen verbunden (I. 1. S. 687. 2. 334.). Ich hatte jedoch schon in Ochozk eine nach demselben Principe aber weit kunstreicher geschnitzte Tabackspfeife aus einem Wallrosszahne erhalten, auf welcher die Bewohner von Oliutora von denen sie herstammte, die Wallfischjagden und die Baidarenfahrten der Tschuktschen dargestellt hatten — auch gilt das Tabackrauchen im Norden der Halbinsel noch jetzt für ein weit dringenderes Bedürfnifs als bei den hiesigen Kamtschadalen von denen sich viele ganz davon entwöhnt haben.

[September 7.]

An unserem Lagerplatze fand ich bei Sonnenaufgang die Temperatur nur + 3°,1 in der Luft und + 5°,0 in dem Flusswasser an der Oberfläche, doch wurde hier auch am Tage die Wirkung der Sonne bedeutend geschwächt, durch vollständige Beschattung und durch die Bindung von Wärmestralen welche den üppigsten Baumwuchs begleitet. Die Waldung war sowohl an dieser Stelle des Thales als auch noch etwa zwei Meilen stromabwärts, auf den Ufern an denen wir heute entlang fuhren, ein merkwürdiges Gemisch aus hochstämmigen Pappeln und einigen Birken, mit vielen Weiden, Ufer-Elsen und Traubenkirsch-Bäumen und mit mannigfaltigen Sträuchern, unter denen sich wieder die Rosen und die schlanken und baumähnlichen Jimolost-büsche auszeichneten. — In dem Boden der einen so seltenen Pflanzenreichthum begünstigt, herrschte doch auch hier wieder der Sand vom Tigil, der zu gröſstem Theile aus glasartigen und äusserst schwer zersetzbaren Kieselfossilien und aus Magneteisen besteht (S. 154.).

Wir landeten gegen 3 Uhr Nachmittags auf einer schon von Alters her abgeholzten Stelle des linken Ufers, bei den Winterwohnungen der Chartschinsker Kamtschadalen und am Fuſse eines senkrecht gegen die Jelowka gerichteten Sandhügels, der jetzt mit hohem rothblühendem Epilobium (E. angustifolium, Kiprei) vollständig bedeckt war. Die sechs Balkenhäuser welche diese Niederlassung ausmachen, fanden wir aber durchaus verödet. Die Jelowkaer erzählten mir nun daſs deren Besitzer stromabwärts und sogar bis an die Meeresküste zögen, je nachdem es in den einzelnen Jahreszeiten die Wanderungen der Thiere und das Reifen verschiedener Früchte mit sich bringen.

So erreichten wir denn auch von hier aus nach zweistündiger Fahrt, den einen von den Sommersitzen dieser Leute oder die eigentliche Chartschinsker Ortschaft — nachdem wir auf dem letzten Theile unseres Weges die Waldung am linken Ufer allmälig lichter und zugleich, auf dem Flusse und in seinen Umgebungen, eine immer gröſsere und erstaunlichere Menge von Wasservögeln gefunden hatten.

Zuerst begegneten uns Gänse in ungeheuren Schwärmen, von denen einige schon keilförmig geordnet waren und sich zu einem weiteren Fluge gegen SW. zu erheben schienen, und dann fanden wir das Wasser vor uns mit verschiedenen Enten-arten dicht bedeckt und sahen die Schwärme die wir aufscheuchten, zu unserer Linken, ganz nahe an der Jelowka, wieder einfallen. — In Chartschinsk wo wir die folgenden Stunden und die Nacht über blieben, erklärten sich diese Züge genugsam, denn diese Ortschaft liegt mitten in einer Ebene die gegen S. nur durch einen kurzen Hügelzug, welchen man den Chartschinsker Berg nennt, von dem breiten Kamtschatkaflusse getrennt ist, gegen O. und NO. aber die Fuſstapfen des Schiwelutsch d. h. die zwei gröſseren Seen die wir von seinem Kamme gesehen hatten, und noch viele ähnliche aber kleinere Wasserbecken enthält. Einige Balkenjurten und eine weit gröſsere Zahl von hohen und stattlichen Balaganen, fanden wir hier wieder äusserst spärlich bewohnt, namentlich aber von nur zwei Männern und zwei Frauen, die zurück geblieben waren um die gemeinschaftliche Heerde der Chartschinsker, die aus 7 Kühen bestand, zu besorgen. Alle übrigen lebten jetzt an der Mündung der Jelowka, „weil dort der Kisutsch (Salmo sanguinolentus, S. 255.) schon in grofser Menge gefangen wurde" (Sept. 8.). Hier und weiter aufwärts bei Jelowka hatte sich aber diese Lachsart noch nicht eingestellt.

Unter den Zurückgebliebenen war ein alter Mann der uns mit freundlichster Theilnahme empfing, und der mir, erst nach vielen lehrreichen Mittheilungen über die hiesige Gegend, sein Bedauern aussprach dafs er von der Ankunft so angenehmer Gäste nichts gewusst und sich deshalb schon seit gestern durch Pilz-essen stark berauscht habe.

Ich versicherte ihm, der Wahrheit gemäfs, dafs ich ihn für nüchtern gehalten habe, aber er fuhr fort zu behaupten, dafs er sich ganz anders fühle und sagte auch noch, wie er nun schon öfters den Muchamor nur gebraucht habe um seine Einsamkeit zu vergessen, und Vieles was jetzt bei ihnen weit schlechter geworden sei als in früheren Zeiten. So war denn hier in der That der Pilzrausch, indem er ein so klares Bewusstsein gestattete und sich auch durch keine Aufregung einzelner Thätigkeiten äusserte*), von dem Weinrausch aufs seltsamste verschieden (S. 305.). Er schien weit eher mit den jetzt viel besprochenen Wirkungen der Cannabis indica (Hadji) vor allem aber mit dem Einfluss desjenigen Aegyptischen Krautes (eines Nelumbium?) vergleichbar, dem schon Homer die Vertreibung jedes Trübsinns und jeder galligen Bitterkeit zuschreibt (φάρμακον νηπενθές τε ἄχολόν τε), ohne irgend einer gleichzeitigen Aufregung oder gar des Wahnsinns (des μανῆναι oder der μανια) zu gedenken, mit welchen doch die Alten die Wirkung des Weines immer verglichen**).

Wir wurden auch hier wieder aufs gastfreiste mit Milch und Jukola und mit verschiedenen Früchten, vor allem aber mit einem Gerichte bewirthet, durch dessen Vollkommenheit diese Stelle der Halbinsel seit den ältesten Zeiten berühmt ist. Es sind Enten, die

*) Obgleich ihm doch ganz unzweifelhaft eine allgemeine Steigerung der Kräfte zugeschrieben wird (S. 305.)

**) Odyssee IV. 220 u. f.

nach den Regeln der Kamtschatischen Kochkunst stets mit Lilienknollen zusammen und — recht überraschender Weise — genau eben so wie in Europa mit Kastanien oder Kartoffeln, gebraten und aufgetragen werden. Auf den Seen an der unteren Jelowka sind aber nun die Wasservögel so ausserordentlich fett, dafs mir Chartschinsk, schon jenseits des Gebirges von den Sedankaern, als der Ort gerühmt wurde an welchem die landesübliche Uebersättigung der Gäste aufs wunderbarste gelinge, denn noch nie sei dort selbst der hungrigste Mann im Stande gewesen, die zwei kleinen Krick-Enten (tschirki) die man ihm vorsetzt, mit den zugegebenen Lilienknollen aufzuessen. Auch konnte keiner von uns dies Unerhörte leisten, so sehr uns die herrlichen Braten behagten. Die Entenjagd, die demnach zu einem wichtigen Gewerbe geworden ist, betreiben die Chartschinsker und viele Anwohner der Kamtschatka in den verschiedenen Jahreszeiten auf mannigfache Weisen; am grofsartigsten aber im Spätherbst, durch dasselbe Mittel, dessen sich die Ostjaken am Obi bedienen (I. 1. S. 613 und 648.).

Mehrere hier überwinternde Enten-arten liegen dann nur am Tage auf dem fischreichen Flusse, der ihnen die reichlichste Nahrung bietet, des Nachts aber auf den umgebenden Seen, wo sie von dem beständigen Rudern gegen die Strömung ausruhen. Man giebt nun ihrem Wechsel zwischen diesen Plätzen eine bestimmtere Richtung, indem man die Ufergebüsche zwischen denselben mit Gestellen durchhaut, und errichtet an jeder Seite eines solchen Weges eine Stange von gehöriger Höhe. Mit diesen werden dann Fangnetze verbunden und durch passende Schnüre erst in dem Augenblick zusammengezogen, in welchem der durchbrechende Schwarm schon zu nahe ist um sich durch Ausweichen vor ihnen zu retten. Meine Begleiter sagten mir dafs diese Fangart bei Chartschinsk nun bald, und zwar gerade mit dem Anfang des Russischen September und somit nach unserer Zeitrechnung um den 13. September, begonnen werde; es dürfte aber dieser Angabe wohl nicht mehr als eine Uebertragung der alten hiesigen Zeitrechnung zu Grunde liegen, nach welcher der zehnte Abschnitt des Jahres den sie Kichteru d. h. die Zeit des Blätterfalles nannten, ungefähr mit dem September anfing*) und dann diesen und die zwei folgenden Monate umfafste. — Ihren Fischfang betreiben die Chartschinsker wie schon erwähnt, zu gröfserem Theile an der Mündung der Jelowka und sie stehen dadurch jetzt mit den Russen von Kliutschi, die zunächst unterhalb dieser Mündung an der Kamtschatka wohnen, in eben so wichtigem Verkehr wie von jeher mit ihren weit entfernteren Stammverwandten an der Ostküste der Halbinsel. Man erzählte mir nun dafs die jährlichen Reisen die sie zu diesen letzteren, eben so wie die Jelowkaer (S. 251) unternehmen, über Tundren führen auf denen Vaccinien und Tschiktscha (Empetrumbeeren) zum Wintervorrath gesammelt werden, dafs aber der eigentliche Zweck derselben eine Robbenjagd sei, zu der man längs der Küste „auf Baidarken fahre, die von Hunden an Schleppleinen gezogen werden." — Eben so fleissig sammelt man sodann auch bei Chartschinsk, wie überall auf Kamtschatka, die vortrefflichen Mehlfrüchte des Landes d. h. die verschiedenen Arten der *Saranà* oder Lilienwurzeln, und ich sah hier vor jeder Wohnung einige von den zugespitzten Haken aufgehängt, die zur Auffindung derselben in den Mäusebauen gebraucht werden (S. 257. Anmerk.).

Trotz dieser mannigfachen und völlig ausreichenden Hülfsquellen ihrer Gegend hingen aber jetzt die Chartschinsker, durch vieljährigen Umgang mit den Russen, auf betrübende Weise an einigen Europäischen Gewöhnungen. So klagte der mehrgenannte Alte, dafs sie früher bei ihren Reisen an die Küste auch Russisches Brod in Nijne Kamtschatsk (dem kleinen Hafenorte an der Mündung des Hauptflusses) gekauft hätten, dafs aber jetzt dieses wünschenswerthe Nahrungsmittel ihnen nie mehr zukomme, weil man nun viel weniger Mehl nach der Halbinsel bringe, und eben so werde denn jetzt auch der Thee und einige andere Waaren an die sie die Russischen Händler gewöhnt haben, von diesen zu fast unerschwinglichen Preisen ausgeboten. Er rechnete dahin vorzüglich die Tücher welche ihre Frauen nach Russischer Sitte um die Haare binden. Von diesen müssten sie ein jedes mit 15 Ru-

*) Nach Kraschenini kow's Angabe, und übereinstimmend mit meiner früher erwähnten Erfahrung S. 308 u. f.

beln bezahlen*) — und darin liegt in der That der Beweis von fast unerhörter Bedrückung welche der Russische Handel hier ausübt, denn ich hatte jene gröblich bedruckten baumwollenen Tücher, selbst in Ochozk noch, für $2\frac{1}{2}$ Rubel gekauft! Ich fragte dann auch weshalb sie hier nicht Korn bauten wie bei Kliutschi, da ihnen das Brod doch erwünscht schiene, erhielt aber wieder zur Antwort dafs ihnen die Pferde und andere Erfordernisse zur ersten Bestellung eines Ackers verweigert worden seien.

An dem Punkte zwischen den Wohnungen an dem ich in den Abendstunden eine Ortsbestimung und magnetische Beobachtungen ausführte (II. 1. S. 214 u. f. 294. II. 2. S. 196.), war die Aussicht ziemlich eng begränzt durch den bewaldeten Chartschinsker Berg, und gegen die Jelowka durch noch nähere Ufer-Gebüsche.

Um so überraschender war daher ein herrlicher Anblick, welcher sich von den oberen Stufen der Baumstämme darbot, die als Leitern an die Dächer der Balagane gelehnt sind. Von diesen sah ich ganz unerwarteter Weise über der rechten Seite des Chartschinsker Berges: einen röthlich glühenden Gipfel hervortreten, und auf demselben noch eine kleinere aber weit heller glühende Masse, welche, nach oben gegen den schwarzen Himmel scharf abgeschnitten, wie das Feuer eines Leuchtthurmes aussah.

Es war die Kliutschéwskaja Sopka d. i. der Hauptkegel des Vulkanes von Kliutschi, dessen Scheitel von hier aus dieselbe Form wie von der Stolbowaja Tundra zeigte (S. 241.). Von den Feuererscheinungen desselben hatte ich aber weder von dort etwas bemerkt, noch auch vom Abhange des Schiwelutsch wo wir freilich die Abendstunden nicht erwarteten (S. 296.), und als ich mich nun über die Pracht dieses Schauspiels freute, versicherten die Chartschinsker, dafs wir es morgen noch ganz anders sehen würden, „denn jener Berg brenne jetzt von oben bis zur Hälfte seiner Höhe“. In dem hell glühenden Raume über dem Gipfel war aber in der That von hier aus und mit unbewaff-

*) Und zwar nicht in Geld sondern in Pelzwaaren, um deren jedesmaligen Werth von den Kaufleuten aufs drückendste gehandelt wird (unten Sept. 24.).

netem Auge, durchaus keine Unterbrechung zu sehen, und so hätte man wohl die Masse die ihn einnahm, für eine Flamme halten können, wenn nicht wieder dieser Ansicht die Breite desselben widersprochen hätte, die seine Höhe übertraf und dann an dem scharf begränzten oberen Rande noch gröſser schien als an ihrer Basis auf dem Berge. — Wir waren jetzt (wie meine späteren Messungen gezeigt haben) von der Vertikale des Gipfels um 6,9 Meilen und von den leuchtenden Massen auf demselben um 6,93 Meilen entfernt. Ihr Licht welches eine so beträchtliche Strecke in der Atmosphäre und zum Theil in den unteren und getrübteren Schichten*) derselben durchlaufen hatte, schien aber doch noch wie von einem ganz nahe gelegenen Feuer.

[September 8.]

Ich gab unseren Chartschinsker Freunden einigen Thee, nachdem sie mir wieder mit reichlichen Vorräthen auf die Reise ein Abschiedsgeschenk gemacht, und dann gebeten hatten sie nicht zu vergessen, so wie sie sich meiner noch lange erinnern würden. Auch begleitete uns einer von ihnen bis zur Mündung auf unserem Flosse, weil die Lenkung eines so groſsen Fahrzeuges nun beschwerlicher wurde.

Wir trieben darauf wieder ohne anzulegen abwärts auf der Jelowka, von 7 Uhr Morgens bis gegen 2 Uhr Nachmittags, und ich erinnere mich dieser Stunden unter den genussreichsten die ich in diesem schönen Theile der Halbinsel verlebte. Hinter uns und zur Seite war der spiegelglatte Fluss noch immer von dichter Laubwaldung

*) In Chartschinsk beträgt der Höhenwinkel des Gipfels der Kliutschewskaja Sopka 5° 11′, und Sonnenstralen welche unter diesem Winkel gegen den Horizont durch die ganze Atmosphäre hindurchgehen, verlieren dadurch (nach aktinometrischen Messungen, die ich über diesen Einfluss angestellt habe) 0,802 von der Intensität, die sie nach senkrechtem Durchgange besitzen. — Eine zwischen dem genannten Berggipfel und dem Niveau von Chartschinsk gelegene Luftsäule enthält nun etwa 0,444 von der Masse einer anderen, die mit gleichem Querschnitt und gleicher Neigung bis zum Ende der Atmosphäre reicht, wonach dann die Schwächung, welche die erstere auf Lichtstralen ausübt die sie unter dem genannten Winkel durchlaufen, wenn auch nicht volständig angegeben, doch für nicht anders als sehr merklich gehalten werden kann.

eingefasst, während sich stromabwärts die weiteste Aussicht öffnete, wenn sich eben sein vielfach gewundenes Bett gegen die Mündung richtete. So zeigte sich uns dann mehrmals und gleich nach der Abfahrt von Chartschinsk, der Kliutschewsker Vulkan und drei mit ihm zu einerlei Gruppe gehörige Gipfel (der von Uschki, der Krestowsker und ein unbenannter dritter) in überraschendster Klarheit und deutlichstem Zusammenhange. Eine breite und flach glockenförmig gewölbte Bergmasse, deren Umriss über die obere Gränze des Baumwuchses (der Elsengränze) deutlich hervorragt, sahen wir zuerst über den Ufergehölzen, dann aber auch ganz frei bis zu einer Wiesenebene an ihrem Fufse; und über diese flache und gemeinsame Basis erheben sich an ihrem linken Rande der riesige und steile Kliutschewsker Kegel in bläulichem Lichte, weil sein Schnee vom Scheitel gegen den Fufs von schwarzen Räumen stralig unterbrochen ist, und an dem rechten die weit breitere und massigere Uschkiner Kuppe, die ihm an Höhe am nächsten kömmt und überall mit glänzendstem Schnee bedeckt ist. Eben so weiss und glänzend ist aber auch der niedrigere Krestowsker Gipfel, der auf der Mitte des Gewölbes zwischen beiden Hauptkuppen liegt, und ein viertel Kegel an dem rechten Rande der Uschkiner, deren Höhe er nicht zu erreichen scheint. — Anstatt des Feuers das wir am Abend gesehen hatten, erhob sich jetzt aus dem flachen Scheitel des Kliutschewsker Kegels nur eine weissliche Wolke, die vom NO-winde steil an dem jenseitigen Abhang hinabgedrückt wurde, und dieser vulkanische Niederschlag war jetzt in solcher Höhe die einzige Trübung auf dem dunkelblauen Himmel, denn eine gewöhnliche Wolkendecke lag in den früheren Morgenstunden nur dicht über dem Scheitel der unteren flach gewölbten Berghälfte, und löste sich dann auf, noch ehe sie den Gipfel der mittleren*) oder Krestowsker Kuppe erreicht hat.

Ich zeichnete die Umrisse dieser prachtvollen Landschaft zuerst von zweien ganz nahe bei Chartschinsk gelegenen Punkten, bei denen uns sodann auch die nächsten Umgebungen aufs angenehmste

---

*) Sie wird hier meist *S*rednaja *S*opka d. h. die mittlere Kuppe genannt und erhält erst an der Kamtschatka die Benennung des ihr zunächst gelegenen Ortes.

beschäftigten. Die freigelassenen Hunde, die hier in dem Gebüsche am linken Ufer geblieben waren, kamen nun in grofsen Schaaren zum Vorschein. Sie folgten uns springend und mit sehnsüchtigen Gebärden, auch schwammen mehrere hinter unserem Fahrzeuge, wenn wir eben nach dem rechten Ufer überfuhren. Dabei geriethen sie aber zwischen Schwärme von Enten, die auch hier auf dem Flusse lagen, und ich sah nun mit Verwunderung, wie sie viele von diesen mitten auf dem Wasser haschten und würgten. Wir nahmen ihnen einigemal ihre Beute wieder ab, machten aber dann auch selbst eine so erfolgreiche Jagd dafs unser breites Verdeck bald gänzlich mit erlegten Enten bedeckt war. Die schwarmweise aufsteigenden wurden geschossen, dazwischen aber eben so viele theils mit den Ruderstangen erschlagen, theils wieder von den Hunden gegriffen, die durch unser Beispiel immer thätiger wurden und nun von verschiedenen Seiten in die schwimmenden Haufen einbrachen. Die beiden letzten Fangweisen gelangen nur mit „mausernden Enten“ (lenuija utkui)*); mit diesen aber auch so vollständig, dafs es anschaulich wurde wie dergleichen so wesentlich als man mir gesagt hatte, zur Nahrung der Zughunde beitragen (S. 40. Anm.). Ich bemerkte auch dafs von den zwei Entenarten die wir hier antrafen, und welche keine andere waren als die auch in Deutschland vorherrschenden: die März-Ente (A. Boschas, Russisch Selesen) und die Krick-Ente (A. Crecca, Russisch: Tschirok), nur die ersteren gegriffen und geschlagen wurden. Die Krick-enten waren dagegen schon wieder so gut befiedert, dafs sich von ihnen unter dem ganzen Ertrage unserer Jagd nur die im Fluge geschossenen fanden. Es ist aber jedenfalls ausgemacht, dafs die Mauser hier auf Kamtschatka für die März-Ente im August und September, für die Krick-Ente aber in einer etwas früheren Jahreszeit, ungleich stärker ist als irgendwo im mittleren Europa. In Deutschland namentlich scheint sie für die Enten fast nur angedeutet durch den Verlust einiger Federn im August, der aber auf

*) Das Russische Verbum linatj und das davon abgeleitete Substantivum und Adjectivum linanie und linoi oder lenoi, bezeichnen eben sowohl ein blofses Ausbleichen der Farbe als auch jede Art von Mauser oder von Haarung bei den Säugethieren.

ihre Flugbarkeit kaum einen merklichen Einfluss ausübt, und wenn dort bei der Entenjagd im Juli, bisweilen auch einige alte oder Stock-Enten von den Hunden gegriffen werden, so geschieht dies doch nur durch Ueberraschung im dichten Schilfe und durchaus nicht so wie hier auf ganz offenem Wasser. Es scheint als wenn dieser auffallende und wohl noch nicht genugsam beachtete Unterschied in einem der wesentlichen organischen Processe, mit denselben Umständen zusammenhange, durch welche in der hiesigen Gegend auch die Haarung der Vierfüfser und ihr davon abhängiger Farbenwechsel bei weitem vollständiger eintreten als in den gemäfsigten Europäischen Klimaten. — Die beiden genannten Entenarten und eine dritte, die Brill-Ente (A. clangula, Pall.; A. perspicillata auct., Russ: Gogol) überwintern übrigens auch auf Kamtschatka, und gehören daher wie die Schneehühner (Tetrao lagopus, Russ.: Kuropatki), die Elstern, Krähen u. a. die hier ein entschiedenes Wintergefieder annehmen, zu den ganz einheimischen Bewohnern, während die fünf Enten-arten die ich bei Ochozk getroffen hatte*), und eine sechste, die Kamtschatka eigenthümlich ist**), auch hier als Zugvögel aufgezählt wurden. Man darf aber trotzdem die stärkere Mauser nicht für eine ausschliefsliche Eigenschaft der wahrhaft einheimischen Vögel halten, denn auch die Gänse, welche im Spätherbste wieder SO-wärts und SW-wärts (nach Amerika und nach den Japanischen Küsten) über das Meer ziehen, sind wie man mich versicherte um die Mitte des Sommers aufs entschiedenste damit behaftet.

Die Ufer der Jelowka fanden wir nun überall niedrig und es zeigten sich an ihnen einige dünne Thonschichten, die mit anderen

---

*) Nämlich:
- A. Penelope, Russ.: Swist d. h. die Pfeif-Ente;
- A. acuta, Russ.: Schilochwost oder auch Wostrochwost d. h. Pfriem- oder Scharf-Schwanz;
- A. clypeata, Russ.: Schirokonos oder auch plutonos d. h. der Breit- oder Diebs-Schnabel;
- A. fuligula, Russ.: Tschernet d. h. die Schwarze;
- A. Carbo, Russ.: Turpan.

Vergl. S. 40. Anm. S. 50.

**) A. histrionica Pall., Russ.: Kámenaja utka d. h. die Felsen-Ente. Vergl. unten Sept. 26.

auf dem Boden des Flusses übereinkommen und unter dem Wasser so weich und klebrig werden, dafs die Stofsstangen beim Lenken der Batti tief in sie eindringen und oft auch stecken bleiben, wenn man sie nicht mit besonderer Vorsicht geführt hat. Es ist dieses wieder der weisse feldspathige und Bimstein-führende Letten, der an der Westküste der Halbinsel und am Tigil in den diluvischen Schichten vorkömmt (S. 153.) und die plastische Eigenschaft dieses Fossiles wird hier einigermafsen benutzt, denn man gräbt es an mehreren Stellen, um in den Winterjurten die sogenannten Pétschi oder Russischen Oefen (I. 1. S. 448.) daraus zu schlagen. — Sehr schnell und auffallend wächst aber nun auch die Breite des Flusses, während er sich mit äusserst schwachem Gefälle durch einen horizontalen und wasserdichten Boden windet, und anstatt der Gebüsche an seinen Ufern sieht man immer häufiger eine Bedeckung mit üppigen Gräsern, mit Liliaceen und anderen Wiesenkräutern. Auf diesen weideten dann auch noch, ganz nahe am Flusse, ganze Schwärme von Gänsen, die aber äusserst vorsichtig auf das Geplätscher unserer Stofsstangen achteten und sich stets, ehe wir sie erreichten, mit rauschendem Flügelschlage und ungeheurem Geschnatter erhoben. Weisse Schwäne safsen ungestörter und weiter vom Ufer, wohl an dem Rande der kleinen Seen die auch auf diesem Boden noch vorkommen. Auf den trockenen und kahlen Bänken an den convexen Seiten der Flusskrümmungen sollen die Gänse des Abends schaarenweise zusammentreten und es wird hier, selbst mit der Büchse, eine gute Jagd auf sie gemacht, indem man sich hinter Schirmen aus Strauchwerk an dergleichen Punkten anstellt. Man soll dann immer solche Stellungen dieser Schwärme abwarten können, dafs man mit Sicherheit drei oder vier Gänse mit einer Kugel erlegt, und es ist daher diese Jagdart, welche natürlich erst von den Russen hier eingeführt worden ist, unter dem Namen des Spariwatj is wintowki d. h. der Paarung durch die Büchse bekannt*).

*) Ich glaube wenigstens dafs die Kamtschatischen Erfinder dieser Benennung, sie auf die obige Weise geschrieben haben wollen, nicht aber sparuiwatj, welches etwa das Abtrennen oder Abreissen bedeuten und weit weniger bezeichnend sein würde.

Eine weite Aussicht hatte sich uns nun, über dem niedrigen Vorgrund, nach allen Seiten geöffnet. Nach W. und WNW. lag in gröfster Ferne am Horizonte eine Bergkette mit schneebedeckten Gipfeln, und man erkannte in ihr den Theil des Mittelgebirges welcher sich in der Ansicht von der Stolbowaja Tundra am weitesten zu unserer Linken: gegen S 36° W., gezeigt hatte (S. 239.). In NO. erhob sich der Schiwélutsch, von welchem nur der rechts gelegene (östliche) Fufs mit dem weit näheren und gänzlich bewaldeten Chartschinsker Hügel zusammenfällt, während nun die Südseite des Himmels, jenseits einer breiten Wasserfläche und über einer Wiesenebene die sich ihr anschliefst, weithin von der prächtigen Kliutschewsker Gruppe bedeckt ist. — Der Schiwélutsch zeigt hier Umrisse unter denen man ihn kaum wieder erkennen würde, wenn nicht einstweilen die Einsicht in seine wahre Struktur sie vollkommen erklärt hätte. Er ist ungleich schmaler geworden als in jeder der früheren Ansichten, und erscheint nun wie ein spitzer Kegel, der durch Abstumpfung mit einer schrägen und in ihrer Mitte etwas eingesenkten Fläche, nur einen wenig ausgezeichneten Gipfel erhalten hätte. Man steht hier fast genau in der Verlängerung des Hauptkammes oder der grofsen Axe seiner elliptischen Basis und so sieht man dann als seitliche Abhänge der ganzen Felsmasse, zur Linken nur den weit kürzeren Kamm auf dem wir an ihr aufgestiegen waren, und zur Rechten einen noch etwas steileren, der ihm an der SO-seite des Berges entspricht und welchen wir von hier aus zum erstenmale erblickten. Als Vorgrund dieser merkwürdigen Ansicht liegen aber dann noch zwischen der Jelowka und dem Chartschinsker See, in welchem der Fufs des uns zugekehrten Hauptkammes verschwindet (S. 292.), die Gipfel von drei völlig nackten und neben einander stehenden Schutt- oder Trümmerhügeln, die schon Krascheninikow von dieser selben Stelle gesehen und nicht unpassend mit wüsten Kehrichthaufen verglichen hatte*).

*) Vgl. die hierher gehörige Ansicht des Schiwélutsch, und Krascheninikow's Opisanie semli Kamtschatki I. S. 15. „Gorui aki bui klotschjami rasmetannuija i nikakogo mejdu soboju soedinenija ne imejuschtschuija" d. h. es sind dort Hügel die wie verwitterte Haufen aus einander gefegt und ohne jeden ordentlichen Zusammenhang geblieben sind.

Im Verein mit den eben so hohen Uferwänden an denen wir gestern weiter oberhalb an der Jelowka über feinem Sande viele Lagen der gröbsten Trümmer gesehen hatten und mit der niedrigeren aber auf gleiche Weise zusammengesetzten Umwallung am NW-lichen Fufse des Schiwelutsch (S. 269.), beweisen aber so mächtige Ablagerungen von Geschieben, dafs auch dieses isolirte und spät entstandene Gebirge jene räthselhaften Ereignisse herbeiführte, welche ihre Spuren in Skandinavien, am Fufse der Alpen, im Altai und an vielen anderen Bergketten von weit älterem Ursprunge hinterlassen haben.

Auch hier sind ganz offenbar die gröbsten und feinsten Felstrümmer, in seltsamem Vereine, durch die Schluchten des Berges geführt und, zum Theil an den Mündungen derselben in die wagerechte Ebene, zu Moränen-ähnlichen Wällen gehäuft und abgesetzt worden. Wenn man aber jetzt die berühmten Osar der Skandinavischen Berge und die Geschiebewälle, die in den Savoyischen Thälern, von der Montblanckette bis zum Jura, vom Monte Rosa bis jenseits des Lago maggiore und in den Tyroler Alpen durch das Passeierthal bis zur Etsch bei Meran hinabreichen, den Bewegungen ehemaliger Glätscher von ungeheuerster Ausdehnung zuschreibt, so wird sich doch hier am Schiwelutsch eine solche Ansicht wohl niemals bestätigen lassen. Zunächst und vor allem weil die senkrechten Abhänge, mit denen die Schluchten dieses Berges, erst tief in seinem Innern, zu den schneebedeckten Gipfeln hinaufreichen, sich niemals und unter keinerlei Umständen mit Eismassen bedeckt, und so die vorausgesetzten Brücken zwischen dem Fufse und den höchsten Theilen seiner Felsmasse hergestellt haben können. Sodann ist es aber auch eine sehr wesentliche Eigenthümlichkeit der Geschiebeverbreitung am Schiwelutsch, dafs keine Spur von ihr über den Ursprung seiner Kämme (S. 268.) hinaufreicht, denn ich fand die vorragenden Theile dieser Felstafeln überall völlig rein von Trümmern und von allen den Zeichen ihrer Fortbewegung, die man hier auf der umgebenden Ebene in der Gestaltung und Beschaffenheit des Bodens so unverkennbar findet. Die Annahme einer stehenden Wassermasse, die den Schiwelutsch ringartig umgeben und einst plötzlich einen Abfluss zum nahe gelegenen Meere gefunden hätte, dürfte vielmehr nach diesen Erscheinungen kaum zurückzuweisen sein und würde vielleicht auch jene wagerechten Ebenen erklären, die wir höher am Berge und bis zu 1800 Par. Fufs Höhe über dem Meere, theils noch mit nackten Trümmern überschüttet, theils schon mit Wiesen bedeckt fanden*).

Von dem Kliutschewsker Kegel (der hier aus nur 4,5 Meilen Entfernung, in gröfster Pracht und unter 8° Höhenwinkel erscheint)**) waren nun die Nebel spurlos verschwunden, und die vulkanische Wolke über demselben stand bei hellstem Sonnenschein ganz allein auf dem dunkelblauen Himmel. Sie erschien jetzt als ein weisslich glänzender lang gezogener Cumulus, der erst in merklichem Abstande über dem Kraterrande anfing und von diesem durch eine ganz andere Wolke aus schwarzgrauen Streifen getrennt war, die sich zu ihr, wie aus dem Innern des Berges divergirend, hinaufzogen. Nur diese dunklen Streifen waren also bei der jetzigen Beleuchtung an die Stelle der Flamme getreten, die man von Chartschinsk aus in der letzten Nacht über derselben Stelle des Berges zu sehen glaubte!

Auch die Unterbrechung und die Dünnheit des Schnees auf den Abhängen des Hauptkegels der Gruppe zeigten sich von diesem Standpunkte noch ungleich deutlicher als wir sie am Morgen gesehen hatten (S. 329.), während doch die beiden rechts gelegenen Kuppen (die breite, massige Uschkiner und die namenlose östlichere) überall unter blendend weissen Schneeschichten stralten. Auch unterschied sich selbst noch von dieser glänzenden Bedekkung die eisartig durchscheinende, welche eine Senkung zwischen jenen beiden Gipfeln oder vielmehr einen breiten Sattel

*) Man darf jedoch diese Thatsachen nicht anders als im Zusammenhange mit dem horizontalen angeschwemmten Thonboden betrachten, in dem die Jelowka etwa 450 Par. F. über dem Meere und auch die Kamtschatka eingeschnitten sind, und welcher dann seinerseits mit den ähnlichen Schichten zusammenhängt, die bis 30 Meilen aufwärts in das Thal dieses Hauptflusses und bis nahe an 1000 F. über dem Meere hinaufreichen.

**) Vergl. die hierher gehörige Zeichnung der Kliutschewsker Gruppe. Man sieht auf dieser am weitesten zur Linken den thätigen oder eigentlichen Kliutschewsker Kegel und rechts von diesem zuerst die spitze Kretowsker oder mittlere Kuppe mit einer vor ihr gelegenen weit kleineren Anschwellung, und dann die breite Uschkiner und die niedrigere östlichste oder namenlose Kuppe.

zwischen denselben einnimmt. Sie ist auffallend grünlich gefärbt, und man sah von ihr, an dem uns zugekehrten Abhange, die zackig gespaltenen Eismassen eines wahren Glätscherthales ausgehen. Es schien indessen als ob hier selbst diese grofsartigen Ausläufer der Schneeregion nicht merklich unter deren untere Gränze hinabreichten, denn die Waldung welche die ganze Berggruppe mit einem, erst nahe an der Schneegränze endenden, Gürtel von wunderbarer Regelmäfsigkeit umgiebt, zeigte sich auch unter jenem Glätscherthal ohne jede Unterbrechung. Nur an dem äussersten linken Rande dieses riesigen Gebirges und nahe unter dem Durchschnitt seiner flach gewölbten Basis mit den steilen Wänden des Kliutschewsker Kegels, sieht man mitten in jener bewaldeten Zone einen ganz nackten und spitzen Hügel hervorragen. Man bemerkt ihn sogleich durch seine regelmässige Gestalt und durch eine graue Färbung, die sich von dem grünen Grunde der ihn umgiebt, aufs schärfste unterscheidet, wiewohl seine Dimensionen gegen die des riesigen Hauptkegels fast verschwinden.

Wir erreichten nun die Mündung der Jelowka in die Kamtschatka, deren breite und spiegelglatte Fläche sich schon einige Zeit lang vor der grünen Ebene am Fufse der Kliutschewsker Gruppe gezeigt hatte, und landeten an der linken Seite dieser Mündung, wo jetzt die Chartschinsker hart am Ufer der Kamtschatka ihre Niederlassung hatten. Es war ein Haufen von niedrigen, zeltähnlichen Hütten die, wie die Balagane, mit Zweigen und Gräsern gedeckt und von den Kamtschadalen barabasch, von den Russen aber fälschlich barabari genannt werden. Einige Batti oder lange Kähne aus Pappelstämmen standen auf dem Strande, so dafs ihr Kiel mit dem Ufer parallel lief, und neben demselben waren viele Männer an kleinen Feuern beschäftigt. Der eine von ihnen, der durch seinen hohen und schlanken Wuchs sehr ausgezeichnet erschien, bewillkommnete uns am Ufer als der Tojon von Chartschinsk und die Jelowkaer Männer die mit mir gekommen waren, bezeigten ihm ihre Ehrfurcht auf eine sehr eigenthümliche und ausdrucksvolle Weise, die hier offenbar von Alters her üblich ist. Sie küssten ihm nämlich, einer nach dem anderen, das rechte Handgelenk, welches sie aber nur wie im Vorübergehen ergriffen. Auch beugten sie dabei ihre Knie ohne doch die Erde damit zu berühren, oder auch nur stehen zu bleiben. Diese Begrüfsung scheint nur von den Männern eines anderen Stammes ausgeübt zu werden, denn der Chartschinsker der uns bis hierher begleitete, nahm durchaus keinen Theil daran, obgleich er mit einem der Jelowkaer von gleichem Alter und auch wohl schon eben so lange wie diese von seinen hiesigen Landsleuten getrennt gewesen war.

Wir fanden übrigens jetzt diesen Häuptling und mehrere der Seinigen triefend von dem Fischfette, welches sie eben auf eine sehr merkwürdige und alterthümliche Weise bereiteten. Die aufs Trockene gezogenen Batti waren mit Wasser gefüllt worden, nachdem man zuvor frisch gefangene und zerschnittene Lachse in dieselben gelegt hatte, und der Aufguss wurde nun in eben diesen grofsartigen hölzernen Gefässen bis zum Kochen erwärmt, indem man Steine in den nahe gelegenen Feuern erhitzte, und mit hölzernen Schaufeln in die gefüllten Kähne warf. Dann sammelte sich beim Erkalten über dem Wasser das flüssige, gelblich-rothe und äusserst klare Fett in einer dicken Schicht, die mit sogenannten tschumani, d. i. mit kleineren geflochtenen Gefäfsen aus Birkenrinde, abgeschöpft und in den grösseren mit eingesetztem Boden (den tujasi, S. 166.) aufbewahrt wurde. Diese Behandlung des Fischfleisches wird mehrmals mit ähnlichem Erfolge wiederholt, und die abgeschöpfte Fettschicht soll namentlich noch zum vierten Male so dick sein, dafs sie die Mühe belohnt die man auf die Erwärmung des Ganzen verwendet. So ist hier das Kochen in verbrennlichen Gefäfsen, welches man in Europa erst in neueren Zeiten eingeführt, und mit Recht für eine der wichtigeren Anwendungen der Theorie der Dämpfe gehalten hat, als Rest einer uralten und durchaus originellen Industrie in Gebrauch geblieben. Die Kamtschadalen haben sich nämlich derselben sonst auch zur Bereitung ihrer jedesmaligen Mahlzeiten bedient und obgleich jetzt diese ältere Anwendung in dem Gebrauche der kleinen eisernen Kessel die ihnen die Russen bringen, einen bequemeren Ersatz gefunden hat, so würde man doch anstatt der Auskochung des Fischfettes in Batti kaum ein zweckmäfsigeres Verfahren anzugeben wissen. Sogar durch die Dampfheizung, welche Röhrenleitungen erfordert, würde das beabsichtigte Produkt kaum schneller gewonnen, sondern nur der nicht bedeutende Kraftaufwand beim Transporte der Steine und bei deren Bewegung in der Flüssigkeit erspart werden.

Hier giebt es keinen Sapor oder Fangzaun (S. 214. 254.) und die Kisutsch, aus denen das Fett bereitet wurde, waren daher auf die früher erwähnte Weise (S. 307.) mit Netzen gefangen worden. Diese Lachsart (Salmo sanguinolentus) war jetzt eben so wie der Chaiko (S. lagocephalus) der bei Jelowka am häufigsten gefangen wurde, gegen 2 Fufs lang und an den Seiten röthlich gefärbt, jedoch von dem letzteren schon durch die Gestalt des Kopfes leicht zu unterscheiden. In der Seitenansicht zeigt sich der Oberkiefer bei dem Chaiko merklich kürzer als der starke und mit vier grofsen hakenförmigen Zähnen versehene untere, während jener bei dem Kisutsch hoch gewölbt ist und dann vorne über den Unterkiefer so vollständig übergreift, dafs ein senkrechter Eingang in die Maulhöhle gebildet wird.

Unter den jüngeren Frauen, die ich in den Grashütten mit den Netzen und mit anderen häuslichen Arbeiten beschäftigt fand, war eine von Russischer Abkunft. Man erkannte sie noch an der Richtigkeit ihrer Aussprache, obgleich sie im übrigen das sanftere und feinere Benehmen ihrer neuen Verwandten vollständig angenommen hatte. Sie sagte mir dafs in der letzten Zeit viele solche Ehen wie die ihrige, so wie andere zwischen Chartschinsker Frauen und den Männern der nahe gelegenen Russischen Niederlassung, stattgefunden hätten und, wie es die Gemüthlichkeit der Kamtschadalen mit sich bringt, so war nun auch eine freundliche Gesinnung gegen die Bewohner von Kliutschi sehr vorherrschend unter dem hiesigen Stamme. Wir wurden von Männern und Frauen mit Grüfsen an Einzelne ihrer Nachbarn beauftragt.

Nach kurzem Aufenthalt in dieser anmuthigen Niederlassung setzten wir auf unserem Prame zuerst queer über die Kamtschatka, die hier etwa 800 bis 1000 Fufs breit ist*). Bei dieser Ueberfahrt mufste man die kurzen Lenkruder gebrauchen, deren sich die Kamtschadalen aufrechtstehend und ohne Befestigung an den Seiten des Battes bedienen.

---

*) D. h. eben so breit wie die Themse in London.

Auch zeigte sich die Strömung dieses breiten Wassers nun weit stärker als man nach seinem spiegelglatten Ansehen vermuthet hätte, und dieses letztere ist daher nur durch eine sehr ansehnliche Tiefe des Bettes der Kamtschatka zu erklären.

An das rechte Ufer des Flusses, an welchem wir nun stromabwärts entlang fuhren, gränzt hier eine dunkelgrüne und höchst üppige Grasflur die sich, kaum vier Fufs über dem etwas niedrigeren Wasserstande der gegen Ende des Sommers eintritt, völlig eben und mit kaum merklicher Steigung bis zu der bewaldeten Basis der Vulkangruppe erstreckt. Das linke Ufer ist dagegen bald jenseits der Mündung der Jelowka, und dann wohl eine halbe Meile weit stromabwärts bis unterhalb Kliutschi, von Elsengebüschen auf dem Abhange des Chartschinsker Hügel eingenommen, durch welchen der nach derselben Richtung gelegene Schiwelutsch vollständig verdeckt wird*).

Jene Wiesen zu unserer Rechten sahen wir nun gleich darauf auf eine Weise belebt die mich, höchst überraschend und zum erstenmale seit einem Jahre, an vaterländische Scenen erinnerte, denn viele Männer und Frauen waren dort mit Sensen und Harken beim Heuen beschäftigt, während sich andere singend im Grase gelagert hatten. Unser grofsartiges Fahrzeug entging ihnen nicht lange und sie gaben sich darauf durch allerlei laute und scherzhafte Zurufe als ächte Russen zu erkennen. Das beliebte sdorówo rebjata! erscholl zuerst zu uns herüber, und dann fragten sie die Ruderer, in einer von der Petersburger kaum unterscheidbaren Aussprache, wen sie führten und ob nicht etwa ein Kum oder Gevatter zu ihnen komme, den sie mit „milosti prosim" d. h. mit der Bitte um die Gnade seines Besuches, zu sich einluden. Von der stilleren und man darf wohl sagen feinfühlenderen Freundlichkeit der Kamtschadalen war dieses Wesen aufs grellste verschieden. Man fühlte sich hier nur ungern an kultivirtere Lebensverhältnisse

*) Der Schiwelutsch besitzt für einen zwischen der Jelowka-Mündung und Kliutschi gelegenen und um mehr als 7 Meilen von ihm entfernten Punkt einen (scheinbaren) Höhenwinkel von nur etwa 2°, und er wird dort durch einen in 900 Fufs Entfernung gelegenen Abhang von nur 80 Fufs Höhe schon vollständig verdeckt. Die Chartschinsker Hügel sind aber wohl doppelt so hoch.

erinnert, wiewohl es andererseits nicht ohne Reiz war, in einer so kleinen und so weit entlegenen Colonie bis ins Einzelne die Sitten des Mutterlandes zu finden, von dem sie seit Jahrhunderten getrennt ist.

So sahen wir denn auch sogleich vor uns, am rechten Ufer der Kamtschatka, das Dorf Kliutschi oder Kliutschewskoe Selenie, dessen schwarze Balkenhäuser einen ansehnlichen Glockenthurm umgeben, und auf der Landseite an regelmäfsig getheilte Ackerstücke gränzen. Wir landeten bei den ersten Häusern, auf dem Rande eines Stromes von schwarzer Lava, die sich hier einst bis mitten in die Kamtschatka ergossen hat. Die Männer die uns am Ufer empfingen bemächtigten sich meines Gepäckes mit unabweisbarer Dienstfertigkeit, und führten uns dann in das Haus ihres Stárosta oder Aeltesten, den sie Wasilji Iwanowitsch nannten.

[September 8. und 9.]

Die Ebene die sich von dem mächtigsten Vulkane der Halbinsel gegen Norden bis an die Kamtschatka erstreckt, ist als eine der lachendsten und fruchtbarsten dieses schönen Landes von jeher berühmt gewesen. Auch hiefs sie bei den Russen gleich anfangs die Gegend von Kliutschi d. h. von den Quellen, weil einige Bäche in derselben in ungewöhnlicher Stärke wie mit einem Male aus der Erde brechen und auch im Winter nicht frieren. Auf die nächstgelegene Sopka oder den Pik ist aber dieser Name erst weit später übertragen worden, als die Russische Niederlassung an den Quellen (Kliutschewskoe Selenie) ihre jetzige Ausdehnung und Bedeutung erhielt. Noch um 1740 (bei Krascheninikow's Aufenthalt in dieser Gegend) hiefs derselbe nur Kamtschatskaja Sopka, während ich ihn jetzt überall und ganz einstimmig Kliutschewskaja Sopka d. h. den Vulkan von Kliutschi nennen gehört habe. Auch bestand damals in der That die Ausschliefslichkeit der Russischen Bevölkerung in dieser Gegend erst seit wenigen Jahren, indem erst 1731 eine volkreiche und blühende Ortschaft verlassen wurde und unterging, welche ein Stamm der Kamtschadalen an einem jener Quellbäche besafs. Die Russen hatten freilich auch schon früher, und ebenfalls ganz nahe bei dem jetzigen Dorfe, eine feste Niederlassung so wie, vier Werst weiter unterhalb, einige Sommerhütten und bestellte Aecker gehabt, welche als ihre wesentlichsten Besitzungen an der unteren Kamtschatka den Namen Nijnji Ostrojok führten; ja es wurden sogar diese von den Kamtschadalen in demselben Jahre wie ihre eigene Ortschaft, gänzlich zerstört, aber der kurze Sieg, von dem die Unterdrückten eine dauernde Vertreibung der Europäischen Eindringlinge gehofft hatten, führte doch gerade im Gegentheil nur zu der jetzigen Befestigung und Ausbreitung ihrer Herrschaft. Die Geschichte dieses letzten Befreiungsversuches verdient nicht vergessen zu werden, denn selbst nach den Russischen Angaben, den einzigen die wir darüber besitzen, waren dabei nicht blofs das Recht sondern auch eine überlegene Tapferkeit und Klugheit sehr entschieden auf der Seite der Unterdrückten. Die Anführer Jakuzkischer Kosaken, Iwan Nowgorodow und Michailo Schechurdin, welche 1729 und 1730 den Felltribut auf der Halbinsel gesammelt hatten, sollen durch nicht näher angegebene Bedrückungen*) die alte Erbitterung der Kamtschadalen noch gesteigert und so unter ihnen den Angriffsplan zur Reife gebracht haben, dessen Ausführung, in dem letzteren Jahre und fast unter den Kanonen der Schiffe von Capitain Bering, die eben damals in der Kamtschatkamündung lagen, mit grofser Klugheit vorbereitet wurde. Die Männer eben jenes Kliutschewsker Stammes, die des Jelowkaer und des sogenannten Schantalsker, welche ganz nahe an der Mündung der Kamtschatka wohnten, fuhren im Winter 1730 mit gröfstem Eifer nach allen Seiten bis zu den äussersten Gränzen der Halbinsel.

Es hiefs dafs sie nur zu den Wettkämpfen zusammenkämen, die von Zeit zu Zeit in befreundeten Geschlechtern zwischen der Esslust des Gastes und der Freigebigkeit seines Wirthes gehalten

*) Dafs aber manche damalige Pjatidesjatniks oder Kosakenanführer entsetzliche Dinge begingen, beweist die Thatsache dafs einer derselben, Namens Schtinnikow, um dieselbe Zeit (1729) die wehrlose Mannschaft eines Japanischen Schiffes, welches mit reicher Ladung auf seinem Wege zwischen den Städten Sazman und Asak verschlagen worden und dann an der Kamtschatischen Küste, etwas südlich von der Awatschabucht, gestrandet war, verrätherisch überfiel und tödtete. Krascheninikow Opisanie S. K. Tsch. IV. S. 222.

werden. Sie verabredeten aber diesesmal sich bewaffnet an bestimmten Punkten in dem Augenblicke dieses Jahres einzufinden, in welchem die Russischen Schiffe nach Ochozk zurückkehren, und zugleich auch viele Kosaken sich zur See zu einem Feldzuge gegen die Tschuktschen nach der Nordküste aufmachen würden. Dann sollten alle zurückbleibenden Fremden gefangen gesetzt oder ausgerottet und in der Folge, durch starke Wachen in ihren Häfen, jeder neue Besuch von Ochozk zurückgewiesen werden. Die Tojone von Kliutschewsk und von Jelowka wufsten die lauer Gesinnten theils durch Drohungen anzufeuern, theils durch die Nachricht dafs schon viele Kosaken bei einem vorläufigen Angriff gegen die Tschuktschen besiegt worden seien, und dafs man daher von diesen nördlichen Nachbarn auch jetzt die kräftigste Unterstützung erwarten dürfe. Die Russen blieben trotz ihrer vielfältigen Verbindungen mit den Kamtschadalen durchaus ohne Ahndung von diesem grofsartigen Bündniss, und so versammelte sich denn in der That an dem Tage an welchem die Truppen aus der Kamtschatkamündung ausliefen, eine starke Mannschaft der Verschworenen auf der Ebene von Kliutschi; eine Hälfte derselben fuhr auf Batten stromaufwärts und verbrannten alle Russische Sommerhütten an der oberen Kamtschatka, nachdem sie deren Besitzer theils getödtet, theils gefangen fortgeführt hatten — und an demselben Tage kam es auch schon ganz im Süden der Halbinsel, bei Bolscherezk und an der Awatschabucht, zu eben so wichtigen Erfolgen. Die Russen waren schon damals in jener Gegend weit zahlreicher als in den übrigen Theilen des Landes; indessen hatten sich auch die dortigen Kamtschadalen meist alle mit Schiefsgewehr und mit Munition versehen und ihre Ortschaften, von denen die Angriffe ausgingen, aufs beste befestigt. Das Befreiungswerk wäre endlich auch an der unteren Kamtschatka zu einem glücklichen Ende gekommen, wenn man die dortigen Angriffe nur um einige Stunden später begonnen hätte. Auch die Jelowkaer Kamtschadalen, die sich an der Mündung gelagert hatten, gingen nämlich, sogleich nach der Abfahrt der genannten Schiffe, stromaufwärts und zerstörten schon an demselben Tage alle Russischen Häuser bis zu dem damaligen Nijnji Ostrojok, bei welcher sie mit der zweiten Hälfte der

Kliutschewsker Mannschaft zusammentrafen. Auch hier gewannen sie vollständig die Oberhand, nachdem sie einige Häuser angezündet und die Russen die zum Löschen herbeikamen, getödtet hatten. Dann feierten sie schon ein Siegesfest bei welchem, komisch genug, sowohl ein Schamanischer Gottesdienst gehalten als auch von einem getauften Kamtschadalen, der sich den erbeuteten Priesterrock anzog, in der Kirche eine Messe gelesen wurde. Sie wollten dabei den Russen an christlicher Bildung nichts nachgeben und liefsen deshalb durch einen Gefangenen ins Kirchenbuch schreiben: auch sie hätten ihren neuen Priester für seine Mühe mit 30 Fuchsfellen bezahlt. Noch während dieses Festes kam aber leider die Nachricht dafs die Expedition gegen die Tschuktschen wegen widriger Winde noch auf der Rhede vor der Kamtschatka vor Anker geblieben war, und dafs sie nun, durch einige entkommene Russen von allem Vorgefallenen unterrichtet, unter Anführung eines Deutschen Steuermannes Namens Hens zum Entsatz von Nijnji Ostrojok anrückte. Die Belagerten hielten indessen auch diese unerwartete Uebermacht noch zwei Tage lang von einer Verschanzung zurück, die sie mit dem Altar und anderen Stücken der Russischen Kirche sehr geschickt ergänzt und verstärkt hatten. Auch verweigerten sie jede Unterhandlung, bis dafs die Schiffskanonen geholt und eine Bresche geschossen, so wie auch der Pulvervorrath in dem Orte und alle noch übrigen Häuser in demselben abgebrannt waren. Der Heldenmuth mit dem sich die sonst so sanftmüthigen Kamtschadalen, und unter ihnen eine Abtheilung der Kliutschewsker, bis auf den Tod vertheidigten, und der Hohn mit dem sie jeden Vorschlag zur Verständigung zurückwiesen, ist selbst von den Kosaken stets mit Bewunderung anerkannt worden, auch mögen wohl der Tojon der Jelowkaer, der sich mit den Seinigen bis in das Mittelgebirge zurückzog, und die übrigen Kliutschewsker, die nach der oberen Kamtschatka entkamen, noch auf eine Fortsetzung dieses kurzen Befreiungskrieges gehofft haben. Er endete indess schon in dem nächsten Jahre, durch die Ankunft jenes *Sibirischen* „Bataillones" dessen sich die *Sedankaer* so lebhaft erinnerten (S. 208.). Der Hafenort für die Kamtschatka (das jetzige Nijne Kamtschatsk an der Mündung der Ratuga in das linke Ufer des Hauptflusses) wurde angelegt und etwas mehr als die frühere Niederlassung befestigt, zugleich aber von einem Oberst Wasilji Merlin, dem Befehlshaber jener ungewöhnlichen Besatzung die man erst nach acht Jahren wieder zurückzog, zum erstenmale auf Kamtschatka, eine gerichtliche Untersuchung geführt.

Jene übermüthigen Sammler des Jasak und mehrere andere Kosaken wurden, als eigentliche Urheber des Aufstandes, hingerichtet — freilich aber zugleich mit ihnen eben so viele Häuptlinge der Kamtschadalen. Man erzählte noch jetzt wie diese die Gewalt der sie erlagen, bis aufs letzte verspottet und mit seltener Todesverachtung ein in ihrem Lande ganz unerhörtes Schicksal getragen haben (vergl. unten Sept. 17.).

Trotz dieses traurigen Ursprungs ihrer Niederlassung habe ich übrigens an den Bauern von Kliutschi die friedlichsten Gesinnungen, und sogar mehr wie bei den Ochozkern, jene alterthümliche Einfalt der Sitten bemerkt, die in Europa nur noch zu den Idealen gehört. Auf den nächstgelegenen Feldern, an der Südseite des Dorfes, welche dem Berge zugekehrt ist der doch nur äusserst schwach ansteigt, standen jetzt verschiedene Rübenarten; und auch Kartoffeln, die hier von unserem Wirthe (Wasilji Kretschetow) schon seit mehr als 15 Jahren eingeführt waren, vor allem aber Hanfpflanzen von üppigstem Wuchse. Auch gedeihen hier sowohl die Sommer- als die Wintersaaten von Weizen, Gerste und Hafer so vortrefflich, dafs man ohne Zweifel den gröfsten Theil der Bevölkerung der Halbinsel mit Brodmehl von den umgebenden Ebenen versorgen könnte. Mit dem ausschliefslichen Eifer der zu einem solchen Erfolge gehörte, betreiben aber die Kliutschewsker weder den Kornbau noch auch die Rindviehzucht, welche der Boden und das Klima in mindestens eben so hohem Maafse begünstigen. Die wildwachsenden Knollen und Beerenfrüchte werden vielmehr auch von den hiesigen Russinnen eben so wie von ihren Nachbarinnen, als ein wesentlicher Theil ihrer Nahrung geärndtet, und obgleich ich nirgends fettere und wohlschmeckendere Kuhmilch gesehen habe als in Kliutschewsk*), so hat es doch auch hier

*) Auch fanden wir immer wenn wir diese Milch einige Stunden lang in einem Tujas oder Gefäfse aus Birkenrinde am Sattel mit uns führten,

bei dieser Anwendung der Heerde sein Bewenden, und für essbar gelten von den Vierfüssern nur die jagdbaren, zu deren Erlegung man jährlich in grofsen Gesellschaften auszieht. Ich erfuhr dieses unter anderem als ich einige hiesige Bauern mit dem Reste eines Schweineschinkens bewirthen wollte, der sich noch aus Sibirien unter meinen Besitzthümern erhalten hatte. Sie hielten diesen für ein Hundebein, und ihr Entsetzen vor einer so unerhörten Nahrung legte sich erst als der gelehrtere Starost ihnen erzählte was er von den „sogenannten Schweinen" gehört habe, die in dem Lande aus welchem die Kamtschatischen Russen herstammten, auch von Christen geschlachtet und gegessen würden. Von ausländischen Produkten ist nur der Thee auch bei den Kliutschewskern so beliebt dafs sie meine Bewirthung mit diesem Getränke als eine der gröfsten Wohlthaten aufnahmen. Im Uebrigen setzten sie aber den Wohlstand ihrer Gegend sehr vorzugsweise in der Leichtigkeit mit der sie die Landes-üblichen Lebensmittel darbietet. Die schönen Zughunde durch die sie sich auszeichnet, sind hier, wie überall auf der Halbinsel, die Grundlage zu jedem wichtigeren Erwerbe geblieben, und ihre Pferde hielten sie fast nur deswegen für ein wichtiges Besitzthum, weil sie ihnen die Rennthierjagden im Sommer und somit auch die Erlangung ihres ausschliefslichen Kleidungsstoffes erleichtern. Auch war das Kamtschatische Brod d. i. der Jukola, den sie aus den Wanderfischen der Kamtschatka im Ueberflusse bereiten, dem Europäischen Brote an Wichtigkeit noch weit überlegen. Es wird hier ausser von den Lachsarten die ich früher erwähnt habe, unter anderen auch eine ungeheure Menge von einem nur Zoll-langen Fische gefangen, den die Kamtschadalen Chácheltsche nennen. Er tritt, wie mich die Kliutschewsker versicherten, ebenfalls jährlich und zwar noch weit früher als die ersten Lachse aus dem Meere in die Kamtschatka, steigt jedoch in derselben nicht weiter als bis Krestowsk d. i. bis nicht ganz 4 Meilen oberhalb Kliutschi oder nur 21 Meilen von der Mündung, aufwärts und wird dann ganz einfach mit Eimer-artigen Gefäfsen geschöpft und

---

in der Mitte derselben die Butter zu einer grofsen und auffallend straligen Kugel abgesondert.

in besonderen Vorrathsschoppen für die Hunde zu Jukola getrocknet und aufbewahrt*).

Es dürfte wohl kaum einen zweiten Ort auf der Erde geben, an welchem eine so liebliche Landschaft wie die bei Kliutschi, zugleich so wichtige Aufschlüsse über die vulkanischen Kräfte darböte. Man sieht von dem Dorfe gegen O. längs des Baches auf ein lichtes Gehölz, das bis an das Flussufer reicht, und in welchem ein Mespilus mit dichtem und dunkelgrünem Laube und mit essbaren Früchten — der hier Bojarischnik d. i. der Fürstenbaum genannt wird — vorherrscht. Dann folgt in N. und W. der breite Spiegel der Kamtschatka und jenseits desselben die entferntern Gebüsche auf dem Chartschinsker Abhang, während die andere Hälfte des Horizontes über den Feldern und der Wiesenebene im Vorgrunde, bis zu fast 9° Höhe, von dem Feuerberge und dessen riesigen Nebenkuppen eingenommen ist. Ich sah nun zuerst in Kliutschewsk wie die Gluth über dem Kegelberge, die sich noch glänzender und weit ausgedehnter zeigte als in Chartschinsk, theils aus der dunkelgrauen, theils aus der weissen vulkanischen Wolke entstand, welche am Tage ihre Stelle am Himmel einnahmen, und wie ausser derselben auch ein breiter feuriger Streifen längs des rechten Randes des Pik von nahe unter seinem Gipfel tief hinabreichte. An der grauen undurchsichtigen Masse welche man bei Tageslicht zwischen dem ebenen Kraterrande und der weit höher gelegenen Haufenwolke gesehen hatte, bemerkte ich gleich nach Sonnenuntergang aufs entschiedenste ein rothes Licht und zugleich mit diesem zeigte sich dann auch in stärkerem rothen Glanze jenes feurige Band, welches am Tage nur durch einen auf ihm liegenden Wolkenstreifen bezeichnet war. Jetzt verschwand dieser, eben so wie die obere Hälfte der

*) Der Chácheltsche ist im Ocean an der Ostküste von Kamtschatka so häufig, dafs davon oft eine mehr als 1 Fufs hohe Schicht an den Strand geworfen wird. Er gehört zu den Stichlingen mit drei Rückenstacheln und ist von Pallas als Gasteracanthus cataphractus beschrieben worden. Vergl. Fauna Rosso-Asiatica Tom. III. pag. 229.

weissen Haufenwolke über dem Gipfel, von welcher aber die abwärts gekehrte Fläche zu leuchten aufing und wie eine glühende und breitere Decke auf der Lichtsäule des Kraters ruhte und sie begränzte.

Das Mondlicht welches am 9. September bei Kliutschi von Sonnenuntergang bis gegen 12ᵘ 40′ anhielt, wurde zwar nicht blos von dem direkten Lichte jener glühenden Massen sondern auch von ihren Reflexen in der Unterseite der vulkanischen Wolke aufs entschiedenste übertroffen; aber dennoch schien dies alles noch glänzender nach dem Untergange des Mondes, als die übrigen Gebirge spurlos verschwunden und dennoch alle Umrisse des Pik scharf begränzt blieben durch den rothen Schein, der sich auch über sie von jenen feurigen Stellen verbreitete. Es blieb nun kein Zweifel dafs der hellste Streifen an dem WNW-abhange ein ungeheurer Lavastrom war (und keinesweges, wie die Kliutschewsker vermutheten, ein Spalt durch den das glühende Innere hindurchscheine!), denn man sah ihn auf der Oberfläche des Kegels deutlich aufliegen. Auch zeigte sich eine fortschreitende und eine wallende Bewegung dieser geschmolzenen Masse, als ich den Gipfel des Vulkanes am 9. September um 1 Uhr nach Mitternacht in einem Fernrohr (von 26maliger Vergröfserung) betrachtete, und die Hauptumrisse der Feuererscheinungen auf demselben durch die hierher gehörige Zeichnung darstellte. Die Lichtstärke des Lavastreifens war am gröfsten an dessen Ursprung der (nach seinem Höhenwinkel und nach dem später bestimmten Abstande des Gipfels von meinem Standpunkte) nahe an 14000 Par. Fufs über dem Meere und gegen 800 Par. Fufs tiefer als der Krater-Rand lag — und sie schien von dort fast continuirlich abnehmend gegen ihr scheinbares Ende bei etwa 7000 Par. Fufs Höhe über dem Meere. Nur in dem ersten Drittheile seines Laufes war der glühende Strom auf dem kürzesten Wege abwärts gegangen, indem dort seine Mitte in einerlei Vertikalebene lag und eine ununterbrochene Linie bildete. Etwas weiter unten wich er dagegen von dieser Ebene zur Linken oder gegen die Westseite des Berges ab, und theilte sich sodann unter spitzem Winkel in zwei Zweige die einen schwarzen inselartigen Raum umschlossen. An dem westlicheren Zweige, dessen Auflagerung auf dem Bergabhange gegen den schwarzen Hintergrund sichtbar wurde, reichte das glänzende Licht noch etwas weiter abwärts als an dem uns zugewandten. Auch zeigten sich schon näher am Ursprunge und in den hell-leuchtendsten Theilen des Stromes einzelne Stellen von schwächerem Lichte die bei Mondschein für ganz erkaltet gehalten wurden, in den dunkelsten Stunden dennoch noch wahrnehmbar glühend — und ziemlich tief unter dem Ende der Lava lagen endlich auch einige ganz isolirte glühende Massen, die wie Sterne auf dem schwarzen Grunde erschienen.

Eben so deutlich erkannte man nun wie das Feuer über dem Krater aus einzelnen leuchtenden Körpern bestand, die wie Funken aus einer Esse und stralenartig nach oben divergirend hervorbrachen. Sie erhoben sich bald mehr bald weniger, so dafs sie die glänzende Unterseite der niedergeschlagenen Dämpfe erreichten oder schon unter derselben zurückfielen. Auch folgten diese Wechsel in der Wurfhöhe so regelmäfsig, nach Intervallen von einigen Sekunden, dafs der ganze Funkenkegel eine pulsirende Bewegung zu besitzen schien.

Eben solche Auswürfe von losen glühenden Massen zeigten sich aber auch noch aus zwei anderen Oeffnungen des Berges, von denen die eine an dem Ursprunge des Lavastromes, die andere aber in derselben Vertikalebene, und etwa in der Mitte zwischen ihm und dem Kraterrande lag. Die Wurflinien waren hier nahe senkrecht auf die Kegeloberfläche gerichtet. Zusammen mit den aus dem Krater ausgehenden divergirten sie daher so als ob sich die letzteren im Innern des Berges an einem Punkte oder doch an einer engeren Stelle des Schlottes geschnitten hätten, und es ist eben deshalb sehr wahrscheinlich dafs sich dieser, gegen unten beträchtlich erweitert und dafs er sogar in dem mit der jetzigen Ausflussöffnung zusammenfallenden Niveau der inneren Lava, schon einen weit gröfseren Durchmesser hat als (nur 800 Fufs höher) dicht unter dem Gipfel.

Glänzend beleuchtete Dampfwolken brachen auch aus den zuletzt genannten zwei tieferen Oeffnungen zugleich mit den glühenden Blöcken hervor und diese Wolken blieben am Tage, mit anderem Dampf der sich längs des Lavastromes (theils aus demselben theils zur Seite aus dem umgebenden Schnee) entwickelte, die einzigen Zeugen von diesem grofsartigsten Theile des vulkanischen Processes. Ich habe mich dagegen, durch wiederholte und sorgfältigste Betrachtung jener losen Auswürflinge während der Nachtstunden, aufs bestimmteste überzeugt dafs an keiner der drei genannten Stellen des Berges eine Flamme oder brennende Gasart hervorbrach, indem die stralig aufsteigenden Körper sich überall auf einen dunklen Grund projicirten und nur dann bisweilen in einer lichten Umgebung verschwanden, wenn sie in dem höchsten Theile ihres Laufes die untere reflektirende Gränzfläche der Wasserwolke überschritten.

Schon nach diesen Erfahrungen und nach den Ergänzungen derselben welche der Anblick der Gipfelphänomene bei Sonnenschein darbot, blieb kein Zweifel dafs aus dem eigentlichen Krater und aus den zwei sekundären Oeffnungen der Kegelwand, die sich erst vor kurzem bei der jetzigen Laveneruption gebildet hatten, durchaus gleichartige und aus einerlei Quelle ausgehende Produkte ausgestofsen wurden. Höchst wahrscheinlich wurde es aber auch dafs eben nur die Elasticität des Wasserdampfes der sich über jeder der drei Oeffnungen in so ungeheurer Menge niederschlug, die ganze Masse der inneren Lava bis nahe an 14000 Par. Fufs über dem Meere in dem Krater erhoben hatte, und dafs sie zugleich auch die glühenden Stücke derselben noch weit höher hervorschleuderte, welche der Dampf bei seinem Durchbruche durch die zähe Flüssigkeit von derselben abriss und dabei wohl aufs feinste durchsetzte.

Was die durchschnittliche Gröfse von denjenigen dieser Lavensprütze betrifft, die sich noch glühend und nur bis zu 1000 F. über den Kraterrand erhoben, so läfst sie sich aus dem Umstande einigermafsen beurtheilen, dafs dieselbe nur bei einiger Vergröfserung, aber nicht mehr dem blofsen Auge, getrennt erschienen. Der Gesichtswinkel ihres Durchmessers wird demnach, bei dem intensiven Licht welches sie ausstralten, wohl kaum über 5 Sekunden, und daher ihr Durchmesser selbst, nicht mehr als 2 bis 3 Par. Fufs betragen haben*).

---

*) Der Mittelpunkt des Kraterrandes war nämlich von meinem Standpunkte bei Kliutschi 96816 Par. Fufs entfernt (vergl. II. 1. S. 400.).

Nur am Tage sah man sodann dafs das Wasser der Wolke fast noch einmal so hoch als der Abstand seines Condensationspunktes von dem Berggipfel, und mithin bis gegen 2000 Fufs über diesem oder zu einer Höhe von 16790 Par. Fufs über dem Meere*), emporgerissen wurde und eben so hoch auch eine ungeheure Menge von feineren und undurchsichtigen festen Körpern, welche immer nach der unter dem Winde gelegenen Seite des Pik, wie ein dunkles Band und offenbar mit nur äusserst langsamer Senkung, fast geradlinig, durch jene hohen Schichten der Atmosphäre zogen**). Ich bemerkte schon hier an diesem Stratum-artigen Theil der vulkanischen Bewölkung — der gleich bei seinem Austritt aus dem oberen Theil des Cumulus oder der Wasserwolke aufs schärfste von diesem abstach — einen von dem Sonnenstande abhängigen

---

*) Vergl. II. 1. S. 400 u. f.

**) Die Höhe bis zu welcher von Wasserdämpfen die mit bekannter und sehr hoher Temperatur in die Luft treten, ihre eigene Substanz oder auch feine und an ihnen adhärirende Körper emporgerissen werden, ist schon wegen des Umstandes schwer zu bestimmen, dafs jene Dämpfe erst während des Aufsteigens ihren Aggregatzustand ändern, und daher von der Luft einen discontinuirlich veränderlichen Widerstand erfahren, zu dessen Schätzung noch fast alle Grundlagen fehlen. Für die Geschwindigkeit mit welcher gröfsere Lavenstücke die Stelle verlassen an der sie durch heisse Dämpfe von der Hauptmasse getrennt werden, ist aber offenbar die eigene Ausströmungsgeschwindigkeit dieser Dämpfe eine Maximumgränze, und es wäre daher nicht ohne Interesse, selbst nur diese letztere zu kennen, und die Bewegungen die sie veranlassen würde, mit den gesehenen Würfen aus einem vulkanischen Gipfel zu vergleichen. Eine elastische Flüssigkeit die δmal schwerer ist als die Luft und die einem Drucke von ε Atmosphären das Gleichgewicht hält, besitzt nun bekanntlich, wenn sie an der Erdoberfläche in die Atmosphäre tritt, eine Geschwindigkeit (C) von: $1214 \sqrt{\frac{\varepsilon - 1}{\delta}}$ Par. Fufsen. Auch dürfen wir für Wasserdampf von der Temperatur τ nach der Réaumur-Skala die Ausdrücke

$$\varepsilon = (0{,}2847 + 0{,}008941 \, . \, \tau)^6$$

$$\delta = 0{,}625 \frac{\varepsilon}{1 + 0{,}0046875 \, \tau}$$

$$\text{und } C = 1534 \left(1 + 0{,}0046875 \, . \, \tau\right)^{\frac{1}{2}} \, . \, \left(1 - \frac{1}{\varepsilon}\right)^{\frac{1}{2}}$$

innerhalb der Gränzen unserer Versuche für hinreichende Annäherungen halten. Die Ausströmungsgeschwindigkeiten, welche aus dem letzteren folgen sind aber:

Farbenwechsel der über seine Undurchsichtigkeit keinen Zweifel liefs, denn man sah ihn entweder durchaus schwarz, oder gelblich und dann oft glänzend gefärbt, je nachdem die von uns abgewandte oder die uns zugekehrte Seite desselben beleuchtet war.

Diese undurchsichtige Wolke deren Inhalt ich bald darauf in gröfster Menge untersucht habe (Sept. 10 u. f.) zog und entleerte sich in diesem Tage nicht über Kliutschi, sondern über der Ostseite des Kegels. Ich erfuhr daher über dieselbe für jetzt nur dafs die feste Substanz aus der sie besteht, unter dem Russischen Namen *Saja* bekannt sei, welcher so viel als Rufs oder Flugkohle bedeutet, und dafs sie sich ungeheuer weit über das Land verbreite, indem sie oft einerseits an der Ukaer Küste (30 bis 40 Meilen von dem Krater des Vulkanes) niederfalle und dann von der anderen mit SO-wind über das Mittelgebirge ziehe und den Meeresstrand am Tigil (35 Meilen vom Kliutschewsker Gipfel) eben so reichlich bedecke. Im Sommer sei dieser Niederschlag we-

---

Bei Temperatur nach Réaum. τ	Geschwindigkeit in Par. Fufsen. C
100°	1392
200	2109
300	2375
400	2600
500	2800
600	2995
700	3176
800	3343

d. h. selbst bei dem Schmelzpunkt der Laven der gegen 800° zu betragen scheint (und bei welchem sowohl die Elastizität als die Dichtigkeit des Dampfes schon sehr paradoxe Werthe erhalten würden) nur mäfsig verschieden von denjenigen Geschwindigkeiten die noch aus direkten Beobachtungen folgen. Es könnte aber sodann die zu 3000 Fufs Anfangsgeschwindigkeit gehörige Wurfhöhe in der That schon durch Widerstandscoefficienten die mit anderweitigen Erfahrungen übereinstimmen, bis auf den Werth derselben den wir an der Lavenspreu beobachteten, herabgesetzt werden, während sich der auffallende Umstand, dafs deren feinere Theile höher aufsteigen als die gröberen, nur dadurch erklären läfst, dafs die Geschwindigkeit schon beim Losreissen von der Hauptmasse für die letzteren weit mehr als für die ersteren hinter ihrer Maximumgränze zurückbleibt. Ueber diesen Punkt ist aber in der That noch eine jede Hypothese gleich wahrscheinlich, indem er von dem unbekannten Verhältnifs zwischen dem Volumen der durch die Lava ausbrechenden Dampfblasen und zwischen dem der flüssigen Masse abhängen würde, die eine jede derselben losreisst.

niger sichtbar (vergl. aber unten Sept. 11.). Auf dem Schnee bemerke man ihn aber stets, sowohl weil er denselben gänzlich schwärze, als auch und vorzüglich weil die aus dem Krater herstammende Substanz die Schlittenfahrt ungeheuer erschwere und oft gänzlich unmöglich mache, indem sie die hölzernen und sogar die mit Knochen überdeckten Läufe der Narten zerreibe.

Von ihren anderweitigen Wahrnehmungen über die vulkanischen Ereignisse erwähnten die Kliutschewsker zunächst die beständigen Zitterungen des Bodens in ihrem Dorfe, welche einträten „ehe der Berg sich gespalten habe" (poka ni lopnulas *S*opka). In den Häusern in denen man Glimmerfenster habe, höre man dann ein so ununterbrochenes Klirren, dafs man aufhöre es zu bemerken, und erst durch Ankömmlinge von anderen Orten wieder daran erinnert werde. Sie meinten sodann und offenbar mit grofsem Rechte dafs auch eine andere weit schädlichere Klasse von Ereignissen in ihrer Gegend, mit dem unterirdischen Brande zusammenhange. Runde, kesselförmige Einsenkungen von einigen Faden im Durchmesser sieht man sehr häufig auf den Feldern und auf der grünen Ebene die langsam gegen den Kegelberg ansteigt. Ich hatte sie aber wegen ihrer geringen Tiefe kaum bemerkt, bis dafs mich die Bauern versicherten, dafs sie erst durch späteres Nachsinken von den Seitenwänden, wieder gefüllt, ursprünglich aber sehr tief gewesen seien und dafs sie sich alle fast unter ihren Augen durch plötzliche Einstürzungen geöffnet hätten. Auch seien fast jährlich Menschen durch dergleichen Ereignisse zu Schaden gekommen, oder doch bedeutend erschreckt worden. So noch vor kurzem ein Bauer, der zu Pferde „mehrere *Sa*ʒenen tief" in ein Loch fiel welches sich unter ihm öffnete, und den man nur mit Mühe und äusserst beschädigt herauszog. Ein anderer war im Winter mit seiner Narte spurlos versunken, und zwar „nicht in den Schnee, sondern wiederum in die Erde, die sich unter ihm gespalten habe." Sie fügten noch hinzu, dafs man aus dergleichen Löchern oft Wasserstralen hervorbrechen sähe, die ihnen an Durchmesser gleich kämen, und welche Felsblöcke mit sich in die Höhe schleuderten. Dafs diese Auswürflinge heiss seien, glaubten sie nicht — denn Personen die im Sommer versunken sind, haben im Gegentheil nur über beschwerliche Kälte geklagt, die sie im Innern jener Löcher empfanden. Ich habe die

Temperatur der Quellen welche jetzt ganz nahe bei solchen Einstürzungen entspringen, in der That nur wenig höher als die mittlere jährliche Lufttemperatur für die hiesige Gegend gefunden (unten Sept. 12.) und wenn man an einem Sommertage plötzlich und ringsum mit festen Massen von dieser Temperatur umgeben wird, so kann, auch ohne anderweitige Abkühlungsmittel, das Gefühl des Frostes nicht ausbleiben. — Jene Einstürzungen selbst hat man aber offenbar nicht sowohl einem direkten Durchbruch der elastischen Flüssigkeiten aus dem Herde des Vulkanes, oder einer wahren Kraterbildung die sich so weit von der Axe des Hauptkegels erstreckt hätte, zuzuschreiben, sondern vielmehr den grofsartigen Oscillationen und Aufwallungen der inneren Lava. Man kann sich in der That die unzweifelhaft nachgewiesenen Bewegungen einer geschmolzenen Masse, durch die sich von Zeit zu Zeit ein schäumender Wellenberg derselben um nahe an 15000 Fufs über ihr mittleres Niveau erhebt, auf keine Weise vorstellen, ohne dafs sie an anderen Stellen von entsprechenden Einsenkungen oder Wellenthälern begleitet würde. — Die Zitterungen des Bodens welche jeder dauernden Erhebung der Lava in dem Schlotte des Hauptkegels vorhergehen, mögen meistens von solchem Wellenschlage in der glühenden Flüssigkeit herrühren und jedenfalls mufs dieser Brüche in den längst erkalteten Steinmassen bewirken, von denen er die untersten Theile hohl legt und ihrer Unterstützung beraubt. — So sind denn auch offenbar die Wasserausbrüche welche sich hier mit dergleichen Einstürzungen verbinden, eben so wie einzelne bachartige Quellen die am Rande der Basis des Vulkanes austreten, eine Folge von ähnlichen und unzähligen Zerklüftungen welche dieselbe schon früher erlitten hat, und es werden sonach hier die Entstehung von kraterförmigen Seen und ihre Speisung durch unterirdische Bäche, deren Folgen an den erloschenen Laven-Vulkanen des Mittelgebirges der Halbinsel so häufig vorliegen (S. 221. 229. 231. 237.) und welche auch am Schiwelutsch durch die einmalige und ungleich grofsartigere Auftreibung des Andesites bedingt scheinen, noch fortwährend durch jetzige Ereignisse veranschaulicht.

Es scheint nicht als ob sich diese äusserst häufigen Einstürzungen mit besonderer Periodizität ereigneten, oder zusammenträfen mit bestimmten Stadien der Thätigkeit des Vulkanes, während doch von den Aschenauswürfen aus dem Gipfel, welche theils mit theils ohne Lava erfolgen, behauptet wurde, dafs sie sich mehrmals in jedem Jahre und dabei nach ziemlich gleichen Zeitabschnitten wiederholten. Von gründlicheren Zerstörungen ist dagegen die nähere Umgebung des Dorfes, wie durch einen glücklichen Zufall, schon seit längerer Zeit verschont geblieben. Ich erhielt zwar hier über frühere Ereignisse nur so unsichere Nachrichten, wie eine mündliche Tradition erwarten liefs. Wenn aber die Lava die mitten durch den Wohnort und bis in das Bette der Kamtschatka reicht (S. 340.) erst vor kurzem oder auch überhaupt nur erst nach der Ansiedlung der Russen an dieser Stelle (1740) geflossen wäre, so hätte sie alle ihre Holzhäuser angezündet, den gröfsten Theil ihrer Aecker verwüstet und so viele andere unvergefsliche Folgen gehabt, dafs sie selbst bei sorglosester Ueberlieferung nicht so bald ohne Erwähnung geblieben wäre. Die ältere Entstehung dieses Stromes welche ich demnach für äusserst wahrscheinlich halte — obgleich seine Masse gerade mit der von sehr neuen Ausbrüchen auffallend übereinstimmt (Sept. 10. u. f.)*) — wird auch noch durch die Bedeckungen bewiesen, die er weiter aufwärts und selbst in geringem Abstande von Kliutschi schon gefunden hat. Nur sein Durchschnitt gegen die Kamtschatka der sich auf einer Strecke von 40 Schritten gegen 4 Fufs über dem Wasser erhebt, hat sich vollkommen scharf erhalten, während auf den nächst gelegenen Feldern nur noch kleinere Stücke desselben aus weichem Erdreiche hervorragen. — Die geschichtliche Nachweisung von Lavenausbrüchen aus diesem höchsten und grofsartigsten Feuerberge des alten Continentes reduzirt sich demnach auf die allgemeine Angabe der Kamtschatischen Russen, dafs sie sich nach Intervallen von 7 bis 10 Jahren zu wiederholen pflegen und meist nur eine Woche lang dauern. Sodann hat sich die bestimmtere Erwähnung einiger einzelnen Ausbrüche erhalten, welche, wie zu erwarten war, zum Theil als Ausnahmen, von jener allgemeinen Regel erscheinen. Es wird nämlich die Zeit von 1727 bis 1731 schon von Krascheninikow als merkwürdig angeführt, weil in dieser der

*) Er besteht aus einer dunkelschwarzen grofsblasigen Grundmasse in welcher sehr grofse glasglänzende Labrador-Krystalle liegen.

Kliutschewsker Kegel nicht blos eine Woche, sondern drei Jahre lang ununterbrochen „gebrannt habe" — und doch wird dieser letztere Ausdruck, wie ich mich durch meine Gespräche mit den hiesigen Russen vielfach überzeugt habe, von jedem, höher am Berge stattfindenden und daher von dem Beobachter entfernteren, Lavenstrome gebraucht, in welchem sie nur den Brand im Innern zu sehen glauben. Es wird von diesen lange dauernden Ausflüssen ausdrücklich erwähnt dafs sie die Bewohner des Dorfes nicht besonders erschreckt haben und sie dürften daher wohl vorzugsweise, so wie der jetzige, ander West- oder Südwestseite des Kegels erfolgt sein. Der nächste Lavaausbruch der in seiner vollen Stärke vom 6. bis zum 14. Oktober 1737*), in seinen nächsten Folgen aber bis zum Frühjahr 1738 gedauert hat, wandte sich dagegen nordwärts oder nordwestwärts, gegen die Kamtschatka, und lag somit für die Beobachtung aus der besuchteren Ebene so günstig, dafs selbst die Russen einmal, trotz ihrer vorgefafsten Meinung über dergleichen Ereignisse, sein wahres Wesen nicht verkennen konnten.

Die Leute die damals die Nächte über mit dem Fischfange beschäftigt waren — und namentlich mit der Netzfischerei oder dem sogenannten „Schwimmen" gegen den Kisutsch das in jenem Monate ausgeführt wird (S. 307.) — hatten fortwährend ein so entsetzliches Schauspiel, dafs sie ihren Tod mit Gewissheit erwarteten. Die glühenden Massen, die sich durch Spalten im Innern des Berges zeigten, flossen nämlich auch als Feuerströme mit ungeheurem Lärmen weit abwärts, und waren so mächtig, dafs der ganze Berg wie ein glühender Stein aussah. Auch will man in seinem Innern noch ein Donnern gehört haben, das von jenem polternden Falle der Lava (unten Sept. 11.) unterschieden wird, so wie auch ein krachendes Geräusch, bei dem die ganze Gegend zitterte, und ein drittes welches man mit dem Gebrause von starken Gebläsen verglich. Dennoch kamen die Kliutschewsker auch diesmal mit dem blofsen Schrecken davon, indem sogar die Asche aus dem Gipfel, als sie, wie gewöhnlich gegen das Ende der Eruption, in gröfster und gefährlicher Menge hervorbrach, durch einen günstig gerichteten Wind nach der Seeseite getrieben wurde.

*) Nach neuem Styl, wie die übrigen Zeitangaben.

Die Thätigkeit des Berges wurde aber darauf auch schon am 4. Nov. desselben Jahres wieder fühlbar, denn Zitterungen an seinem östlichen Fufse zerstörten an diesem Tage viele Häuser in Nijne Kamtschatsk und dauerten dann, zugleich mit den vulkanischen Ereignissen und Ueberschwemmungen welche damals die Südspitze der Halbinsel betrafen, bis zum April 1738. — Es leidet keinen Zweifel dafs sich die Erinnerung an diese zwei Ereignisse nicht wegen einer besonderen Grofsartigkeit derselben erhalten hat, sondern nur weil sie, allein in einer langen Reihe von ihnen ähnlichen, der Anwesenheit von Europäischen Reisenden auf Kamtschatka (von Krascheninikow und Steller) unmittelbar vorhergingen. und so geschah denn auch eine dritte Laveneruption, die der deutsche Bergmann Daniel Hause gesehen und geschildert hat, als er um 1795 von Ijiginsk aus an die Kamtschatka kam (S. 15. Anm.) unter denselben Umständen und mit derselben Energie wie die eben erwähnten älteren und wie diejenige welche wir jetzt und in den folgenden Tagen (Sept. 10. bis 13.) vor Augen hatten. Der September 1812 scheint dagegen in einer Ruheperiode des Kliutschewsker Vulkanes oder doch einer solchen sehr nahe gelegen zu haben, denn Herr Dobell, der ihn damals (bei seiner denkwürdigen Reise von den Philippinen über Kamtschatka nach Petersburg) von Kliutschi aus gesehen hat, erwähnt ausdrücklich nur des niedergeschlagenen Dampfes und der Asche die von seinem Gipfel in der gewöhnlichen Form einer langen Streifenwolke ausging*).

*) Vergl. Auszüge aus Herrn Dobell's Tagebuche in: Suin Otetschestwa Tsch. 27. Str. 94. Dieser Reisende fügt zu seiner Aussage über die Gipfelphänomene noch Folgendes hinzu: „Der Kliutschewsker Vulkan übertrifft an Umfang, an Höhe und an Pracht alle auf der Erde bekannten, namentlich aber den Aetna so entschieden, dafs es lächerlich wäre ihn mit diesem berühmtesten Europäischen Feuerberge nur einmal zu vergleichen. — Er scheint dennoch seinem Verlöschen nahe, denn selbst die ältesten Bewohner von Kamtschatka erinnern sich nicht, dafs Lava aus demselben geflossen sei." — Die zwei letzteren Behauptungen sind nun sowohl durch meine eigenen Erfahrungen als auch durch alles oben erwähnte vollständig widerlegt, und sie erklären sich theils dadurch, dafs Herr Dobell nur auf der Kamtschatka an dem äussersten Rande des Vulkanes vorbeifuhr und daher die unzähligen Lavenströme auf seinen Abhängen nicht kennen lernte, theils auch durch seine

Ich habe endlich noch und nur durch einen glücklichen Zufall erfahren, dafs dem jetzigen Ausbruche eine wohl noch vollständigere Ruheperiode nahe vorherging, denn im August 1828 hat Baron Kittlitz (der mit der Lütkeschen Expedition [S. 76.] nach Petropaulshafen gekommen war und von dort aus das Kamtschatkathal besuchte) über dem Gipfel des Kliutschewsker Kegels weder die Aschenstreifen gesehen, noch die Wasserwolken die mit ihnen zusammen aus dem Innern aufzusteigen pflegen. Die von diesem Reisenden auf dem Glockenthurme von Kliutschi gezeichnete Rundansicht der Berge, die ich zur Ergänzung der Umrisse derselben Landschaft, welche ich an der Jelowkamündung aufgenommen habe hier hinzufüge, zeigt daher auch den oberen Rand des Vulkanes in vollständigster Reinheit*).

In der Zusammenstellung meiner physikalischen Beobachtungen auf dieser Reise finden sich die Winkelmessungen und die Ortsbestimmungen angegeben aus denen die Höhe des Gipfels der Kliutschewskaja Sopka über dem Meere im September 1829 zu

---

damalige Unkenntnifs der Russischen Sprache, in deren Folge er die Kliutschewsker nur durch Vermittelung eines Russischen Offiziers befragt hat, der ihn von Petropaulshafen aus begleitete. Das Wort Lava ist nun freilich auf Kamtschatka völlig unbekannt, aber an dem Bersten des Berges (lopanie gorui) und an dem Feuer, welches dann aus seinem Innern hervorgeht, hat wohl nie weder ein Kamtschadale noch ein dortiger Russe gezweifelt.

*) Die Russische Regierung könnte, ohne die geringste Anstrengung, einen sehr wichtigen Beitrag zur Geschichte der vulkanischen Erscheinungen und somit auch zur Kenntnifs der dabei thätigen Kräfte liefern, wenn sie nach den schriftlichen Berichten welche sie nun schon seit einem Jahrhundert von ihren Beamten aus Petropaulshafen und aus Tigilsk erhalten hat, die Ausbruchszeiten des Kliutschewsker Kegels bekannt machte. Es ist zu vermuthen, dafs schon in den älteren Papieren dieser Art manche Angaben über eine Erscheinung vorkommen, die in ihrer drohenden Grofsartigkeit selbst den trägsten Beobachtern nicht entgehen kann. Durch die künftigen Berichte des Gouverneurs von Kamtschatka würde man aber dergleichen Notizen jedenfalls sehr vollständig erhalten können, denn Nachrichten von Kliutschi gelangen jetzt wenigstens zweimal jährlich, durch den Kosaken welcher die Postsendungen begleitet, und durch die Einsammler des Felltributs, nach Petropaulshafen und nach Tigilsk. Die bis jetzt vorhandenen Angaben über Ausbrüche jenes mächtigsten Lavenherdes würden noch einer Wiederkehr derselben nach gleichen Zwischenzeiten von etwas mehr als 8 Jahren

14790 Par. Fufs und der Abstand seiner Horizontalprojection von Kliutschi zu 95686 Par. Fufs folgten. Die Ansichten dieses Berges von verschiedenen Standpunkten führten aber, schon ehe wir ihn bestiegen, zu einigen anderen nicht unwichtigen Folgerungen über die Gestalt und die Gröfse seiner einzelnen Theile. — Der horizontale äussere Rand seines Kraters erschien jetzt sowohl in Kliutschi als an der Mündung der Jelowka unter einem Winkel der 0,14 von dem jedesmaligen Höhenwinkel desselben betrug, wonach sich der Durchmesser dieses kreisförmigen Ringes zu 2014 Par. F. ergab.

Im August 1828 war dagegen dies eben genannte Verhältnifs entschieden kleiner, und die daraus hervorgehende vollständigere Zuspitzung des Kegels so auffallend, dafs man sie schon bei flüchtiger Vergleichung der vortrefflichen Kittlitzschen Zeichnung mit allen im September 1829 gemachten nicht verkennen kann. Die Oberfläche des Gipfels welche damals auch nicht ganz so eben war wie ich sie gesehen habe, wiewohl von den Seitenabhängen noch immer scharf abgesetzt, zeigte sich namentlich nach jener ersten

---

(8, 36 J.) ziemlich gut entsprechen, indem das Maximum der Thätigkeit nach

dieser Hypothese	den Erfahrungen
auf die Jahre	
1729,3	1729
1737,7	1737,7
1796,2	1796
1812,9	
1829,6	1829,6

zu versetzen, und die Uebereinstimmung dieser Zeitangaben als vollständig zu betrachten wäre, wenn man annähme dafs sehr bald nach Herrn Dobell's Anwesenheit in Kliutschi ein Lavenausbruch erfolgt sei. Es versteht sich indessen dafs es einer weit gröfseren Anzahl von übereinstimmenden Erfahrungen bedürfte, um jener Angabe einige Wahrscheinlichkeit zu geben, und zwar um so mehr wenn man geneigt wäre die vulkanischen Prozesse von der Mündung der Kamtschatka bis zur Südspitze der Halbinsel und längs der Kurilischen Inseln, einer einzigen Ursache oder den Kräften zuzuschreiben, die von einer zusammenhangenden Masse ausgehen. — Denn in diesem Falle würde man an und für sich wohl nicht eben geneigt sein, deren Aeusserungen auf einen bestimmten Punkt eines so grofsen Erdstückes nach einer so einfachen Gesetzmäfsigkeit zu erwarten.

Darstellung in Kliutschi unter einem Winkel von 46′ (oder 0,09 von dem Höhenwinkel ihres höchsten Punktes) und ihr Durchmesser betrug daher nur 1300 Par. F. — Es ist wohl nicht zu bezweifeln, dafs dieser merkwürdige Unterschied zwischen der früheren und der jetzigen Beschaffenheit eines so wichtigen Theiles des Vulkanes, von einer Verschüttung des Kraters während der Ruheperiode herrührte, die erst mehrere Monate nach Herrn von Kittlitz's Anwesenheit zu Ende ging, und von der dadurch möglich gewordenen Aufhöhung seiner Ränder durch lose Auswürflinge und Schnee. Die Seitenränder dieses aufgesetzten Stückes erschienen aber gerade eben so geneigt wie die Abhänge des festen Kegels oder doch nur um so wenig flacher als diese, dafs man danach auf den entsprechenden Höhenzuwachs des Gipfels mit nur geringer Unsicherheit schliefsen kann. Er betrug 280 oder 207 Par. F. je nachdem man jene Neigungen einander gleich oder, als äussersten Fall, die erstere um 8° kleiner setzt als die andere — und ich denke daher dafs man kaum merklich irren kann, wenn man für August 1828 die Höhe der Oberfläche des Gipfels um 250 Par. F. gröfser als während meines Aufenthalts in der Gegend von Kliutschi und mithin zu:

15040 Par. F. über dem Meere

annimmt.

Ueber die Neigung der zunächst unter dem Gipfel gelegenen Wände des Berges fanden sich dagegen die Umrisse unter denen ich ihn von verschiedenen Punkten der Halbinsel gesehen habe, sowohl unter einander übereinstimmend als auch, und eben so vollständig, mit den im vorigen Jahre in Kliutschi gezeichneten. Der Vulkan ist in seiner oberen Hälfte bis auf sehr geringe Abweichungen einem geraden Kegel gleich, dessen Scheitelwinkel 103°,0 beträgt und dessen Seiten daher um 38°,5 gegen die Horizontalebene geneigt sind*).

*) Die mittlere Neigung der scheinbaren Ränder desselben beträgt namentlich:

37°,8 nach Hrn. v. Kittlitz Zeichnung von Kliutschewsk aus im Jahre 1828;

38°,3 nach den an demselben Punkte beobachteten Durchschnitten der Ränder des Gipfels mit den horizontalen und vertikalen Fäden meines Passageinstrumentes;

Man sieht nun jene steilste Neigung (von 38°,5), an beiden Rändern des Kegels bis zu nahe an 6000 Par. F. über dem Meere,

---

37°,9 nach Zeichnungen derselben Ränder von der Mündung der Jelowka und von zweien näher an Chartschinsk gelegenen Punkten.

Ich habe aber sodann etwas näher untersucht, in welcher Art und um wie viel die Neigung der scheinbaren Ränder eines genau kegelförmigen Berges in perspectivischen Abbildungen desselben von der Geradlinigkeit und von der wahren Neigung seiner Seiten abweichen und zwar wenn als Bildfläche:

1) eine Vertikalebene, welche die durch das Auge und die Kegelaxe gelegte senkrecht durchschneidet oder
2) eine Cylinderfläche mit vertikaler und durch das Auge gelegter Axe genommen, und diese letztere betrachtet wird, nachdem man sie parallel mit ihrer Axe aufgeschnitten und in eine Ebene ausgebreitet hat.

Die zweite oder panoramatische Abbildung wird für Gebirgstheile die ein beträchtlicheres Stück des Horizontes einnehmen, wohl ausschliefslich gebraucht werden, während die erstere unter anderen den Anblick eines einzelnen Gipfels in einem Fernrohre wiedergiebt, welches die Axe desselben in der Mitte seines Feldes enthält.

Wird ein gerader Kegel, dessen Axe vertikal und dessen Seiten um v gegen den Horizont geneigt sind, von einem um D von seiner Axe abstehenden und um h unter seiner Spitze liegenden Punkte gesehen und sind dann x, y, z die rechtwinklichen Coordinaten eines Punktes in seinem scheinbaren Rande, die von der Spitze des Kegels aus so gezählt werden, dafs die z vertikal abwärts, die y in der Vertikalebene durch den Augenpunkt und gegen diesen wachsen, so ist, wenn man:

$$h \operatorname{ctg} v = R \quad z \operatorname{ctg} v = \varrho \quad \frac{R}{D} = \sin \mu$$

setzt,

$$x = \varrho \cos \mu$$
$$y = \varrho \sin \mu \qquad \text{I.}$$

so wie auch wenn

$\xi, h - \zeta$ / $\xi', h - \zeta'$ resp. dem x u. $h - z$ auf der unter (1) genannten ursprünglich ebenen .... / auf der unter (2) genannten abgewickelten cylindrischen .... Bildfläche

deren Abstand vom Auge = 1 sei, entsprechen:

$$\xi = \frac{x}{D - y} \qquad h - \zeta = \frac{h - z}{D - y} \; \ldots\ldots\ldots \; \text{II.}$$

und:

$$\xi' = \text{arc.} \left(\operatorname{tg} = \frac{x}{D - y}\right) \quad h - \zeta' = \frac{h - z}{\sqrt{D^2 - 2R\varrho + \varrho^2}} \; .. \; \text{III.}$$

Aus I. und II. folgt:

$$h - \zeta = \frac{h}{D} - \xi \,.\, \operatorname{tg} v \,.\, \cos \mu$$

ununterbrochen fortsetzen. — In dieser Höhe endet aber der rechts gelegene oder nach N56°W. gewandte Abhang auf einer mit Schnee

---

und es ist mithin die Abbildung des scheinbaren Kegelrandes im ersten Falle eine gerade Linie, deren Neigung (N) gegen die ebenfalls geradlinige Abbildung des Horizontes gegeben ist, durch

$$\operatorname{tg} N = \operatorname{tg} v \cos \mu$$

Dieser scheinbare Abhang ist also immer flacher als der wahre und zwar, so lange das Verhältnifs $\frac{R}{D} = \frac{h}{D} \operatorname{ctg} v$ ein kleiner Bruch ist, um eine Anzahl Minuten die durch:

$$v - N = \frac{\sin(2\,v)}{\sin 1'} \cdot \frac{R^2}{4\,D^2} = \frac{\cos^2 v}{\sin v . \sin . 1'} \cdot \frac{h^2}{2\,D^2}$$

bis auf unmerkliches ausgedrückt wird.

Für die panoramatische Abbildung folgt dagegen aus I. und III.

$$\xi' = \operatorname{arc}\left(\operatorname{tg} = \frac{\varrho \cos \mu}{D - \varrho \sin \mu}\right)$$

$$h - \zeta' = \frac{(R - \varrho) \operatorname{tg} v}{\sqrt{D^2 - 2\,R\varrho + \varrho^2}}$$

uud es ist mithin auf derselben der scheinbare Abhang des Kegels eine transcendente Curve, deren Neigung (n) gegen die gerade Linie welche den Horizont darstellt, an einer Stelle zu der der Queerschnitt des Kegels vom Radius ϱ gehört, durch:

$$\operatorname{tg} n = \frac{\left(\frac{d\,\zeta'}{d\,\varrho}\right)}{\left(\frac{d\,\xi'}{d\,\varrho}\right)}$$

gegeben ist. Es folgt daraus allgemein

$$\operatorname{tg} n = \operatorname{tg} v . \sqrt{\frac{D^2 - R^2}{D^2 - 2\,R\varrho + \varrho^2}}$$

so wie auch für die hier beabsichtigte Anwendung, bei welcher $\frac{\varrho}{D}$ und $\frac{R}{D}$ kleine Brüche sind:

$$v - n = \frac{\cos.^3 v}{\sin v . \sin 1'} \cdot \frac{(h - z)^2}{2\,D^2} = \frac{\sin(2\,v)}{\sin 1'} \cdot \frac{(R - \varrho)^2}{4\,D^2}$$

Die scheinbare Neigung des Kegelrandes (n) wird somit in diesem Falle nur im Horizonte, wenn er bis zu demselben fortsetzt, der wahren Neigung des Abhanges (v) gleich. Für alle über dem Horizonte gelegenen Punkte ist jene kleiner als diese, und zwar so dafs der Unterschied bis zur Spitze des Kegels continuirlich wächst und daher die Abbildung des Kegelrandes überall gegen den Himmel convex erscheint.

Für den Kliutschewsker Vulkan und den Standpunkt in Kliutschi folgen mit dem Näherungswerthe $v = 38°$ und mit $h = 15059$ $D = 95686$

$$v - N = 34'$$

und somit:

und Eis bedeckten und kaum noch merklich geneigten Fläche, aus der sich weiter rechts zuerst die kleinere und durch eine Schneedecke abgerundete Kréstower oder mittlere Kuppe und dann die Uschkiner erheben. Durch die Flachheit ihrer glänzend beeisten Abhänge und durch einige Felsenrippen und tiefe Furchen die an denselben hinablaufen, ist diese Kuppe von dem activen Theile der ungeheuren Bergmasse aufs merkwürdigste unterschieden. — An dem linken Rande des Kegels zeigt sich dagegen in etwa eben jener Höhe (6000 P. F.) eine allmälige Abnahme der Steilheit — doch bleibt er noch glatt und continuirlich bis zu einer nahe über dem oberen Ende des Baumwuchses (bei etwa 3000 P. F. über dem Meere) gelegenen Gränze, und erst an dieser beginnt endlich, mit einem neuen und schroffen Absatz, die kaum 3° geneigte gewölbartige Oberfläche die das ganze System umgiebt, und gegen Norden bis an die Kamtschatka fortsetzt. — Man sieht diese von hier aus, selbst unter den Wäldern die sie bedecken, der Queere nach in fast ringförmige Stufen getheilt, zwischen welchen aber noch der früher erwähnte Kegel (S. 336.) und andere steile Abhänge die sehr vorzugsweise gegen die Uschkiner Kuppe gewendet sind, auffallen.

[September 10.]

Die Besteigung des Vulkanes die ich nun endlich antreten

---

aus dem im Fernrohre beobachteten Werthe:

$$N = 38°,3 \qquad v = 38°,8$$

so wie aus den für $\varrho = \frac{R}{4}$ durch die Zeichnungen angegebenen:

$$n = 37°,9 \qquad v = 38°,2$$

wonach die wahre Neigung der Abhänge des Gipfels mit dem Mittel dieser beiden Werthe oder mit 38°,5 gewifs nahe übereinkommt. In der Rundansicht von demselben Standpunkt bemerkt man ferner an dem linken oder gegen O10°S. gewandten Rande des Gipfels eine sehr schwache und regelmäfsig convexe Biegung, die aber nach dem eben gesehenen wohl nur scheinbar ist, und vielmehr einen Beweis für die streng kegelförmige Gestalt dieses Abhanges abgiebt — während der ihm entgegengesetzte Abhang, der in der Darstellung des Vulkanes von 1828 eine eben so schwache aber deutlich concave Biegung zeigte, auch in der Wirklichkeit ein wenig unter die Kegelfläche eingesenkt war. Jetzt schien aber, durch die Lava die gerade an jener Seite des Gipfels herabflofs, diese schwache Unregelmäfsigkeit fast vollständig ausgeglichen.

wollte, galt bei den **Kliutschewskern** für ganz unerhört. Sie erinnerten sich nur dafs einmal ein **Heide** (**Néchrist**) oder **Deutscher** (der früher erwähnte Bergmann D. **Hause** S. 151. 356.) etwas ähnliches versucht habe, dafs er aber unverrichter Sache zurückkam, weil er „weder der Prophet **Elias** gewesen, noch auch von der Natur mit den **eisernen Klauen** begabt war, mit denen man etwa auf dergleichen Berge würde kriechen können.“ Sogenannte Reisen um die *Sopka*, werden zwar von ihnen häufig ausgeführt, sowohl im Sommer (am **Petropaulstage**) um **wilde Rennthiere** zu schiefsen, als auch zur **Bärenjagd** um die jetzige Jahreszeit. Sie halten sich aber dabei in den Wäldern am Fufse des Gebirges oder doch dicht an der Gränze des Baumwuchses, bis zu der weder das fürchterliche Feuer aus dem Innern reiche, noch auch das Eis und die **Purgi** oder Schneestürme von den Gipfeln. Nach mancherlei Zureden entschlossen sich aber dennoch der als besonders muthig bekannte **Starost** und ein junger Bauer, **Constantin Petrow**, mich so weit als es rathsam schiene zu begleiten, und so wurden wir denn mit drei Pferden gegen 9 Uhr Morgens unter lauten Segnungen aus dem Dorfe entlassen. Auch das Wetter schien uns ausserordentlich günstig, denn bei frischem Westwinde war der Himmel durchaus unbewölkt und die Luft schon um 8 Uhr auf + 13° erwärmt.

Wir ritten zunächst am Dorfe parallel mit dem Flusse, über den nur mit **Mespilus**-Bäumen und kurzen Gräsern bestandenen Anger an den früher erwähnten Einstürzungen vorbei (S. 352.) und sahen an deren Rändern noch einzelne Blöcke der schwarzen Lava die an der **Kamtschatka** entblöfst ist. Dann wandten wir uns aber gegen Süden, und traten sogleich in eine herrliche Waldung aus Pappeln und hochstämmigen Birken, zwischen denen die **Eberesche** in gelagerten und dadurch strauchähnlichen Gruppen das Unterholz bildet. — Der Boden zeigte eine merkliche Steigung, war aber, grade sowie in der Umgebung des **Schiwelutsch** (S. 265.), durch Schluchten in wellenförmige Rücken getheilt, die theils gegen W. theils gegen NW. fortsetzten. Dennoch blieb alles anstehende mit üppigster Vegetation bedeckt, sowohl auf dieser Strecke als auch noch höher hinauf, wo die stämmigeren Waldbäume allmälig verschwanden, anstatt ihrer aber die **Berg-Else** anfing das niedrigere jedoch sehr dicht verschlungene Buschwerk zu bilden, welches von überall aus der umgebenden Ebene so merkwürdig auffällt. Die Form des *Slanèz* d. i. die stralige Ausbreitung der Stämme, die wohl nur auf Kamtschatka auch an den Laubhölzern so gewöhnlich ist, ist auch hier wieder aufs vollständigste ausgebildet. — Wir fanden die letzten Gruppen dieser Elsen bei unserem jetzigen Wege (an der Nordseite des Kliutschewsker Gebirges) in 2892 Par. F. über dem Meere und mithin 240 Par. F. höher als an dem Schiwelutsch.

Sie stehen auf einem kegelförmigen Hügel, dessen kahle Südseite fast um 200 Fufs abfällt und so vollständig mit losen Schlakkenblöcken bedeckt war, als ob er gänzlich aus diesen bestände. Offenbar ist auch dieser, wie viele ähnliche Hügel in der flacheren Umgebung des Pik, aus einer alten Eruptionsspalte durch eben solche Auswürfe entstanden, wie wir sie über dem Ursprunge der jetzigen Lava noch in den letzten Tagen gesehen hatten. Von den ähnlichen aber ziegelrothen Anhäufungen in dem Mittelgebirge unterscheiden sich die hiesigen schon bei flüchtiger Ansicht, durch ihre pechschwarze Farbe, die man auch weiterhin für alle Produkte des Kliutschewsker Systemes sehr auszeichnend findet. Ich habe aber dagegen durchaus keinen Unterschied bemerkt zwischen den hier vorliegenden frühesten Erzeugnissen dieses Systemes und denjenigen die auf gleiche Weise aus dem thätigen Kegel entsprungen waren und welche wir etwas höher gegen denselben rings um uns ausgestreut sahen. Man unterschied vielmehr in beiden Fällen als extreme Abänderungen dieser Blöcke, deren Durchmesser von einigen Zollen bis gegen fünf Fufs wechseln mochte: eine schwarze Masse mit nur kleinen Poren, in deren dicken Wandungen schwärzlich grüne, glasglänzende Augit- und schneeweisse Labradorkrystalle sehr gedrängt neben einander liegen. Beide sind von einerlei Gröfse und kaum über 1 Linie lang, und die Labradorkrystalle etwas häufiger als die anderen; und sodann: eine pechschwarze Masse mit vielen Blasen, die bis zu drei Linien im Durchmesser und dünne sehr glänzende Wandungen haben. Sie enthalten nur Labradorkrystalle und auch diese weit seltener als die andere Abänderung.

Nun wurde auch zuerst die Aussicht auf die entfernteren Theile des Gebirges an dem wir aufstiegen wieder frei, und von den anstehenden Massen die wir betraten, waren selbst die ebenen Oberflächen nur noch mit vereinzelten und nicht über fufshohen Gebüschen der kriechenden Weide (Sal. arctica, Pall.) bedeckt.

Die früher genannten drei Hauptgipfel schienen sich auch hier wieder über einer gemeinschaftlichen und noch hoch über uns gelegenen Basis zu erheben und zwar schätzte man nun schon die mittlere oder Krestower Kuppe als weit niedriger, die Uschkiner Kuppe aber mit Rücksicht auf ihre gröfsere Entfernung, von kaum geringerer Höhe wie den riesigen Pik, der sich gerade im Süden ganz unverdeckt und zur Linken der beiden anderen Gipfel zeigte. — Nur jene niedrigere Krestower Kuppe dürfte etwa einst, durch eine regelmäfsig kegelförmige Gestalt und durch die Glätte ihrer steilen Abhänge, dem thätigen Gipfel ganz ähnlich gewesen sein, obgleich jetzt sehr tiefe und eisig glänzende Schneemassen ihren Scheitel abgerundet und ihre Seiten sogar noch gleichförmiger bedeckt hatten als selbst die flacheren Abhänge des Uschkiner Berges. Auf diesen hat das grünliche und gegen unten ganz glätscherähnliche Firneis offenbar nur breite Thäler gefüllt, zwischen denselben aber vorspringende Felskämme so nackt zurück gelassen, dafs die Zerrissenheit seiner breiten Masse und, unter der glockenförmig geebneten Oberfläche, viele ursprüngliche Hölungen noch aufs bestimmteste kenntlich bleiben. — Ueber dem Kliutschewsker Kegel schien dagegen auch von hier aus der Schnee nur in so schmalen und unterbrochenen Streifen ausgebreitet, dafs er die schwärzliche Färbung des Ganzen noch immer nicht wesentlich unterbrach.

Wir wandten uns jetzt etwas rechts von diesem, etwa gegen die Mitte zwischen ihm und der Krestower Kuppe, und stiegen bis zu 5000 Höhe zwischen Felsmassen die oft um 20 Fufs über die Schluchten welche sie trennen, hervorragen. An den meisten Stellen liefs schon ihr sattelähnliches Profil und ihr langgestreckter Grundriss diese Hervorragungen für wahre Lavenströme erkennen, und wenn auch an anderen ihr Zusammenhang durch senkrechte Abhänge unterbrochen war, so scheinen doch diese nur späteren Einstürzungen zuzuschreiben. Es mochten nun aber auch diese

Massen noch, so wie die Lava die bis nach Kliutschi an die Kamtschatka gelangt ist, in den frühesten Zeiten des Kliutschewsker Gebirges, unmittelbar aus dessen niedriger Basis gedrungen oder dennoch erst nach der Entstehung des Eruptionskegels aus dessen Wänden geflossen sein, so zeigten sie sich jedenfalls sowohl mit den einen wie mit den anderen in chemischer und mineralogischer Beziehung übereinstimmend. Ich fand hier überall in einer dunkelschwarzen, amorphen und stets fein porösen Grundmasse, die dann stellenweise auch noch von ausserordentlich grofsen und mannigfach gewundenen Blasenräumen durchsetzt war, Krystalle von weissem, glasglänzendem Labrador und, wiewohl weit seltener, einzelne Augitkörner. Unter den mir vorliegenden Handstücken die ich in dieser Gegend des Nordabhanges geschlagen habe, kann man namentlich etwa folgende zwei als Extreme der Varietäten betrachten, welche in hiesigen Strömen, durch verschiedene Lage ihrer Theile beim Erkalten und bei der gleichzeitigen Ausscheidung des Wasserdampfes aus denselben, entstanden sind:

> eine dunkelschwarze und stellenweise taubenhälsig schillernde Grundmasse mit äusserst zahlreichen, etwas länglichen und nicht über eine Linie langen Blasenräumen, in welcher viele kleine und etwas matte Labradorkrystalle und einzelne derb zusammengeschmolzene rothbraune und glasharte Parthieen liegen, die aber auch dergleichen Krystalle enthalten.

und dann andererseits:

> eine schwarze basaltähnliche, glatt und etwas muschlig brechende und glasglänzende Hauptmasse, welche von vielen bis zu 2 Zoll langen Blasenräumen aber von nur wenig kleinen Poren durchsetzt ist und viele Labradorkrystalle von 1 bis 1,5 Zoll Seite enthält. An der Oberfläche des Felsens und in seinem Innern an den Wandungen grofser Blasenräume ist diese schwarze Masse oft in Fäden ausgezogen, die einander überdecken und durchkreuzen. Die Krystalle sind aber zwischen denselben so durchaus ungestört und regelmäfsig geblieben, als ob sie während der Bewegung der zähen Grundmasse schon fest gewesen wären! Offenbar hat man aber diesen merkwürdigen Anschein vielmehr dadurch zu erklären, dafs die Anziehung welche die Theilchen des Labradors zu-

sammenführte, die trennenden Einwirkungen der Schwere und der Zähigkeit der übrigen Masse bei weitem überwog.

In den Schluchten zwischen diesen Felsen fanden wir den Boden meist Fufs hoch mit gleichartigen rundlichen Trümmern bedeckt, von denen nur wenige bis zu einem halben Zoll im Durchmesser hatten, während die übrigen nur ein Gemenge von staubartigem und von etwas gröberem Sande ausmachten. Es waren dies, wie meine Begleiter versicherten, die *Saja* d. h. der Rufs aus dem Schlotte des Vulkanes, den wir auch jetzt fortwährend als eine ungeheure dunkelgelbe Streifenwolke sahen, welche sich unter dem Winde aus dem Cumulus über dem Krater ablöste und dann, aus fast 16000 Fufs Höhe über dem Meere, nur äusserst langsam zu senken schien. Die sehr dunkle und oft ganz schwarze Färbung dieses Pulvers dürfte etwa dessen landesüblichen Namen einigermafsen rechtfertigen, obgleich es sich, wie zu erwarten war, bei näherer Betrachtung durchaus nicht von russiger oder kohliger Beschaffenheit zeigte, sondern vielmehr als glasharte, glasglänzende und schaumähnliche Theile einer augitischen Lava, die durch ihre Textur dem Trass-sande und dem Bimsteine vollkommen entsprechen, durch ihre Farbe aber sich von diesen aufs äusserste unterscheiden. Das Einsammeln dieser feinsten Produkte des Kraters verschob ich indessen noch, bis wir sie an den Punkten auf die sie bei der jetzigen Eruption gefallen waren und in ihrer ursprünglichen Anordnung treffen würden, denn hierher waren sie offenbar durch Schneewasser von den höheren Stellen der vor uns ansteigenden Fläche zusammengeführt. Wir fanden auch jetzt auf diesem Theile unseres Weges nur einzelne Flecke von dem Schnee, der nach der Aussage der Kliutschewsker noch um den 12. Juli (d. h. an dem Petropaulstage oder 29. Juni a. St.) wenn sie zur Rennthierjagd ausziehen, alle Niederungen jenseits der Elsengränze ausfüllt.

Um 4 Uhr Nachmittags erreichten wir einen ebenen Boden der sich vor uns gegen SW. bald wieder von wild zerrissenen Laven unterbrochen zeigte, gegen SO. und SSO. aber mit schneller und regelmäfsiger Steigung zu der Schneegränze und dann an den Fufs des feuerspeienden Kegels erhob.

Wir blieben hier die Nacht über und wollten auch am folgenden

Morgen unsere Pferde daselbst zurücklassen, weil sie nur in dieser Gegend noch an den letzten Gestrippen von Salix arctica ein hinreichendes Futter fanden. Sie weideten davon fast 24 Stunden lang, um den Punkt an dem wir uns, in Ermangelung eines Feuers, in unserem Polog vor der Nachtkälte schützten, und dessen Höhe ich zu 4974 Par. F. über dem Meere bestimmte*). Die Schneegränze lag noch gegen 200 Fufs über uns und somit um 250 bis 300 Par. F. höher als bei gleicher Orientirung an dem Abhange der Schiwelutsch. Man war aber nicht wenig veranlafst diesen erheblichen Unterschied, und denjenigen welchen wir in demselben Sinne für die obere Gränze der Elsen auf beiden Gebirgen wahrgenommen hatten, einem Einfluss des glühenden Innern auf die hiesige Bodenoberfläche zuzuschreiben, wenn man wiederum die ungeheuren Schnee- und Eismassen auf den übrigen Gipfeln dieses Systemes, mit der weit dünneren Schneedecke auf dem thätigen Kegel verglich.

Wir hatten uns jetzt der Axe des Vulkanes bis auf weniger als 15000 Par. F. genähert. Die noch über uns gelegenen Theile desselben bedeckten, der Höhe nach, mehr als ein Drittel des Himmels (einen Höhenwinkel von 33°) und gewährten somit, zuerst in ihrer dunklen Färbung auf dem klarsten Hintergrunde und dann in der hellrothen und zum Theil blendenden Gluth die sie die Nacht über zeigten, einen unvergleichlich grofsartigen Anblick. — Von dem Horizonte war mehr als ein Drittheil (fast $\frac{1}{3}$) durch die Basis des Kegels eingenommen. Wegen der Nähe desselben übersahen wir aber doch kaum mehr als $\frac{1}{7}$ seines Umfanges, und eben daher kam es dafs, nachdem wir jetzt von Kliutschi aus etwa 52° dieses Umfanges nach der Seite zurückgelegt hatten an der die Lava hinabflofs**), dieselbe doch wiederum an dem äussersten Rande des Kegels erschien; freilich aber nun in der reissenden Strömung und dem hohen Wellenschlage, die wie an unserem ersten Standpunkte

*) Vergl. II. 1. S. 394. 396.

**) Von der Axe des Kegels gesehen liegen

Kliutschi	21°,52	rechts von Norden.
unser jetziger Standpunkt .	330	
und die Mitte der Lava . . .	303,1	

nur aus zitternden Unebenheiten ihrer Lichtoberfläche erkannt hatten. Sie zeigte uns jetzt nur den zunächst an ihrem rechten Ufer gelegenen Streifen ihrer Masse, und auch dieser entzog sich unseren Blicken unterhalb einer hoch über uns gelegenen Stelle, an der nun der gesammte Strom, durch alte Laven und durch ihnen angelagerte Eishaufen, gestaut und gleich darauf zur Linken von der Richtung seiner oberen Hälfte abgebogen schien.

Von den Stunden die wir hier neben unserem kleinen Zelte in ungestörtester Mufse verlebten, habe ich die meisten verwendet um jenen glühenden Sturzbach und die ihn begleitenden Ausbrüche aus dem Krater und aus den Spalten des Berges, theils des Nachts theils am Tage mit dem Fernrohre zu betrachten, auch wurden wir, wenn selbst ein so ergreifender Anblick den Augen endlich gleichgültiger geworden wäre, doch immer von Neuem und zu grofsem Schrecken meiner Begleiter, durch ein dumpfes donnerndes Poltern an denselben erinnert, welches sich die ganze Nacht über von dem Schauplatz jener Ereignisse hören liefs. — Bei Tagesbeleuchtung bemerkte ich zunächst in der Wasserwolke die sich erst hoch über dem Gipfel, aus den Ausströmungen des Kraters, niederschlug, eine Wirbelbewegung die, namentlich in senkrechten Ebenen, höchst lebhaft erschien. Auch in Gefäfsen in denen Dampf von geringer Spannung niedergeschlagen wird, sieht man nun wohl, von ganz nahe gelegenen Standpunkten, die entstehenden Bläschen und Wassertropfen, durch die Luft die von allen Seiten eindringt, in ähnliche Wirbel versetzt. Wenn aber dieselben hier, aus einer Entfernung von fast $\frac{3}{4}$ Meilen, dem blofsen Auge aufs deutlichste auffielen, und wenn dann ihr Anblick in einem mäfsig vergröfsernden Fernrohre an den eines äusserst schnellen Mühlrades erinnerte, so veranschaulichte sich dadurch die ungeheure Spannung der Dämpfe, deren Condensation eine solche Bewegung veranlafste. Die gröfseren glühenden Steine fuhren dennoch ungestört und fast geradlinig durch diese Wirbel und eben so schien auch die schwarze Aschenwolke über dem Ostabhange des Berges nur dem herrschenden Winde zu gehorchen. — Von gleichem Ursprunge aus dem Innern des Berges, waren dann noch die mehr straligen, aber eben so gewaltsamen, Ströme von Dämpfen und Steinen, die aus einzelnen Oeffnungen an der Quelle der Lava und zwischen derselben und dem Krater, hervorbrachen — während viele andere Wolken und unter ihnen eine äusserst breite und dichte, an dem gestauten Theile des Stromes der sich die Nacht über durch das blendendste Glühen auszeichnete, offenbar von über dem Boden gelegenen Körpern, ausgingen. Man konnte zweifeln ob wieder nur aus der Lava selbst, oder von dem Schnee und dem Eise die sie theils neben sich hatte, theils sogar berührte. Ich erhielt aber bald den Beweis dafs, wenn auch kleinere, den Fumaroli der Italiänischen Laven ganz ähnliche, Stralen an der glühenden Oberfläche des Stromes entsprangen und daher gänzlich aus dem beim Ersteren frei werdenden Wasser bestanden, jene grofse untere Wolke sich doch zu bedeutendstem Theile auf die zweite Weise bildete. Ich sah nämlich wie sich diese von Zeit zu Zeit bedeutend verlängerte, dann aber plötzlich wieder zusammenzog, indem sich zugleich mehrere, gerade unter ihr und gerade unter einander gelegene, kleinere und vereinzelte Wolken einfanden und eine Zeit lang erhielten. Dergleichen Wechsel wiederholten sich oft, aber erst am Abend, als das eigene Licht der Lava ihre jedesmaligen Gränzen aufs schärfste bezeichnete, sah man dafs es die gestaute Hälfte des Stromes selbst war, die sich periodisch ausdehnte, bis dafs sich glühende Stücke von ihr losrissen, in mehrmaligen Sprüngen an dem steilen Abhange herunterfielen, und dabei an den beschneiten Aufschlagstellen jene kleineren Wolken, gerade auf dieselbe Weise wie die heissen Steine in einem Dampfbade, um sich aufregten.

Offenbar entstand auch das donnernde Geräusch, welches wir gegen Morgen, als wir uns auf dem Boden gelagert hatten, noch weit lauter hörten als zuvor, durch ähnliche Stöfse der fliefsenden Steinmasse gegen ihr Bette. Es wiederholte sich aber viel häufiger als die Losreissungen von dem gestauten Ende, und mufste daher auch von anderen höher gelegenen Stellen der Lava, am wahrscheinlichsten aber von allen Punkten derselben ausgehen, über die wir sie mit wellenförmiger Oberfläche stürzen sahen. — Von dem Volumen der Lava die hier durch eine einzige Eruption aus dem Innern des Kegels bis an dessen Basis gelangt, erhielt man unterdess eine immer grofsartigere Vorstellung. Noch immer erschien ihre Oberfläche sowohl an der Ausbruchöffnung als auch nach unten so weit wir sie verfolgen konnten, durchaus ohne Unterbrechung und wenn auch ihre Berührung mit dem Boden meist durch seitlich aufsteigende Dämpfe verdeckt war, so sah man doch wieder ganz deutlich, dafs sie an den dünnsten Stellen mehr als mannshoch über demselben hervorragte. Ich fand namentlich den Anblick eines Wasserstromes der neben dem uns zugekehrten Seitenrande der Lava hinabflofs und welcher bei unserer Ankunft an diesen Standpunkte das Sonnenlicht glänzend reflektirte, gerade durch diesen Umstand aufs merkwürdigste von dem des fliefsenden Gesteines verschieden, denn da beide flüssige Schichten eine kaum merklich verschiedene Stellung gegen das Auge besafsen, so war es offenbar nur eine Folge der Mächtigkeit der Lava, dafs wir sie zu den auffallendsten Sturzwellen erhoben sahen, während das Wasser auf derselben Bahn fast spiegelglatt hinabzurollen schien*).

Zu solchen Erfahrungen über die Mächtigkeit der Lava und über die reissende Schnelligkeit die ihre oberen Theile noch jetzt besafsen, kamen aber ausserdem: die Dauer ihres Ausflusses die nun schon zum mindesten fünf Tage betrug**), und mehr als 500 Par. Fufs für den horizontalen Durchmesser ihres Queerschnittes an den frei beweglichen Stellen. Der letztere folgte aus den Ansichten von Kliutschi, bei denen sich mehrere Strecken des Stromes bis zu ihren äussersten Gränzen zeigten. So fand ich z. B. dafs dessen Ränder in 13670 Par. F. Höhe über dem Meere oder 1120 Par. F. unter dem Gipfel, wo sie von niedergeschlagenen Dämpfen frei waren, von der Vertikalebene durch die Kegelaxe um $\frac{35}{43}$ und $\frac{40}{43}$ des Gesichtswinkels des dortigen Halbmessers des Berges abzustehen schienen, und man erhält hieraus 585 Par. Fufs oder $\frac{1}{26}$ von dem dortigen Umfange des Kegels für die Breite des Stromes an jener Stelle***). Von den tieferen, bei 11000 Par. F.

*) In der That flofs wohl freilich auch dieses nur in Wellen, deren Höhe aber aus einer halben Meile Entfernung unbemerkbar war.

**) Da mir nämlich schon am 7. September das Ansehen und die Ausdehnung des Stromes in Chartschinsk genau und richtig beschrieben wurde, und namentlich eben so wie ich sie nun während der folgenden drei Tage gesehen hatte, so mufste der Lavenausfluss doch wenigstens schon am Abend des 5. September seine volle Stärke erreicht haben.

***) Der zu derselben Höhe gehörige Halbmesser des Kegels zeigte

über dem Meere und schon unterhalb der Theilung der Lava gelegenen Stücken derselben, zeigten sich, an demselben Standpunkte, die Ränder ihrer nach rechts gewandten Hälfte von der Vertikalebene durch die Kegelaxe um $\frac{131}{183}$ und $\frac{143}{183}$ des Gesichtswinkels des dortigen Halbmessers entfernt, woraus 408 Par. F. oder beinah $\frac{1}{79}$ von dem dortigen Umfange des Berges für die Breite dieses einzelnen Zweiges folgt*). In derselben Höhe (11000 Par. F. üb. d. M.) war aber die Gesammtmasse der Lava sogar weit mehr als 1000 Par. F. breit, denn da sich daselbst ihre zweite oder linke Hälfte zwischen dem äussersten Rande des Kegels und $\frac{170}{183}$ von dem Gesichtswinkel seines Halbmessers zeigte, so würde man sogar für diese allein eine fast eben so grofse Breite erhalten, wenn nicht ihre Lage an dem scheinbaren Rande die Schätzung weniger sicher erscheinen liefs.

Man hatte aber jedenfalls, und der Erwartung gemäfs, die gesammte Breite der hell glühenden Massen gerade in derjenigen Höhe vermehrt gefunden, wo sie in ihrem Laufe gehemmt und wie es sich von hier aus zeigte, sogar zu periodischen Stillständen gebracht war. — Auch war endlich an dem Standpunkte in Kliutschi, das am 10. September noch deutlich leuchtende Feld, auf dem sich beide genannten Zweige des Stromes wieder vereinigten und welches von etwa 10000 Par. F. über dem Meere bis auf die flache Basis des Kegels hinabreichte, seiner Breite nach über etwas mehr als dasjenige Drittheil des dortigen Kegelradius ausgedehnt erschienen, welches dem scheinbaren Rande zunächst

---

sich nämlich in Kliutschi unter einem Winkel von 1° 26′. Bezeichnet man diesen mit U und für die beiden oben erwähnten Gränzpunkte die Winkelabstände von dem Mittelpunkte des Horizontalschnittes zu dem sie gehören, mit u und u′, so wie mit v und v′ die Winkel der Ebenen durch dieselben und durch die Kegelaxe mit der Ebene durch die letztere und durch das Auge, so ist nahe genug $\sin(v + u) = \frac{\sin u}{\sin U}$ und somit aus $u = 1^\circ\ 10'$ $u' = 1^\circ\ 20'$, $v = 53^\circ\ 19'$ und $v' = 67^\circ\ 8'$, mithin $v - v' = 13^\circ\ 49'$ oder 0,0384 von dem Umfange eines Kreises von 2430 Par. Fufs Radius.

*) Aus $U = 3^\circ\ 3'$ $u = 2^\circ\ 11'$ $u' = 2^\circ\ 21'$ folgen $v = 43^\circ\ 33'$ $v' = 48^\circ\ 4'$ $v' - v = 4^\circ\ 31'$ und mithin für die Breite der Lava 0,01256 von dem Umfange des Kegels, dessen Radius daselbst 5180 Par. Fufs beträgt.

lag*). — Die unerwartete Gröfse welche sich aus diesem Anschein für die Horizontaldimension jenes Feldes ergiebt, dürfte schon einigermafsen den Verbleib der Produkte der diesmaligen Eruption veranschaulichen, und dennoch hatte die nur noch stellenweise leuchtende Hauptmasse derselben ihren endlichen Stillstand erst 4000 Fufs weiter abwärts und mithin auf dem flachen Gewölbe erreicht, das sich von dem Unterrande des Kliutschewsker Kegels nach drei Seiten hin meilenweit ausdehnt, und auf welchem auch wir am nächsten Morgen zu jenem Rande aufsteigen wollten. Mochte daher auch der diesmalige Lavenabflufs seinem Volumen nach in der That nur mit dem fünftägigen Ertrage eines Wasserfalles oder einer lebhaften Stromschnelle von 500 Fufs Breite und gegen 5 Fufs Tiefe vergleichbar sein, und mochten dann auch diesen noch diejenigen früheren Ergüsse weit übertroffen haben, die in gleichmäfsiger Gluth „den ganzen Berg" (d. h. den ganzen sichtbaren Ausschnitt desselben) überdeckt hatten, so konnten sie sich auf einer solchen Fläche wie die vor uns liegende, in der That in wenig auffallender Form, namentlich aber ohne jede Gefahr des Austritts und des Abflusses in das Kamtschatka-Thal, ausbreiten.

Die Schätzung des Betrages einer Kliutschewsker Laveneruption zu der unsere Erfahrungen veranlassen, scheint mir auch noch von einer anderen Seite gegen den Vorwurf einer inneren Unwahrscheinlichkeit geschützt, welchen man etwa aus ihrer absoluten Gröfse oder aus den Angaben über Eruptionen an anderen und meist kleineren Bergen entnehmen könnte. Ich meine durch Vergleichung derselben mit dem Volumen der gesammten feuerflüssigen und von Wasserdämpfen durchströmten Masse, die man im Innern dieses Vulkanes zwischen der Meeresoberfläche und seinem Gipfel anzunehmen hat. Selbst wenn man von der Ausbreitung der unteren Hälfte desselben gänzlich absieht, und demnach auch innerhalb der flachen Unterlage des Kegels, den laven-

*) Mit $U = 3^\circ 30'$ $u = 2^\circ 15'$ $u' = 3^\circ 30'$
folgen $v = 37^\circ 46'$ $v' = 86^\circ 30'$ und
mithin als Minimumgränze für die Breite jenes Lavenfeldes der ungeheure Werth von 0,135 von dem dortigen Umfange des Kegels oder 5000 Par. Fufs!

führenden Schlott als eine continuirliche Fortsetzung des in der oberen Hälfte befindlichen betrachtet, und wenn man seinen Wänden überall eine Dicke von 1000 Par. F. zuschreibt, so bleibt sein Inhalt doch gröfser als $\frac{2}{5}$ einer Kubikmeile*). — Das Volumen des diesmaligen Ausflusses betrug dagegen wenn er ununterbrochen während fünf Tagen die Dimensionen welche ihm unsere Schätzung anwies d. h. eine Dicke von 5 und eine Breite von 500 Par. Fufs erreicht und dabei eine mittlere Geschwindigkeit von: 100 Par. Fufs in der Sekunde besessen hätte, nicht ganz: $\frac{1}{110}$ einer Kubikmeile**) und es war mithin noch etwas kleiner als der vierundvierzigste Theil von einer einmaligen Füllung jenes Schlottes! — Man überzeugt sich ferner, dafs ein solcher Theil der schäumenden Lavensäule sich schon vor seinem Austritte durchweg in mehr als 10200 Par. F. über dem Meere, oder zwischen einem in dieser Höhe gelegten Horizontalschnitte des Kegels und dem Kraterrande befindet — und es erscheint dann nichts weniger als unerwartet, dafs er von dort nach und nach bis an die Ausflufsöffnung gehoben und vollständig ausgeleert werde, durch die Dämpfe die sich in ihm entwickeln und welche selbst bei ihrem Ausbruch in die Atmosphäre einen grofsen Theil der Lavenoberfläche noch um 1000 bis 2000 Par. F. höher versprützen.

[September 11.]

Die Pferde die wir mit einem der Bauern an unserem Lagerplatze zurückliefsen, sollten heute in der Höhe in der noch dichtere Zwergweiden vorkommen (4950 P. F. über dem Meere) gegen den Nordabhang des Gebirges vorgehen, während ich mit meinem zweiten Begleiter weiter aufstieg und noch nicht zweifelte, dafs wir den Gipfel und Krater des Kliutschewsker Kegels erreichen würden. Um 8 Uhr Morgens, als sich bei ganz hellem Himmel die Luft wieder bis auf — 1° erwärmt hatte, machten wir uns gegen

---

*) Nämlich gleich dem eines geraden Kegels von 14322 Par. F. Höhe und einem erzeugenden Winkel von 51°,5. Dieser ist in Pariser Kubikfufsen $= \frac{\pi}{3} \cdot (14322)^3 \cdot \mathrm{tg}^2\, 51°{,}5$ oder = 0,4079 geogr. Kubikmeilen.

**) Der Ausdruck desselben ist nämlich in Pariser Kubik-Fufsen $5 \cdot 86400 \cdot (500)^2$ und demnach in geogr. Kubikmeilen: 0,009061.

SO. und daher beinahe gegen die jetzt fliefsende Lava, auf den Weg. Wir fingen bald an weit steiler zu steigen doch blieb der Schnee auch hier durch viele nackte Felsen unterbrochen und schien nirgends so tief als ich ihn, bei gleicher Höhe über dem Meere, von unserem letzten Standpunkte auf dem Schiwelutsch über mir gesehen hatte (S. 290.). Er liegt in Klüften welche das schwarze Gestein nach den verschiedensten Richtungen durchsetzen, so dafs dessen Oberfläche ein höchst wildes und welliges Ansehen erhält. Die breiteren Schluchten sind aber nun meist ostwärts gegen die Mitte des Berges gerichtet und bezeichnen oft noch deutlich die Gränze der Massen die in verschiedenen Zeiten von ihm ausgegangen sind. Ich fand diese dann auch, bei stets gleicher Beschaffenheit ihrer schwarzen Grundmasse, durch die Gröfse und das Ansehen ihrer Labrador-Krystalle auf weiten Strecken deutlich unterschieden; überall waren sie aber mit so grofsen und langgezogenen Blasenräumen durchsetzt und an der Oberfläche so vollständig verglast dafs an ihrer lavenartigen Entstehung nicht zu zweifeln und auf die Auffindung einer ursprünglichen Substanz des Berges auch in dieser Gegend durchaus nicht zu hoffen war.

Gegen Mittag führte uns eine jener Schluchten an eine gegen 40 Fufs hohe Eismasse von ungeheurer Ausdehnung, deren uns zugewandter Abhang mit Schlackenblöcken und schwarzer Asche durchsetzt und dadurch ersteigbar geworden war. Sie gränzt von der anderen Seite an einen Lavastrom von gleicher Mächtigkeit, von dem mein Begleiter versicherte, dafs man ihn erst nach einer der letzten Eruptionen hier gefunden habe. Das Eis, welches sich von einem wahren Glätscher durch seine ebene und fast spaltenfreie Oberfläche und durch die Steine und die Asche unterscheidet, die sich bis tief in seinem Innern zeigten, war demnach hier gerade auf dieselbe Weise zusammen gedrängt und durch geschmolzenen Schnee von den Abhängen des Kegels vergröfsert worden, wie die wallähnliche Masse, an der sich der jetzige Strom getheilt und vor welcher jetzt auch der eine seiner Zweige schon zu gröfserem Theile erstarrt war. Es sind die Moränen der Lavenströme, die hier, einige Zeit nach ihrer Entstehung, ein an die Glätscher erinnerndes Ansehen erhalten.

Die flüssigen Theile der Lava hatten wohl auch hier in Folge der langsamen Wärmeleitung durch die sie sich auszeichnen, noch lange ganz nahe neben dem halbgeschmolzenen Walle gelegen und meist erst durch solche Berührung war dieser aus Schnee in Eis verwandelt und mit den schlackigen Massen die in ihm eingesunken waren, gemengt worden. Bei ähnlichen Aufstauungen der Lavenströme, bei denen das Eis ein höchst wirksames Condensationsmittel darbietet, kann dann auch der Niederschlag aller leicht flüchtigen Substanzen nicht ausbleiben, die sich etwa zugleich mit den Wasserdämpfen aus ihnen entwickeln. Man hat dennoch an dem Kliutschewsker Vulkane von dergleichen Produkten keine anderen als gediegenen Schwefel bemerkt und auch diesen, wie es scheint, nur an Stellen zu denen ihn der Abfluss des Eiswassers, zugleich mit den Aschenschichten die wir gestern gesehen hatten (S. 367.) zusammen schwemmte. Die Kliutschewsker erzählten, dafs sie in früheren Zeiten solchen Schwefel von einer nahe über der Elsengränze gelegenen Stelle geholt hätten, und wir haben dagegen in dem hiesigen festen Eise vergebens danach gesucht*). — Auch in der Lava, deren Hauptmasse zwischen ihren feinen und äusserst zahlreichen Poren pechschwarz und glasglänzend ist und die sehr lange Labradorkrystalle enthält, war von späteren Niederschlä-

*) Ausser dem Schwefel der bei den heissen Quellen in der Südhälfte von Kamtschatka zugleich mit Wasserdämpfen und mit Schwefelwasserstoffgas aus der Tiefe sublimirt (vergl. Sept. 27. 28.), erhielt ich schon in Ochozk (S. 97.) Beweise von einem weit unerwarteterem Vorkommen desselben bei nahe an 60° Breite an der Ostküste der Halbinsel. Es ist ein derber aber auf dem Bruche krystallinisch blättriger, starkglänzender und sehr reiner Schwefel welcher an dem Flusse Tamlat (der bei 59°,8 Br. in das Ostmeer mündet, vergl. meine Karte von Kamtschatka Berlin 1838) und an dem Fufse eines Berges den die Reisenden den Oliutorschen nennen, eine Schicht von mindestens zwei Zoll Dicke unter einer dünnen Tundra oder Moordecke ausmacht. Die Bildung eines so ausgedehnten und homogenen Lagers aus sublimirenden Substanzen ist ohne fernere Beobachtungen kaum anschaulich. Sie dürfte sich etwa, wie die der ähnlichen Schwefelschicht die man in einem alten Krater auf Java gefunden hat, durch den Austritt der Dämpfe unter Wasser erklären lassen, wenn nicht die Dichtigkeit der Tamlater Massen und die Gröfse der spiegelnden Bruchflächen in denselben auch dieser Ansicht entgegen schienen.

gen nichts zu bemerken. Doch sind alle die band- und fadenförmigen Stücke derselben, welche auch hier wieder im Innern ihrer gröfseren Blasenräume hervortreten, mit einem dünnen Ueberzuge von braunrothem sehr harten Eisensilicate bedeckt, welches etwa, da es nur an diesen Oberflächen vorkömmt, durch den Einfluss der Dämpfe auf dieselben entstanden sein dürfte, die mit ihnen am längsten und auf die wirksamste Weise in Berührung waren.

Die Höhe dieses merkwürdigen Punktes ergab sich, durch Vergleichung meiner Barometerablesungen mit den gleichzeitigen in Petropaulshafen, zu 7998 Par. Fufs über dem Meere. Sie bezeichnet zugleich die Gränze über welcher sich (an der NW-Seite des Vulkanes) keine so mächtigen Lavenhaufen wie die bisher gesehenen erhalten haben, und eben dadurch den unteren Rand des glatten und regelmäfsig kegelförmigen Abhanges.

Der jetzige Strom, dessen rechte Hälfte wir hier von dem Ursprunge bis zu etwa 11000 Fufs über dem Meere übersahen, lag ganz nahe an der Vertikalebene durch den Gipfel des Berges und durch unseren Standpunkt. Die neue Lava würde, wenn sie geradlinig fortgeflossen wäre, die ältere auf der wir standen erreicht haben, auch musste sie dieser, selbst in dem Zustande in dem wir sie von Kliutschi aus gesehen hatten, noch weit näher getreten sein, als nach dem gegenwärtigen Anschein; denn von dem Punkte wo damals eine Theilung des Stromes erfolgte, schien jetzt seine ganze Masse sich links zu wenden, so dafs er das Ende seines Weges erst ausserhalb unseres Gesichtskreises erreichte.

Hier zeigte sich nun in der That dafs das donnernde Geräusch welches wir noch weit lauter hörten als bei unserem Nachtlager, fast von der ganzen Seite des Stromes ausging, denn man sah nun fortwährend von vielen Punkten derselben grofse Blöcke seitwärts hinabfallen, die offenbar von der Hauptmase durch die Stöfse losgerissen wurden, welche dieselbe bei ihrer springenden Bewegung erlitt. Auch waren nun neben den hohen Wellen der Lava die kleineren in dem tiefer gelegenen Wasserstrome bemerkbar, und man überzeugte sich dafs das geschmolzene Gestein wenigstens in dem unteren Theile seines Laufes in einem Bette flofs, welches ältere Massen begränzten. Gleichzeitig mit der Lava bog sich nämlich auch jenes Wasser an der uns zugewandten Seite derselben, zur Linken von seiner früheren Richtung und es blieb daher überall so hart an ihrem Fufse, wie nur ein seitliches Hindernifs es veranlassen konnte.

Die Steilheit und Regelmäfsigkeit des Abhanges an dem wir demnächst mit erheblichen Beschwerden gegen die Spitze des Kegels kletterten, fanden sich dennoch auch in der Nähe weder durch Queerspalten unterbrochen noch, wie bisher so oft, durch zackig vorragende Massen. Wir betraten vielmehr abwechselnd dünne Schichten eines mit vieler Asche gemengten eisartigen Schnees und nacktes schwarzes Gestein, welches sich kaum irgendwo um mehr als zwei Fufs über die gemeinsame Oberfläche erhob, dabei aber in seinen geradlinigten Gränzen, mit den Seiten des Kegels meist sehr genau übereinzukommen schien. Ich habe dieses längs unseres ganzen Weges mit gröfstem Eifer angeschlagen und untersucht, in der Hoffnung auf einen endlichen Aufschlufs über ein Skelett des Berges oder über Theile desselben die etwa gleich ursprünglich seine jetzige Kegelform umgränzt, und dann selbst seinen ältesten Laven schon als eine vorgezeichnete Steigeröhre gedient hätten. Es fand sich aber hier mit gröfster Beständigkeit an allen continuirlicheren Felsstreifen eine dunkelschwarze sehr spröde und etwas splittrige Hauptmasse, welche viele meist nur 4 bis 6 Linien lange Labradorkrystalle enthält und mit äusserst häufigen länglichen Blasenräumen von 2 bis 3 Linien im gröfsten Durchmesser durchsetzt ist*). In Beziehung auf die Vertheilung und die Gröfse seiner Poren läfst sich dieses Gestein unter anderen mit den hellgrauen Laven vom Laachersee (den Mendiger Mühlsteinen) sehr treffend vergleichen, während seine wesentlicheren oryktognostischen Charaktere es mit der Masse der Ströme identifiziren, die sich erst vor wenigen Jahren aus dem Kliutschewsker Herde bis an die Basis des Kegels ergossen haben.

---

*) Die Härte der Hauptmasse dieses Gesteines ist jedenfalls gröfser als die von hartem Stahl und von Glas, welche sich beide auf ihr abputzen und durch sie geritzt werden. In Folge ihrer Porosität und der dadurch bewirkten Rauhigkeit ihrer Oberfläche wird aber ausserdem auch Bergkrystall sehr merklich abgenutzt, wenn man jene Masse mit ihm zu ritzen versucht, und doch gelingt es nicht umgekehrt eine Fläche des Bergkrystalls durch geeignete Kanten des Gesteines zu furchen.

Nach diesen Erfahrungen, an welche sich später ganz gleichlautende anschlossen, als wir in fast gleicher Höhe noch einen beträchtlichen Theil des Kegels umgingen, glaube ich daher auch versichern zu können, dafs an dessen Wänden nur diejenige Gebirgsart ansteht, welche noch jetzt fortwährend in seinem Innern geschmolzen und durch Wasserdämpfe gehoben wird. Dafs sie aber auch ihre gegenwärtige Lage an den Abhängen des Kegels überall auf dieselbe Weise wie die jetzigen Lavenströme: durch Ausfluss von noch höher gelegenen Punkten, erhalten habe, schien nach der Vergleichung der Gesammtstruktur beider Produkte kaum anzunehmen. Die nackten Felsstreifen zeigten nämlich überall an der Seite an der wir jetzt aufstiegen, eine Ebenheit der Oberfläche, die ich an keinem der tiefer liegenden Lavenhaufen und Lavenströme gesehen hatte. Sie unterschieden sich ausserdem von diesen letzteren durch den gänzlichen Mangel jener gröfseren Blasenräume mit zackigen und gewundenen Wänden (S. 366.) in denen sich alle Umstände der Bewegung einer zähen Flüssigkeit so deutlich aussprechen. — Man könnte etwa die letztere Eigenschaft, und vielleicht auch die andere oder die Ebenheit der jetzigen Kegeloberfläche, durch eine sehr vollkommene Schmelzung oder eine sehr hohe Temperatur erklären wollen welche die Masse jener Streifen während ihrer Bewegung an den ursprünglichen Wänden (die man dann wiederum schon vorgebildet und sehr glatt voraussetzen müfste!) bewahrt hätte. Ich gestehe aber dafs ich solche abermalige Umgehung und Hinaufrückung der Schwierigkeit die man nicht lösen kann, kaum für erlaubt halte, denn es ist äusserst unwahrscheinlich, dafs präexistirende Kegelwände durch stromartige Ausflüsse so vollständig wie hier und bis zu spurloser Verschwindung ihrer Masse bedeckt worden wären. — Von anderen Geologen werden dagegen die jetzigen kleinblasigen und glatten Wände des Kliutschewsker Kegels für Ströme erklärt werden, welche einst aus der Mitte der niedrigeren glockenförmigen Kuppe geflossen und dann, als sie schon längst erstarrt waren, durch nicht nachzuweisendes unterliegendes Gestein, in ihre jetzige Lage gehoben worden sind*). Die grofsen Blasenräume und die sehr rauhe Oberfläche der Lava, die einst bis in die Kamtschatka geflossen ist (S. 340. 354.) und dieselben Umstände an vielen anderen gewiss uralten Strömen an der Ostseite der niedrigeren Basis dieses Vulkanes (Sept. 12.) würden aber für ihn zu den allgemeinen Unwahrscheinlichkeiten jener Voraussetzung noch besondere und sehr erhebliche hinzufügen — und es scheint mir demnach endlich, dafs man hier, als den Anfang des jetzigen Stadium der Kliutschewsker Eruptionen, geradezu die Erstarrung der Oberfläche einer kegelförmigen Auftreibung des geschmolzenen Innern zuzugeben hat. Diese Auftreibung mag, wenn auch ganz continuirlich, doch nicht momentan sondern allmälig, erfolgt sein, so dafs die endliche Steilheit der jetzigen Abhänge des Kegels erreicht wurde, während sich die flüssige Substanz von unten nach oben mit immer engeren erstarrenden Ringen bedeckte. Sie wurde aber jedenfalls, wie die Porosität und die amorphe Grundmasse ihrer erhärteten Decke beweist, durch dieselben elastischen Flüssigkeiten bedingt, welche die jetzt fliefsenden Laven heben und austreiben, und eben dadurch scheint mir sodann diese Kegelbildung zu einer anderen und offenbar späteren Klasse von Phänomenen zu gehören, wie die Entstehung des Schiwelutsch und die der übrigen sternförmigen Berge der Halbinsel, deren krystallinisches Gestein ohne die Hülfe von Wasserdämpfen, durch seine Ausdehnung beim Erstarren, aufschwoll und sich über die Oberfläche erhob**).

---

*) Vergl. Mémoires pour servir à une description géologique de la France, Tom. IV. Paris 1838. pag. 1—226., in welchen Herr E. de Beaumont beschreibt, wie er auch an den Wänden des Aetnakegels nichts anderes als Lavenmassen gefunden hat, sodann aber diese für Erzeugnisse einer früheren Periode erklärt, die erst nach ihrer Erhärtung, zum Theil um 5000 Fufs, über ihre ursprüngliche Ausflussstelle gehoben worden wären!

**) Die Reihenfolge in welcher auf der Erde zuerst die langen gangartigen Gebirgsketten und darauf jene länglichen sternförmigen Systeme von senkrechten Felstafeln hervorquollen, während jetzt auf demselben Wege kaum andere als die kegelförmigen Vulkane und deren Lavenströme ausbrechen, scheint sehr genügend der zunehmenden Dicke der erstarrten Schichten zu entsprechen, mit der sich eine geschmolzene Kugel in einem kalten Raume bedecken muss. Der Queerschnitt oder die Tiefe dieser

Ich habe auch das Ausgehende der Felsmasse an vielen Stellen der Kliutschewsker Kegelwände, zwischen kleinen und spärlich ausgesäeten Flechtengruppen, vollständig verglast gefunden und dadurch wieder mit den flüssig ausgetretenen Gesteinen übereinstimmend und von der körnigen Masse des Schiwelutsch wesentlich unterschieden.

Zur Messung des kleineren Luftdruckes unter dem wir uns nun befanden, mufste das Heberbarometer welches ich mit mir führte, schon an unserem letzten Standpunkte durch Ausleerung von Quecksilber vorbereitet werden. Ich hatte diese Folge von dem ungünstigen Verhältnifs der beiden Schenkel des Instrumentes nicht vor-

---

festen Decke wäre dann in der letzten oder lavischen Periode der vulkanischen Ereignisse schon gröfser geworden als der Betrag der molekularen Ausdehnung für die unter ihr krystallisirenden Schichten, und eben deshalb könnten nun geschmolzene Massen meist nur da bis an die Oberfläche gelangen, wo ihre Steigkraft durch die Einwirkung von elastischen Flüssigkeiten ganz besonders erhöht wird. — Man hat oft den von aussen erfolgten Zutritt von Tagewassern zu den geschmolzenen Gesteinen im Innern der Erde für eine unerläfsliche Bedingung der Lavenausbrüche gehalten. Nach den vorliegenden Beobachtungen über dieselben wird es aber wahrscheinlicher dafs das Aufbrausen und daher auch das Steigen der Lava nur allein von der Aufhebung des Druckes über derselben herrühre; denn in der That reicht schon diese hin um, bei einer Temperatur von mehr als 800° R. und nach Aufhebung der Cohäsion durch die Schmelzung, einen grofsen Theil der elastischen Bestandtheile, und namentlich auch das Wasser, aus den Gesteinen frei zu machen. Das innere und allseitige Aufbrausen oder Kochen der geschmolzenen Masse das auf diese Weise erfolgen mufs, und von welchem uns die Erscheinungen an Kohlensäure-haltigen Flüssigkeiten nach Aufhebung des Druckes durch den sie bestanden, ein anschauliches jedoch äusserst kleinliches Beispiel geben, entspricht in der That dem fortwährenden Sprützen an der in dem Krater stehenden Oberfläche der Lava, der durchgängigen Porosität derselben und der auch nach dem Ausflusse noch fortdauernden Dampfentwickelung aus ihrem Innern bei weitem besser als die Voraussetzung einer nur einseitigen oder oberflächlichen Berührung mit der verdampfenden Flüssigkeit. Der Unterschied zwischen den durch Dämpfe vermittelten lavischen Aufsteigungen und den älteren gangartigen oder molekularen, ist übrigens, wie man leicht sieht, von der Art, dafs die ersteren keinesweges völlig ausgeschlossen zu sein brauchten aus der Periode in welcher die anderen vorherrschten, und dafs dann auch krystallinische oder gangartige Hervorquellungen in der lavischen Periode nur weit seltener als in der früheren, jedoch immer noch nicht unmöglich wären.

her beachtet, und da sich nun in unserer einsamen Lage nichts anderes als ein lederner Handschuh vorfand, um das Ausgeflossene aufzufangen, so gelang dessen Wiedereinfüllung nicht vollständig und es blieb daher, nach der Umkehrung und dem Verschlusse des langen Schenkels, ein Theil desselben ohne Quecksilber*). In diesem gefährdeten Zustande zerbrach dann auch das Barometer schon auf dem ersten Eisfelde über das ich es zu tragen hatte, und ich blieb nun, bis zur Rückkehr nach Kliutschi, ohne Mittel zu einer genaueren Höhenmessung. Nach der Zeit die wir zum Steigen gebraucht hatten, und nach der Ansicht der früher erwähnten grofsen Laven- und Eismasse die nun unter uns lag (S. 375.), schätzte ich indessen unsere Höhe zu 1000 bis 1200 Par. F. über dieser oder zu 9000 bis 9200 Par. F. über dem Meere, als mein Begleiter, um 3 Uhr Nachmittags, wegen vollständiger Erschöpfung auf einige Ruhe und sodann immer dringender auf Aufgebung unseres ferneren Vorhabens zu bestehen anfing. Wir würden, wie er behauptete, auf dem glatten Abhange vor dem Eintritt der Nacht noch bei weitem nicht bis zu dem Gipfel des Berges gelangen, und da er ausserdem eine Veränderung des Windes vorhersähe, so könnten wir leicht in dieser nie betretenen Oede auf mehrere Tage in Wolken und Schneegestöber gehüllt werden, und würden dann, ohne Nahrung und ohne Feuer, aufs sicherste umkommen; auch liefs er es bei diesen Besorgnissen vor atmosphärischen Ereignissen noch keinesweges bewenden, sondern versicherte vielmehr dafs wir von einem unerträglichen Schwefelgeruch (*sjernui sapach*) ersticken würden, sobald sich ein Wind von dem Krater oder von der jetzigen Ausbruchsöffnung erhöbe und uns die über diesen stehenden Wolken zuführte. Selbst in den kaum halb so grofsen Höhen bis zu denen er und andere Kliutschewsker sich bis jetzt nur gewagt hätten, seien sie dieser letzteren Gefahr schon zum öfteren

---

*) Indem nämlich von dem Hahnstücke zwischen beiden Schenkeln die gesammte Länge des gröfseren 30 und die getheilte Länge des kürzeren Schenkel nur 4,5 Zoll betrug — so mufste schon bei 20z Barometerstand eine Quecksilbersäule von etwas mehr als 5,5 Z. ausgeleert und nach der Ablesung, zur Sicherung des Instrumentes bei dem folgenden Transporte, dieselbe fast ganz ohne Verlust wieder hinzugefügt werden.

ausgesetzt gewesen! — Ich versuchte noch einen Theil dieser Befürchtungen zu widerlegen, entschloss mich aber dennoch zur Rückkehr, als der Stárost erklärte dafs er jedenfalls, und ohne sich weiter um mich zu kümmern, nach Kliutschi zurückgehen würde. Wir hatten jetzt die Höhe der Krestower oder mittleren Kuppe erreicht, während die nun links von derselben sichtbare Uschkiner noch beträchtlich über unserem Horizonte lag. Ich zweifle indessen nicht dafs es dereinst einem späteren Reisenden gelingen wird, noch weit höher und vielleicht auch bis zu der Ausbruchsöffnung der jetzigen Lava an dem Kliutschewsker Kegel aufzusteigen, wenn er sich nur, schon unter der Elsengränze, mit Brennholz versieht und zum Transport dieses wesentlichen Hülfsmittels einige entschlossene Träger mit sich nimmt.

Wir wandten uns nun, links von unserem bisherigen Wege, gegen den NO-abhang des Kegels und stiegen an diesem, auf einem dem zuletzt erwähnten ganz ähnlichen Terrain, schräg abwärts bis zur Schneegränze, wo wir unsere Pferde wiederfanden. Dann ritten wir noch bis 8 Uhr Abends und erreichten zuletzt bei 3800 Par. Fufs über dem Meere*) eine wildere und grofsartiger zerrissene Gegend als ich bisher in diesem Gebirge gesehen hatte. Wir hielten an der rechten Wand einer breiten Schlucht, in der, gegen 200 Fufs unter uns, ein reissendes Bergwasser strömte und sollten zur Fortsetzung unseres Weges dieselbe überschreiten und deren linkes Ufer ersteigen. Erst einige Werst weiter abwärts fanden sich aber an den schwarzen Felsenwänden kleine Trümmern ihres eigenen Gesteines angelagert, über die wir, noch weit steiler als an den Kegelwänden die wir verlassen hatten, zuerst abwärts bis zu dem Bache und dann auf die entgegenstehende Felswand hinaufstiegen. Das Ansehen dieser Abhänge erinnerte fast an die Kämme des Schiwélutsch, und dennoch fand ich nicht ohne Verwunderung dafs ihre oberen und unbedeckten Theile aus äusserst grofsblasiger Lava mit Zoll langen und stark glänzenden Labradorkrystallen bestehen und dafs sie in der Nähe ihrer Oberfläche wieder alle die

*) Nämlich etwa in der Mitte zwischen den oberen Gränzen der Salix arctica und der Vaccinien und bei üppigem Wuchse von Rhododendron Chrysanthum.

Spuren eines lebhaften Fliefsens an sich tragen, die wir so oft an der anderen Seite der Basis des Kegels an vielen ähnlichen Wänden von geringerer Höhe gesehen hatten.

[September 12.]

Nachdem wir unser Nachtlager auf diesen Felsen gehalten hatten, ritten wir auch am Morgen zuerst an ihnen weiter abwärts. Ich überzeugte mich an vielen Stellen dieses Weges von der Einförmigkeit ihrer Textur und ihrer mineralogischen Beschaffenheit, und so sah man sie dann auch noch von der Stelle an der wir sie verliefsen — um gegen Süden einige andere Schluchten zwischen ähnlichen nackten Lavenhaufen zu überschreiten — wie einen continuirlichen Streifen bis in die Waldregion fortsetzen.

Aus der gelblich-schwarzen Aschenwolke, die in bedeutender Höhe gerade über uns zog, wurden wir heute fortwährend mit der früher erwähnten *Saja* oder dem vulkanischen Rufs d. i. mit theils äusserst feinen staubähnlichen, theils Erbsen- und sogar Bohnengrofsen Steinen überschüttet. Ich sammelte davon eine grofse Menge, als wir eine mit Vaccinien bedeckte Ebene erreichten, und auf derselben die Beeren mit dem feineren Staube überzogen, und zwischen dem Kraute zolldicke Ablagerungen desselben mit den ihm völlig gleichartigen gröberen Auswürflingen fanden. Die feinsten sowohl als die gröfseren Stücke bestehen nun (mit nur sehr seltenen Ausnahmen) aus einem reinen bouteillen-grünen, stark glänzenden und durchscheinenden Glase, welches um unzählige Blasenräume theils äusserst dünne gewölbte Wandungen bildet, theils sie in Fäden von entsprechender Feinheit durchsetzt. Diese Masse zeigt sich durchaus homogen und ohne jede Spur von krystallinischen Ausscheidungen, doch haben einzelne Stücke derselben, und oft auch nur die Hälfte eines Stückes, ein mattes graues Ansehen und man findet dann, schon bei 30maliger Vergröfserung, viele deutlich getrennte weisse Staubkörnchen in ihrer Oberfläche eingeschmolzen, die sie offenbar von aussen, bei ihrem Wege aus dem Krater bis auf den Erdboden, aufgenommen haben. Sie sind also noch während dieses Weges vollkommen flüssig gewesen, und doch bleiben sie in einer einfachen Weingeistflamme in welcher sie lebhaft glühen, noch ganz ungeschmolzen. Erst in der Löthrohrflamme schmilzt dieses hellgrüne Glas durchaus ohne Aufwallung, und wird fast undurchsichtig und pechschwarz, indem sich die meisten seiner kleinen Poren schliefsen und wahrscheinlich auch eine theilweise Reduction seines Eisengehaltes eintritt. Das letztere folgt aus dem Umstande dafs die Glasstücke, in ihrem ursprünglichen hellgrünen Zustande, durchaus unmagnetisch sind und namentlich, selbst wenn man sie aufs feinste pulvert, von demselben Magnete nicht merklich angezogen werden, an den sich doch nach der Schmelzung viele einzelne weit gröbere Splitter derselben Masse anhängen. — Eben dieses Verhalten bei der Erwärmung beweist nun aber auch, dafs jene feinsten Auswürflinge des Kraters nichts anderes sind als die schwarze Grundmasse der Kliutschewsker Laven, nach vollständigster Trennung derselben von dem Labrador, den sie sonst überall einschliefsen. Auch von dieser Grundmasse verlieren nämlich feine Bruchstücke nur erst bei dem erwähnten Wärmegrade ihr basaltisches, scharfkantiges Ansehen, indem sie ohne Blasenwerfen zu einem schwärzlich grünen Glase fliefsen, welches von den vor dem Löthrohr geschmolzenen *Saja*trümmern nicht zu unterscheiden ist. — Auch werden, eben so wie diese letzteren, viele feine Splitter von der Grundmasse der Laven sowohl vor als nach der Schmelzung vom Magnete angezogen. — Wenn dagegen in der verglasten Spreu aus dem Krater auch nur die geringsten Spuren von den Krystallen vorhanden wären, die doch alle ausgeflossenen Massen enthalten, so würden sie darin eben so auffallend hervortreten, wie in den Lavensplittern die man vor dem Löthrohre erwärmt. Der Kliutschewsker Labrador ist nämlich in so hohem Grade strengflüssig, dafs er sich selbst in dem stärksten Löthrohrfeuer nicht verändert, oder doch nur ein noch reineres Weifs und einen höheren Glanz seiner Spaltungsflächen annimmt, und es bleiben daher auch die feinsten Trümmer dieses Fossiles die mit einem Bruchstücke der Grundmasse zusammenhangen, noch sehr scharfkantig und äusserst sichtbar, nachdem sie bei der Schmelzung desselben mit grünem Glase umgeben worden sind*).

*) In den gröfseren Labradoren der Kliutschewsker Laven, und namentlich auf der Gränze zwischen den Hälften eines Zwillings, sieht man oft kleine Stücke der Grundmasse eingeschlossen, die man, nach

Der Mangel an Labrador in dem glasartig erhärtenden Schaume der Kliutschewsker Laven, der in bei weitem überwiegender Menge durch die Wasserdämpfe über dem Krater emporgerissen wird, scheint mir eine beachtungswerthe, aber kaum schon völlig erklärbare, Thatsache — denn zugleich mit ihm fielen doch auch hierher, aus der Rufswolke: einzelne kleine Bruchstücke von den unverglasten Auswürflingen die wir an einer alten Eruptionsspalte dieses Berges in grofsen Blöcken gefunden hatten, (S. 364.) und andere von noch fremdartigerem Ansehen, die wohl tiefer aus dem vulkanischen Herde herstammten. Unter den ersteren schienen:

> nur wenig poröse, äussert feinkörnige Gesteine aus grünem glasglänzenden Chrysolith oder Olivin, mit Titaneisen, und mit schneeweifsen starkglänzenden Krystallen von glasigem Feldspath (oder Labrador),

so wie auch:

> eben so feine krystallinische Drusen von schwarzem Augit mit einem von Säuren stark angreifbaren Mesolith*),

am wesentlichsten von den fliefsenden Laven verschieden. Von den anderen sind am erwähnungswerthesten:

> kleine Trümmer eines hellgrauen durchaus dichten blasenlosen, auf den ersten Blick einem Sandsteine sehr ähnlichen Gemenges, in dem man jedoch bei näherer Ansicht schwarze Magneteisenkörner von äusserster Feinheit, etwas gröfsere von starkglänzendem hellgrünen Chrysolith, so wie auch, in der grauen Grundmasse, einzelne weifse theils glasglänzende, theils Feldspath-ähnliche Körner unterscheidet,

---

diesen Erfahrungen über die äusserst ungleiche Schmelzbarkeit beider Bestandtheile dieses Gesteines, mit den Theilen der Mutterlauge in Krystallen die aus Auflösungen anschiefsen, zu vergleichen hat. Auch mögen sich dergleichen grofse Krystalle in sehr bewegten Gegenden der Ströme (S. 366.) durch die Zusammenhäufung von schon erstarrten Labradortheilchen gebildet haben, deren gegenseitige Anziehung ihren Zusammenhang mit den fliefsenden Theilen der Grundmasse überwand.

*) Der Kliutschewsker Labrador wird von kochender Schwefelsäure nur äusserst wenig angegriffen.

und ausserdem

noch etwas häufiger vorkommende zellige und von aussen völlig ziegelrothe Trümmer, deren starke Blasenwände aber in einer schwarzen basaltischen Masse viel Magneteisen, und kenntliche Punkte von grünem Augit enthalten.

Diese letzteren Trümmer sind den für das Mittelgebirge so charakteristischen ziegelrothen Auswürflingen (S. 221. 227. 313.) durchaus ähnlich und stimmen mit ihnen auch darin überein, dafs der rothe Ueberzug der Blasenoberflächen sehr hart, und wiewohl im Ganzen von erdigem Ansehen, doch in seinen feinsten Theilen glasartig glänzend ist, wie ein Eisensilicat oder doch wie die innigen Gemenge aus Rotheisenstein und Kieselerde, die man wohl als Kieseleisenstein oder auch als Eisenkiesel zu beschreiben pflegt. Man findet aber in den einzelnen Auswürflingen das Verhältnifs dieser rothen Masse zu der inneren schwarzen so veränderlich, dafs bald die letztere nur im Innern ihrer grofsen Poren ocherfarben erscheint, bald bis auf dünne Kerne verdrängt oder vielmehr fast gänzlich in die stärker oxydirte Schlacke umgewandelt ist*).

In den alten Krateren und Eruptionsspalten des Mittelgebirges hatten einst die ausfliefsenden augitisch-feldspathigen Laven dergleichen rothe Schlacken als Schaum über sich abgesetzt; auf eine ähnliche und gleichfalls nicht völlig anschauliche Weise wie sich jetzt in dem Kliutschewsker Krater, das olivingrüne feldspathfreie Glas, an der Oberfläche Labrador-reicher Laven abscheidet. Von der Bildung jenes rothen Silicates selbst ereignet sich aber bei den jetzigen Ausbrüchen des hiesigen Vulkanes nur noch eine schwache Spur, in dem früher erwähnten Ueberzuge der Blasenräume einiger neuerlich ausgeflossenen Laven (S. 377.); und eben des-

*) Die ziegelfarbenen Schlacken des Mittelgebirges haben, eben wegen dieser Reste der eisenreichen basaltischen Masse aus der sie entstanden sind, ein auffallend grofses specifisches Gewicht. So fand ich in gewissen äusserst porösen Stücken derselben, die von den Jelowkaern als Eisenocher zum Färben gesammelt werden (S. 165. 313.), das Innere der Blasenwände doch noch schwarz, mit Augitpunkten und von starker magnetischer Wirkung — und das specifische Gewicht der ganzen Stücke 2,9156 gegen Wasser von + 12° Temperatur.

halb liegt wohl in dem Falle dieser Substanz aus der Aschen- und Wasserwolke, ein sehr unerwarteter Beweis für einen früheren oder einen noch fortdauernden Zusammenhang der jetzt thätigen Kratere mit den längst erloschenen Laven- und Schlacken-Herden des Mittelgebirges. Ich habe sogar in einer Zelle des jetzt gebildeten glasigen Lavenschaumes, ein kleines Bruchstück jener ziegelrothen Schlacken völlig unverändert eingeschmolzen gefunden; ein Umstand der sich durch die äusserste Strengflüssigkeit der schwarzen Kerne dieser letzteren noch näher erklärt*). —

Die Seitenwände der Schluchten und Wasserrisse, welche auch diesen Theil der breiten Unterlage des Kliutschewsker Kegels meist in der Richtung des Hauptabhanges durchsetzen, haben durch abwitternde Laventrümmer bereits ihre ursprüngliche Steilheit verloren, und sind nun sehr leicht zu ersteigen. Auch waren solche Schuttwände noch ganz ohne Vegetation, als wir, schon nahe an der oberen Baumgränze, die Rücken zwischen ihnen mit einem immer dichteren Filze aus Empetrum und Vaccinien bedeckt fanden. Auf diesem sahen wir gegen Mittag vor uns einen mächtigen Bären, der seine Fruchtlese zuerst sitzend und dann mit einigen läſsigen Schritten abhielt. Er blieb eben so sorglos während wir uns ihm bis auf die geringe Tragweite der Wintówki anschlichen,

*) Es scheint mir auch noch beachtenswerth, daſs die mikroskopische Untersuchung in den körnigen und unverglasten Begleitern der Lavenspreu oder des vulkanischen Ruſses durchaus alle Bestandtheile des magnetischen Sandes nachweist, der über Kamtschatka, eben so wie über andere vulkanische Gegenden, mit räthselhafter Gleichmäſsigkeit verbreitet ist (S. 155. 323.). Die Krystalle der einzelnen Fossilien in jenen Auswürflingen sind namentlich durch die kleinen Dimensionen ausgezeichnet, durch welche sich auch das Vorkommen vollständiger Individuen in dem feinkörnigen Sande erklärt, und man erkennt endlich auch die granatfarbenen, undurchsichtigen und glasglänzenden Körner in dem letzteren (S. 155.) für Trümmer des mehrerwähnten Eisensilicates welches den Schlacken der alten Kratere ihre auffallende Farbe giebt. Die Identität der beiden in Rede stehenden Gemenge von Fossilien kann übrigens zugegeben werden, ohne daſs man damit geradezu behauptete, daſs aller magnetische Sand durch die Luft, und auf demselben Wege wie die eigentliche Lavenspreu, über die Halbinsel verbreitet worden sei. Denn dieselbe vulkanische Gebirgsart die jetzt nur in Trümmern und Blöcken hervorgeschleudert wird, könnte dennoch auf dem älteren Meeresboden in gröſseren Massen hervorgeragt haben.

und ihn dann, diesmal ohne Anrufung aber nach langem Zielen, mit zwei gleichzeitigen Schüssen hinter die linke Schulter erlegten. Er versuchte noch einen Schritt, rollte aber dabei bis an den Fufs des Abhanges, dessen Rande er ganz nahe gestanden hatte, und kaum 20 Sekunden nach den Schüssen hatten wir daselbst schon angefangen ihm das Bauchfell aufzuschlitzen, ohne noch irgend ein Lebenszeichen zu bemerken.

Der ganze Körper, der doch den Winter über sehr abmagern soll, war jetzt handhoch mit Fett umgeben, welches sorgfältig abgelöst und mit dem Felle, in dem man es einwickelte, mitgenommen wurde. Dieses gilt auch bei den Russen für eine vortreffliche Speise, während man das Fleisch des Bären hier gänzlich verschmähte.

Wir sahen auch von hier, schon innerhalb des Waldes aber beträchtlich zur Rechten unseres Weges durch denselben, den früher erwähnten nackten Kegel (S. 336.). Er besteht offenbar, wie die ähnlichen die wir beim Aufsteigen betraten, (S. 364.) aus losen Auswürflingen; aber seine Höhe beträgt (nach dem Winkel, unter dem sie in Kliutschi erscheint) wohl nahe an 600 Par. F. und scheint daher zu den riesigen Lavenmassen durch die sich gerade diese Seite der Basis des Vulkanes auszeichnet (S. 383.) in dem gewöhnlichen Verhältnisse zu stehen.

Dann traten wir selbst wieder in die Zone der dicht verschlungenen Berg-Elsen. Nur an diesem Abhange des Kliutschewsker Gebirges und gegen ihre untere Gränze wechselt diese Holzart, vielleicht je nach verschiedener Bewässerung und Verwitterung des Bodens, mit dem Kedrownik oder einem noch schwerer zu durchdringenden Gehölze von gelagerten Zirbelfichten. — Noch etwas weiter abwärts, wo die Waldung schon wieder lichter aber mit hochstämmigen Birken und Lonicerensträuchern gemischt war, begegneten uns mehrere Gesellschaften von Kliutschewsker Frauen und Mädchen, welche Jimolost- und Heidelbeeren ärndteten — und wir kamen endlich um 5 Uhr N.M. und nur noch vier Werst von dem Dorfe, an die Quellen, nach denen dasselbe benannt ist (S. 340.). Ein klares und wohl völlig reines Wasser bricht dort an mehreren Stellen eines rundlichen Beckens von unten armsdick hervor, und wendet sich dann sogleich als ein ansehnlicher Bach gegen NO. zur Kamtschatka. Die herrlichsten Pappeln und Birken umgeben diesen Platz, so wie auch ein Unterholz und ein Rasen von gröfster Mannigfaltigkeit und üppigstem Wuchse. Nur um so auffallender findet man aber dicht neben dem Wasser viele pechschwarze Blöcke der grofsblasigen Lava, und etwas abwärts zur Linken des Baches noch ein wohl erhaltenes Stück einer stromförmigen Felsmasse, mit grofsen gelblichen Labradoren.

Ich fand die Temperatur jener mächtigen Wasserstralen an den tiefsten erreichbaren Punkten: + 4°,49, und, nach Vergleichung derselben mit den früheren Beobachtungen bei Tigilsk und an der Poworotnaja Sopka (S. 176. 235.), scheint mir kein Grund vorhanden sie verschieden von der normalen Quellentemperatur für die Umgegend von Kliutschewsk anzunehmen, oder einen besonderen Zusammenhang zwischen diesem einzelnen Punkte derselben und der vulkanischen Wärmequelle vorauszusetzen*).

---

*) Die auf gleiche Höhen reduzirten Quellentemperaturen:

		Breite.	O. v. Par.
Bei Tigilsk	+ 1°,8	57°,75	157°,26
Bei der Poworotnaja Sopka	+ 2°,8	57°,22	157°,90
Bei Kliutschewsk	+ 4°,5	56°,33	158°,35

würden freilich, wenn man sie allein vollständig darstellen wollte, die Abhängigkeit der Wärmevertheilung anf Kamtschatka von der Breite der Orte beträchtlich stärker, und die von der Länge weit kleiner ergeben als es nach späteren Erfahrungen bei Petropaulshafen wahrscheinlich geworden ist. Man kann ihnen indessen auch durch die entgegengesetzte Annahme: dafs die Breite daselbst einen geringeren, und daher vorläufig zu vernachlässigenden, Einflufs auf die Quellentemperatur ausübe und dafs diese dagegen für je 1° Zuwachs der östlichen Länge um 1°,11 zunehme, ziemlich nahe genügen, indem demnächst die

	berechnete Quellentemperatur.	beobachtete Quellentemperatur.
Für Tigilsk	+ 1°,8	1°,7
Für die Poworotnaja Sopka	+ 2 ,8	3 ,5
Für Kliutschewsk	+ 4 ,5	4 ,0

werden. Auch könnte dann ein Theil der zurückbleibenden Unterschiede zwischen den beobachteten Gröfsen und dem ihnen zunächst kommenden Gesetze noch von den allgemeineren Einflüssen der inneren oder vulkanischen Erdwärme auf gröfsere Landstrecken abhangen. Denn in Folge von solchen, oder doch von anderen noch nachzuweisenden Einflüssen, zeigt sich die Vegetation in der gesammten Umgegend von Kliutschi offenbar noch begünstigter und üppiger als an Stellen der Halbinsel die im Uebrigen mit diesem Orte unter gleichen klimatischen Bedingungen stehen.

In dem Hause des Stárosten wo wir bald darauf wieder eintrafen, und in dem ich auch noch die Nacht über bleiben mufste, unterhielt man sich nun mit sehr übertriebenen Schilderungen von den Beschwerden und von den Gefahren die wir erlebt hätten. Der Hausherr und mein anderer Begleiter erzählten abwechselnd, zum gröfsten Staunen der Bauern die sich um unseren Theekessel versammelten, von der unsäglichen Glätte und Steilheit der Kuppe, von dem Gekrache und den fallenden Feuern die uns ringsum bedroht, und von der grimmigen Kälte die sie dennoch schon angefangen hätten zu fühlen. Auch schlugen die Zuhörer dabei ihre Kreuze mit so frommem Entsetzen, und wiederholten so häufig ihr bedauerliches gospodi boje und gospodi pomilui! — dafs sie ohne Zweifel nach meiner Abreise noch lange und noch weit ungestörter mit dergleichen Hyperbeln beschenkt wurden. Ich selbst fühlte mich weniger befriedigt von unserem letzten Tagewerke, und in dem Unmuth über einige fehlgeschlagene Hoffnungen entging mir an diesem Abend eine vielleicht nicht unwichtige Bekanntschaft. Der Priester der Kliutschewsker Kirche gehörte, wie überhaupt die Geistlichen in den vier Russischen Niederlassungen auf Kamtschatka, zu den eifrigsten und tapfersten Jägern, auch war er erst so kurz vor uns mit mehreren erlegten Bären von einem „Ritte um die *Sopka*“ zurückgekehrt, dafs wohl bei ihm noch auf frischere Mittheilungen über manches was er an der unbekannten Ostseite des Berges gesehen hatte, zu hoffen war. — Ich unterliefs nur zufällig ihn aufzusuchen, während mir die absichtlichere Vernachlässigung eines anderen Bewohners von Kliutschi, erst weit später, und doch auch nicht ohne einiges Bedauern, wieder eingefallen ist. Ich wurde nämlich von diesem in einer der Nächte während deren ich die Lava im Fernrohre betrachtete, zum erstenmale seit fünf Monaten (I. 2. S. 269.) mit Deutschen Worten nach meinem Vaterlande gefragt, und zwar mit derjenigen Heimlichkeit durch welche Ausländer gewöhnlich ihre Abkunft vor dem fanatischen Patriotismus der Russen verbergen; — auch erinnere ich mich dafs er auf meine einsilbige Antwort noch versicherte: auch er habe früher in Berlin gelebt.

Man ist indessen nach dem friedlichen Umgange mit den Kamtschadalen zur Aufsuchung von Europäern nur wenig geneigt, und so liefs ich es bei der Vermuthung bewenden, dafs dieser unerwartete Landsmann wohl zu denjenigen gehörte die ehemals, durch ein Abkommen der Preussischen mit der Russischen Regierung, nach Nordasien verbannt worden sind. Kamtschatka soll freilich seit der Flucht des Grafen Benjowskji aus Petropaulshafen und auf Grund dieses Ereignisses, von dergleichen Sendungen verschont bleiben, doch hat wohl, wie ich später bemerkt habe, dieses Gesetz noch in neueren Zeiten einige Ausnahmen erlitten.

XX. Abschnitt.

Schifffahrt auf dem Kamtschatka-Flusse.

[September 13.]

Wie in der Westhälfte der Halbinsel, von dem Meere bis nach *Sedanka* (S. 140. 200 u. f.), so liegt auch hier in ihrer Mitte die fahrbare Strafse gegen Süden, den Sommer über, nur auf dem Flusse. Die ungeheuren Gesteinmassen die ich nun schon zu beiden Seiten der Kamtschatka, etwa 12 Meilen von einander*) kennen gelernt hatte, dürfen doch keinesweges als Wände eines Thales betrachtet werden, welche sich sogleich von dem Flussbette allmälig erhöben und es demnach mit festen und scharfbegränzenden Ufern einfafsten. Man sprach vielmehr nur, wenn ich nach

*) Dies ist nämlich die Entfernung von dem Kliutschewsker Systeme gegen NW. bis zu den felsigen Abhang des Mittelgebirges. Nur als eine höchst auffallende Ausnahme tritt der Schiwelutsch, allein unter den Bergen der Westhälfte, dem linken Ufer der Kamtschatka ungleich näher, und die Kamtschatische Sage, dafs er aus der Reihe der östlichen Berge ausgestofsen und entflohen sei, enthält somit den Ausspruch einer wichtigen Thatsache.

dem Lande fragte welches uns, weiter stromaufwärts, von den Mittelgebirge und von den Bergen der Ostküste trennen würde, von einer niedrigen Ebene und von unzähligen Bruch-Stellen und Seen die den Wald auf derselben unterbrechen, so dafs sie nur im Winter mit Narten befahren werden kann. Wenn daher auch der Zug der Wanderfische schon hinreichte um einen grofsen Theil der Bevölkerung der Halbinsel von jeher an den Hauptstrom zu locken, so sind doch diese Menschen durch solche Beschaffenheit der Umgebungen der Kamtschatka noch ganz besonders zusammengehalten worden, und sie haben sich eben dadurch zu einen sehr selbstständigen Stamm ausgebildet. Es scheint dafs man den Landstrich den sie bewohnen, weit eher mit einer langen Insel in der Mitte eines Sees zu vergleichen habe, als mit den alpinischen Thalsohlen von denen seitwärts viele Pässe auf die Kämme des Gebirges und auch über dieselben zu führen pflegen.

Ich erhielt auch hier wieder, wie zu der Fahrt auf dem Tigil, zwei einzelne Batti, weil die Flöfse oder Paróme (S. 318) bei der heftigen Strömung der Kamtschatka nur zur Thalfahrt gebraucht werden. Sie sollten auf die übliche Weise von vier Ruderern nur mit den Stofsstangen (schésti) bewegt werden, weil man trotz der Tiefe des Strombettes doch an seinen Ufern fast überall ein flaches Fahrwasser von hinreichender Breite fände. Wir wurden dann noch aufs freigebigste mit armlangem Jukola ausgerüstet, an dem sich der Reichthum des Kamtschatkathales bewährte, denn es waren lauter Tschewitschen (Salmo orientalis) und ich fand nun den Wohlschmack dieses Lachses in der That so eigenthümlich und hervorragend wie ihn die Kamtschadalen überall gerühmt hatten.

Wir verliefsen Kliutschewsk erst um 11 Uhr V.M., und doch war die prachtvolle Berggruppe, der wir noch lange und von einer anderen Seite nahe bleiben sollten, noch nicht frei geworden von den heute gebildeten Wolken. Die Aenderung des Wetters in den oberen Luftschichten die meine Begleiter gestern gefürchtet hatten, (S. 382.) schien jetzt wirklich eingetreten; denn während wir uns auf dem Flusse in hellem Sonnenschein befanden, waren die riesigen Gipfel schon von nahe oberhalb der Baumgränze aufs dichteste verhüllt. Erst gegen Mittag änderte sich dieser Anblick und wurde zu einen der schönsten deren ich mich von dem Kliutschewsker Vulkane bei Tagesbeleuchtung erinnere. Die obere Gränze der atmosphärischen Haufenwolken, die das ganze Gebirge wie ein breiter aber nicht bis über uns reichender Ring umgaben, lag nämlich nun, scharf abgeschnitten, in etwas mehr als 9000 Par. F. über dem Meere, so dafs die Krestower Kuppe völlig eingehüllt blieb, während die Spitze des Kliutschewsker Kegels und ein etwas kleinerer Theil der Uschkiner Kuppe, mit ihren glänzenden Schnee- und Eis-massen, wie Inseln aus einer Meeresfläche hervorragten.

Die Wasserwolke die aus dem Krater ausströmte, schien eben von dem Winde nur wenig gestört, denn man sah sie erst in der gewöhnlichen Höhe über dem Berggipfel beginnen. Auch war sie wieder durch die schwarzen Stralen, welche die gröberen Steinauswürfe den Tag über am Himmel bilden, deutlich von jenem Rande getrennt, und sie wälzte sich in kuglichen Haufen bis an ihr zu unserer Linken gelegenes Ende. Aus diesem traten dann die dunklen Aschenstreifen aus, die sich geradlinig, und weniger steil als der Abhang des Kegels, senkten. Erst weit nordöstlich von dieser Gränze verschwand auch dieser schichtförmige Theil der vulkanischen Bewölkung, weil er in die tiefer stehende atmosphärische eintrat.

Die Richtung in der diese leichteren Massen zogen, schien dadurch in den oberen Schichten der Atmosphäre auf südlichen oder sogar noch auf südwestlichen Wind zu deuten, während doch bei uns der vom Meere wehende Ostwind schon eingetreten war. In 15000 Fufs Höhe zeigten sich aber zugleich die auffallendsten Wechsel in dieser Strömung, denn nur 10 Minuten später sah man die Haufenwolke über dem Krater wie zerrissen, und weithin mit der Asche vermengt, die sich nun über den uns zugekehrten Nordabhang ausbreiteten.

Wir fuhren in der Nähe des rechten Ufers der Kamtschatka, welches zuerst nur von Wiesen gebildet, nahe oberhalb der Jelowkamündung (S. 336.) aber wieder, eben so wie das linke Ufer, aufs dichteste mit hohen Pappeln, Weiden und mannigfaltigem Unterholze bestanden ist. Der Boden dieser schönen Waldungen liegt hier kaum 5 Fufs über dem Flufsspiegel, aber sein Abhang gegen das Wasser ist dennoch mit gröfster Regelmäfsigkeit in drei bis vier Stufen getheilt, deren Oberflächen bisweilen ein wenig hinter einander zurücktreten, immer aber von beiden Seiten schwach gegen die Mitte der Kamtschatka geneigt scheinen. Von den Schichten oder Bänken, deren Durchschnitt sich auf diese Weise zeigten, war nämlich die oberste überall in einem langsamen aber continuirlichen Abgleiten begriffen. Sie hatte die hohen Bäume die auf ihr wurzelten, an vielen Stellen mit in das Wasser gerissen, in welches sie nun, theils noch wunderbar grünend, theils schon abgestorben hineinragten. Auch fielen jetzt, bald an dem einen bald am anderen Ufer, mächtige Erdmassen in den Fluss, und die Stille der Landschaft wurde eben nur durch dumpfen Schall von diesen seltsamen Bewegungen unterbrochen. — Die Neigung des Bodens auf welchen sie schliefsen lassen, dürfte indessen wohl nur ganz nahe am Flusse, durch Auswaschungen entstanden sein, und weiter landeinwärts mögen dennoch die Schichten deren Ausgehendes wir sahen, noch immer völlig horizontal liegen. Diese bestehen auch hier, wie längs des Durchschnittes den uns die Jelowka gezeigt hatte, durchaus aus einem etwas sandigen und von pflanzlichen Stoffen geschwärzten Thone, in welchem sich nur selten einzelne kenntlichere Bimsstein- oder Laven-stücke erhalten haben. Von Anstehendem sah ich auf unserem heutigen Wege keine Spur, auch versicherten meine Begleiter dafs dergleichen hier nirgends, wohl aber 60 Werst unterhalb Kliutschi und nur etwa 40 Werst oberhalb der Mündung, in einer Gegend vorkomme die sie die Schtschóki oder Wangen nennen, weil die Kamtschatka daselbst zwischen Felswänden fliefst*). — Auch diese dürften wohl einmal, wie die ähnlichen an der Jelowka (S. 313. 319.), ein Stück der älteren Erdoberfläche zeigen, die von den vulkanischen Massen durchbohrt aber kaum merklich gehoben und daher mit weichen Anschwemmungen meist vollständig bedeckt wurden.

Wir landeten kurz vor Sonnenuntergang nach 6stündiger Fahrt

*) Es sind die (auf meiner Karte von Kamtschatka angedeuteten) höheren Ufer, an deren westlichem Durchschnitt zwei in die Kamtschatka mündende Bäche: der Einomoloretsch vom Schiwelutsch und der Chapitsch vom Kliutschewsker Vulkane entlang gehen.

bei Krestowskoe *S*elenie d. i. bei den Balkenhäusern und Balaganen einiger Russen die sich erst vor 9 Jahren, an der Mündung der Kréstowaja rjetschka in das linke Ufer der Kamtschatka, von Kliutschewsk aus angesiedelt hatten. Sie fanden, wie sie mir sagten, den Graswuchs auf der schon vor Alters abgeholzten Ebene bei ihrem neuen Wohnplatz, eben so üppig als bei dem früheren und so sei denn die Milch von den 10 Kühen welche die Krestower halten, sogar noch vorzüglicher als die Kliutschewsker*).

Nach kurzem Aufenthalte bei dem Stárost von Krestowsk fuhr ich mit Ruderern und Batten aus diesem Orte noch bis gegen Mitternacht stromaufwärts. Der Himmel war stark bewölkt, doch leuchtete der Vollmond genugsam um viele Enten zu zeigen, die vor uns mitten auf dem Wasserspiegel safsen und eine derselben wurde denn auch von dem vorderen Ruderer meines Battes mit der Büchse erlegt.

[September 14.]

Wir schliefen, bei nässendem Nebel der bald auch in einen warmen Regen überging, einige Stunden lang theils in den Kähnen, die auf das rechte Ufer gezogen wurden, theils am Rande der Waldung auf demselben, und fuhren dann den Tag über, wieder zwischen niedrigen und herrlich bewaldeten Ufern, bis zur Mündung des Baches Uschki, der zwischen der Krestower und Uschki-

*) Das hölzerne Kreuz nach welchem die Kréstowaja rjetschka und mithin auch diese neue Niederlassung (von dem Russischen Worte: Krést d. i. ein Kreuz) benannt ist, wurde mir nicht gezeigt, und ich weifs daher nicht ob es noch vorhanden ist. Nach Krascheninikow haben es die ersten Russen die nach Kamtschatka kamen, hinterlassen, mit einer eben so einfachen Inschrift wie die ähnlichen Denkmale die ich in den Aldanischen Bergen so häufig gefunden hatte (I. 2. S. 318.) und zwar namentlich: *S*E godu Julja GJ dnja postawil *s*ei Krest pjatide*s*jatnik Wolodimer Atla*ss*ow *s*'towaruischtschi NE tschelowjek d. h. Im Jahre 205 am 13. Juli errichtete dieses Kreuz der Pjatide*s*jatnik Wolodimer Atla*ss*ow, mit seinen 55 Gefährten. Zu der Jahreszahl 205 ist wie in ähnlichen Fällen 7000 hinzuzufügen, und man erhält dann für das entsprechende Jahr nach unserer Gregorianischen Zeitrechnung: 7205 — 5508 = 1697 indem bekanntlich die Byzantinische Aera, die man damals in Russland gebrauchte, um 5508 Jahre vor der Gregorianischen gesetzt wurde.

ner Kuppe entspringt. In der kleinen Ortschaft an dieser Mündung die man Uschkina oder Uschkinskji ostrojok (S. 208.) nannte*), fand ich die Kamtschadalische Bevölkerung ganz rein erhalten. Auch hatte sich im letzten Jahre noch eine Familie aus Kamennji ostrojok (3 Meilen unterhalb Kliutschi, am linken Ufer der Kamtschatka) hier niedergelassen, weil dieser von jeher nur schwach bevölkerte Wohnplatz jetzt fast ausgestorben und den Russen wegen ihrer Winterreisen durch die hiesige Gegend ein grosser Vorrath an Hunden und Menschen in derselben wünschenswerth erschienen war! — Der Tojon, bei dem ich die Nacht über blieb, schien doch mit dem jetzigen Zustande ihres Landes nicht gerade unzufrieden. Er meinte dafs der Uebertritt der meisten Kamtschadalen zum Christenthume wohl wünschenswerth gewesen sein möge — — doch seien freilich die Ungetauften eben so gut wie die übrigen. So habe er bei den häufigen Reisen die auch von hier aus an die NO-küste der Halbinsel unternommen werden, die Leute von Oljutora (Oljútorzui S. 322.) ganz eben so gastfrei und eben so zuverlässig gefunden wie „alle Kamtschadalen“ — und „dennoch glauben diese noch an verschiedene Teufel und an Kutcha, und sträuben sich gegen das Christenthum, welches sie nicht verstehen.“

Wir afsen hier wieder vortreffliche Lilienknollen von der früher erwähnten Art (der Kruglaja d. h. runden Sarana oder der Fritillaria Sarana der Botaniker, S. 246.). Man erzählte mir dafs ausser dieser und der Owsjanka, das sind die Knollen einer gelbblühenden dem Lilium Martagon zunächst stehenden Art, bei Uschkina noch eine dritte geärndtet werde, die man Gusinaja d. i. die Gänse Sarana nenne, weil in der That die Gänse sie eben so begierig wie die Menschen suchen und ausgraben. Ihre Blätter schwimmen auf der Oberfläche stehender Wasser (na oserach d. h. auf den Seen). Man könne aber die Wurzeln dieses Gewächses nur in gewissen Jahren, wenn dergleichen Seen austrocknen, auf deren Boden sammeln**).

---

*) Das Ortszeichen für dieselbe ist auf meiner Karte von Kamtschatka ausgelassen und auf der ebenen Landspitze zwischen den rechten Ufern des Hauptflusses und des Baches Uschki hinzuzufügen.

**) Es dürfte wohl diese keine Lilienart sondern weit eher eine

Auf meine Frage nach Steinen die etwa bei Uschkina vorkämen, erhielt ich hier noch ein Stück Obsidian, welches man in einem sumpfigen Seeufer in der Niederung zwischen den Flussmündungen gefunden hatten. Es war indessen, wie ähnliche Stücke die in anderen Gegenden der Halbinsel nicht selten ausgegraben werden, bereits bearbeitet oder doch künstlich gespalten worden, auch wufste man hier nichts von Felsen aus dieser Substanz, obgleich doch die Grundmasse der Kliutschewsker Laven bisweilen einem Uebergange in solche glasige Produkte nahe genug scheint. Der Obsidian von Uschkina ist wie gewöhnlich von ausgezeichnet muschligem Bruch, und besteht aus etwas welligen dünnen Lagen (von 0,3 bis 0,5 Par. Linien im Durchmesser) eines wasserhellen durchsichtigen Glases, die durch pechschwarze undurchsichtige von derselben Breite getrennt sind. Bei mikroskopischer Ansicht findet man übrigens dafs auch die Färbung dieser letzteren nur durch äusserst feine und einander äusserst nahe liegende schwarze Punkte zwischen weit helleren Stellen bewirkt wird. Im reflektirten Lichte scheinen aber dennoch etwas dickere Stücke dieses Fossiles völlig schwarz, indem dann die undurchsichtigen Lagen derselben einander decken.

[September 15.]

Ich schiffte auch heute wieder mit vier Männern von Uschkina bei feinem Regen den ganzen Tag über stromaufwärts, zwischen niedrigen und aufs üppigste mit Birken, Pappeln, Elsen und Weiden bedeckten Ufern. Dieser Baumwuchs reicht überall bis hart an den Fluss, der sich von krautartigen Wasserpflanzen durchaus rein hält. Nur einmal, etwa zwei Meilen oberhalb Uschkina, sah ich diese Beschaffenheit der Ufer auf höchst merkwürdige Weise unterbrochen durch einen schwarzen Felsstreifen, dessen schmalerer

---

Aroïdee sein, derrn fleischige Wurzeln, wie die von Calla palustris in Schweden und von den angebauten Arum-arten (dem Taro und Kalo) auf den Südseeinseln, trotz des scharfen Stoffes den sie alle enthalten, gegessen werden. Wie die Kemtschiga (oben S. 199.) so scheint aber bis jetzt leider auch die gusinaja Sarana den Europäischen Reisenden auf Kamtschatka ganz besonders unzugänglich. Vergl. Kittlitz Vegetationsansichten u. s. w. Siegen und Wiesbaden 1844. S. 57.

Queerschnitt mitten im Walde zu unserer Linken, etwa 10 Fufs hoch, auf einer Strecke von 30 Schritten über dem Wasser hervorragte und von welchem dann auch noch, als westlichstes Stück, eine Insel in der Mitte der Kamtschatka unversehrt geblieben war. gegen SO. (nach der Seite der Vulkane) konnte man ihn so weit das Auge reichte verfolgen. Ich fand die Oberfläche dieses Streifen stark verwittert, aber gegen die Mitte seines Queerschnittes, wo das Gestein in tafelförmige Blöcke gespalten ist, alle Kennzeichen der Kliutschewsker Laven aufs unverkennbarste erhalten. Es ist wieder eine schwarze grofsblasige und unter dem Hammer hell klingende Grundmasse, in welcher viele grofse aber in ihrer Bildung unterbrochene Labradorkrystalle liegen. Man sieht von diesen meist nur ringförmige hellweisse Durchschnitte auf der Bruchfläche des Gesteines, bemerkt aber, bei bestimmten Einallswinkeln des Lichtes, auch im Innern dieser Ringe einen silbergrauen Glanz, von krystallinischen Theilchen die noch mit der schwarzen Grundmasse durchsetzt sind (S. 385.).

Aus dem Kliutschewsker Kegel kann dieser Strom in keinem Falle hierher gelangt sein (S. 373.). Ich glaube aber auch dafs man seinen Ursprung nicht sowohl in beträchtlicher Höhe an der Uschkiner Kuppe finden würde, als vielmehr auf der gemeinsamen Basis dieser beiden riesigen Berge, und daher eben so wie den Ursprung der alten Lava die sich, 10 Meilen von der hiesigen, und nahe senkrecht gegen dieselbe, in die Kamtschatka ergossen hat (S. 340. 354. 366.).

Auch von Westen her durch Ausläufer des Mittelgebirges ist wohl der Theil des Flussgebietes in dem wir uns bis hierher befunden hatten, merklich enger begränzt als der weiter aufwärts gelegene; denn während wir von Kliutschi bis zu dieser Stelle zuerst gegen W. und dann gegen WSW. in einem Bogen gefahren waren, der mit dem kreisförmigen Rande des Kliutschewsker Berg-Systemes zusammenfällt, wandten wir uns hier gegen Süden und fanden auch fernerhin die (stromaufwärts betrachtete) Richtung der Kamtschatka nirgends wieder so weit westlich von dem Streichen des Mittelgebirges (gegen S31° W), mit dem sie durchschnittlich übereinstimmt. Eine Veränderung in dem Boden des Strombettes und seiner nächsten Umgebungen habe ich erst etwas weiter aufwärts, theils direkt, theils durch ihre Einflüsse auf die Bewaldung der Ufer bemerkt. Sie scheint aber den Zugfischen schon an dieser Stelle aufzufallen, denn die Mündung des Baches Idjagun (der hier von dem linken Ufer in die Kamtschatka tritt) ist als ein sastoi d. i. als einer ihrer Stillstandsorte bekannt, der sich deshalb zur Netzfischerei im Spätherbst ganz besonders eignet.

In den stillen und völlig beschatteten Buchten der Ufer überraschten wir auch heute viele Enten, und oft so nahe vor den Kähnen, dafs selbst die Kamtschadalen dieser Versuchung zu dem Gebrauche ihrer Wintowki nicht widerstanden. Bei jeder unserer Fahrten auf der Kamtschatka waren mindestens zwei von den Ruderern, meistens aber alle vier, mit diesen ziemlich unansehnlichen Waffen versehen, die sie im Winter zur Zobel- und Fuchs-jagd gebrauchen, im Sommer aber auf den Flüssen nur wegen der Begegnungen mit den Bären führen. Sie behandelten dieselben mit gröfster Sorgfalt und wufsten ihren Unvollkommenheiten zum Theil durch sehr sinnreiche Mittel zu begegnen. So hat ein Jeder nicht blofs einen Deckel von Seehundsleder über der Mündung, und einen zweiten über dem Schlosse seiner Büchse, sondern auch auf der Pfanne ein Stück langhaarigen Hundefelles, unter dem sich das Zündpulver in der That selbst auf dem Flusse nach mehrtägigem Regen bewundernswürdig trocken erhielt. So wie die Schäfte dieser Gewehre und die dazu gehörigen Gabeln (I. 2. S. 334.) so werden natürlich auch dergleichen kleinere Zusätze zu ihrer Ausrüstung von jedem hiesigen Jäger angefertigt; aber ausser diesen auch im Nothfall die wichtigsten Theile des Schlosses, denn ich habe oft die Schlagfeder an dem Hahne und bisweilen auch die Feder unter dem Pfanndeckel durch mehrere an dem Schafte befestigte Streifen von Wallfischknochen (die hier auch als Unterlage unter die Schlittenläufe gebraucht werden) ersetzt gesehen. Die freien oder beweglichen Enden dieser Streifen waren dann, vermittelst starker Fäden aus Rennthierflechsen, so verbunden dafs sie einander in ihrer elastischen Wirkung aufs zweckmäfsigste unterstützten. — Der Kostbarkeit der Gewehre, auf welche schon dergleichen Ersatzmittel schliefsen lassen, entspricht meist auch der hiesige Preis des Pulvers, und eben deshalb hält man hier noch jeden Schuss für eine sehr ernste Angelegenheit; die Vogeljagd aber für einen fast unheimlichen Leichtsinn. Einige unverhoffte Nachrichten von meinem Vorgänger im Kamtschatkathale hatte ich heute gerade diesem Umstande zu verdanken, indem meine Begleiter nun erzählten, wie bei ihnen schon ein anderer Fremder im vorigen Jahre zu allgemeinem Erstaunen „nach allerhand kleinen Enten" (wsákuju útotschku) und sogar „nach den auf den Bäumen sitzenden" geschossen habe. Meine Vermuthung dafs sich diese sehr lebhaften und gewifs noch lange dauernden Traditionen auf Hr. v. Kittlitz bezögen (S. 357.), hat sich durch deren nähere Ausführung bestätigt, die ich an anderen Punkten der Halbinsel erhielt, und zugleich auch die Bemerkung dafs zu den eigenthümlichen Redeformen welche die Kamtschadalen bei ihrem Umgange mit den Russen gebildet haben, auch die Bezeichnung aller Vögel als útotschki d. i. als kleine Enten gehört.

Wir bereiteten am Abend unseren Thee über einem Feuer welches an dem Waldrande des rechten Ufers angelegt wurde, und fuhren dann noch, lange vor Sonnenaufgang und in den folgenden Stunden, weiter stromaufwärts.

[September 16.]

Der letzte Theil unserer Fahrt nach Kosuirewsk, welches wir kurz vor 10 Uhr Morgens erreichten, wurde auf einem westlicheren Nebenarme der Kamtschatka zurückgelegt. Die Kamtschadalen nennen diesen den neuen Fluss (nowaja rjekà), jedoch offenbar schon seit uralten Zeiten, denn er ist das veränderliche Bette, in welchem sich ein Theil des Hauptstromes, zugleich mit einem von Westen her zutretenden Wasser (dem Koliu), durch weit ausgedehntere sandige Anschwemmungen als die unter jetzigen Umständen gebildeten hindurchwindet.

Auf die vorigen Regentage folgte heute wieder ganz heiteres Wetter, welches ich bei Kosuirewsk zur Bestimmung der Lage und der magnetischen Verhältnisse dieses Ortes benutzte*), so wie auch zur Messung der Höhenwinkel und Azimute unter denen sich die ihn umgebenden Berge zeigen**).

*) Vgl. in diesem Berichte II. 1. S. 217. 296. 344. II. 2. S. 197.

**) A. a. O. II. 1. S. 400. 402.

Hier projizirt sich die Uschkiner Kuppe so nahe an dem Kliutschewsker Kegel, dafs sie einen Theil seines westlichen Randes verdeckt, und zugleich auch aufs vollständigste die Krestower oder mittlere Kuppe. Die Steine und die Aschenwolke erhoben sich auch jetzt noch mit ungeschwächter Häufigkeit aus dem Kliutschewker Krater. Sie erschienen von hier wie ein dichter Rauch an dem blauen Himmel und wurden eben, durch Ostwind, zu unserer Linken gebogen. Man sah aber ausser diesem Berge von dem wir uns entfernten, auch den Tolbátscher Vulkan von hier aus zum erstenmale in seiner ganzen Breite. Er erscheint, dem Schiwelutsch ziemlich ähnlich, wie eine längliche und an ihrer uns zugekehrten Seite sehr tief und vielfach gefurchte Masse, die mit glänzendem Schnee bedeckt ist und welche sich an ihrem nördlicheren, der Uschkiner Kuppe zugewandten, Ende am steilsten senkt. Der höchste Theil ihres Hauptkammes liegt nahe an diesem Ende. Er zeigt sich aber hier auch nur um 23° zur Rechten von dem Kliutschewsker Kegel und liegt mithin noch über Punkten desjenigen Kreises um die Spitze jenes Kegels, den wir — (nach den bisher gesehenen Richtungen) — überall von der flacheren gewölbartigen Unterlage desselben eingenommen fanden.

Ich habe mich vergebens nach Zeichen von Thätigkeit an dem Gipfel dieses Berges umgesehen, doch versicherten die Kosuirewsker dafs er auch jetzt noch „Rauch ausstofse“ und zwar an einem niedrigeren Kamme seiner SO-seite, den sie bei ihren Schafsjagden häufig sehen. Offenbar ist diese noch dieselbe Spalte aus welcher, zu Anfang des Jahres 1739, und mithin fast 9 Monate nach dem Ende einer Kliutschewker Eruption (S. 355 u. f.), ein ganz unerwarteter Aschenausbruch erfolgte. Die Kamtschadalen erinnerten sich wohl dafs der Tolbatscher Berg in früheren Zeiten an einem seinen höchsten Punkte geraucht hatte. Er schien aber dann während eines Zeitraums, den sie auf 40 Jahre schätzten, vollständig erloschen, als plötzlich aus einem Seitenkamme desselben so viel Asche hervorbrach, dafs sie mehr als 12 Meilen südlich von der Eruptionsspalte sehr ansehnliche Schichten bildete. Zwischen Máschura und Tschápina (15 Meilen u. 10,5 Meilen von dem Gipfel des Berges) wurde der Schnee $\frac{1}{2}$ Zoll hoch von diesen Auswürflingen bedeckt, welche die Schlittenfahrt auf die gewöhnliche Weise hemmten (S. 352.). Krascheninikow erfuhr eben dadurch von diesem Ereignifs, denn er musste, bei einer Winterreise von Werchne nach Nijne Kamtschatsk, in Máschura einen neuen Schneefall abwarten.

Beim Anfange dieser Ascheneruption waren wohl auch glühende Blöcke hervorgeschleudert worden, denn die Augenzeugen versicherten, dafs das ganze Ereignifs mit „einer feurigen Kugel" (buttobui scharik ognennui) begonnen habe, die von der genannten Stelle des Berges aufstieg, und durch welche man nachher die angränzende Waldung weithin angezündet fand. Erst hinter diesem Feuer sei von derselben Stelle eine kleine Wolke gefolgt, die sich von Stunde zu Stunde vergröfsert, und dann erst endlich sich sichtbar gesenkt habe und als Asche niedergefallen sei*). Man darf indessen wohl annehmen, dafs die Beschreiber jener feurigen Kugel nicht gerade behaupten wollten, dafs wirklich nur eine einzige glühende Masse ausgeworfen wurde, sondern dafs sie vielmehr nur eine erste und gröfsere unter vielen anderen beachtet, und vielleicht auch einen gedrängten Haufen von glühenden Auswürflingen, wegen ihrer beträchtlichen Entfernung von demselben, für eine zusammenhangende Feuermasse angesehen hatten**).

Jede Lavenbildung an diesem Berge wurde dagegen von den Kosuirewskern in Abrede gestellt, sowohl unter der üblichen Umschreibung: der Sichtbarkeit eines glühenden Innern, als auch wenn man sie direkter nach feurigen Strömen an dessen Abhängen fragte — und man hat demnach die hiesigen Ausbrüche von Dampf und von feinzertheilter Steinmasse, nur mit den ähnlichen Erscheinungen am Schiwelutsch zu vergleichen (S. 261. 268. 294.). Sie werden hier durch die Berührung des sternförmigen Berges mit

---

*) Vergl. Krascheninikow in Opisania semli Kamtschatki Tsch. II. S. 173.

**) Auch die Mexikaner scheinen von gewissen alten Ereignissen an ihren Vulkanen in ähnlichen Ausdrücken zu sprechen, wie die Kamtschadalen von dem Aschenausbruch an dem Tolbatscher Berge, indem Herr v. Humboldt ihnen das Vorurtheil zuschreibt, dafs vom Himmel gefallene Feuerkugeln bisweilen das Feuer im Krater entzündet hätten. Vergl. A. v. Humboldt über den Chimborazo in Schumacher's Jahrbuch für 1837. S. 183.

dem hohlen Gewölbe, welches den Hauptkegel und die drei Nebenkuppen des Kliutschewsker Systemes trägt, noch näher veranschaulicht.

Die Höhe des Vulkanes von Tolbátscha habe ich, zwar nicht so sicher wie die des Kliutschewsker und des Schiwelutsch, indessen doch zwischen ziemlich engen Fehlergränzen, zu 7800 Par. üb. d. M. bestimmt*). Als Andeutung über die Gesteine dieser merkwürdigen Gegend bleiben mir dagegen nur Geschiebe zu erwähnen, die aus einem Augitporphyr mit grauer, ganz blasenfreier Grundmasse, mit langen schmalen gelblich-weissen Krystallen von Labrador und schwärzlich-grünen Körnern von Augit bestehen. Sie enthalten den Labrador in gröfserer Menge als den Augit, doch liegen beide Fossilien in der Grundmasse sehr gedrängt neben einander. Das Ganze ist merklich magnetisch, und sein spec. Gewicht beträgt 2,699 gegen Wasser bei + 12° Temperatur. Nach ihrem jetzigen Vorkommen in der Ebene bei Kosuirewsk dürften indessen diese Trümmer wohl eher von dem Fufse des Vulkanes von Tolbatscha oder von der Basis des Kliutschewsker herstammen, als von den eigentlichen Kämmen des ersteren. Von diesen halte ich eine Andesitische Zusammensetzung für wahrscheinlicher, und somit eine Uebereinstimmung mit den Bergen auf der Südspitze der Halbinsel die wie ältere Kerne aus Hornblende und Albit, doch von augitischen und labradorhaltigen Lavengesteinen aufs engste umschlossen sind.

Wir fuhren am Nachmittag stromaufwärts von Kosuirewsk, und befanden uns bei Sonnenuntergang in einer Landschaft von unvergleichlicher Schönheit. Der Fluss war auch hier von spiegelnder Glätte und zunächst an seinen stufenförmigen Ufern meist umgeben von Birken mit hängenden Zweigen und schon gelb oder feuerroth gefärbtem Laube, und von Weiden deren riesige Stämme oft durch abgleitende Schichten umgestürzt waren und nun viele neue Seitenäste mitten über dem Wasser völlig senkrecht emportrieben. Sodann, und zum erstenmale an der Kamtschatka, sieht man hinter diesem Rande von Laubbäumen, eine noch dichtere Wand von dunkelgrünen Lärchen die, wie eine künstliche Pflanzung, das

*) Vergl. in diesem Berichte Abth. II. Bd. 1. S. 296, 402.

Ufer in überall gleichem Abstande begleiten, und endlich, bald über dem Flusse bald über den offenen Grasfluren welche jene Waldung unterbrechen, die prachtvollen Berge, unter Höhenwinkeln die denen des Schiwelutsch bei Jelowka sehr nahe kommen.

Der Tolbatscha war jetzt aufs hellste feuerroth gefärbt. Auf der entfernteren Uschkiner und den nun wieder sichtbaren zwei kleineren Kuppen des Kliutschewsker Systemes schien der Schnee etwas matter zu glühen, während der glatte Hauptkegel sich auch durch sein blaurothes Licht vor allen übrigen auszeichnete. Man sieht hier alle diese schlanken und glänzenden Bergmassen, wie Säulen eines riesigen Gebäudes, über einem seltsam kleinen Theile des Gesichtskreises (von weniger als 30° oder $\frac{1}{12}$ desselben) zusammengedrängt. — Doch zeigten sich noch, fast wie eine jenseits des Flusses gelegene Fortsetzung dieser Gruppe, die jetzt gleichfalls beschneiten Gipfel eines weit näheren Höhenzuges der von dem Mittelgebirge aus nach Osten gegen die Kamtschatka streicht. Sie schienen einerseits im Zusammenhang mit dem vorragenden Theil jenes Gebirges, den wir sowohl von der Stolbowaja Tundra (S. 239.) als auch von der unteren Jelowka (S. 333.) am Horizonte gesehen hatten — und andererseits auch mit dem höheren Terrain durch welches die Kamtschatka in der Nähe von Uschkinsk und unterhalb dieses Ortes, zur Rechten von ihrer früheren Richtung, bis an den Fufs der Kliutschewsker Berge gedrängt wird. Durch den Waldrand an dem linken Ufer bleibt diese schnellere Steigung der dortigen Gegend den stromaufwärts Schiffenden bis hierher verdeckt. Ihre Wirkung äussert sich aber in den Zuflüssen, die der Hauptstrom von der Westseite erhält, denn von Krestowsk an aufwärts bis zum Idjagun haben diese, wie man uns sagte, ihre Quellen sehr nahe an der Kamtschatka, während der Kolju, der bei Kosuirewsk in das linke Ufer mündet, schon von weit landeinwärts durch eine ebene und fruchtbare Gegend fliefst. Auch gab es an diesem Seitenflusse, noch 30 Werst oberhalb seiner Mündung, bis zu Krascheninikow's Anwesenheit eine namhafte Kamtschadalische Ortschaft*).

*) Vergl. Opisanie semli Kamtschatki etc. Tsch. I. S. 18.

Wir schifften auch die Nacht über bei hellem Mondschein langsam stromaufwärts und erreichten

[September 17.]

bei Sonnenaufgang die Sommerwohnungen der Tolbátscher Kamtschadalen. Es sind einige Balaganen und einer der Saporen oder Flechtzäune zum Lachsfang, die man auch bei jeder der folgenden Niederlassungen an der Kamtschatka wieder in grofsartigster Anwendung findet. Im Winter leben dagegen die Tolbátscher 15 Werst von dem Hauptstrom (gegen Osten), nämlich höher hinauf an dem Zuflusse nach dem sie sich benennen (der Tolbátschinskaja rjekà) und welcher hier in das rechte Kamtschatkaufer mündet.

Jetzt liefsen wir die kleine Ortschaft ganz ohne Bewohner, denn ausser den Männern die mich, mit gewohnter Bereitwilligkeit, in ihren Batten weiter beförderten, waren die übrigen und alle Frauen von Tolbátschinsk schon früher stromaufwärts in die Wälder gezogen, um tscherjúmchi oder Traubenkirschen zu ihren Wintervorräthen zu sammeln.

Man findet nun wieder, häufiger als weiter unterhalb, vor dem Waldrande angeschwemmte Bänke an den Ufern der Kamtschatka, und in der Mitte des Stromes lange Inseln die sich, wie im Tigil, um Treibholz oder ähnliche Hindernisse gebildet haben, und nun an ihrer oberen Seite noch fortwährend wachsen. Diese neuesten und noch nackten Ränder derselben bestehen aus Geröllen, von denen die gröfsten kaum $\frac{1}{2}$ Zoll im Durchmesser erreichen, die übrigen und zahlreicheren aber, theils erbsengrofs sind, theils noch weit feinere Körner eines eigentlichen Sandes. Es ist ein unerwartetes Gemenge aus schwarzen und grünlichen Trümmern von quarzigem Thonschiefer, Kieselschiefer und Jaspis die ich hier zum erstenmale auf Kamtschatka gefunden habe, mit Dioritporphyren wie die von der Jelowka (S. 314.) und mit vulkanischen Fossilien und Gesteinen. Unter den letzteren sind auch hier kleine Stücke eines schneeweissen Bimssteines, mit sehr dünnen seidenglänzenden Wandungen, viele sehr kleine und glänzende Krystallfragmente von Albit, Chrysolith, schwarzer Hornblende und Titaneisen und ausserdem theils hellgraue theils schwarze augitische Laven, die mit denen des Mittelgebirges und mit den Kljutschewskern übereinkommen. Ihrer Abrundung und Verkleinerung zu Folge scheinen doch auch diese letzteren eben so weit und eben so lange gerollt worden zu sein, wie die Transitionsmassen und die plutonischen Gesteine (die von den Quellen der Kamtschatka herstammen, unten Sept. 25.) — während der feinere vulkanische Sand wohl auch hier aus diluvischen Schichten in das Flussbette gerathen ist. — Zusammen mit diesen Kieseln und mit unzähligen Resten von vorjährigen Fischen, trieb die Kamtschatka nun auch Nadelholzstämme, die offenbar schon weit von ihrem Standorte entfernt waren. Freilich stand hier, hinter dem Rande von Pappeln und Weiden der das Wasser noch immer begränzt, eine dichtere Waldung in der Lärchen und, auf dem letzten Theile unseres Weges, auch wieder Tannen (Jèli, Pinus abies) vorherrschten; aber die angeschwemmten Stämme unterschieden sich von diesen durch ausserordentliche Gröfse.

Gegen Mittag fanden wir an einer der stillsten und dunkelsten Stellen des Flusses zwei reich beladene Batte auf das rechte Ufer gezogen, und es gelang uns deren Besitzer aus dem angränzenden Walde herbeizurufen, nachdem wir auch unsere Fahrzeuge gelandet hatten. Es war eine Gesellschaft der Tolbátschinsker Kamtschadalen mit der wir sodann an einem gemeinsamen Feuer eine vortreffliche Mahlzeit hielten. Sie waren gewohnterweise sehr erfreut über den Thee den ich dazu beitrug und gaben uns dagegen Jukola, frische Lachse und Traubenkirschen von denen sie bereits einige Kahnladungen gesammelt und in zierlichen Rindengefäfsen verpackt hatten. Erst jetzt schienen diese kleinen Früchte vollständig gereift und waren nun glänzend schwarz gefärbt und weit süfser geworden als ich sie früher gefunden hatte (vergl. unten Sept. 18.). So wurde ihnen denn auch von den Wespen sehr eifrig und bis in die Gefäfse die doch so wohl verschlossen schienen nachgestellt.

Ich sah hier wieder sehr auffallende Beispiele von den frühen Ehen der Kamtschadalen, denn zwei noch unausgewachsene und, ihrer Angabe nach, 15jährige Weiber, die sich auch noch durch die weisse und zartere Gesichtsfarbe der jüngeren Personen auszeichneten, waren beide verheirathet. Die eine von ihnen mit einem Knaben von gleichem Alter der ihr mit einem ungewöhnlichen Ausdruck von Eifersucht überall folgte. Die älteren Männer klagten indessen dafs selbst durch dergleichen Heirathen die Bevölkerung ihrer Gegend nicht wieder zunehme, und dafs auch, wie mir schon die Kosuirewsker und mehrere andere Männer ihres Stammes versichert hatten, mehr Mädchen als Knaben geboren würden. So waren denn im vorigen Jahre in Tolbatschinsk nur noch drei arbeitsfähige Männer geblieben. Sie erklärten aber dennoch diesen Uebelstand für weit erträglicher, als das Mittel welches der Russische Gouverneur gegen denselben ergriffen hatte: indem er die Bewohner der Halbinsel zu allerlei Auswanderungen veranlafste*).

Hierher waren vor Kurzem einige Familien von der Westküste aus der Gegend von Bolscherezk, bei 52°,8 Breite 50 Meilen von Tolbatschinsk, verpflanzt worden, zu denen auch die Kajúchtschik oder Führer meines Battes gehörten. Diese klagten aufs bitterste über ihr Loos und erwiederten, als ich sie fragte: ob die Gegend nach der sie sich sehnten, so viel besser sei als die Ufer der Kamtschatka, dafs sie den Geburtsort für den besten von allen hielten und dafs sie nur der Gewalt gewichen seien, als sie ihn verliefsen. Sie sprachen darauf von den frühesten Zeiten der Fremdherrschaft, deren sich einige Greise in ihrer Heimath noch erinnerten, und meinten mit Recht dafs der Grund der Entvölkerung ihres Landes, die man jetzt ganz vergebens zu heben suche, in damaligen Ereignissen zu suchen sei. „So habe Merlin (den sie als den ältesten Russischen Statthalter erwähnten, vergl.

*) In Zeitungsartikeln und anderweitigen Berichten an die Russische Regierung schilderte Herr Golenischtschew seine reformatorischen Bemühungen als höchst verdienstlich und äusserst heilsam, indem er eine von Westen gegen Osten gerichtete Bewegung der gesammten Bevölkerung der Halbinsel beabsichtige, in deren Folge dann endlich die Ostküste geeigneter zum Handel mit den ausländischen Schiffen auf die er rechnen dürfe, sein würde. Natürlich ist von diesen Plänen nichts anderes verwirklicht worden, als die tiefste und gerechteste Entrüstung der Kamtschadalen, und man kann diese dem Beamten der sie veranlafste nur etwa deshalb verzeihen, weil ihm damals sowohl das Land als auch die Menschen die er gewaltsam beglücken wollte, durchaus unbekannt waren.

aber oben S. 344.) alle aufgehenkt, die sich dem Taufen widersetzten."

Es war immer wieder der Befehlshaber der Russischen Besatzung von Nijne Kamtschatsk (S. 208. 343.) auf den sich diese Erzählungen bezogen. Wenn aber hier, in Folge einer fast hundertjährigen mündlichen Ueberlieferung, alles dasjenige für christliche Bekehrungsmittel ausgegeben wurde, was, nach schriftlichen und daher zuverlässigeren Zeugnissen, nur gebraucht wurde um das gefährliche Selbstgefühl eines freien Volkes zu mässigen und auf „heilsame Weise" zu unterdrücken, so geschah dies doch offenbar ohne bösartige Nebenabsicht. Die Betroffenen haben nur nicht fein genug zu unterscheiden gewufst zwischen den einzelnen Stadien in welche das sogenannte Civilisations- und Beglükkungswerk der Europäer gegen die heidnischen Urvölker zu zerfallen pflegt!

Wir schieden um 3 Uhr von den Tolbátschinsker Beerensammlern und erreichten darauf, etwa 3 Meilen stromaufwärts von unserem heutigen Abfahrtspunkt, eine lichtere Strecke des rechten Ufers. Ueber dieser öffnete sich dann auch wieder gegen Osten, eine weite Aussicht über das Land welches uns von der Küste des Oceans trennte, und von dem tiefen Einschnitt in dieselbe den man vorzugsweise das Kamtschatische Meer (Kamtschatskoe more) zu nennen pflegt. In NO. und NNO. zeigte sich nun der glänzende Tolbátscher Vulkan als eine selbstständige und sehr lang gestreckte Masse, und man sah wie sich sein uns zur Rechten gelegener SO-licher Abhang, aus einer ganz flachen und niedrigen Gegend mit nur mäfsiger Neigung erhebt. Es ist die Seite des Berges an der der gleichnamige Zuflufs der Kamtschatka (die Tolbátschinskaja rjekà) entspringt und welche man auch, wegen der Zugänglichkeit ihrer Kämme und der vortrefflichen Schafsjagd auf denselben, von jeher zu Winterwohnungen gewählt hat. Diese Ebene scheint auch noch südwärts wohl eine Meile weit ununterbrochen, endet aber dann an einem Gebirgszuge, über dessen bewaldete Abhänge einige schroffe felsige Gipfel hervorragen und von welchen vor uns (in SSO.) ein höheres Terrain bis ganz nahe an das rechte Ufer der Kamtschatka zu reichen schien.

[September 18.]

Die Sand- und Geröll-bänke, die von den flachen Ufern in die Kamtschatka hineinragen, hatten sich immer häufiger gezeigt, während wir bei Mondschein die Nacht über stromaufwärts fuhren, bis dafs wir uns endlich gegen Morgen zwischen Wänden befanden, die bald 60 bis 80 Fufs über dem Wasser hervorstehen, bald wieder auf beträchtliche Strecken zerrissen oder verflacht sind. Ich bemerkte sie zuerst zwischen den Mündungen durch welche sich der Nikul und dann mehrere einzelne Arme des weit gröfseren Tschápina oder Tschepenflusses von den östlicheren Bergen in das rechte Ufer des Hauptstromes ergiefsen — und fand dann an ihren steilen Abhängen gegen das Wasser überall ähnliche Massen auf dieselbe Weise zusammengehäuft, wie an den angeschwemmten Ausläufern die vom Schiwelutsch bis in das Jelowkathal reichen (S. 319. 320. 323. 333 u. f.). Viele faust-grofse und wohl auch noch gröfsere Rollsteine, bilden mächtige Bänke, meist in den untersten Theilen dieser Wände, die im übrigen aus einem hellgelben, thonigen und oft ganz ungeschichteten Sande bestehen. Unter den kenntlichen Trümmern liegen auch hier, wie auf den Bänken im Flusse, viel Kieselschiefer und quarzreiche Thonschiefer mit Dioritporphyren und Andesit-ähnlichen Massen. Das plötzliche und genau begränzte Vorkommen solcher mächtigen Ablagerungen von gröberem Schutte, läfst aber in dieser Gegend keinen Zweifel dafs er von dem nahe gelegenen Gebirge herstammt, von dem wir heute einen nördlichen Abhang gesehen hatten, und welcher von diesem weithin gegen Süden, parallel mit der Kamtschatka fortsetzt (Sept. 22.). Er scheint einst streifenweise in Richtungen verbreitet worden zu sein, welche die scharfkantigen, spaltenähnlichen Queerthäler dieser Kette vorschrieben, und in ihr fehlt es denn auch wahrlich nicht an nachweisbaren Hebungsereignissen die, während einer letzten Periode der Erdbildung, dergleichen grofsartige Bewegungen veranlassen konnten.

Die Tschápinskaja Sopka, der nahe an 10000 Par. Fufs hohe Kronozker Kegel*), der Schischel oder Nadelberg und

*) 9954 Par. F. nach einer Messung von Admiral Lütke vergl. oben S. 301. und meine Karte von Kamtschatka bei 54°,8 bis 55° Br. 158° bis 159° O. v. Par.

andere vulkanische Kuppen mit flachen Kämmen und plattem Scheitel umgeben einen elliptischen Gebirgssee (den Kronozker) von mehr als 30 Quadratmeilen Oberfläche, der auf dem Rücken oder doch noch hoch an dem Ostabhange jener breiten und zerrissenen Felskette liegt. Die ältesten unter ihnen sind doch — wie die übrigen Andesitberge der Halbinsel — erst nach der Oeffnung der jetzigen Thäler in der dioritischen Oberfläche (S. 315. 319.) und in den metamorphischen Schiefern entstanden. Es erklärt sich demnach, dafs, von ihnen aus, die zunächst gelegenen Ufer der Kamtschatka weit reichlicher mit Geschieben versehen wurden, als die Umgegend von Kliutschi und andere Niederungen die wir bis jetzt gesehen hatten, und an deren Ostseite sich nur die hohl und blasenförmig aus dem Meeresniveau aufsteigenden Lavenvulkane befinden, nicht aber massig hervorgequollene Kuppen und hohe Felsen von ältestem Ursprung, die von denselben durchbrochen wurden.

Trotz des Unterschiedes in der Mächtigkeit und in der Beschaffenheit der Anschwemmungen, aus welchen die Ufer der Kamtschatka in der unteren und in der oberen Hälfte ihres Laufes bestehen, kann man aber dennoch eine Uebereinstimmung in der Struktur jener Massen eben so wenig verkennen, wie eine wichtige Folgerung über den früheren Zustand des Landstriches den sie bedecken. Wir hatten überall auf unserem bisherigen Wege, an den Durchschnitten des niedrigen Bodens zu beiden Seiten des Flusses, zwei bis drei stufenförmige Schichten gesehen, die oft meilenweit mit bewundernswürdiger Regelmässigkeit fortsetzen und mit allen Charakteren jener ruhigsten Ablagerung welche nur unter der Oberfläche eines stehenden Wassers erfolgen kann. — Von solcher Einwirkung einer Flüssigkeit die sie einst bedeckte, finden sich nun aber auch hier, an den ungleich mächtigeren Schuttmassen der oberen nnd mehr thalartigen Gegend des Flussgebietes, die entschiedensten Beweise. Viele runde und oft concentrisch schalige Knollen eines reinen und stark verhärteten Thones haben sich in den feiner-sandigen Theilen der Uferwände ausgeschieden, und nahe an der obersten Mündung der Tschápina liegen über den groben Geschieben sogar einige äusserst regelmäfsige und gegen 3 Zoll starke Bänke derselben Substanz. Man würde durch die regelmäfsige Schichtung und das übrige Ansehen dieser Massen, zu deren Vergleichung mit den ältesten Theilen der Kreideformation an der Tigilmündung veranlafst werden, wenn nicht das Vorkommen von Mammuthsknochen in denselben (Sept. 20.) ihre ungleich jüngere Entstehung bewiese. — Nach dem übereinstimmenden Zeugnifs dieser Umstände und nach der gegenwärtigen Beschaffenheit vieler bruchigen und wagerechten Ebenen, welche wir in der Mitte der Halbinsel gegen Norden bis zur Jelowkamündung kennen, scheint es mir nun aber kaum zweifelhaft, dafs die jetzigen Betten der Kamtschatka sowohl als der zahlreichen Nebenflüsse die sie von dem Mittelgebirge und von der östlichen Vulkanreihe erhält, nichts anderes sind als Reste eines Landsees der einst fast von der Mündung jenes Hauptstromes bis zu seinen Quellen hinaufreichte und in welchem dann sowohl die spärlicheren Anschwemmung des feldspathigen Thones und vulkanischen Sandes erfolgte, die jetzt die Ufer der unteren Kamtschatka (S. 396.) und die Ebenen um die Mündung der Jelowka (S. 331.) bedekken, als auch der Absatz des Schuttes und der Geschiebe, welche an seinem Nord-Ende von dem Schiwelutsch und weiter im Süden über das Kronozker und Milkower Gebirge hinabrollten*). An der oberen Kamtschatka finden sich dergleichen unter Wasser abgelagerte Schuttmassen bis zu nahe an 1000 Fufs Höhe über dem Meere, und der Durchbruch eines Wasserbeckens dessen Oberfläche diese Höhe besessen hätte, konnte dann in der That auch alle früher erwähnten Erscheinungen an dem SW-Ende des Schiwelutsch (S. 333 u. f.) bewirken**).

*) Vergl. meine Karte von Kamtschatka u. s. w. bei 54°,0 bis 55°,3 Br. und 156° bis 157°,5 O. v. Par.

**) Die wagerechten und zum Theil mit noch nacktem Schutte bedeckten Ebenen die wir an der Westseite dieses Berges bis zu 1800 P. F. über dem Meere gesehen haben (S. 304.) deuten freilich auf noch weit höheren Stand eines Sees, für welchen man jetzt ein südliches und westliches Ufer wohl kaum näher als in den Gränzgebirgen des Kamtschatkagebietes finden dürfte. Sie liegen aber noch so nahe an den vorspringenden Kämmen des Schiwelutsch dafs sie auch durch lokale Ereignisse an diesem Berge zu erklären wären, und namentlich durch einstmalige Abschliefsung und Bewässerung der jetzt gänzlich verschütteten unteren Enden dieser Schluchten, von denen nun ausserdem noch die seitlich begränzen den Felstafeln durch Verwitterung verschwunden sind (vergl. S. 275.).

Der Kronozker See dürfte wohl noch jetzt als ein kleinliches Seitenstück, wo nicht gar als ein Rest jenes riesigen Wasserbekkens zu betrachten sein, zu dessen Bildung und Abschliefsung das Hervorquellen aller Andesit-Berge an der Ostküste der Halbinsel und der gesammten Kette von vulkanischen Hochebenen und Lavenbergen in dem Mittelgebirge (S. 238 u. f.) ganz ausreichend erscheinen, und welches dann einst, noch unterhalb Kliutschi, vielleicht erst bei der Entstehung der Kliutschewsker Gruppe seiner nördlichen Begränzung beraubt und zum plötzlichen Abfluss bestimmt wurde.

Wir kamen um 7 Uhr Morgens zu den Sommerwohnungen der Tschapinsker Kamtschadalen an der Mündung des Tschepen, in denen jetzt ebenfalls nur ein kleinerer Theil der Bevölkerung zurückgeblieben war. Die übrigen hatten bereits, 5 Werst östlich von der Kamtschatka, eine zweite Niederlassung bezogen, in der sie den Winter zuzubringen pflegen. Ich benutzte hier das günstige Wetter und die Sichtbarkeit des Mondes zu einer vollständigen Ortsbestimmung*) und nahm dann Theil an der Mahlzeit zu der sich alle Zurückgebliebenen in einem der Balagane versammelten. Es waren Männer, Frauen und Kinder die zu vier, wiederum nicht sehr zahlreichen, Familien gehörten. Der Fufsboden ihres schwebenden Zeltes, zu dem man, wie gewöhnlich und wie zu einem Vogelneste, gegen 20 Fufs hoch auf einem angelehnten Pappelstamme aufstieg, schien dann aber auch noch weit geräumiger als die früher erwähnten und ich habe nur hier die Mitte desselben mit Erde beworfen und als Feuerstelle in Anwendung gefunden (vergl. S. 209.). Die Grasdecke über den Stangen welche die Seitenwände tragen, war demnächst, wie in den Tungusischen Zelten aus Fischhäuten und in den Jakutischen aus Birkenrinde, an der Spitze des Kegels unterbrochen und man blieb auch hier in der Mitte der Wohnung nur durch den Luftstrom den die Heizung bewirkt, so vollständig vor dem Regen geschützt wie ich es früher in ähnlichen Fällen erfahren hatte.

Bei der Fortsetzung unseres Weges zeigte sich, nahe oberhalb Tschapinsk, in dem Waldrande zu beiden Seiten des Flusses der

*) Vergl. II. 1. S. 297 u. f.

Traubenkirschbaum (Prunus Padus) in ungewöhnlichem Grade vorherrschend, und es schien mir hier, wie schon früher an der Jelowka, als ob mächtigere Anschwemmungen des weissen thonigen Sandes (S. 319. 411.), diesen Bestandtheil der Kamtschatischen Waldungen besonders begünstigten. — Gegen Mittag landeten meine Begleiter an dem linken Ufer und führten mich dann, kaum 100 Schritt von der Kamtschatka, zu sehr eigenthümlichen Oefen in denen sie in der jetzigen Jahreszeit eines ihrer wichtigeren Nahrungsmittel bereiten. Es ist eine Art von Kuchen, aus dem Fleische und den mandelähnlichen Kernen der Tscherjumchi oder Traubenkirschen, die in steinernen Mörsern gequetscht und gröblich zerstofsen, dann in den Handflächen zu kleinen Scheiben geformt und endlich über einem sehr sorgfältig gemäfsigten Feuer gebacken werden.

Man hatte hier zu diesem Zwecke an einer lichteren Stelle des Waldes mehrere Gruben angelegt, die eine quadratische Grundfläche von 8 Fufs und eine etwa gleiche Tiefe besafsen. Sie waren in der Hälfte dieser Tiefe mit einem wagerechten Roste aus Baumstämmen und schwächeren Stangen versehen, auf welchem die erwähnten scheibenförmigen Massen in sogenannten tschumani oder dünneren Gefäfsen aus Birkenrinde gesetzt und dann, nachdem man die Grube noch mit einem zeltähnlichen Dache zu gröfserem Theile geschlossen hat, der Wirkung eines am Boden angelegten Feuers ausgesetzt wird. Jetzt waren die Roste in den hiesigen Gruben sämmtlich gefüllt, und zwar in einigen, in welchen die hölzernen Unterlagen der Tschumane und diese Gefäfse selbst zwar von aussen geschwärzt aber nicht angebrannt waren, mit schon gebackenen, in anderen mit noch frischem Teige. — Ich habe schon früher erwähnt wie die Uralischen Baschkiren schon seit Herodots Zeiten aus den Trebern oder τρύγες der Traubenkirschen eine Art von Kuchen kneten, die in ihrer Form aufs genauste mit den auf Kamtschatka üblichen übereinstimmen, indem sie ebenfalls zwischen den Handflächen geformt und deshalb von den Griechen als παλαθαι (von παλαμη die Handfläche) bezeichnet werden, und wie Herodot sogar den noch jetzt üblichen Baschkirischen Namen dieser Speise (atschui, Griechisch: ἄσχυ) gekannt hat. Das Dörren oder Backen des auf diese Weise geformten Teiges scheint dagegen eine von den Kamtschadalen erfundene, sehr wesentliche, Verbesserung desselben. Ich fand zwar jetzt auch die noch unerwärmte Masse, offenbar in Folge einiger Gährung von höchst angenehmem und fast weinigem Geschmack — doch zeigten sich ihre Vorzüge auf merkwürdige Weise erhöht durch die, wahrscheinlich sehr lange fortgesetzte, gelinde Einwirkung des Feuers, durch welche sich das Oel aus den Kernen, mit dem Fruchtsafte zu einer glänzend schwarzen und anscheinend ganz homogenen Substanz verbunden hatte.

Wir warteten vergebens auf irgend einen von den Eigenthümern dieser Vorräthe, zu deren Bereitung die Kamtschadalen, eben so wie zu der Gewinnung des Fischfettes (S. 336.) und zu den Schaf- und Rennthier-jagden, gemeindenweise hierher reisen. Sie mochten jetzt wohl weit tiefer in dem Walde noch mehrere Früchte sammeln, hatten aber unterdessen der unbezweifelten Redlichkeit der Vorübergehenden sowohl ihre Gefäfse anvertraut, als auch die noch lockendere fertige Speise. Meine Begleiter hielten es dennoch für rathsam, dafs wir so viel von der letzteren nähmen als zu unserer vollständigsten Sättigung gehörte; denn die Besitzer der Tscherjumchi würden es, wie sie sagten, für ein beleidigendes Mifstrauen gegen ihre Gastlichkeit halten wenn wir anders verführen.

Bei unserem heutigen Wege bemerkte ich auch zum erstenmale, auf mehreren flachen und vorspringenden Sandbänken, thurmähnliche Gerüste die so gestellt sind dafs man von ihrer Spitze den stromabwärts gelegenen Theil des Wasserspiegels weithin übersieht. Ihre Grundfläche ist schmaler und ihre Höhe noch weit gröfser als die der Balagane, mit denen sie in ihrer übrigen Anordnung übereinstimmen, denn sie bestehen gleichfalls aus vier senkrecht eingegrabenen Baumstämmen, zwischen welchen, nahe an den Gipfeln, ein Fufsboden aus Flechtwerk und dünneren Stangen gebunden und mit einem nur nach der Unterseite des Flusses geöffneten Dache versehen ist. Meine Begleiter sagten mir dafs dergleichen Balkone: tschewitschie karauli d. h. Warten oder Wachtthürme gegen die Tschewitschen genannt werden, und beschrieben mir dann wiederholentlich und sehr genau die seltsame Fangweise, zu der man sie gebraucht.

Die besondere Achtung welche der eben genannten Lachsart wegen ihres Wohlschmackes und ihrer Gröfse von den Kamtschadalen zu Theil wird — denn man fängt hier Tschewitschen von einer halben *Sajen* oder 3,5 Engl. Fufs Länge, die dann bis 2,5 Pud oder 88 Preuss. Pfund wiegen sollen — beruht auch noch ausserdem auf der verhältnissmäfsigen Seltenheit derselben. Unter den zahlreichen Flussmündungen an der Ostküste der Halbinsel*) wählt der Tschewitsche zu seinem jährlichen Eintritt auf das Festland doch nur die Mündung der Kamtschatka und die Awatschabucht, und er steigt auch aus dem Penjinsker Meere nur in die Bolschaja rjeka und in einige wenige der südöstlichen Flüsse, die mit Haffen versehen sind**). Er beginnt seinen Zug in die Kamtschatka am frühesten unter allen Wanderfischen dieses Flusses und schwimmt dabei jedenfalls weit vereinzelter, wahrscheinlich aber auch etwas langsamer als diese, stromaufwärts***). Anstatt der gedrängten Schwärme die ich während der jetzigen Jahreszeit von Chaiko's (Salmo lagocephalus) und von den Kisutsch (S. sanguinolentus) sowohl oberhalb der Sapore als auch oft, an schmaleren Stellen des Flusses, rings um unsere Kähne gesehen hatte, erscheinen nämlich im Frühjahr die Tschewitschen nach langen Zwischenzeiten, meist nur zu je einem, bisweilen zu zweien und höchstens zu dreien neben ein-

*) Auf meiner Karte von Kamtschatka u. s. w. sind 60 dergleichen zwischen der Südspitze der Halbinsel und 60° Breite angegeben.

**) Steller's Behauptung dafs der Parallelkreis von 54° Breite gedie nördliche Gränze seines Vorkommens ausmache, könnte jedoch höchstens auf das zuletzt genannte Penjinsker Meer zu beziehen sein, denn im Ocean an der Ostküste liegt ja die Kamtschatkamündung und somit bei weitem der beliebteste Eintrittsort des Tschewitsche bei 56° Breite.

***) Für den letzteren Umstand dürften etwa auch die früher erwähnten Ankunftszeiten der Lachse bei Jelowka sprechen, indem dort die Krasnaja ruiba (Salmo Lycaodon) noch vor dem Tschewitsche (Salmo orientalis) bemerkt wird (S. 255.) während man an dem Hauptflusse selbst, den Fang des Tschewitsche überall für den ersten im Frühjahr ausgiebt. Dieses Verhältnifs wäre dann mit der allmäligen Trennung derjenigen Wanderfische von verschiedener Bewegungskraft zu vergleichen, welche gleichzeitig in die Mündung des Obi eintreten und dennoch bei Obdorsk und bei Beresow erst nach einander und an letzterem Orte nach längeren Zwischenzeiten als am ersteren eintreffen. Vergl. I. 1. S. 683.

ander. Ueber jedem von ihnen erhebt sich aber dann die Oberfläche des heftig strömenden Flusses zu einer Welle, die den Fisch in seinem Laufe begleitet und welche dennoch so langsam stromaufwärts rückt dafs es gelingt ihr, auf zweien am Ufer bereit liegenden Batten, ein starkes Wandnetz entgegen zu führen, und mit demselben den Wasserberg nebst dessen kostbaren Inhalt zu umfassen. Es ist leicht einzusehen dafs sich die zu dieser Fang-art nöthigen Vorbereitungen nur von einem hohen Standpunkte, bei Zeiten und nach den jedesmaligen Umständen, beurtheilen und angeben lassen, und so dienen denn die Tschewitschen-Warten in der That nur zur Beobachtung jener Wellen über den ankommenden Fischen. Sie werden von einem erfahrenen Manne bestiegen, der darauf von oben die Abfahrt der Batte, die man am Fufse der Warten fertig hält, und die Stellung des Netzes zwischen denselben durch Zurufe und Winke leitet. Man sprach auch hier wieder von der ausgezeichneten Kraft der Tschewitsche, von der ich mich schon in Jelowka, durch ihre hohen Sprünge in den Fangräumen der Sapore und durch ihr gewaltiges Anschlagen an die Deckel derselben, überzeugt hatte (S. 255.). So dürfe man zu dem eben beschriebenen Fange nur die stärksten Netze gebrauchen und müsse auch solche mit besonderer Vorsicht und Geschicklichkeit anziehen, damit sie nicht von dem eingegangenen Fische zerrissen werden, ja sie behaupteten hier von diesem dafs er sogar oft aus den Mordui oder Fischkörben ausbreche, mit denen man ihn im Sommer vor den Saporen fange (S. 254; I. 1. S. 625. 641.).

Die Aussicht von dem Flusse war heute wieder durch schattigste Waldungen begränzt in deren Rändern die Nadelhölzer vorherrschen. In dieser einsamen Gegend wurden wir aber mehrmals durch Schaaren von freigelassenen Hunden überrascht, die sich am rechten Ufer einfanden und dann, wie gewöhnlich, in hohen Sätzen unseren Kähnen einige Zeit lang folgten; auch waren wieder unzählige Spuren von fischenden Bären auf den unbewachsenen Bänken in der Kamtschatka. Trotz der Zuwächse und Veränderungen welche diese Anschwemmungen erfahren, scheinen sich doch die an den Ufern gelegenen oder die eigentlich sogenannten pjeski d. h. Sande, für immer in bestimmten Gegenden des Thales zu erhalten, denn sie werden von den Kamtschadalen als Orientirungsmittel, so wie die Distanzpfähle auf vermessenen Strafsen benutzt. „Wir haben noch zwei oder drei Sände bis Maschura“ oder „bei dem vierten Sande ist die Hälfte des Weges“ — das sind in dieser Gegend des Thales die gewöhnlicheren Antworten der Kajúchtschik und doch verfahren diese, sowohl hier wie überall auf der Halbinsel, bei dergleichen Angaben mit gröfster Gewissenhaftigkeit und mit sehr erwähnungswerther Furcht vor der Lüge. Meine Begleiter versicherten mich auch dafs ein jeder dieser Sande in der alten Landessprache einen eigenen Namen führe „der aber schwer ins Russische zu übertragen und nur deshalb auf die jetzt übliche Weise (durch Zählungen in den einzelnen Hauptabtheilungen des Stromes wie zwischen Maschura und Tolbátschinsk, zwischen Kirgana und Maschura u. s. w.) ersetzt worden sei.“ Eine Ausnahme machte jedoch eine sehr breite und flache Bank auf der wir am Abend bei einem Feuer den Aufgang des Mondes erwarteten. Man nennt diese den piróȷ̆nji pjesòk d. h. den Pasteten-Sand weil das gegenüber liegende hohe Ufer wieder jene früher erwähnten rundlichen Thon-Knollen (S. 412.) enthält.

[September 19.]

Durch Abspülung von solchen hohen Schutthügeln fanden wir die Kamtschatka in dem nächst höheren Theile ihres Laufes wieder mehrmals in zwei Arme gespalten. An einer dieser Stellen bei der wir gegen Sonnenaufgang ankamen, macht der schiffbare Hauptstrom eine so weit reichende Krümmung gegen Osten dafs ich zu Fufs längs des Seitenzweiges einen beträchtlichen Umweg ersparte. So kam ich denn, fünf Werst von jenem Theilungspunkte, noch vor meinen Begleitern zu den Kamtschadalen von Maschura, deren Niederlassung schon durch den Anblick aus der Ferne ihren alten Ruf als die gröfste und glücklichste des ganzen Landes bewährte. Die Anzahl ihrer Balagane schien auch jetzt — wie schon zu Krascheninikow's Zeiten — kaum unter 80 bis 90 zu betragen, aber anstatt der neun Erdjurten welche damals noch in Maschura standen, sah ich eine weit gröfsere Zahl von zierlichen Balkenhütten, wie eingestreut in den Haufen jener schlanken Thürme, deren Unterbaue theils noch durchsichtig, theils schon dicht mit geröthetem Jukola behängt waren.

Der stete Anblick einer üppig prangenden Vegetation, die absolute Stille in den beschatteten Wasserbecken der Kamtschatka und die milde Luft über derselben üben auf die Sinne des Reisenden einen eigenthümlich schmeichelnden und fast verweichlichenden Reiz. Auch empfand ich, wohl durch eben diese Umstände, in den letzten Tagen immer entschiedener eine dem Heimweh ganz entgegengesetzte Stimmung. Ich wurde mir mehrmals des Wunsches bewufst, dafs ich von meinen fernen Angehörigen vergessen und somit veranlafst werden könnte, für immer in den Gegenden zu verweilen, von denen es so schwer wurde zu scheiden. Weit mächtiger und fast unwiderstehlich wurde aber dieses Gefühl in einer Ortschaft in der sich, so wie in Maschura, die Landessitte am reinsten erhalten hat; und in dieser verleitete mich dann auch die vollkommene Behaglichkeit die ihre Bewohner geniefsen und welche sie, wie die Lotophagen der Homerischen Sage, auf jeden ihrer Gäste zu übertragen scheinen zu einem nicht wenig gewagten Entschlusse. Durch einen seltsamen Zufall wurde ich nämlich gerade hier mit der Nachricht empfangen, auf die ich nun schon seit fast zwei Jahren vergebens und wie auf die glänzendste Begünstigung meines, noch durchaus zweifelhaften, Unternehmens gehofft hatte. Es lag jetzt ein Petersburger Kriegs-Schiff in Petropaulshafen*) — aber die Kamtschadalen die es daselbst gesehen hatten, versicherten zugleich dafs es schon segelfertig sei, und vor seiner Abreise nichts weiter als die Ankunft der Ochozker Brigg (der Kamtschatka S. 74. 102.) erwarte. Diese durfte aber wohl ihre kurze Ueberfahrt nach der Halbinsel sehr bald nach der meinigen angetreten haben. So schien denn die Beschleunigung unserer Reise nach Petropaulshafen dringend geboten**), und nur von dem Gelingen derselben hing es nun ab, ob ich meine

*) Vergl. in diesem Berichte I. 1. S. 2. — I. 2. S. 54. 60. — und in diesem Bande S. 76.

**) Maschura liegt von Petropaulshafen auf dem kürzesten Wege um nicht ganz 31 geogr. Meilen und von Kliutschewsk, ebenfalls in gerader Linie, ein wenig über 23 geogr. Meilen entfernt. Wir hatten aber bis jetzt auf der Kamtschatka kaum 4 Meilen täglich zurückgelegt, auch wurden bei der folgenden Reise die unvermeidlichen Umwege und einige Hindernisse durch stärkere Strömung so merklich dafs ich Petropaulshafen von hier aus erst nach 10 Tagen erreichte.

magnetischen Beobachtungen, in bisher niemals erreichter Vollständigkeit, rund um die Erde und durch beide Halbkugeln fortsetzen, oder sie an der Ostküste von Asien abschliefsen — und ob ich den bevorstehenden Winter auf den Meeren und Küsten der tropischen Zone oder auf der Rückreise durch Sibirien verleben würde. Ich fühlte mich dennoch bewogen, den Aufenthalt in Maschura — auf den ich selbst vor dem Empfange jener Nachricht nur wenige Stunden gerechnet hatte — bis zu anderthalb Tagen zu verlängern.

Bei dem günstigsten Wetter hatte ich die Breiten- und Längenbestimmung und die magnetischen Beobachtungen an diesem Orte*) bald beendet, und in Folge der letzteren auch schon mit einigen seiner Bewohner eine nähere Bekanntschaft angeknüpft. Meine seltsamen Instrumente hatten nämlich hier weit mehr als gewöhnlich die Aufmerksamkeit der Umstehenden angeregt. Vor allem aber die der Frauen, deren Theilnahme für die magnetischen Erscheinungen sodann noch merklich vermehrt wurde, als ich auch die Nähnadeln die ich ihnen schenkte, in den Stand setzte dieselben zu zeigen.

Ein beträchtlicher Theil des Tages verging darauf mit dem Mahle welches von der Familie und in einem der Häuser des Tojones von Maschura bereitet war. Ich habe schon früher erwähnt dafs dieser auszeichnende Titel, der einzige der unter den Kamtschadalen vorkömmt, erst durch die Russen hier eingeführt und sogar aus der Jakutischen Sprache entlehnt ist**). Das Amt oder die Würde die er bezeichnet, hat aber, unter einem anderen Namen, schon von jeher unter diesem Volke bestanden und nur eben deshalb hat sie sich seit dem Einfall der Eroberer unter allen Verhältnissen gleich wirksam gezeigt: im Interesse des Russischen Gouverneurs, wenn die allgemeine Stimmung es so wollte, oder zur Vertilgung aller Fremden, wenn einmal auf Befreiung des Landes zu hoffen war (oben S. 342.). Sie ist eine rein demokratische, indem auch jetzt die Kamtschatischen Tojone stets von den Gemeinden gewählt und dann von ihnen auch ferner nur

---

*) Vergl. in diesem Berichte II. 1. S. 209. 218. 344. — II. 2. S. 198.
**) Vergl. a. a. O. I. 2. S. 246 und in diesem Bande S. 286. Anmerk.

als die Männer des allgemeinsten Vertrauens genannt und ausgezeichnet werden. Ich habe nie von irgend einer Bezahlung oder anderweitigen materiellen Leistung der übrigen Kamtschadalen gegen ihren Tojon oder dessen Angehörige gehört, dagegen aber hier wie überall auf Kamtschatka, sowohl in Gegenwart dieser Auserwählten als auch aus Gesprächen in ihrer Abwesenheit, eine so aufrichtige und allseitige Hochachtung gegen dieselben wahrgenommen, dafs über die Vortrefflichkeit einer republikanischen Verwaltung nicht der leiseste Zweifel übrig blieb. Zunächst freilich nur unter einem Volke welches durch Rechtlichkeit, durch Sanftmuth und durch eine angeborene Feinheit der Sitte, in so hohem Mafse ausgezeichnet ist wie die Kamtschadalen, und welches wie sie, von seinem höchsten Richter und seiner einzigen Obrigkeit nie mehr bedarf als deren Rath bei den gemeinsamen Auszügen zu Jagden, Fischfängen und Fruchtlesen und, seit der Anerkennung der Russen, über die Vertheilung des Felltributes zu dem dieselbe jede Gemeinde verpflichtet hat. Nach dieser Bedeutung ihres Amtes hört man dann auch die Tojone, von Russisch sprechenden Kamtschadalen, sehr oft als den chosàin d. h. als den Hausvater oder Wirth der Gemeinde, bezeichnen und ihm demgemäfs wie ein beneidenswerthes Vorrecht, die erste Sorge für die Gäste derselben zuerkennen.

In den Winter-Jurten des Tojones von Maschura und den zugehörigen Balaganen lebten jetzt verschiedene Zweige eines ziemlich ausgebreiteten Geschlechtes. Ich habe nur drei von ihnen etwas näher kennen gelernt, nämlich ausser dem bejahrten Stammhalter und dessen Frau, auch die Familie eines Bruder desselben, so wie einen seiner Söhne und die Frau die man diesem, trotz seines knabenhaften Alters und Ansehens, in diesem Jahre gegeben hatte. Die jüngeren Personen sprachen und verstanden hier nur Kamtschadalisch und der Tojon erzählte mir doch mit einigem Stolze, dafs er selbst das Russische sogar zu lesen wisse und dafs er deshalb auch, von dem Geistlichen in Werchne Kamtschatsk, den Namen eines Zerkownui starosta d. h. eines Kirchen-Aeltesten für das Kamtschatkathal erhalten habe*).

*) Es versteht sich dafs dieser Titel sich nur auf die Hülfe beziehen

So äusserte sich denn auch dieser ernste und nachdenkende Mann zugleich anerkennend über manche Europäische Erfindung, welche ihnen die Russen gebracht hatten, und voll Ehrfurcht für die ursprünglichen Sitten seiner Vorfahren. Als ich ihn wegen des Ursprungs der merkwürdigen Fangart befragte, die man auch bei Maschura gegen den Tschewitsche anwendet und über deren Abweichung von dem Gebrauch der Sapore, der ihnen die übrigen Fischarten liefert, erwiederte er sehr entschieden: „auch du würdest wohl nicht wieder wenn du es einmal versucht hättest, den Tschewitsche ohne Wachtthürme fangen wollen; von uns hätte aber Niemand dieses kluge Mittel erfunden — wir haben es vielmehr, wie alles Andere von unseren Vätern gelernt, die viel weiser und besser waren als wir und unsere Kinder!“ Die Summe der Erfindungen die aus der Vorzeit herstammen wird hier dem nächst vorhergehenden Geschlechte zugeschrieben und somit die Ehrfurcht gegen die Alten durch eine unschädliche Selbsttäuschung erhöht. — Gleich darauf erzählte aber wieder der Tojon, mit der ihnen eigenen Selbst-Ironie, wie man die Europäischen Russen auf Kamtschatka die „Feurigen“ (Brümch tatuatsch, unten Sept. 20.) genannt und die Funken die sie aus dem Stahle schlugen, ihren Knöcheln zugeschrieben habe, während doch jetzt das alte Kamtschatische Feuerzeug (d. i. die Holzstücke die sie durch Reibung entzündeten) nur noch selten gebraucht werde; und wie sich viele seiner Landsleute noch weit später dem Gebrauche der eisernen Kochgeschirre widersetzt hätten, weil sie glaubten dafs die Speisen nur in hölzernen Gefäfsen, durch die Berührung mit den hineingeworfenen Steinen, ihren Wohlschmack erhielten. — Er selbst hatte dagegen sogar sein Dampfbad welches er mir anbot (und das erste an dem ich mich dann seit meiner Abreise von Ochozk erfreute) ganz nach Russischer Sitte eingerichtet, und doch ist eine einfachere

---

sollte, die man bei Volkszählungen und dergleichen von dem Tojone von Maschura erwartete, denn nur in 6 Russischen Ortschaften Tigilsk, Kliutschewsk, Nijne- und Werchne-Kamtschatsk, Bolscherezk und Petropaulshafen waren Kirchen und Russische Popen und die letzteren erbauten sich mit weiser Mässigung an der angeborenen Tugend der Kamtschadalen, ohne dieselben mit erzwungenem Gottesdienst oder anderen orthodoxen Angriffen zu belästigen.

Form dieser Bäder, und wahrscheinlich dieselbe die ich bald darauf bei den Kaljuschen an der Westküste von Amerika kennen lernte, von jeher auf Kamtschatka in Anwendung gewesen.

Selbst Krascheninikow sah noch wie der zweite Akt der Kamtschatischen Bewirthung in dem Anbieten eines Schwitzbades bestand, welches darauf von dem Wirthe so lange geheizt und immer reichlicher mit Dämpfen gefüllt wurde, bis dafs sein Gast die genossene Wärme für übermäfsig und sich selbst für besiegt erklärte.

Während eines Ganges den ich gegen Abend durch die Ortschaft machte, waren die beladenen Batte von den Lachsfängen schon zurückgekehrt und wieder brannten nun Kochfeuer vor den meisten Balaganen. Ich wurde von vielen Einzelnen in ihre Wohnungen eingeladen und fand durchgängig dieselben Zeichen von Wohlbefinden wie in der zuerst erwähnten und anscheinend vornehmern Familie. Man hatte überall viele Vorräthe von Lilienknollen und mancherlei Früchten, und ausser erstaunlichen Massen von fertigem oder noch trocknendem Jukola, grofse Gährungsgruben, die mit der Kislaja oder Kwaschenaja ruiba gefüllt wurden (S. 214.) Sodann wird aber auch die Jagd in den Wäldern die von Westen her bis nahe an Maschura reichen, mit bestem Erfolge betrieben. Sie boten mir als Gastgeschenk einige Auerhähne und versicherten dann, dafs sie im Winter ohne besondere Mühe so viele Zobel und Füchse erlegten um nach Abtragung des Jasàk und „trotz der drückenden Habgier der Russischen Kaufleute" die gewünschteren Europäischen Waaren zu kaufen; namentlich aber Thee, Schiefsbedarf und einige eiserne Geräthschaften so wie auch Hemden und Kopftücher für die Frauen. Begreiflicher Weise und nach ausdrücklicher Versicherung der Bewohner von Maschura wächst indessen hier der Wohlstand der einzelnen Familien nur in direktem Verhältnifs zu der Zahl ihrer Mitglieder, und da die Frauen zu demselben ganz eben so wesentlich beitragen wie die Männer, so werden verwittwete oder anderweitig vereinzelte Individuen etwa eben so wie verarmte in Europa bemitleidet. Es wurde mir dennoch gerade von solchen, nämlich von zwei jungen und unverheiratheten Männern die nur mit ihrem hoch bejahrten Vater zusammen lebten, das letzte und ausgezeichnet schöne Zobelfell zum

Geschenk angeboten, welches von der vorjährigen Jagdbeute noch übrig war; und die Verstimmung die ich verursachte, indem ich diese Gabe ausschlug, haben mir andere mit jener Familie befreundete Kamtschadalen noch an den folgenden Tagen aufs ernsteste vorgeworfen*). — Auch die Künste waren hier nicht ganz vergessen, denn ein Blinder dem wir zwischen den Balaganen begegneten, spielte auf einer Art von Zither, und meine Begleiter versicherten mich dafs dieser übrigens hülflose und zu jeder Arbeit unfähige Mann wegen seiner musikalischen Gaben von allen geliebt und gepflegt wurde. Sie bedauerten zugleich dafs sie ihm nicht eines von den besseren Instrumenten, welche sie wohl bei den Russen gesehen hatten, anschaffen können: denn das seinige habe er nur sehr mühsam zu Stande gebracht und mit Saiten aus Nesselbast versehen.

Als eine merkwürdigere Erfahrung bei meinem Umgange mit den Kamtschadalen mag ich hier auch nicht unerwähnt lassen, dafs ich des Nachts durch einen weiblichen Besuch überrascht wurde. Es war die Schwägerin des Tojon die sich ihrem Gaste antrug, indem sie zugleich ihr Mitleiden über seine Einsamkeit sehr anmuthig aussprach. Die Oertlichkeit des Hauses liefs keinen Zweifel dafs sie auf das Geheiss ihres Mannes oder doch mit dessen Zustimmung also verfuhr, und so zeigten sich mir dann auch beide durchaus unbefangen und so freundlich wie bisher, als sich am Morgen wieder alle Mitglieder der Familie und einige Nachbarn um den gemeinsamen Theekessel versammelten.

Es herrscht also auch hier wie noch weiter nordwärts bei den Tschuktschen und wie überall auf den Inseln der tropischen

*) Zur Würdigung dieses und vieler ähnlichen Züge der Kamtschatischen Gastfreundschaft mufs man aber noch wissen, dafs schon längst manche Russische Beamten von Petropaulshafen, so wie See-Officiere aus Ochozk die auf der Halbinsel überwintern, einen einträglichen Erwerbszweig darauf begründet haben. Sie versenden das ihnen geschenkte Pelzwerk nach Petersburg und erhalten dafür leicht in jedem Jahre das Doppelte des nicht unbeträchtlichen Soldes welchen sie in diesen entfernten Provinzen von der Regierung beziehen. Ich habe die vergnüglichen Schlittenfahrten durch das Kamtschatkathal von mehreren Seiten gerade wegen dergleichen Missbräuche anpreisen hören, die man dabei von der unzerstörbaren Gemüthlichkeit der Kamtschadalen gemacht hatte.

Zone des grofsen Ocean, ein Gebrauch welcher viele Europäer zu einer selbstgefälligen Ueberhebung über die Völker einer anderen Race zu veranlassen pflegt. Man sollte aber nie vergessen, dafs überall wo unbefangene Beobachter dergleichen von den unsrigen abweichende Begriffe über die ehelichen Verhältnisse, in ihrer ursprünglichen Form gefunden haben, dieselben von Beweisen eines sehr vollkommenen Schamgefühls begleitet waren, und dafs Verstöfse gegen diese angeborene Tugend sich durchaus nur als Folgen civilisirterer Lebensbedingungen, zugleich mit den Europäern, einzustellen pflegen. Was dann den Glauben betrifft, dafs der Hausherr seinem Gaste auch die Ausschliefslichkeit seines werthvollsten Besitzthums zu opfern habe, so scheint mir das was Chamisso darüber bemerkt hat, allen gesunderen Erfahrungen durchaus angemessen*).

[September 20.]

Einige Proben von der Sprache der Kamtschadalen des Kamtschatkathales, welche ich mit den früher gesammelten (S. 236.) von der Sedankaer Mundart zusammengestellt habe, erhielt ich gleichfalls von Bewohnern von Maschura. Meine Begleiter auf den Batten mit denen wir um 11 Uhr V. M. diese schöne Ortschaft verliefsen, schienen sich über die Theilnahme die ich für ihre Sitten geäussert hatte zu freuen und so versuchten sie unaufgefordert einigen Unterricht über ihre Sprache. Er ist in Folge

---

*) „Die Keuschheit ist nur nach unseren Satzungen eine Tugend. In einem der Natur näheren Zustande wird das Weib in dieser Hinsicht erst durch den Willen des Mannes gebunden, dessen Besitzthum es geworden ist. Der Mensch lebt von der Jagd. Der Mann sorgt für seine Waffen und für den Fang; das Weib dient und duldet. Er hat gegen den Fremden keine Pflicht; wo er ihn begegnet mag er ihn tödten und sein Besitzthum sich aneignen. Schenkt er aber dem Fremdling das Leben, so schuldet er ihm fürder, was zu dem Leben gehört. Das Mahl ist für Alle bereitet, und der Mann bedarf eines Weibes." „Auf einer höheren Stufe wird die Gastfreundschaft zu einer Tugend und der Hausvater erwartet am Wege den Fremdling und zieht ihn unter sein Zelt oder unter sein Dach, dafs er in seine Wohnung den Segen des Höchsten bringe. Da macht er sich leicht zur Pflicht ihm sein Weib anzubieten, welches dann zu verschmähen eine Beleidigung sein würde. Das sind reine unverderbte Sitten." — A. v. Chamisso's Werke. Leipzig 1836. Bd. I. S. 217.

dieser Veranlassung noch unvollkommener ausgefallen, als es schon die wenigen Stunden die darauf verwendet wurden, mit sich brachten; denn trotz dieser Beschränkung hätte ich doch zahlreichere Vergleichungen zwischen den *Sedankaer* Worten und den im Kamtschatkathale üblichen herbeiführen können, wenn mir nicht damals die eigenen Mittheilungen meiner Begleiter weit erfreulicher geschienen hätten als ihre Antworten auf methodisch geordnete Fragen. Man findet übrigens in Krascheninikow's Werke (Opisanie semli Kamtschatki. W' Peterburgie 1755. Tsch. III. S. 137.) ein etwas zahlreicheres Verzeichniss von Kamtschadalischen Worten, und zwar sollen die 2te und die 3te Spalte desselben nur Ausdrücke enthalten die respective bei dem mittleren oder südlichen Kamtschadalen-Stamme und bei dem nordwestlichen oder *Sedankaer* gesammelt wurden — während der Russische Verfasser die Worte in der ersten Spalte seiner Tafel geradezu den nördlichen Kamtschadalen d. h. wohl den von den Korjaken noch trennbaren nördlicheren Anwohnern des grofsen Oceans zuschreibt.

In dem umstehenden Verzeichnisse sind zur Vergleichung mit dem was ich selbst gehört habe, auch einige jener Angaben von Krascheninikow hinzugefügt, und namentlich aus der 1sten, 2ten oder 3ten Spalte seiner Tafel, je nachdem der Buchstabe: a, b oder c auf dieselben folgt.

	Worte der Nordwestlichen oder Sedaukaer Kamtschadalen.	Worte der Kamtschatischen und Jelowkaer Kamtschadalen.
essen.	knicht (duikuiju. c).	alolg (balolk. a — tschichuischkik. b)
iss.		knucht.
trinken.	rulcht (tuikuischku. c).	ailetsch (biguilik. b).
Mensch.	ksámsau (uschkamja. c)	(uschkamja. b — króschtschuga. a)
Ehemann (Russ.: muj).	(kamjan. c)	
Mann.		kroschtscha.
Frau.	wims.	tschürk.
Knabe.	pempse (nánatscha. c).	pahaitschisch (penitschitsch. b).
Mädchen.	ekoz (chutschitschu. b).	uchtschitsch (uchtschumáchtsche. c).
Sohn.	pez (patschà. c)	(péatsch. b — péetsch. a)
Tochter.	newük (schuguingà. c).	(suwuing. b — tschidepetsch. a)
Greis.		chalktschutsch.
Ehefrau (auch Kamerad).	(iguitsch. c)	tschibench (tschichengutsch. a).
Ehemann.	(kamjan. c — vergl. Mensch)	kentch (kengisch. a).
alte Frau.		pratschitsch.
Kopf.	kouktel (ktchuin. c).	khabel (chabel. a).
Nase.	kakan (kajakán. c).	akongen (kajako. a — kaikui. b).
Auge.	lülld.	led.
Augen.	(lella. c)	(jeled. a)
Haare.	koben (kubjin. b — kuiba. c).	tschrod (tschron. a).
Füſse.	kalta (ktchúda. c)	khated (katchein. a — tschkuada. b)

	Nordwestliche oder Sedankaer	Kamtschatische und Jelowkaer
	Kamtschadalen.	
Hand.	hkez (hkatsch. c).	tonongen (tóno. a — suittu. b)
beide Hände.		sutud (Singul.: suittu. b)
Finger.	(pkótscha. c)	kiked (kéko. a — kuida. b).
Nägel.		kuut.
Mund.		cheksch.
Lippen.	(keschcha. c)	(schakschi. a)
Zähne.	kepun.	kippen.
Wangen.		uan.
Gesicht.		uän.
Bauch.	(kaltki. c)	kailit (kolid. a).
Geschlechtstheile:		
männliche.	(kalkà. c)	khalk (kallaka. a).
weibliche.	(koapan. c)	kuaipan (kuapan. a).
Hoden.		tschakam.
Wasser.	i (i. b — i. c)	asam (a*j*am. a).
Feuer.	gümch (panguitsch. c).	brümch (brumitsch. a — panguitsch. b).
Holz.	ün (láguilan. c)	uut (uud. a — óoda. b).
Baum.	u (uu. c)	
Berg.	kengelke.	(jeél. a — namúd. b — aàla. c)
Bergrücken.	neina.	
Pik.	aich.	
Sonne.	latse (latsch. c)	kuletsch (kuletsch. a).
Mond.	jeélge (laáilguin. c)	wüngen kuletsch*) (gúingan kuletsch. a).
Nacht.	(kúnku. c)	kunk (kúlkua. b).
Stern.	gnesi (ága*j*in. c)	esengen (je*j*enguin. a).
Himmel.	(keiss. c)	kahal (kóchal. b).
Regen.	tschuguschd (tschuchtschuch. c)	itschu*j*itsch (tscháchtschu. b).

*) Auch wurde hinzugefügt dafs dies wörtlich die Nachtsonne bedeute.

	Nordwestliche oder *S*edankaer	Kamtschatische und Jelowkaer
	Kamtschadalen.	
Schnee.	pangosken (kólaal. c).	terenesitsch (kólaal. b)
Wolke.	(gurengur. a)	(úischaa. b)
Nebel.	gunejun.	
es friert.		restrsitsch.
Vogel.	algagal.	netschem herit.
Gans.	chas.	
Gänse.		kaisud.
Schwan.	meschumes.	bisud.
Ente.	teltel.	
Schneehuhn.	reunel*).	
Fisch.	sunst.	utschu.
gekochter Fisch.	era er.	
Bär.	gakank.	ka*j*e.
Rennthier.		ruem.
das wilde.	gulhe.	
das gezähmte.	kosch.	
Hund.	kos.	kos.
Fleisch.		taltal.
Blut.	mechim.	
Knochen.	chktamon.	
Butter.		jesumetsch.
Theekessel.	jakjak.	
Kochen.	kokasàz.	
koche Wasser!		lipi kekalo asam knisk.
heiss.		kekal.
Kessel.	kukez.	kukez.
Kesselstock (im Lager).	kokas ankan.	
Löffel.	kspiz,	kaizp.
die Löffel.		kaizpred.
Trinkgeschirr.		kaitschik.

*) Dreisilbig.

	Nordwestliche oder Sedankaer Kamtschadalen.	Kamtschatische und Jelowkaer Kamtschadalen.
Eimer.		ranok.
Beil.	koas (koáschu. c)	koas (koaschu. a — kuaschua, b)
Messer.	wals.	
Büchse (wintówka).		kokum.
Schiefspulver.		tschuiku.
Blei.		kach[*]).
Flintenstein.		latsch.
Bogen.		etschit (itschet. a)
Pfeil.	(kalch. c)	kach (kag. a — kácha. b)
ein Batt od. Boot.	(tachtamà. c)	tartum (tátcham. a — tachtuim. b)
Ruder.		han.
Stofsstange.		illeiminai.
rudern.		kejuchtsch[**]).
einsitz. Schlitten.	(schlischch. c)	schesjeh (schischen. a — schaaschán. b)
Kamleika (S. 72).	kamarez.	
Hosen.	koa (kóa. c)	(kue. a — koau. b)
Strümpfe.	(páimad. c)	(paiman. a)
Stiefel.	schun (schchun. c)	(tschilchen. a. — suianun. b)
Tabackspfeife.	khausa[***]).	
Thee.		tschoktsch†).
Thee trinken.		tschoktsch wuilis.
Buch.	koiliküi.	

*) So viel als Pfeil; siehe unten.

**) Wonach das Wort: kajuchtschik welches jetzt einen jeden Führer bei einer Winter- oder Sommerreise bedeutet, wohl ursprünglich einen Ruderer bezeichnete.

***) Dies ist das durch ganz Nordasien gebräuchliche mongolische Wort. Vergl. I. 1. S. 634. u. a.

†) Mit der Bemerkung dafs dieses Wort ursprünglich nur: eine Möve bedeutet habe; vergl. unten.

	Nordwestliche oder Sedankaer Kamtschadalen.	Kamtschatische und Jelowkaer Kamtschadalen.
beschriebnes Blatt.	koilize.	
schreiben.	koililke.	
Lied.		hengen.
Singe ein Lied.	hüngra pue.	
Sage.	kutka.	
Gott.	nusterze.	dustartschitsch.
zu Gott bitten.	kmerkajün.	
ich bete.		tnuksikoke.
schlafen.	keilkalkai (nuikuschku. c).	gnügtschitsch (tuitschkajik. a)
geben.	(tlàlam. c)	pknulüm (tuilledj. a — uschaschisch. b).
schnell.		tekeik*).
grofs.	(pellàga. c)	tolo (tollo. a. — chuitschin. b).
klein.	(bjanjukala. c)	hutschinen (duinelu. a — tschunguüng. b).
Herrscher.		kutch.
des Gottes Kutcha Frau.		Chkäk.
desselben Sohn.		Trilkutkan.
desselben Tochter.		Isartsch.
Teufel.	(tkana. c)	kon (kána. b).
Tojon (Häuptling).		lakon.
der Russ. Kaiser.		kuletsch érim**).
Russe.		tatuatsch.
Europäisch. Russe.		brümch tatuatsch***).
Kreuz.		urilek.
ein Deutscher od. Ungetaufter.		kurileki.

*) Dreisilbig.

**) „Welches so viel als: der Sonnen-Häuptling (solnetschnji natschalnik) bedeutet."

***) „d. h. ein Feuer-Russe".

	Nordwestliche oder *S*edankaer Kamtschadalen.	Kamtschatische und Jelowkaer Kamtschadalen.
Kamtschadale.		iténemen.
ich.	(kema. c)	kme (kume. a — kémma. b).
du.	(keʒa. c)	kje (kuiʒe. a — kuisch. b)
er.	(dangun. c)	due (dugud. a — udda. b).
wir.	(moʒïsch. c)	buse (buʒe. a — musch. b)
ihr.	(dágunnad. c)	suse (ichuʒe. a — susch. b).
sie.	(itcha. c)	dünkeld (trun. a — itchui. b).
Gott		dnustartschutscha
ich bitte dich		tnuksikoki
zum hellen Ort		datchlo poksko
führe mich.		katurtsi kokün.
D. Paradies, Russ. Rai, oder „der helle Ort an dem Gott wohnt."		datchlo*).
Hell	(tscháju c.)	(datchuilu. a — attuig. b)
Habe Dank!		monakodes.

Man bemerkt hier zunächst dafs die Ausdrücke die ich von den *S*edankaer oder Nordwestlichen Kamtschadalen gehört habe (vergl. oben S. 236.), meist alle sehr genügend mit denjenigen übereinstimmen welche, fast 90 Jahre früher, in derselben Gegend des Landes an Krascheninikow als gleichbedeutend angegeben wurden. Die dortige Bevölkerung hat sich also auch im letzten Jahrhundert von erheblicheren Vermischungen mit ihren Nachbarn freigehalten. — Dagegen sind aber in allen Fällen wo bedeutendere Abweichungen zwischen denjenigen zwei Dialekten vorkommen, welche das ältere Wortregister als den nördlichen (a) und den

*) Vergl. das Wort hell.

südlichen (b) bezeichnet, die Ausdrücke der jetzigen Bewohner von Maschura, dem ersteren oder dem sogenannten nördlichen (a) entschieden näher als dem anderen. Man könnte demnach auf Einwanderungen oder ähnliche modifizirende Einflüsse schliefsen wollen, welche diese Gegend der Halbinsel betroffen hätten, wenn nicht Krascheninikow's höchst unbestimmte und oberflächliche Andeutung über den Ursprung seiner Wortregister die weit wahrscheinlichere Annahme zuliefse, dafs er unter der Benennung: nördliche Kamtschadalen die Bewohner des Kamtschatkathales mit inbegriffen, und dagegen unter südliche nur die südlich von der Quelle des Hauptflusses lebenden und, wie er selbst sagt, schon damals, durch Einwanderungen von verarmten Korjaken und durch Russische Einflüsse, sehr gemischte Bevölkerung verstanden hat.

Im Allgemeinen erscheinen aber die Kamtschadalischen Sprachen nach Allem was wir nunmehr über dieselben besitzen*),

*) Um dieses hier zu vereinigen, folgen die noch übrigen Worte aus Krascheninikow's Verzeichniss, wiederum durch die oben erklärten Buchstaben (a b c) je nach ihren Fundorten unterschieden — und die zwei Beispiele von Kamtschadalischer Satzbildung die derselbe Verfasser und Steller aufgeschrieben haben. Die Interlinearversion dieser letzteren, die man in der Opisanie semli Kamtschatki Tsch. III. S. 114 und 165 findet, enthält einige offenbare Irrthümer, die ich hier zu ver meiden gesucht habe. Die Umsetzung des Russischen Alphabets mit welchem diese Worte ursprünglich geschrieben wurden, in das Deutsche ist auf dieselbe Weise, wie überall in diesem Berichte, ausgeführt (vergl. I. 1. S. XVIII.) und man hat sich demnach namentlich an die diphtongische Bedeutung des oft wiederkehrenden: ui zu erinnern.

Kamtschadalische Worte.

	a.	b.	c.
Wind.	schápel.	tschichutscha.	kéipk.
Sturm.	kákalt.		
Hagel.	kákumtschel.	koáda.	koálle.
Donner.	kúichkuig.	kúichkuig.	kuichschiguinà.
Blitz.	amronschtschina-tschitsch.	úmetschkuischi.	muitlkúijguina.
Tag.	taáj.	kasgál.	kulchálla.
Morgen.	úidumkulel.	bókotschoj.	jemkolalji.
Mittag.	kunnúku letschkui.	pennokchalla.	chtáduija guina.
Abend.	atákulel.	aatúiku.	tálbak.

wie einander nahe gebliebene Zweige von einerlei Stamm. Die Verschiedenheit ihrer synonimen Wurzelworte ist in vielen Fällen

---

Mitternacht.	kunúgungutsch.	kadui-kùlkua, auch pelchutschik.	nuúlchujugula.
Jahr.	tátgaj.		tchaj.
Erde.	schemt.	semt.	schemt.
Rauch.	gájungaj.	ngarangatsch.	ngátschaj-ngátshaj.
Feld.	bátara.	ùscha.	us.
Weg.	schijitsch.	jéschitschum.	kutschaja.
Meer.	kejága.	njugel.	kejága.
See.	kórro.	kschtschu.	kúlchua.
Fluss.	kig.	kuiga.	kig.
Bach.	kiguiduitsch.	kuigidatsch.	kíguigatsch.
Quelle.	pidaduitsch.	kákeda.	kéjaka.
Sand.	buijuimt	káschemt.	suimuijuimtsch.
Koth.	kúiltscham.	imagai; aktschina-schumt.	koóla.
Stein.	kuál.	uwátschu.	nátsch.
Vater.	ipip.	ápatsch.	ischtsch.
Mutter.	ánguan.	aálgatsch.	láchscha.
Bruder.	tuija.	kusáichuschka.	tuija.
Schwester.	ichtum.	kutchaán.	lilichltsch.
Mädchen.	tschichuatschutsch.	chutschitschu.	uchtschumáchtscha.
Herr.	kroschtschu.	arm.	chuijutsch.
Diener.	cháro.	tschikoatsch.	hnajtscha.
Dienerin.	tschedacharo.		choállu.
Zunge.	dúitschil.	nitschil.	jetschilla.
Kinn.	pégangutsch.	pachuichuitsch.	kuimkuitsch.
Schulter.	tenód.	tánnun.	tuimúinga.
Brust.	lúteng.	inguita.	kéitatsch.
Herz.	gullugu.	núujugu.	lugólgutsch.
Blase.	ischurju.	jelkuai.	kschulch.
Rücken.	karog.	tschàgg.	kigatsch.
Mütze.	gálalutsch.	chalálutsch.	páchal.
Pelzrock.	koábej.	tangák.	káptchatsch.
Wohnort, ostrog.	átuin.	tάscha.	átuinum.
Haus.	kist.	kischit.	kist.
Strick.	altschol.	kúlchsum.	uschcht.
Blatt.	krom.	páschaad.	pellaakela.
Wurzel.	puingelpuingel.	puingelpuin.	puinguilpuinguil.
Gras oder Kraut.	schischtsch.	sisda.	ijula.
hungrig.	jekújitsch.	kuuschischk.	kschakk.
gefrässig.	tuikujegujik.	tugiulask.	tschechtschá-chuitsch.
satt.	tuimgóuschi.	tschiguischik.	tschichlich.

rein dialektisch oder nur auf der Aussprache begründet — und man hält sie dann oft in der Schrift die wir auf sie anzuwenden ver-

---

pilztrunken.	tóapkujik.	towàpkoschk.	chuilpáschkitscham
sprechen.	kájinuchschajik.	chájduchtsch.	kájilgukuisch.
schweig!	kújijitsch.	kuisuschichtsch.	kóischunguischichutsch.
gehen.	túilledj.	úschaschisch.	tlálam.
schlafen.	túitschkajik.	tungukulaschk.	núikuschku.
ich schlafe.	túingujukujik.	túnguikuschik.	tungúikuschkuk,
ich sehe.	túilltschkujik.	túittsch kuischik.	túiltschkuijtschu.
ich sehe nicht.	gúitsch kupkg.	ischk jetschkuikak.	jeltschkuik.
ich schlafe nicht.	guingui kullak.	ischk núikuschkak.	nguikulkuk.
ich lache.	tuijischik.	taschiukaschk.	lijinkschtschitsch.
ich weine.	tuingasik.	tuuuschik.	sinschtsch.
weiss.	gúilkalo.	áltuich.	átchala.
schwarz.	drélu.	túiggan.	ktgála.
roth.	tschátschal.	tschean.	tschátschal.
grün.	dúlchkarallo.	nuchusannú.	kuchlélaga.
hoch.	dáschelu.	kúun.	kúinguilla.
niedrig.	dújulu.	ischung.	ijula.
finster.	dúchulu.	dúchschanuu.	tschunik.
warm.	nomla.	kikang.	úmela.
kalt.	duikeilu.	sakkeing.	lkélaga.
nass.	duitschkelu.	aktschin	tschkálaga.
trocken.	démlu.	kaschigù.	kuijgelà.
lebend.	kújunuilin.	kakówa.	kakolin.
todt.	kúirin.	kuitschikin.	kuijann.
früh.	tuimkolin.	mokótschusch.	ámkoltschel.
spät.	túchtann.	aatuiku.	tchtádan.
heut.	déngu.	dángu.	dad.
morgen.	dúimkolaku.	bókuan.	ajuschk.
gestern.	jetuil.	aátui.	áteng.
vorwärts.	duklk.	koasakù.	kulchéntschki.
rückwärts.	schalk.	sákkui.	schaálikin.
schnell.	tekéik. } in Maschura.		
setze dich.	laolk. } in Maschura.		
ich stehe.	kume tuijischik.	kema tuischischik.	kema chtajúkuisch.
du stehst.	kuije jischun.	kuischschischitsch.	keja chtajujitsch.
er steht.	dúgud jischitsch.	údda schischikik.	dángun chtajujitsch.
wir stehen.	buje jischischimk.	musch uschischamg.	mojischchtajujimk.
ihr stehet.	ichnje jischij.	susch schischik.	dágunad chtajujigin.
sie stehen.	trun jischitsch.	itchuju schischikik.	itcha chtajujigin.

sucht haben, für weit bedeutender, als nach dem ursprünglichen und allein werthvollen Urtheile des Gehörs; auch verwischen sich beim Sprechen noch viele, in den geschriebenen Worten stark hervortretende, Unterschiede durch den abgekürzten und unbestimmten Klang der Vokale in den Vorschlag- und End-Silben der Worte,

---

1	duisuik.	duisuik.	kóning.
2	kaaj.	káass.	kássa.
3	tschóok.	tschóok.	tschóuk.
4	tscháak.	tschaak.	tscháak.
5	koomnak.	koomnak.	kugúmnuk.
6	kúilkok.	kuilkoak.	kelkug.
7	jetaktanak.	itaatúk.	jétuktunuk.
8	schooktunuk.	tschokutuk.	tschóoktunuk.
9	tscháaktanak.	tscháaktak.	tscháaktanak.
10	tschúmchtuk.	kumchtuk.	togóssa.
11	duisuik schinajitsch.	duisuik schinaschi.	koning schinajin.
19	tscháaktanak schinajitsch.	tchaaktan schinaschi.	tschaaktanak schijin.
20	káaj tschumchtuk.	kaas kumchtukaduikuid.	kasch tujad.
30	tschóok tschumchtuk.	tschook kumchtukaduikuid.	tschook tujad.
90	tschaaktanak tschumschtuk.	tschaktak kumchtukaduikuid.	tschaaktanak tujad.
100	tschúmschtuk tschumchtakan.	kumchtu kumchtakan.	tschusch togu-schain.

Kamtschadalische Reden.

1) Nach Steller (wahrscheinlich aus dem Kamtschatkatbale).

ápatsch búruin kisag itsun krának kógalgu súiksul knigu
Vater unser welcher lebst hoch im Himmel es sei dein

góurentsch tege bitel nákalk kabiltaká katat tokà, kóttik
Name immer allen berühmt gehalten befiel

kóglsuik bórenako knigu kónspalagn jelkonomu, kisék
zu kommen zu uns deine Wohnung ewige (?) welches

jenaktsch ollogttschásen endu degsgaken lazgotus kagólk
du willst geschehe nach deinem Willen im Himmel

delgtam simsk; àdonnom búrin puign gulls súglkaisen
gleichwie auf Erden; Speise unsre durch die (?) fortwährend

sugnet katolk borenáke denguten dags.
wir leben gieb uns heutigen Tags.

und durch den eigenthümlich zischenden Laut mit welchem die Consonantenverbindungen in den letzteren begleitet werden.

---

2) Nach Kraschcninikow (aus dem Kamtschatkathale).

praparschik*)	kokásol	teelesik,	kisgarulilel	kukaret
des Lieutenant	Koch	wenn ich wäre	mit Handschuhen	den Kessel

tam jabesen
nähme ich ab.

pawlozka*)	keinzek	teelesik,	ginkalo	galstugal*)
pawluzkji	wieder (?)	wenn ich wäre,	ein weisses	Halstuch

kikingisik.
bände ich um.

pawlozka*)	iwannel*)	teelesik,	tschatschalo	tschulkil*)
pawluzkjis	Iwan	wenn ich wäre,	rothe	Strümpfe

kiningisik.
zöge ich an.

studental	teelesik,	bitel	tschihench	killisin.
der Student	wenn ich wäre,	alle	Weiber	beschriebe ich.

studental	keinzek	teelesik,	jéragut	killisin.
der Student	wieder (?)	wenn ich wäre	den Jeragutfisch**)	beschriebe ich.

studental	teelesik,	bitel	adonot	killisin.
der Student	wenn ich wäre	alle	Seemöven	beschriebe ich.

studental	teelesik,	bitel	sillegi	jiret	tambesen
der Student	wenn ich wäre	aller	Adler	Nester	nähme ich ab.

studental	teelesik	bitel	pitgatez	kawjetschaw
der Student	wenn ich wäre	alle	Quellen	die heiss sind

killisin.
beschriebe ich.

studental	teelesik	bitel	ensit	killisin.
der Student	wenn ich wäre	alle	Berge	beschriebe ich.

studental	teelesik	bitel	detschumkulez***)	killisin.
der Student	wenn ich wäre	alle	Vögel	beschriebe ich.

---

*) Diese Worte sind nach den Russischen fast unverändert beibehalten.

**) Der buik der Russen oder der Cottus gobio.

***) Nach der Angabe der Sedankaer heisst ein Vogel: algagal — es kann aber sehr wohl in einem, in dem anderen, oder auch in beiden Fällen, der Name irgend einer Art zur Bezeichnung der Klasse gewählt sein, eben so wie die Kamtschadalen wenn sie Russisch sprechen einen jeden Vogel durch das Wort: utka eine Ente oder durch dessen Deminutivum bezeichnen. Das hier gebrauchte Wort détschumkuléz steht

Ein Beispiel hiervon geben die Ausdrücke für trinken, die ich bei den Sedankaern und an der Kamtschatka aufgeschrieben habe, nämlich: bei den Sedankaern in Máschura

trinken: rulcht ailetsch.

Hier ist das e in der zweiten Form ganz kurz und tonlos, und dagegen in der ersten zwischen dem l und dem langen Zischlaut wie immer ein stummer Vokal angebracht, wodurch denn zunächst die Schreibarten: rúlĕcht und aílĕtsch

vollständig gerechtfertigt werden. Es kömmt aber hierzu noch diejenige Verwandtschaft zwischen ai, ui und u, welche man nicht nur im Allgemeinen in den Nord-Asiatischen Sprachen, sondern auch noch gerade in dem vorliegenden Falle dadurch bestätigt findet, dafs ich den ebenfalls bei den Kamtschadalen von Máschura gehörten Ausdruck für: ich trinke (in dem Satze: ich trinke Thee) am genauesten durch: wúilis nachzuahmen geglaubt habe. Die zwei zu vergleichenden Formen der Stammworte können nämlich nun endlich auch durch: rúilĕcht und úilĕtsch

auf eine kaum zu unterscheidende Weise wiedergegeben werden*). Für mehrere andere Begriffe, die ihrer Natur nach gleichfalls zu den am frühesten benannten gehören, scheinen dennoch die Aus-

---

studental	teelesik	keinzeg,	igikueigu	entschulez*)
der Student	wenn ich wäre	wieder(?)	aus dem Meere	die Fische

killisin.

beschriebe ich.

*) Jene Verwandtschaft zwischen ai und ui läfst sich an vielen Kamtschadalischen Worten und z. B. durch das: paiman oder paimat nachweisen, welches die Pelzstrümpfe bedeutet und ganz sicher mit dem Ostjakischen Namen púimi zusammenhängt. Vergl. weiter unten und I. 1. S. 615, so wie auch über die Uebergänge des ui in a und ai, die bei der Entstehung der West-Türkischen oder Tatarischen Sprachen aus den Ost-Türkischen, zu denen die Jakutische gehört, vorkamen, I. 2. S. 295 u. f.

übrigens nicht allzu weit von dem: nétschemberiz welches mir die Kamtschadalen von Maschura als den allgemeinen Namen der Vögel nannten.

*) Auch hier dürfte etwas ähnliches gelten wie für das Wort Fisch, bei den Sedankaern denn bei ihnen heisst: der lebende Fisch: sunst und der gekochte: era er.

drücke der *Sedankaer* und die im Kamtschatkathale üblichen radikal verschieden. So namentlich die Benennungen für essen, das Meer, der Fisch, ein Mädchen, der Schnee und vielleicht noch für einige andere Gegenstände, und es schien mir nun nicht unerheblich zu untersuchen ob in diesen Fällen vielleicht einer der beiden Zweige der Iténemen oder von uns sogenannten Kamtschadalen, ein Stammwort von einem bei ihm für fremd geltenden Volke erborgt hat, oder ob sich gleich ursprünglich und ohne ein solches Ereigniſs, bei ein und demselben Stamme, zwei ganz verschiedene Worte für einerlei Begriff gebildet haben. — Berührungen welche etwa zur nachträglichen Annahme von Fremdwörtern geeignet erscheinen, konnten hier auf der Halbinsel nur einerseits zwischen den mittleren oder südlichen Kamtschadalen und den Bewohnern der Kurilischen Inseln, und von der anderen Seite zwischen den *Sedankaer* oder nördlichen Kamtschadalen und den Korjaken stattfinden, und ich habe deshalb in den (gleichfalls in Krascheninikow's Werke aufbewahrten) Wortregistern der Kurilen und Korjaken die entsprechenden Ausdrücke folgendermaſsen mit den in Rede stehenden Kamtschadalischen verglichen. Bei

den Rennthier- und ansäſsigen Korjaken.	den *Sedankaer* Kamtschadalen.	den Maschuraer Kamtschadalen.	den Kurilen.
essen: mewûik, kotua	knicht	alolg, balolg	ischamá
Mädchen: iga oder igaw*)	ékoz	uchtschitsch	pumàt
Schnee: pangulkuischen	pangosken	korjél	upatsch
Fisch { lebender / gekocht. } cunaok, ennocn	sunst / era èr	ntschu	*s*itschip
Meer: njuigen	kejága	njugel	atuikà

*) Zu ersehen aus dem Worte igaw-akuik mit welchem die Rennthier-Korjaken eine Tochter bezeichnen; denn da bei denselben: akuik der Sohn heiſst, so bleibt für den Zusatz iga oder igaw wohl nur die Bedeutung Mädchen. Man findet eben so bei den ansäſsigen Korjaken an der Uka (oben S. 251.):

péetsch der Sohn,
uktschipéetsch die Tochter,

Es ist hiernach eine an sich wahrscheinliche Uebertragung von den Kurilen zu den Kamtschadalen des Kamtschatkathales, in keinem der eben vorliegenden Fälle vorgekommen, der eben so erklärliche Uebergang einer Korjakischen Wurzel zu den Sedankaer Kamtschadalen nur in einem Falle (bei dem Sedankaer Wort pangósken, der Schnee, welches unzweifelhaft mit dem von den Korjaken der Karaginsker Insel*) gebrauchten pangulkuischen zusammenhängt) und in einem zweiten Falle der Uebergang des Korjakischen Wortes njuigen das Meer in wenig veränderter Form zu den Kamtschadalen des Hauptthales. Dieser ist um so unerwarteter, da doch die Sedankaer Nachbarn der Korjaken, in dem Worte kejaga wohl die ächt Kamtschadalische Benennung des Meeres behalten haben. — Drei andere von den hier vorliegenden fünf Abweichungen zwischen gleichbedeutenden Sedankaer und Maschuraer Ausdrücken, und namentlich die Worte für: essen, Mädchen und Fisch, bleiben dagegen nur durch eine ursprüngliche Duplizität des Ausdruckes für einerlei Grundbegriff zu erklären. Ohne Beispiel ist diese letztere Erscheinung wohl in keiner der selbständigeren Sprachen**). Ihr Vorkommen dürfte aber bei den Kamtschadalen noch ganz besonders begünstigt worden sein durch die Neigung zu witzigen Wortvergleichungen und Wortspielen, welche diesem Volke in so hohem Maſse eigen ist. Zu den früher erwähn-

---

und bei den Karaginsker Korjaken:

ikuku der Sohn,

guph-ikuku die Tochter,

und es liegt sogar in dieser sprachlichen Verknüpfung von zweien meist unabhängig benannten Begriffen ein charakteristisches Kennzeichen für die Korjaken, da dieselbe weder bei den Kamtschadalen (Itenemen) noch auch bei den Kurilen vorkömmt.

*) Vergl. meine Karte von Kamtschatka bei

58°,5 bis 59°,3 Breite,

160°,7 bis 162°,2 O. v. Par.

**) So scheint z. B. das Wort debdako welches jetzt bei den Tungusen das Essen bezeichnet, bei den stammverwandten Mandjus nur in dem Sinne von Zerschneiden gebräuchlich, vergl. oben S. 64; und auf ähnliche Weise wird in der volksthümlichen Sprache der Russen, für trinken bald das gewöhnliche Wurzelwort pitj bald auch das Verbum kúschatj gebraucht, welches doch ursprünglich nur essen und etymologisch sogar nur kauen oder beissen (conf. kusatj) bedeutet.

ten Aeusserungen derselben (die absichtliche Verwechselung der Russischen Worte jelowkji und nelowkji, Arkadji und arkani oben S. 246.) wurden auch von meinen heutigen Begleitern viele hinzugefügt, und darunter manche auf Etymologien ihrer eigenen Sprache bezügliche. So erzählten sie mir mit besonderer Freude: wie das Wort tschoktsch durch welches sie jetzt im Kamtschadalischen den Thee bezeichnen, bis zur Ankunft der Russen nur: eine Möve bedeutete. Ihre Vorfahren haben nämlich gehört, dafs die Fremden nach einander für eine Möve den Ausdruck tschaiku (Accusativ: von tscháika die Möve) und für Thee trinken! die Worte: tschaiku pitj (d. i. den partitiven Dativ der Diminutivform: tschaiok, von tschai der Thee) gebrauchten — und diese Ausdrucksweise sei dann, gerade ihrer Ergötzlichkeit halber, auch in der Landessprache nachgeahmt worden. Eben so angelegentlich machten sie mich ferner darauf aufmerksam, dafs der Name wuingen kulétsch den sie dem Monde geben, so viel als die Nachtsonne bedeute und dafs sie den Russischen Kaiser doch wohl zierlich genug: kulétsch crim d. h. „den Sonnenhäuptling“ (Russ.: „Solnetschnji natschalnik“) benannt haben*).

*) Dieser letztere Ausdruck ist mir nur theilweise einleuchtend, indem kulétsch für: die Sonne auch anderweitig genannt wurde, das Wort crim in dem Sinne von Anführer oder Befehlshaber aber nur eben in dieser Verbindung vorkam. Ihren Tojons gaben dieselben Männer von Máschura den Titel lákon, auch sagten sie dafs man im Allgemeinen einen Herrscher (das Russische: Zar) durch das Wort kucht oder kutch zu bezeichnen habe. An die Geschichte von der Benennung des Thees schliefst sich dagegen noch und aufs genaueste, unter anderen ein Kamtschadalisches Wortspiel, welches ich erst weit später aus Krascheninikow's Erzählung kennen gelernt habe. Ich meine der — offenbar nur zum Scherze fingirte — Glaube der Kamtschadalen, dafs jener ältere Reisende kalte Winter zu machen im Stande wäre, weil der Titel Student den sie ihm geben hörten, mit den Russischen Worten: studen die Kälte, studenui kalt überein kommt. Zur Verewigung dieses ihres Wortwitzes wurde aber dann der Landessprache eine Uebersetzung jenes Europäischen Titels durch das Wort schakáinatsch hinzugefügt, welches so viel als der Gefrorne bedeutet (Opisanie Kamtschatki St. II. 161.), und es dürfte nun einem Etymologen allerdings schwer werden zu errathen, weshalb von den Kamtschadalen ein Europäischer Gelehrter bald ein Schriftkundiger (koililke, schreiben) bald ein Eisiger (schakáinatsch) genannt wird.

Die nachträgliche Vergleichung der Vocabularien die ich während meiner Reise durch Nord-Asien, meist nur wie zum Scherze, in den wenigen dazu günstig scheinenden Minuten sammeln durfte, und einige fast nur zufällig daran geknüpfte Wahrnehmungen über Flexions- und Ableitungssilben bei verschiedenen Volksstämmen, haben trotz ihrer Unvollständigkeit doch mehrere nicht unerhebliche Aufschlüsse geliefert. Die Nachweisung einer nahen Verwandtschaft der Ostjaken und zum Theil auch der Wogulen mit den Europäischen Magyaren (I. 1. S. 664.), der Jakuten mit den Tataren und anderen West-Türkischen Stämmen (I. 2. S. 294 u. f.) und der Sibirischen Tungusen mit den Mandjuischen Beherrschern von China (I. 3. S. 58 u. f.) scheint mir in der That sehr vorzugsweise durch jenes einfache Mittel gelungen. Man dürfte daher nun auch der Anwendung derselben auf die Frage nach dem Ursprunge der Iténemen oder eigentlichen Kamtschadalen einige Bedeutung nicht versagen, obgleich sie bei dieser durchaus nur zu negativen Resultaten geführt hat. Die Kamtschadalen erscheinen nämlich gegen ihre beiderseitigen Nachbarn aufs entschiedenste selbständig, wenn man die oben angeführten Stammworte ihrer Sprache einerseits mit den gleichbedeutenden Korjakischen und andererseits mit den entsprechenden Kurilischen vergleicht*). Auch geht eben dieses Resultat noch ganz besonders aus folgender Zusammenstellung der Zahlworte hervor, deren sich eine jede dieser drei Nationen bedient. Die Namen der Cardinalzahlen und die Aufschlüsse welche in ihnen über die Art des Zählens liegen, verdienen aber in der That schon deshalb noch einigen Vorzug, weil sie sich bei verschiedenen Zweigen ein und desselben Stammes, (bei den drei Korjakischen eben so wie bei den zwei oder drei Kamtschadalischen) sogar als völlig unwandelbar zeigen und somit gegen modifizirende Zufälligkeiten weit widerstandsfähiger als andere Redetheile.

---

*) Die Opisanie semli Kamtschatki enthält Tsch. III. St. 169 ein dem Krascheninikowschen entsprechendes Wortregister für die drei Dialekte der Rennthier-Korjaken, der ansäfsigen Korjaken und der Anwohner der Karaga, so wie auch Tsch. III. St. 185 ein auf den nördlicheren Kurilischen Inseln gesammeltes.

Die Zahlworte lauten bei den:

	Korjaken	Kamtschadalen	Kurilen
eins.	jennen.	duisujk	sinep.
zwei.	nineg.	kaaj.	tuup.
drei.	njukuin.	tschook.	rep.
vier.	niaken.	tschaak.	inep.
fünf.	muillenge.	koomnak.	asik.
sechs.	ennen muillenge.	kulkok.	iwan.
sieben.	niakolemengag.	etaktanak.	aruan.
acht.	niokolemengag.	tschooktanak.	tubis.
neun.	chonaaitschinkan.	tschaaktanak.	sinepis.
zehn.	muinuiguitken.	tschumchtuk.	uupis.
elf.	muinuiguitken jennen.	duisuik schinajitsch.	sinepikajemun.
zwölf.	muinuiguitken nineg.	kaas schinajitsch.	tuupitschaikajemua.
neunzehn.	muinuiguitken chonaaitschinkan.	tschaaktan schinajitsch.	sinepisan.
zwanzig.	olkaluig.	kaaj tschumchtuk	tuampe.
dreissig.	kaluika muinuiguitken.	tschook tschumchtuk.	reuampe.
vierzig.	nineg kalaulat.	tschaak tschumchtuk.	ineuampe.
funfzig.	nineg kalaulat muinuigitken.	koomnak tschumchtuk.	asikneuampe.
sechzig.	njukin kalaulat.	kuilkog tschumchtuk.	iwanuampe.
hundert.	muillenge kalaulat.	tschumchtuk tschumchtakan.	uanuampe.
zweihundert.			tuanuampe.
tausend.			uanotneuampe.
zweitausend.			tuanotneuampe.
zehntausend.			tiwannoneuampe.

Ausser der gänzlichen Verschiedenheit gleichbedeutender Worte bei den drei Völkern zeigt sich hier auch

1) die Kurilische Zählart merklich einfacher und daher vollkommener als die Kamtschadalische.

Die Kurilen beziehen durch die Benennungen ihrer Zahlen dieselben nur auf 10*) — die Kamtschadalen hingegen bald auf 5 bald auf 10. Es geschieht dies namentlich so, dafs bei jedem dieser Völker die Zahlen von 1 bis 6 rein appellativ gewordene und somit von einander unabhängige Benennungen führen, alsdann aber der Name

der sieben:

bei den Kamtschadalen synonim ist: zwei zu fünf (?), bei den Kurilen: ohne Nebenbedeutung;

der acht:

bei den Kamtschadalen synonim mit: drei zu fünf, bei den Kurilen mit: zwei von zehn;

der neun:

bei den Kamtschadalen synonim mit: vier zu fünf, bei den Kurilen mit: eins von zehn.

Bei beiden werden sodann die Zahlen zwischen 11 und 19 durch den Zusatz der betreffenden Einer zu einen nur in dieser Verbindung vorkommenden Namen der 10 gebildet**) (mit Ausnahme der Benennung von 19 selbst, welche mir bei den Kurilen den Begriff: 1 von 20 zu enthalten scheint) und für die höheren Zahlen durch deren Namen in beiden Sprachen ihre Beziehungen zur 10 angezeigt, bei den Kurilen aber in einer geschickteren und auch auf die Tausende anwendbaren Weise.

Eben so deutlich wie die Kurilische findet man nun aber auch:

2) die Korjakische Zählart von der Kamtschadalischen verschieden, wenngleich im entgegengesetzten Sinne.

Jene nördlichen Nachbarn verfahren nämlich beim Numeriren auf eine sehr charakteristische Weise noch um etwas unbehülflicher

*) Mit einziger Ausnahme der: 19.

**) Etwa so wie bei den Ungarn, wo tis = 10 ein Fremdwort und dagegen das än in ötv-en = 11, hetv-an = 12 etc. aus der Ursprache dieses Volkes welche die Ostjaken aufbewahrt haben, geblieben ist (I. 1. S. 664.) — und wie bei den Tungusen welche men = 10 von den Türken erborgt und dagegen in omundjuluk = 11, djurdʹuluk = 12 etc. das bei den Mandʹus noch vorhandene dʹuan = 10 aus ihrer Stammsprache behalten haben (oben S. 61.).

oder kindlicher als die Iténemen oder Kamtschadalen. Ich meine indem sie zu der 5 und der 10 auch noch die 20 als eine dritte Einheit hinzunehmen. Hier auf der Halbinsel ist eine solche nur allein bei den Korjaken nachgewiesen*) und zwar unter dem Namen: kaluig (Pluralis: kalaulat) welcher anderweitig einen Mann bedeutet und sich natürlich auf die Gesammtzahl der Finger bezieht, die ein solcher an Händen und Füfsen besitzt**). Vergleichungsweise findet man aber namentlich das Zahlwort:

	bei den Korjaken	bei den Kamtschadalen
sechs:	synonim mit: 1 zu 5.	ohne Nebenbedeutung.
sieben:	- - 2 zu 5.	synonim mit: 2 zu 5. (?)
acht:	- - 3 zu 5.	- - 3 zu 5.
neun:	ohne Nebenbedeutung.	- - 4 zu 5.

die Zahlen von 11 bis 19 bei beiden mit kenntlicher Beziehung auf die 10 und sodann die Benennungen für:

	bei den Korjaken synonim mit:	bei den Kamtschadalen synonim mit:
zwanzig:	ein ganzer Mann.	zwei Zehner.
dreissig:	ein Mann und zehn.	drei Zehner.
vierzig:	zwei Männer.	vier Zehner.
funfzig:	zwei Männer und zehn.	fünf Zehner.
	u. s. w.	u. s. w.

Der vigesimale Typus und einige andere Eigenthümlichkeiten welche dem Korjakischen Numerationssysteme ganz gewiss einen anderen Ursprung als dem Kamtschadalischen anweisen, werden aber dadurch noch weit bedeutsamer, dafs man sie sämmtlich auf dem Festlande von Amerika wiederfindet, denn wir werden hier-

*) Vermöge der völligen Uebereinstimmung in Sprache und Sitte welche zwischen Tschuktschen und Korjaken stattfindet (oben S. 197. Anmerk.) wird aber jene Zählart ohne Zweifel auch bei den ersteren vorkommen und auch für sie die primitive Trennung von den Kamtschadalen bekunden.

**) Dafs der Korjakische Name der 20, einen Mann bedeute, hatten schon die Russischen Kosaken von denen das Wortverzeichnifs in der Opisanie Kamtschatki herstammt, in Erfahrung gebracht. Auch war die Kenntniss der landesüblichen Zählarten die erste, deren sie bei der Einsammlung des Jasák bedurften.

durch veranlafst, ausser der gegenwärtigen auch eine uralte, über die Gwosdew-Inseln und die Beringsstrafse reichende, Völkerverbindung anzuerkennen (I. 2. S. 258.), an der neben den Tschuktschen auch noch deren nächste Stammverwandten die Korjaken Theil genommen haben, während die räthselhaften Iténemen oder Kamtschadalen von derselben durchaus unberührt blieben. Die Zahlworte der Koljuschen an der zunächst bei Sitcha gelegenen Nordwestküste (welche endlich durch Herr Wenjaminow [oben S. 69. Anm.] in Europa bekannt geworden sind) lassen aber über jene Uebereinstimmung mit den Korjakischen keinen Zweifel, wenn man nur noch bemerkt dafs, nach demselben Reisenden dem man ihre Mittheilung verdankt, auf Koljuschisch das Wort: hka oder 'ka einen Mann bedeutet, während ka in eben dieser Sprache nur so viel als und oder mit zu bezeichnen scheint.

Man findet sonach die Koljuschischen Zahlwörter:

für eins:	tlech	ohne Nebenbedeutung.
- zwei:	t'ech	- -
- drei:	nazk	- -
- vier:	tachún	- -
- fünf:	ketschin	- -
- sechs:	tletuschu	synonim mit 1 zu (5)
- sieben:	tacha tuschu	- - 2 zu (5)
- acht:	nazka tuschu	- - 3 zu (5)
- neun:	kuschuk	ohne Nebenbedeutung.
- zehn:	tschinkat	- -

für 11 bis 19 mit so evidenter Beziehung auf diesen Namen der zehn: wie tschinkat ka tlek = 11, tschinkat ka téch = 12 u. s. w. und dann endlich:

für zwanzig: tle hka = ein Mann.
- dreissig: tle hka-ka-tschinkat = ein Mann mit zehn.
- vierzig: tach hka = zwei Mann.
- funfzig: tach hka-ka-tschinkat = zwei Mann mit zehn.
- sechzig: nazke hka = drei Mann.

u. s. w.

bis zu:

hundert: ketschin hka = fünf Mann; und:
zweihundert: tschinkat hka = zehn Mann.

auch wird hier die Bedeutsamkeit der vigesimalen Einheit hka oder ein Mann, noch dadurch hervorgehoben dafs das Zählungs- oder doch das gewandtere Numerations-Vermögen der Kaljuschen überhaupt nur bis 200 d. h. bis zu dem Producte der zwei höchsten Einheiten die darin vorkommen, hinaufreicht. Herr Wenjaminow bemerkt ausdrücklich, dafs die über 200 betragenden Hunderte von den Koljuschen nur durch mühsame Umschreibung, wie 200 mit 100 anstatt 300 u. s. w. ausgedrückt werden*).

---

*) Vergl. Ueber die Sprache der Koljuschen in Archiv für wissenschaftliche Kunde von Russland Bd. III. S. 439 u. f. In einer Anmerkung zu Seite 444 dieses Aufsatzes habe ich auf die vigesimale Einheit des Koljuschischen Zahlensystemes schon hingewiesen. Die Bedeutung ihres Namens (hka = ein Mann) hatte ich aber damals nicht bemerkt, und sie war auch, so viel ich weifs, Herrn Wenjaminow entgangen, obgleich schon S. 442. Z. 2. desselben Aufsatzes („hka oder 'ka heifst ein Mann") über dieselbe keinen Zweifel läfst. — Es mag auch noch bemerkt werden dafs wenn, nach Herrn Schott's Vermuthung, (a. a. O. S. 444. Anm.), das Koljuschische tachun = vier mit t'ach = zwei zusammenhangen, und ersteres so viel als: doppelte zwei bedeuten sollte — dieselbe Analogie mit etwa gleicher Deutlichkeit auch in den Korjakischen Ausdrücken: nineg = zwei und niaken = vier zu finden wären. — Eine der Korjakischen und Koljuschischen entsprechende Einführung von 20 in die Namen der Zehner findet sich übrigens auch noch im Norden der Amerikanischen Küste bei den Aleuten von Kadjak und Unalaschka (vergl. Wenjaminow: o koloschenskom i kadjakskom jasuikach etc. St. Petersburg 1846 S. 32.), bei den Grönländern wo nach Fabricius (Grönländische Grammatik) die zwanzig sogar wiederum ein ganzer Mann genannt wird, und bei einigen Insulanern in der Südhälfte des grofsen Oceans, so namentlich auf Neu-Seeland, und sodann auf Radak wo sie sich nach Chamisso folgendermafsen ausspricht:

ruo = 2,
dillu = 3.
tjabudjet = 10,
tjagoren = 20.
tjagoren metjabudjet = 30,
ruagor = 40,
ruagor metjabudjet = 50,
lillagor = 60 u. s. w.

Der Name der Vigesimaleinheit mufs also hier im wesentlichen an der Silbe gor zu erkennen sein. Chamisso äussert nichts über die Bedeutung desselben. Ich finde aber nicht ohne Freude in dem Vocabulare welches er mittheilt, dafs auf Radak: gora ein Weib bedeutet! und halte es dem-

Eben so wie die Vergleichung der Kamtschadalischen Vocabulare mit den Korjakischen und mit den Kurilischen nur zu einem negativen Resultate geführt hat, so findet auch Professor Schott keine Spur von Aehnlichkeit zwischen den bei den Sedankaern und an der Kamtschatka gesammelten Worten, mit gleichbedeutenden oder ähnlich bedeutenden Japanischen. — Es bleiben vielmehr endlich an historischen Andeutungen in der Sprache der Kamtschadalen nur etwa folgende von nicht erheblichem Gewichte.

Die Tabackspfeife führt auch hier den Namen chánsa, der mit dem Mongolischen gansa übereinstimmt und welchen wir östlich vom Ural bei allen Nord-Asiatischen Volksstämmen, zugleich mit der Chinesischen Form und Einrichtung dieses Werkzeuges, gefunden haben (I. 1. S. 634. I. 2. S. 291. S. 242 u. a.).

Die Kamtschadalischen Namen:

paiman oder paimad für Pelzstrümpfe

und

tschilchen für Pelzstiefel

sind identisch mit den Ostjakischen:

puimi

und

tschiʒi

für dieselben Kleidungsstücke*) und diese Uebereinstimmung ist bemerkenswerther, weil sie bei vielen anderen Sibirischen Nationen zwischen dem Obj und dem Ochozker Meere fehlt**) und weil

---

nach kaum für zweifelhaft, dafs auch die Urväter der Radaker, wie die der Korjaken, der Kaljuschen, der Kadjaker und der Grönländer bei der Benennung der 20 an die gesammte Fingerzahl gedacht, als einen prägnanten Ausdruck für dieselbe aber sodann dem Namen eines Weibes vor dem eines Mannes, der im Norden des grofsen Oceans üblich ist, den Vorzug gegeben haben. Vergl. Chamisso's Reise u. s. w. Leipzig 1836. 8. Thl. II. S. 97 u. 99.

*) Vergl. I. 1. S. 615 wo, nur durch ein Versehen, das erstere der Ostjakischen Worte durch Stiefel und das zweite durch Strümpfe erklärt ist.

**) So heissen die Strümpfe:

bei den Tataren: jeschim

bei den Jakuten: kétentschi;

sich ihr auch noch folgende Anklänge von Kamtschadalischen Worten an Ostjakische oder nahe verwandte Wogulische anschliefsen dürften*).

Kamtschadalisch

das Mädchen: ekoz (bei den Sedankaern), mit: ewi Mädchen oder Tochter bei den Ostjaken; und mit: jekoa Frau bei den Wogulen;

die Hand: hkez und chkatsch, mit: kat die Hand bei den Wogulen; mit: käsi die Hand bei den Finnen, kéz (sprich kehs) die Hand bei den Ungarn;

das Rennthier: gule (bei den Sedankaern) vielleicht mit: kunna das Rennthier bei den Wogulen und gewiss mit: kuilin und wuili das Rennthier bei den Ostjaken;

das Haar: kubuin, kuiba, mit ubuit die Haare bei den Ostjaken;

und der Kopf: konktel vielleicht (der Stammsilbe nach) verwandt mit: pank der Kopf bei den Wogulen.

Von geringerem Belange scheint es dagegen wieder dafs das Kamtschadalische chas die Gans (Plural: kaisud) vollständig übereinstimmt mit dem gleichbedeutenden: chas bei den Jakuten,

---

und die Stiefel:

bei den Jakuten: eterbas,

bei den Tungusen: sari;

auch sind diese beiden letzten Worte (das erstere etwas entstellt zu tórbasa, das andere unverändert und besonders für wasserdichte Stiefel) von den Sibirischen Russen angenommen worden und selbst noch auf Kamtschatka bei ihnen in Gebrauch geblieben.

*) Es mufs aber hier noch gelegentlich bemerkt werden, dafs die Zahlworte bei den Japanern sowohl als bei den Koreanern eben so frei sind von der vigesimalen Einheit wie wir es bei den Kurilen und auch bei den Kamtschadalen gefunden haben. Man erkennt auch bei jenen in den Namen der 20, 30 u. s. w. nur die Begriffe: 2 Zehner, 3 Zehner u. s. w. und auch sie wären daher (wie Kamtschadalen und Kurilen) ohne Theilnahme geblieben an derjenigen Tradition die einst durch den Norden von Asien über die Beringsstrafse gereicht hat: entweder mit östlicher Richtung, oder umgekehrt mit westlicher aus Amerika nach Asien hinein.

kas bei den übrigen Türkischen Stämmen, denn diese, vielleicht nur omomatopoeische, Analogie würde zugleich auch bis zu dem synonimen Wort gus, bei den Russen so wie zu unserem: Gans und zum Lateinischen anser hinüberreichen. Bemerkenswerth ist etwa nur dafs dieses weit verbreitete Wort gerade bei den sogenannten Tschudischen oder Finnischen Volksstämmen in Sibirien zu fehlen scheint, denn die Gans heisst: lont bei den Ostjaken und lúd bei den Ungarn. Auch ist nichts von jener allgemeinen Uebereinstimmung in dem Tungusischen Namen: orebàs und arebàtsch für denselben Zugvogel*).

Unter den spärlicheren Andeutungen über die Geschichte der Kamtschadalen die in den vorstehenden Wortvergleichungen liegen (und welche man etwa mit demjenigen vergleichen kann, was

*) Es bleibt den dazu berufenen Sprachforschern noch das wenige auszubeuten, was etwa durch Zusammenstellung der drei Bruchstücke von Kamtschadalischer Rede die wir nun besitzen, mit den Stammworten in den Vocabularien, über die Flexionen und Ableitungen in dieser Sprache zu ersehen wäre. Gerade hierdurch könnte aber dann von derselben wenigstens der Gattungscharakter ausgemacht werden, der zu ihrem Anschluss an eine oder die andere der grofsen Sprachenfamilien auffordern würde. Am sichersten scheinen folgende Ableitungen ausgemacht:

aus kume ich, wird kokuin mich,
aus kuije du, wird knign dein,
aus buje } wir, borenako uns, zu uns; burin unsrig,
aus muje }
aus dengu heute } wird denguten dags heutigen Tags,
und taaj der Tag }
aus kógal der Himmel wird kogalku im Himmel,
aus semt die Erde wird simsk auf der Erde.

Die Personalendungen der Verba scheinen verschieden in verschiedenen Verben, denn: wir stehen heisst buje jischischimsk, und dagegen wir sind oder leben heisst buje sugnet u. s. w.

aus kejuchtsch rudern, führen, wird katurtsi führe, rudere.
aus koililk schreiben, wird killisen ich schreibe oder würde schreiben.

In teelesik wenn ich wäre, scheint die Endsilbe mit dem Stamm von sugnet wir sind, zusammen zu gehören; vielleicht auch mit koglsik gegenwärtig werden oder kommen. — Die Endung k oder g scheint in den Infinitiven vorherrschend, doch auch in Imperativen wie katolk gieb, kottik koglsik befiehl zu kommen. Kiseg welcher, scheint für die drei Geschlechter ohne Aenderung, eben so: bitel alle.

einige wenige Ueberbleibsel von Thieren oder Pflanzen über den Ursprung von Gesteinschichten lehren die durch spätere Hebungen vielfach zerrissen und durch einander geworfen sind) war mir die entschiedene Trennung dieses Volkes von den Japanern und sogar von den Bewohnern der Kurilischen Inseln, die unerwartetste. Man hat zwar — wohl nach Steller's Vorgang, ganz richtig bemerkt, dafs die äusserst vollständige und scharfsichtige Benutzung welche die Kamtschadalen, schon als wir sie kennen lernten, von allen Produkten und Verhältnissen ihres Landes zu machen wufsten (vgl. oben S. 154, 253, 337, so wie auch die vortreffliche Einrichtung der Hunde-Schlitten und vieler anderen im Winter gebräuchlichen Werkzeuge) auf sehr alte Beobachtungen deute, und mithin die Idee einer späten Einwanderung derselben ausschliefse. — Es zeigen sich aber andererseits bei dem Umgange mit diesem merkwürdigen Volke manche noch weit wesentlichere Eigenthümlichkeiten desselben, die man (nach den in Europa gangbaren Vorstellungen oder Vorurtheilen) theils auf ursprünglichen Zusammenhang der Kamtschadalen mit einem der sogenannten „Culturvölker" deuten möchte, theils sogar auf ihren dauernden Verkehr mit einem solchen, der längst vor der Ankunft der Russen eingetreten wäre. Dahin gehört vor allem, in dem genannten Benehmen und in den Reden der Hiesigen, diejenige Eigenschaft die wir Höflichkeit nennen, um ihren Ursprung an den Höfen der Fürsten anzudeuten, und somit ihr Vorkommen unter den einfachsten Lebensbedingungen für unmöglich zu erklären. Auf diese schliefst man aber bei den Kamtschadalen schon aus dem früher erwähnten Umstande, dafs sie gegen einander nie zornige oder gar beschimpfende Ausdrücke gebrauchen (S. 305.), aus ihrer unermüdlichen, scharfsichtigen und doch nie aufdringlichen Sorgfalt für die Bedürfnisse ihrer Gäste; besonders aber aus vielen gefälligen Redensarten deren sich die Russisch sprechenden befleissigen, und welche sie sicher den ähnlichen in ihrer eigenen Sprache nachbilden. So hört man — um doch ein Beispiel zu nennen — das Wort odnako welches einen Zweifel ausdrückt und eigentlich nur so viel als: doch wohl? bedeutet, mit seltsamster Vorliebe gebrauchen. Sie geben damit jeder ihrer Fragen und Aussagen den Anstrich von skeptischer Bescheidenheit. Odnako pora tebje tschai kuschatj? a mui odnako ni mnoschko ustali? d. h. „jetzt dürfte es für dich wohl Zeit sein Thee zu trinken?" oder: „jetzt dürften wir wohl ein wenig ermüdet sein" — das sind die gewöhnlichen Aeusserungen der Kajuchtschiks wenn sie um Mittag oder gegen Abend zum Landen und zur Anlegung des Wachtfeuers schreiten. Auch antworten sie in ähnlicher Weise auf die Frage der Reisenden nach der Entfernung der nächsten Ortschaft: „es möchte noch wohl die Hälfte des Weges übrig sein" und pflegen dann sogar noch vorsichtigst hinzuzufügen: „und zwar scheint es uns die gröfsere (oder die kleinere) Hälfte. Sie wissen dabei auch, durch Betonung und Aussprache, ihrer Russischen Rede den Ausdruck von ungemeiner Sanftmuth zu geben, und zwar nicht nur bei jenen bescheidenen Aeusserungen, sondern auch und eben so oft wenn sie eine ihrer bittersten Ironieen beabsichtigen. So bedienten sich auch meine heutigen Begleiter — als wieder einmal von den Hinrichtungen und von den Bekehrungsversuchen (?) nach dem letzten Aufstande die Rede war — mit sanftester Stimme und fröhlichstem Lächeln eines Russischen Wortspiels, welches etwa so viel heisst als: „damals ging es hoch her, denn Alle wurden aufgehenkt"*). — Für den ehemaligen Zusammenhang der Kamtschadalen mit den Japanern, der wohl der nächste gewesen wäre um dergleichen Feinheit der Sitte für ein Produkt der Civilisation zu erklären, schien mir ausserdem auch eine Erfahrung zu sprechen die ich dem Aufenthalte in Maschura verdankte. Ich erhielt nämlich von dem Tojon dieses Ortes wieder ein Stück schwarzen Obsidian, welches zu einer sehr eigenthümlichen Form bearbeitet war. Es ist nahe cylindrisch und auf der krummen Oberfläche ziemlich regelmäfsig, aber mit sehr geringer Vertiefung, cannelirt (vergl. die hierher gehörige Zeichnung). Er hatte es in der Nähe seiner Wohnung ausgegraben und versicherte ausdrücklich, eben so wie seine Landsleute, die ich später darüber befragte, dafs ihnen die Entstehung und die ehemalige Bestimmung solcher Stücke völlig unbekannt sei. Ich habe mich nun aber seitdem aufs entschiedenste überzeugt, dafs dieselben die ge-

*) Kak ni buit wéselo, kogda wsjech powjésili! d. h. wie sollte nicht lustig sein, wenn alle gehenkt wurden.

wöhnlichen und stets gleichgeformten Rückstände sind, die man bei der Anfertigung der steinernen Pfeilspitzen erhielt*). Die Unbekanntschaft der jetzigen Bewohner mit denselben machte es daher ausserst wahrscheinlich dafs (wiederum in Folge eines ehemaligen Verkehrs mit den metallreichen Japanern) das sogenannte steinerne Zeitalter für Kamtschatka schon sehr früh seine Endschaft erreicht hätte. Namentlich aber weit vor der Ankunft der Russen; weil alle nationellen Gewerbszweige und Fertigkeiten die sie bis zu jener letzten Epoche der Geschichte der Halbinsel behalten hatten, auch jetzt noch theils neben neueren Ersatzmitteln unverändert, theils in so frischem Andenken geblieben sind, dafs man sie im Nothfalle sogleich wieder anzuwenden weiss. So unter anderem die Saporen anstatt der gröfseren Netze welche die Russen gebrauchen (S. 337.) das Kochen in hölzernen Gefäfsen, und auch das hölzerne Frictionsfeuerzeug, mit allen Kunstgriffen zur Entzündung der ersten Späne welche bei dieser Anwendung unerläfslich sind.

Man wird gewifs nicht die eben genannten Thatsachen blos deswegen unbeachtet lassen dürfen, weil die plausibelste Erklärung derselben nunmehr anderweitig widerlegt ist**); und eben so wenig

*) Auf der beiliegenden Tafel sieht man, neben dem Obsidianstück von Maschura, die Abbildung von Feuersteinstücken die im Norden von Europa gefunden und von der Dänischen Gesellschaft für Nordische Alterthumskunde mit folgenden Worten beschrieben worden sind: „die Feuersteinpfeilfabrikation wird durch die hier abgebildeten Stücke verdeutlicht. Von dem gröfseren sind die Späne abgespalten worden, welche durch die zwei zunächst stehenden Zeichnungen von der Seite und von vorne dargestellt werden. Man sieht sodann in der anderen Figur ähnliche Späne theils halb als Pfeilspitze zugehauen mit noch deutlichen Spuren der ursprünglichen Flächen theils völlig dreiseitig und vollendet.“ — Die Uebereinstimmung zwischen dem Kamtschatischen Obsidian und dem Dänischen Feuersteinstück scheint mir über die gleiche Entstehung beider keinen Zweifel übrig zu lassen, und fast zum Ueberflufs habe ich an die wirkliche Anwendbarkeit des Obsidianes anstatt des Feuersteines zu dem genannten Zwecke noch durch die Abbildung der obsidianenen Pfeilspitzen erinnert welche 1829 bei den Indianern von Neu-Californien in Gebrauch waren. Vergl. Leitfaden für Nordische Alterthumskunde, Kopenhagen 1837. 8. S. 37. und Archiv für wissenschaftliche Kunde von Russland Bd. IV. S. 329.

**) Man macht vielmehr hier nur diejenige, in den Naturwissenschaften sehr geläufige, Erfahrung welche einst Fontenelle folgendermafsen ausdürfen dann endlich, bei dereinstigen Versuchen über den Ursprung der Kamtschadalen, die Andeutungen einer, wenn auch nur indirekten und durch unbekannte Zwischenglieder hergestellten, Gemeinschaft dieses Volkes mit den Ostjaken übersehen werden. Zu der oben erwähnten Uebereinstimmung einiger wichtigeren Worte (der Namen einiger Kleidungsstücke, des Rennthieres und einiger Theile des menschlichen Körpers) kömmt nämlich auch der Umstand, dafs die ersten Russischen Ansiedler auf der Halbinsel bei den Kamtschadalen bis in alle einzelnen Züge diejenige Sitte gefunden haben, welche uns noch jetzt, 700 Meilen westlich von hier, bei den Anwohnern des Obi, eben so überraschend erschienen war, als unvermittelt durch frühere oder spätere Erfahrungen. Ich meine das Verschleiern der Frauen (I. 1. S. 540. 582. 637. 664)*).

An den Ufern der Kamtschatka sahen wir wieder, oberhalb Maschura und von da an etwa 30 Werst weit bis nach Kuirgana, viele steile und bis gegen 100 Fufs hohe Wände, die jetzt auch hier unter dem Russischen Namen: jári bekannt sind (I. 2. S. 29.). Ich fand in denselben nur einen sehr feinen thonigen und meist weissen Sand; meine Begleiter bestätigten aber die Aussage mehrerer anderer Kamtschadalen dafs der Angriff des Flusses an den unteren Theilen dieser Hügel bisweilen grofse Knochen und Mammuthzähne zum Vorschein bringe. Sie wufsten nicht ob man dergleichen aufbewahrt oder wer sie erhalten hätte, auch gab man

sprach: en physique dès qu'une chose peut-être de deux manières, elle est ordinairement de celle qui est la plus contraire aux apparences!

*) Krascheninikow sagt nämlich von denjenigen Kamtschadalen welche, nach seinem Ausdrucke „ihre alte Grobheit (!!!) noch nicht abgelegt haben" ihre Weiber bedecken wenn sie ausgehen, ihr Gesicht mit dem kul (d. h. mit dem unter dem Kinn herabhangenden Latze der Kukljanken; oben S. 3.) und wenn sie einem Manne an einer Stelle begegnen an der sie ihm nicht ausweichen können, so wenden sie ihr Gesicht von ihm ab, und stehen still bis er vorbei ist. In den Jurten sitzen sie hinter Matten die aus Nesselbast geflochten sind, und wenn ein nicht zu den Hausbewohnern Gehöriger eintritt, so wenden sie sich mit dem Gesicht in den Winkel und verrichten so ihre Arbeit." Opisanie Kamtschatki Tsch. III. S. 125. — Man vergleiche hiermit namentlich unsere Erfahrungen bei den Ostjaken nach: I. 1. S. 544. 582. 637.

mir in Maschura, bei Erkundigung nach dergleichen Gegenständen, nur das erwähnte Obsidianstück (S. 453.) und ein weisses traubiges Gemenge aus Alaun und Eisenvitriol, welches aus einer jener Wände auswittert und von dem Tojone gesammelt worden war. Dieselben Substanzen finden sich auch, zugleich mit blauem phosphorsaurem Eisen (Blaueisenerde), an den diluvischen Theilen der Tigilufer (S. 201.)*), wo ihr Ursprung aus älteren Massen (den kieshaltigen ältesten Kreideschichten, welche durch die Krasnaja Sopka gehoben sind) durch die Lagerungsverhältnisse angedeutet scheint. — Eine Quelle die ich nahe oberhalb Maschura an dem Fufse von einem jener Sandhügel am linken Kamtschatka-Ufer bemerkte, hatte doch sehr reines Wasser. Neuere Abstürzungen hatten den Ursprung derselben aus den tieferen Schichten verdeckt, und eben deshalb war ihre Temperatur an dem höchsten erreichbaren Punkte wohl sehr veränderlich, und jetzt namentlich weit niedriger geworden als die hiesige Bodentemperatur**).

Ein Nadelholz (Lärchen und Tannen) von ausgezeichneter Schönheit, schien recht vorzugsweise an den hohen Uferwänden vorherrschend, und doch sollen die hiesigen Tannen die letzten sein die man auf dem Wege gegen die Quellen der Kamtschatka in dem Thale dieses Flusses findet.

Wir hielten unser Nachtlager auf einer der Niederungen durch welche jene Sandhügel auf weiten Strecken unterbrochen sind, in einem dichten Laubgehölze am rechten Ufer, und als daselbst das Wachtfeuer und der Wasserkessel besorgt waren, erzählten die Kamtschadalen wieder eine von den Sagen durch die sie wie es scheint den Ursprung ihrer jetzigen Gebräuche erklären, und zur Anhänglichkeit an dieselben auffordern wollen: „Ein vereinzelter und deshalb verarmter Mann, der keine Vorräthe gesammelt hatte, traf, als der Winter schon nahe war, im dichten Walde mit einem eben so einsamen Bären zusammen. Er entsetzte sich mit Recht vor

*) Namentlich wie ich erst später durch einen Brief von Herrn Sabjelow erfahren habe, 7 Werst oberhalb Tigilsk am rechten Ufer des Flusses.

**) Ich fand die Temperatur dieses Wassers gegen 10 Uhr Morgens nur + 1°,63 — doch war auch einige Stunden früher die Luft bei Maschura kaum wärmer gewesen. Vergl. II. 1. S. 300.

demselben, weil Mischka wenn er so spät im Jahre noch wach ist, sehr grimmig gestimmt zu sein pflegt. Diesmal schonte ihn aber der Bär und fragte sogar weshalb er traurig aussähe. Der Kamtschadale klagte ihm seine hülflose Lage und als der Bär sie gehört hatte, bemitleidete er ihn und schlug vor dafs er in die Höhle die er selbst noch suche, mitkommen und daselbst neben ihm schlafen solle, bis wieder Fische in dem Flusse und Beeren auf den Tundren zu finden sein würden. Der Mann folgte gern, bemerkte aber seinem gütigen Wirthe als sie sich hingelegt hatten, dafs er nun zwar gegen die Kälte vortrefflich geschützt sei, aber vor Hunger umkommen würde. Da lehrte ihm dann der Bär zuerst wie er selbst seine Tatzen zum Munde führe und von dem Fett aus denselben zehre, und sodann auch wie er für seinen Gast noch ein ähnliches Mittel besitze. Er zeigte diesem nämlich eine haarlose Stelle unter seiner linken Schulter, an welcher er ihm zu saugen erlaube. — auch fand da der Mann den ganzen Winter über die herrlichste Nahrung. — Als aber der Frühling gekommen war, und er dem Bären, der ihn in dem grünen Walde verabschiedete, danken wollte, sagte ihm dieser: „die Stelle meines Leibes an der du gezehrt hast, werdet ihr niemals vergessen, denn wenn du oder ein anderer Kamtschadale mir später begegnet, um mich zu erlegen, so sollt ihr mich nur an jener haarlosen Stelle unter der Achsel stechen, damit ich schneller verende. Wer mich aber anderswo trifft den werde ich fassen und zerreissen.“ Der Mann versprach gern was sein Erretter von ihm verlangte, und noch jetzt wird dasselbe von jedem Jäger auf Kamtschatka gehalten.“

[September 21.]

In den Morgenstunden sah ich wieder zu beiden Seiten unseres Battes grofse Schwärme von Lachsen. Sie schwammen noch immer eifrigst stromaufwärts indem sie sich hörbar an dem Boden unseres Fahrzeuges rieben und mit einer Geschwindigkeit die unsere eigene übertraf. So wird denn auch bei Kirgana, wo wir bald darauf landeten, ein eben so ergiebiger Fischfang wie in der unteren Hälfte der Kamtschatka betrieben (siehe unten). Diese Ortschaft liegt an dem linken Ufer des Hauptflusses, etwas unterhalb der Mündungen des Kuirgen oder Kuirganik, der von Westen aus dem Mittelgebirge zur Kamtschatka hinzutritt. Sie ist von den Russischen Niederlassungen bei Milkowa und Werchne Kamtschatsk nur 2 und 2,5 Meilen entfernt, doch haben sich ihre Kamtschadalische Bevölkerung und deren Sitten noch eben so rein wie in Maschura erhalten.

Kirgana oder Kuirganskji ostrojok gehört aber auch deswegen zu den berühmtesten Orten der Halbinsel weil zu ihm ein zweiter Pass von der Westküste über das Mittelgebirge an die Kamtschatka führt. Er ist, ausser demjenigen den wir 38 Meilen nördlich von hier (bei 57°,4 Breite) von den Quellen der Sedanka zu denen der Jelowka überschritten hatten, der einzige der als gangbar beschrieben wird, und dennoch durch die Steilheit seiner nackten vulkanischen Felsmassen weit gefährlicher als jener. Die Reisenden gehen von der Westküste aufwärts längs des Oglukómina-Flusses und von diesem über einen Theil des Gebirgskammes den sie Schanugan oder im Russischen Porschen d. h. den Sohlenfelsen nennen, an den Kuirganik dem sie abwärts bis zur Kamtschatka folgen. An den Quellen der Oglukomina müssen sie im Winter oft 10 Tage lang warten, weil selbst die kleinste Bewölkung über dem Gebirgskamme für ein Zeichen von verderblichen Schneestürmen auf demselben gilt. Der Porschen oder Sohlenfels auf dem man die gröfste Höhe erreicht, ist eine schmale Steinmasse die von Krascheninikow mit einem Schiffe verglichen wird welches man mit dem Kiele nach oben gekehrt hätte*). Ihre Dimensionen scheinen nicht gröfser als die der grauen trachytischen Baidaren, die ich für die nördliche Hälfte desselben Gebirges so charakteristisch gefunden habe (oben S. 220 u. f. 228, 240 u. a.), denn der Weg über den eigentlichen Porschen ist nur 30 Sajen lang, aber ausserordentlich gefürchtet weil er zu beiden Seiten von senkrechten Abhängen begränzt ist. Der Schnee wird von dieser Felsstrafse verweht oder in Glatteis verwandelt, auch haben die Kamtschadalen auf derselben von jeher eine eigenthümliche Art von Sohlen die mit Eissporen versehen sind gebraucht, so wie auch unter die Läufe ihrer Narten, von denen sie die Hunde bis auf einen abspannen, lederne Ringe als Hemmungsmittel gebunden. Die Schluchten die von beiden Enden des Sohlenfelsen zu

---

*) Opisanie semli Kamtschatki Tsch. I. S. 74.

den Flussquellen führen sind von entsprechender Enge, so wie auch wegen der Lawinen gefürchtet die von ihren steilen Wänden hinab stürzen und sie gänzlich verschütten. Ich habe schon oben (S. 232.) die Erdbeben erwähnt welche in diesem Theile des Mittelgebirges fortwährend an die unterirdischen Kräfte erinnern durch welche einst dessen Felsen hervordrangen.

Von der Kamtschatka aus zeigen sich gegen Westen die Gipfel und Kämme des Mittelgebirges erst etwas oberhalb Kirgana wieder so auffallend wie wir sie bei Kosuirewsk gesehen hatten (S. 406. und unten Sept. 22.). Aber von NO. bis SO. über dem jenseitigen Flussufer war schon der Horizont unseres heutigen Standpunktes, durch die Berge eingenommen, die den Hauptfluss von der Küste des grofsen Oceans trennen, und welche von hier aus kaum weiter als der Schiwelutsch von Jelowka und mithin nicht mehr als 4 bis 5 Meilen entfernt sind. Die Russen nennen sie die Milkower Kette (Milkowskji chrebèt) und sie erscheinen in der That als ein breiter Rücken, dessen Westabhang von tief einschneidenden und gegen die Kamtschatka sich erweiternden Schluchten durchsetzt ist. Die Seitenzweige der Kette die durch dergleichen Einschnitte entstehen, sind nur auf den scharfen und steil fallenden Graten die sie gegen Kirgana kehren, ersteigbar, aber nirgends sieht man eine *S*opka oder einen Pik-förmigen Gipfel zwischen denselben. Sie reichen über die obere Gränze des Baumwuchses und zeigen über derselben ein Gestein von auffallend heller und etwas gelblicher Färbung. Jetzt war dieses selbst auf dem Kamme noch nackt, auch pflegt es sich wie die Kamtschadalen versicherten, erst gegen das Ende des September mit Schnee zu bedecken. Die wilden Schafe, die überall schmale und steil ansteigende Felspfade zu suchen scheinen, sind dann auch in diesem Gebirge sehr häufig. Von den Bewohnern von Kirgana werden ergiebige Jagden gegen dieselben ausgeführt, und man hat von hier nur eine Tagereise bis auf die Kämme, auf denen man sie antrifft.

Bei den Gesprächen über diese Bergkette erfuhr ich mit grosser Freude, und fast unverhoffter Weise, dafs auch die Kliutschewskaja *S*opka von einer nahe bei Kirgana gelegenen Tundra oder Moorebene, und mithin aus einer Entfernung von nahe an 24 Meilen noch deutlich zu sehen sei. Aus den Zenitdistanzen und dem Azimut dieses riesigen Feuerberges die ich bei Kliutschi und in Kosuirewsk zugleich mit genügenden Daten über die Lage dieser Orte gemessen hatte, konnten zwar die Höhe seines Gipfels über dem Meere und die geographischen Coordinaten desselben schon abgeleitet werden. Durch Wiederholung von dergleichen Messungen an einem so ausserordentlich entfernten Standpunkte wie der hiesige, liefs sich aber nun die Sicherheit dieser wichtigen Resultate bedeutend erhöhen und so glaubte ich sie dann wieder durch einen 24stündigen Aufenthalt in Kirgana, trotz der Gefahr die mit demselben verbunden schien (S. 420.), nicht zu theuer zu erkaufen. — Zwei Kamtschadalen erboten sich mit gewohnter Freundlichkeit zu Führern nach jener merkwürdigen Stelle, auch halfen sie mir beim Transporte der nöthigen Instrumente mit denen wir Kirgana um 10 Uhr Morgens verliefsen. Wir gingen gegen Westen durch eine Waldung, in der anfangs die herrlichsten Pappeln und hochstämmigen Birken und Weiden vorherrschten. Auf einigen Blöfsen in denselben waren die mannshohen Kräuter gemäht, als Winterfutter für die Kühe die auch in Kirgana vortrefflich gedeihen. Dann folgten gemischtere Gehölze aus Elsen, Ebereschen, Traubenkirschen und baumartigem Jimolost anstatt jener höheren Stämme, bis dafs wir, vier Werst von den Wohnungen, auf eine baumlose Ebene hinaus traten deren bräunlichen Moorboden nur kurze Gräser mit Rubus Chamaemorus und einigen anderen Bruchpflanzen bedeckten. Der Himmel war rings um uns bis zum Horizonte völlig klar, und an der NO-Seite desselben*) zeigte sich nun in der That in schärfsten Umrissen auf demselben, der weisslich glänzende Gipfel des Kliutschewsker Vulkanes. Seine glatten und durchaus regelmäfsig geneigten Abhänge bleiben selbst hier noch unverkennbar und doch sieht man sie kaum um mehr als anderthalb Sonnendurchmesser über den umgebenden Boden hervorragen**). Meine Begleiter versicherten mich dafs sie oft dicht neben diesem Gipfel auch den Tolbatscher Vulkan ge-

*) Gegen N 40°,61 O.

**) Der scheinbare Höhenwinkel des Kraterrandes beträgt an dieser Stelle nur 48',025.

sehen hätten. An der Stelle die sie bezeichneten, konnten wir aber heute weder mit blofsen Augen noch in den Fernröhren eine Spur von demselben entdecken, und ich hielt es demnach für wahrscheinlich dafs dieser Berg nur dann von hier aus gesehen wird, wenn die Brechung der von ihm kommenden Lichtstralen besonders verstärkt oder doch nicht unter ihrem mittleren Werthe geblieben ist — während jetzt ein starkes Flimmern aller näheren Gegenstände auf ungewöhnliche Wärme der untersten Luftschichten und auf demgemäfs verminderte Refractionen schliefsen liefs.

Die Sonnenhöhen zur Polhöhenbestimmung und die terrestrischen Winkel die ich an diesem Punkte gemessen habe, sind schon an einer anderen Stelle dieses Berichtes (II. 1. S. 300, 401 u. f.) angeführt und mit den entsprechenden Beobachtungen in Kliutschi und in Kosuirewsk verglichen worden. Aber auch die blofse Thatsache dafs jene äussersten Berge der östlichen Kamtschatischen Vulkanreihe von Kirgana und wahrscheinlich auch von noch etwas südlicheren Punkten des Hauptthales sichtbar sind, war wichtig: als ein neuer Beweis von fast vollkommener Ebenheit des Landes zu beiden Seiten der Kamtschatka, und von seiner gleichförmigen Ansteigung gegen die Quellen des Flusses. Nach meinen Barometerablesungen (II. 1. S. 394.) beträgt die letztere von der Mündung bis in die hiesige Gegend 820 bis 850 Par. Fufs oder etwa 22 Par. Fufs auf eine Meile. Das mittlere Gefälle der Kamtschatka ist aber wegen der östlichen Wendung derselben in dem letzten Reste ihres Laufes und der daraus folgenden Verlängerung dieses Bettes noch beträchtlich kleiner und namentlich nahe an 17 Par. Fufs auf die Meile oder gleich einer Höhenänderung von $\frac{1}{1344}$ des zurückgelegten Weges. In der senkrecht auf das Mittelgebirge gelegenen Richtung, von Sedanka gegen die Westküste, habe ich die mittlere Neigung des Bodens zwar ebenfalls nur gering, jedoch zu $\frac{1}{409}$ und mithin mehr als dreimal so stark gefunden als hier nach der Axe der Halbinsel (oben S. 218.).

Von Kirgana wohin wir gegen 3 Uhr zurückkehrten, fuhr ich gegen Abend mit dem Tojon und einigen anderen Männern dieser Ortschaft stromaufwärts zu ihren Sapori oder Lachsfängen. Das Bette der Kamtschatka ist auch hier, auf dieselbe Weise wie die Jelowka bei dem gleichnamigen Orte, aufs dichteste abgeschlossen.

Die früher beschriebene Anordnung der Hauptwand, deren Ausbiegung zu Fangräumen die mit einem stromabwärts gekehrten Zugang und von oben mit geflochtenen Deckeln versehen sind, und die Stellung der Fischkörbe oder Mordui vor diesen abgeschlossenen Behältern (oben S. 254.) wird durch die hierher gehörige Zeichnung (der Grundriss der Sapore von Kirgana) noch näher veranschaulicht.

Von den hiesigen Saporen war die Hauptwand so dick dafs wir auf ihr wie auf einer Brücke über die Kamtschatka gingen und somit das Treiben der Lachse sowohl in den sieben einzelnen Fangräumen welche sie bildet, als auch in den vorgelegten Körben aufs deutlichste sehen konnten. Es hatten sich jetzt nur Chaiko's (Salmo lagocephalus) und Kisutsche (S. sanguinolentus) gefangen, und zwar wie immer von beiden Arten nur alte und völlig ausgewachsene Individuen. Sie unterschieden sich aber aufs merkwürdigste durch ihren körperlichen Zustand, denn die Kisutsch welche das Meer erst vor kurzem verlassen (S. 324. 338.) und sich demgemäfs auch hier am spätesten eingefunden hatten, waren alle kräftig und gesund, während die, der Zahl nach weit überwiegenden, Chaiko's schon in den Fangräumen äusserst ermattet schienen und dann auch noch unter dem frei strömenden Wasser in den Körben theils vollständig abstarben, theils doch nur die letzten Lebensäusserungen zeigten. Ich hatte schon an den Chaiko die man in diesen Tagen bei Tschapinsk und Maschura gefangen hatte, viele matte und dunkel-blutrothe Flecke bemerkt, die oft handbreit und unregelmäfsig wie durch ganz zufällige Einflüsse über ihren Körper vertheilt schienen. Hier sah man aber diese anomale Färbungen an jedem Fische dieser Art, und von solcher Ausdehnung, dafs sich der ursprüngliche weissrothe Glanz ihrer Schuppen nur noch ausnahmsweise an einzelnen Punkten erhalten hatte. Auch zeigte sich nun aufs deutlichste, und gerade so wie es der erste Anschein vermuthen liefs, dafs es wahrhaft blutrünstige Stellen sind welche sich unter der Haut der Lachse während der letzten Periode ihres Lebens einfinden und dann, wenn sie sich über den ganzen Körper verbreitet haben, deren Ende herbeiführen. Das letztere erfolgt namentlich durch Berstungen der Haut oder durch das Aufbrechen von Wunden, welche wir jetzt bei vielen sterbenden Chaiko's in der Mitte der mit Blut unterlaufenen Stellen fanden. Diese kranken und sterbenden Fische wurden hier zwar eben so sorgfältig wie die gesunden zerlegt und zu Jukola getrocknet, man hängt aber diesen an besondere Stellen in den Balaganen und gebraucht ihn nur als Winterfutter für die Hunde.

Es ist seltsam dafs der Name Salmo sanguinolentus von Pallas (nach Steller's Beschreibungen) dem Kisutsch gegeben wurde d. h. gerade derjenigen Lachsart welche sich jetzt neben den blutrünstigen Chaiko's (S. lagocephalus; Pall.) vollkommen gesund zeigte: sowohl durch ihre normale weissliche Färbung als auch durch die Kraft ihrer Schläge gegen die Fangkasten und Körbe. Die Kamtschadalen versicherten freilich dafs jene merkwürdigen Blutflecke an allen sterbenden Lachsen und mithin bei jeder Art gegen das Ende ihres Zuges vorkommen; wenn aber eine solche Eigenschaft der Gattung, überhaupt nicht zur Benennung einer Species gebraucht werden sollte, so scheint sie für den Kisutsch noch besonders unpassend, denn gerade von dieser Art finden sich alte Individuen noch im Winter gesund in den Quellseeen der Flüsse, auch dürften wohl von ihr (wie von Salmo callaris bei Ochozk und von S. Tschokur im Obi; oben S. 65. und I. 1. S. 682.) manche männliche Fische die Begattung überstehen und, als seltenste Ausnahme unter den Kamtschatischen, unter dem Eise zum Meere zurückkehren.

Die Sapore von Kirgana bilden zum fünften Male eine ganz dicht scheinende Absperrung der Kamtschatka und dennoch liefern sie eine Ausbeute die an sich ganz erstaunlich und vielleicht auch noch gröfser ist als bei manchen weiter unterhalb gelegenen Ortschaften. Wir fanden jetzt die sieben Fischkörbe, die zum zweitenmale an diesem Tage von den Fangkasten genommen wurden, aufs dichteste mit Lachsen gefüllt, und doch fafst jeder von ihnen mehr als die Ladung eines Battes, die doch bis zu 1200 Pfund steigen kann. Die Fische aus einem Korbe wurden anfangs, durch einen Deckel in der vorderen Hälfte desselben, nur theilweise ausgeleert und erst bei einer zweiten Fahrt vollständig ans Ufer gebracht. Die tägliche Ausbeute bei Kirgana dürfte daher in diesen Tagen gewifs nicht unter 1000 Fische betragen und ein Gewicht von 10000 bis 15000 Pfunden erreicht haben. — Ich erhielt später auch noch in viel höheren Gegenden und weit näher an den Quellen der Kamtschatka, die deutlichsten Beweise von dem geringen Widerstande welchen die Sapore dem Zuge der Lachse entgegensetzen. Diese Thatsache erschien aber noch merkwürdiger durch die Versicherung der Kamtschadalen dafs man die aufsteigenden Fische doch schon ehe sie die Absperrung erreichen, und namentlich schon eine Werst weit unterhalb derselben, eine Zeit lang still stehen sähe, als ob sie die ihnen drohende Gefahr vermutheten. Zum Umkehren würden sie aber niemals veranlafst, sondern entschlössen sich nach einigem Zaudern ihrem Triebe gegen die Quellen zu folgen.

Der Reichthum von Kamtschatka, der sich hier noch in vielen anderen Beziehungen bewährt, würde doch erst dann gehörig gewürdigt werden, wenn die eingeborene Bevölkerung wieder wüchse und wenn dann die Anfänge manches neueren Gewerbfleifses diejenigen Unterstützungen fänden, welche ihnen freilich nur die fremden Eroberer gewähren könnten. Die Begünstigung der Viehzucht durch die reichhaltigsten und zuträglichsten Weiden, habe ich kaum noch zu erwähnen, weil sie sich hier nur eben so wie überall auf Kamtschatka wiederholt (S. 187, 252, 324, 341, 397.). Auf kleinen Feldern die nur mit höchst unvollkommenen Werkzeugen abgeholzt und bestellt worden waren, bauten aber die Kirganaer jetzt auch Hanf und Kartoffeln, nachdem sie schon seit längerer Zeit jährlich 40 Pud Sommergerste gewonnen, und auch den Anbau der übrigen Getraidearten hier eben so belohnend gefunden hatten wie die Russen bei Kliutschi und wie ihre südlicheren Nachbarn bei Milkowa und Werchne Kamtschatsk (Sept. 22. und 23.). — Neben diesen neuen Hülfsquellen war aber der Ertrag ihrer Jagden eben so wie der Fischfang, durchaus nicht vermindert, denn obgleich jetzt Hunde und Männer an der Kamtschatka gerade in der günstigsten Jagdzeit durch die Reisen der Kosaken und anderen Beamten oft in Anspruch genommen werden, so hatte doch der Tojon von Kirgana noch in diesem Winter für 2700 Rubel Pelzwerk an die Russischen Händler abgesetzt. Die kostbaren Zobel und Schwarzfüchse, die Rothfuchs- und die Bärenfelle die er lieferte, waren aber freilich nicht mit Geld sondern nur mit Russischen Waaren bezahlt worden, denen die Käufer aufs willkürlichste jenen Nennwerth zuschrieben. Die Kamtschadalen rächten sich wieder nur durch lustigen Spott an diesen „rechtgläubigen Gaunern", denn sie hatten durch den Handel mit denselben doch nur unwesentlichere Bedürfnisse zu erfüllen. Ihre Erbitterung war dagegen sehr ernst als sie mir erzählten wie der jetzige Gouverneur — fast unglaublicher Weise — auch sie zu einer Auswanderung nach der Ostküste der Halbinsel zu veranlassen gesucht habe (vergl. S. 409. und unten Sept. 24. 28.).

[September 22.]

Oberhalb Kirgana sahen wir die Spuren des jährlichen Austrittes der Kamtschatka noch auffallender als bisher. Zwischen den jetzigen Ufern und dem Wald oder Wiesen-rande lag nun ein breiter, ebener und nur langsam ansteigender Strand von weisslichem Sande, und auf demselben das Treibholz oft zu langen mannshohen Haufen zusammengeschwemmt. Es ist geschält und getrocknet, aber die Stämme der Pappelart die zu den Batten gebraucht wird, sind auch so noch, an ihrem grofsartigen Wuchs zu erkennen. — Wir sahen hier, ausser vielen grofsen und plumpen Möven, auch ein Hermelin welches ganz nahe an der Strandlinie wohl den Wassermäusen nachstellte, and schossen es aus dem Batt vor dem Treibholze zu dem es sich zurückzog. Es war ein ausgewachsenes Männchen von 9 bis 10 Zoll Länge, an dem wir den Rücken rehbraun und auch die Schwanzspitze nur dunkelbraun und somit noch mit dem reinen Sommerhaare bedeckt fanden*). Meine Begleiter kannten dieses Thier unter dem Russischen Namen gornastai. Sie erwähnten sogleich die ihm ähnliche kleinere Wieselart mit kurzem Schwanze (Mustela gale) die hier eben so häufig sei, und versicherten dafs beide auch auf Kamtschatka die schöne Winterfärbung annähmen wegen deren die Hermeline überall in Sibirien für einen der wichtigsten Theile der dortigen Jagdbeute gelten (I. 1. S. 562, 583. I. 2. S. 5, 235, 323.). Hier bekümmern sich dagegen weder Russen noch Kamtschadalen um dieselben.

Der felsige Abhang des Mittelgebirges zeigte sich nun den östlichen Bergen gegenüber (S. 459.) mit ihnen parallel und von ganz ähnlichem Ansehen. Eine jede von diesen Ketten liegt aber

*) Vergl. Naturhist. Atlas u. s. w. S. 19.

noch in beträchtlicher Ferne und gegen die Ebene welche sie trennt, behält die Kamtschatka nur eine verschwindende Breite. — Dann fuhren wir wieder zwischen dichten Laubgehölzen und landeten in denselben am linken Ufer, nur 2 Meilen von Kirgana, neben Trockengerüsten oder Wjeschelak die wie die Ochozker eingerichtet und so dicht mit diesjährigem Jukola behängt waren, dafs sie sich dem Geruche schon eine halbe Meile weit ankündigten.

Sie gehören zu der Russischen Niederlassung von Milkowa, die wir, erst eine Werst weiter westlich, an einem seichten Nebenarme der Kamtschatka und hinter herrlichem Laubholz wie absichtlich versteckt fanden. Wir gingen zuerst über die Insel zwischen beiden Flussärmen die aufs dichteste mit Elsen bestanden ist, und erreichten dann die Wohnungen in der Mitte einer lichten Waldung von hohen Birken und Pappeln die den Ansiedlern ein vortreffliches Bauholz geliefert haben. Auch findet man hier, wie im Europäischen Russland, an einigen Balkenhäusern hohe Treppen mit Vordächern die von zierlich gezimmerten Pfosten getragen werden, und überall schienen die ogorodi oder umzäunten Krautgärten und die gröfseren Ackerstücke sorgsam bestellt.

Die Kamtschatka in der wir schon oft bei dem letzten Theile unserer Fahrt eine sehr lebhafte Strömung, und viele selbst für Batte fast zu seichte Stellen gefunden hatten, war jetzt oberhalb Milkowa nicht mehr schiffbar. Ich mufste daher hier meine Instrumente und das übrige Gepäck wieder zum Landtransport einrichten, auch entschloss sich der Starost des Ortes, nach langwierigem Weigern, mir am folgenden Tage die dazu nöthigen Pferde zu stellen. — Die hiesige Niederlassung ist zwar erst in neuester Zeit, aber nur wie eine Abzweigung der alten Werchne Kamtschatischen (12 Werst oberhalb Milkowa an der Kamtschatka) entstanden und so sind denn auch ihre Russischen Bewohner nach Alt-Sibirischem Gebrauche mit dem eigentlichen Promuisl d. h. mit unablässigen Reisen durch die Halbinsel beschäftigt. Es ist bei denselben bald nur auf die Jagd, bald auf mehr oder weniger rechtlichen Tauschhandel abgesehen, und diesen betrieben jetzt nur einige von ihnen (die Gebrüder Korschunòw) auf die regelmäfsigere und grofsartigere Weise zu der die Nachweisung eines gewissen Vermögens und der Eintritt in eine der sogenannten Gilden der Russischen Kaufmannschaft berechtigt (I. 1. S. 93.), während die übrigen durch kleinere und verstecktere Geschäfte wohl erst die Mittel zu einer ähnlichen Berechtigung nachsuchten. Sonst lag etwa noch in dem regelmäfsigern Anbau der Kartoffeln bei Milkowa, eine Auszeichnung der Russischen Ortschaft vor den rein Kamtschadalischen.

[September 23.]

Die Milkowaer Pferde, von denen nun vier für mich reisefertig gemacht wurden, waren schneeweiss wie alle die ich auf Kamtschatka gesehen habe; sie zeigten sich eben so kräftig und lebhaft wie die früher erwähnten (S. 244.). Die Bosheit deren man einige von ihnen beschuldigte, war aber hier wohl eben so wenig vorhanden, wie überhaupt bei der Jakutischen Race, von der die Kamtschatische abstammt. Ich hatte, so wie früher bei allen ähnlichen Reisen, den grofsen Kasten in welchem sich mein Chronometer befand (I. 2. S. 300.) vor Erschütterungen zu schützen, und sah daher mit Schrecken, dafs gerade dieser auf einem Pferde befestigt wurde, welches gleich anfangs seine Ladung abzuwerfen und sie gegen die umgebenden Bäume zu schlagen suchte. Auf mein Verlangen wurde zwar demnächst anstatt dieses widerspänstigen das für mich gesattelte Pferd zum Tragen bestimmt, zugleich aber von den Bauern bemerkt, dafs jenes andere welches ich nun reiten müsse, für ganz unbrauchbar zu diesem Zwecke gelte; auch schlugen sie dasselbe nachdem ich es bestiegen und es die ersten Schritte etwas hartnäckig verweigert hatte, mit einem Holze welches einem Baumstamme weit ähnlicher war als einer Ruthe. Demnächst begann in der That dieser Ritt mit den zwei gewaltigsten Sätzen die ich je erlebt habe — und dennoch fand ich dasselbe Pferd gleich darauf und den ganzen Tag über ohne Ausnahme thätig und folgsam. Offenbar hatte es durchaus nicht die Reise, sondern nur die heillose Aufforderung zu derselben die es aus Erfahrung zu kennen schien, gefürchtet, und somit von natürlichen Fehlern keinen anderen als den seiner Russischen Besitzer gezeigt. Bei der Fortsetzung unseres Weges erzählten mir darauf meine Begleiter, dafs jetzt ein Reitpferd des Popen in Werchne Kamtschatsk für das werthvollste auf der Halbinsel gelte und dafs man die vortrefflichen Eigenschaften desselben seiner eigenthümlichen Nahrung zuschriebe. Es sei nämlich von seinem Herrn, der es häufig bei seinen Jagden gebrauche, gewöhnt worden sich mit einem Antheil an dem Fleische der erlegten Bären zu begnügen, und zeige sich jetzt so leidenschaftlich für diese Speise, dafs es sich dieselbe sogar durch selbstständige und oft erfolgreiche Angriffe auf die Bären zu verschaffen suche.

Gleich oberhalb Milkowa und noch mehrmals auf unserem Wege nach Werchne Kamtschatsk sahen wir von dem linken Ufer der Kamtschatka auf dem wir ritten, den Abhang des östlichen Gebirges (des Milkowskji chrebèt) und die tiefen Schluchten in demselben. Sie schienen von hier noch etwa eben so weit entfernt wie von Kirgana*). Das Mittelgebirge war aber jetzt von der umgebenden Waldung versteckt. Wir befanden uns nun schon wieder in einer Höhe von 900 Par. F. über dem Meere, doch schien die Kamtschatische Pappel von der Höhe und Ueppigkeit ihres Wuchses noch durchaus nichts verloren zu haben. Die nächste Umgebung von Werchne Kamtschatsk das wir um 2 Uhr N.M. nach zweistündigem Ritte erreichten, ist sogar wegen der herrlichen Stämme von jener Baumart die sie von jeher geliefert hat berühmt. Sonst schien mir diese oft erwähnte Russische Ortschaft, nach der geringen Zahl und nach dem bescheidenen Aeussern ihrer altersschwarzen Häuser und der hölzernen Kirche in der Mitte derselben, doch kaum ausgezeichnet vor Milkowa und Kliutschewsk.

Sie liegt der Mündung des Powuitscha, eines Zuflusses vom Milkower Gebirge, gegenüber, zwischen zwei Armen der Kamtschatka, von denen wir nun den westlicheren etwas oberhalb der in ihm angelegten Sapore, überschritten. Das Wasser des Nebenflusses und vielleicht auch eine ungewöhnliche Stauung durch jenen Flechtzaun hatte hier die Kamtschatka noch einmal auf unerwartete Weise geschwollen, denn unsere Reitpferde schwammen unter uns wohl auf einem Drittheil von der Breite des Flusses und

*) Vergl. die hierher gehörige Ansicht dieses Gebirges, welche Baron Kittliz im August 1828 auf einem Dache der Trockengerüste von Milkowa (S. 466.) gezeichnet hat.

wandten sich dabei gegen ein weit oberhalb gelegenes Ufer um der reissenden Strömung zu widerstehen. Bis zur Anlage von Petropaulshafen diente der obere oder Werchnji ostrojok als Mittelpunkt der Russischen Verwaltung für die Awatschaer Küste und für die des Bobrowoe more oder der Bucht welche in die Ostseite der Halbinsel, zwischen 53,°1 und 54,°6 Breite, wie die Hälfte eines gigantischen Kraters, hineintritt. Auch wird der Jasák aus der letzteren Gegend noch jetzt durch hiesige Kosaken gesammelt und der Handel mit derselben zu gröſserem Theile durch Einwohner von Werchne betrieben. Es sind geognostische Verhältnisse die über diese Anordnung entschieden haben, denn unter allen Zuflüssen welche die Kamtschatka von der Ostseite erhält, ist der Powuitscha der einzige der auf einem gangbaren Passe des Milkower Gebirges und nicht weit von den Quellen eines in den Ocean mündenden Flusses entspringt. So führt denn der Weg von der Kamtschatka an die Ostküste den die Bewohner der Halbinsel schon in den frühesten Zeiten ausschlieſslich benutzten, von hier aus gegen SO. und wendet sich jenseits des Kammes noch weiter südwärts, längs eines Quellbaches des Schapchad oder der Jupanowa rjéka. Die Sibirischen Kosaken haben die enge Schlucht durch die sie an diesem Wasser steil abwärts stiegen, den Kameelschlund (werbljujoe gorlo) genannt, auch war sie bei den Kamtschadalen schon früher berühmt, weil sich von ihren schneebedeckten Wänden selbst durch den Schall die verderblichsten Lawinen losreissen. Es gilt für sündhaft während des Weges durch diese Schlucht einander zu rufen. Erst 4 Meilen von dem Kamme der Milkower Kette, in der Mitte zwischen ihr und der Meeresküste, geht auch die Jupanowa rjéka durch die Reihe der östlichen Vulkane. Man sieht dort, nur 5 Werst südlich von diesem Flusse, die Jupanowa Sopka*) die „wegen des Rauches den sie ausstöſst“, und „wegen unterirdischen Getöses unter ihren Kämmen“ von jeher mit dem Schiwelutsch verglichen und den unzweifelhaften Feuerbergen zugezählt wurde.

---

*) Bei 53°,55 Br. 156°,8 O. v. Par. Die Höhe seines Gipfels beträgt nach Azimuten und Zenitdistanzen, die Admiral Lütke bei 53°,7 Br. 158°,6 O. v. Par. vom Meere aus gemessen hat, 8496 Par. F.

Nach einigem Aufenthalt in dem Hause des Starosta oder Aeltesten der Gemeinde von Werchne, in welchem ich unsere zurückgebliebenen Packpferde erwartete, ritten wir von 3 Uhr bis gegen 7 Uhr Abends nach Schoroma an der Kamtschatka. Auch auf diesem Wege, auf dem wir uns bald an dem Flusse hielten, bald weit zu seiner Rechten, sieht man zu beiden Seiten desselben und oft bis in beträchtliche Ferne, eine wagerechte Ebene. Sie ist mit hohen und geradstämmigen Birken (Betula alba) bestanden — zwischen denen Jimolost (Lonicera coerulea), Spiraeen und andere Unterhölzer die anmuthigsten Gruppen bilden, und der üppigste Krautwuchs auf eine ununterbrochene Fruchtbarkeit des Bodens deutet. So nähert man sich also hier noch immer auf weichen, angeschwemmten Schichten der Vereinigung der bisher parallelen Bergketten und hat auf diesem eingelagerten Lande offenbar schon einen beträchtlichen Theil von der Höhe jener felsigen Einfassung erreicht. Auch in der Kamtschatka, die uns nun zwar schnell aber in immer häufigeren Windungen entgegenfloss, suchte ich vergebens nach gröfseren Steinen. Ihr Bette ist durchweg mit gleichmäfsigen und kaum über Erbsen-grofsen Geröllen bedeckt, an denen ich auch, nicht ohne Verwunderung, eine entsprechende Gleichheit der Zusammensetzung bemerkte. Hier fehlte jede Spur von vulkanischen Produkten und anstatt ihrer waren von den Quellen und von den obersten Zuflüssen der Kamtschatka nur Trümmer einer Schieferformation angespült, so wie sie überall in wenig veränderten Grauwackengebirgen vorkommen. Man unterschied theils noch schwarze vollkommen dichte und auf dem Striche weisse Stücke von mäfsiger Härte, theils grüne Schiefer und Bruchstücke von verschiedenfarbigen Quarzen die sie durchsetzt haben. Noch seltner finden sich dazwischen einzelne Trümmer eines krystallinischen Gesteines mit kleinen etwas grünlichen Hornblendkrystallen und grünlich-grauer nur noch schwach glänzender äusserst feinkörniger Grundmasse, die an die Diorite von Jelowka erinnern (S. 314.).

Die niedrigen Ufer der Kamtschatka waren wieder an vielen Stellen wie übersäet mit todten und sterbenden Lachsen, und doch zeigten unzählige Wege in dem mannshohen Kraute, in dem man aus der Waldung an das Wasser hinaustritt, und frische Losung auf den Kieselbänken von der Geschäftigkeit mit der sich die Bären einer so leichten Beute bemächtigen.

[September 24.]

Ich hatte schon früher zu erwähnen dafs man, trotz mancher guten Eigenschaften der Kamtschatischen Russen, doch mit Freuden von ihnen zu den ächten Eingebornen zurückkehrt (S. 391, 339, 184.). Heute fand sich aber für diesen unwillkürlichen Eindruck noch ein angebbarer Grund in einer kleinlichen und doch sehr widerwärtigen Begebenheit. Meine bisherigen Begleiter versuchten nämlich mir, ehe sie nach Milkowa zurückkehrten, den Theekessel zu entwenden, der noch immer einen wichtigen Theil meiner Besitzthümer ausmachte. Sie erklärten denselben auf dem gestrigen Wege von den Packpferden verloren zu haben, entschlossen sich aber dennoch unter nichtigen Entschuldigungen zur Herausgabe der schon für sicher gehaltenen Beute, nachdem ich ihre Namen aufgeschrieben und ihnen mit der Rache des Gouverneur von Petropaulshafen gedroht hatte. — Die umstehenden Kamtschadalen äusserten bei einem so ehrlosen Benehmen ihrer Nachbarn den innigen Abscheu und dann auch wieder den besonnenen Spott über die sichtbaren Wirkungen christlicher Frömmigkeit, zu denen sie ihre eigenen Ansichten von dem Diebstahl und die unverbrüchliche Treue mit der sie denselben gehorchen, in so hohem Maafse berechtigen (S. 263.). In Schoroma sind dann auch sowohl die ursprüngliche Bevölkerung als deren angeerbte Sitten noch so gut als unberührt und ohne Entstellung geblieben, denn von vier Russen die sich schon lange in diesem reichen und glücklichen Wohnorte niedergelassen hatten, versicherte man mich sehr bezeichnend: „sie seien nun schon gut geworden, indem sie ganz Kamtschadalisch leben gelernt hätten.“ Es waren diese dennoch Europäische Verbannte, und der eine von ihnen sogar noch an seinen eingerissenen Nasenflügeln für einen Wornjàk oder Gebranntmarkten aus derjenigen Zeit zu erkennen, in welcher auch bei den Russen die jetzt abgeschaffte Verschärfung der Knutstrafe durch ein unvertilgbares Schandmal noch stattfand (vergl. I. 2. S. 213.). Der jetzige Tojon dieses Ortes, der mich in seinem Hause bewirthete, war etwa 40 Jahr alt und vor vielen seiner Landsleute durch einen Schnurrbart ausgezeichnet, der seinen feinen Zügen ein noch kräftigeres Ansehen verlieh. Von einem 16jährigen und verheiratheten Sohne hatte er schon Enkel erlebt. Er nannte sich Gregor Merlin; auch hatte ich erst nach meiner Abreise von Maschura erfahren, dafs der dortige Tojon ebenfalls einem Kamtschadalischen Geschlechte angehört welches, seltsamer Weise, den Russischen Namen Merlin d. h. den verhasstesten führe, dessen man sich in ihrem Lande erinnert (S. 410, 344). Meine Gastfreunde aus dieser Familie habe ich aber auch hier wieder nur von so liebenswürdigen Seiten kennen gelernt, dafs mir die Vergleichbarkeit eines früheren Mitgliedes derselben mit dem ursprünglichen Besitzer jenes Namens höchst unwahrscheinlich vorkömmt. Man dürfte vielmehr hier an eine Nachahmung der ältesten Landessitte zu denken haben, nach welcher bei den Kamtschadalen auch die Namen der Individuen wohl wie zu scherzhaftem Gegensatze an allerlei gefürchtete oder verhasste Dinge erinnerten. So nannten sie die Knaben kána und die Mädchen kanalam d. h. der Feind und die Feindin, so wie auch Kinder von beiden Geschlechtern Buirgatsch d. h. der Aussatz oder auch Briutsch d. h. der Verbraunte wenn einer ihrer Vorfahren durch Feuer verunglückt war. Von der Gerichtspflege oder von der Bekehrungssucht des Russischen Obersten Wasilji Merlin hatten nun aber in der That auch die hiesigen Kamtschadalen vor 95 Jahren etwa eben so wie ein Verbrannter von dem Feuer gelitten. — Der Tojon von Schoroma bekannte sich auch auf meine Frage zu einem auffallenden Jagdglauben, den einst ein gemeinschaftlicher Bekannte in Ochozk (der Lieutenant E. I. Stogow) von ihm erwähnt hatte. Er hatte diesem als er zufällig hier durchreiste von einem schwarzen Fuchse (tschernaja oder tschernoburaja lisiza. I. 1. S. 607.) d. i. von einem der kostbarsten Pelzthiere erzählt, den er nahe bei seiner Wohnung schon todt im Walde bemerkt habe und daher nicht benutzen dürfe. Der Russische Reisende hatte sich, als ob es aus Wissbegierde geschähe, an den Fundort des seltsamen Schatzes geleiten lassen, und dann denselben ohne weiteres zu den übrigen genommen, die man ihm an der Kamtschatka geschenkt hatte — aber Merlin blieb auch jetzt bei der Ansicht, dafs er sehr unrecht gehandelt habe. So wie jenen Schwarz-Fuchs den ein Unbekannter getödtet und doch unbenutzt gelassen habe, so finde man auch todte Zobel zwischen gegabelten Aesten hoher Bäume wunderbar aufgehängt. Niemand wisse wer sie erlegt und dahin gebracht habe. Da aber selbst die Krähen dergleichen nicht berührten, so sage man hier dafs dies auch dem Jäger nicht gezieme*).

---

*) Es war zum Theil die nächst vorhergehende Generation des Schoromaer Zweiges der Familie Merlin, die Herr Dobell im Jahre 1812 bei seiner ersten Fahrt durch Kamtschatka kennen lernte (S. 356.). — Er erwähnt sie in dem Bruchstücke welches von seinem damaligen Tagebuche bekannt geworden ist (*Suin otétschestwa* Tsch. 27. S. 89.) und es dürfte nicht ohne Interesse sein, mit dem Urtheile eines *Sibirischen* Reisenden über die Kamtschadalen auch das eines Engländers übereinstimmend zu finden, der sich fast ohne Uebergänge aus den gesegnetsten und weit kultivirteren Gegenden der Erde an die Kamtschatka versetzt sah: „als wir uns Schoroma von Petropaulshafen aus (im September 1812) näherten, traten wir auf eine weite Ebene, deren fruchtbarer Boden von Pappeln, Birken und anderen hochstämmigen Gehölzen in gröfster Mannigfaltigkeit bedeckt und von vielen Armen der Kamtschatka durchschnitten ist. An den Flussufern wächst das Kraut bis zum Rücken der Pferde, und dieser Boden ist, reich und ergiebig an allem was zur Ernährung eines grofsen Viehstandes und einer zahlreichen Bevölkerung gehört, nur des Ackerbaues gewärtig. Bei hellstem und erquicklichem Wetter besafs diese Ebene auf der die Natur die herrlichsten Gegenstände freigebig vereinigt hat, einen wahrhaft zauberischen Reiz. — Wir kamen um 5 Uhr Nachmittags an einem der Arme der Kamtschatka in den Ostro*j*ok wo mir von meinem Begleiter das Haus des Tojones Konon Merlin gezeigt wurde, in dem wir eine Zeitlang verweilen sollten. Schon von aussen durch die niedrigen Fenster desselben bewunderte ich die Ordnung und Reinlichkeit dieser Wohnung. Unser Wirth und dessen Frau waren zur Beaufsichtigung ihres Fischfangs ausgegangen, wir wurden aber in ihrer Abwesenheit von zwei jungen Frauen, der Tochter und der Schwiegertochter des Tojons bewillkommt. Ihr liebliches Lächeln und ihre einnehmenden Begrüfsungen liegen mich glauben, dafs wir anstatt Kamtschatka irgend ein zauberisches Land erreicht hätten .... bis zu den Tischen und Stühlen aus Pappelholz von blendender Weisse und den Wänden des Zimmers von untadelhafter Reinlichkeit waren alle ihre Umgebungen übereinstimmend mit dem Eindruck ihrer Persönlichkeit. Kaum eine Viertelstunde nach unserer Ankunft war der Thee bereitet und frische Butter, Sahne und gewärmte Milch standen neben ihm auf dem Tische. Auf meine Bitte setzte sich die junge Hausfrau zu uns und vollzog die Bewirthung mit so viel Anmuth und Höflichkeit als ob sie in einer Europäischen Hauptstadt erzogen wäre. Erst am Abend kam dann auch der Tojon und dessen Frau, die auf eben so einnehmende Weise ihre Freude

Nach acht heiteren Tagen hatten wir heute einen anhaltenden aber milden Regen, während ich mit zwei Männern von Schoroma noch vier Meilen weiter aufwärts nach Púschtschina d. i. nach dem letzten Wohnort an der Kamtschatka ritt. Der Fluss durchschneidet auch hier einen ebenen und aufs reichste bewachsenen Boden mit lebhafter Strömung und in mehreren Armen die sich um Inseln schlängeln. Die Ufer sind überall niedrig und nun schon von zahlreichen Quellen und Bruchstellen oder Tundren (die man an niedrigerem Krautwuchs erkennt) durchzogen, und es wird anschaulich wie solche Umgebungen die Wassermasse der Kamtschatka in dieser Gegend ihres Laufes aufs schnellste vermehren. An vortrefflichen Heidelbeeren fanden wir mehrere dieser Tundren überaus reich. Auf trockeneren Strecken und auf den Inseln zwischen den Flussarmen stehen dagegen Baumgruppen, in denen sich eine stämmige Weide und die Kamtschatische Pappel besonders auszeichnen, die letztere auch hier von üppigstem Wuchse, so gerade, so hoch und so stark im Stamme, wie es die Anwendung zu Batten erfordert. — Etwas weiter vom Flusse, dessen Krümmungen vermieden wurden, kamen wir nochmals über Fluren auf denen die krautartige Spiraea Kamtschatica (Schalameinik der hiesi-

---

über die unerwarteten Gäste ausdrückten. Der Mann schien etwa 60 Jahr alt. Er trug einen langen Bart und einen Schnurrbart, durch die der sanfte gefühlvolle und höchst anziehende Ausdruck seines Gesichts auch ein feierlicher wurde. Er erinnerte mich an jenen weisen Zauberer, dessen Namen er führte. Meine Begleiter versicherten dafs, er das Russische vollkommen gelernt habe und als Kenner der Dialekte und der Sitten aller Kamtschadalischen und Korjakischen Stämme bekannt sei. Die Abendmahlzeit die man uns mit entsprechendem Anstande vorsetzte, bestand aus einer Fleischsuppe mit Lilienknollen, aus wildem Schafsfleisch, gebratenen Enten, aus Lachsen, so wie aus Früchten mit Milch und mit Sahne. . . . So erschienen mir unser Wirth und seine Familie durch ihre Sanftmuth, ihre gefühlvolle Herzlichkeit und ihre Offenheit als höchst ausgezeichnete Menschen. Ich verliefs sie mit innigem Bedauern und damals noch in der Ueberzeugung dafs ich auf meinem ferneren Wege ihres Gleichen nicht finden würde. Jetzt mufs ich dagegen der Wahrheit gemäfs bekennen, dafs ihnen alle Kamtschadalen an Gastfreundschaft gleichkommen. Diese Eigenschaft scheint dort mit einer besonderen Ehrliebe in Verbindung, und man kränkt einen Jeden von ihnen, wenn man ausschlägt was er so freundlich bietet."

gen Russen), die sladkaja trawá (Heracleum dulce) und der utschitschu (Senecio cannabifolius Less.; S. 288.), der hier auch baranik d. h. das Schafkraut genannt wird, über den Köpfen der Reiter zusammenschlugen und wo dann auch wieder eine zu plötzliche Berührung mit den Bären durch stete Anrufungen vermieden werden musste. Den wunderbarsten Anblick gewährten aber heute die Fische, denn selbst in einem kaum über sechs Zoll tiefen Arme der Kamtschatka sah ich armlange Chaiko's (Salmo lagocephalus) theils sterbend oder schon todt und geschwollen an dem Ufer, theils noch gegen die Strömung arbeitend. An vorragenden Kieselbänken oder an den noch seichteren Stellen drängten sie sich haufenweise und sprangen mehrere Fufs hoch, als wollten sie die Hindernisse noch überwinden; aber selbst die lebhaftesten unter ihnen waren hier schon vollständig blutrünstig und ihrem Ende nahe. Es zeigten sich dagegen mitten unter diesen sterbenden, unzählige Kisutsch (S. sanguinolentus)*) die noch rastlos und mit sehr auffallender Schnelligkeit an ihnen vorüber stromaufwärts schwammen! — Der Anblick dieser Fische die sich recht geflissentlich tödten, indem sie das seichteste Wasser und endlich das Trockene aufsuchen, und welche einen so trübseligen Erfolg noch mit ungeheuerstem Kraftaufwande, durch eine 60 Meilen lange Wanderung und eine mehr als tausend Fufs betragende Steigung erringen, ist so befremdend, dafs man hier fast mit den Kamtschadalen zu einer abentheuerlichen Erklärung derselben geneigt wird (vergl. jedoch unten Sept. 25.). Sie behaupten, mit der ihnen eigenen Gabe des Witzes, dafs die Lachse die lebend bis in

*) Oben S. 307 ist irrthümlicher Weise Salmo callaris Pall. als Erklärung des Kamtschatischen Namen Kisutsch stehen geblieben, denn der letztere bezieht sich in der That und so wie auch S. 255. 338 und 462 angegeben, auf Salmo sanguinolentus Pall. — Die Identität der Benennungen Kisutsch und S. sanguinolentus Pall. ist namentlich und unter anderem auch dadurch bewiesen, dafs beide diejenige Lachsart der Kamtschatka und ihrer Zuflüsse bezeichnen, welche am spätesten im Jahre in dieselben aufsteigt. — Salmo callaris ist dagegen der Golez der Kamtschatischen Russen und die Málma der Ochozker, welche mit dem Kisutsch nur das gemein hat, dafs auch von ihr überlebende Individuen im Frühjahr zum Meere zurückkehren. — Vergl. I. 2. S. 419, in diesem Bande S. 65 und unten Sept. 25 u. 26.

die Flussquellen gelangen, daselbst in Felsspalten schlüpfen und sich in Murmelthiere (Jewráschki, Arctomys citillus) verwandeln, und dafs somit das sporadische Vorkommen der letzteren auf spitzen Gebirgsgipfeln, und selbst mitten im Meere auf den Vulkanen der Kurilischen und Aleutischen Inseln, sich verstehen lasse, wenn man es mit jenen an sich etwa gleich dunklen Reisen verbinde, die sie als Fische vollziehen.

Auch in Puschtschina wo wir bei fortdauerndem Regenwetter noch vor Sonnenuntergang ankamen, waren neue Beweise für das hohe Aufsteigen der Lachse das erste was mir auffiel. Die Häuser dieser Kamtschadalischen Ortschaft liegen wieder auf grasreicher Ebene, am rechten Ufer der Kamtschatka, von der jetzt selbst der Hauptarm an Breite und Tiefe nur noch ein Bach zu nennen war, und nahe an der Mündung der etwa eben so grossen Puschtschina, die von Osten aus dem Gebirge zu ihr hinzutritt. Man rechnet von hier nur noch 5 Werst bis zur Quelle des Hauptflusses und dennoch sahen wir Sapore, und alle Bewohner des Ortes an denselben mit dem Fang der Kisutsch beschäftigt. Sie müssen ihren Fischkörben oder mordui einen kleineren Durchmesser geben als in den unteren Ortschaften, damit diese Geräthe von dem Boden des seichten Wassers wenigstens nicht über dessen Oberfläche vorragen. Aber trotz dieser wenig versprechenden Umstände und obgleich ich nun vor der hiesigen Absperrung der Kamtschatka sieben andere gesehen hatte, die alle von vollkommenster Dichtigkeit schienen, fanden wir die Balagane in Puschtschina mit jeder Art von Jukola aufs reichste behängt. Auch versicherte man ausdrücklich, dafs hier noch jede Lachsart der Kamtschatka gefangen werde, dafs die auf einander folgenden Sapore einander niemals Abbruch gethan hätten, und dafs endlich der Reichthum ihres Flusses hier an den Quellen sowohl als in der unteren Hälfte noch weit mehr Menschen ernähren würde, wenn nur, so wie ehemals, mehr Ortschaften da wären, in denen man ihn gewönne.

So waren es denn auch nur einige ans Unbegreifliche gränzende Mafsregeln der Russischen Behörden und die äusserste Habsucht der Russischen Kaufleute, die das Wohlbefinden der Bewohner von Puschtschina beeinträchtigt und sich jetzt endlich so fühlbar gemacht hatten, wie mir der Tojon dieses Ortes in den witzigsten und doch höchst rührenden Ausdrücken schilderte. Zu den sechs Familien welche bisher in Puschtschina gelebt hatten, waren nämlich in diesem Sommer sechs andere gekommen, die von weither an der Mündung der Bjelogolówaja rjeka in die Westküste der Halbinsel (2°,6 nördlich und 2°,4 westlich von Puschtschina) auswanderten! — wiederum auf Veranlassung des Natschalnik oder Gouverneurs in Petropaulshafen (S. 409.), der zugleich den alten Bewohnern von Puschtschina freundschaftlichst rathen liefs, doch auch ihrerseits auszuziehen und zwar bis an das östliche Meer. Dort würden sie sicher sein vor den Bedrückungen der Russen, die für sie zu klug seien, die sich an dem Süd-ende der Halbinsel vermehrten und welche nun auch das Kamtschatkathal vollständiger auszubeuten wünschten*). Die Ankömmlinge von der Westküste sehnten sich nun oft mit Thränen nach der Gegend die sie verlassen hätten, zuerst weil sie ihre Heimath gewesen sei und dann auch weil man in derselben noch sorgloser lebe als an der Kamtschatka. So seien die Männer von Bjelogolowaja von höherem Wuchse und kräftiger als die hiesigen, weil sie sich satt gegessen hätten an Robbenfett, welches besser nähre als der Jukola; ausserdem aber noch, weil sie stets fern von den Russen geblieben und daher nicht zusammengedrückt seien durch die Lasten, die einst die Voreltern der Hiesigen als Saumthiere der Eroberer

*) In Europa hat man es wohl auch schon erlebt, dafs eine richterliche Behörde der einen Hälfte ihrer Pflegebefohlenen rieth, sich vor den Anmafsungen der anderen durch die Flucht zu retten. Der brave Tojon von Puschtschina hielt dies aber etwa ebenso für eine höchst bittere und doch zum Lachen reizende Ironie, wie die Jelowkaer jene früher erwähnte Aufforderung zu bewaffneten Raubzügen gegen ihre Korjakischen Landsleute (S. 282.). Diese beiden Vorschläge sollten aber von demselben Beamten ausgegangen sein, den ich bald darauf in Petropaulshafen von den traurigen Erfolgen seiner Anordnungen kaum überzeugen konnte. Herr A. W. G. mochte wohl Erschütterungen und Umwälzungen, wie sie der Felsboden von Kamtschatka erlitten hat, auch heilsam für die Bewohner dieses Landes erklärt haben, und da es ihm nur auf irgend welche Neuerungen ankam, so wurden nun durch polizeiliche Mafsregeln die friedlichsten Menschen der Erde etwa eben so versprengt und aufgeregt, wie die Laven durch ihnen inwohnende Kräfte.

getragen hätten, und nicht gestört in ihren jetzigen Unternehmungen durch die Würde des Kajuchstwo oder der Führerschaft (S. 218. 319.). Was dann die andere Auswanderung betreffe, zu der der Natschalnik ihnen selbst so freundschaftlich rathe, so sei die Küste des Ostmeeres allerdings ein vortreffliches Land: die Zobel und Füchse finden sich dort noch in Ueberfluss, und Wallfische, von denen man hierher nur die Knochen und das Fischbein durch die Oliutorzi erhalte (S. 398.), werden daselbst erlegt und vollständig ausgebeutet. Die Anwohner der Kamtschatka hätten indessen die Seejagd fast verlernt, auch würden sie sich, nachdem sie die bequemsten Balkenhäuser bewohnt haben, doch nicht gern wieder an Semljanki oder Erdjurten gewöhnen. Nur diese seien aber an jener Küste gebräuchlich, weil man an ihr ausser dem Zirbelgesträuch (Kedrownik) kein einziges Holzgewächs finde. Der Tojon schätzte sodann die jährliche Jagdbeute eines hiesigen Schützen im Durchschnitt auf 120 Zobel oder Füchse („auf drei Sorok oder Zimmer")*) und als ich ihm versicherte, dafs diese selbst in Ochozk, wo ich die Preise aus Erfahrung kannte, mehr als 1200 Rubel werth seien, bewies er, dafs seine Landsleute dafür von den Russischen Händlern weit unter einem Zwölftel dieses Werthes erhielten. Ein Russe in Petropaulshafen der jährlich 100 Rubel ausgebe, „der aber zu leben wisse", stehe sich nämlich bei weitem besser als diejenigen Kamtschadalen die zu ihrem Unglück einige Europäische Sitten angenommen hätten. Denn diese seien alle verschuldet, und doch gelinge es keinem von ihnen, das ganze Jahr über, unter seinem Pelzrock ein unzerrissenes Hemde von Kitaika oder dem Chinesischen Surrogate der Leinwand zu tragen (I. 1. S. 478.); der Theevorrath reiche kaum bei Einigen über die Wintermonate hinaus, und das eingeführte Brotmehl (von Jakuzk) lasse man überhaupt nur den Wenigen zukommen, die zunächst an dem Hafenort wohnen. Noch anschaulicher

*) Er hatte dabei in keinem Falle die Absicht mich zu täuschen, doch scheint mir jetzt seine Schätzung allerdings etwas übertrieben, wenn nicht etwa die angebliche Ausfuhr von Kamtschatka nach Ochozk die in diesem Jahre nicht ganz 8000 Felle betrug (oben S. 75.) hinter der wirklichen oder doch hinter dem gesammten Ertrage der kaufmännischen und anderweitigen Einsammlungen von Pelzwerk bedeutend zurückblieb.

wurden mir diese betrübenden Verhältnisse durch die Angabe dafs die hiesigen Händler einem Pfunde schlechten Thees, einem Stück Kitaika und einem der bedruckten baumwollenen Kopftücher für die Frauen, respective die Werthe von 20 Rubel, 8 Rubel und 5 bis 10 Rubel beilegten — und dafs sie die Käufer veranlafsten, diese Gegenstände im Sommer auf Borg zu entnehmen, die Bezahlung für dieselben in Zobel- und Fuchsfellen aber bald nach der Jagd und somit in einer Jahreszeit eintrieben, in der sie den Werth des Pelzwerks am meisten gedrückt hätten. Man glaubte sich hier zu erinnern, dafs zur Zeit eines früheren Gouverneurs, (sie nannten ihn Rudjakow), dieser Handel mit weniger Habgier durch die Tschinownik oder Russischen Beamten betrieben worden sei, und wollte sogar darauf antragen, dafs es jetzt so wie damals nur diesen erlaubt, den Kaufleuten aber verboten würde, zu jeder Jahreszeit durch die Halbinsel zu reisen. Mir schien es dagegen noch erspriefslicher, wenn in jedem Sommer ein Bevollmächtigter von je mehreren Kamtschadalischen Gemeinden mit ihrem Jagdertrage auf einem der Russischen Schiffe nach Ochozk reiste, um entweder den gewünschten Tauschhandel daselbst auf einem etwas gröfseren Markte zu führen, oder wohl gar, wie ich es von allen dort Ansäfsigen gesehen hatte, mit Hülfe der vortrefflichen Einrichtung der Posten, ihr Pelzwerk nach Petersburg zu senden, wo es begreiflicher Weise gegen beliebige Waaren ungleich höher als bei den Sibirischen Händlern verwerthet wird; auch war der Tojon von der Wirksamkeit einer so einfachen Mafsregel sofort überzeugt, zugleich aber sehr zweifelhaft über die dazu nöthige Zustimmung des damaligen Natschalnik in Petropaulshafen.

Zum Beschluss dieses Gespräches äusserte er dann endlich eine Ueberzeugung, die ich nun schon so oft von den Kamtschadalen gehört hatte: dafs nämlich zu ihrem vollständigen Wohlbefinden nur allein das Anwachsen ihres Stammes bis zu der früheren und weit gröfseren Kopfzahl gehören würde. Seit aber diese durch die Pocken entsetzlich geschwunden sei, hoffe man vergebens auf ihre Vermehrung (S. 409.). Ihm selbst, sagte der Tojon, sei auch die geringe Zahl der Geburten unter den Kamtschadalen ganz erklärlich, denn „die Besuche der Russen bei denen sie nach alter

Sitte den Gästen ihre Wohnungen einräumten, und die Reisen mit denselben, raubten ihnen Zeit und Gelegenheit zu den Werken der Liebe*).

Ich sah darauf von den aus Bjelogolowaja hierher verpflanzten Familien einige Frauen, die mir in der That sowohl wohlgenährter schienen, als auch noch gröfser und kräftiger gebaut wie die hiesigen Kamtschadalinnen. Vor allem waren aber an ihnen wieder die bei den Fisch-Tungusen und in Sedanka erwähnten Gesichtsformen auffallend, welche entstehen wenn zu der, überall in Nord-Asien herrschenden, Vorragung der Backenknochen eine ausserordentliche Kleinheit der Nase und ein starkes Vorspringen des Unterkiefers hinzutreten. Von den Physiognomieen an die ich mich während längeren Umganges mit den mittleren Kamtschadalen gewöhnt hatte, waren aber diese West-Kamtschatischen jedenfalls schärfer unterschieden als man nach dem Verhalten der Sprachen beider Stämme erwartet hätte. An den Frauen von Bjelogolowaja bemerkte man ausserdem sehr grofse und ausdrucksvolle Augen, sehr schöne Zähne und so blühende Farben dafs sie das Lob welches ihrer Schönheit in den alten Liedern der Bewohner von Sedanka ertheilt wird und die zu ihrer Entführung unternommenen Kriegszüge wohl rechtfertigten (S. 208.).

[September 25.]

Des Morgens, als wir uns zur Abreise rüsteten, hatte der Regen aufgehört; gegen Norden war aber die Aussicht noch durch Nebel beschränkt, und so sah ich denn vergebens nach einem Gipfel des Mittelgebirges der sich von hier aus zeigen soll und von dem mir die Einwohner von Puschtschina unerwarteter Weise als

*) Man dürfte wohl in diesem naiven Bekenntnisse, mit dem andere bei den Tolbatschern, in Kirgana und später in Ganal (Sept. 25.) fast wörtlich übereinstimmten, nur die Bestätigung eines merkwürdigen Ausspruchs von Pennant über das Schicksal der primitiven Volksstämme erkennen. Er sagt von den Isländern, als sie von einem Dänischen Könige, einer Kaufmanns-Compagnie für 1000 Pfund jährlich zur Ausbeutung überlassen wurden: „hier gab es nun für die Entvölkerung eine weit wirksamere Ursache als selbst die Pest und andere entsetzliche Krankheiten: denn Hymen findet nur noch muthlose Bekenner in jedem Lande, aus dem die Freiheit verbannt ist.“ Pennant, Arctic zoology, Introduction pag. 48.

von dem höchsten des ganzen Landes erzählt hatten. Sie nannten ihn Itschinskaja Sopka, weil er von dem an der Westküste mündenden Flusse Itscha und von der gleichnamigen Ortschaft an demselben am deutlichsten gesehen wird. Nach Krascheninikow der ihn unter dem älteren Namen Achlau d. h. der abgeriebene ebenfalls als einen auffallend „hohen Gipfel“ erwähnen hörte, liegt er aber sogar noch etwas nördlich von den Quellen der Itscha, da wo sich die Soposchnaja rjeka die nach ihm benannt ist, gegen Westen und der Kolju gegen die Kamtschatka wenden, und mithin von Puschtschina 26 Meilen entfernt. — Er wird hier von dem Ufer der Kamtschatka d. h. von einem höchstens um 1100 Par. F. über dem Meere gelegenen und weithin mit einer horizontalen Ebene umgebenen Standpunkte gesehen, und seine Höhe muss demnach respective

12599

oder 16920 Par. F. üb. d. M.

betragen, je nachdem man annimmt dafs er an diesem Punkte um 25 oder um 50 Bogenminuten d. h. halb so viel oder eben so viel über den Horizont hervorzuragen scheine, wie der Kliutschewsker Vulkan für ein auf dem Moore von Kirgana befindliches Auge (S. 460.)*). Ich glaube nun aber kaum dafs, selbst so aufmerksame Beobachter wie die Kamtschadalen eine Hervorragung über dem Horizonte bemerken würden, die durch grofse Entfernung des Objectes welches sie hervorbringt, jedenfalls höchst lichtschwach sein muss, wenn dieselbe nicht die erste der eben ge-

*) Wenn man nämlich mit h′ die fragliche Höhe des Berges, mit h die Höhe des Auges beide über dem Meere, mit H den scheinbaren Höhenwinkel des Berges und mit d seine horizontale Entfernung, so wie mit r den mittleren Krümmungshalbmesser der Erde in der Gegend der Beobachtung bezeichnet und den Krümmungshalbmesser eines Lichtstrales der von dem Berge zu dem Beobachter kömmt = 5 r. d. h. so wie er bei mittleren atmosphärischen Verhältnissen zu sein pflegt, voraussetzt, so findet man bis auf Unmerkliches:

$$h' = h + d\left(1 + \frac{h}{r}\right)\mathrm{tg.}\,H + 0{,}4\,\frac{d^2}{r}$$

und hieraus mit h = 1100, log. d = 5,77371, log. r = 7,29339 bei denen der Pariser Fufs als Mafseinheit genommen ist, die obigen Werthe wenn man nach einander H = 25′ und = 50′ voraussetzt.

nannten Gränzen überträfe und vielmehr der anderen (d. h. dem Anscheine der Kliutschewskaja Sopka von Kirgana) weit näher wäre, und es wird demnach wahrscheinlich dafs jener Gipfel des Mittelgebirges in der That selbst den Kliutschewsker Vulkan an Höhe übertrifft. Von unserem Standpunkte auf der Stolbowaja Tundra (S. 239.) von welchem die Itschinskaja Sopka fast 25 Meilen d. h. mehr als anderthalb Mal so weit wie die Berge des Kliutschewsker Systemes absteht, liegt die erstere nach S44° W*), und mithin in einer Richtung nach welcher ich „äusserst entfernte und in ihrer oberen Hälfte durchweg mit glänzendem Schnee bedeckte Gipfel" gesehen und deren Umrisse gezeichnet habe. Zwischen diesen konnte sich aber allerdings die Spitze eines so hohen Berges um so eher befinden, als sich auf den entferntesten von ihnen die untere Gränze jenes ewigen Schnees hinter vorliegenden Theilen des Mittelgebirges verbarg. — Und so war denn auch das was wir bisher auf der Kamtschatka durch Lücken der Uferwaldung von diesem Gebirge erblickt hatten, wenigstens nicht im Widerspruch mit der jetzt wahrscheinlich gewordenen Thatsache, indem es theils nördlich von jener fraglichen Stelle des Kammes lag (S. 406. an dem Standpunkte zwischen Kosuirewsk und Tolbatschinsk) theils schon südlicher als sie, wie in der Ansicht von oberhalb Kirgana (S. 465.). — Auf meine Frage nach etwanigen vulkanischen Aeusserungen an der Itschinskaja Sopka erwiederte der Tojon von Puschtschina dafs dieselbe seit Menschengedenken niemals gebrannt oder auch nur geraucht habe. Dieser Gipfel macht also in der wesentlichsten Beziehung keine Ausnahme von dem allgemeinen Charakter des Mittelgebirges (S. 228. 316.) — obgleich seine ungewöhnliche Gröfse wohl mit dem Umstande zusammenhangen dürfte, dafs er dem Durchschnittspunkte zwischen der Axe jener ersten Laven-Eruptionen und einer der merkwürdigsten Spalten von noch früherer Entstehung: der Streichungslinie des Schiwelutsch sehr nahe liegt**).

---

*) Vergl. meine Karte von Kamtschatka u. s. w. nach welcher die Itschinskaja Sopka bei 55°,9 Br. 155°,9 O. v. Par. zu liegen scheint, mithin nur etwa 6 Meilen südlich von dem Parallelkreise des Kliutschewsker Kegels.

**) Der gröfste Kreis welcher den höchsten Gipfel des Schiwelutsch

Wir begannen unseren letzten Ritt an der Kamtschatka auf dem rechten Ufer derselben, in einem Kraut-Dickicht von seltenster Höhe, in welchem der Schalamainik (Spiraea Camtschatica) vorherrscht, hatten aber bald darauf zu beiden Seiten unseres Weges eine freie Aussicht. Die ebene Fläche auf der wir uns befanden, enthielt nun wieder zwischen lichtem Birkenwalde viele Blöfsen mit kürzerem Grase, und über diesen erhoben sich mit ununterbrochener Regelmäfsigkeit und oft wie zwei steile und seltsam gefurchte Dämme die beiden Bergketten, welche hier einander weit näher aber noch immer nahe gleichlaufend erscheinen. An ihren Abhängen sah man jetzt breite Flächen mit Schnee bedeckt, doch war dieser, wie meine Begleiter versicherten, erst in den letzten Tagen gefallen, während es in Puschtschina regnete. Offenbar haben auch ihre ziemlich ebenen Kämme in dieser Gegend kaum 4000 Fufs Höhe, und sie schienen sich vor uns gegen die Wasserscheide noch beträchtlich zu verflachen. Wir ritten dann wieder über viele kleine Zuflüsse zur Kamtschatka die theils auf etwas welligerem Boden nahe bei deren Ufer entspringen, theils an den östlichen Bergen. Bis zu diesen sieht man dann auch die Gehölze aus Pappeln und Weiden fortsetzen, welche dergleichen Bäche umgeben. Unter den Steinen die man an ihnen zum Theil noch eckig und von beträchtlichem Umfange findet, habe ich nur noch wie zufällige und seltenste Ausnahmen einzelne abgerundete Stücke von grauen vulkanischen Schlacken bemerkt; und dagegen Kieselschiefer, grünen Thonschiefer und jaspisähnliche Quarzblöcke so überwiegend wie man es nur von der Hauptmasse eines nahe gelegenen Gebirgsabhanges erwarten kann.

Wir setzten darauf auch über den Bach den man als den Anfang der Kamtschatka betrachtet, weil er schon am frühesten eine nahe nördliche Richtung annimmt und verfolgten das linke Ufer desselben noch durch hochstämmiges Birkengehölz, bis zu dem bruchigen Boden der seine Quellen enthält. Diese sind von einigen

mit der Itschinskaja Sopka verbindet, hat nämlich am ersten Punkte die Richtung S 66° W, während ich die Richtung des Hauptkammes daselbst zu S 71° W gefunden habe (S. 296.). Diese letztere Richtung nähert sich dem Punkte der bis jetzt die wahrscheinlichste Lage der Itschinskaja Sopka bezeichnet, bis auf 2,4 Meilen.

rundlichen Hügeln umgeben, welche sich unter üppigstem Krautwuchse kaum 20 Fufs über das mittlere Niveau des Passes den wir nun erreicht hatten, und somit nur um 1200 bis 1300 Par. F. über die Meeresfläche erheben. — Eine so niedrige Lage der Quellen des Hauptflusses ist gewiss eine sehr auszeichnende Eigenthümlichkeit, für ein Land welches an Bergen von 10000 bis 15000 Fufs Höhe so reich ist wie Kamtschatka. Die zum Wasserlauf geeigneten Ebenen reichen selbst an dieser merkwürdigen Stelle der Halbinsel wo sie zwischen kettenähnlichen Felsmassen von drei verschiedenen Seiten (von N, SW und S, vergl. unten) zusammenstossen und sich vereinigen, nur bis zu einem Zwölftheil von der Höhe seiner Gipfel, nicht aber wie in den Alpen und in anderen Gebirgsländern des Continents bis fast zu den höchsten Punkten derselben.

XXI. Abschnitt.

Reise durch die Südspitze der Halbinsel.

Wir ritten von den Quellen der Kamtschatka, wie bisher gegen Süden, etwa eine halbe Meile weit über eine waldlose und etwas wellige Fläche, auf welcher ebene und wagerechte Stellen bald mit mannshohen Gräsern, bald mit vortrefflichen Beeren von Tschikscha (Empetrum) und Golubel (Vaccinium Myrtillus) und trockene Hügel mit fruchtreichsten Jimoloststräuchen (Lonicera coerulea) bedeckt sind. Zu beiden Seiten zeigten sich Zirbelgesträuche (Kedrownik) an den Abhängen der Vorberge, während sich vor uns in SSO. die östliche der einfassenden Ketten weit höher und mit steileren Felskämmen erhob.

Der gegen Süden fliefsende Bach den man dann auf dieser Ebene erreicht, scheint seine Quellen etwas östlich von denen der Kamtschatka am Fufse jener Kette zu haben; denn wir sahen ihn von der linken Seite herankommen, noch ehe der Weg sich ihm anschliefst. Es ist der Ursprung der Buistraja rjeka d. h. des reissenden Flusses der sich im Verfolge seines Laufes gegen Westen wendet und zuletzt, mit der Bolschaja vereinigt, bei Bolscherezk in das West-Meer ergiefst. So ist hier sogar die Wasserverbindung zwischen beiden Küsten der Halbinsel nur durch eine kurze und höchst bequeme Tragstelle oder einen wolok (I. 1. S. 147, 421.) unterbrochen, auch scheint etwas südlich von derselben das Mittelgebirge vollständig verschwunden, denn quer durch dessen Richtung findet man dort ein schiffbares Flussthal anstatt der gefährlichen nördlicheren Pässe (S. 458. 230.).

In dem Quellbach der Buistraja wimmelte es wieder von Lachsen, obgleich sein steiniges Bette erst gegen drei Schritte breit und selbst an freien Stellen nicht über 6 Zoll tief war. Viele armlange Fische strebten selbst hier noch aufwärts gegen die heftige Strömung; andere schienen schon so matt, dafs sie unter den Hufen unserer Pferde blieben, wenn wir im Wasser ritten und unzählige waren schon gestorben und an vorragenden Steinen gescheitert. Sodann sah ich aber auch, zum erstenmale in einem Kamtschatischen Wasser, eine eben so erstaunliche Menge von ihren diesjährigen Jungen. Sie waren theils fingerlang theils von etwa doppelter Gröfse und hielten sich in ruhigen Tümpeln die sich an den Ufern des Baches hinter Wurzeln oder anderen zufälligen Hindernissen gebildet hatten. Hier schien es demnach fast als sei es nur das Verlangen nach angemessenen Laichstellen durch welches unzählige Lachse alljährlich aus dem Meere nach den Quellgegenden getrieben werden, obgleich auch diese Ansicht viele Seiten der seltsamen Erscheinung unerklärt läfst. So konnte man hier an dem steinigen und reissenden Bache doch kaum einige Vorzüge vor dem unteren Laufe der Flüsse erkennen. Die konstantere aber kaum 3° betragende Temperatur in den Bergwassern und der spätere Eintritt des Frostes in denselben, scheinen nicht eben einen erheblichen Vortheil für Fische zu bieten, die schon jetzt, in der wärmeren Jahreszeit, völlig ausgebildet waren und welche doch andererseits nun den weicheren Boden und die weit mannichfaltigere Nahrung entbehrten, die sie weiter unterhalb in allen wasserreicheren Theilen desselben Flussgebietes gefunden hätten. Vor allem aber scheint das ausschliefsliche oder auch nur vorzugsweise Laichen in den Quellbächen unzertrennlich von einer, zwar nicht beispiellosen, aber doch fast zu grofsartigen Zerstörung von lebenden Keimen. Es würde in der That ganz augenscheinlich in jedem Jahre bei weitem mehr als die Hälfte der neuen Generation verloren gehen, wenn auch diejenigen alten Fische die wir schon in der Mitte des Flusslaufes sterben sahen, die Ablegung ihres Roogen bis zum Ende der beabsichtigten Wanderung aufgeschoben und somit nun mit ihren eigenen Leibern auch ihre Nachkommenschaft einer nutzlosen Verwesung oder der gleichbedeutenden Verwandlung in Bären- oder Hundefleisch überlassen hätten. Meine Begleiter wussten in Beziehung auf solche Fragen nichts weiter als die Ueberzeugung hinzuzufügen, dafs die früh ausgebildeten Jungen die wir hier sahen, schon im nächsten Winter unter dem Eise zum Meere zurückkehren würden. Die Brut von den jetzt noch schwimmenden Arten (dem Kisutsch und dem Golez oder Salmo callaris; siehe unten) soll sich dagegen wie sie versicherten, bei ihrer Rückkehr nicht selten verspäten und dann noch ehe sie die Mündung erreicht hat, mit den wieder eindringenden Alten ihres Geschlechtes zum zweitenmale in die Quellgegend aufsteigen.

Wir blieben auch ferner bei unserer heutigen Tagereise am linken Ufer und meist in der Nähe der Buistraja, welche hier, eben so wie die obere Kamtschatka jedoch mit weit stärkerem Gefälle, eine breite und ebene Thalsohle einnimmt. Sie ist auf derselben bald von lichtem Birkenwalde umgeben*), bald von einem so hohen und biegsamen Krautdickicht, dafs sowohl die Wege der Bären als auch der weit höher gefurchte Reitweg nur undeutliche Spuren zurücklassen. Die östliche Bergkette, die nun wieder ein sehr grofsartiges Ansehen annimmt, indem sich oben zwischen den vorragenden Felsgraten ihrer Seitenkämme viele eisartig glänzende

*) In seinen Vegetationsansichten von Küstenländern der Südsee, Siegen 1844. S. 58. hat Baron Kittlitz schon erwähnt, dafs die so unscheinbare Wasserscheide zwischen der Kamtschatka und Buistraja doch eine merkwürdige Pflanzengränze bildet, indem die knorrige Kamtschatische Birke (Betula Ermani; Cham.) die von der Tigilmündung bis auf das Mittelgebirge (S. 166. 235.) und dann auch bei Petropaulshafen vorkömmt, sich von der letzteren Küste genau bis zu den Quellen der Buistraja erstreckt, und dafs dagegen die geradstämmige Betula alba von der mittleren Kamtschatka bis zum Ursprung dieses Flusses aufsteigt.

und offenbar bleibende Schneeflecke zeigen, ist doch überall von dem Flusse noch 2 bis 3 Meilen entfernt und erhebt sich mit wunderbarer Steilheit aus einer kaum welligen Fläche. Auf dem gangbaren Waldboden wurde nun ungewöhnlich schnell geritten, und so erreichten wir schon bald nach Sonnenuntergang unser Nachtlager in dem Ganalskji ostrojok d. i. einer kleinen Kamtschadalischen Ortschaft die 8 bis 9 Meilen von Puschtschina und fast vier Meilen unterhalb der Quellen der Buistraja am linken Ufer derselben gelegen ist.

Wir fanden diesen Fluss hier noch eben so klein als die Kamtschatka bei Puschtschina, und doch wurde die Ergiebigkeit der Sapore oder Lachsfänge von Ganal aufs dankbarste erwähnt, als man uns mit frischen und mit getrockneten Fischen die sie geliefert hatten, bewirthete.

Jetzt schwamm hier die Málma der Ochozker (I. 2. S. 419 und in diesem Bande S. 65.), die von den Kamtschatischen Russen den Namen Gólez erhalten hat. Es ist der Salmo callaris; Pall. und die hier übliche Benennung dieser Lachsart die so viel als der Nackte bedeutet (von golui, nackt) scheint sich auf die, allerdings ziemlich auffallende, Kleinheit seiner Schuppen zu beziehen. Der Gólez ist gegen anderthalb Fufs lang und von dem Kisutsch unter anderem durch ein entgegengesetztes Verhältniss seiner Kiefern zu unterscheiden; denn anstatt dafs bei dem letzteren der Oberkiefer wie ein abwärts gebogener Rüssel in beträchtlichem Abstande vor der Vorderfläche des unteren hinabgeht (S. 338.) ist bei dem Gólez vielmehr der Unterkiefer der längere und mit einer hakenförmigen Spitze in eine Längsfurche der Wölbung des oberen eingelegt. Der Chaiko schien mir in dieser Beziehung gerade in der Mitte zwischen dem Kisutsch und dem Golez zu stehen. Dieser letztere war aber jetzt auch durch eine höchst zierliche Färbung ausgezeichnet, indem viele rundliche goldgelbe Flecke auf hellblauem Grunde seine Seiten unterhalb der Bauchnäthe bedeckten. Ich erfuhr erst hier dafs der Golez auch in der Kamtschatka vorkömmt. Er muss aber dort jedenfalls weit früher als in der Buistraja schwimmen, und auch wohl nicht in alle Seitenzweige jenes Wassersystemes aufsteigen, denn die Jelowkaer erwähnten seiner niemals, als sie mich aufs sorgfältigste über die Reihenfolge ihres jährlichen Fischfanges unterrichteten. Hierher nach Ganal kommen auch alle anderen Lachsarten die sich in der Kamtschatka einfinden und ausser ihnen noch eine in jenem Hauptflusse fehlende. Man nannte mir namentlich von den hiesigen die Krasnaja ruiba, den Chaiko, und den Kisutsch so wie auch wiewohl als seltner wie in der Kamtschatka, den Tschewitsche, bemerkte aber dann dafs in der Buistraja auch noch der sogenannte Gorbuscha d. i. d. bucklige Lachs um die Mitte des Sommers in gröfster Menge gefangen werde (Sept. 26.). — Es soll ausgemacht sein, dafs die ersten von einer jeden dieser Arten von Zugfischen eine beträchtliche Zeit, und zwar nach einigen Aussagen drei, nach anderen aber sogar sieben Tage gebrauchen, um von den Saporen von Malka bis zu den hiesigen aufzusteigen. Die Entfernung dieser beiden Punkte beträgt doch in gerader Linie nicht voll 5 und auch längs der Flussufer wohl kaum über 7 Meilen, und es ist demnach in dem oberen Theile dieses Wasserlaufes die Aufsteigungs-Geschwindigkeit der Lachse jedenfalls nur um weniges gröfser als die der Strömung. Es bleibt jedoch unentschieden ob jene rüstigen Schwimmer an den einzelnen Punkten der genannten Strecken schon laichen, und nur deshalb schon an ihnen weit länger als in der unteren Flusshälfte verweilen, oder ob es dennoch ihre Muskelkraft ist, die gegen das Ende der seltsamen Reise ermattet und dann nur zu jener geringeren wiewohl noch immer sehr bedeutenden Leistung ausreicht.

Die Umgegend von Ganal ist demnächst auch durch vortreffliche Jagdreviere ausgezeichnet. Die Nähe des östlichen Gebirges, welches hier Ganalskji chrebèt oder die Ganalische Kette genannt wird, gewährt für die Jagd der Baráne oder wilden Schafe ganz besondere Bequemlichkeiten, denn den Winter über soll man dieses Wild nicht selten aus den hiesigen Häusern erblicken, wenn es Trupp-weise an den Felsgraten hinabsteigt die von dem schneereichen Hauptkamme jenes Gebirges auslaufen. Die nächstgelegenen Ebenen sind aber als Sammelplätze der Bären eben so vortheilhaft bekannt, und eine bedeutende Vorliebe derselben für die hiesige Gegend erklärt sich in der That durch den Fruchtreichthum der Tundren am Ursprung der Buistraja und durch die Erleichterung ihres Fischfanges, welche diese plumperen Vierfüfser an den

Laichstellen der Lachse in den flachen und schmalen Quellbächen finden.

So war denn auch jetzt der Tojon von Ganal, trotz seines jugendlichen Alters, ein erprobter und sehr glücklicher Jäger. Er zeigte mir nicht ohne Stolz die Narben von den Schlägen und Bissen eines Bären die er schon vor drei Jahren bei einem Winterzuge erhalten hatte. Er war eines Tages, als sich seine Gefährten schon gelagert hatten, noch einer Spur gefolgt und auf derselben, an der Gränze eines Kedrownik oder Zirbeldickicht, so überraschender Weise und so nahe mit jenem Bären zusammengetroffen, dafs er an Schiefsen nicht mehr denken konnte. Auch hatte sich sein Gegner schon auf die Hinterfüfse gehoben und schlug ihm sogleich die Vordertatzen durch seinen Pelzrock tief in den Nacken. Der Tojon mochte dann wohl sein Gesicht zu schützen gesucht haben, denn der Bär hatte ihm nur den linken Unterarm mit den Zähnen zerfleischt. Bald darauf war er aber von einer so leichten und willkommen scheinenden Beute von freien Stücken zurückgetreten. Der Gerettete hatte noch jetzt keine Erklärung für ein so grofsmüthiges Benehmen, denn er erwähnte es nur mit den Worten: bog obrasumjel jego! d. h. Gott brachte ihn wieder zur Vernunft! Alsdann beschrieb er mir aber wie er seine Wunden lange nicht fühlte und demnach, als der Bär sich nahe bei ihm in einem Zirbelbusch niederliefs, nur überlegte ob er denselben für kleinmüthig zu halten und somit doch noch auf ihn zu schiefsen habe. Ein gewaffneter und vorsichtiger Rückzug habe ihm aber gerathener geschienen, weil es in der Sitte des Bären liege zum zweiten Male zu einem Gebissenen zurückzukehren; und so sei er denn nach einem langen Marsche, bei dem er in Folge des Blutverlustes, von der Kälte ausserordentlich gelitten habe, zu der Jagdgesellschaft zurückgekehrt, und habe ihr schon aus der Ferne zugerufen: ne blagopolutschno! isportil menja medwjed! (das war nicht zum Glücke! der Bär hat mich verdorben!). Dieses Abenteuer beweist übrigens wieder die besondere Blutgier derjenigen Bären, die noch wach und ausserhalb ihrer Ruhestätten von der Kälte befallen werden. Auch sind es gerade diese die zu Anfang des Winters auf Kamtschatka manche erfolgreiche Angriffe auf die Kühe ausführen, weil ihnen dann die Fische und die übrige Sommer-Nahrung schon fehlen, die Gleichgültigkeit gegen den Hunger, welche sie während des viermonatlichen Schlafes auszeichnet, aber noch keinesweges zu Theil geworden zu sein scheint. — Ich fand auch die Ganalischen Jäger von dem früher erwähnten Grundsatz beim Stechen der Bären aufs festeste überzeugt (S. 456.), wiewohl sie einer materielleren Erklärung desselben den Vorzug vor der moralischen zu geben schienen, welche ihn nur bis zu Kutchas Zeiten hinaufführt. Man sieht nämlich wie sie versichern, einen jeden Bären auch im ruhigen Zustande nur mit der linken Hand seine Nahrung auf den Tundren zum Munde führen, die Fische an den Flussrändern haschen und alle übrigen Arbeiten vollziehen; und durch diese ausschliefsliche Uebung möge dann wohl auch der linke Arm um so viel kräftiger und gelenkiger werden, wie es die Erfahrung lehre. Ganz ausgemacht sei es aber, dafs ein jeder Bär mit seiner Linken den Lanzenschaft zerbreche und sich frei mache, wenn man ihn in die rechte Seite steche, während der rechte Arm durchaus nichts vermöge, sobald man den gehörigen Fleck an der linken Achsel getroffen habe. — Sie beschrieben mir darauf die sogenannten Klépzi (Singul.: klépez) oder Schlagmesser, die im Sommer von vorzüglichster Wirkung gegen die Bären seien. Sie bestehen aus einer spitzen Schneide, die in einem starken Stocke senkrecht auf dessen Länge eingefügt ist und in einigen kräftigen Strängen. Diese letzteren werden nahe über dem Erdboden ausgespannt und dann mit dem von der Schneide abgewandten und zwischen dieselben gesteckten Ende des Stockes so gewunden, dafs sie das andere schneidende Ende sehr gewaltsam in einem Kreise zu bewegen streben, dessen Ebene auf der Richtung der Stränge senkrecht liegt. Die Befestigung des schneidenden Stabes in der gespannten oder zurückgebogenen Stellung, und daher auch die Auslösung durch welche er losschlägt und seinen Kreislauf beginnt, werden mittelst einer dünnen Sehne bewirkt, die man nahe über dem Boden senkrecht auf die Richtung der Stränge und nach derjenigen Seite derselben ausspannt, auf welcher sich das Messer am Ende seiner Bahn befindet. — Die schnellenden Stränge werden dann parallel mit einem Bären-wege (S. 309. u. f.) und in solcher Entfernung von demselben befestigt, dafs er von dem Messer getroffen wird, und es wird endlich das schneidende Ende des Stabes von jenem Wege abwärts gewunden, die auslösende Schnur aber quer über denselben in derjenigen Höhe geführt, in der sie der Bär nicht ohne Anstofs überschreiten kann.

Diese Aufstellung muss jedoch wie man mich versicherte, mit grofser Genauigkeit geschehen, damit das Messer die Weichen des Bären treffe, „dann fallen ihm die Därme aus der Wunde und er verendet wenige Schritte von der Falle"; er entkomme dagegen ohne weiteres, wenn er an einer falschen Stelle getroffen werde. Wegen dieses Umstandes und wohl auch wegen anderer Vorsichten welche sie erfordert, gilt denn hier die Anordnung der Klépzi für eines jener merkwürdigen Erbtheile, welches nur ältere Männer zu verleihen im Stande sind.

Der Tojon erzählte mit rührender Dankbarkeit wie sein vor kurzem verstorbener Vater ihm diese Kunst noch in dem letzten Jahre seines Lebens gelehrt habe. Der Alte konnte damals nicht mehr arbeiten. Er habe sich aber im Frühjahr, als man noch auf Narten fuhr, nach einer Waldblöfse die er bezeichnete, fahren lassen, und daselbst durch seinen Rath die Anordnung und Aufstellung einer solchen Falle so gut geleitet, dafs man mit derselben im nächsten Sommer, wiewohl schon nach seinem Tode, drei Bären erlegte. Den Werth dieses Fanges erklärte mir der Tojon nicht blos durch den guten Geschmack und die Nahrhaftigkeit des Bärenfleisches, sondern auch durch die mannichfaltigen Anwendungen des dabei gewonnenen Fettes. Dieses sei so reichlich, dafs man mit dem Ertrage von einem Bären, die Beleuchtung für einen Hausstand ein ganzes Jahr lang besorge (vergl. S. 389.). Es ersetzt demnach hier fast das Seehundsfett (nérpitschui *j*ir), von welchem mir die an die Kamtschatka verpflanzten Küstenbewohner überall wie von dem gröfsten Vorzuge ihrer alten Heimath gesprochen hatten, und eben so seien auch noch die dünneren Därme des Bären sehr willkommen, indem man sie aufschlitze und, reihenweise zusammengenäht, zu Fensterscheiben benutze. Dergleichen habe ich aber in der That in dieser Gegend der Halbinsel noch weit häufiger gefunden, als die ebenfalls genähten Scheiben aus kleineren und unregelmäfsigeren Stücken von Witimsker Glimmer (die Schituija okoschki der Sibirischen Russen; vergl. I. 1. S. 536. I. 2. S. 98. 123, 225 u. a.).

Zu unserer heutigen Mahlzeit gehörte auch ein säuerliches Getränk, welches mir hier zum erstenmale vorkam. Sie nannten es rjabinoi kwas, weil es durch einige Gährung aus dem Safte der Kamtschatischen rjabína oder Eberesche (Pyrus sambucifolia, Cham. S. 79 u. a.) gewonnen wird, die hier wieder in grofser Menge vorkömmt. Einen unangenehmen Beischmack, der mir an diesem Getränke auffiel, hatte dasselbe offenbar nur durch die Bereitung und Aufbewahrung in einem eisernen Kessel angenommen. Die hiesige Vogelbeere mag aber sonst wohl zu den vielen Nahrungs und Heilmitteln gehören, für welche die Kamtschadalen nicht ohne Grund das feine Urtheil der Bären rühmen, dem sie bei der Benutzung derselben gefolgt seien (S. 311.). — Die Häufigkeit der Pyrus sambucifolia in der Umgegend von Ganal wird übrigens zu einem neuen Beweise für die geringe Höhe dieses Ortes, indem auf Kamtschatka selbst die letzten und vereinzelten Büsche dieser Holzart nur bis zu 1500 Par. F. über dem Meere, und selbstständige Dickichte aus derselben kaum in mehr als 1100 bis 1200 Par. F. Meereshöhe vorkommen (S. 286.).

[September 26.]

Wie der Kronozker und der Milkower Gebirgszug von der mittleren Kamtschatka (S. 419. 459.), so zeigt sich von hier aus auch das Ganalskji chrebèt mit Schluchten durchsetzt, die fast bis zu dem Niveau der Buistraja hinabreichen. Die Bergmassen zwischen denselben sind wie Dächer von steil geneigten Ebenen begränzt, welche sich in scharfkantigen Graten durchschneiden. Auch diese werden hier grebni genannt (S. 271.), wiewohl sie sich von den hervorgequollenen Felsentafeln mit senkrechten Seitenwänden am Schiwelutsch, an der Tolbatschinskaja Sopka und an anderen Andesitbergen der Halbinsel aufs bestimmteste unterscheiden. An dem südlich streichenden Hauptkamme dieses Gebirges sieht man das Gestein zwischen glänzenden Schneeflecken, von vielen senkrechten Klüften durchsetzt und es ragt zwischen ihnen in kantigen Pfeilern hervor, in denen man steil aufgerichtete und oft zerrissene Schichten nicht verkennen kann. Die höchsten Theile des Ganalskji chrebet treten der Schneegränze sehr nahe ohne sie vollständig zu erreichen. Sie liegen demnach zwischen 4500 und 4800 Par. F. über dem Meere, und da sie von Ganal nur 2 Meilen bis 2,5 Meilen abstehen, so verdecken sie hier vollständig die bis zu 11000 Par. F. hohen Sopki oder vulkanischen Kuppen die sich nahe an ihrem östlichen Fufse erheben. Die Männer von Ganal sehen diese drei riesigen Gipfel wenn sie den wilden Schafen auf dem Kamme ihrer Gebirgskette nachgehen. Von dem einen derselben, der Awatschinskaja Sopka, hatten sich aber die letzten Auswürflinge auch bis hierher in die Ortschaft, 8 Meilen weit und über das trennende Gebirge, in grofser Menge verbreitet. „Im Frühjahr des vorigen Jahres" so erzählte mir der Tojon „wurde einmal plötzlich in Ganal die Sonne verdunkelt und gleich darauf fiel ringsum eine feine weissliche Asche. Mit dieser fanden die erschreckten Weiber allen Jukola den sie zur Mittagsmahlzeit von den Balaganen abnahmen, fingerdick bedeckt. Auch fuhr man damals noch auf Narten, und bemerkte wie die knöchernen Geleise derselben von dem scharfen Pulver aufs heftigste zerrieben wurden." Offenbar war dieses dieselbe Lavenspreu die, am 17. April 1828 um 8 Uhr Morgens, aus der Awatschinskaja Sopka ausbrach und welche, dem unten herrschenden schwachen Winde entgegen, auch bis nach Petropaulshafen und noch über diesen Ort gegen SW. von demselben hinweg zog (vergl. S. 76. Anm.). Sie hat sich aber da sie über jene beiden Punkte gelangte, in den oberen Luftschichten fächerförmig ausgebreitet und dann die Erdoberfläche fast auf einem Drittheil von dem Umfange eines Kreises von 8 Meilen Halbmesser getroffen. Von Ganal aus liegt die Awatschinskaja Sopka (von 8360 Par. F. über dem Meere) nach S34°O., so genau hinter der Korjazkaja oder Strjéloschnaja Sopka (von 11090 Par. F. über dem Meere)*), dafs die Asche aus der ersteren nur über die letztere hierher gelangen konnte. Sie muss demnach, wenn auch nicht so hoch wie die Kliutschewsker Asche bei dem jetzigen Ausbruch, doch zu 3000 Par. F. über dem Awatschinsker Gipfel oder mehr als 11000 Par. F. über dem Meere gestiegen sein.

*) Ueber die Ansicht und die gegenseitige Lage dieser beiden Gipfel vergl. unten Sept. 29. und meine Karte von Kamtschatka u. s. w. bei 53°,3 Br. 156°,4 O. v. Par.

Auch wird es nur dadurch erklärlich, dafs die hier gefallenen Theile derselben sich noch in dem letzten Viertheil ihres Weges jenseits der Schneegränze befinden und so über den Kamm der Ganalischen Kette geführt werden konnten.

Es ist wohl nicht zu bezweifeln, dafs auch die Mitte der Ganalischen Kette aus denjenigen (in der Grauwacken-periode entstandenen) krystallinischen und schiefrigen Gesteinen besteht, die ich an dem südlichen Rande derselben, 2,5 Meilen unterhalb Ganal an der Buistraja, anstehend gefunden habe (siehe unten über den Weg nach Malka) und welche dann auch überall auf der Südhälfte der Halbinsel die felsige Ostküste und die Höhenzüge zwischen den vulkanischen Gipfeln eben so ausschliefslich einnehmen, wie wir es schon in der Mitte des Landes zwischen dem Schiwelutsch und dem Mittelgebirge gesehen (S. 30 u. f. 319.) und für die Umgebungen der oberen Kamtschatka aus den Geröllen in ihrem Bette geschlossen hatten (S. 470. 483.). — Mit dieser Ansicht über das zuerst genannte Gebirge sind aber auch die folgenden Andeutungen über dessen äussere Formen und Strukturverhältnisse in Uebereinstimmung, die ich aus dem mir von Baron Kittlitz gütigst mitgetheilten Tagebuche einer zweitägigen Jagdreise von Ganal nach dem Kamme desselben*) entnehme. Der ursprüngliche Zweck dieser kleinen Expedition, die Erlegung von wilden Schafen, wurde zwar wegen ungünstigen Wetters nicht erreicht, doch lag ein Ersatz dafür schon in der Betretung des Ganalskji chrebèt; denn trotz seiner Nähe an dem bequemeren und üblichern Wege durch die Halbinsel war dasselbe doch bis dahin noch nie von einem Naturforscher erwähnt worden.

„Am 16. August 1828 ritt man Vormittags bei hellem und warmem Wetter von Ganal aus zuerst gegen S., in der Nähe der Buistraja auf dem Wege nach Malka (siehe unten). Dieser führt bei der Ortschaft durch Weidengebüsch, alsdann über eine Heide, auf der viele Jimoloststräuche mit vortrefflichen Früchten stehen und endlich durch hochstämmigen Birkenwald. Ein Vorhügel der

*) Der Tojon und drei andere Männer von Ganal begleiteten den Reisenden mit zwei Reitpferden und zwei Packpferden.

Ganalischen Bergkette ragt in diesen hinein, und als man sich bei demselben etwas ostwärts von der früheren Richtung gewandt hatte, gewährte der felsige und schneereiche Kamm des Gebirges einen immer grofsartigeren Anblick. Von den näher gelegenen Theilen desselben zeigte sich ein Abhang, auf den jetzt der Weg gerichtet blieb, von besonderer Steilheit. Er war bewachsen und schien dennoch fast senkrecht. Dieser wurde bald darauf erreicht und für die rechte oder südlichere Wand eines, zwischen SO. und OSO. einschneidenden, Querthales erkannt, aus welchem ein Zufluss zur Buistraja herabkam. Bei fernerem Fortschritte in diesem Thale fand sich dasselbe immer enger und von unerwarteter Länge. Seine Sohle war anfangs so dicht mit Olchownik oder Elsengebüschen bewachsen, dafs man nur fortschreiten konnte indem man die Bärenwege mit dem Beile erweiterte*) oder, wo der Bach mit weniger Krümmungen floss, in dem Bette desselben hinauf ritt. Dann wurden aber jene Gehölze lichter und unterbrochener, und es zeigten sich manche schöne Bergpflanzen, zusammen mit den auch weiter unten vorkommenden Kräutern. Von diesen blühten dort Spiraea Camtschatica, Heracleum dulce und Epilobium angustifolium merklich später als an der Buistraja und an der Kamtschatka. Die Reisenden übernachteten noch etwas weiter aufwärts (etwa 2 Meilen von Ganal) auf einer kleinen Ebene, die mit Gräsern bedeckt und von steilen Höhen so eng umgeben ist, dafs man nicht ohne Schwindel an ihnen hinaufsah, Namentlich lagen im W. also neben dem bereits zurückgelegten Wege so bedeutende Höhen, dafs die Sonne hinter ihnen schon lange vor ihrem eigentlichen Untergange verschwand. — Am folgenden Morgen zeigten sich die Felsen der rechten Thalwand, ganz nahe bei dem Lagerplatze, von der Mündung eines Bergwassers durchsetzt, an welchem man nun, gegen NO., aufwärts zu steigen anfing. Ueber dem Ursprung dieses Wassers scheint sich die Schlucht, in der es

---

*) Offenbar entspricht diese durch besonders dichte Verschlingung ausgezeichnete Elsen-Zone der ganz ähnlichen, welche den Schiwelutsch zwischen 1800 und 2200 Par. F. über dem Meere und auch den Kliutschewsker Kegel in derselben Höhe umgiebt, vergl. S. 269 u. f. und S. 363.

hinabkömmt, zu schliefsen, denn der Tojon liefs bald darauf die Wahl zwischen einem Wege der an der rechten und einem anderen der an der links gelegenen Wand dieses Einschnittes hinaufführt. Der letztere gilt für weniger beschwerlich und dennoch sind die ersten Felsen auf demselben so steil, dafs sie von minder geübten Reisenden nur mit Hülfe von Riemen erstiegen werden, die sie sich um den Leib legen und von den voraufgehenden Führern halten lassen. Dann ging man noch einmal durch Gebüsch und gleich darauf, bis in die obere Bergregion, auf einer Treppe, deren etwas breite Stufen aus hervorragenden Steinbänken (Schichtenköpfen) bestehen. — Am Ende dieser Treppe fand sich der felsige Boden mit kurzem Grase und mit Alpenpflanzen bedeckt, während die Reisenden fast senkrecht auf die zuletzt befolgte Richtung (und mithin wieder gegen NO.) an einem nun zu ihrer Rechten gelegenen Abgrunde fortschritten. Von diesem wendeten sie sich aber endlich (zwischen N. und NW.) über eine schnell aufsteigende Fläche, auf welcher zwischen röthlichen Schiefertrümmern das Gestrippe von Salix arctica und andere Alpenpflanzen mit breiten Schneemassen in den geschützteren Einsenkungen wechselten. In den (Schichtungs-) Klüften die sich an diesem Abhange öffnen, nisten Murmelthiere (jewraschki; S. 229. 476.), von denen eines beim Aufsteigen gefangen wurde. Auf demselben Wege erreichte man dann auch den eigentlichen Kamm, und sah ihn von dort wie eine scharfe Kante weithin gegen N. fortsetzen, während sich zu seiner Rechten die Gipfel der drei vulkanischen Berge unter glänzenden Eisschichten erheben. In O. die Jupánowa Sopka deren hierher gewandter Abhang am tiefsten hinabzureichen schien, und gegen SO. nahe bei einander die Korjazkaja oder Strjéloschnaja Sopka und den Awatscher Vulkan, mit einem dem Meere noch näher gelegenen Nebenkegel. Zwischen dem Kamme auf dem man sich befand, und dem Fufse dieser letzteren Gruppe, liegen noch andere niedrigere Felsketten des Ganalischen Gebirges, die einen Theil der Strjeloschnaja Sopka verdecken. Auch die Quellen des Awatschaflusses zeigten sich gegen S. auf einer Ebene am Fufse des Gebirges. — Bei weiterem Fortschritt auf der obersten Felskante wurden vier Schafböcke gesehen; aber ein heftiger Regen unterbrach die Jagd auf dieselben und trieb die Reisenden auf verschiedenen Wegen nach ihrem früheren Nachtlager, von welchem sie am nächsten Morgen nach Ganal zurückkehrten.“

Die Ueberzeugung von dem westlichen Fallen der Schichten in dem höchsten Theile des Ganalischen Gebirges, welche man bei dieser Reise während des Aufsteigens aus einer der Klüfte erlangte, die mit dem Hauptkamme desselben parallel sind, ist ohne Zweifel ein äusserst wichtiges Resultat. Sie würde ohne weiteres veranlafst haben, das Ausgehende der Gesteine denen man die Hebung dieser Kette zuzuschreiben hat, an der Ostseite derselben zu suchen, und an dieser findet man nun in der That jene riesigen Feuerberge und erkennt sie theils für sternförmige Andesitische Aufquellungen, theils doch für Schlotte, aus denen kleinere und zertheiltere Schmelzungsprodukte noch immer glühend hervorbrechen (vergl. Sept. 29.). So wie aber dann die vulkanischen Gesteine nicht an allen Punkten einer NNO-lich streichenden Linie zwischen der Ostküste und den Transitionsgebirgen der Halbinsel hervorbrachen, sondern vielmehr sehr entschieden nur aus einzelnen kürzeren Querklüften welche jene Linie fast senkrecht durchschneiden, so ist auch der nach Ganal gewandte Abhang der schiefrigen Massen von Querschluchten aufs tiefste gefurcht (S. 493.) und in einzelne Grate oder scharfe Sattel getheilt. Man wird somit kaum noch zweifeln, dafs auch diese in ihrer Richtung mit jenen selbstständig hervorgedrungenen Gesteinwänden übereinstimmen, oder dafs die Sattel der Ganalischen Kette über unterirdischen Fortsetzungen von den Grebni oder ächten Kämmen (S. 271, 295 u. a.) der Korjazker Vulkangruppe liegen.

Ich befuhr von Ganal aus die Búistraja stromabwärts auf einem Paròm oder Doppelkahn, den man ganz eben so zusammensetzte und bemannte, wie früher auf der Jelowka (S. 318.). Der gröfste Theil meines Gepäckes wurde aber zu Pferde auf dem Landwege vorangeschickt, denn wegen der reissenden Strömung wagt man hier selbst dergleichen breitere und tragfähigere Fahrzeuge nur mit geringer Ladung zu führen. Auf der ersten Hälfte unseres heutigen Weges, der bis Malka etwa 4 Meilen betrug, sahen wir das niedrige Land zu beiden Seiten des Flusses theils mit offenen Grasplätzen und Tundren, theils mit Pappelwaldung bedeckt. Sie überragt die Weidengebüsche welche die Ufer einnehmen, und vor denen vieles Treibholz und eine erstaunliche Menge von todten Lachsen auf trockenen Kiesbänken gestrandet sind. Hier werden diese jährlich erneuerten Leichenhaufen, von den Bären und Hunden bei weitem nicht aufgezehrt, und man würde daher in einem Durchschnitte des Flussbettes zwar nur dünne aber eben so fischreiche Schichten sehen, wie in manchen Formationen aus einer vorhistorischen Periode. Meine Begleiter zeigten mir wie man die Krasnaja ruiba (Salmo Lycaodon, Pall.), die unter den diesjährigen Ueberresten schon seltener geworden war, an der hochrothen Farbe ihres Fleisches und ihrer Oberhaut erkenne, und wie sich der Chaiko von dem Kisutsch auch durch gröfsere Stärke der vier Hakenzähne in seinem Unterkiefer unterscheide. Eben so häufig wie diese beiden Arten sah ich, hier zum erstenmale, die Gorbuschi oder Buckellachse (Salmo Proteus, Pall.), die während ihres Fortpflanzungsgeschäftes in den Flüssen — anstatt des Hochzeitschmuckes welchen man bei den Vögeln bemerkt — eine entsetzliche Missgestalt annehmen. Wir fanden die Vorderhälfte ihres Körpers oft zu mehr als doppelter Höhe angeschwollen, durch einen Buckel oder breiten Höcker, der sich über dem Rücken erhebt und nach vorne überbiegt, wie bei abgemagerten Kameelen — die Maulhöhle aber weit offen, weil sich die hakenförmig zusammen gekrümmten Kiefern nur noch mit den äussersten Spitzen berührten. Die Verunstaltung des Rückens soll überhaupt nur bei den männlichen Fischen dieser seltsamen Lachsart vorkommen. Ich habe aber auch an denen die mit einem Höcker versehen waren, dessen Gröfse und Krümmung aufs auffallendste verschieden gefunden. Die von den Flussquellen zurückgeschwemmten Individuen hatten nun in der That etwas länger gelebt, als andere die schon in der hiesigen Gegend verendet und nun mit jenen gemengt waren, doch konnte auch dieser Umstand nur vermöge einer unerwarteten Schnelligkeit der Entartung, so entschieden gewirkt haben.

Die Búistraja, welche zunächst bei Ganal in einigen Windungen fliefst, fanden wir weit geradliniger, tiefer und schmaler, als sie allmälig eine etwas westlichere Richtung angenommen hatte. Hinter uns schien nun das Thal wie geschlossen durch felsige und schneereiche Berge aus der Nordhälfte der mehrerwähnten Kette, und dennoch sah man auch unterhalb und weit näher steile Abhänge, die sich bis an das östliche Flussufer erstrecken. Wir erreichten dieselben bald nachdem wir an der Mündung der Polawinaja rjetschka*) vorüber waren, denn dieser Bach fliefst von Osten in einem Querthal zwischen den eigentlichen Ganalischen Bergen und einer schon hier weiter westlich vorspringenden Fortsetzung derselben, die mit dem Natschikinskji chrebet, oder der Wasserscheide zwischen den Zuflüssen der Buistraja und dem oberen Laufe der Bolschaja rjeka, zusammenhängt. Einzelne Steinblöcke zeigten sich nun zu unserer Linken und bald darauf gegen 40 Fufs hohe Felswände an derselben Seite, und viele Klippen auch an dem Ufer des Flusses. Sie bestehen aus einem dunkelgrünen grobschiefrigen und äusserst spröden Aphanit oder derben Grünstein, der sich von dem an der Jelowka anstehenden (S. 314. 319.) nur durch noch gröfseres specifisches Gewicht (2,9956 gegen Wasser von + 12° Temperatur) und eine auf stärkeren Hornblendegehalt deutende Färbung auszeichnet; während aber dieses Gestein an dem ersteren Fundorte ungeschichtet und nur zerklüftet erschien, ist es an den hiesigen Felsen in sehr deutliche, steil nach Westen fallende Bänke getheilt. Diese äusserste Aehnlichkeit zwischen geschichteten Massen die für modifizirte Transitionsgesteine gelten müssen und zwischen den ungeschichteten plutonischen, denen man deren Umwandlung zuschreibt, sah ich auf Kamtschatka zum erstenmale an dieser Stelle, fand sie aber bald darauf auch in diesem Lande eben so allgemein und zum Theil eben so befremdlich wie am Ural und wie in vielen Europäischen Gebirgen. — Zwischen diesen Felsen ergiefst sich das Wasser an mehreren Stellen einige Fufs hoch mit lautem Gebrause über Steinschwellen, und die vorragenden Punkte derselben liegen einander so nahe, dafs sie die beiden Borde unseres breiten Fahrzeuges zugleich mit Zertrümmerung zu bedrohen schienen. Aber auch in diesen ge-

*) Er soll nahe an der Mitte des Landweges liegen, der von der Bolschaja bei Bolscherezk quer über an die Buistraja, und dann nach Werchne Kamtschatsk führt, und hat auch deshalb seinen Russischen Namen, von polawina d. h. die Hälfte, erhalten.

fährlichen Lagen bewährte sich die Gewandtheit der Kamtschadalen, zugleich mit ihrem unzerstörbaren Frohsinn. Die Kajuchtschik oder Steuerer in den vorderen Spitzen der beiden vereinigten Batte, knieten auf dem Boden derselben, um ihre kurzen Lenkruder noch sicherer zu führen und zeigten dann lachend die Nähe der Klippen an denen wir eben vorüber gerissen wurden und die hohen und unregelmäfsigen Wellen, die uns gleich unter denselben in etwas breiteren Becken des Flussbettes empfingen.

Wir fanden auf diesen einige vereinzelte Enten, die sich durch eine seltsame Unbehülflichkeit oder Sorglosigkeit auszeichneten. Sie schwammen nur an das Ufer wenn sich unsere Kähne ihnen näherten, und ich schoss eine derselben während sie sehr schwerfällig auf eine Felsplatte kletterte, die zunächst am Strande aus den zu unserer Linken gelegenen Wänden hervorragte. Es war, wie meine Begleiter versicherten, „ein Weibchen der kamenuschka oder kámenaja útka d. h. der Felsen-Ente, die auch hier nur selten vorkomme.“ Ihr Gefieder zeigte jetzt, auf einem fast einförmig schwarzen Grunde, nur eine sehr regelmäfsige weisse Binde über jedem Auge und einige, ebenfalls weisse, Flecke auf den Flügeln. Der Name der Harlekins-Ente (Anas histrionica) welchen diese, auch in den felsigen Zuflüssen des Baikal sehr häufige, Art von den Zoologen erhalten hat, wäre mir daher kaum passend vorgekommen, wenn nicht die Kamtschadalen ausdrücklich bemerkt hätten, dafs man sie im Frühjahr weit bunter und schöner finde. Auf den Flüssen halten sich aber in der That, wie schon Steller bemerkt hat, nur während der Begattungszeit auch die Erpel dieser Art, deren Färbung eben so wie bei anderen Schwimmvögeln, weit bestimmter und mannichfaltiger ist als die der Weibchen.

Die Felswände lagen wieder etwas weiter von den Ufern der Buistraja, und die Berge zu denen sie gehören, erschienen, hinter einer grünen Ebene, wie eine Fortsetzung der entfernten Ganalischen Kette, als wir bei den Malkaer Hütten, in denen ich die Nacht zubrachte, ankamen.

Schon während meines Aufenthalts in Ochozk wurden die Malkinskija kliutschi oder die heissen Quellen von Malka sehr häufig erwähnt, theils wegen der Heilkräfte die man ihnen zuschrieb, theils als Beweise des Einflusses einer „unterirdischen Gluth“ auf die Gesammtheit der Halbinsel. Auch hörte ich schon dort von dem Badehause, in dem man dieselben jetzt benutzt, durch einen Arzt (Herrn L. I. Kiselow) der, nach mehrjähriger Wirksamkeit bei dieser Anstalt, nach Petersburg zurückkehrte. Ich erfuhr jetzt dafs diese Quellen und die zugehörigen Russischen Häuser, fast 3 Werst von dem ostrójok in dem wir uns befanden entfernt, sind und verschob den Besuch derselben bis zum folgenden Morgen. — In Krascheninikow's Beschreibung von Kamtschatka werden weder Malkinskji ostrojok noch die Wasser erwähnt, denen er seine jetzige Berühmtheit verdankt; doch hörte Lesseps von beiden im Jahre 1789*) und es scheint daher als sei diese merkwürdige Gegend den Russen erst zwischen 1740 und 1789 bekannter geworden, seitdem man den jetzt üblichen Weg von der Kamtschatka nach Petropaulshafen, anstatt des direkteren gewählt hat, der von Ganal über einen Pass der dortigen Bergkette an die Quellen des Awatschaflusses führte.

[September 27.]

Der Weg auf dem wir am Morgen nach dem Malkaer Bade- und Krankenhause gingen, liegt zuerst nahe an dem linken Ufer der Buistraja, auf einer wassergleichen und mit schönem Rasen bedeckten Ebene. Man sieht sie an dem Fufse der schneereichen Bergkette, welche den Horizont von NO. bis S. begränzt, sehr plötzlich, und an einigen Stellen gegen Felswände, abschneiden. An einem Bache der von jenen Bergen ausgeht, fand ich in Geschieben grüne Schiefer, einen schwarzgrauen derben Kalk mit Kalkspathausscheidungen und einen rothen Jaspis der mit sehr feinen Chalcedongängen durchsetzt ist. Auch diese Gesteine gehören offenbar zu einem auf gewöhnlichere Weise und schon in den ältesten Zeiten modifizirten Grauwackengebirge**), durch welches der hiesige Boden vollständig getrennt ist von den

---

*) Journal historique du voyage de Mr. Lesseps à Paris 1790. Tom. I. pag. 159.

**) Dieses scheint sogar in der Nähe von Malka noch kenntlicher als in anderen Gegenden der Halbinsel erhalten und daher der Beachtung künftiger Reisen ganz besonders zu empfehlen. Ein mir vorliegendes

vulkanischen Produkten die erst jenseits der zunächst gelegenen Bergkette zu Tage kommen. Die auffallende Ebenheit und der Grasreichthum jenes Bodens bleiben dann auch unverändert, bis dafs man etwas näher an den Bergen die Russischen Häuser erreicht, die zwischen hohen Weiden liegen und mit einem zierlichen Pfahlgitter umgeben sind. Auch erhält diese Gegend noch ausserdem ein seltsam kultivirtes Ansehen, durch einige Brücken aus Birkenzweigen auf denen man einen Arm der Buistraja und mehrere in ihr mündende Bäche überschreitet.

An der Nordwestseite jenes Gehöftes und etwa bis zu 30 Schritt von demselben, entspringen nun die merkwürdigen Wasser an vielen Stellen, aus einem völlig ebenen Boden der sich aber in ihrer Nähe schwarz, und sumpfig und mit runden nicht über faustgrofsen Geröllen durchsetzt zeigt. Sowohl über den eigentlichen Quellen, als auch weit abwärts über ihren vielen Abflüssen gegen die Buistraja, sieht man dichte Dunstwolken schon aus der Ferne und riecht eben so weit das Schwefelwasserstoffgas, welches von ihnen ausgeht. Aus diesem Gase bestehen denn auch, gänzlich oder zum gröfsten Theile, die Blasen welche sich überall wo man eine der heissen Austrittsspalten überstaut findet, äusserst lebhaft und in fast ununterbrochenen Reihen erheben. In dem etwa drei Fufs breiten viereckigen Becken aus welchem jetzt das Wasser zum Trinken und Baden geschöpft wurde, scheinen sich einige solcher Spalten zu vereinigen, und wohl dadurch waren nun die Gasblasen die dessen Oberfläche durchbrachen, noch weit reichlicher als an anderen Stellen und von zwei bis drei Zoll im Durchmesser. Die flüssigen Theile der heissen Quellen habe ich dagegen nirgends springen oder über die umgebende Ebene steigen gesehen. Sie sind sowohl an den wärmsten Stellen als auch weiter abwärts gegen ihre Mündungen völlig klar — und ein schneeweisser Ueberzug, mit welchem sich alle Steine und anderweitigen Wände die von ihnen be-

kleines Stück des grauen Kalkspath-führenden Kalkes von Malka enthält, wie ich leider zu spät bemerkte, ein Fragment von einem Muschelabdruck, welches kaum mit gehöriger Sicherheit zu ergänzen sein dürfte, einstweilen aber das Vorkommen von organischen Resten in diesen Gesteinen ausser Zweifel setzt.

rührt werden, bedeckt hatten, wird ganz unmerklich und ohne jede Trübung des Zurückbleibenden abgeschieden. Man findet aber diesen Niederschlag am stärksten in den Becken welche die Ausbruchspalten umgeben, und überzeugt sich demnach dafs er nicht erst durch Erkaltung oder Verdampfung des Wassers erfolgt, sondern schon bei dessen Mischung mit heissen Dämpfen und Gasen, die erst in eben jenen Becken zu ihm hinzuzutreten scheinen.

Für diese letztere Ansicht über die Entstehung der Malkaer Quellen sprechen namentlich auch deren Temperaturen auf eine höchst merkwürdige Weise. In dem Wasser eines schmalen natürlichen Beckens, mit vollkommen zugänglichem Boden, dessen Abfluss selbstständig und etwas nördlich von dem der Hauptquelle erfolgt, zeigte ein genau berichtigtes Réaumurscher Thermometer nur 64°,5 — während dasselbe an der Oberfläche der viereckigen Schöpfgrube sogleich bis auf 66°,4 stieg und ganz sicher eine noch beträchtlich höhere Temperatur nachgewiesen haben würde, wenn man das überstehende und verdampfende Wasser abgelassen und das Instrument den tieferen Wänden genähert hätte. — Ich zweifle nicht dafs man auf diese Weise in dem Hauptbecken der Malkaer Quellen bis zu 70° betragende und vielleicht auch dem Kochpunkt noch nähere Temperaturen beobachten könnte — und doch entspringt mitten unter ihnen, aus demselben Boden und in gleicher Menge, ein Wasser welches nicht mehr als die mittlere Luftwärme der hiesigen Gegend besitzt. Die Einwohner zeigten mir diese kalte Quelle mit gebührender Bewunderung, und ich fand jetzt ihre Temperatur + 4°,49, obgleich ich dieselbe erst einige Schritte unterhalb des sumpfigen Ursprunges und mithin an einer durch die äussere Luft bereits um etwas erwärmten Stelle messen konnte. — Der ansehnliche Bach den sie bildet, fliefst darauf ebenfalls zur Buistraja, parallel mit den heissen von denen er sich auch durch vollständige Reinheit oder doch durch den Mangel an jedem sichtbaren Niederschlage unterscheidet. Es schien mir somit kaum mehr als ein Ausdruck der Beobachtungen, wenn man nur die Wärme und die fremdartigen Bestandtheile durch die sich einzelne Malkaer Quellen auszeichnen, den tiefgehenden Spalten zuschrieb welche in die hiesige Ebene münden, ihr Wasser aber oder doch die Hauptmasse desselben, den oberflächlichen Schichten, aus denen es, gerade an seiner jetzigen Stelle, auch ohne jene Verbindung mit dem heissen Innern der Erde ausfliefsen würde.

Ich habe darauf in dem zunächst an den Häusern gelegenen heissesten Becken sowohl von dem weissen Absatz mehrere Rinden gesammelt, als auch eine Flasche gefüllt*) die unter dem Wasser verkorkt und gleich darauf mit einigem Siegellack luftdicht geschlossen wurde. Der Inhalt der letzteren hat sich bis zu meiner Rückkehr nach Berlin und in den folgenden Jahren völlig klar und ohne jeden Niederschlag erhalten und durfte daher wohl nach seiner chemischen Beschaffenheit mit den flüssigen Theilen der Malkaer Quellen für identisch gelten. — Herr Professor Rammelsberg dem ich eine Analyse der genannten Produkte verdanke, fand nun:

1) die Flüssigkeit neutral reagirend und beim Abdampfen derselben:

$\frac{61}{10000}$ eines festen Rückstandes,

dessen Gewichtseinheit aus

0,2132 Salzsäure,
0,2474 Schwefelsäure,
0,1490 Kieselsäure,
0,0372 Thonerde,
0,0484 Kalkerde,
0,0088 Talkerde

besteht. Die fehlenden 0,2960 des Ganzen sind nicht untersucht worden, können jedoch, wie auch Herr Rammelsberg bemerkt, kaum etwas anderes als Alkali und zwar am wahrscheinlichsten Natron enthalten. Die letztere Annahme wird dadurch fast zur Gewissheit erhoben, dafs nur sie den genau gesättigten Zustand der Lösung herbeiführt, welcher durch die neutrale Reaction derselben bewiesen ist.

Es fanden sich dagegen

2) in dem Absatze der Quellen, der 0,5 Zoll dicke Rinden aus staubartigen Theilen ausmacht, welche an ihrer Oberfläche etwas Trauben- oder Nieren-förmig gestaltet sind:

*) Sie fasste nur gegen 10 Unzen Wasser, war aber das zweckmässigste Gefäfs, welches sich eben in dem Malkaer Krankenhause vorfand.

kleine Mengen in Wasser löslicher schwefelsaurer Salze von Thonerde, Eisenoxyd und Kalk,

von denen sich das Uebrige und zusammen etwa ein Viertel des Ganzen durch Säuren extrahiren liefs; sodann aber durch eine vollständige Analyse in der Gewichtseinheit der genannten Substanz:

0,720 Kieselsäure,
0,040 Schwefelsäure,
0,143 Wasser und Spuren von Kohlensäure,
0,030 Eisenoxyd,
0,037 Thonerde,
0,022 Kalkerde*).

Die Malkaer Quellen sind, wie man aus diesen Resultaten ersieht, durch ihre chemischen Eigenschaften eben so verschieden von den meisten Mineralwassern die aus älteren krystallinischen Gesteinen entspringen, als nahe verwandt mit vielen Dampfausbrüchen aus vulkanischen Massen. Eben so wie hier so enthalten auch die Wasserdämpfe die aus tiefgehenden Spalten des Aetna an die Luft treten, Schwefelwasserstoffgas und

*) Was den scheinbaren Verlust von 0,008 des Ganzen betrifft, so dürfte er am wahrscheinlichsten auf die einzelnen Bestandtheile, den Gewichten derselben proportional, zu vertheilen und demnach eine Zusammensetzung des Malkaer Niederschlages aus

0,726 Kieselerde,
0,041 Schwefelsäure,
0,144 Wasser und Spuren von Kohlensäure,
0,030 Eisenoxyd,
0,037 Thonerde,
0,022 Kalkerde

anzunehmen sein, so wie auch für denselben im wasserfreien Zustande, aus

0,848 Kieselerde,
0,048 Schwefelsäure,
0,035 Eisenoxyd,
0,043 Thonerde,
0,026 Kalkerde.

Chlor*), und dieselben Gase finden sich in den Moffetten der Phlegräischen Felder**), zugleich mit Kohlensäure in den Wasserdämpfen die sich aus den Laven des Vesuv noch lange nach deren Austritt entwickeln***), in den von Boussingault untersuchten Quellen die durch Dämpfe aus den Amerikanischen Vulkanen erwärmt werden†), und in den Turkinsker Quellen welche eine ähnliche Einwirkung aus der vulkanischen Spalte die der Baikal darstellt, erfahren††). Auch hatte ich den Schwefel und ein schwefelhaltiges Gas von erstickendem Geruche, die aus dem Kliutschewsker Vulkane zugleich mit einer weit überwiegenden Masse von Wasserdämpfen entweichen, schon früher zu erwähnen (oben S. 376. 382.). — An allen solchen Orten entstehen aber, ebenfalls wie in den Malkaer Wassern, bei dem Austritt der Dämpfe und Gase schwefelsaure und salzsaure Salze, die beide, je nach den Umständen, in festem Zustande niedergeschlagen oder in den überstehenden Wassern aufgelöst werden†††).

Auch von dieser wesentlichen Seite kennen wir die vulkanischen Erscheinungen als ausserordentlich gleichartig, wiewohl es kaum schon entschieden ist ob überall das Schwefelwasserstoff, zugleich mit der Schwefelsäure, erst beim Austritt der elastischen Flüssigkeiten durch eine Wasserzersetzung entstehe, oder ob das erstere schon fertig vorhanden sei, und nur die letztere durch Oxydation der begleitenden Schwefeldämpfe erfolge.

Ein zweiter charakteristischer Bestandtheil der Dampfausströmungen von Malka ist die Kieselerde. Sie beträgt dem Gewichte nach etwas mehr als $\frac{1}{7}$ der in der überstehenden Flüssigkeit aufgelösten Substanzen und mehr als $\frac{7}{10}$ des Niederschlages am Boden derselben*†). Auch für diese beiden Arten des Vorkommens

---

*) Beaumont in: déscription géolog. de la France Tom. IV. pag. 26. seq.

**) Daubeny, Report of the sixt meeting of the Brit. Assoc. pag. 76.

***) Dufrénoy descr geolog. de la France IV. pag. 325.

†) Edinburgh new philos. Journ. Vol. XV. pag. 151.

††) In diesem Berichte Abth. I. Bd. 2. S. 185.

†††) Daubeny l. l. pag. 76. Beaumont l. l.

*†) Sogar noch beträchtlich mehr und namentlich 0,848 dieses Nieder-

sind aber nun zahlreiche Beispiele in anderen vulkanischen Gegenden der Erde bekannt: zwar nicht an den Dämpfen welche direkt aus Kratermündungen ausströmen, aber um so häufiger an denjenigen, die nach ihrem Austritt aus den glühenden Laven erst durch andere längst erkaltete bis an die Oberfläche ziehen, oder auch durch krystallinische Gesteine aus einer früheren geologischen Periode. — So kommen bedeutende Massen von Kieselerde durch die Dampfausströmungen zu Tage, durch welche die Quellen von St. Michael auf den Azoren, von Unartök an der Westseite von Grönland und wahrscheinlich auch auf Ischia, erwärmt werden. Auf Isle de France entsteht auf dieselbe Weise eine Kieselguhr die dem Malkaer Niederschlage ausserordentlich nahe kömmt*), und wir kennen auf Island, in den kochenden Quellen von Reikum, ein Wasser welches die Kieselerde in einer, mit der Malkaer fast identischen, Begleitung von anderen Substanzen aufgelöst enthält**), bei Krisiwik Dämpfe die Kiesel-

---

schlages, wenn derselbe in wasserfreiem Zustande untersucht wird — d. h. so wie der Isländische Sinter, dessen Kieselgehalt nur in diesem Zustande nach Klaproth's Analyse 0,980 beträgt.

*) Nach Klaproth's Analyse und nach den obigen Angaben enthält der Kieselniederschlag

	von Isle de France:	von Malka:
Kieselerde	0,720	0,720
Schwefelsäure	—	0,040
Kohlensäure	—	Spuren
Wasser	0,210	0,143
Eisenoxyd	0,025	0,030
Kalkerde	—	0,022
Thonerde	0,025	0,037

so dafs beide identisch erscheinen, bis auf den stärkeren Wassergehalt der auf Ile de France an die Stelle der kleinen Mengen von schwefelsauren und kohlensauren Salzen in dem Malkaer Niederschlage getreten ist. Vergl. Magazin der Berl. Naturforscher-Gesellschaft. Bd. III. S. 44.

**) Die Aehnlichkeit der beiden Isländischen mit den Malkaer Quellen ist durch folgende Resultate ihrer Analysen festgestellt:

	Quellen von		
	Geyser.	Reikum.	Malka.
Wasser	0,9989250	0,9991267	0,9994900
Kieselerde	0,0005400	0,0003414	0,0000760
Natron	0,0002901	0,0002677	0,0001509
Salzsäure	0,0001149	0,0001361	0,0001087
Schwef.säure	0,0000820	0,0000843	0,0001262

erde zugleich mit Schwefel und mit schwefelsauren Salzen absetzen*), und in den Geysern nicht blos eine der Kamtschatischen höchst ähnliche Auflösung, sondern auch in beiden Fällen nahe übereinstimmende Niederschläge.

Das ursprüngliche Gewichtsverhältniss der Substanzen in dem Gasgemenge welches die Malkaer Quellen, durch seinen Zutritt zu den oberflächlichen Tagewassern, bildet, läfst sich indessen, selbst aus den nun vorhandenen Analysen des Niederschlages und der Auflösung, nur bedingungsweise erkennen. Die Zusammensetzung jenes Gemenges ist nämlich nur insofern man es im wasserfreien Zustande betrachtet, zu ermitteln, und auch unter dieser Bedingung nur dann, wenn man anderweitig das Gewichtsverhältniss kennen lernt, welches in ihm für irgend zwei seiner Bestandtheile stattfindet**).

Kohlensäure	—	0,0000309	—
Thonerde	0,0000480	0,0000129	0,0000190
Kalkerde	—	—	0,0000247
Talkerde	—	—	0,0000045

Ich habe für Reikum das Mittel aus den höchst nahe identischen Resultaten der Analysen von Klaproth und Black, und für den Geyser die von dem letzteren Chemiker gefundene Zusammensetzung beibehalten. — Nach Stanley sollen auch die Reikumer Quellen, wiewohl in weit gegeringerem Grade als die Malkaer, Schwefelwasserstoff entwickeln. — Der Geyser scheint diese Eigenschaft nur bisweilen in schwachem Mafse zu besitzen, doch giebt es ganz in seiner Nähe einige Schwefel absetzende Quellen, die noch nicht untersucht sind. Vergl. Klaproth Beiträge etc. Bd. 2. S. 108. Black in Annales de chimie Tome XVI. G. S. Makkenzie: Reise durch Island; Weimar 1815. S. 491.

*) Robert in Voyage en Islande etc. sur la corvette la Recherche. Paris 1840. 1re partie page 207.

**) Wenn nämlich die Gewichtseinheit desjenigen Gas-Gemenges, das aus dem ursprünglichen durch Trennung von seinen Wasserdämpfen entstanden wäre, respective:

$$x \quad x' \quad x'' \ldots$$

Gewichtstheile von verschiedenen Substanzen enthält, so werden beziehungsweise von jeder derselben zur Bildung des Niederschlages verwendet:

$$a \quad a' \quad a'' \ldots \text{ Gewichtstheile}$$

und zur Bildung der überstehenden Auflösung:

$$x-a \quad x'-a' \quad x''-a'' \ldots \text{ Gewichtstheile.}$$

Sind demnach e e' e'' ... die Gewichte eben jener Substanzen in der Gewichtseinheit des Niederschlages und haben

$$E \quad E' \quad E'' \ldots$$

Ueber eines dieser ursprünglichen Verhältnisse, ich meine über das des Natron zu der Kieselerde, die nach unseren Erfahrungen an der Erdoberfläche nur durch die Gegenwart des ersteren im Wasser auflöslich wird, scheint mir nun aber in der That eine sehr bestimmte Andeutung vorhanden, wenn man die Zusammensetzung des flüssigen Theiles der Malkaer Quellen, mit der entsprechenden in den zwei genau untersuchten Isländischen vergleicht. In allen dreien findet man zunächst jene beiden wesentlichsten Bestandtheile nach Mischungs oder Atom-gewichten vorhanden, indem die beobachteten Mengen derselben, bei weitem innerhalb der unvermeidlichen Fehler, mit solchen theoretisch erwarteten übereinstimmen. Man sieht dies aus folgender Zusammenstellung, bei der unter: n und s beziehungsweise das Mischungsgewicht des Natron und das der Kieselerde verstanden sind. Es verhält sich die Gewichtsmenge des Natron zu der der Kieselerde.

	in der		in der
Malkaer Lösung	= 1: 0,5036	Verbindung	$3n + 2s = 1 : 0,5085$
Reikumer	= 1: 1,2753		$3n + 5s = 1 : 1,2713$
in dem Geyser	= 1: 1,8614		$2n + 5s = 1 : 1,9070$

Eben diese Zahlen zeigen aber ferner das Gewichtsverhältniss des Alkali zu der Kieselerde um so kleiner, je mehr die Auflösung in der sie vorkommen, ihrem ursprünglichen Zustande nahe ist. Bei Reikum ist dies in der That weit mehr als bei Malka der Fall, indem die Quellen an dem ersteren Orte noch bis zum Kochen erwärmt sind; und da dann endlich in dem Geyser die flüssigen Ausbrüche mit dampf- oder gasförmigen wechseln, deren Temperatur den Kochpunkt noch übertrifft, so darf wohl die

---

die entsprechende Bedeutung für die überstehende Auflösung, so erhält man

$$x = m.e + (1 - m) E$$
$$x' = m.e' + (1 - m) E'$$
$$x'' = m.e'' + (1 - m) E'' \text{ u. s. w.}$$

so dafs Alles auf die Kenntniss des Bruches

$$m = a + a' + a'' + \dots$$

ankömmt. Man erlangt aber diese unter anderen dann wenn der Quotient zweier beliebigen Werthe aus der Reihe x,x'.. anderweitig gegeben wird.

dortige Zusammensetzung des alkalischen Silicates oder die ihr sehr nahe kommende von 2n: 5s, ohne weiteres für diejenige gelten, welche in den vulkanischen Dampfströmen nach den Verwandtschaftsgesetzen und eben deshalb überall auf gleiche Weise vorkömmt. — Es folgt aber dann unmittelbar dafs die in den Malkaer Wasserdämpfen enthaltene mannigfaltigere Verbindung von Substanzen, aus 0,32883 von dem dortigen Niederschlage im wasserfreien Zustande, und aus 0,67117 von dem festen Rückstande aus der über ihm stehenden Lösung bestanden hat*), und dafs mithin die Gewichtseinheit in jener ursprünglichen Verbindung auf die hiernächst angegebene Weise zusammengesetzt war, oder doch auf diejenige welche sich aus ihr durch Desoxydirung von einigen ihrer Bestandtheile oder durch deren Vereinigung mit Wasserstoff ableiten läfst:

Kieselerde	0,3789
Natron	0,1987
Schwefels.	0,1815
Salzsäure	0,1431
Kalkerde	0,0410
Thonerde	0,0393
Eisenoxyd	0,0116
Talkerde	0,0059

In dieser Verbindung waren nun, insofern man das Natron durch die Kieselerde beschäftigt annimmt, ein grofser Theil der zwei anderen Säuren im freien Zustande. Namentlich aber:

0,0752 Schwefelsäure
und 0,0489 Salzsäure

---

*) Da nämlich die Gewichtseinheit:

des wasserfreien Niederschlages	0,8480 = e, Kieselerde
	0,0000 = e′, Natron
des festen Rückstandes der Lösung	0,1490 = E, Kieselerde
	0,2960 = E′, Natron

enthalten, so folgt aus der Bedingung:

$$\frac{m\,e + (1 - m)\,E}{m\,e' + (1 - m)\,E'} = 1{,}9070$$
$$m = 0{,}32883.$$

wenn an dieselben eine jede der vorhandenen Basen im Verhältniss der Menge von ihnen die sie zu sättigen im Stande ist, überging*) Eben dadurch wird es aber wiederum wahrscheinlich, dafs die letzteren aus ihren Radicalen erst bei ihrem Austritt an die Erdoberfläche entstanden sind, eben so wie man dies (für die Schwefelsäure) schon wegen der Menge des Schwefelwasserstoffes vermuthet welchen man unzersetzt entweichen sieht. Das Zerfallen der ursprünglichen Verbindung in den Niederschlag und in die überstehende Lösung, erscheint dann als eine einfache Folge von der Entstehung jener Säuren, welche zu ihrer Sättigung den gröfsten Theil von dem Alkali der Kieselverbindung bedürfen, und eben deshalb zu deren Zerlegung beitragen müssen.

Nach diesen Erfahrungen und nach vielen ähnlichen an anderen Punkten der Halbinsel (Sept. 28.) scheint es mir nicht zweifelhaft,

---

*) Sind nämlich von Basen, deren Gewichtseinheiten sich respective mit:

$a \quad a_, \quad a_{,,} \quad a_{,,,}$ Schwefelsäure

und mit:

$b \quad b_, \quad b_{,,} \quad b_{,,,}$ Salzsäure

zu Neutralsalzen verbinden,

die Gewichte: $m \quad m_, \quad m_{,,} \quad m_{,,,}$ vorhanden, so werden unter der oben genannten Bedingung von der

Schwefelsäure.	Salzsäure.
die Gewichtsmenge: $a^2 . \frac{m}{a+b}$	$b^2 . \frac{m}{a+b}$ durch die 1ste Basis
die Gewichtsmenge: $a_,^2 . \frac{m_,}{a_,+b_,}$	$b_,^2 . \frac{m_,}{a_,+b_,}$ durch die 2te Basis
die Gewichtsmenge; $a_{,,}^2 . \frac{m_{,,}}{a_{,,}+b_{,,}}$	$b_{,,}^2 . \frac{m_{,,}}{a_{,,}+b_{,,}}$ durch d. 3te Basis etc.

aufgenommen, oder es verbinden sich in dem hier betrachteten Falle:

von der Schwefelsäure	von der Salzsäure
0,0343	0,0160 mit Kalkerde
0,0546	0,0255 mit Thonerde
0,0106	0,0495 mit Eisenoxyd
0,0068	0,0032 mit Talkerde.

Zusammen werden demnach

0,1063 Schwefelsäure

und 0,0942 Salzsäure

beschäftigt, und es bleiben ungebunden:

0,0752 Schwefelsäure

und 0,0489 Salzsäure.

dafs der Niederschlag an den Spalten aus denen die vulkanischen Dämpfe durch Transitionsschichten bis in die Malkaer Quellen gelangen, nach chemischen Gesetzen erfolge. Die mikroskopische Untersuchung zeigt aber dennoch die Kieselerde in demselben weder in einem amorphen noch in einem krystallinischen Zustande, sondern vielmehr gröfstentheils zu Skeletten von Thierkörpern umgestaltet. Herr Ehrenberg der sich auf meine Bitte von dieser unerwarteten Thatsache überzeugte, hat sie folgendermafsen geschildert: „Während der Absatz des Geyser unorganisch ist, enthält der Malkaer leere Kieselschalen von todten organischen Körperchen. Es sind dariu bis jetzt zwölf verschiedene Formen ermittelt, von denen neun zu den vier Infusorien-Gattungen Eunotia, Navicula, Fragilaria und Pinnularia gehören; namentlich aber von Infusorien:

1. Eunotia borealis nov. spec.
2. Eunotia Cistula ?
3. Navicula curvula
4. Navicula lineola nov. spec.
5. Navicula laevis nov. spec.
6. Navicula Fusidium
7. Fragilaria pinnata
8. Pinnularia viridis
9. Pinnularia Tabellaria

und ausserdem:

10. Lithostylidium quadratum
11. Lithostylidium rude
12. Lithostylidium undulatum.

Obgleich drei eigenthümliche Arten unter diesen Körpern vorkommen, so sind doch alle Genera denen sie angehören, auch in Europa vorhanden. Die Hauptmasse bilden die Eunotien, auf ähnliche Weise wie in dem Polirschiefer von Jastreba in Ungarn, und dieser enthält sogar den Kamtschatischen sehr nahe kommende Arten. Navicula Fusidium ist von Bridgewater in Massachuset bekannt, die zwei neuen Naviculae sind klein und wenig ausgezeichnet, und die übrigen Körper gehören zu überall verbreiteten Arten. — Die organisch geformte Kieselerde beträgt ihrem Volumen nach oft zwei Drittel von der Gesammtheit dieser Substanz und das übrige Drittel besteht dann aus so kleinen und so stark veränderten Körperchen, dafs man es nur fragweise für unorganischen Niederschlag halten kann"; doch scheinen in dieser Beziehung lokale Verschiedenheiten vorzukommen, denn „von dem Ueberzuge auf einem der Gerölle aus den Malkaer Quellen sind einzelne Stellen nur undeutlich organisch und andere reich an wohl erhaltenen Formen." Herr Ehrenberg bemerkt endlich noch dafs er in diesem Niederschlage keine Spuren von lebenden Thieren d. h. von solchen gefunden hat deren grüne Eier sich als eingetrocknete Masse im Innern der Kieselschalen erkennen lassen*); doch dürfte sich diese Ansicht wohl noch ändern, indem im Innern der stärkeren weissen Rinden des Malkaer Absatzes allerdings eine grasgrüne Färbung von äusserst dünnen Lagen desselben vorkömmt.

Da nun aber das Vorkommen lebender Naviculen — eben so wie die Entwickelung von mancherlei Tremellen und Conferven**), in Wassern von den höchsten Temperaturen schon anderweitig feststeht, so hat auch die Annahme nichts unwahrscheinliches dafs die oben genannten Infusorienarten in den Malkaer Wassern fortwährend thätig sind, und dafs sie deren Kieselerde, entweder schon während der Zersetzung der Dämpfe, an den Austrittspunkten derselben, aufnehmen und umgestalten, oder doch durch nachträgliche Benutzung des weichen und fein vertheilten Zustandes, in dem sich der ursprüngliche Niederschlag an dem Boden der Quellbecken befindet. Auch ist es endlich, wo nicht anschaulich, so doch an Tausende von analogen Erscheinungen anzuschliefsen, dafs dergleichen Thiere, von ihrem unbekannten Herkunftsorte aus, die Punkte zu finden wissen an denen Kieselerde frei wird. An den Abhängen vulkanischer Gipfel in der Mitte des Oceans, erfahren wir fortwährend wie sich die sichtbaren Polypen der Caryophyllien und Milleporen und die kaum nachweisbaren der

*) Vergl. Herrn Ehrenberg's Aufsatz über die Erdsahne vom Marekan (oben S. 90.) und über den Malkaer Niederschlag in: Archiv für wissenschaftl. Kunde von Russland Bd. III. S. 182. Bd. II. S. 796.

**) So in den heissen Quellen von Aachen und in denen bei Barège. Vergl. u. a. Daubury a. a. O. S. 31.

Nulliporen einfinden, und wie sie Berg-ähnliche Kalkwälle aufbauen, und doch liegt diese grofsartigere Erscheinung noch in tieferem Dunkel als die Bildung der Kieselskelette in den Quellen. Der Ursprung des Materiales ist für diese letzteren mit Bestimmtheit nachgewiesen, während man die Zuführung der Kalkerde die zu Korallenriffen gestaltet wird, nur vermuthungsweise den kohlensauren Wassern zuschreibt die aus den alten Laven etwa auf dem Meeresboden aufsteigen.

Von der medizinischen Wirksamkeit der Malkaer Quellen habe ich keine Beweise gesehen, denn in der Heilanstalt bei derselben befand sich jetzt nur ein schwer erkrankter Arzt, der sich früher als Gehülfe und jetzt als Nachfolger von Herrn Kiselow (S. 502.) in Malka niedergelassen hatte. Auch lebte in einem sehr zierlichen Wohnhause bei den Quellen eine junge Kamtschadalin die Herr K. geheirathet und vor kurzem, in der Hoffnung auf eine dereinstige Rückkehr, verlassen hatte. Sie fragte mich mit rührender Theilnahme, nach meiner Begegnung mit „ihrem Freunde" und zeigte mir, wie ein Andenken an denselben, unter anderem in der Nähe des Badehauses die Geleise von einem Räderfuhrwerke welches Herr K. zum erstenmale auf Kamtschatka gebaut und angewendet hatte.

Wir ritten gegen Mittag von Malka zuerst gegen SW., stromabwärts, in der Nähe der Buistraja und dann gegen SO. auf einer breiten Thalebene, auf der uns mehrere einzelne Bäche entgegen kamen. Sie durchsetzt den Malkaer oder Natschikaer Bergzug und erreicht in geringer Höhe einen Theil der Wasserscheide zwischen der Buistraja und der Bolschaja rjeka. Ein Dickicht von mehr als mannshohen Kräutern und vortreffliche Birkenwaldungen wechseln auf diesem langsam ansteigenden Boden. Die letzteren werden im Winter von weither besucht, weil sie zum Zobelfange besonders günstig sein sollen.

Die Aussicht wurde wieder frei als wir, auf einer nur mit niedrigen Gräsern bedeckten Ebene, den höchsten Punkt unseres heutigen Weges erreichten. Hinter uns zeigten sich die Ganalischen Berge, aber auch in O. und SO. lagen ihnen ähnliche Gipfel felsiger Ketten, von denen die hintere Korjazkji chrebét d. i. der Gebirgsrücken von Korjaki genannt wird. So bleiben die östlichen Vulkane und das noch vor ihnen gelegene Thal des Awatschaflusses, welches nach Petropaulshafen führt, auch hier noch, wie an der Buistraja und an der oberen Kamtschatka, durch steil aufgerichtete schiefrige Gesteine verdeckt.

Wir ritten von dem Passe mit geringer Steilheit abwärts, zuerst an dem Bésem, einem kleinen Zuflusse der Bolschaja, und dann links von demselben, über sanfte Hügel auf denen Weidengebüsch mit dichten Gruppen von der *S*ladkaja trawà (Heracleum dulce) und von anderen riesigen Doldenpflanzen abwechselt. Es war schon finster geworden als wir die Bolschaja und bald darauf, in der Nähe ihres linken Ufers, die Kamtschadalischen Häuser von Natschika erreichten. Nach einem ganz hellen Tage schien hier ein feiner und wenig nässender Nebel bis zu beträchtlicher Höhe über dem Boden zu liegen — auch konnte ich zwischen 10 und 12 Uhr nur einige nahe am Zenit gelegene Sterne zur Bestimmung der Breite und Länge von Natschika und der magnetischen Declination an demselben gebrauchen.

[September 28.]

Die Bolschaja die zunächst bei den Jurten und Balaganen und bei der Mündung des Natschikaer Baches kaum wasserreicher scheint als die Kamtschatka bei Puschtschina, wird doch schon von hier aus abwärts bis nach Bolscherezk und bis zur Westküste der Halbinsel mit Batten und Paromen befahren. Sie strömt reissend zwischen den Hügeln die an dem linken oder Natschikaer Ufer den sanften Abhang einer sehr ausgedehnten und gegen W. ganz offenen, Ebene ausmachen. Man sieht diese in der Nähe der Ortschaft nur mit ärmlichem Weidengebüsche bedeckt, welches an die Ebenen zwischen *S*edanka und dem westlichen Fufse des Mittelgebirges erinnert (S. 217.). Bis an die ansehnlichen Hügel des rechten Ufers erstreckt sich dagegen an vielen Stellen die Birkenwaldung und ein üppiges Krautdickicht, von den Bergen welche hinter ihnen den Horizont gegen NO. und O. begränzen.

An diesen Abhängen entspringen, ganz dicht über dem Niveau der Bolschaja, die heissen Quellen von Natschika, die schon weit früher als die Malkaer von den Russischen Bewohnern der Halbinsel beachtet und zu Bädern benutzt worden sind. Ich fuhr gegen 8 Uhr Morgens auf einem Batte mit zwei Kamtschadalen von der Mündung des Natschikaer Baches etwa eine Viertelmeile weit stromaufwärts, nach einen ziemlich steilen aber gänzlich bewachsenen Abhang des rechten Ufers. Wir erstiegen diesen und gingen dann gegen 1000 Schritt NO-wärts, bis an den Ursprung einer Schlucht, welche die grüne und fast ebene Fläche gegen 30 Fufs tief bis zum Flussniveau durchschneidet. An dieser sah man nun den uns zugekehrten Abhang mit dichten Dunstwolken bedeckt und beim Hinabsteigen, in der Mitte und am Fufse desselben, unzählige feine Stralen von heissem Wasser die aus einem röthlichgelben Boden hervorbrechen. Sie vereinigen sich unten zu einem etwa 5 Schritt breiten Bache der gegen SSW. nach der Bolschaja abfliefst.

Ich habe an mehreren der Ausbruchstellen die Temperatur jener Wasserstralen (bei etwa + 6° Lufttemperatur) nicht über 61°,6 gefunden, während Krascheninikow dieselbe, an einem kalten Wintertage (bei — 13° Lufttemperatur) und sogar „an dem Ursprunge des Baches" zu 67°,5 beobachtete. In nur 90 Jahren scheinen hiernach die Natschikaer Quellen eine beträchtliche Erkaltung erlitten zu haben. — Man darf aber dieselbe gewiss nicht einer entsprechenden, an dem Ausgangs-Punkte der heissen Dämpfe zuschreiben, die zu der Bildung jener Quellen beitragen, sondern vielmehr den grofsartigen und augenscheinlichen Veränderungen der oberflächlichen Schichten aus welchen sie austreten. — Ohne Zweifel haben diese ursprünglich theils aus einem hellgrünen äusserst fein krystallinischen Schiefer, mit einzelnen kleinen aber sehr stark glänzenden Hornblendekrystallen bestanden, theils aus einem Porphyr mit braunrother kiesliger Grundmasse, welcher viele Hornblendekrystalle und kleine Chalcedonmandeln enthält. Denn von diesen beiden Gesteinen liegen sowohl viele Trümmer an dem Boden der Schlucht, als auch an den Wänden derselben, etwas unterhalb der Quellen, weit gröfsere halbzersetzte aber noch kenntliche Stücke. An dem Abhange über den austretenden Wassern und rings um dieselben findet man dagegen jetzt, bis tief in sein Inneres, nur eine theils gelbe theils braunrothe Masse, welche so weich ist, dafs ich alle Proben von derselben in Blätter einwickeln musste, um sie mitnehmen zu können. Nach einer qualitativen Prüfung besteht dieses zersetzte Gestein aus:

Kieselerde
Eisenoxyd
Thonerde
Kalkerde
Talkerde
und Wasser

auch liegen, noch etwas oberhalb der jetzigen Ausbruchsstellen, an derselben Wand und in einem eben so weichen Boden, eine ausserordentliche Menge äusserst kleiner aber stark glänzender Hornblendekrystalle und gröfsere Einschlüsse von weissem, rothem und hellgelbem Thone die wohl von zersetztem Feldspathe herrühren. Breite Lagen dieses bunten Letten sind schon bis an den Fufs des Abhanges gesunken und er ist auch bis mitten in den Bach geschwemmt, wo er kleine, festere Trümmer conglomeratartig verbindet. — Ein stark glänzender, in Salzsäure vollständig auflöslicher Ueberzug von Eisenocher, der auf feinen Klüften der geröllreichen Wand und auf den abgeschwemmten Massen in dem Bache vorkömmt, scheint doch nur, wie jener Letten selbst, zu den Rückständen des ursprünglichen Gesteines zu gehören, welche die Dämpfe nicht auflösen, sondern nur in einem aufgeweichten Zustande hinterlassen*). Der Niederschlag aus diesen und aus den Wassern die sie erwärmt haben, ist dagegen auch hier schneeweiss und nach allen damit angestellten Prüfungen dem Malkaer aufs nächste verwandt. Ich habe dünne Rinden desselben, sowohl von der Oberfläche des Letten als von festeren Schiefer- und Porphyr-Geröllen, untersucht und in jeder derselben folgende Bestandtheile gefunden:

Kieselerde
Schwefelsäure
Kohlensäure
Wasser
Eisenoxyd

*) Vor dem Löthrohre wird dieser Eisenocher, der bisweilen durch eine granat- oder rubin-rothe Färbung auffällt, in der inneren Flamme, unter Beibehaltung seines starken Glanzes, in eine pechschwarze und stark magnetische Oxydulverbindung umgeändert.

Thonerde
Kalkerde
Talkerde
und Spuren von Kali *)

Die Kieselerde überwiegt auch in diesem Niederschlage bei weitem über dessen andere Bestandtheile, und unter diesen zeigt sich sodann die Kalkerde aufs entschiedenste vorherrschend. Sie ist, wie die übrigen Basen, zu gröfserem Theile an Schwefelsäure gebunden, und der kohlensaure Kalk scheint, ziemlich seltsamer Weise, je nach dem Boden auf welchem der Niederschlag erfolgt ist, dem Gypse in verschiedenem Mafse beigemengt. Bei der Behandlung mit Salzsäure zeigten nämlich die, meist lockeren, weissen Rinden von dem Letten, ein sehr starkes Brausen, die von unzersetzten Geröllen genommenen, festeren aber ein merklich schwächeres.

Von chemischer Seite erscheint demnach das Vorherrschen des Kalkes über das Eisenoxyd als der einzige und nicht sehr wesentliche Unterschied zwischen dem Natschikaer Niederschlage und dem Malkaer, und ich habe dann endlich, bei einer mikroskopischen Vergleichung der Kieselerde aus diesen beiden Bildungen, in der ersten auch dieselben organischen Ueberreste bemerkt die in der Malkaer am meisten auffallen (S. 513.) **).

---

*) Die Anwesenheit dieses Alkali in der Flüssigkeit die ich, nach Fällung der früher genannten Substanzen, abfiltrirt hatte, ist auch noch durch einige Versuche von Herrn Dr. R. Hagen ausser Zweifel gesetzt worden. Da sich aber dasselbe, im Vergleich zu den übrigen Bestandtheilen des Niederschlages, nur in äusserst geringer Menge vorfand, so könnte es möglicher Weise von feinen Splittern des unterliegenden Gesteines herrühren, die, trotz der Sorgfalt welche ich auf Trennung der weissen Rinden verwandt habe, vielleicht dennoch in denselben geblieben sind.

**) Von dem flüssigen Theile der Natschikaer Quellen konnte ich leider keine Probe mitnehmen. Bei der Gleichartigkeit der Niederschläge, welche von ihnen und aus den Malkaer erfolgen, ist doch aber eine Uebereinstimmung beider in allen wesentlichen Punkten kaum zu bezweifeln. Einige ziemlich rohe und dennoch höchst dankenswerthe Versuche die schon im Jahre 1787 von den Herren Lesseps und Kaslow an den Natschikaer Quellen angestellt, und von dem ersteren genugsam beschrieben wurden, haben auch bereits wenigstens:

Die Erscheinungen unter denen perpetuirliche Ausströmungen von Dämpfen und heissen Wassern auf Kamtschatka vorkommen, waren mir nun, theils nach eigener Ansicht, theils durch zuverlässige Beschreibungen, in folgenden Distrikten näher bekannt geworden*):

bei 54°,3 bis 54°,4 Breite und 157°,3 bis 157°,8 O. v. Par. in der Umgegend des Tschemetsch;

bei 53°,4 Breite und 155°,7 O. v. Par. bei Malka in der Nähe der Búistraja;

bei 53°,1 Breite und 155°,9 O. v. Par. bei Natschika in der Nähe der Bolschaja;

bei 52°,8 Breite und 155°,5 O. v. Par. an dem Baanju einem Quellflusse der Bolschaja;

bei 51°,8 Breite und 154°,4 bis 154°,6 O. v. Par. an der Osernaja und Pau*dj*a;

und in allen diesen Gegenden zeigten sich die austretenden Substanzen und deren Beziehung zu den umgebenden Bergen aufs wesentlichste gleichartig. Namentlich bemerkt man zunächst dafs in jedem dieser fünf Distrikte die Dampf-gebenden Spalten auf Thalsohlen oder an niedrigen Abhängen, durch diejenigen Transitionsgesteine oder metamorphischen Bildungen von ältester Entstehung austreten, von welchen auf Kamtschatka die noch jetzt glühenden vulkanischen Massen, stellenweise und meist wie von selbständigen Bergketten bedeckt werden (vergl. oben S. 411. 459. S. 469. S. 483. S. 498.). Es scheint einer solchen Bedeckung zu bedürfen, damit jene geschmolzenen Massen einer ununterbrochenen Entwickelung von elastischen Flüssigkeiten fähig bleiben. Wo einmal Andesitische Gipfel oder gar Lavenkegel an die Oberfläche getreten sind, da bilden sich wohl auch noch die grofsartigen vulkanischen Wolken, die man an dem Kliutschews-

---

Schwefelsäure
Kalk und
Schwefelwasserstoff

in denselben nachgewiesen. Die frisch geschöpfte Flüssigkeit gab mit kochender Salpetersäure einen merklichen Schwefelniederschlag, und darauf weit stärkere Niederschläge sowohl mit Kleesäure als auch mit einer Barytauflösung. Vergl. Journ. histor. du voyage de Mr. Lesseps. Paris 1790. pag. 51.

*) Vergl. meine Karte von Kamtschatka. Berlin 1838.

ker und an anderen aktiven Vulkanen bewundert (S. 369. 350. 403.) Aber die Bestandtheile dieser Wolken vermögen keine dauernden Quellen zu erwärmen und zu speisen, denn sie entspringen nur noch periodisch, wenn der Krater sich öffnet, aus den Theilen des glühenden Innern die bald darauf ausfliefsen und welche dann, im Augenblicke ihrer Erkaltung, zum letztenmale dampfen. So wird der Vorrath an heissen elastischen Flüssigkeiten unter solchen thätigen Bergen durch eine jede Laven-Eruption für immer vermindert, bis dafs er sich endlich, wie unter dem Kamtschatischen Mittelgebirge, vollständig erschöpft zeigt. An den vorzeitlichen Lavenbergen in dieser westlichen Kette der Halbinsel sind demnach auch niemals heisse Quellen, und seit Menschengedenken nicht einmal vulkanische Wolken, vorgekommen, und da sich andererseits diese letzteren, oder die periodischen Dampfausbrüche durch welche sie entstehen, für alle gegenwärtig thätigen Kegel der Kamtschatischen Ostreihe durchaus charakteristisch gezeigt haben, so wird man in den perpetuirlichen Quellen von Dämpfen und heissen Wassern die Vorboten künftiger Lavenausbrüche, oder doch die Anzeigen eines noch unangegriffenen Materiales zu solchen Steinausflüssen, nicht verkennen dürfen. — Eine so grofsartige Gemeinsamkeit der ursachlichen Verhältnisse in den oben genannten Thermaldistrikten wurde aber nun ausserdem durch folgende Beschreibung der Erscheinungen in dem nördlichsten und in den beiden südlichsten von ihnen näher veranschaulicht*), so wie durch deren Uebereinstimmung mit allem was sich bei Malka und bei Natschika gezeigt hatte.

Von dem Ost-abhange des Milkower Gebirges (in dem durch Milkowa gehenden Querschnitte desselben) reicht zwischen 54°,3 und 54°,4 Breite ein felsiger, und gegen sein Ende niedriger, Seitenkamm, zwischen zwei Schluchten bis nahe an die Meeresküste. Er streicht NW-lich, so wie wir es auch an den zur Kamtschatka gewendeten Querthälern dieser Milkower Kette und an ihrer Ganalischen Fortsetzung gesehen hatten (S. 459. 468. 498.). Seine Breite beträgt etwa 1 Meile und dennoch zeigt sich sein flacher

---

*) Vergl. Opisanie semli Kamtschatki Tsch. I. S. 45. Tsch. II. S. 179. u. a. so wie meine Karte von Kamtschatka.

Rücken überall eben so reich an Dampfausbrüchen, wie sein SW-licher und sein NO-licher Abhang. Längs des ersteren fliefst der Tschemetsch gegen das Meer, dessen Quellen heiss, ringsum von dampfenden Felswänden überragt und ausserdem, auf dem zersetzten und aufgeweichten Boden der Schlucht welche sie einnehmen, 1½ Werst weit mit vielen Becken von siedendem Wasser umgeben sind. Man bemerkt namentlich unter diesen einen Kessel von 35 und einen anderen von 20 Fufs Durchmesser, welche durch ausströmende Dämpfe in dichteste Wolken gehüllt, so wie auch, der erstere bis zu 11 der andere bis zu 7 Fufs Tiefe, von der kochenden Flüssigkeit eingenommen sind. Ihre nächstgelegenen Ränder trennt ein nur 10 Schritt breiter Sumpfboden. Die Gase welche in diese Bekken strömen, und die Dämpfe die sich in ihnen niederschlagen und ihren flüssigen Inhalt erhitzen, verursachen ein so lautes Gebrause dafs man sich daselbst einander nur durch Schreien verständlich macht. Es sind aber wiederum Schwefel-haltige Gase welche die hier austretenden Wasserdämpfe in überwiegender Menge begleiten, denn der Geruch des Schwefelwasserstoffs ist ringsum fühlbar, auch wird in den Becken einiger Schwefel abgesetzt, und es bilden sich an ihren Rändern schwefelsaure Salze von alaunähnlichem Geschmacke. — Ein weisser Niederschlag („von kalkähnlichem Ansehen") der dort „wie bei allen Kamtschatischen Quellen" vorkömmt, ist ohne Zweifel eben so kieselhaltig wie die von uns untersuchten (S. 506. 519.) und so zeigt denn auch der weiche Rückstand des Gesteines, welcher von den Dämpfen zersetzt und dann in den Tschemetsch gespült wird, die mannichfaltigen und lebhaften Färbungen des entsprechenden Produktes von Natschika*). Als eine Eigenthümlichkeit dieser

*) Die gefärbten Stellen des Letten von Natschika die nach dem Eintrocknen theils glänzend ocherfarben, theils matter und schwärzlich werden, geben bei der Erhitzung in offenen Röhren, ausser vielem Wasser, auch ein bläulich-weisses Sublimat, welches schwer flüchtiger als Wasser, geruchlos und in Salzsäure leicht löslich ist. Nur von einem sehr dünnen grünlich-gelben Ueberzuge desselben Letten habe ich, bei gleicher Behandlung, auch einen deutlichen Salzsäuregeruch erhalten und es ist demnach wohl nicht unwahrscheinlich dafs auch die übrigen Färbungen durch kleine Mengen von Chloreisen entstehen, welche das Hydrat des Eisenoxydes begleiten.

Quellen erwähnt dagegen Krascheninikow dafs sie sich mit einem auf dem Wasser schwimmenden kohlschwarzen und sehr fest an den Fingern haftenden Stoffe bedecken — doch dürfte auch dieser wohl mit ähnlichen Erscheinungen in vielen bekannten Schwefelquellen, und vielleicht namentlich mit dem sogenannten Stinkharze, übereinkommen.

An dem anderen (nordöstlichen) Abhang desselben Bergrücken fliefst die gorjatschaja rjetschka d. h. der heisse Bach zwischen steilen Wänden. Er beginnt nur 3 Werst vom Meere, ist viel reissender als der gleichnamige von Natschika und so wasserreich, dafs er ein felsiges Bett von 20 Fufs Breite und mehr als 1 Fufs Tiefe vollständig erfüllt. Eben deshalb scheinen die Dämpfe die vereinzelt an vielen Punkten zu seinen Quellen hinzutreten, seine Temperatur nicht so stark als die der früher erwähnten Wasser zu erheben. Auf die Luft und auf den Boden durch welchen sie austreten, wirken dieselben so merklich, dafs Krascheninikow den oberen Lauf der gorjatschaja rjetschka schon im März mit „vielen grünen und mit einigen blühenden Kräutern" umgeben fand*). Die Nähe der heissen Masse von der sowohl diese Dampfströme als auch die in dem Thale des Tschemtsch ausgehen, giebt sich aber auch mitten auf dem Felskamme welcher sie scheidet, zu erkennen. Eine hoch gelegene Ebene auf demselben ist völlig vegetationslos, aus dem thonigen Rückstande ihres zersetzten und aufgeweichten Bodens sieht man überall Dampfstralen gewaltsam hervorbrechen, auch hört man aus der Tiefe ein Rauschen, als ob eine Flüssigkeit von diesen Ausströmungen durchbrochen und bewegt würde. — Es ist wahrscheinlich dafs sich gleiche Einwirkungen von heissen Dämpfen, von derselben Stelle aus, noch etwas weiter über die Mündung der gorjatschaja rjetschka erstreckt haben, denn nördlich von derselben ist der Abhang gegen das Meer drei Werst weit eine nackte steile Wand aus einer braungelben, lockeren und etwas kör-

*) Die mittleren Lufttemperaturen betragen:

	in Tigilsk	in Petropaulshafen
März 15.	— 5°,7	— 3°,8
März 31.	— 3°,4	— 2°,5,

nigen Masse, welche wegen ihres eigenthümlichen Ansehens sehr bezeichnend tolokonnuija gorui d. h. die gemalzten Berge genannt wird, und erst jenseits dieser Strecke folgt festes Gestein in schroffen und „wie zerrissenen“ Felsen. Die heissen Gesteine unter dem Tschemetsch liegen übrigens sehr genau auf der Streichungslinie der Ost-Kamtschatischen Vulkanreihe, und gerade dort scheint diese, zwischen der Jupanowa Sopka (14 Meilen SSW. von dem Tschemetscher Kamme) und dem Kronozker Vulkane (7 Meilen NNO-lich von demselben) auf einer ungewöhnlich langen Strecke unterbrochen. Der letztere und der See an seinem Fuſse haben in der Osthälfte des Milkower Gebirges eine durchaus ähnliche Lage wie jene unterirdischen Dampfquellen (S. 412.).

Von den südlicheren dampfenden Gegenden ist die am Baanju bei 52°,8 Br. 155°,5 O. v. Par. ihrer Lage, nach der Natschikaer äusserst ähnlich. Nur 5 Meilen von dieser gegen SSW. entfernt, bildet sie ein letztes Querthal in der Fortsetzung der geschichteten Felsmassen die über Malka und Natschika gegen S. streichen. Diese alten Gesteine scheinen aber sowohl das Süd-Ende des vulkanischen Mittelgebirges zu bedecken, als auch das Nord-Ende derjenigen Reihe von aktiven Vulkanen, welche weiter südlich auf der Spitze der Halbinsel eine Parallelkette zu der östlichen Hauptreihe bilden. Eine Menge von heissen Wasserstralen und Bächen treten nun von beiden Seiten in den Baanju, da wo er (6 Meilen südlich von Natschika) gegen Westen flieſst. An der steilen Nordseite seines Thales fallen sie fast unmittelbar aus den Felsen in den Fluss, während bis zu 300 Schritt lange Bäche auf einer Ebene die von Süden, von dem Rande der Opalenaja Sopka, gegen das linke Ufer des Baanju abfällt, aus unzähligen Spalten mit Dämpfen versehen werden. Ein kürzerer Zufluss dieser Art scheint auch sein Wasser nur auf diesem Wege zu erhalten, denn aus den Spalten die seinen Ursprung umgeben, brechen nur heisse flüssige Sprudel 5 Fuſs hoch mit Brausen hervor. — Die übrigen haben aber kalte, oberflächliche Quellen und werden nur theilweise, so wie auch oft erst in der unteren Hälfte ihres Laufes, aus den tief gehenden Spalten erwärmt. Die heissesten Wasserstralen dieser Gegend hatten zu Krascheninikow's

Zeiten + 72° Temperatur bei einer Lufttemperatur von — 18°,7, und die übrigen Erscheinungen an denselben werden für ganz übereinstimmend mit den bei Natschika und an der Osernaja vorkommenden erklärt.

Südlich von 52°,6 Breite gehören die Opalskaja oder Opalenaja Sopka (d. h. der versengte Vulkan) der Utschich oder Herz-fels in der Mitte des Kurilischen Sees und ein rauchender Gipfel an dem Südufer desselben zu jener Reihe von blofsgelegten und somit aktiv gewordenen vulkanischen Massen, welche nur dort die weit längere Ostreihe in einem Abstande von 5 Meilen begleitet. Sie haben, in der Richtung ihres Streichens, auch noch im Meere eine Fortsetzung, in dem äusserst hohen und heftig rauchenden Kegel der Insel Alaid*). Denn diese liegt um 5 Meilen westlich von der Kurilischen Kette. Wie der Schiwelutsch aus dem Kronozker See (S. 300.) so ist einst dieser grofsartige Inselvulkan, nach der Kamtschadalischen Sage, aus dem Kurilischen See ausgestofsen worden und entflohen, nachdem er in demselben sein innerstes Stück, als eine kleine Insel zurückgelassen hatte, welche eben deshalb serdze kamen d. h. der Herzfels oder auch alaidskaja pupka d. i. der Nabel von Alaid genannt wird. An dem meerwärts gekehrten Abhange dieser westlichen Reihe von Kegelbergen ist aber ihre vulkanische Masse wiederum mit weit älteren Gesteinen bedeckt: so namentlich zwischen dem Kurilischen See und der Westküste. Auf dieser Strecke hat man schon vor alten Zeiten von den Kupfererzen gefunden, welche sonst noch sowohl in dem grünen Schiefer an dem nächstgelegenen Punkte der Ostküste (zwischen der Asatschaer Bucht und der Lopatka) als auch auf der Kupferinsel als charakteristische Begleiter der von den Andesitgipfeln durchbrochenen Grauwackenformation (S. 502.) vorkommen, und eben

---

*) Krascheninikow versichert dafs der Gipfel dieses allein stehenden Inselvulkanes bei hellerem Wetter von der Mündung der Bolschaja sichtbar sei d. h. aus einem Abstande von 29 Meilen. Er muss also, je nachdem er dort bei gewöhnlicher Stralenbrechung um 30, um 20 oder nur um 10 Minuten über dem Meereshorizont hervorragt, die Höhe von 14717, 12790 oder 10863 Par. F. besitzen, und man hat demnach wohl die letztere Angabe für die kleinste noch mögliche zu halten.

dort entspringen nun auch wieder die Dämpfe und heissen Wasser des fünften oder südlichsten der oben genannten Bezirke bei 51°,8 Breite und 154°,4 bis 154°,6 O. v. Par. Sie liegen theils hart an dem linken oder südlichen Ufer der Osernaja welche aus dem Kurilischen See in das Westmeer abfliefst, theils an der Ostseite des Paudja-Baches der ebenfalls in das Südufer der Osernaja mündet. In der letzteren Gegend zeigt sich eine gegen 1000 Schritt lange, 14 Fufs hohe Wand auf die mehrerwähnte Weise durch heisse Ausströmungen zersetzt. Sie besteht aus einem weichen gelblichen Letten und nur einzelne rundliche Knollen in demselben haben im Innern noch etwas von der Festigkeit des ursprünglichen Gesteines behalten, während sie nach aussen ebenfalls weich und plastisch geworden sind. Ein Thon der im nassen Zustande marmorähnlich vertheilte und sehr lebhafte rothe, blaue, weisse, gelbe und schwarze Färbungen zeigt, wird sowohl an der Paudja als an der Osernaja von den Quellen zusammen gespült. Auch brechen, in beiden Gegenden auf gleiche Weise, bald heisse Dämpfe, bald erhitzte Wasserstralen durch unzählige Spalten des aufgelösten Gesteines hervor; theils an dem senkrechten Durchschnitte desselben, theils auch nur unter dem Flussspiegel, auf Inseln die in der Paudja und in der Osernaja liegen, oder auch, zur Seite der ersteren, blos von den heissen Abflüssen aus der zersetzten Felswand umschlossen werden. Am lebhaftesten schienen diese Ausbrüche aus Spalten, die äusserst eng und nur „wie mit einer Nadel geritzt" waren, denn aus ihnen entwich der Dampf mit Gebrause und mit Zurücklassung von gediegenem Schwefel auf den thonigen Wänden, während andere bis zu 15 Fufs breite Klüfte ihren heissen Inhalt theils unsichtbar hindurchliefsen, theils, wo sie mit Wasser überstaut waren, in 2 Fufs hohen flüssigen Sprudeln.

Der erdige Niederschlag aus diesen Quellen ist noch nicht untersucht worden, doch weiss man dafs auch bei ihnen Schwefelwasserstoff entweicht und dafs sich Schwefelsäure bildet. — Aus dem aufgeweichten Rückstande des Gesteines efflorescieren Eisenvitriol und Alaun, wenn man das Wasser mit dem er durchzogen ist, verdampfen läfst. Zu Krascheninikow's Zeit war 69°,3 die höchste Temperatur die in den Wasserstralen an der Paudja vorkam. — Die unterirdischen Massen durch welche sie entstanden, schienen auch in dieser Gegend, eben so wie am Tschemetsch, ihre Einwirkungen auf die Erdoberfläche einst viel weiter erstreckt zu haben, denn 5 Meilen südlich von der Osernaja an dem Kambalinaflusse, sammelte man Schwefel in gleicher Menge und unter denselben Verhältnissen wie bei den Quellen an der Paudja und Osernaja.

Zu derselben Klasse von Erscheinungen oder doch zu einer nahe verwandten gehört endlich auch noch das Vorkommen von gediegenem Schwefel an der Ostküste der Halbinsel: auf dem vorragenden Lande zwischen dem Bobrowoe und Kamtschatskoe More (54°,7 bis 55°,2 Breite) und bei Tamlat in 60° Breite (vergl. oben S. 276.). Eine andere heisse Quelle die, Kamtschatka gegenüber, an der Ostküste des Continentes, bei etwa 62° Br. und 155° O. v. Par. entspringt, scheint dagegen auch nach ihrer chemischen Beschaffenheit von den eigentlich vulkanischen zu unterscheiden. Ich meine das heisse Wasser von Tawatama an der Ijiginsker Bucht (auf der Mitte des Weges von Ijiginsk nach Tjumansk). Ich habe ziemlich reichliche Proben desselben durch Winter-Reisende in Ochozk erhalten, und mit dem Malkaer Wasser nach Berlin gebracht. Eine von Herrn Rammelsberg angestellte Analyse hat aber in jenen nördlichen Thermen so vorzugsweise Chlorverbindungen nachgewiesen, dafs sie mit den stets Schwefel-haltigen Kamtschatischen kaum gleichen Ursprunges sein dürften. Es fanden sich namentlich in 1000 Gewichtstheilen des heissen Wassers von Tawatama 16,32 Theile festen Rückstandes, deren Gewicht durch Umwandlung der Chlorüre in salzsaure Salze zu 18,487 stieg und sich dann aus

4,313	Natron
0,059	Kali
3,767	Kalkerde
0,017	Talkerde
10,162	Salzsäure
0,121	Schwefelsäure
0,048	Kieselsäure

zusammengesetzt zeigten.

Ueber etwanige Niederschläge aus dieser merkwürdigen Quelle konnte ich nichts erfahren; und so bleibt denn auch ihre, anderweitig wahrscheinliche, Uebereinstimmung mit einer heissen Soole auf *Sitcha* noch zweifelhaft, aus welcher sich, bei einem überwiegenden Gehalte an Chlorcalcium, doch auch viel Schwefel und ein schneeweisses erdiges Gemenge aus Kieselerde, Thonerde, kohlensaurem Kalke und andren noch näher zu untersuchenden Substanzen absetzt (vergl. unten *Sitcha*).

In den Häusern von Natschika, zu denen wir von dem heissen Bache wieder zurückkehrten, habe ich zum dritten aber leider noch nicht zum letzten Male Kamtschadalen des westlichen Stammes getroffen, welche jener unselige Wahn des Russischen Gouverneurs aus ihrer Heimath vertrieben hatte! (S. 409. 477.) Sie waren im letzten Frühjahr von der Charjusowaja rjeka (56°,75 Br. 154,4 O. v. Par.) einem der Zuflüsse des Penjinsker Meeres d. h. von einem selbst in gerader Linie fast 55 auf dem gangbaren Wege aber mehr als 75 Meilen entfernten Punkte, hierher gekommen und schilderten mir nun mit einer unvergesslichen Kraft des Ausdruckes, ihren traurigen Abschied von den Zurückbleibenden und die beschwerliche Reise die sie dann, längs der Meeresküste bis zur Mündung der Bolschaja, gemacht hatten. Sie trieben dabei 38 Stück Rindvieh, welches sie grofsentheils von den Russen zur Verpflegung erhalten hatten*). So konnten sie nur äusserst langsam gehen und lechzten oft Tage lang nach Trinkwasser, denn an dem sandigen Strande fände man dergleichen fast nur bei den Flussmündungen. Mehrere Greise und Kinder die sie mit sich führten, hätten diese Leiden vermehrt, indem sie einander unablässig an die frischen Quellen bei ihrem Geburtsorte erinnerten.

So scheinen in diesem schönen Lande die Europäischen Cultivirungsversuche immer verheerender und trostloser, je mehr man sich ihrem Ausgangspunkte nähert (Sept. 29.).

Um 1 Uhr Morgens verliefs ich Natschika in Begleitung

---

*) Sie nannten dergleichen auch hier schon, wie im Europäischen Russland, Kasennji skot d. h. das Krons- oder Regierungs-Vieh, und ich vermuthe dafs damit eine Herde gemeint war deren Jakutische Stammältern durch die Russen nach Charjusowsk gebracht und von welchen nun, auf Grund dieses Ursprunges, der gröfste Theil nach Petropaulshafen zurück genommen wurde.

zweier Kamtschadalen und ritt bis gegen 6 Uhr Abends nach Korjaki. Man schätzt hier, nach älteren Russischen Messungen, den Weg den wir heute zurücklegten auf 44, die dann noch übrige Fahrt nach Petropaulshafen aber auf 40 bis 45 Werst, und es beträgt mithin von Natschika bis zu diesem Punkte die wirkliche Reise gegen 12, die geradlinige Entfernung aber, nach meinen Ortsbestimmungen, nicht ganz 4 deutsche Meilen*). Mit einem so ausserordentlichen Umwege ist die eben so auffallende Thatsache im Zusammenhange, dafs von Petropaulshafen die Strafse nach Bolscherezk und die Strafse nach Puschtschina, d. i. nach zweien in gerader Linie um 16 Meilen gegen W. und um 16 Meilen gegen N. entfernten Punkten, 12 Meilen weit zusammenfallen. Auch waren es offenbar einige Nachrichten über diese Verhältnisse die einen Petersburger Geographen zu einen sehr lächerlichen und sehr verzweifelten Entschluss veranlasst hatten. Auf der neuesten Karte des sogenannten Kamtschatkaer Distriktes sah man nämlich, nach „amtlichen Angaben", die Ortschaften Korjaki und Natschika eine jede zweimal verzeichnet, zuerst nahe an dem Parallelkreise von Petropaulshafen, an einer Strafse nach Bolscherezk, und dann wieder, näher an dem Meridiane jenes Haupt-Ortes, neben einer zweiten Strafse nach den Quellen der Kamtschatka**); und dennoch überzeugte ich mich nun zur Genüge dafs es niemals, in dieser Gegend der Halbinsel, mehr als ein Natschika und ein Korjaki gegeben hat, und dafs dagegen jene Angaben die man durch die Erdichtung von Ortschaften zu widerlegen gesucht hatte, nicht blofs vollkommen wahr sind, sondern auch eben so erklärlich, durch die Lage und die Richtung von Gebirgen

*) Ich habe nämlich nach meinen Beobachtungen für Natschika 53° 6′ 30″ Breite 155° 55′ 14″ O. v. Par. und für Petropaulshafen 53° 0′ 27″ Breite 156° 19′ 48″ O. v. Par. gefunden, und somit für die geradlinige Entfernung des letzteren Punktes von dem zuerst genannten: 3,99 Meilen gegen O 24°,2 S. — Vergl. in diesem Berichte II. 1. S. 219 u. f., 344.

**) Vergl. in Pjadischew's Sammlung der sogenannten Gouvernements-Karten das Blatt unter dem Titel: Generalnaja Karta Kamtschatskago ókruga. W' St. Péterburgje 1826. d. h. General-Karte des Kamtschatkaer Bezirkes, nach den neuesten und zuverlässigsten Angaben zusammengestellt im Jahre 1826.

welche nur einen, seltsam gewundenen, Zugang nach Petropaulshafen offen lassen. — Wir ritten heute unserem bisherigen Wege fast vollständig entgegen (mit etwa NNO-licher Richtung), in einem langen Thale welches zu unserer Linken von Vorbergen der Natschikaer Kette begränzt schien, zur Rechten aber von näher gelegenen und grofsartigeren Felsgipfeln des Korjazkji chrebèt. Die alte geschichtete Gebirgsmasse (aus Transitionsgesteinen) welche die östliche Vulkankette der Halbinsel von der Ebene an der oberen Kamtschatka und von der Buistraja trennt (das Milkowskji und Ganalskji chrebet) zeigt sich hier durch mehrfache und kürzere Parallelketten ersetzt, von denen die vorletzte nur an ihrem Süd-Ende, längs der Bolschaja bis Natschika, zu umgehen ist, die letzte oder östlichste aber nur an ihrem Nord-Ende. Zu diesem eben hatten wir jetzt zurückzukehren, und hielten uns deshalb nahe senkrecht gegen den Lauf der Bolschaja und nur wenig östlich von einem Wege nach Malka *). Aber ausser jenen steilen und für unübersteiglich geltenden Gebirgszweigen die mit der Axe des Landes parallel sind, zeigen sich hier noch Höhenzüge die sie nahe senkrecht durchsetzen, indem, durch dergleichen, auch die Thalsohlen zwischen jenen ersteren zu flacheren Satteln oder Wasserscheiden geschwollen sind. So folgten wir heute in dem erwähnten Längenthale zuerst einem Zufluss zur Bolschaja wohl 4 Meilen weit stromaufwärts, und gingen erst dann viel steiler bergab, längs der Korjazkaja rjeka die mit dem Awatscha zum Ostmeere fliefst.

Wir kamen auf diesem Wege und namentlich auf dem ersten Theile desselben, durch Dickichte von Doldenpflanzen die selbst alle bisher gesehenen an Höhe und Mächtigkeit des Wuchses übertrafen. Die mannshohe Sládkaja trawa (Heracleum dulce) bildet auch hier deren Hauptmasse. Meine Begleiter zeigten mir

*) Dieses östlichste oder Korjakische Transitionsgebirge bildet auch noch südlich von Natschika, und sogar von dem 53sten Breitengrade, eine zusammenhangende und gegen O. äusserst steil abfallende Kette, denn auch von Paratunka, welches ganz nahe an dem Meridian von Natschika und nur zwei Meilen südlich von diesem Orte liegt, geht man nach demselben nie anders als über Korjaki, mit einem Umwege von mehr als 10 Meilen. Vergl. meine Karte von Kamtschatka u. s. w.

aber dazwischen mehr als armsdicke und wahrhaft baumähnliche Schäfte des medwjejji koren d. h. der Bärenwurzel, die jetzt schon abgeblüht und meist auch entblättert waren. Dieses riesige Gewächs soll, seinem Namen gemäfs, von den Bären als ein Stärkungs- oder Heilmittdl benutzt werden. Wir fanden in der That grofse Flächen auf denen es abgebrochen und zerrissen war, und die gewöhnlichen Spuren von den ruhigen Wanderungen der Bären, welche an diesen Weitungen endeten und sich in sie verliefen, zeigten dann aufs deutlichste, wie dieselben theils durch Wälzen, theils durch wildes Hin- und Herlaufen entstanden waren*).

Die Wasserscheide liegt auf diesem Passe in einer Höhe von 2000 bis 2500 Par. Fufs über dem Meere, denn von einem dichten Gürtel aus Berg-Elsen, der zu unserer Rechten die Abhänge der Korjakischen Kette einnahm, sahen wir zuletzt die obere Gränze nur noch durch vereinzelte Büsche, ganz nahe über der Ebene auf der wir uns befanden, bezeichnet. Weiter nach oben fehlte jedes Gesträuch, und in dem Rasen welcher dort noch sanftere Wände zwischen den Felsen bedeckte, waren Vaccinien vorherrschend, von denen die Fröste jetzt auch das Kraut schon geröthet hatten. Zu noch entschiedener Bezeichnung der Höhe fand ich sodann noch Rhododendron chrysanthum zwischen jenen letzten Elsen und zwar nur in einzelnen Gruppen hart an dem Fufse der Vorhügel. — Der Kedrownik oder die Dickichte aus gelagerten Zirbelfichten zeigen sich auch an diesen Bergen, wie an dem Nord-Abhange des Kliutschewsker Vulkanes (S. 389.) nur streifenweise, wo ein dürrer und steiniger Boden sie mehr als die Elsen begünstigt, und wie auf dem Mittelgebirge

*) Ich habe von dem Medwjejji koren leider nur einige Reste der Blätter mitgebracht, in denen ich den Thon von den Natschikaer Quellen gewickelt hatte (S. 517.) und doch ist dieses für die Südspitze von Kamtschatka höchst charakteristische Gewächs durchaus nicht so bekannt wie ich damals glaubte. Es wird weder von Krascheninikow selbst erwähnt, noch unter den Kamtschatischen Pflanzen, welche Gmelin von diesem ältesten Sammler für seine Flora Sibirica erhalten hatte. Nur Baron Kittlitz hat dasselbe, obgleich er es ebenfalls schon durch die ersten Nachtfröste entblättert fand, für eine Angelica erkannt, und auf Taf. XXII. seiner Vegetationsansichten von Küstenländern des grofsen Ocean in einigen schönen und unverkennbaren Gruppen abgebildet.

(S. 228.) so scheint auch hier diese Baumart bis ganz nahe an der oberen Gränze von Alnus incana und doch niemals jenseits derselben vorzukommen.

Die Korjazkaja rjeka hat auf der kaum geneigten Ebene auf der wir ihr rechtes Ufer zuerst erreichten, nur das Ansehen eines Wiesenbaches. — Sie zeigte aber bald darauf ein sehr lebhaftes Gefälle und eine schnell zunehmende Breite, während wir auf demselben Ufer theils durch lichten Birkenwald theils über üppige Kräuterplätze hinab ritten. Auf diesen fanden wir gegen das Ende unseres Weges den Schalamainik (Spiraea Camtschatica) in einem Dickicht aus 12 bis 15 Fufs hohen Trieben wieder vorherrschend. Ein kleines Wasser welches ganz nahe vor Korjaki von den Bergen zu unserer Rechten herabkam, nannten meine Begleiter die Topólowaja rjetschka d. h. den Pappel-Bach, auch soll der dunkle und äusserst hochstämmige Wald von dem man nahe dabei die kleine Ortschaft rings umgeben findet, aus dieser Baumart bestehen, obgleich er aus einiger Entfernung einem Tannenwalde aufs täuschendste ähnlich ist. Zu einem so schlanken und dichten Wuchse hat offenbar noch die Steilheit des Bodens beigetragen, in dem die hiesigen Pappeln wurzeln, denn dieser erhebt sich, sowohl im Süden dicht hinter den Häusern von Korjaki, als auch ihnen gegenüber von der entgegengesetzten Seite des Flusses, zu ganz nahen und Wand-ähnlichen Abhängen.

Der Fluss von Korjaki (Korjazkaja rjeka) strömt rauschend und mit sehr ansehnlicher Wassermasse in der schattigen Schlucht welche diese Waldgebirge bilden. Er ist vollkommen schiffbar, mit Saporen versehen und schien mir an Gröfse den Hauptflüssen des Landes kaum nachzustehen. Aber der Fischfang in demselben soll, wegen Störungen die er unterhalb der Vereinigung der Korjazkaja rjeka mit dem Awatscha erfährt (Sept. 29.), während der letzten Jahre, die Anwohner nur spärlich ernährt haben. Noch andere Zeichen des Wohlstandes zeigten sich hier eben so trügerisch, denn als mir die Häuser dieser kleinen Niederlassung (so wie es die Schönheit des Bauholzes mit sich brachte) auffallend hoch und geräumig erschienen waren, hörte ich dennoch von den Kamtschadalen die uns in dem einen derselben beherbergten, nur die erbittertsten Klagen. Zu 16 alten Bewohnern waren endlich auch hierher, im letzten Frühjahr auf Befehl des Russischen Gouverneurs, 20 neue von der Westküste der Halbinsel verpflanzt worden. Auch sie hatten Rindvieh mit sich geführt, welches von der beschwerlichen Reise eben so krank wie seine Besitzer hier ankam. Man gab diesen das Wenige was in Korjaki von dem vorjährigen Jukola noch übrig war, und als man, wegen der frühen Jahreszeit vergebens, nach Fischen gesucht hatte, begann die entschiedenste Hungersnoth. Erst da habe man sich an die Russen die dieses Unglück verschuldeten, gewendet und von Petropaulshafen wie eine grofsmüthige Gabe, eine *Suma* d. h. einen Jakutischen Schlauch mit etwa 100 Pfund Mehl (S. 43. I. 2. S. 302.) für 36 Menschen erhalten! — Der diesjährige Ertrag von den Saporen mochte wohl auch für diese verdoppelte Bevölkerung nicht ausreichend erschienen sein, denn in der vorigen Woche waren zwölf Menschen von Korjaki „entlaufen" (bjeȷáli). — Ich hatte schon in Ganal und in Natschika mit gröfster Aufregung von diesem nun bestätigten Ereignisse sprechen gehört und immer mit denselben Worten — als ob selbst gegen solchen Entschluss der Verzweiflung noch ein Einschreiten der Machthaber zu fürchten wäre. Ob sich nun diese Vertriebenen etwa wirklich nach der Ostküste die man gewaltsam bevölkern wollte (S. 409.) gewendet hatten, habe ich nicht erfahren, wohl aber dafs hier die Nähe eines Ortes von Europäischer Sitte auch früher schon höchst drückend geworden war. Man hatte Männer von Korjaki zur Hülfsleistung bei einem Kirchenbau und zu anderen öffentlichen Arbeiten bei Petropaulshafen, aufgefordert, den versprochenen Lohn aber, wie zum Spotte, in den werthlosesten Waaren ausgezahlt. So sei kürzlich von der Russischen Behörde, anstatt einer bedungenen Zahlung von 5 Rubeln, ein Stück Bindfaden das selbst zu dem kleinsten Netze nicht gereicht habe, angeboten und darauf von den Kamtschadalen, wie sie mir mit bitterem Lachen erzählten, „dem Kronsschatze (kasnje) seine Schuld erlassen worden."

[September 29.]

Zur Reise nach Petropaulshafen wurde schon früh am Morgen ein Paròm oder Doppelkahn eingerichtet, auf dem ich sodann, mit vier Männern von Korjaki, abwärts auf der reissenden Strömung und über mehrere brausende und gefahrvolle Buitschki oder Felsschwellen (S. 171.) schiffte. Wir fuhren zuerst gegen SO., und hatten zu unserer Rechten die Hauptmasse des Korjakischen Gebirges. Die Schieferfelsen von denen senkrechte Tafeln über dem bewaldeten Abhange desselben hervorragen, zeigten in Schluchten und auf breiteren Flächen einigen diesjährigen Schnee. Aber auch am anderen Ufer lagen noch ähnliche meist bewaldete Höhen, und über diesen, an einer Stelle, ein spitzer eisiger Gipfel, der nur aus geringer Entfernung so glänzend und so hoch am Himmel erscheinen konnte. Man mochte ihn fast zu den nächst gelegenen Thalwänden rechnen, bis dafs sich plötzlich, als wir die Mündung der Korjazkaja rjeka in den oberen Awatscha erreichten, ein selbstständiges und eines der grofsartigsten vulkanischen Gebirge von Kamtschatka unter ihm entwickelte.

Der zuletzt genannte Fluss kömmt hier von N., längs der Hügel die wir so eben durchschnitten hatten, und von weiter her längs der Ganalischen Kette, deren Ostseite er schon auf einer den Kamtschatka-Quellen nahe gelegenen Ebene berühren soll. Man sieht nun diese Berge bis in weiter Ferne vor sich ausgebreitet, aber fast verschwindend gegen eine Gruppe von spitzen Gipfeln die bis zu zwei Drittheil ihrer Höhe mit Schnee und mit blendendem Eise bedeckt ist, und deren gemeinsame Basis in überraschendster Nähe bis hart an das linke Ufer des Awatscha-Flusses abfällt.

Es sind die Strjéloschnaja oder auch Korjázkaja Sopka, der Awatscha-Vulkan und der weit niedrigere Gipfel des Kósel (etwa 5000 Par. F. üb. d. M.) die auf einer fast nach SO. gerichteten Linie liegen*). Von dem Flusse der bei der Vereinigung mit seinem Korjakischen Arme einen Bogen gegen O. beschreibt, wird daher der Abhang des ersteren dieser riesigen Berge schon oberhalb jener Mündung berührt, während wir erst unterhalb derselben dem zweiten oder Awatschaer Gipfel zunächst traten. Auch ist ihre gemeinsame flachere Basis gegen Westen unterbrochen, so dafs nach dieser Seite die steilen Abhänge von den Gipfeln fast bis zum Flussufer hinabreichen. Sie sind an dem Awat-

---

*) Gegen S 34° O.

schaer Berge höchst regelmäfsig kegelförmig und nur über diesem sahen wir Dampf, so wie auch, als wir an seinem Fufse entlang fuhren, immer grofsartigere Reste seiner letzten Ausbrüche und Verheerungen. Die Strjéloschnaja Sopka ist dagegen, wie der Sissel in dem Mittelgebirge (S. 231.) und wie der Tolbátscha in der Ostreihe, ein mehr pyramidaler als kegelförmiger Gipfel, denn die ebenen und glänzenden Eisfelder die ihn umgeben, schneiden sich in felsigen Kanten, auch sieht man diese, wie die Kämme des Schiwelutsch, schon von unterhalb der Schneegränze gegen seine Spitze hinaufziehen.

Er hat die Gestalt der Andesitischen Berge dieser Halbinsel und so bestehen denn auch die Bruchstücke seines Ost-Abhanges die ich in Petropaulshafen erhalten habe, aus einer gelblich-weissen, sehr bröcklichen Grundmasse, in welcher viele kleine Krystalle von stark glänzendem Albit und von schwarzer Hornblende liegen*) — von dem Awatschaer Gipfel dagegen selbst die dichtesten Gesteine, wie die Kliutschewsker Laven, aus einer schwarzen dichten Grundmasse mit sehr nahe zusammen gedrängten kleinen aber breiten Labradorkrystallen und einzelnen Körnern von grünem Augit*). — Diese augitischen Lavengesteine, die schon jenseits des Ganalischen und Korjakischen Schiefergebirges, durch die Dämpfe bei Malka und bei Natschika, ihre unterirdische Anwesenheit zu erkennen geben, sind hier erst mitten zwischen den sternförmigen Bergen einer früheren vulkanischen Epoche, als Kegel hervorgedrungen. Die selbstständigen älteren Aufquellungen und die noch fortdauernderen Lavischen umschliefsen somit hier einander in einerlei Gebirge, und sie scheinen deswegen so eng zusammengedrängt worden zu sein, weil sie von dem ältesten Boden der Halbinsel (den secundären Schiefern und Grünsteinen) weit gewaltigere Massen zu durchbrechen hatten, als der Andesit des Schiwelutsch und die Laven von Kliutschi, in der niedrigen Ebene die sie scheidet.

---

*) Die Krystalle in beiden Gesteinen sind auch von Herrn G. Rose nach den mir vorliegenden Bruchstücken mit diesen Worten beschrieben worden.

Trotz solcher Verschiedenheit ihrer nächsten Umgebungen ist dann aber auch ein innerer Zusammenhang und eine genetische Uebereinstimmung des Awatscha-Vulkanes sowohl einerseits mit den nördlichsten Krateren an der Kamtschatka, als auch von der anderen mit denen der Kurilischen Inseln, durch mehrere Ereignisse aufs entschiedenste angedeutet worden. So vor und nach der oben erwähnten Thätigkeit des Kliutschewsker Kegels, vom 6. bis 14. Oktober 1737 (S. 355.), denn im Spätsommer desselben Jahres, an einem nicht näher bezeichneten Tage, „braunte auch die Awatschinskaja Sopka entsetzlich" und regnete Asche, bis dafs die Umgegend fast zwei Zoll (namentlich aber 1 Werschok oder 1,75 Engl. Zoll) hoch bedeckt war. Noch weiter südwärts scheinen an diesem Tage keine vulkanischen Ereignisse vorgekommen zu sein, aber vom 17. Oktober d. h. vom dritten Tage nach dem Kliutschewsker Ausbruche an, ein weit ausgedehntes und höchst intensives Erdbeben. Es begann um 3 Uhr Morgens für die gesammte Ostküste, zwischen dem Awatscha, dessen Fufs rings um aufs höchste betroffen wurde, und dem sogenannten Schulterblatte (Russ.: Lopátka) d. i. der unter 51°,0 gelegenen felsigen Endspitze der Halbinsel, von welcher es sich auch noch auf die Kurilischen Inseln erstreckt hat. In der ersten Viertelstunde schien nur das Feste der Erde in einem so heftigen Schwanken, dafs selbst die niedrigen Balkenhütten und die Balagane einstürzten. Dann aber hob sich plötzlich auch das Meer, an dem man bis dahin nur stark brausende Brandungen von gewöhnlicher Höhe bemerkt hatte, 3 Sajen oder 21 Engl. Fufs hoch auf seine Ufer. Dieses Steigen der Wassermasse schien zu einer einfachen Welle zu gehören, denn es folgte sogleich ein anscheinend eben so starkes Sinken derselben unter ihre mittlere Oberfläche. Bald darauf bemerkte man aber, zugleich mit einer Zitterung des Landes, eine zweite Meeresanschwellung die an der Küste wiederum 3 Sajenen betrug und sich dennoch in ein bei weitem tieferes Sinken verlief. Das Wasser wich so weit zurück, dafs es (stellenweise und in nicht näher bezeichneten Gegenden) von dem gewöhnlichen Strande aus gar nicht mehr zu sehen war. In der Strafse zwischen den Inseln Siumju und Poromuschir d. h. den zwei nördlichsten der Kurilischen Kette, zeigten sich bei diesem Ablauf zwei felsige Berge (kámenuija górui) die man zuvor niemals gesehen hatte, obgleich doch daselbst, wie Krascheninikow einsichtsvoll hinzufügt, ganz gleiche Blofslegungen des Meeresbodens schon bei früheren Erdbeben vorkamen. Es waren neu hervorgetretene Massen und vielleicht veranlafsten diese und viele andere unsichtbar gebliebene die dritte und merkwürdigste Meeresbewegung an der Lopatka; denn mit einem neuen und heftigsten Erdstofse schlug das Wasser in dieser Gegend der Halbinsel (eine Viertelstunde nach dem zuletzt genannten Ereigniss) bis zu 210 Engl. Fufs (oder 30 *Sajenen*) hoch auf die steilen Küstenfelsen, so dafs dann auch erst bei dieser letzten Steigung und bei dem Verklingen derselben durch viele Wogen von entsprechender Stärke, alle Wohnungen und ein grofser Theil der Bevölkerung von jener Küste geschwemmt wurden. Man hörte an diesem Tage von unter den schwankenden Felsen sowohl ein Krachen und Poltern, als auch ein dumpfes mit einem Seufzen oder Gebrülle verglichenes Tönen; auch fand man gleich darauf viele Wiesen-Ebenen zu Hügeln angeschwollen und felsige Küstenränder durch Einstürzung in Meeresbuchten verwandelt.

Leichtere Erdstöfse dauerten übrigens, nach Verlauf dieses grofsartigsten Ereignisses, auch in der Südspitze der Halbinsel, eben so wie in der Kliutschewsker Gegend und an der Mündung der Kamtschatka, noch 5 Monate lang, bis in den März 1738.

So wie diese älteren Erscheinungen unter einander, so hatten nun aber offenbar auch in den letzten zwei Jahren die Wirkungen die von dem Awatscha-Vulkane aus fühlbar wurden (und zwar bis nach Petropaulshafen 1828 zwischen April 17. und Juni 12., hier am Fufse aber wie ich jetzt erfuhr, schon einige Monate früher und auch noch beträchtlich später), mit der noch fortdauernden Thätigkeit des Kliutschewsker Herdes (im September 1829) zusammengehangen. Die ersten Aeusserungen welche dieses Mal an dem nördlichen Vulkane vorkamen, folgten jedenfalls nur um wenige Monate auf die letzten Eruptionen des südlichen, und, im Vergleiche mit der weit gröfseren Länge der Ruheperioden welche hier auf der Halbinsel zwischen den Ausbrüchen ein und desselben Herdes einzutreten pflegen (S. 357.), liefs eben diese rasche Folge kaum einigen Zweifel über den ursachlichen Zusammenhang beider Ereignisse. — Wir sahen noch jetzt über dem Awatschaer Gipfel, so wie vor wenigen Wochen über dem Kliutschewsker, eine vulkanische Haufenwolke (cumulus) und eine ungeheure Menge von Dampfstralen über kleineren Kegeln und Spalten, auf einem breiten, dunklen und aufs mannichfaltigste verwüsteten Streifen des Abhanges der, hoch über der Schneegränze beginnend, gegen WSW. bis zu uns an das Flussufer hinabreichte. Nahe über dem Anfang desselben, schon in dem obersten Drittheil von der Höhe des Berges, lag ein neuer Lavenschlott mit zackigem Rande, und man sah wie das noch völlig schneelose schwarze und hoch hervorragende Gestein welches von ihm ausgegangen war, sich NW-wärts in die Senkung zwischen der Strjéloschnaja und Awátschinskaja Sópka ergossen hatte. Auf die rauhe und zerrissene Oberfläche des uns zugekehrten Abhanges hatten dagegen dampfförmige, flüssige und feste Auswürflinge in seltsamster Verbindung gewirkt. Viele der kegelförmigen Stellen desselben, aus denen jetzt Dämpfe strömten, waren nämlich aufs deutlichste mit Schlackentrümmern und mit schwarzer Asche überschüttet, während andere durchweg aus einem homogenen und einst erweichten Boden von röthlich-brauner Färbung bestanden. Sie schienen aus solcher Masse durch eben die elastischen Flüssigkeiten aufgebläht, von denen sie, selbst jetzt noch, überall durchbrochen wurden. Sodann aber und vor allem erkannte man in der Gesammtoberfläche dieses merkwürdigen Streifen das Bette eines versiegten Stromes, der zugleich durch sein Moment d. i. seine gewaltige Masse und Geschwindigkeit, durch Niederschläge an seinen Rändern und durch eine sehr hohe Temperatur gewirkt hatte. In dem oberen Theile seines Laufes war eine ungeheure Decke von uraltem Eise und Schnee so vollständig vernichtet, dafs der schwarze Felsboden blofs lag und eben so nackt und rein gefegt war die Furche die weiter abwärts seinen Weg durch den Olchównik oder die Elsen-Zone (S. 269. 363. 496.) bezeichnete. Nur zu den Seiten dieser seltsamen Durchforstung erinnerte die Lage des entwurzelten und des nur zerbrochenen Holzes an die Lavinen-Wege die ich in den Europäischen Alpen gesehen hatte; aber unverkennbare Zeichen der Versengung desselben zunächst an den Stromrändern, und Schlammmassen die man, etwas weiter von diesen Rändern, mit den Baumgipfeln gemengt sah, machten auch diese Vergleichung unhaltbar. — Meine Begleiter sagten mir dafs sie diesen Streifen des Bergabhanges die gorjélaja rjéka d. i. den versengenden, verbrennenden oder noch wörtlicher den gesengt habenden Strom nannten*), und dafs hier, gleich nachdem „die Kuppe geplatzt" (sopka lópnula) d. h. neue Lava sichtbar geworden sei, eine Fluth von heissem Wasser herabstürzte und in den Awatschafluss mündete.

Offenbar war dieses Ereigniss nicht allein auf diejenige Weise erfolgt, die wir, vor wenigen Wochen, auf dem Kliutschewsker Kegel gesehen hatten (S. 371. 378.): ich meine vermöge wirklich ausgetretener Lava, die vor sich her und zu ihrer Seite nur das Berg-Eis in einen Wasserstrom verwandelt hatte. — In dem Bette der gorjélaja rjeka liefs vielmehr nun alles was mir von demselben zu sehen vergönnt war, die Decke eines unterirdisch gebliebenen aber der Oberfläche sehr nahe getretenen Lavenganges erkennen, von welchem eine versengende Hitze und ausserdem, durch unzählige feinere Spalten, sowohl Schlacken und Asche, die sich oft kegelförmig ablagerten, als auch, in überwiegender Menge und mit den Substanzen die es gewöhnlich in den Vulkanen begleiten, heisses Wasser in flüssiger und dampfförmiger Gestalt in die Atmosphäre gelangt waren. Diese letzteren Ausströmungen hatten dann auch (wie bei Natschika, wie am Tschemetsch und bei

*) Das Adjectivum gorjélui hat freilich, nach dem jetzigen Sprachgebrauche im Europäischen Russland, eine so rein passive Bedeutung wie das Deutsche: verbrannt im Gegensatz zu gorjatschji und gorjaschtschji, welche so viel als: heiss, glühend und auch brennend bedeuten. Man scheint sich aber auf Kamtschatka mehr an diejenige Bedeutung jenes Wortes zu halten, welche dasselbe seiner Form nach ursprünglich besessen hat, denn gorjelui war offenbar einst ein Participium praeteriti (von gorjet brennen, Praeteritum: goriel, a, o.) — und so nennt man denn auch mit Recht alle Vulkane die man aktiv gesehen hat oder für aktive hält: gorjeluija Sopkui d. i. wörtlich: gebrannt habende Kuppen und fügt erst zu dieser allgemeinen Bezeichnung die besonderen wie: ni dáwno gorjéla, odnako gorjet perestala, i teperischtsche (teper jeschtsche) gorit u. dgl., welche so viel als: er hat noch vor kurzem gebrannt, er dürfte wohl aufgehört haben zu brennen, er brennt auch jetzt noch u. dergl. bedeuten.

allen anderen Dampfquellen auf der Halbinsel) vielen Felsboden in zähe röthliche Letten, und in noch beweglichere Schlamm-massen verwandelt, und erst diese waren später, durch das von oben zutretende Bergwasser so wie auch durch das unterirdische aufgewirbelt und hinabgespült worden.

Ich darf hier endlich auch die höchst überraschende Versicherung meiner Begleiter nicht unerwähnt lassen, dafs die vorjährige Awatschinsker Asche (vergl. S. 494. 76.) anfangs weiss gewesen sei und sich erst nachher auf dem Boden geschwärzt habe. An den gleichartigen Kliutschewsker Auswürflingen (S. 384. u. f.) wüsste ich eine solche Erscheinung kaum zu erklären, denn obgleich manche bis zur Schmelzung geglühte Eisensilicate und sogar jene glasartige Laveuspreu selbst (S. 385.) erst beim Erkalten eine dunklere Farbe annehmen, so glaube ich doch nicht dafs die letztere jemals ihren weiten Weg von dem Krater bis auf den Erdboden ohne eine fast vollständige Erkaltung zurücklegen könne, und eben deshalb scheint mir das angebliche Nachdunkeln jener Asche noch problematisch und bei späteren Ausbrüchen besonders beachtenswerth.

Dicht unterhalb des Endes der Gorjelaja rjeka und noch mehrmals bis nach Stároi óstrog (1,5 Meilen von Korjaki) hat der Awatschafluss felsige Ränder von geringer Höhe, an denen ich aber nirgends vulkanisches Gestein, sondern vielmehr steil aufgerichtete und mannichfach verworfene Schichten eines grünen Talk-haltigen Thonschiefers fand, die von Serpentin und von Jaspis-artigem Quarze bald gang- bald lagerartig durchsetzt sind. Aus diesem besteht also von der gewölbten Unterlage der beiden Vulkane wenigstens die SO-seite, die sich, in fast concentrisch kreisförmigen Wällen, bis zur Awatschaer Bucht und bis an den offenen Ocean erstreckt. In der prachtvollen Gebirgsansicht die sich uns bald darauf von dem rechten Flussufer bei Stároi óstrog darbot, bemerkte man diese niedrigeren Felsstufen zur Rechten der vulkanischen Gruppe: der Strjeloschnaja und Awatschinskaja Sopka von 11090 und 8360 Par. F. über dem Meere, und des etwa 5000 Fufs hohen Kosel — während links von derselben die östlichsten Ketten des Ganalskji chrebet weit steiler und aus weit gröfserer Höhe gegen die tiefsten der hervorgequollenen Massen abfallen*).

Die drei Häuser des Staroi (awatschinskji) ostrog d. h. der alten (Awatschaer) Niederlassung liegen höchst malerisch zwischen Rosengebüschen, in einer Waldung von hohen und schlanken Weiden. Obgleich früher als die eigentlichen oder neuen Awatschaer (siehe unten) sind doch auch sie erst von den Russen erbaut worden, und einige verabschiedete Matrosen welche sie jetzt bewohnten, galten bei den Kamtschadalen von Korjaki für die Urheber ihres jetzigen Nothstandes. Wir begegneten diesen verhassten Männern auf zwei einzelnen Kähnen dicht oberhalb ihrer Ortschaft, und meine Begleiter versicherten mich dafs dieselben auch jetzt wieder darauf ausgingen ihnen zu schaden. Sie fischten nämlich des Nachts, mit grofsen Russischen Netzen, nahe unterhalb der Mündung der Korjązkaja rjeka, und die aufsteigenden Lachse (die Kisutsche namentlich) sollten eben dadurch so entschieden in ihrem Zuge gestört werden, dafs sie im Spätsommer den rasch strömenden Nebenfluss bereits gänzlich vermieden und nur etwa noch in den oberen Awatscha aufstiegen. Auch sei es völlig erwiesen, dafs nur „eine muthwillige Netzfischerei" dergleichen Störung verursache, niemals aber die doch eben so einträgliche Absperrung des Flusses durch Sapore. — Es ist wahrscheinlich dafs sich die letztere Bemerkung auf diejenigen Nachstellungen mit Senk- und Sack-netzen nach Europäischem Gebrauche bezog, welche hier erst in neuester Zeit eingeführt wurden. Denn das sogenannte Treiben oder Schwimmen (plawatj, S. 307. 338.) mit Wandnetzen gegen den Kisutsch und die eigenthümliche Führung ähnlicher Netze gegen den Tschewitsche (S. 418.) haben doch auch die Kamtschadalen seit den ältesten Zeiten ohne Nachtheil geübt — während andererseits durch jene Europäischen Fangarten die Lachszüge bereits vollständig und für immer gehemmt sind in den meisten Gegenden der Erde, in denen sie einst nahe eben so grofsartig waren wie bis jetzt in den Kam-

*) Vergl. die hierher gehörige Tafel die Herr v. Kittlitz nach einer von ihm selbst im Jahre 1828 bei dem obersten Hause von Staroi ostrog gemachten Zeichnung ausgeführt hat.

tschatischen Hauptflüssen. Von dem Hudsonflusse und von dem Delaware an der NO-küste von Amerika kennt man die Einzelheiten jenes entvölkernden Einflusses den sie erfahren haben, noch jetzt durch mündliche Traditionen in New-York und in Philadelphia*), und eben so besitzen wir, wenn auch aus älteren Zeiten, Documente über reichliche und jetzt daselbst ganz unerhörte Lachszüge in den Schottischen, in den Nord-Deutschen und in vielen anderen Europäischen Strömen**).

Nach mehreren Stunden einer einförmigen Fahrt zwischen Ufergebüschen welche die immer zahlreicheren Windungen des Flusses einfassen und denselben, indem sie jede Fernsicht verhindern, das Ansehen von kurzen Seebecken geben, schwammen wir plötzlich, und höchst überraschender Weise, durch eine enge Mündung in die majestätische Awatschaer Bucht. Die senkrechten Felswände welche diese ungeheure Wassermasse fast kreisförmig umgränzen, scheinen von hier nur in SSO. durch freien Meereshorizont unterbrochen. Sie sind aber auch zur Linken und zur Rechten dieses Einschnittes durch die Ferne gebläuet, und in einem Abstande der die Strand-Ebene an ihrem Fufse völlig verschwinden macht. Gleich hinter diesen Wänden erhebt sich hinter der Südhälfte des Meerbusen ein sanfterer und zum Theil bewaldeter Abhang und erst über diesem sah ich nun zum erstenmale auch in SSW. einen prachtvollen Kegelberg, der durch den Glanz seines ewigen Schnees dem Auge ganz nahe gerückt schien. Es ist die Wiljútschinskaja Sopka.

Wir landeten hart an der Mündung des Flusses bei den Hütten von Neu-Awatscha, in denen uns ein alter Kosak, Namens Minjuchin, und dessen Tochter mit vortrefflichen Gljukwabeeren (Vaccinium oxycoccus) bewirtheten. Auch übergab ich diesem Manne mein früher erwähntes Beglaubigungsschreiben (I. 1. S. 125.) denn er hatte mich, zum erstenmale seit fünf Monaten, nach

---

*) Vergl. W. Irwing in Humoristische Geschichte von New York.

**) Solche Documente sind namentlich diejenigen alten Gesetze verschiedener Länder welche verbieten, das Gesinde zu ausschliefslich mit Lachsfleisch zu nähren.

dergleichen gefragt, und sandte nun sogleich voll komischer Wichtigkeit das Empfangene durch einen Fufsgänger auf einem kürzeren Landwege nach Petropaulshafen.

Die Sonne war dem Untergange nahe als wir an dem Strande bei Awatscha unser Paròm (S. 318.) wieder bestiegen und zuerst an einigen Enten-Schwärmen vorbeifuhren. Es waren See-Enten, unter denen aber, wie die Ruderer versicherten, der berühmte Aangitsch (Anas glacialis) jetzt nicht vorkam. Nur im Frühjahr zeige sich hier dieser schönstimmige Vogel, dessen Ruf alle Kamtschadalen in ihren Gesängen nachahmen, während sich jetzt nur der Morskoi Silesèn (d. h. wörtlich die März-Ente des Meeres; Anas Stelleri auct.) an den hiesigen Küsten halte. — Dann befanden wir uns bald sehr weit vom Strande auf völlig unbelebter Salzfluth, und ich erinnere mich des dort plötzlich fühlbaren Seegangs als eines der seltsamsten Eindrücke dieser Tage. Die beiden Seiten-Enden des Flechtwerkes welches mich mit allen meinen Besitzthümern von dem um zwei Fufs tiefer gelegenen Meeresspiegel trennte, wurden nämlich nun, wie die zwei Batte auf denen sie sich stützten, von den Wellen höchst ungleichzeitig gehoben und wieder gesenkt, und nur durch ihre Zähigkeit widerstanden die Zweige und die Ruthen jener gebrechlichen Brücke den Biegungen die sie unter vernehmlichstem Knarren erlitten. Eine Seefahrt auf einem solchen Gebäude schien mir noch fast unglaublich, während wir sie schon lange Zeit machten, auch war ich demnach auf ein baldiges Bad gefasst, habe aber an die entsetzliche Gefahr des Unterganges meiner Instrumente erst als sie vorüber war, gedacht. In den vier Spitzen der Batti sah man unterdessen die kleinen Handruder ganz ruhig, jedoch sehr taktmäfsig, geführt, und unser Fahrzeug glich demnach einem seltsamen Fische, indem es, wie mit zwei Kopf- und zwei Schwanz-flossen, einem entfernten Vorgebirge am OSO-rande des Meerbusens zustrebte. — Wir beschrieben dabei die Sehne zu dem kreisförmigen Küstenbogen zwischen jenem Vorsprunge und dem Strande bei Awatscha.

Gegen 8 Uhr Abends, als wir am weitesten in See und die Dämmerung schon völlig zu Ende war, wurde ich, durch einen leidenschaftlichen und doch sehr leisen Zuruf eines der vorderen Ruderer an die hinteren, auf einen dunklen Gegenstand aufmerksam, der etwas zur Linken von der Richtung welche wir einhielten, und noch gegen 200 Schritt vor uns, sich langsam zwischen den Wellen zu bewegen schien. Ein brüllender Ton liefs sich dann von eben daher vernehmen, und gleich darauf gewann das Paròm, durch kräftigste und doch lautlose Arbeit, einen weit schnelleren Gang, bis dafs wir in kaum 30 Schritt Abstand zu unserer Linken, in jenem Gegenstande eine mehr als mannslange Phoke erkannten, die eben mit neugierig gehobenem Kopfe auf uns achtete. Da hatte aber auch schon der Vordermann auf dem linken Batte seine Büchse auf die Gabel gestützt (S. 266. I. 2. S. 334.) und im Anschlag, während die übrigen Ruderer das Hintertheil unseres Fahrzeuges eifrigst nach rechts drückten. Der Schuss versagte zweimal, und eben so oft sahen wir das Thier durch den Schlag des Hahnes erschreckt, denn es tauchte und verschwand. Durch eine Nachahmung seiner Stimme die wie Rindsgebrüll klang, wurde es indessen beide Male ziemlich bald und so nahe an seiner ersten Stelle wieder hervorgelockt, dafs wir es mit wenigen Ruderschlägen von neuem anfuhren. Da knallte es dann auch endlich, und gleich darauf lagen wir jubelnd mit unserem Backbord in einer breiten Blutspur und sahen den Kopf des angeschossenen Wildes hoch über dem Wasser zwischen den Armen des Schützen, der es an den kurzen Vorderfüfsen ergriffen und gehoben hatte. Er rief aber noch ängstlich nach Hülfe, und noch ehe wir von der anderen Spitze des linken Battes das Schwanz-Ende des Thieres, nach dem wir uns bückten, gefasst hatten, war ihm dessen glatter Vorderleib schon entschlüpft und es erhob sich von dem Paròm ein fünfstimmiger Klagelaut, indem wir die prächtige Beute fast blitzschnell in die Tiefe versinken sahen. Wir hatten sie zum letztenmale gesehen, obgleich wir das Fahrzeug noch lange theils in jener Gegend treiben liefsen, theils unter eifrigstem Suchen nach verschiedenen Richtungen ruderten. Die Korjakinsker sagten mir unterdessen, es sei ein ausgewachsener Lachták (d. i. eine Phoca nautica Pall.) den wir fast besessen und nun sicher verloren hätten, und sie priesen aufs rührendste die unvergleichliche Festigkeit des Geschirres für die Hundegespanne das sie aus dem Felle dieses Seethieres geschnitten, so wie den Wohlschmack und die Menge des Fettes welches dasselbe zu ihren Wintervorräthen geliefert haben würde.

Es vergingen seit dem Schusse noch anderthalb Stunden bis dafs meine Begleiter sich endlich in die traurige Nothwendigkeit ergaben, indem sie aufhörten zu kreuzen und wieder, so viel ich an dem nun völlig schwarzen Nachthimmel erkennen konnte, auf den Küstenvorsprung hielten gegen den wir uns früher bewegt hatten. Ich achtete übrigens auf diese nebligen Spuren des Landes weit weniger als auf die Wellen, welche rings um uns aufs prachtvollste Funken sprühten und glänzten. Ausser unzähligen Lichtpunkten die sich, wie immer, in den brandenden oder mit Luft durchsetzten Stellen der Meeresfläche am häufigsten zeigten, sah man hier auch einen eben so lebhaften Glanz von handbreiten Quallen und von anderen Weichthieren ausgehen, die um einige Fufs unter der Oberfläche in ungebrochenem Wasser schwammen*).

Ich muss schon hier gegen ein Vorurtheil sprechen welches durch einige Augenzeugen veranlafst, und dann, wie gewöhnlich in solchen Fällen, durch die lawinenartig wachsende Schaar der nacherzählenden Compilatoren, verstärkt worden ist. Ich meine die Ansicht dafs das Leuchten des Meeres durch hohe Wassertemperaturen entschieden begünstigt und demnächst in der Nähe des Aequator bis zu einer ganz besonderen Intensität gesteigert werde. In der Petropauls-Bucht des Awatschaer Meerbusen zeigte ein 6 Zoll tief eingetauchtes Thermometer am heutigen Tage (Sept. 29.) durchschnittlich nur + 5°,3 und zwar

als Maximum: + 5°,6 zwischen 0^u und 4^u nach Mittag, und
als Minimum: + 4°,9 zwischen 16^u und 20^u nach Mittag,

und dennoch habe ich später während siebenmonatlichen Aufenthaltes auf den wärmsten Meeren der Erde von keiner Lichtentwickelung der in Rede stehenden Art in meinem Tagebuche angemerkt dafs sie die heute gesehene oder die auf dem Ochoz-

*) In der Bauchhöhle der durchsichtigen Salpa pinnata, Forsk. habe ich später so oft und in so grofser Menge krebsförmige mikroskopische Leuchtthiere mit zweikolbigem Schwanze, theils lebend und höchst beweglich, theils schon halb zerstört, gefunden, dafs man noch immer und bis auf weiteres das Licht welches jene grofsen Körper ausströmen scheinen, den kleinen Einschlüssen zuschreiben kann deren Phosphorescenz durch unzählige Beobachtungen feststeht.

ker Meere (zwischen Juli 31. und August 7.) zum Theil bei noch etwas niedrigeren Temperaturen vorgekommenen*), in einer wesentlich scheinenden Weise übertroffen, noch viel weniger aber dafs sie sich specifisch von den letzteren unterschieden habe.

Gegen 10 Uhr Abends befanden wir uns endlich ganz nahe an der Landspitze auf die unser bisheriger Curs gerichtet war, und bogen steil zur Linken von demselben. Eine engere Begränzung der Meeresbucht in die wir nun einfuhren, war selbst im Finstern ziemlich deutlich zu bemerken, wiewohl die schwarzen Berge zu unserer Rechten sich bald wieder in beträchtlichem Abstande zeigten. — Auch kam dann von dieser Seite ganz plötzlich, und offenbar von mitten auf dem Wasser, der Schall einer Trommel und einer Pfeife. Die Weise die sie spielten war mir völlig bekannt, obgleich ich sie nur in frühester Jugend, als ein Erbstück der ältesten Preussischen Armee, vor Berliner Wachthäusern täglich gehört hatte. Ich habe aber kaum wieder von weit vollendeteren Harmonieen einen so erfreuenden Eindruck wie von diesem anspruchlosen Gerassel empfunden — denn fast nur zum Ueberfluss liefs ich mir nun noch von den Kamtschadalen bestätigen, dafs eine längliche felsenähnliche Masse, die nach der Richtung dieses Schalles auf dem Wasser zu liegen schien, „das Petersburger Kriegs-

*) Namentlich mehrmals bei Temperaturen die nicht über + 4°,0 betrugen (vergl. oben S. 123. 122. 129 u. a.). Das Ausbleiben des Leuchtens in den Nächten von August 3. und August 5. (in denen die Wassertemperatur noch etwas tiefer und in der letzteren sogar bis zu + 2°,4 hinabsank) konnte vorläufig zur Annahme einer zwischen + 2° und + 4° gelegenen Gränze der Erkaltung veranlassen, unterhalb welcher die mikroskopischen Seethiere etwa zur Lichtentwickelung unfähig würden. Ohne diesem Umstande eine beträchtliche Wahrscheinlichkeit beizulegen, habe ich die Entscheidung über denselben dennoch den Englischen Beobachtern empfohlen welche unter Capitain Clark Ross zu einer südlichen Polar-Expedition ausliefen (vergl. meinen Brief an das Committee of physics and meteorology, in Report on the instructions for the expedition to the antarctic regions. London 1840. 8.). Das Resultat ihrer Beobachtungen ist mir noch nicht bekannt, es ist aber erfreulich dafs nun jedenfalls durch dieselben viele neue Beispiele von starkem Meeresleuchten bei niedrigen Temperaturen zur Sprache kommen werden.

schiff" sei, von dem ich in Maschura gehört hatte (S. 420.)*). — Meine Ueberzeugung es nicht mehr zu treffen war aber bisher schon vollständig gewesen und nur aus einem Reste von Kleinmuth hatte ich in den letzten Tagen mit Niemandem von diesem Wendepunkte meines Geschickes zu sprechen gewagt.

Dann sahen wir gerade vor uns in einiger Höhe über dem Wasser mehrere erleuchtete Fenster und vollzogen bald darauf unsere Landung hart neben malerischen Trümmern zweier Schiffe auf dem vereinzelten Brette welches den Zugang zu dem weltberühmten Strande von Petropaulshafen zu erleichtern bestimmt war.

Ein Russischer Matrose stand ganz allein und offenbar nicht ohne Absicht an dieser Stelle, auch erkundigte er sich in den zierlichen Worten die ihm eine trunkene Stimmung eingab, nach dem ausländischen Fremden, den man mit Ungeduld und Sehnsucht erwarte. Er geleitete mich darauf auf einem steinigen Fufswege über einige von den Bergen herabkommende Wasserrisse und zuletzt durch einen gartenartig eingehegten Raum in das Haus welches Fedor Ephimowitsch, d. h. der verabschiedete Gouverneur Herr Capitain Stanizkji (S. 176.), bewohnt hatte und in welchem ich jetzt einen anderen Deutschen Reisenden bereits eingerichtet und zu freundlichster Bewillkommnung bereit fand. Es war Herr Georg Rieder aus Riga, ein ausgezeichneter Botaniker und Gärtner, den eine edle Begeisterung für die Einführung des Acker- und Gartenbaues auf Kamtschatka hierher geführt hatte. Er sagte mir dafs er vor zwei Monaten zu diesem Zwecke mit dem Schiffe gekommen sei, welches wir so eben begrüfst hatten, dafs dasselbe zu den Schljups oder Corvetten gerechnet und Krotkoi d. h. der Sanftmüthige genannt werde, und dafs er in diesem Augenblicke mich zur Theilnahme an einem Feste aufzufordern habe, welches dem Commandeure und den Offizieren desselben von

*) Das Einnehmen der Flagge und Göse welches nach dem Gebrauche auf Kriegsschiffen die vor Anker liegen, unter eben jenem musikalischen Grufs jedoch beim Ende der Abenddämmerung zu vollziehen ist, erfolgte diesmal auf der Corvette Krotkoi wohl deswegen so ausserordentlich spät, weil sie eben in einem durchaus befreundeten Hafen von fast allen ihren Offizieren verlassen war.

dem Gouverneur von Petropaulshafen Herrn Arkadji Wasílewitsch Golenischtschew gegeben werde.

So erfolgte denn meine Bekehrung zu Europäischer Lebensart, der ich in der letzten Zeit in mancher glücklichen Stunde schon für immer entsagt zu haben wähnte, mit überraschendster Schnelligkeit. Anstatt der Rennthierkleider waren die aus gewebten Stoffen, die ich seit mehr als zwei Monaten nie mehr gesehen hatte, schon nach einer Viertelstunde aus den entferntesten Winkeln meines Gepäckes wieder zusammengesucht und angelegt — und dann traten wir, nach kurzem Gange auf einem ziemlich unebenen Wege, vor einen glänzend erleuchteten Saal, vor welchem wir einen jungen Mann in Spanischer Kleidung und einige Türken von abenteuerlichem Ansehen mit einer Finnischen Bäuerin in überraschend fliefsendem Gespräche fanden.

In der übrigen Gesellschaft waren die Uniformen der Russischen Marine und die Kleidung der mehr oder weniger eleganten Petersburgerinnen überwiegend, und so merkte man dann, noch vor der Erklärung mit der uns Herr Golenischtschew und der Commandeur des Krotkoi Herr Capitain Hagemeister empfingen, dafs wir eine theatralische Darstellung die so eben beendet worden, versäumt hätten.

Jetzt schritt man aber wieder zu Tänzen, die höchst anmuthiger Weise durch einen Chor von Kirchensängern und Schiffsjungen mit wohlbekannten Gesängen begleitet wurden. Auch betheiligte ich mich an diesem lange entbehrten Genusse so eifrig, dafs ich nur noch aus den abgerissenen Worten die während der Pausen gewechselt wurden, an dem Commandeur des Schljup Krotkoi eine lebhafte Theilnahme für die Probleme des Erdmagnetismus erkannte. Die Hoffnungen zu denen dieser Umstand berechtigte, sollten denn auch an einem so glücklichen Abende ungeschwächt bleiben, so sehr ich selbst sie zu zerstören bemüht schien; denn als ich dem ersten Lieutenant jenes verhängnissvollen Schiffes, wegen des Platzes den er bei einer Française beanspruchte, eine Verletzung der völkerrechtlichen Tanzordnung und eine mir dadurch zugefügte Beleidigung vorwarf — erwiederte er durchaus nachgiebig und begütigend: dafs er nur momentan und nur scheinbar für sich selbst, ein Vorrecht gewünscht habe, weil er eben der Dame vom Hause und nicht wie ich „einer nerpúschka“ d. h. wörtlich einem jungen Seehunde die Hand gab. Es waren die Töchter der Eingeborenen von Petropaulshafen welche diesen nicht böse gemeinten Beinamen schon weit früher von einer Petersburger Schiffs-Gesellschaft erhalten hatten.

XXII. Abschnitt.

Petropaulshafen.

Meine Erinnerungen an Petropaulshafen beziehen sich fast zu gröfserem Theile auf den Umgang mit meinen späteren Reisegefährten, denn sowohl einige Arbeiten als auch die weit zahlreicheren Gastmähler und Festlichkeiten brachten mich dort fortwährend mit der Mannschaft des Russischen Kriegsschiffes in Berührung. Ich werde das Wichtigere von diesen Erlebnissen in dem folgenden Abschnitte erwähnen und dagegen hier nur dasjenige zusammenstellen, was ich noch, bis zu unserer am 14. October erfolgten Abfahrt nach Amerika, über Kamtschatische Gegenstände und Verhältnisse erfahren habe.

Die Petropaulsbucht und die gegen Süden angränzende und von ihr nur durch ein felsiges Cap und durch einige vorgelagerte Klippen getrennte, weit gröfsere Rákowaja gubà oder Krebs-Bucht, sind zusammen einer Schlucht oder einem Thale mit convergirenden Wänden nicht unähnlich, welches an seinem breiteren südlichen Ende gegen NW. und darauf gegen NNW.

streicht. Die Sohle desselben liegt in der Rákowaja gubà bis zu 72 Fufs unter dem Meeresspiegel und scheint sich von dort ziemlich regelmäfsig zu heben, bis dafs man nur 14 Fufs Wasser über ihr und gleich darauf ihre Fortsetzung auf das Festland in einem noch weit schneller steigenden Boden, zwischen den nahe zusammengetretenen Thalwänden findet. Von diesen besteht aber die östlichere in einem mit einzelnen Querschluchten durchsetzten Höhenzuge, dessen Kamm gegen 400 Fufs hoch und etwa 1000 Schritt vom Strande entfernt ist, während die westliche Wand überall steil gegen die Meer-bedeckte Thalsohle abfällt und als ein zerstückeltes Ganze erscheint, in den äusseren oder gegen die Hauptmasse des Awatschaer Meerbusens gewandten Flügeln der Petropauls- und der Krebsbucht, so wie in überschwemmten Klippen auf der Verbindungslinie dieser Felskämme.

Die Gebäude von Petropawlowsk liegen nun theils in dem Hintergrunde jener Schlucht, theils an dem Fufse ihrer zuerst erwähnten oder östlicheren Wand, auf einem Boden der gleich vom Strande aus so steil aufsteigt, dafs ihn die Tagewasser mitten zwischen den Häusern wie Giefsbäche aufs tiefste gefurcht haben. Man bemerkt mehrere Brücken über dergleichen Risse auf der hierher gehörigen landschaftlichen Zeichnung welche die Aussicht darstellt, die sich (im Juli 1829) über dem Ankerplatze des Krotkoi und von dem Verdecke dieses Schiffes zwischen den Richtungen N5°W. und N55°O. darbot. In dem linken Drittheil derselben sieht man die Enden der östlicheren und der westlicheren Hügelkette gleich den Pfeilern eines Thores einander gegenüber. Sie sind, wie der ganze Vorgrund, theils mit dichtem Strauchwerk theils durch üppigen Krautwuchs bedeckt, aber in N8°,3O. glänzt der ewige Schnee auf der schlanken Korjázkaja oder Strjéloschnaja Sopka, wie auf einer riesigen Pyramide und so genau in der Mitte jenes Thores, dafs man versucht wird, dasselbe für einen künstlichen Durchbruch zu halten, durch welchen für diesen Standpunkt eben nur die Ansicht eines der schönsten Berge der Halbinsel gewonnen wäre.

Der Awatscha-Vulkan (zu dem von Petropaulshafen aus die Gesichtslinie um 17° östlich von der zur Korjázkaja Sopka gerichteten liegt) wird durch das nahe Waldgebirge gänzlich verdeckt, aber der Andesitische Gipfel erscheint wie ein so vollständiges Ganze, dafs man seine örtliche Beziehung zu dem Lavischen (S. 535 u. f.) von hier aus nicht ahnden würde.

Auch die übrigen Theile des Panorama von demselben Standpunkte sind, in malerischer und in geognostischer Beziehung, eben so anziehend wie dessen nördliches Viertel. Der schneebedeckte Gipfel der Wiliútschinskaja Sopka ragt zwischen S. und W.*) über das Vorgebirge welches man bei der Fahrt von Awatscha nach Petropaulshafen umschifft (S. 546) und an das sich nach rechts hin ein theils felsiger, theils mit losen Steinplatten bedeckter Abhang anschliefst. Links von diesem Vorgebirge ist dagegen die Aussicht auf die breiten Wasserflächen der Bucht und des hinter ihr liegenden Meerbusens durch die sogenannte kóschka unterbrochen d. i. durch eine ganz nahe gelegene, auffallend geradlinige und sehr schmale Landzunge, die, bei dem Kirchhofe und neben den letzten Häusern der sogenannten Stadt, an der östlichen Hügelkette oder Thalwand beginnt, und schräg gegen dieselbe, in NW-licher Richtung, 400 Schritt weit oder auf zwei Drittel von der Breite der Bucht, gegen deren entgegengesetztes Ufer ins Meer ragt. Ihre völlig ebene und mit Geröllen bedeckte Oberfläche liegt nur um 1 bis 2 Fufs über dem Hochwasser, und gilt dennoch für einen so sicheren Boden, dafs man schon bei der Gründung der Ortschaft einen der wichtigsten Theile derselben d. i. die Balagane oder Gerüste zur Jukolabereitung auf ihr errichtete. Jetzt erstrecken

---

*) Eine Zeichnung dieses schönen Gipfels haben wir auf der zuletzt erwähnten Platte auf welcher die gröfsere Zeichnung die Nordseite der Petropaulsbucht darstellt, hinzugefügt. Nach Capitain Beecheys Bestimmung liegt der Gipfel der ersten oder nördlicheren Wiliiutschinskaja Sopka d. i. eben der von Petropaulshafen sowohl als von Neu-Awatscha (S. 542.) sichtbare (vergl. meine Karte von Kamtschatka etc.) 6620 Par. F. über dem Meere

so wie 23′ westlich } von Petropaulshafen.
und 18′,5 südlich }

Man sieht ihn mithin von diesem letzteren Punkte in der Richtung S 36°,9 W. und, bei mittlerem Zustande der Refraction, unter einem Höhenwinkel von 2° 43′ während sich daselbst, bei gleichen atmosphärischen Umständen, die 11090 Par. F. hohe Kerjazkaja oder Strjéloschnaja Sopka bis zu 5° 48′ über den Horizont erhebt.

sich diese in ununterbrochener Reihe bis über die Mitte der Kóschka, welche aber ausserdem einen noch weit grofsartigeren Einfluss auf die nautische Bedeutung von Petropawlowsk ausübt. Sie schützt das hinter ihr gelegene Becken, wie eine Mole von seltenster Vollkommenheit, gegen die Wogen welche Seewinde aufregen und trennt somit den, auch durch den Sprachgebrauch unterschiedenen, eigentlichen Hafen oder die kleine Bucht (gáwan ili málaja gubà) nicht blofs von der grofsartigen Fläche des Awatschaer Meerbusen, sondern auch von dem Reste der Petropaulsbucht, welche man die Rhede (Petropawlowskaja réida) zu nennen pflegt.

Sodann scheint aber auch, wie zu ausdrücklicher Begünstigung der Schifffahrt, die nördliche Gränzfläche dieser Landzunge unter dem Wasser so steil, dafs selbst die tiefgehendsten Fahrzeuge bis auf ein Kabeltau an dieselbe heran zu fahren uud sich mit Werpankern und Versicherungstauen mit dem Boden der Koschka zu verbinden pflegen.

An dem Abhang der westlichen Thal- oder Buchtwand gehen nun Gesteine zu Tage, die auf den ersten Blick in einer grünlichen Färbung und in dem Vorkommen grofsartiger Spaltungs- und Schichtungs-Klüfte übereinstimmend, bei näherer Untersuchung jedoch äusserst verschiedenartig scheinen. Als extreme Abänderungen habe ich unter ihnen einen normalen wiewohl immer noch auffallend grünen Thonschiefer, einen Serpentin der mit Topf- oder Speckstein durchsetzt ist, und einen reinen Quarz zu erkennen geglaubt; doch finden sich zwischen diesen: wahre Chloritschiefer, Kieselschiefer und grofse Massen von Jaspis, die wie Uebergänge von dem einen jener drei Gesteine in eines der anderen erscheinen; und so ist denn auch hier keineswegs in jedem einzelnen Falle zu entscheiden, ob man es mit Schichten und Lagern oder mit gangartigen Einschaltungen zu thun hat. Die Thon- und Chloritschiefer bestehen aus deutlich abgesonderten meist 6—8 Zoll starken Bänken, von denen die Durchschnitte der Trennungs-Ebenen mit dem Berg-Abhange, meist steil (45° bis 60°) nach der Südseite des letzteren geneigt sind. Aber es zeigen sich bald nicht blofs an diesen Bänken viele Brüche und Biegungen, sondern auch in den feinen Schiefern oder Blättern aus denen sie bestehen. Ich sah diese auf weite Strecken aufs regelmäfsigste in zahllose, scharfkantige und kaum über 6 Linien breite Falten gelegt. Man könnte diese merkwürdige Erscheinung auch hier, wie man es in ähnlichen Fällen versucht hat, durch lokale Pressungen erklären wollen, die in der Schichtungs-Ebene auf das noch weiche Niedergeschlagene gewirkt hätten, während dasselbe, nach darauf senkrechten Richtungen, bereits durch feste Wände begränzt war. Ich gestehe aber dafs mir die Feinheit und ausserordentliche Regelmäfsigkeit jener Falten doch allzu auffallend absticht von den Kräften welche etwa durch eingedrungene Gesteine, jedenfalls aber höchst tumultuarisch und auf grofse Bergmassen ausgeübt worden wären, und man überzeugt sich dann auch endlich, dafs die ausserordentlichen Veränderungen welche die Grauwackenschiefer hier erlitten haben, weit häufiger durch den Zutritt fein zertheilter Substanzen als durch massige Eindrängungen in Gangspalten zu erklären sind. Dergleichen innige oder molekulare Durchdringungen haben namentlich zur Bildung von Kieselschiefer und Jaspis gewirkt, denn nur etwa der reine oder doch durchscheinende und glasglänzende Quarz findet sich hier gang- oder lagerartig begränzt in jenen anderen kiesligen Gesteinen, welche ihrerseits auf grofsen Strecken der Bergwand allein herrschen und nur ganz allmälig in den grünen Thonschiefer übergehen. Es ist als sei eben dieser zu grünlichen Jaspis und endlich zu Kieselschiefer geworden, denn man sieht dessen steil geneigte Bänke nach und nach durch continuirlich zunehmende Härte, durch Mangel an Schieferung und endlich durch ein Kluftsystem ausgezeichnet, welches das von der Schichtung herrührende rechtwinklig durchschneidet, und somit die Bildung von scharfkantigen Felspfeilern aufs äusserste begünstigt. — Ganz ähnlich verhalten sich aber auch zu den ursprünglichen Schiefern die ihnen zunächst gelegenen Gesteine welche sich durch Talkerde oder Talk-haltige Fossilien auszeichnen, denn nur etwa ein theils gelblicher theils dunkelgrüner Topfstein bildet hier Platten-förmige Einschaltungen, während der Serpentin der neben solchen Gängen auftritt, ohne angebbare Gränzen in die Chloritschiefer so wie auch in die grünen Jaspisfelsen übergeht*).

*) Wohl im Zusammenhange mit dem Serpentine, von welchem

Die grofsartigeren Strukturverhältnisse dieser Felsen scheinen übrigens, trotz der Veränderungen die ihre Zusammensetzung erlitten hat, noch mit der früheren Schichtung derselben im Zusammenhange, indem die umgestalteten Massen meist lagerartig zwischen den ursprünglichen Absonderungsflächen enthalten sind. Die gegen NW. gerichteten Schluchten, welche die Abhänge der Bucht schräg durchsetzen, bezeichnen offenbar dergleichen uralte Trennungen und eben so auch die mit ihnen parallele Koschka, die als ein Zwischenlager von härterem Gesteine den Angriffen des umgebenden Meerwassers auf dieselbe Weise widerstanden hat, wie die Felsschwellen oder buitschki in der Bíustruja und in dem Tigil (S. 500. 170. 207.).

Ich habe mich von dem unveränderten Vorkommen dieser Formation an der Nordseite der Awatschaer Bucht bei einem Wege nach dem sogenannten Osero oder See d. i. nach einem von niedrigen Felsabhängen begränzten Fiorde überzeugt, welches sich an einer 3 Werst nördlich von dem Hafen gelegenen Stelle bis auf 2 Werst landeinwärts erstreckt.

Man sieht oft auf diesem Wege ganz allmälige Uebergänge von den Schiefern in einen schweren dunkelgrünen Aphanit welcher in niedrigen aber eben so massigen Kuppen aus dem übrigen Boden hervorragt, wie bei Jelowka (S. 314. 319.), und es ist demnach nicht zu bezweifeln, dafs die ältesten Transitionsschichten auch hier sehr vorzugsweise von Dioritischen oder Hornblend-Gesteinen durchbrochen und, wahrscheinlich schon während ihrer Bildung, gestört worden sind. Ein Porphyrschiefer der anderthalb Meilen SSO-lich von Petropaulshafen nahe bei den Felssäulen der drei Brüder (tri bratji) den landwärts gekehrten Abhang der Ostküste der Awatschabucht ausmacht, ist, seinem Aeussern nach, von dieser Klasse der Eruptionsgesteine am meisten unterschieden, zeigt sich aber dennoch, bei genauerer Untersuchung,

---

an den Petropawlowsker Abhängen sehr schöne mit feinen Asbestgängen durchsetzte Abänderungen anstehen, findet sich in der Nähe des Hafen auch Gabbro mit gelblichem Feldspath und dunkelgrünem Diallage in sehr grofsen Krystallgruppen. Ich habe aber nur einige grofse Gerölle von diesem ausgezeichneten Gesteine erhalten.

weit näher mit ihnen als mit augitischen Massen verwandt. Er bildet gegen zwei Zoll dicke, unter dem Hammer hell klingende Tafeln, und besteht aus einer glänzend kastanienbraunen sehr harten, splittrig brechenden und durch äusserst fein eingesprengtes Magneteisen deutlich magnetischen Grundmasse, in welcher gedrängt bei einander Stilbit in rundlich begränzten gegen 6 Linien breiten Nestern, und glasglänzender Albit in eben so kleinen und auf den vollkommneren Spaltungsflächen sehr stark gestreiften Krystallen liegen. Diese Beschaffenheit seines feldspathigen Bestandtheiles spricht nun in der That, nach anderweitigen Erfahrungen (oben S. 272. 283. 313 u. f.), weit mehr für eine dioritische als für eine basaltische oder augitische Natur des Gesteines und dieselbe Ansicht wird dann noch von einer ganz anderen Seite bestätigt, durch die Uebereinstimmung seiner Grundmasse mit der des Hornblende-führenden und an grüne Dioritschiefer angränzenden Porphyrs von Natschika (S. 517.) und durch seine Verbindung mit einem Mandelsteine, welcher eben jene Analogie noch vervollständigt. Ich habe nämlich zugleich mit dem fraglichen Porphyrschiefer und von derselben Strecke der Awatschaer Küste noch ein eben so rothbraun gefärbtes aber etwas weicheres Gestein erhalten, in welchem wahre Mandeln von 0,5 bis 1,5 Zoll im Durchmesser, theils gänzlich mit Kalkspath, theils eben so ausschliesslich mit Chalcedon gefüllt sind.

Ich habe schon oben bemerkt wie die Querspaltung welche die hiesigen Gesteine, und namentlich die kiesligen Abänderungen derselben, durch plutonische Einflüsse erlitten haben, die Absonderung von grofsartigen Prismen aus denselben begünstigt. Vor den Küsten des Awatschaer Meerbusens und zu beiden Seiten seiner Mündung in den Ocean sind nun aber in der That durch eben diesen Umstand eine ausserordentliche und erstaunliche Menge von Felspfeilern entstanden, welche theils unter dem Namen der drei Brüder (tri bratji), des Grofsmutter-Felsen (Bábuschkin kámen), der Taucher- und der Seepapagei-Inseln (Staritschkow- und Toporkow ostrow) sehr oft erwähnt und als Brütplätze der Seevögel, von Petropaulshafen aus besucht werden, theils als unzählige und deshalb namenlose Klippen bei den

Seefahrern in übelstem Rufe stehen*). Die Kamtschatischen Russen bezeichnen sogar dergleichen scharfkantige Säulen mit einem eigens dazu gebildeten Ausdrucke. Sie nennen dieselben Kekúri und berichten dafs an der Ostküste der Halbinsel, ausser der Umgegend von Petropaulshafen, auch namentlich noch die Mündung der Jupanowa rjeka bei 53°6 Breite (oben S. 469.) und die auf dem Parallelkreis des Schiwélutsch gelegene Mündung der Stolbowaja rjeka durch deren häufiges Vorkommen ausgezeichnet sind. Die auch anderweitig vorhandene Wahrscheinlichkeit dafs sich die gehobenen und zerklüfteten Schiefer des Ganalskji chrebet (oben S. 489. 495 u. f.) bis zu dem ersten dieser Küstenpunkte und die dioritischen der Umgegend von Jelowka (S. 314. 319.) bis zu dem anderen erstrecken, wird durch diese Angaben nicht wenig erhöht.

Der eigenthümliche Charakter der Reste von Transitionsschichten die man auf Kamtschatka findet**), ist nach diesem Allem, längst vor den eigentlich vulkanischen Ereignissen auf der Halbinsel begründet worden und ohne direkten Zusammenhang mit diesen letzteren. Man gewinnt aber dieselbe Ueberzeugung auch noch dadurch dafs in einigen durchaus unvulkanischen Gegenden der Erde Verbindungen von metamorphischen Transitionsschiefern mit talkigen und kiesligen plutonischen Massen vorkommen, welche mit den eben geschilderten aufs entschiedenste übereinstimmen. So namentlich in einem Theile von England (in Cornwallis) wo sie bei den Bergleuten unter dem auch in die geognostische Terminologie

---

*) Auf Capitain Beechey's Karte der Awatschabai sind, nur allein an der Ostseite derselben, 80 solche Felssäulen verzeichnet, und doch kann diese Darstellung einer sehr fleissigen Aufnahme wegen ihres kleinen Maafsstabes in dieser Beziehung keine Vollständigkeit beanspruchen.

**) Ausser den genannten Erscheinungen dürfte hierher auch noch das Ueberwiegen der Schiefer über den Sandstein und den Kalk der Grauwackenformation gehören, wiewohl die beiden letzteren Gesteine doch nicht gänzlich fehlen. Dies beweisen unter anderem die Kalkschichten bei Malka (oben S. 502.) und grofse Geschiebe eines rauchgrauen thonigen Sandsteines mit breiten Gangtrümmern von Kalkspath die an den Awatschaer Küsten liegen.

übergegangenen Namen Killas bekannt sind, am Ural*) und in bedeutendster Ausdehnung am Altai**). In jeder dieser Gegenden ist nun aber das umgestaltete Transitionsgebirge so ausgezeichnet reich an Erzen und gediegenen Metallen, dafs das Vorkommen von dergleichen auf Kamtschatka zur Vervollständigung der genannten Analogie wohl für unerlässlich gelten kann. Man darf indessen nicht vergessen, dafs die nicht vulkanischen Gesteine dieses Landes bis jetzt nur an wenigen Punkten beachtet sind und dafs somit über Verhältnisse die nie ohne Bergmännische Versuche einigermafsen gründlich bekannt werden, selbst im günstigsten Falle, nicht mehr als einige Andeutungen erwartet werden dürfen. Von dergleichen habe ich aber in der That grofse Massen eines hellrothen mit unzähligen Schwefelkies-Schnüren durchsetzten Eisenkiesel und bunte Hornquarze mit Gangtrümmern von Magneteisen zu erwähnen, die beide auf dem Landwege von Natschika nach Bolscherezk, in dem Gebirgslande am linken Ufer der Bolschaja anstehen. Die ersteren dürften wohl eben so

*) Vergl. in diesem Berichte I. 2. S. 311. 391. 491 u. a. und G. Rose in Reise nach dem Ural u. s. w. Bd. 1. über die grünen Schiefer und zum Theil über den Serpentin.

**) Nach Bojárschinow und Schtschurowskji sind z. B. in der Umgegend des Baches Korbalicha der bei Smeinogorsk vorbei geht, von den ältesten neptunischen Bildungen nur in den Thälern höchst zerrissene und verworfene Stücke übrig geblieben und es ist namentlich der Thonschiefer unter ihnen fast überall in Jaspis, in Kieselschiefer oder in Chloritschiefer verwandelt. Vergl. in Archiv für wissenschaftliche Kunde von Russland Bd. VII. S. 24. An der Krjúkowaja gora in welcher einige von den Riddersker Gruben stehen, ist durch Hornblendporphyr der Thonschiefer des Grauwackengebirges, theils in Talkschiefer theils in Kieselschiefer verwandelt worden, a. a. O. S. 30. In den Thälern des zu den Nord-Altaischen Zweigen gehörigen Cholsungebirges (von dessen über 6000 Par. F. hohen Gipfeln der Fufs aus grünlichem Porphyr und die höchsten Theile aus dunkelrothem Mandelstein mit Grünerde- und Kalkspath-Nestern bestehen) ist die Mannigfaltigkeit der Schiefer sehr auffallend, denn man findet unter ihnen bald Kalk-haltige, bald Tafelschiefer mit Chloritischen und Talkigen Lagern und bald wieder ächte Kieselschiefer. Nicht selten besteht aber dort eine und dieselbe Bank aus zwei oder drei dieser Massen, die trotz ihrer chemischen Verschiedenheit, ihrer Farbe und ihren anderweitigen äusseren Charaktere zu Folge, durch unnachweisbare Uebergänge vermittelt sind.

wie ganz ähnliche vom Altai — das Ausgehende von Stockwerken bilden, deren Gehalt und Bauwürdigkeit mit dem Abstande von der Erdoberfläche aufs auffallendste wechselt. Sodann sind aber auch noch weit entschiedenere Beweise von einem Kupfervorkommen in den Kamtschatischen Transitionsgesteinen vorhanden, welches durch Ausdehnung und Beschaffenheit an das Uralische erinnert. Die Gänge von Rothkupfererz die bei 51° Breite an beiden Küsten der Halbinsel, wahrscheinlich in den talkigen Schiefern, aufsetzen, sind nämlich in kaum noch zweifelhaftem Zusammenhange einerseits mit ähnlichen und höchst ergiebigen in Japan und von der anderen mit dem Vorkommen von gediegenem Kupfer und von Kupferoxyden auf der Insel die, schon von den ersten Russen welche sie betraten, nach dieser Erscheinung benannt wurde.

Ich habe von Mjédnoi óstrow oder der Kupferinsel sowohl Gangstücke von Quarz mit grünen oxydirten Erzen, als auch einen Talk-haltigen derben Kalk erhalten, der auf dieselbe Weise wie ein ähnliches Gestein bei Nijne Tagilsk am Ural (I. 1. S. 349.) mit Kupfergrün und mit Malachit durchsetzt ist. Man wird aber diese Gesteine wohl ohne Weiteres als einen integrirenden Theil unter den ältesten Kamtschatischen Niederschlagsformationen aufführen, wenn man den geringen Abstand derselben von der aus Grauwackeklippen bestehenden Beringsinsel und die Lage von beiden, einerseits zu den nächstgelegnen Punkten der Ostküste der Halbinsel und von der anderen zu den westlichsten Aleutischen Inseln in Betracht zieht. Der Abstand der Kupferinsel von Atta d. i. von der westlichsten in der Gruppe der sogenannten Blijnie ostrowa oder nächsten der vulkanischen Kette, ist in der That eben so grofs wie die Entfernung der Beringsinsel von der Kamtschatka-Mündung und bei weitem gröfser als die gegenseitigen Entfernungen die weiter ostwärts zwischen den einzelnen Gliedern der Aleutischen Kette vorkommen. — —

Eben so wie diese geognostischen Thatsachen so dienten auch einige meteorologische Erfahrungnn über die Umgegend von Petropaulshafen zu wesentlicher Ergänzung der Vorstellung die man bisher von den allgemeineren Verhältnissen der Halbinsel gewonnen hatte. Ich habe schon früher erwähnt dafs der Vorgänger des jetzigen Gouverneurs, der Capitain Fedor Ephimowitsch Stanizkji, durch vieljährige Mufse an diesem merkwürdigen Küstenpunkte zur Führung eines meteorologischen Tagebuches über die Temperaturen und die Strömungen der Luft und über die Barometerstände an demselben veranlafst worden war (S. 76.), und dafs ich in Ochozk die Zahlen abschrieb welche einen Jahrgang dieser wichtigen Erscheinungen darstellten. Es ergab sich nun aber aus demselben unter anderem*) dafs für Petropaulshafen

die mittl. jährl. Lufttemperatur = + 1°,749 beträgt

und dafs daselbst

die gröfste Tagestemperatur . . . + 12°,00 zu Juli 28.
die kleinste Tagestemperatur . . — 6°,23 zu Jan. 14.

gehören, so wie auch zu den einzelnen Vierteln des Jahres von denen das erste mit December 1. anfängt und die man gewöhnlich in der Meteorologie als die vier Jahreszeiten zu bezeichnen pflegt:

die mittlere Lufttemperatur:

zum Winter . . . . — 5°,69
zum Frühling . . . — 0°,23
zum Sommer . . . + 10°,43
und zum Herbst . . . . + 2°,49**).

Der Punkt auf den sich diese Angaben beziehen, liegt nach meinen Ortsbestimmungen

in 53° 0′ 27″ Breite und 156° 19′ 48″ Ost von Paris,

und demnach von Jakuzk: 9°01 südlich 28°,92 östlich
von Ochozk: 6°,35 - 15°,48 -
von Tigilsk: 4°,75 - 0°,06 -

*) Einen Abdruck und die vollständige Rechenschaft über meine Bearbeitung der Stanizkjischen Beobachtungen habe ich in Archiv für wissenschaftl. Kunde von Russland Bd. VI. S. 440 u. f. bekannt gemacht.

**) Wenn man mit t die mittlere Tagestemperatur für eine Jahreszeit bezeichnet, die um $\mu \times 1{,}0146$ Tage auf December 15,5 folgt, so findet sich nach den in Rede stehenden Beobachtungen namentlich:

$$t = + 1°{,}75 + 9°{,}08 \sin(\mu + 231° \, 12'{,}5) + 1°{,}21 \sin(2\mu + 354° \, 47'{,}0)$$

bis auf einen wahrscheinlichen Fehler von ± 0°65.

Die Thatsache dafs seine mittlere jährliche Lufttemperatur die entsprechende Gröfse für die drei eben genannten Orte um respektive

7°,8

1°,4

und 0°,2

übertrifft, zeigt demnach, auf recht auffallende Weise, einen durch starke Veränderlichkeit dieses Elementes ausgezeichneten Bezirk, neben einem anderen in welchem dasselbe sowohl von der Breite als auch von der Länge der Orte nur in weit geringerem Mafse abhängt. Die Linien welche Punkte von gleicher Bodentemperatur (oder mittlerer jährlichen Lufttemperatur) verbinden, liegen namentlich zwischen Ochozk und Jakuzk sehr nahe zusammen gedrängt und gegen den Meridian des letzteren Ortes fast senkrecht, während sie in den zwischen Ochozk und Tigilsk, und meistentheils auch zwischen Tigilsk und Petropaulshafen, gelegenen Strecken der Erdoberfläche, ungleich weiter von einander entfernt, so wie auch in ihrer Richtung mit den Meridianen der beiden letzteren Punkte weit näher übereinstimmend scheinen als mit deren Breitenkreisen*).

Im Zusammenhange mit diesen Umständen findet man die mittleren jährlichen Lufttemperaturen, im Vergleiche mit den auf dem Jakuzker Meridiane bei gleicher Breite vorkommenden

für Ochozk um . . . . 5° gröfser

für Tigilsk um . . . . 4°,8

und dagegen

für Petropaulshafen nur um 1°,5

Auf den Kamtschatischen und den zunächst an Kamtschatka gelegenen Meridianen sind die Orte von stärkerer Breite, in Beziehung auf ihre jährlichen Mitteltemperaturen, weit mehr bevorzugt

*) Unter der, nur zu einer rohen Annäherung führenden, Voraussetzung, dafs zwischen Ochozk, Tigilsk und Petropaulshafen die Linien gleicher Mitteltemperaturen für Grade Linien auf einer Ebene gelten können, und dafs die Jahresmittel für die genannten drei Punkte völlig fehlerfrei seien, erhält man für die Richtung einer Isotherme zwischen der Ochozker Küste und der Westküste von Kamtschatka etwa N 19° O. und für die gröfste Veränderlichkeit der Boden- oder mittleren Lufttemperaturen 1° Zuwachs für einen Fortschritt um 118 Meilen gegen O 19° S.

gegen die auf den kältesten Meridianen des Kontinents gelegenen, als die zur Südspitze der Halbinsel (zwischen 53°,5 und 51° Br.) gehörigen *), und dieser Umstand wird auch deswegen noch fühlbarer, weil auf der letzteren die lokal verstärkte Temperatur-Zunahme fortfällt, die in den nördlicheren Bezirken von Kamtschatka (auf den Parallelen von Tigilsk und Kliutschewsk) von Westen gegen Osten vorkömmt und dem Einflusse der aktiven vulkanischen Agentien auf gröfsere Erdstücke zuzuschreiben scheint (oben S. 390.)

Uebereinstimmend mit der direkt bestimmten Thatsache der nahen Gleichheit der Bodentemperaturen bei Tigilsk und bei Petropaulshafen, trotz eines nahe an 5° betragenden Unterschiedes ihrer Breite, ist die Beschaffenheit der sie umgebenden Vegetation. Die Holzgewächse und andere massenhaftere Bestandtheile derselben sind in der That von gleichem Ansehn an beiden Orten und sogar eher bei Tigilsk durch eine noch grössere Ueppigkeit und Frische des Wuchses, vor den gleichartigen an dem südlicheren Punkte, ausgezeichnet. Auch hat man wohl den gegen Süden fühlbaren Zuwachs an Mächtigkeit der Umbelliferen (vergl. S. 530.) und die vorragende Mannigfaltigkeit der Syngenesisten und der Spiraeen in der Tigilsker Gegend, in demselben Sinne zu deuten; indem bekanntlich nach durchschnittlichen Vergleichungen der Floren verschiedener Erdstriche festgestellt ist, dafs die zuerst genannte Pflanzenfamilie in den polaren Klimaten bei weitem mehr als in den aequatorialen überwiegt und dafs für die beiden andern theils das entgegengesetzte Verhältniss stattfindet, theils doch, von einem in mittleren Breiten gelegnen Minimum an, eine Zunahme gegen N. und gegen S. Ein Unterschied in dem jährlichen Gange der Temperaturen in beiden in Rede stehenden Gegenden, scheint dann endlich auch diese scheinbare Anomalie noch näher zu erklären, indem wir in der That bei Tigilsk die gröfste Sommerwärme um nicht unmerkliches (2°,01)

---

*) Die Isotherme von Petropaulshafen liegt bei diesem Punkte selbst:
nur um 2°,07 nördlicher als in der Länge von Jakuzk (127° Ost v. Paris)
und ausserdem um 10°,17 südlicher als in Europa bei 30° O. v. Paris,
so wie um 15°,42 südlicher als unter dem Meridian von Paris.

grösser als bei Petropaulshafen und die dennoch etwas niedrigere Mitteltemperatur an ersterem Orte, nur durch kältere Winter (die mittlere Temperatur des kältesten Tages ist bei Tigilsk um 4°,47 kleiner als bei Petropaulshafen) bewirkt fanden.

Dafs die mittleren Temperaturen an sehr verschiedenen Punkten der Kamtschatischen Halbinsel von deren Breite, und daher von den Sonnenständen an denselben, in ungewöhnlichem Maafse unabhängig sein würden, liefs sich übrigens von vorne herein, wegen des halbjährigen Wechsels der herrschenden Winde, erwarten, von dem sie alle auf gleiche Weise betroffen werden und welcher jedem von ihnen bedeutende Luftmassen aus fremden Klimaten, den Sommer über von weither aus dem offenen Ocean und im Winter, wohl aus ebenso grofser Entfernung, von dem nördlich angränzenden Polarlande zuführt.

Ich hatte früher (S. 27 u. f., S. 178.) das Stattfinden und die Folgen eines solchen Verhältnisses für Ochozk und für die NW-Küste von Kamtschatka zu erwähnen. Für Petropaulshafen ergiebt sich nun aber aus Herrn Stanizkjis Beobachtungen, dafs, wenn man die Richtungen der herrschenden Winde durch den von Norden an rechts herum gezählten Winkel mit dem Meridiane und die Intensitäten derselben durch den Quotienten aus ihrer Dauer durch die gesammte Länge der betrachteten Zeitabschnitte bezeichnet:

von October bis März ein Wind mit der Richtung 38°,47 und der Intensität 0,199

und dagegen

von April bis September ein Wind mit der Richtung 177°,63 und der Intensität 0,109

herrschen*). Die erstere oder winterliche Luftströmung fällt fast

*) Im jährlichen Durchschnitt ist demnach für Petropaulshafen (wie an andern Punkten die von sogenannten Monsoons- oder halbjährig wechselnden Winden betroffen werden) nur ein sehr schwaches Vorherrschen einer bestimmten Windrichtung zu bemerken, denn die Rechnung welche für einen solchen jährlichen Mittelwind die Richtung 68°,55 nachweist, zeigt auch dafs die Intensität für denselben nur 0,066 beträgt und dafs somit sein Einfluss auf andere Erscheinungen nur gering und sein Vorherrschen in verschiedenen Jahren beträchtlichen Wechseln unterworfen sein müsse. Es ist jedoch erwähnungswerth, dafs in dieser

genau mit der Axe von Kamtschatka d. i. mit einer Linie zusammen, auf welcher sich zugleich der gröfste Durchmesser dieses Landes und das längste Gebirge desselben (das Kamtschatische Mittelgebirge) befinden *), auch ist es völlig klar, dafs im Winter das Abfliefsen der Landluft auf das dann wärmere Meer, an der Südspitze der Halbinsel, mit der Längenaxe der letzteren zusammenfallen muss, wie wohl wir diese Bewegung in nördlicheren und breiteren Distrikten auf die Richtung der ihnen zunächst gelegenen Küste senkrecht fanden (S. 179.).

Es ist aber eben so wenig zu bezweifeln dafs der im Sommer vorherrschende Wind, aus einer noch um 2° östlich von Süden gelegenen Richtung, durch ein Saugen oder Aspiriren der gesammten Halbinsel ausgeübt wird, indem die dann stärker erwärmte und aufsteigende Luft über derselben von der kalten Seeluft ebenso und aus demselben Grunde ersetzt wird, wie die Luft in der aequatorialen Zone das ganze Jahr hindurch aus den gegen Norden und Süden angränzenden Landstrichen.

Die eben genannte Ansicht über die Temperaturunterschiede

Gegend der Erde, sowohl nach den obigen Angaben über die im Winter und im Sommer überwiegenden Luftströmungen, als auch nach der relativen Häufigkeit jeder einzelnen Windrichtung während des ganzen Jahres, der SW-wind keineswegs so vorherrschend ist, wie man es, nach Europäischen Beobachtungen, für alle Orte unter mittleren und höheren nördlichen Breiten geglaubt hat, und dafs mithin hier auch die Annahme: dafs in diesen Breiten der sogenannte zurückkehrende Passat der überwiegende sei, auf eine sehr beachtungswerthe Weise widerlegt wird. So wehen von allen im Laufe des Jahres vorkommenden Winden (wenn man 16 von einander gleich weitabstehende Richtungen derselben unterscheidet):

nur 0,0392 aus SW
und dagegen 0,0910 aus NO,
und ferner nur 0,0565 zusammen aus SSW, SW und WSW
und dagegen 0,1283 - - NNO, NO und ONO.

Ich muss bemerken dafs ich, bei diesen und bei den oben erwähnten Abzählungen für Petropaulshafen, die Gesammtzahl der Beobachtungsmomente als Einheit genommen und daher auch diejenigen mit inbegriffen habe für welche Windstillen angegeben waren. Diese letzteren ereigneten sich während 0,2338 des ganzen Jahres.

*) Vergl. über das Streichen des Mittelgebirges nach N 31° O. oder nach einer nur um 7° von der obigen verschiedenen Richtung S. 239 u. f.

die während der einzelnen Jahreszeiten zwischen Petropaulshafen und seinen Umgebungen vorkommen, bestätigt sich auch noch, durch die Einflüsse welche auf die jedesmalige Lufttemperatur dieses Ortes durch zufällige oder doch schneller vorübergehende Unterbrechungen der herrschenden Winde ausgeübt werden; indem diese, je nach der Richtung aus welcher sie herkommen auf verschiedene Weise wirken. Ich finde dafs in Petropaulshafen

1) in dem Halbjahre von October bis März alle von ONO. rechts herum bis SW. aufzuzählenden Windrichtungen einen erwärmenden Einfluss, und dagegen alle übrigen, von WSW. rechts herum bis NO., einen erkältenden Einfluss ausüben und zwar so dafs

die gröfste normale Erhöhung der Mitteltemperat. um	+2°,99	mit	SSO.
und - - Erniedrigung - - -	—2°,29	-	NNO.

erfolgt;

2) in dem Halbjahre von April bis September fällt dagegen

die gröfste normale Erhöhung der Mitteltemp. mit	+3°,24	auf	NNO.
und - - Erniedrigungen - - -	—1°,50	-	NNW.
	—1,30	-	OSO.
	—1,08	-	SO.

Die entschiedenen Landwinde (NO. und NNO.) wirken also im Winter erkältend, im Sommer erwärmend, und von den Seewinden aus SSO. und SO. ist der erstere im Winter der am meisten erwärmende, im Sommer von äusserst geringem Einfluss auf die Temperatur, der andere im Winter am stärksten erwärmend (um +2°,63) im Sommer einer der am meisten erkältenden.

In jährlichen Durchschnitt findet sich ferner der thermische Charakter der einzelnen Windrichtungen im Allgemeinen mit demjenigen den sie in der kalten Jahreszeit besitzen übereinstimmend (ein Umstand der auch an vielen andern Orten vorkommt)*) und es sind namentlich alle von ONO. rechts herum bis SSW. auf-

*) Er ist neuerdings namentlich auch für die Gegend von Moskau nachgewiesen worden, durch Herrn Spasskjis Bearbeitung von vieljährigen meteorologischen Beobachtungen an diesem Orte. Vergl. O klimatje Moskwui. M. Spasskago. W'Moskwje. 1842. 8vo. und den Deutschen Auszug dieses Buches in Archiv für wissenschaftl. Kunde von Russland Bd. VII. 231.

zuzählenden Winde erwärmende, und alle von WSW. rechts herum bis NO. aufzuzählenden von erkältendem Einfluss.

Die aus O39°S. sind die am meisten erwärmenden, mit einem Einfluss von . . . . + 1°,17

und dagegen die aus W17°S. } die am meisten erkältenden, } — 0°,71
und aus N37°O. } mit einem Einfluss von . . } — 0°,86

zum Beweise dafs, wie wir es schon für Ochozk und für Jakuzk gefunden hatten, für Orte zwischen 120° und 160° O. v. Paris von den thermischen Einflüssen der West- und Ostwinde ein jeder dem in Europa vorkommenden grade entgegengesetzt ist*). Kamtschatka zeigt aber, ausser dieser Theilnahme an den allgemeinen Temperaturverhältnissen der Osthälfte des alten Kontinents, auch hier wieder seine meteorologische Selbständigkeit; indem der eine der am meisten erkältenden Winde nun auch im jährlichen Durchschnitt mit der Axe der Halbinsel zusammenfällt.

Es ist dann endlich als Resultat der barometrischen Beobachtungen in Petropaulshafen zu erwähnen, dafs ich auch an diesem Punkte, wie bei Ochozk, bei Tigilsk und später auf Sitcha, den mittleren Luftdruck im Meeresniveau weit kleiner fand als man es nach Beobachtungen an den Europäischen Küsten und unter der, nun völlig widerlegten, Voraussetzung einer überall stattfindenden Gleichheit dieses Elementes oder unter der damit identischen Annahme erwartet hätte, dafs der mittlere Zustand der Atmosphäre der der Ruhe sei (vergl. oben S. 29.).

Ich finde für den mittleren Barometerstand im Meeresniveau bei Petropaulshafen 334,23 Par. Linien und mithin ein um 3 Par. Lin. kleineres Resultat als für die Europäischen Küsten und ein um 5 bis 6 Par. Lin. kleineres als über dem Atlantischen Meere, an der nördlichen Gränze des NO-Passates.

Die normalen Veränderungen des Luftdruckes bei Petropaulshafen im Laufe des Jahres scheinen endlich darin zu bestehen, dafs

*) Vergl. über die naheliegende Erklärung dieses Verhältnisses oben S. 29., doch darf dabei freilich nicht unbeachtet bleiben, dafs sich auch auf dem Meere zwischen dem nördlichen Asien und Amerika derselbe Gegensatz gegen den thermischen Charakter der Europäischen Winde findet. Vergl. über meine meteorolog. Beobachtungen auf der Corvette Krotkoi in Archiv für wissenschaftl. Kunde von Russland Bd. III. S. 432.

derselbe um die Mitte des März, beim Eintritt des südlichen Seewindes, sehr schnell über seinen mittleren Werth steigt, und sein absolutes Maximum mit 336,76 oder um 2,53 Par. Lin. über diesem Mittel schon April 23. erreicht. Er bleibt alsdann bis September 9. beständig über jenem durchschnittlichen Werthe, und dagegen stets kleiner als derselbe, nach dem eben genannten Zeitpunkt, der mit dem Eintritt des winterlichen Landwindes zusammenfällt und während der Dauer dieser trockneren Strömung. Das absolute Minimum des normalen Luftdruckes würde, nach den bis jetzt vorliegenden Beobachtungen, 332,02 oder 2,21 Par. Lin. unter dem Mittel betragen und um Februar 12. eintreten, während ausserdem zu October 18. ein zweites von 333,37 oder um 0,80 Par. Lin. unter dem Mittel gelegenes gehört. Es ist aber klar wie sich der allgemeine Gang dieser Erscheinungen sehr wohl durch den Umstand erklären läfst, dafs die Seewinde im Sommer den Druck der trockenen Bestandtheile der Atmosphäre, durch die gröfsere Menge von Wasserdampf die sie zu ihnen hinzufügen, erhöhen, während von dem NOlichen Landwind, seiner Herkunft gemäfs, im Winter ein entgegengesetzter Einfluss zu erwarten ist.

Register zum dritten Bande.

Die Zahlen in diesem Verzeichnisse beziehen sich auf die Seiten. Durch gesperrte Schrift sind nur die sogenannten geographischen Eigennamen ausgezeichnet. — Der Sach-Inhalt der vorstehenden Abschnitte ist durch Deutsche Worte des Registers summarisch angeführt, mehrere Parallelstellen finden sich im Texte selbst. — Endlich sind Ausdrücke aus Slawischen und Nord-Asiatischen Idiomen aufgenommen, welche auf den angeführten Seiten vollständiger als in sprachlichen Wörterbüchern erläutert, theils für künftige Reisende und Ethnographen, theils als lokale Synonymen für Mineralogen, Botaniker oder Zoologen nutzbar erachtet wurden.

A.

L.

M.

*) Nicht Kulkalongin, wie oben verdruckt ist.

P.

Q.

R.

S.

*) Anstatt Rh. maximum ist auch auf Seite 31 Rh. Chrysanthum zu lesen.
**) An dieser Stelle muss Salmo sanguinolentus anstatt S. Callaris gelesen werden. Vergl. S. 475.

T.

U.

V.

W.

Z.

Berlin, gedruckt bei A. W. Hayn

Druckfehler.

Seite 15.	Zeile 17.	v. o.	anstatt	„nordwärts"	lies südwärts.
- 21.	- 20.	v. o.	-	„Irkuzk"	lies Jakuzk.
- 31.	- 6.	v. u.	-	„Rhododendron maximum"	lies Rhododendron Chrysanthum.
- 47.	- 2.	v. u.	-	„einer"	lies eines.
- 168.	- 6.	v. o.	-	„Anfeuchtung"	lies Aufweichung.
- 382.	- 3.	v. u.	-	„5,5 Z."	lies 1,5 Z.
- 520.	- 5.	v. u.	-	„kochender"	lies rauchender.

Kolibri 360 GmbH
Ferdinand-Jühlke-Straße 7
99095 Erfurt, Deutschland
produktsicherheit@kolibri360.de